"十二五"普通高等教育本科国家级规划教材

材料力学 I

第 7 版

○ 刘鸿文 主编
○ 刘鸿文 林建兴 曹曼玲 编著
○ 王惠明 修订

中国教育出版传媒集团
高等教育出版社·北京

内容提要

本教材是“十二五”普通高等教育本科国家级规划教材，自1979年第1版出版以来，一直受到广大教师和学生的好评，是高校机械类各专业材料力学课程广泛采用的教材。本教材第7版在保持原有风格和特色的基础上，对原有内容作了小部分修订，扩充了视频等资源。

本教材由《材料力学（Ⅰ）》和《材料力学（Ⅱ）》组成，全书共分18章。第Ⅰ册为材料力学课程的基本内容，包括：绪论，轴向拉伸与压缩 剪切与挤压，扭转，弯曲内力，弯曲应力，弯曲变形，应力和应变分析 强度理论，组合变形，压杆稳定，以及平面图形的几何性质等。第Ⅱ册为材料力学课程较深入的内容，包括：动载荷，交变应力，弯曲的几个补充问题，能量方法，超静定结构，平面曲杆，厚壁圆筒和旋转圆盘，矩阵位移法，杆件的塑性变形等。

本教材可作为高等学校本科机械类各专业材料力学课程的教材。

刘鸿文主编的《材料力学实验》可与本教材配套使用。

本教材第2版获国家优秀教材奖
第3版获国家科学技术进步二等奖和高等教育国家级教学成果一等奖
第4版获第七届全国高校出版社优秀畅销书一等奖

图书在版编目（CIP）数据

材料力学. Ⅰ / 刘鸿文主编 ; 刘鸿文，林建兴，曹曼玲编著. -- 7版. -- 北京 : 高等教育出版社，2024.7（2025.5重印）
ISBN 978-7-04-062029-0

Ⅰ. ①材… Ⅱ. ①刘… ②林… ③曹… Ⅲ. ①材料力学-高等学校-教材 Ⅳ. ①TB301

中国国家版本馆CIP数据核字(2024)第059077号

Cailiao Lixue

策划编辑 黄 强　责任编辑 黄 强　封面设计 王 洋　责任绘图 于 博
版式设计 王 洋　责任校对 王 雨　责任印制 刘思涵

出版发行 高等教育出版社
社　　址 北京市西城区德外大街4号
邮政编码 100120
印　　刷 高教社（天津）印务有限公司
开　　本 787mm×1092mm 1/16
印　　张 25.5
字　　数 500千字
插　　页 1
购书热线 010-58581118
咨询电话 400-810-0598
网　　址 http://www.hep.edu.cn
　　　　 http://www.hep.com.cn
网上订购 http://www.hepmall.com.cn
　　　　 http://www.hepmall.com
　　　　 http://www.hepmall.cn
版　　次 1979年7月第1版
　　　　 2024年7月第7版
印　　次 2025年5月第3次印刷
定　　价 56.00元

物 料 号 62029-00

材料力学 I

第 7 版

1 计算机访问https://abooks.hep.com.cn/62029或手机微信扫描下方二维码进入新形态教材网。

2 注册并登录后，计算机端进入“个人中心”，点击“绑定防伪码”，输入图书封底防伪码（20位密码，刮开涂层可见），完成课程绑定；或手机端点击“扫码”按钮，使用“扫码绑图书”功能，完成课程绑定。

3 在“个人中心”→“我的学习”或“我的图书”中选择本书，开始学习。

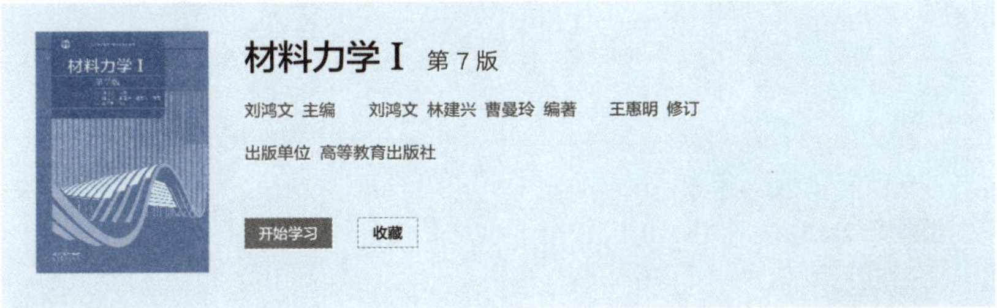

绑定成功后，课程使用有效期为一年。受硬件限制，部分内容可能无法在手机端显示，请按照提示通过计算机访问学习。

如有使用问题，请直接在页面点击答疑图标进行咨询。

https://abooks.hep.com.cn/62029

电子作业本增值服务使用说明

本书每一章后的习题同时以在线作业的形式给出，所有教材用户均可扫描习题二维码查看全部在线试题，提交后即可查看参考答案及部分重点、难点和典型习题的解答提示。

如需使用电子作业本功能，教师可通过扫描习题二维码进行实名教师认证后进入“爱习题测评系统”，该系统支持班级管理、作业发布等教学活动；学生通过扫描教师发布的班级二维码可加入班级并完成教师布置的在线作业。教师和学生均可查询答题记录。具体操作步骤可扫描下方的二维码观看。

该增值服务免费提供给教材用户使用。绑定书后防伪码成功后，该增值服务有效期为一年。

学生如何使用
电子作业本

新形态教材网
电子作业本使用指南

第 7 版前言

本教材在第 6 版的基础上，保持原有教材的特色和风格，主要内容基本保持不变。为体现新工科建设的要求，本教材适当增加了一些新的知识点和内容，主要变动如下：

1. 跟踪前沿动态，增加了智能材料如压电材料、磁致伸缩材料和介电弹性体的概念等。

2. 增加了几种常见载荷下剪力图和弯矩图的特征。

3. 增加了用能量方法确定压杆的临界压力。

4. 增加了弹性基础梁的弯曲。

5. 将用弯曲应变能求解梁的弯曲位移这部分内容进行了改写并独立成一节。

6. 将剪力对梁弯曲位移的影响这部分内容进行了改写并独立成一节。

7. 扩充了视频资源。

另外，对本教材中采用的相关国家标准作了更新，相关内容也根据国家标准进行了修订，对名词术语等作了进一步规范处理。

本教材经教育部高等学校力学基础课程教学指导分委员会组织专家审阅，参加审阅的有清华大学殷雅俊教授、中国矿业大学（北京）周宏伟教授、北京工业大学叶红玲教授。各位专家提出了许多宝贵的意见和建议，为提高本教材的质量作出了贡献，谨此致谢！

限于修订者的水平，书中可能还存在疏漏和不当之处，敬请广大师生和读者批评指正。相关意见和建议，请发至本教材修订者邮箱：wanghuiming@ zju. edu. cn。

修订者

2023 年 10 月

第 6 版前言

本教材以前 5 版为基础，保持原来的特色和风格，精选的材料力学内容保持不变，同时为了体现材料力学研究内容的与时俱进，适当增加一些新的知识点和内容。主要变动如下：

1. 增加了一些新受关注的概念，如负泊松比、比强度和比模量等。

2. 增加了名义应力和真实应力、名义应变和真实应变的概念。

3. 增加了各向异性和正交各向异性材料的广义胡克定律。

4. 增加了两种材料理想结合组合梁的纯弯曲应力分析。

5. 增加了卡氏第一定理及其在非线性杆件变形研究中的应用。

6. 增加了有关材料力学知识点、实验设备、测试技术和方法、工程应用等方面的视频二维码链接。

另外，对本教材中采用的相关国家标准作了更新，相关内容也进行了修订。

本教材承北京航空航天大学单辉祖教授审阅。单辉祖教授提出了许多宝贵的意见，为提高第 6 版教材的质量作出了贡献，谨此致谢！

限于修订者的水平，书中可能存在疏漏和不当之处，敬请广大师生和读者批评指正。

修订者

2016 年 10 月

第 5 版前言

第 5 版在保持第 4 版原有风格和特色的基础上，仍由《材料力学（Ⅰ）》和《材料力学（Ⅱ）》组成。材料力学课程的基本内容汇集在《材料力学（Ⅰ）》，加宽、加深的内容汇集在《材料力学（Ⅱ）》。对于加宽、加深的内容，各校可根据后续课程或专业需要列为必修或选修。

为了更好地适应教学需要，我们参考了教育部高等学校力学教学指导委员会力学基础课程教学指导分委员会最新制订的“材料力学课程教学基本要求（A 类）”，研究了不少院校使用本教材的反馈意见，对教材进行了修订。主要有以下几点变化：(1) 将“动载荷”和“交变应力”两章从《材料力学（Ⅰ）》移到《材料力学（Ⅱ）》；(2) 删去了“用奇异函数求弯曲变形”和“有限差分法”两节内容；(3) 为帮助学生深入理解基本概念和基本方法，在多数章末增加了思考题，并对习题作了部分修改；(4) 对少量内容的叙述和全书文字表述进行了斟酌、修改。

第 5 版由本书主编刘鸿文教授委托浙江大学陈乃立教授修订，曹曼玲副教授和林建兴教授复核了全部改动后的习题答案。第 5 版书稿得到了大连理工大学郑芳怀教授认真、细致的审阅，提出了许多宝贵意见，谨致谢意。

恳请批评和指正。

编者

2010 年 6 月

第 4 版前言

第 4 版把材料力学课程中的基本内容汇集为《材料力学（Ⅰ）》；把供选修用的加深内容汇集为《材料力学（Ⅱ）》。在要求较高学时宽裕的情况下，除基本内容外，还可选读部分加深内容。如对《材料力学（Ⅰ）》作适当节删，它也可适用于学时较紧、要求略低的课程。

这次改版，除对第 3 版作了局部改动外，基本上保留了第 3 版的内容和风格。趁改版的机会，还将以前几版沿用的字符改变为当前规定使用的符号。

这本教材虽已使用多年，并经多次修改，但限于编者的水平，疏漏之处恐仍难免，深望广大教师和读者提出批评指正。

编者

2003 年 3 月

第3版前言

本书第2版出版以来已有九年。这期间国家教育委员会工科力学课程教学指导委员会制订了“材料力学课程教学基本要求”，并经国家教育委员会批准试行。它就是本书这次修订的依据。

出于有利于教学的愿望，本书修订时对内容作了一些调整，例如把弯曲中几个较深入的问题集中到第七章，以便根据情况选讲或节删。为使论述较为完整和严谨，对部分内容作了修改和补充，例如应力和应变的概念、能量方法、静不定结构等。考虑到本书第2版使用较广，修订后仍然保持了原来的体系和风格。鉴于学时偏紧，第3版注意了内容的精简。但为给教学留有余地，总的说教材内容仍略多于课程的基本要求。

受材料力学课程教学指导小组的委托，哈尔滨建筑工程学院干光瑜同志审阅了书稿，提出很多中肯的意见。使用过本书第2版的广大教师也陆续提出过修改建议。对此我们都非常珍视，谨此致谢。借此机会，还向参加过本书第1版编写工作的陈瀚、吴士艳、金志刚、胡逾、胡增强、倪德耀、龚育宁、宁俊、梁广基、徐雅宜、吕荣坤等同志，深表谢意。

参加第3版修订工作的是刘鸿文、林建兴、曹曼玲等同志。仍由刘鸿文担任主编。浙江大学教务处和材料力学教研室给予了支持。张礼明同志担任描图工作。限于编者的水平，修订后的教材恐仍有疏漏和欠妥之处，深望广大教师和读者批评指正。

编者

1991年5月

第 2 版前言

这本教材的第 1 版是浙江大学等九院校合编的《材料力学》。现在依据一九八〇年审订的 120 学时材料力学教学大纲（草案），作了修订。

修订后的教材，从第一章到第十四章和附录 I，包括了教学大纲中的基本部分。第十五章到第十八章是四个专题。专题和带有 * 号的内容，主要是大纲中列入的专题和大纲中本来就标注 * 号的部分。按照大纲要求，这些都不是必需讲授的内容，教师可以根据实际情况，决定取舍。当前有些院校给材料力学课安排的教学时数，有时不足大纲规定的 120 学时，这就要求教师在巩固基础，有利教学的原则下，对教学内容注意精选，妥善处理。至于教材的前后次序，更可按各自的教学经验作一些更动。例如能量法一章，就可先讲虚功原理，并以此为基础进行讲授。其他章节的次序同样也可作一些变化，不再一一列举。总之，我们恳切希望，这本教材的第 2 版能给教学带来一点方便，但不要束缚了教与学的灵活性。

应材料力学教材编审小组的邀请，重庆大学袁懋昶、上海交通大学金忠谋两同志审查了书稿。材料力学教材编审委员蔡强康同志进行了复审。材料力学教材编审小组组长张福范同志也对原稿作了审阅。他们都分别提出了不少修改意见，对本书的及时定稿起了很大作用。此外，使用本书第 1 版的广大教师，陆续提出过很多修改建议。在本书第 1 版出版后，国内又继续出版了多种材料力学教材，给了我们很好的借鉴。这些对修订工作都起了有益的作用。谨此一并致谢。

参加这次修订工作的是林建兴、曹曼玲、刘鸿文等三同志，仍由刘鸿文担任主编。浙江大学材料力学教研室和材料力学实验室的很多同志给予了支持。张礼明同志担任了描图工作。

限于编者的水平，修订后的教材恐难免还有疏漏和不妥之处。深望广大教师和读者继续提出批评和指正，使本书今后能不断得到改进。

编者

1982 年 7 月

第1版前言

本书是根据一九七七年十一月教育部委托召开的高等学校工科力学教材会议讨论的机械类多学时材料力学教材编写大纲编写的。参加编写工作的同志有：西安交通大学陈瀚，陕西机械学院吴士艳，西北工业大学金志刚，华中工学院胡逾，南京工学院胡增强，镇江农机学院倪德耀，华东工程学院龚育宁，上海工业大学宁俊，浙江大学林建兴、曹曼玲、刘鸿文。由刘鸿文负责主编。此外，华中工学院梁广基、镇江农业机械学院徐雅宜、浙江大学吕荣坤等同志也参加了部分编写工作。

1978年9月在杭州为本书初稿召开了审稿会议。会议由上海交通大学金忠谋、夏有为，重庆大学袁懋昶、刘相臣等同志主持。参加会议的有哈尔滨工业大学、东北重型机械学院、清华大学、北京航空学院、天津大学、山东工学院、国防科学技术大学、中南矿冶学院等院校的同志。与会同志对初稿进行了认真的讨论，提出不少修改意见，对本书的定稿工作起了很大作用，谨此致谢。

按照机械类多学时材料力学教材编写大纲的要求，本书一至十五章和附录I为基本内容。十六至十八章和其他章节中标有*号的部分为选修内容。即使是基本内容，也不一定要全部讲授，教师可根据实际情况作一些必要的取舍。

编写本书时，我们在运用辩证唯物主义阐述材料力学基本规律，贯彻理论联系实际，反映科学技术的最新发展，删繁就简等方面，作过一些努力。但因时间仓促，并限于编者的政治和业务水平，难免还存在不少缺点和不妥之处，希望使用本书的广大教师和读者提出批评和指正，以利于教材质量的进一步提高。

编者

1979年2月

目　录

第一章 绪论

§1.1 材料力学的任务

工程结构或机械的各单个组成部分，如建筑物的梁和柱、机床的轴等，统称为构件。当工程结构或机械工作时，构件将受到载荷的作用。例如，车床主轴受齿轮啮合力和切削力的作用，建筑物的梁受自身重力和其他物体重力的作用，飞机飞行中受到气动力的作用，运载火箭升空时受到发动机大推力的作用。构件一般由固体制成。在外力作用下，固体有抵抗破坏的能力，但这种能力又是有限度的。而且，在外力作用下，固体的尺寸和形状还将发生变化，称为变形。

为保证工程结构或机械的正常工作，构件应有足够的能力负担起应当承受的载荷。因此，它应当满足以下要求：

1. 强度要求 在规定载荷作用下的构件不应破坏。例如，冲床曲轴不可折断，储气罐不应爆裂。强度要求就是指构件应有足够的抵抗破坏的能力。

2. 刚度要求 在载荷作用下，构件即使有足够的强度，但若变形过大，仍不能正常工作。例如，齿轮轴变形过大，将造成齿轮和轴承的不均匀磨损，引起噪声；机床主轴变形过大，将影响加工精度。刚度要求就是指构件应有足够的抵抗变形的能力。

3. 稳定性要求 有些受压力作用的细长杆，如千斤顶的螺杆、内燃机的挺杆等，应始终维持原有的直线平衡形态，保证不被压弯。稳定性要求就是指构件应有足够的保持原有平衡形态的能力。

若构件横截面尺寸不足、形状不合理，或材料选用不当，将不能满足上述要求，从而不能保证工程结构或机械的安全工作。相反，也不应不恰当地加大横截面尺寸或选用优质材料，这虽满足了上述要求，却多使用了材料和增加了成本，造成浪费。材料力学的任务就是在满足强度、刚度和稳定性的要求下，为设计既经济又安全的构件，提供必要的理论基础和计算方法。

在工程问题中，一般说，构件都应有足够的强度、刚度和稳定性，但对具体构件又往往有所侧重。例如，储气罐主要是要保证强度，车床主轴主要是要具备一定的刚度，而受压的细长杆则应保持稳定性。此外，对某些特殊构件还可能有相反的要求。例如，为防止超载，当载荷超出某一极限时，安全销应立即破坏。又如为发挥缓冲作用，车辆的缓冲弹簧应有较大的变形。

研究构件的强度、刚度和稳定性时，应了解材料在外力作用下表现出的变形和破坏等方面的性能，即材料的力学性能，而力学性能需由实验来测定。此外，经过简化得出的理论是否可信，也需由实验来验证。还有一些尚无理论结果的问题，须借助实验方法来解决。所以，实验分析和理论研究同是材料力学解决问题的方法。

§1.2　变形固体的基本假设

固体因外力作用而变形，故称为变形固体或可变形固体。固体有多方面的属性，研究的角度不同，侧重面各不一样。研究构件的强度、刚度和稳定性时，为抽象出力学模型，把握与问题有关的主要属性，略去一些次要属性，对变形固体作下列假设：

1. 连续性假设　认为组成固体的物质不留空隙地充满了固体的体积。实际上，组成固体的粒子之间存在着空隙，并不连续，但这种空隙的大小与构件的尺寸相比极其微小，可以不计。于是就认为固体在其整个体积内是连续的。这样，当把某些力学量看作固体的点的坐标的函数时，对这些量就可以进行坐标增量为无限小的极限分析。

2. 均匀性假设　认为在固体内到处有相同的力学性能。就常用的金属来说，组成金属的各晶粒的力学性能并不完全相同。但因构件或构件的任一部分中都包含为数极多的晶粒，而且无规则地排列，固体的力学性能是各晶粒的力学性能的统计平均值，所以可以认为各部分的力学性能是均匀的。这样，如从固体中取出一部分，不论大小，也不论从何处取出，力学性能总是相同的。

材料力学研究构件受力后的强度、刚度和稳定性，把它抽象为均匀连续的模型，可以得出满足工程要求的理论。对发生于晶粒那样大小的范围内的现象，就不宜再用均匀连续假设。

3. 各向同性假设　认为无论沿哪个方向，固体的力学性能都是相同的。就金属的单一晶粒来说，沿不同的方向，力学性能并不一样。但金属构件包含数量众多的晶粒，且又杂乱无章地排列，这样，沿各个方向的力学性能就接近相同了。具有这种属性的材料称为各向同性材料，如钢、铜、玻璃及塑料等。

沿不同方向力学性能不同的材料，称为各向异性材料，如木材、胶合板、纤维增强复合材料、单晶体和某些人工合成材料等。

§1.3 外力及其分类

当研究某一构件时，可以设想把这一构件从周围物体中单独取出，并用力来代替周围各物体对构件的作用。这些来自构件外部的力就是外力。按外力的作用方式可分为表面力和体积力。表面力是作用于物体表面的力，又可分为分布力和集中力。分布力是连续作用于物体表面的力，如作用于油缸内壁上的油压力，作用于船体上的水压力，作用于机翼上的空气压力等。有些分布力是沿杆件的轴线作用的，如楼板对屋梁的作用力。若外力分布面积远小于物体的表面尺寸，或外力沿杆件轴线分布范围远小于轴线长度，则该力就可看作作用于一点的集中力，如火车轮对钢轨的压力，滚珠轴承对轴的反作用力等。体积力是连续分布于物体内部各点的力，例如，物体受到的重力和惯性力等。

载荷按随时间变化的情况，又可分成静载荷和动载荷。载荷若缓慢地由零增加到某一定值，以后即保持不变，或变动很不显著（惯性效应可略去不计），即为静载荷。例如，把机器缓慢地置放在基础上时，机器的重量对基础的作用便是静载荷。载荷若随时间而变化，则为动载荷。随时间作周期性变化的动载荷称为交变载荷，例如齿轮转动时，作用于每一个齿上的力都是随时间作周期性变化的。冲击载荷则是物体的运动在瞬时内发生突然变化所引起的动载荷，例如，急刹车时飞轮的轮轴、锻造时空气锤的锤杆等都受到冲击载荷的作用。

材料在静载荷下和在动载荷下的性能颇不相同，分析方法也颇有差异。因为静载荷问题比较简单，所建立的理论和分析方法又可作为解决动载荷问题的基础，所以首先研究静载荷问题。

§1.4 内力、截面法和应力的概念

物体因受外力作用而变形，其内部各部分之间因相对位置改变而引起的相互作用就是

内力。我们知道，即使不受外力作用，物体的各质点之间依然存在着相互作用的力。材料力学中的内力，是指外力作用下，上述相互作用力的变化量，所以是物体内部各部分之间因外力而引起的附加相互作用力，即“附加内力”。这样的内力随外力的增加而加大，到达某一限度时就会引起构件破坏，因而它与构件的强度是密切相关的。

为了显示出构件在外力作用下 $m-m$ 截面上的内力，用一平面假想地把构件分成Ⅰ、Ⅱ两部分（图 1.1a）。任取其中一部分，例如取Ⅱ作为研究对象，在部分Ⅱ上作用的外力有 F_3 和 F_4，欲使Ⅱ保持平衡，则Ⅰ必然有力作用于Ⅱ的 $m-m$ 截面上，以与Ⅱ所受的外力平衡，如图 1.1b 所示。根据作用与反作用定律可知，Ⅱ必然也以大小相等、方向相反的力作用于Ⅰ上。上述Ⅰ与Ⅱ间相互作用的力就是构件在 $m-m$ 截面上的内力。按照连续性假设，在 $m-m$ 截面上各处都有内力作用，所以内力是分布于截面上的一个分布力系。今后把这个分布内力系向截面上某一点（通常选取截面的形心）简化后得到的力和力偶，称为截面上的内力。

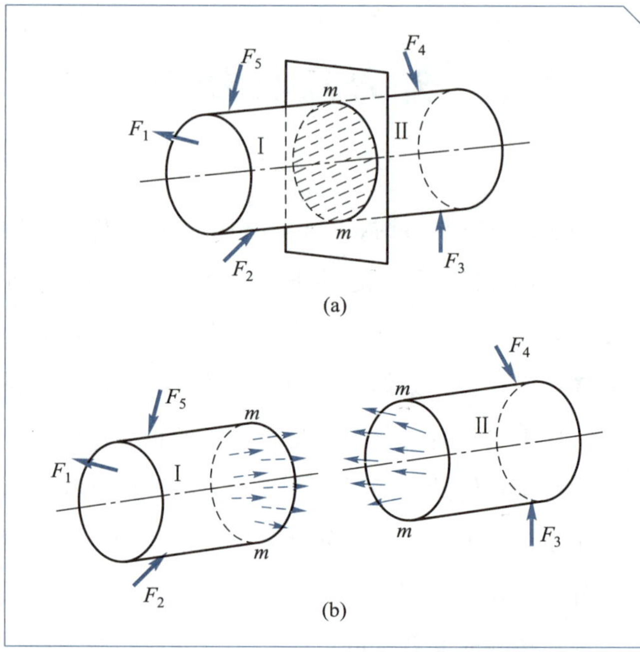

图 1.1

对部分Ⅱ来说，外力 F_3、F_4和 $m-m$ 截面上的内力保持平衡，根据平衡方程就可以确定 $m-m$ 截面上的内力。

上述用截面假想地把构件分成两部分，以显示并确定内力的方法称为截面法。可将其归纳为以下三个步骤：

（1）欲求某一截面上的内力时，先沿该截面假想地把构件分成两部分，然后任意地取出一部分作为研究对象，并弃去另一部分。

（2）用作用于截面上的内力代替弃去部分对取出部分的作用。

（3）建立取出部分的平衡方程，确定未知的内力。

例 1.1 钻床如图 1.2a 所示，在载荷 F 作用下，试确定 $m-m$ 截面上的内力。

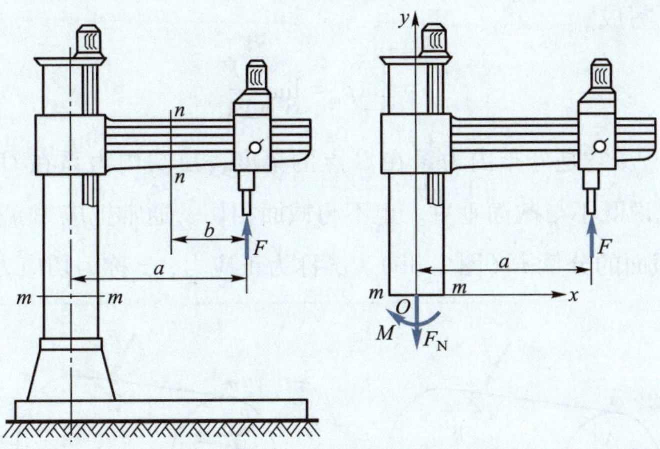

图 1.2

解：（1）沿 $m-m$ 截面假想地将钻床分成两部分。取 $m-m$ 截面以上部分进行研究（图 1.2b），并以截面的形心 O 为原点，建立如图所示的 Oxy 坐标系。

（2）外力 F 将使 $m-m$ 截面以上部分沿 y 轴方向发生位移，并绕 O 点转动，$m-m$ 截面以下部分必然以内力 F_N 及 M 作用于截面上，以保持上部的平衡。这里 F_N 为通过 O 点的力，M 为对 O 点的力偶矩。

（3）由平衡条件

$$\sum F_y = 0, \quad F - F_N = 0$$

$$\sum M_O = 0, \quad Fa - M = 0$$

求得内力 F_N 和 M 分别为

$$F_N = F, \quad M = Fa$$

在例 1.1 中，内力 F_N 和 M 是 $m-m$ 截面上分布内力系向截面形心 O 点简化后的结果。用它们可以说明 $m-m$ 截面以上部分的内力和外力的平衡关系，但不能说明分布内力系在截面内某一点处的强弱程度。为此，我们引入内力集度的概念。设在图 1.1b 所示受力构件的 $m-m$ 截面上，围绕 C 点取微小面积 ΔA（图 1.3a），ΔA 上分布内力的合力为 ΔF。ΔF 的大小和方向与 C 点的位置和 ΔA 的大小有关。ΔF 与 ΔA 的比值为

$$p_m = \frac{\Delta F}{\Delta A} \tag{a}$$

p_m是一个矢量，代表在 ΔA 范围内，单位面积上内力的平均集度，称为平均应力。随着 ΔA 的逐渐缩小，p_m的大小和方向都将逐渐变化。当 ΔA 趋于零时，p_m 的大小和方向都将趋于一定极限。可写成

$$p = \lim_{\Delta A \to 0} p_m = \lim_{\Delta A \to 0} \frac{\Delta F}{\Delta A} \tag{1.1}$$

p 称为 C 点的应力①。它是分布内力系在 C 点的集度，反映内力系在 C 点的强弱程度。p 是一个矢量，一般说既不与截面垂直，也不与截面相切。通常把应力 p 分解成垂直于截面的分量 σ 和切于截面的分量 τ（图 1.3b）。σ 称为正应力，τ 称为切应力。

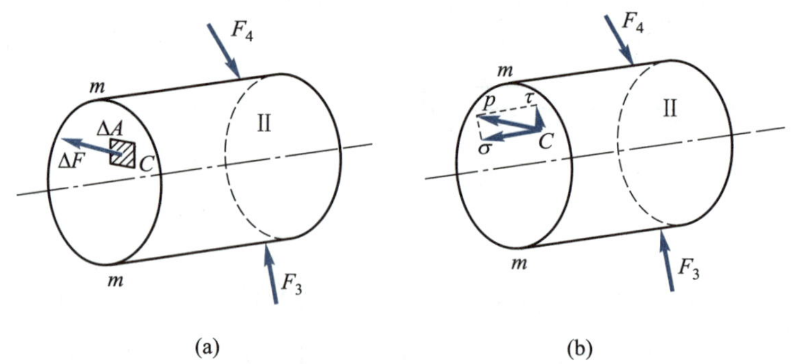

图 1.3

在我国法定计量单位中，应力的单位是 Pa（帕），称为帕斯卡，1 Pa = 1 N/m^2。由于这个单位太小，在工程实际中使用不便，通常使用 MPa（读作兆帕），1 MPa = 10^6 Pa。

§1.5 变形与应变

材料力学研究固体的变形，除了为研究构件的刚度外，还因固体由外力引起的变形与内力的分布相关。

在图 1.4a 中，固体的 M 点因变形移动到 M'，MM' 即为 M 点的位移。这里假设固体因受到约束，不可能发生刚性位移，M 点的位移全是由变形引起的。如允许作刚性运动，

① 按照这里给出的应力的定义，$\Delta A \to 0$ 时，在传统线弹性理论中，ΔA 上的内力的极限状态将是一个力，而不是一个力和一个力偶。

则应在总位移中扣除刚性位移。设想在 M 点附近取棱边的长度分别为 Δx、Δy、Δz 的微小正六面体（当六面体的边长趋于无限小时称为单元体），变形后六面体的边长和棱边的夹角都将发生变化，如虚线所示。把上述六面体投影于 $x-y$ 平面，并放大为图 1.4b。变形前平行于 x 轴的线段 MN 原长为 Δx，变形后 M 和 N 分别移动到 M' 和 N'。$M'N'$ 的长度为 $\Delta x+\Delta s$。这里 $\Delta s=M'N'-MN$，代表线段 MN 的长度变化量。比值

$$\varepsilon_{\mathrm{m}}=\frac{M'N'-MN}{MN}=\frac{\Delta s}{\Delta x} \tag{1.2}$$

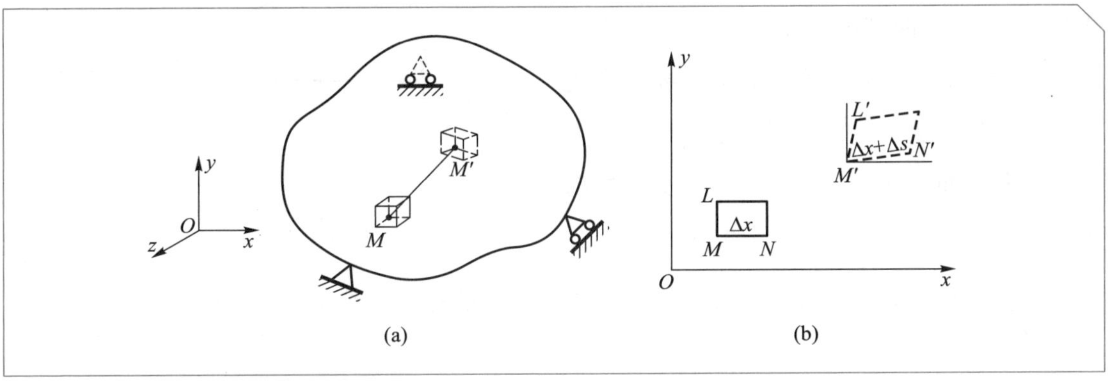

图 1.4

表示线段 MN 单位长度的平均伸长或缩短，称为平均线应变。逐渐缩小 N 点和 M 点的距离，使 MN 趋近于零，则 ε_{m} 的极限为

$$\varepsilon=\lim_{MN\to 0}\frac{M'N'-MN}{MN}=\lim_{\Delta x\to 0}\frac{\Delta s}{\Delta x} \tag{1.3}$$

ε 称为 M 点沿 x 方向的线应变或称为正应变。如线段 MN 内各点沿 x 方向的变形程度是均匀的，则平均线应变也就是 M 点的正应变。如在 MN 内各点的变形程度并不相同，则只有由式（1.3）定义的应变，才能表示 M 点沿 x 方向长度变化的程度。用完全相似的方法，还可讨论沿 y 和 z 方向的正应变。

固体的变形不但表现为线段长度的改变，而且正交线段的夹角也将发生变化。例如，在图 1.4b 中，变形前 MN 和 ML 正交，变形后 $M'N'$ 和 $M'L'$ 的夹角变为 $\angle L'M'N'$。变形前、后角度的变化量是 $\left(\frac{\pi}{2}-\angle L'M'N'\right)$。当 N 和 L 都趋近于 M 时，上述角度变化量的极限值

$$\gamma=\lim_{\substack{MN\to 0\\ ML\to 0}}\left(\frac{\pi}{2}-\angle L'M'N'\right) \tag{1.4}$$

称为 M 点在 $x-y$ 平面内的切应变。

正应变 ε 和切应变 γ 是度量一点处变形程度的两个基本量。它们的量纲为一。

实际构件的变形一般是极其微小的，要用精密的仪器才可测定。材料力学所研究的问题限于小变形的情况，即认为无论是变形或因变形引起的位移，其大小都远小于构件的最小尺寸。例如，在图 1.5 中，支架的各杆因受力而变形，引起载荷作用点的位移。但因水平和铅垂位移 δ_1 和 δ_2 都是非常微小的量，所以当列出各杆内力和 F 在节点 A 的平衡方程时，仍用支架变形前的形状和尺寸，即把支架的变形忽略不计，这种方法称为原始尺寸原理，它使计算得到很大的简化。否则，为求出 AB 和 AC 两杆所受的力，应先列出节点 A 的平衡方程。列平衡方程时又要考虑支架形状和尺寸的变化，亦即考虑两杆内力方向的变化。而这些变化在求得两杆受力之前又是未知的，问题就变得十分复杂了。

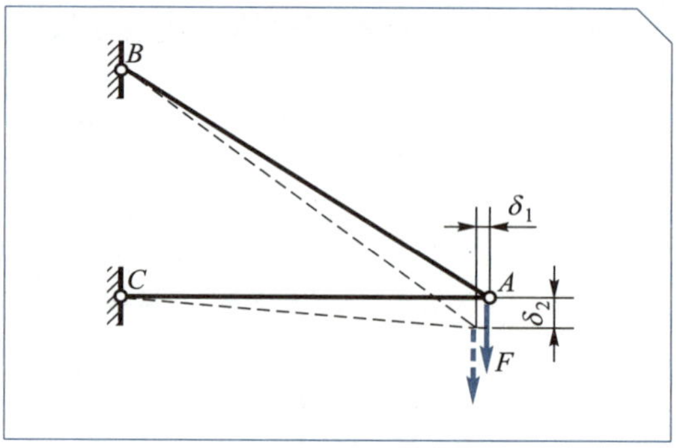

图 1.5

正因为位移和应变等都是微小的量，所以这些量的平方或乘积与其一次方相比，就可作为高阶小量。

例 1.2 两边固定的薄板如图 1.6 所示。若变形后 ab 和 ad 两边保持为直线，a 点沿垂直方向向下的位移为 0.025 mm。试求 ab 边的平均正应变和 ab、ad 两边夹角的变化量。

解： 由式（1.2），ab 边的平均应变为

$$\varepsilon_{\mathrm{m}}=\frac{a'b-ab}{ab}=\frac{0.025\ \mathrm{mm}}{200\ \mathrm{mm}}=125\times10^{-6}\text{①}$$

变形后 ab 和 ad 两边的夹角变化量为

$$\frac{\pi}{2}-\angle ba'd=\gamma$$

由于 γ 非常微小，有

$$\gamma\approx\tan\gamma=\frac{aa'}{ad}=\frac{0.025\ \mathrm{mm}}{250\ \mathrm{mm}}$$

$$=100\times10^{-6}\ \mathrm{rad}$$

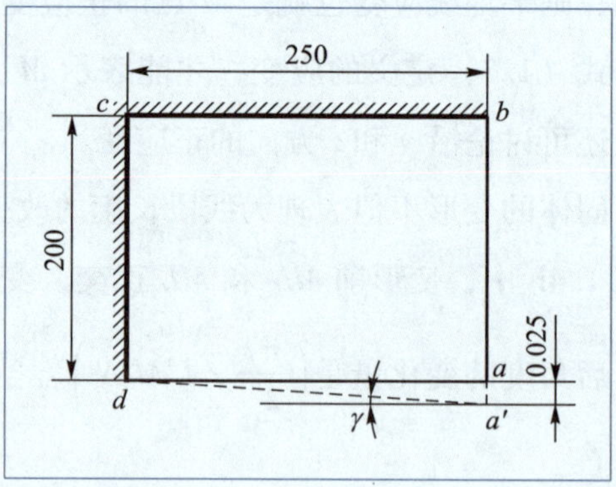

图 1.6

① 此处采用 $\times10^{-6}$ 的写法，是因为工程实际中应变都非常小。在实验应变电测分析中，通常会引入微应变的概念，一个微应变相当于 10^{-6}。

§1.6 杆件变形的基本形式

实际构件有各种不同的形状。材料力学主要研究长度远大于横截面尺寸的构件，称为杆件，或简称为杆。杆件的轴线是杆件各横截面形心的连线。轴线为直线的杆件称为直杆。横截面大小和形状不变的直杆称为等直杆。轴线为曲线的杆件称为曲杆。工程上常见的很多构件都可以简化为杆件，如连杆、传动轴、立柱、丝杆、吊臂、梁等。某些构件，如齿轮的轮齿、曲轴的轴颈等，并不是典型的杆件，但在近似计算或定性分析中也可简化为杆件。所以杆件是工程中最基本的构件。

除杆件外，工程中常用的构件还有平板和壳体等。

杆件受力有多种情况，相应的变形就有多种形式。就杆件一点周围的一个微分单元体来说，它的变形由前节指出的线应变和切应变来描述。所有单元体的变形的积累就形成杆件的整体变形。杆件变形的基本形式有以下四种：

1. 轴向拉伸或压缩 图 1.7a 表示一简易吊车，在载荷 F 作用下，AC 杆受到拉伸（图 1.7b），而 BC 杆受到压缩（图 1.7c）。这类变形形式是由大小相等、方向相反、作用线与杆件轴线重合的一对力引起的，表现为杆件的长度发生伸长或缩短。起吊重物的钢索、桁架的杆件、液压油缸的活塞杆等的变形，都属于轴向拉伸或压缩变形。

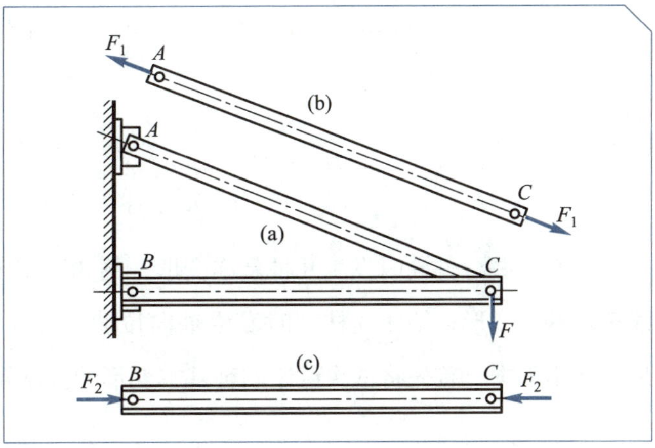

图 1.7

2. 剪切 图 1.8a 表示一铆钉连接，在一对力 F 作用下，铆钉即受到剪切。这类变形形式是由大小相等、方向相反、相互平行的力引起的，表现为受剪杆件的两部分沿外力作用方向发生相对错动（图 1.8b）。机械中常用的连接件，如键、销和螺栓等在工作中都产生剪切变形。

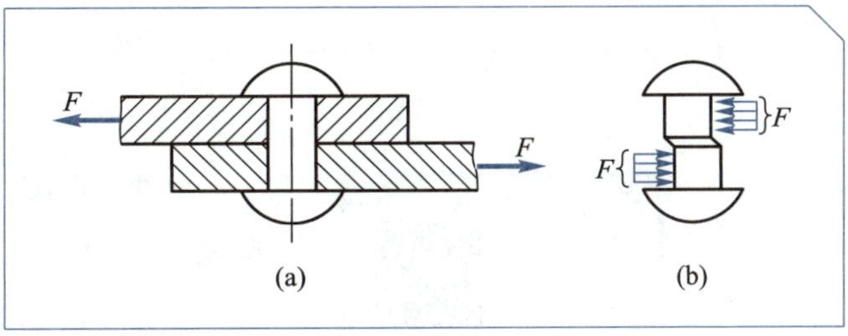

图 1.8

3. 扭转 图 1.9a 所示的汽车转向轴 AB，在工作时发生扭转变形。这类变形形式是由大小相等、方向相反、作用面都垂直于杆轴的两个力偶引起的（图 1.9b），表现为杆件的任意两个横截面发生绕轴线的相对转动。汽车的传动轴、电机和水轮机的主轴等，都是受扭杆件。

4. 弯曲 图 1.10a 所示的火车轮轴的变形，即为弯曲变形。这类变形形式是由垂直于杆件轴线的横向力，或由作用于包含杆件轴线的纵向平面内的一对大小相等、方向相反的力偶引起的，表现为杆件轴线由直线变为曲线（图 1.10b）。在工程中，受弯杆件是最常遇到的。桥式起重机的大梁、各种传动轴及车刀等的变形，都属于弯曲变形。

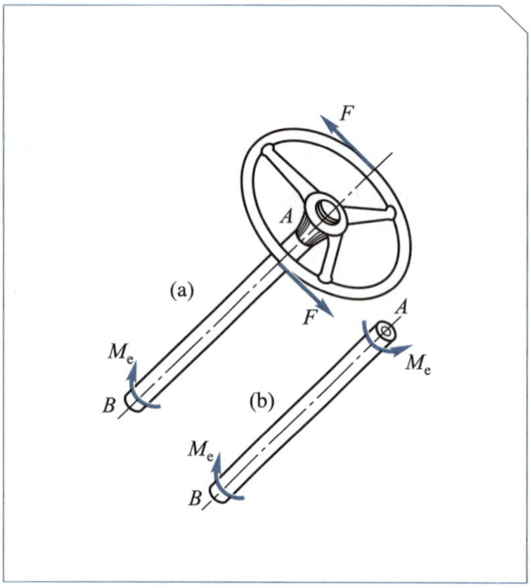

图 1.9

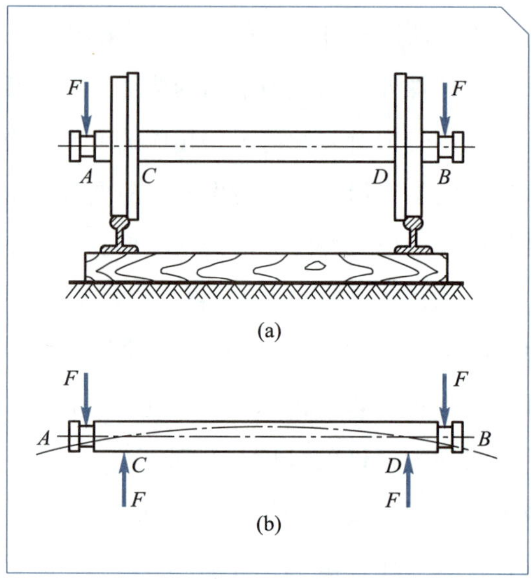

图 1.10

还有一些杆件同时发生几种基本变形，例如，车床主轴工作时同时发生弯曲、扭转和压缩三种基本变形；钻床立柱同时发生轴向拉伸和弯曲两种基本变形。这种情况称为组合变形。在本书中，首先将依次讨论四种基本变形的强度及刚度计算，然后再讨论组合变形。

习　题

习题：
第一章绪论

1.1 对图 1.2a 所示钻床，试求 $n-n$ 截面上的内力。

1.2 试求图示结构 $m-m$ 和 $n-n$ 两截面上的内力，并指出 AB 和 BC 两杆的变形属于哪一类基本变形。

1.3 在图示简易吊车的横梁上，力 F 可以左右移动。试求截面 1-1 和 2-2 上的内力及其最大值。

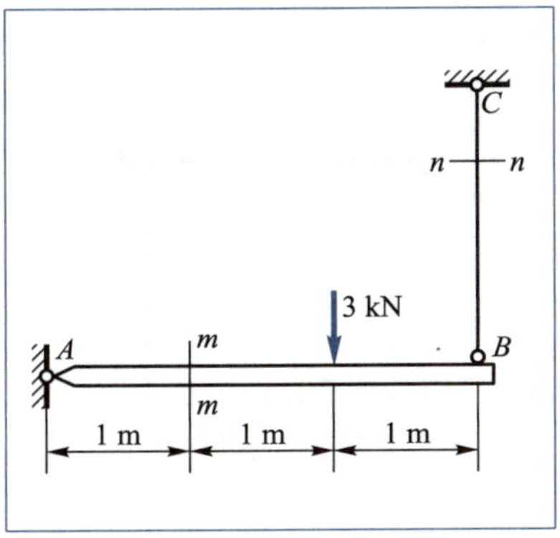

题 1.2 图

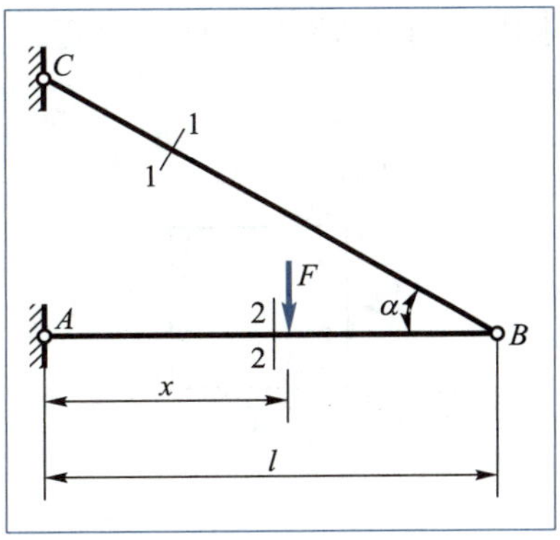

题 1.3 图

1.4 图示拉伸试样上 A、B 两点的距离 l 称为标距。受拉力作用后，用引伸计量出两点距离的增量为 $\Delta l=5\times10^{-2}$ mm。若 l 的原长为 100 mm，试求 A 与 B 两点间的平均线应变 ε_m。

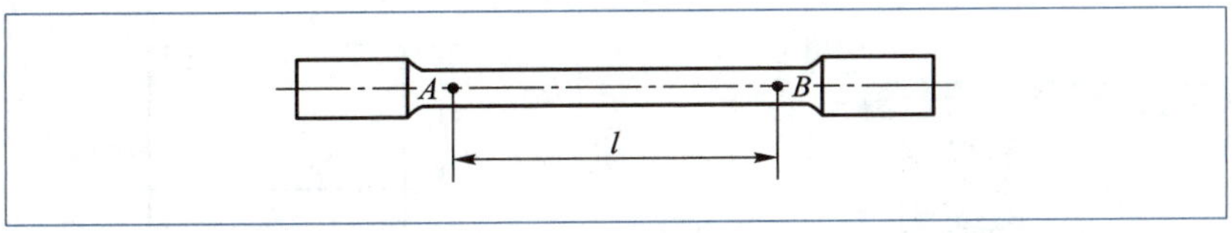

题 1.4 图

1.5 图示三角形薄板因受外力作用而变形，角点 B 垂直向上的位移为 0.03 mm，但 AB 和 BC 仍保持为直线。试求沿 OB 的平均线应变，并求薄板在 B 点处的切应变。

1.6 图示圆形薄板的半径为 R，变形后 R 的增量为 ΔR。若 $R=80$ mm，$\Delta R=3\times10^{-3}$ mm，试求沿半径方向和外圆圆周方向的平均线应变。

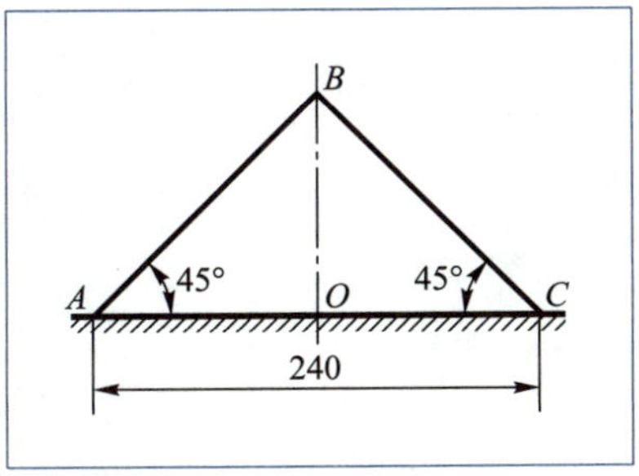

题 1.5 图

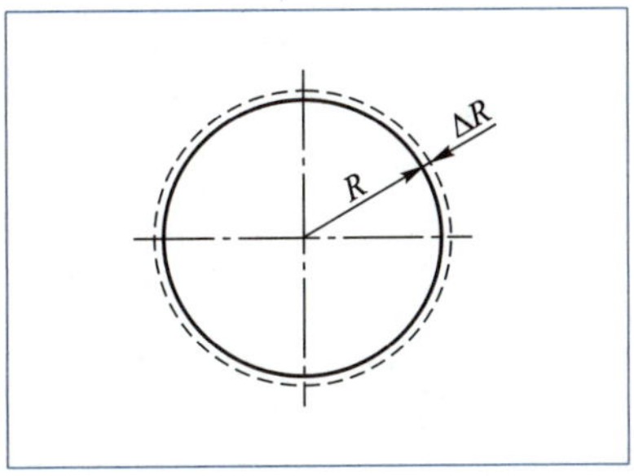

题 1.6 图

1.7 取出某变形体在 A 点的微元体如图中实线所示，变形后的微元体如图中虚线所示。试求 A 点的切应变。

1.8 图示正方形薄板，边长为 a，变形后边长增加了 Δa。试求沿对角线 AB 的平均线应变。

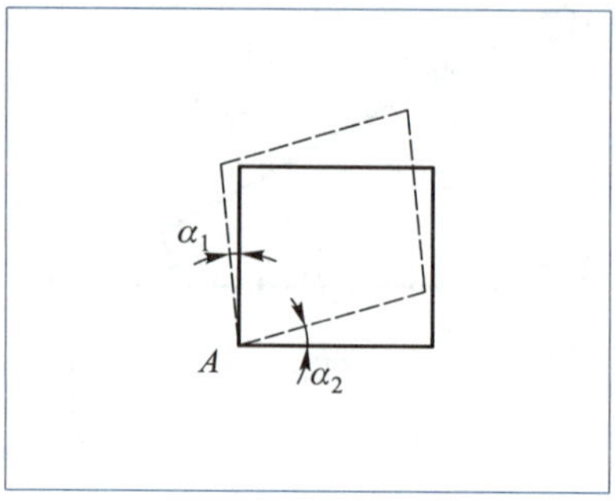

题 1.7 图

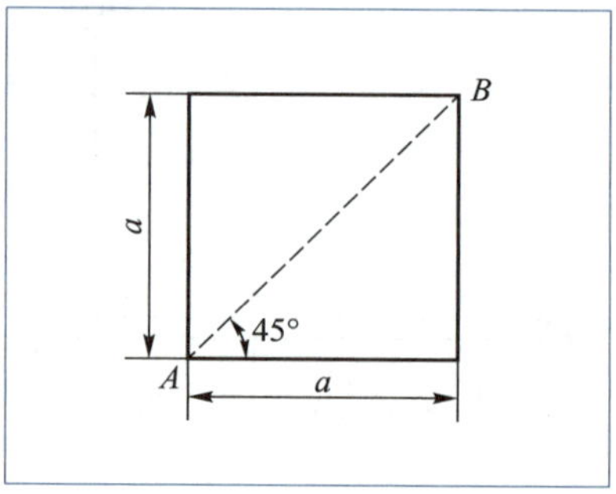

题 1.8 图

1.9 图示矩形薄板，长度为 a，宽度为 b，变形后长度增加了 Δa，宽度保持不变。试求沿对角线 AB 的平均线应变。

第一章习题
参考答案

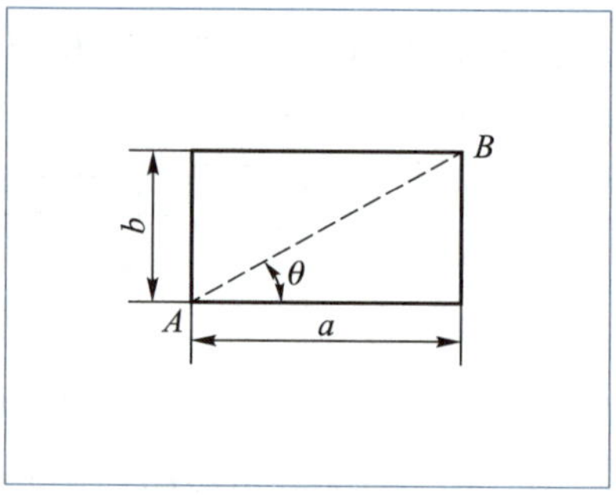

题 1.9 图

第二章

轴向拉伸与压缩 剪切与挤压

§2.1 轴向拉伸与压缩的概念和实例

生产实践中经常遇到承受拉伸或压缩的杆件。例如，液压传动机构中的活塞杆在油压和工作阻力作用下受拉（图 2. 1a），内燃机的连杆在燃气爆发冲程中受压（图 2. 1b）。此外如起重钢索在起吊重物时，拉床的拉刀在拉削工件时，都承受拉伸；千斤顶的螺杆在顶起重物时，则承受轴向压缩。至于桁架中的杆件，除了零杆以外则不是受拉便是受压。

工程结构中的轴向拉伸和压缩构件（一）

工程结构中的轴向拉伸和压缩构件（二）

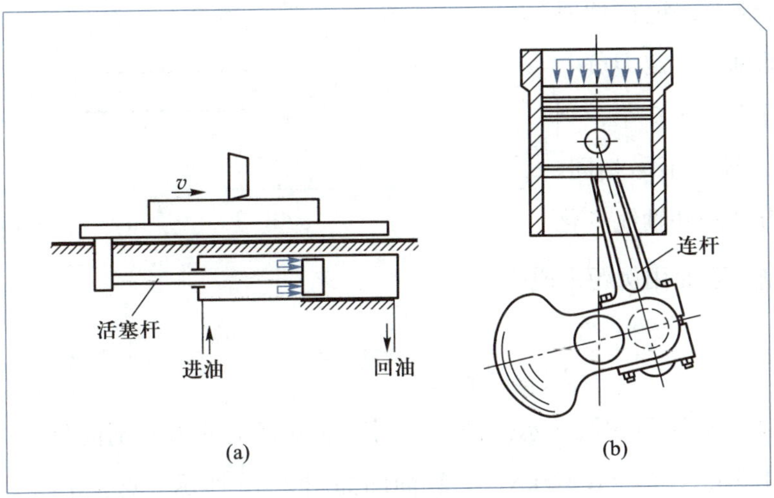

图 2. 1

这些受拉或受压的杆件虽外形各有差异，加载方式也并不相同，但它们的共同特点是：作用于杆件两端的外力合力的作用线与杆件轴线重合，杆件变形是沿轴线方向的伸长或缩短。所以，若把这些杆件的形状和受力情况进行简化，都可以简化成图 2. 2 所示的受力简图。图中用虚线表示变形后的形状。

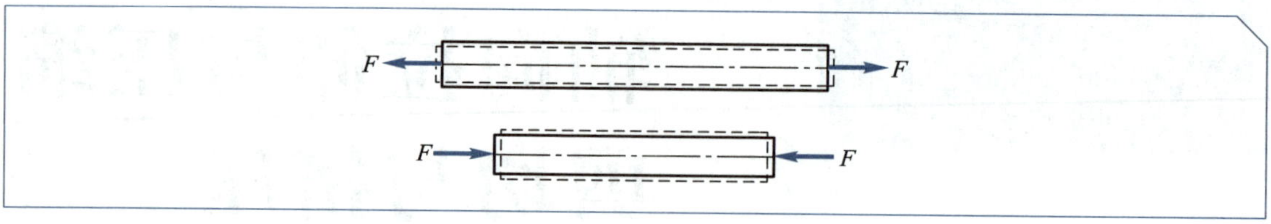

图 2.2

§ 2.2 轴向拉伸与压缩时横截面上的内力和应力

为了显示拉（压）杆横截面上的内力，沿横截面 m–m 假想地把杆件分成两部分（图 2.3a）。杆件左右两段在横截面 m–m 上相互作用的内力是一个分布力系（图 2.3b 或 c），其合力为 F_N。由左段的平衡方程 $\sum F_x=0$，得

$$F_N-F=0$$

$$F_N=F$$

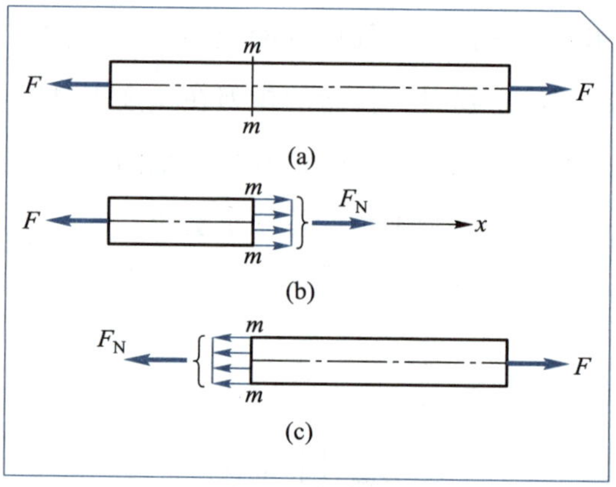

图 2.3

因为外力 F 的作用线与杆件轴线重合，内力的合力 F_N 的作用线也必然与杆件的轴线重合，所以 F_N 称为轴力。习惯上，把拉伸时的轴力规定为正，压缩时的轴力规定为负。

若沿杆件轴线作用的外力多于 2 个，则在杆件各部分的横截面上，轴力不尽相同。这时往往用轴力图表示轴力沿杆件轴线变化的情况。关于轴力图的绘制，下面用例题来说明。

例 2.1 图 2.4a 为一双压手铆机的示意图。作用于活塞杆上的力分别简化为 $F_1=2.62$ kN，$F_2=1.3$ kN，$F_3=1.32$ kN，计算简图如图 2.4b 所示。这里 F_2 和 F_3 分别是以压强 p_2 和 p_3 乘以作用面积得出的。试求活塞杆横截面 1–1 和 2–2 上的轴力，并作活塞杆的轴力图。

解： 使用截面法，沿截面 1–1 将活塞杆分成两段，取出左段，并画出受力图（图 2.4c）。用 F_{N1} 表示右段对左段的作用，为了保持左段的平衡，F_{N1} 和 F_1 大小

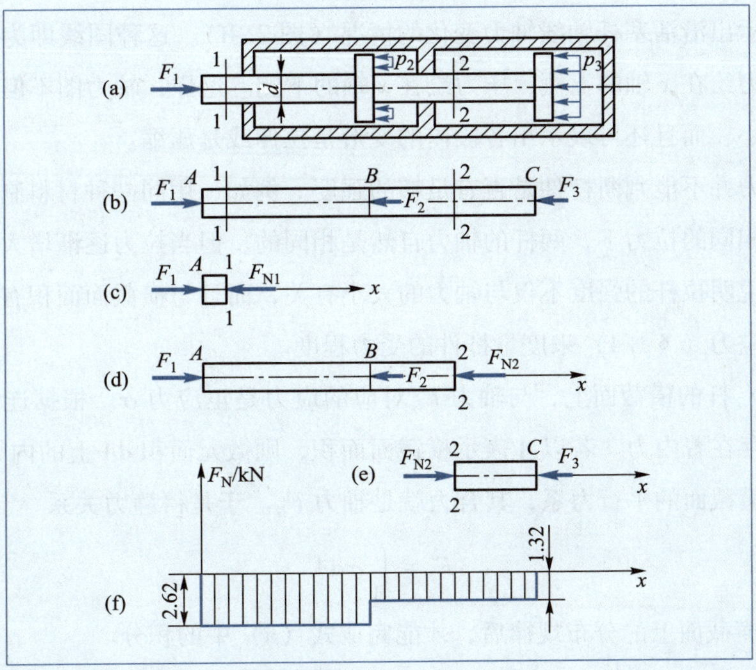

图 2.4

相等，方向相反，而且共线，故截面 1-1 左边的一段受压，F_{N1} 为负。由左段的平衡方程 $\sum F_x=0$，得

$$F_1-F_{N1}=0$$

由此确定了 F_{N1} 的大小是

$$F_{N1}=F_1=2.62\ \text{kN}\quad （压力）$$

同理，可以计算横截面 2-2 上的轴力 F_{N2}。由截面 2-2 左边一段（图 2.4d）的平衡方程 $\sum F_x=0$，得

$$F_1-F_2-F_{N2}=0$$

$$F_{N2}=F_1-F_2=1.32\ \text{kN}\quad （压力）$$

如研究截面 2-2 右边的一段（图 2.4e），由平衡方程 $\sum F_x=0$，得

$$F_{N2}-F_3=0$$

$$F_{N2}=F_3=1.32\ \text{kN}\quad （压力）$$

所得结果与前面相同，计算却比较简单。所以计算时应选取受力比较简单的一段作为分析对象。

若选取一个坐标系①，其横坐标表示横截面的位置，纵坐标表示相应截面上的轴力，便可用图线表示出沿活塞杆轴线轴力变化的情况（图 2.4f）。这种图线即为轴力图。在轴力图中，将拉力绘在 x 轴的上侧，压力绘在 x 轴的下侧。这样，轴力图不但显示出杆件各段内轴力的大小，而且还可表示出各段内的变形是拉伸或是压缩。

只根据轴力并不能判断杆件是否有足够的强度。例如，用同一种材料制成粗细不同的两根杆件，在相同的拉力下，两杆的轴力自然是相同的。但当拉力逐渐增大时，细杆必定先被拉断。这说明拉杆的强度不仅与轴力的大小有关，而且与横截面面积有关。所以必须用横截面上的应力（§1.4）来度量杆件的受力程度。

在拉（压）杆的横截面上，与轴力 F_N 对应的应力是正应力 σ。根据连续性假设，横截面上到处都存在着内力。若以 A 表示横截面面积，则微元面积 dA 上的内力元素 σdA 组成一个垂直于横截面的平行力系，其合力就是轴力 F_N。于是得静力关系

$$F_N = \int_A \sigma dA \tag{a}$$

只有知道 σ 在横截面上的分布规律后，才能完成式（a）中的积分。

为了求得 σ 的分布规律，应从研究杆件的变形入手。变形前，在矩形截面等直杆的侧面上画两条垂直于杆轴的直线 ab 和 cd（图 2.5）。拉伸变形后，发现 ab 和 cd 仍为直线，且仍然垂直于轴线，只是分别平行地移至 $a'b'$ 和 $c'd'$。根据这一现象，可以假设：变形前原为平面的横截面，变形后仍保持为平面且仍垂直于轴线。这就是平面假设。由此可以推断，拉杆所有纵向纤维的伸长量是相等的。尽管现在还不知纤维伸长和应力之间存在怎样的关系，但因材料是均匀的（§1.2），所有纵向纤维的力学性能相同。由它们的变形相等和力学性能相同，可以推定各纵向纤维的受力是一样的。所以，横截面上各点的正应力 σ 相等，即正应力均匀分布于横截面上。于是由式（a）得

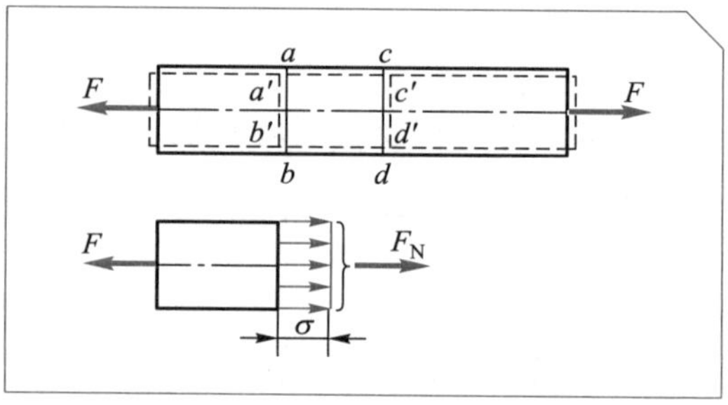

图 2.5

$$F_N = \sigma \int_A dA = \sigma A \tag{b}$$

$$\sigma = \frac{F_N}{A} \tag{2.1}$$

公式（2.1）同样可用于 F_N 为压力时的压应力计算。不过，细长杆受压时容易被压

① 本书在此类坐标系中，统一省去坐标原点。

弯，属于稳定性问题，将在第九章中讨论。这里所指的是受压杆限于未被压弯的情况。关于正应力的符号，一般规定拉应力为正，压应力为负。

导出公式（2.1）时，要求外力合力与杆件轴线重合，这样才能保证各纵向纤维变形相等，横截面上正应力均匀分布。若轴力沿轴线变化，可先作出轴力图，再由公式（2.1）求出不同横截面上的应力。当截面的尺寸也沿轴线变化时（图2.6），只要变化缓慢，外力合力与轴线重合，公式（2.1）仍可使用。这时把它写成

$$\sigma(x)=\frac{F_{\mathrm{N}}(x)}{A(x)} \tag{2.2}$$

式中，$\sigma(x)$、$F_{\mathrm{N}}(x)$ 和 $A(x)$ 表示这些量都是横截面位置（坐标 x）的函数。

若以集中力作用于杆件端面上，则集中力作用点附近区域内的应力分布比较复杂，公式（2.1）只能计算这个区域内横截面上的平均应力，不能描述作用点附近的真实情况。工程实际中，端面上外力作用的形式有多种，例如，图2.7a和b表示的就是典型的对钢索和拉伸试样施加外力的方式。显然，这两种情形在外力作用区域内产生的外力分布形式是不同的。这就引出，端面上外力作用方式的不同，对应力分布的影响区域会有多大的问题。圣维南原理指出：如用与外力系静力等效的合力来代替原力系，则除在原力系作用区域内有明显差别外，在离外力作用区域略远处（例如，距离约等于横截面尺寸处），上述代替的影响就非常微小，可以不计。这个原理已被实验所证实。根据这个原理，图2.7a和b所示杆件虽上端外力的作用方式不同，但可用其合力代替，这就简化成相同的计算简图（图2.7c）。在距端面略远处都可用公式（2.1）计算应力。

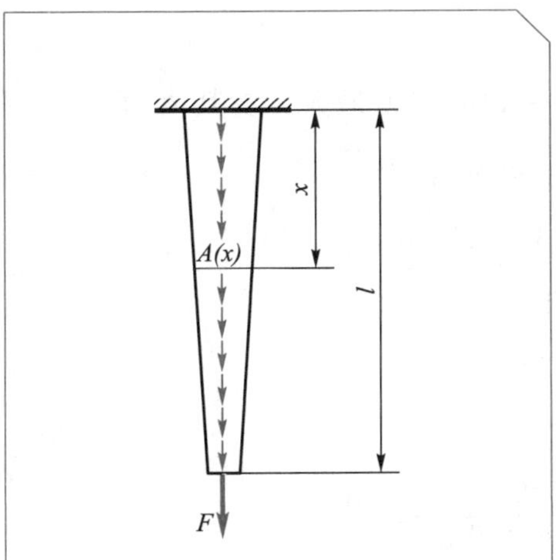

图2.6

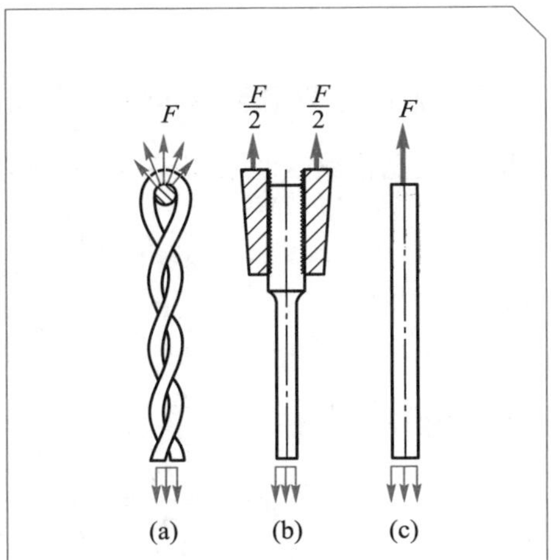

图2.7

例 2.2 图 2.8a 所示为一悬臂吊车的简图，斜杆 AB 为直径 $d=20$ mm 的钢杆，载荷 $W=15$ kN。当 W 移到 A 点时，求斜杆 AB 横截面上的应力。

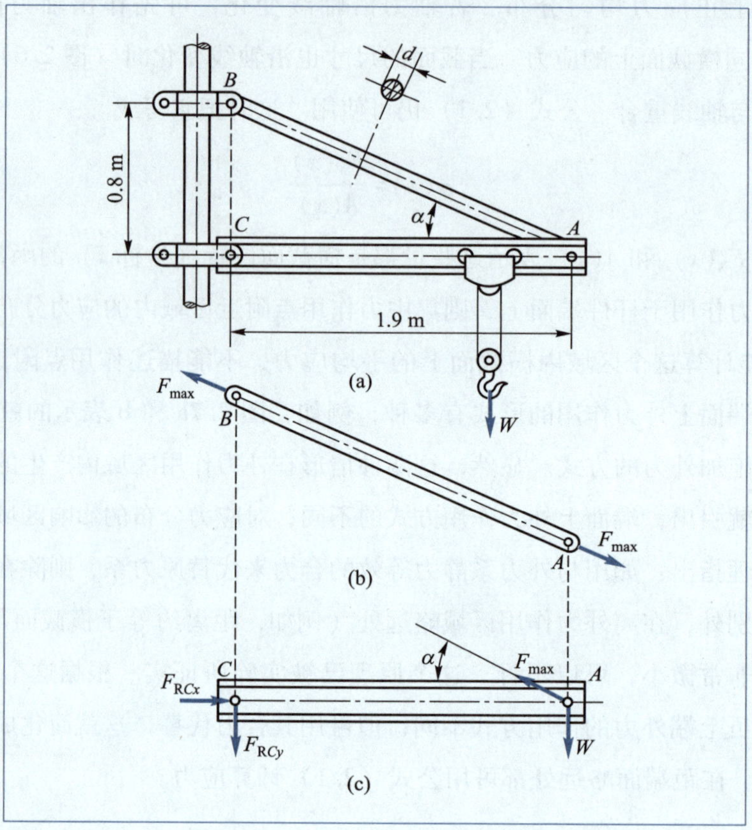

图 2.8

解： 当载荷 W 移到 A 点时，斜杆 AB 受到的拉力最大，设其值为 F_{max}（图 2.8b）。根据横梁（图 2.8c）的平衡方程 $\sum M_C=0$，得

$$F_{max}\sin\alpha \cdot AC-W\cdot AC=0$$

$$F_{max}=\frac{W}{\sin\alpha}$$

由 Rt$\triangle ABC$ 求出

$$\sin\alpha=\frac{BC}{AB}=\frac{0.8\ \text{m}}{\sqrt{(0.8\ \text{m})^2+(1.9\ \text{m})^2}}=0.388$$

故有

$$F_{max}=\frac{W}{\sin\alpha}=\frac{15\ \text{kN}}{0.388}=38.7\ \text{kN}$$

斜杆 AB 的轴力为

$$F_N=F_{max}=38.7\ \text{kN}$$

由此求得斜杆 AB 横截面上的应力为

$$\sigma=\frac{F_N}{A}=\frac{38.7\times10^3\ \text{N}}{\frac{\pi}{4}(20\times10^{-3}\text{m})^2}=123\times10^6\ \text{Pa}=123\ \text{MPa}$$

§2.3 直杆轴向拉伸与压缩时斜截面上的应力

前面讨论了轴向拉伸或压缩时，直杆横截面上的正应力，它是今后强度计算的依据。但不同材料的实验表明，拉（压）杆的破坏并不总是沿横截面发生，有时却是沿斜截面发生的。为此，应进一步讨论斜截面上的应力。

设直杆的轴向拉力为 F（图 2.9a），横截面面积为 A，由式（2.1），横截面上的正应力 σ 为

$$\sigma=\frac{F_N}{A}=\frac{F}{A} \qquad \text{(a)}$$

设与横截面成 α 角的斜截面 $k-k$ 的面积为 A_α，A_α与 A 之间的关系应为

$$A_\alpha=\frac{A}{\cos\alpha} \qquad \text{(b)}$$

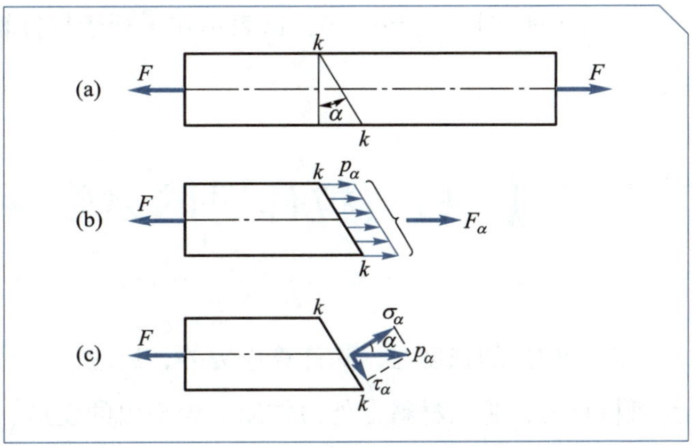

图 2.9

若沿斜截面 $k-k$ 假想地把杆件分成两部分，以 F_α表示斜截面 $k-k$ 上的内力，由左段的平衡（图 2.9b）可知

$$F_\alpha=F$$

仿照证明横截面上正应力均匀分布的方法（§2.2），可知斜截面上的应力也是均匀分布的。若以 p_α表示斜截面 $k-k$ 上的应力，于是有

$$p_\alpha = \frac{F_\alpha}{A_\alpha} = \frac{F}{A_\alpha} \tag{c}$$

将式（b）代入式（c），并注意到式（a）所表示的关系，得

$$p_\alpha = \frac{F}{A}\cos\alpha = \sigma\cos\alpha \tag{d}$$

把应力 p_α 分解成垂直于斜截面的正应力 σ_α 和相切于斜截面的切应力 τ_α（图 2.9c），即

$$\sigma_\alpha = p_\alpha\cos\alpha = \sigma\cos^2\alpha \tag{2.3}$$

$$\tau_\alpha = p_\alpha\sin\alpha = \sigma\cos\alpha\sin\alpha = \frac{\sigma}{2}\sin 2\alpha \tag{2.4}$$

从以上公式看出，σ_α和τ_α都是α的函数，所以斜截面的方位不同，截面上的应力也就不同。当$\alpha=0$时，斜截面$k-k$成为垂直于轴线的横截面，σ_α达到最大值，且

$$\sigma_{\alpha\max} = \sigma \tag{2.5}$$

当$\alpha=45°$时，τ_α达到最大值，且

$$\tau_{\alpha\max} = \frac{\sigma}{2} \tag{2.6}$$

可见，轴向拉伸（压缩）时，在杆件的横截面上，正应力为最大值；在与杆件轴线成45°的斜截面上，切应力为最大值，且最大切应力在数值上等于最大正应力的二分之一。此外，当$\alpha=90°$时，$\sigma_\alpha=\tau_\alpha=0$，这表示在平行于杆件轴线的纵向截面上无任何应力。

§2.4　材料拉伸时的力学性能

分析构件的强度时，除计算应力外，还应了解材料的力学性能。材料的力学性能也称为机械性质，是指材料在外力作用下表现出的变形、破坏等方面的特性。它须由实验来测定。在室温下，以缓慢平稳的加载方式进行试验，称为常温静载试验，是测定材料力学性能的基本试验。为了便于比较不同材料的试验结果，对试样的形状、加工精度、加载速度、试验环境等，国家标准①都有统一规定。在试样平行长度内取长度为 l_o 的一段（图 2.10）作为试验段，l_o 称为原始标距。对于比例试样，原始标距有两种选择，即

①《金属材料拉伸试验　第1部分：室温试验方法》（GB/T 228.1—2021）。

$$l_o=5.65\sqrt{S_o} \quad 或 \quad l_o=11.3\sqrt{S_o} \tag{a}$$

式中，S_o 为平行长度内试样的原始横截面面积，特别地，对圆形截面，比例试样原始标距 l_o 的两种选择有如下关系式：

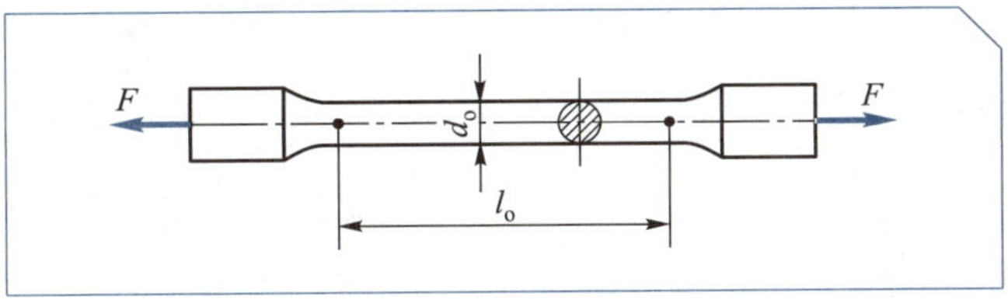

图 2.10

$$l_o=5d_o \quad 或 \quad l_o=10d_o \tag{b}$$

式中，d_o 为平行长度内试样的原始直径。

工程上常用的材料品种很多，下面以低碳钢和铸铁为主要代表，介绍材料拉伸时的力学性能。

一、低碳钢拉伸时的力学性能

低碳钢拉伸实验——试样及引伸计安装

低碳钢是指含碳量在 0.3%以下的碳素钢。这类钢材在工程中使用较广，在拉伸试验中表现出的力学性能也最为典型。

常用加载设备有液压万能试验机和电子万能试验机两种，测量试样平行长度内指定长度段（通常取 50 mm）的伸长量，其常用仪器是引伸计。

低碳钢拉伸实验曲线

试样装在试验机上，施加缓慢增加的拉力。对应着每一个拉力 F，试样标距 l_o 范围内的试验段有一个伸长量 Δl①。表示 F 和 Δl 的关系的曲线，称为拉伸图或 $F-\Delta l$ 曲线，如图 2.11 所示。

$F-\Delta l$ 曲线与试样的尺寸有关。为了消除试样尺寸的影响，把拉力 F 除以试样横截面的原始面积 A_o，得出正应力：$\sigma=\dfrac{F}{A_o}$；同时，把伸长量 Δl 除以标距的原始长度 l_o，得到应变：$\varepsilon=\dfrac{\Delta l}{l_o}$。附带指出，按 §1.5 的定义，$\dfrac{\Delta l}{l_o}$是标距 l_o 内的平均应变。因在标距 l_o 内各点应变相等，应变是均匀的，这时，任意点的应变都与平均应变相同。特别指出：这里用横截面的面积和标距长度的原始值计算得到的应力和应变

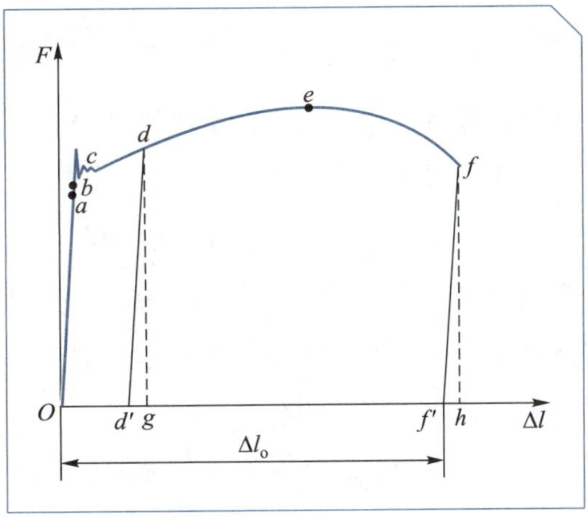

图 2.11

① 在实际测试中，记录的是引伸计标距 L_e 的增量，称为延伸。

实质上是名义应力（也称工程应力）和名义应变（也称工程应变）。若考虑因受力变形引起的横截面面积和标距长度的改变，即改用实际的面积和实际的标距长度，则相应地得到真实应力和真实应变。在大变形非线性问题的研究中，真实应力和真实应变是非常重要的概念。材料力学主要研究小变形问题，变形引起的截面尺寸和标距长度的改变很小。因此，后续研究中，采用的是名义应力和名义应变。

以 σ 为纵坐标，ε 为横坐标，作图表示 σ 与 ε 的关系（图 2.12）称为应力-应变图或 σ-ε 曲线①。

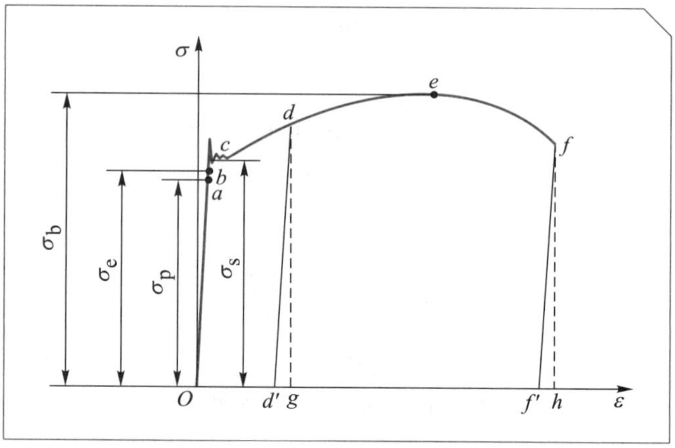

图 2.12

根据试验结果，低碳钢的力学性能大致如下：

1. 弹性阶段 在拉伸的初始阶段，σ 与 ε 的关系为直线 Oa，表示在这一阶段内，应力 σ 与应变 ε 成正比，即

$$\sigma \propto \varepsilon \tag{c}$$

或者把它写成等式

$$\sigma = E\varepsilon \tag{2.7}$$

这就是拉伸或压缩的胡克定律②。式中 E 为与材料有关的比例常数，称为弹性模量。因为应变 ε 的量纲为一，故 E 的量纲与 σ 相同，常用单位为 GPa（$1\ \text{GPa}=10^9\ \text{Pa}$）。式（2.7）表明，$E=\dfrac{\sigma}{\varepsilon}$，而$\dfrac{\sigma}{\varepsilon}$正是直线 Oa 的斜率。直线部分的最高点 a 所对应的应力 σ_p 称为比例极限。显然，只有应力低于比例极限时，应力才与应变成正比，材料才服从胡克定律。这时，称材料是线弹性的。

超过比例极限后，从 a 点到 b 点，σ 与 ε 之间的关系不再是线性的，但解除拉力后变形仍可完全消失，这种变形称为弹性变形。b 点所对应的应力 σ_e 是材料只出现弹性变形的极限值，称为弹性极限。在 σ-ε 曲线上，a、b 两点非常接近，所以工程上对弹性极限和比例极限并不严格区分。

在应力超过弹性极限后，如再解除拉力，则试样变形的一部分随之消失，这就是上面

① 在 GB/T 228.1—2021 中，采用的是应力-延伸率曲线。这里采用传统的应力-应变曲线的描述。

② 根据老亮的考证（见《力学与实践》1987 年第一期），我国东汉经学家郑玄（127—200）在《周礼·考工记·弓人》注中，指出弓的变形与加力的关系是："每加物一石，则张一尺"，最早提出了变形与力成正比的关系，在时间上比胡克早约 1500 年。

提到的弹性变形。但还遗留下一部分不能消失的变形，这种变形称为塑性变形或残余变形。

2. 屈服阶段 当应力超过 b 点增加到某一数值时，应变有非常明显的增加，而应力先是下降，然后作微小的波动，在 $\sigma-\varepsilon$ 曲线上出现接近水平线的小锯齿形线段。这种应力基本保持不变，而应变显著增加的现象，称为屈服或流动。将 $\sigma-\varepsilon$ 曲线上应力首次下降前的最大应力判定为上屈服极限，将不计初始瞬时效应（即舍去第一个谷值应力）时屈服阶段内最小的应力定义为下屈服极限。上屈服极限的数值与试样形状、加载速度等因素有关，一般是不稳定的。下屈服极限则有比较稳定的数值，能够反映材料的性能。通常就把下屈服极限称为屈服极限或屈服强度，用 σ_s 来表示。

低碳钢拉伸实验——屈服阶段

表面磨光的试样屈服时，表面将出现与轴线大致成 45°倾角的条纹（图 2.13）。这是由于材料内部相对滑移形成的，称为滑移线。因为拉伸时在与杆轴成 45°倾角的斜截面上，切应力为最大值，可见屈服现象的出现与最大切应力有关。

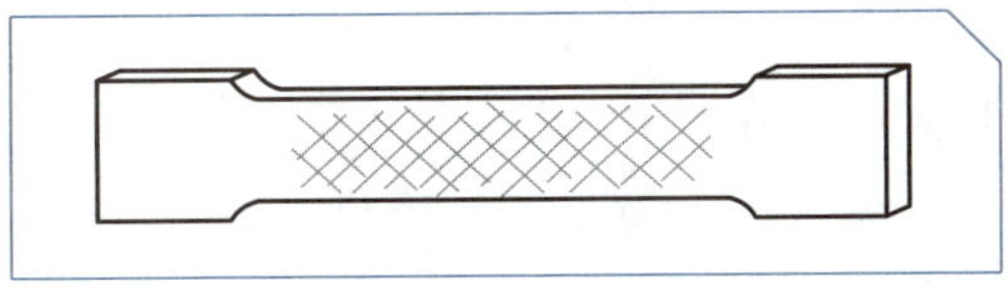

图 2.13

材料屈服表现为显著的塑性变形，而零件的塑性变形将影响机器的正常工作，所以屈服极限 σ_s 是衡量材料强度的重要指标。

3. 强化阶段 过屈服阶段后，材料又恢复了抵抗变形的能力，要使它继续变形必须增加拉力。这种现象称为材料的强化。在图 2.12 中，强化阶段中的最高点 e 所对应的应力 σ_b 是材料所能承受的最大应力，称为强度极限或抗拉强度。它是衡量材料强度的另一个重要指标。在强化阶段中，试样的横向尺寸有明显的缩小。

低碳钢拉伸实验——颈缩现象

4. 局部变形阶段 过 e 点后，在试样的某一局部范围内，横向尺寸突然急剧缩小，形成颈缩现象（图 2.14）。由于在颈缩部分横截面面积迅速减小，使试样继续伸长所需要的拉力也相应减少。在应力-应变图中，用横截面原始面积 A_0 算出的应力 $\sigma=\dfrac{F}{A_0}$ 随之下降，降落到 f 点，试样被拉断。

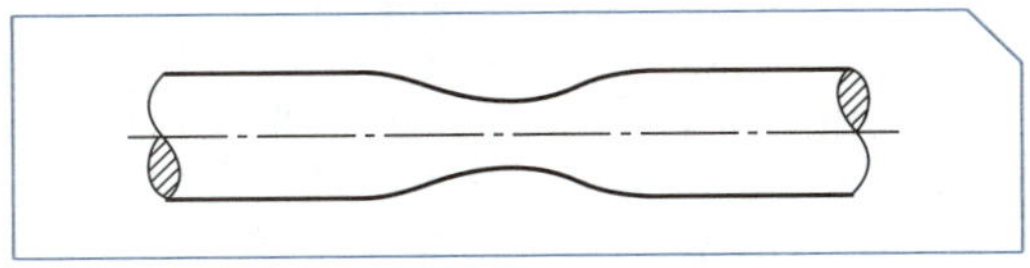

图 2.14

5. 断后伸长率和断面收缩率 试样拉断后，由于保留了塑性变形，试样标距由原

来的 l_o 变为 l_1。用百分比表示的比值①

$$\delta=\frac{l_1-l_o}{l_o}\times100\% \tag{2.8}$$

称为断后伸长率。试样的塑性变形（l_1-l_o）越大，δ 也就越大。因此，断后伸长率是衡量材料塑性的指标。低碳钢的断后伸长率很高，其平均值为 20%～30%，这说明低碳钢的塑性性能很好。

工程上通常按断后伸长率的大小把材料分成两大类，$\delta>5\%$的材料称为塑性材料，如碳钢、黄铜、铝合金等；而把 $\delta<5\%$的材料称为脆性材料，如灰铸铁、玻璃、陶瓷等。

原始横截面面积为 A_o 的试样，拉断后颈缩处的最小截面面积变为 A_1，用百分比表示的比值

$$\psi=\frac{A_o-A_1}{A_o}\times100\% \tag{2.9}$$

称为断面收缩率。ψ 也是衡量材料塑性的指标。

6. 卸载定律及冷作硬化 如把试样拉伸到超过屈服极限的 d 点（图 2.12），然后逐渐卸除拉力，应力和应变关系将沿着斜直线 dd' 回到 d' 点。斜直线 dd' 近似地平行于 Oa。这说明：在卸载过程中，应力和应变按线性规律变化。这就是卸载定律。拉力完全卸除后，应力-应变图中，$d'g$ 表示消失了的弹性变形，而 Od' 表示不再消失的塑性变形。

卸载后，如在短期内再次加载，则应力和应变大致上沿卸载时的斜直线 $d'd$ 上升。直到 d 点后，又沿曲线 def 变化。可见在再次加载时，d 点以前材料的变形是弹性的，过 d 点后才开始出现塑性变形。比较图 2.12 中的 $Oabcdef$ 和 $d'def$ 两条曲线，可见在第二次加载时，其比例极限（即弹性阶段）得到了提高，但塑性变形和断后伸长率却有所降低。这种现象称为冷作硬化。冷作硬化现象经退火后又可消除。

工程上经常利用冷作硬化来提高材料的弹性阶段。如起重用的钢索和建筑用的钢筋，常用冷拔工艺以提高强度。又如对某些零件进行喷丸处理，使其表面发生塑性变形，形成冷硬层，以提高零件表面层的强度和硬度。但另一方面，零件初加工后，由于冷作硬化使材料变脆变硬，给下一步加工造成困难，且容易产生裂纹，往往就需要在工序之间安排退火，以消除冷作硬化的影响。

---

① GB/T 228.1—2021 中采用 $\delta=\frac{l_1-l_o}{l_o}\times100$，并注明以%表示。式（2.9）中 ψ 的计算类似。

二、其他塑性材料拉伸时的力学性能

工程上常用的塑性材料，除低碳钢外，还有中碳钢、高碳钢和合金钢、铝合金、青铜、黄铜等。图 2.15 中是几种塑性材料的 $\sigma-\varepsilon$ 曲线①。其中有些材料，如 Q345 钢，和低碳钢一样，有明显的弹性阶段、屈服阶段、强化阶段和局部变形阶段。有些材料，如黄铜 H62，没有屈服阶段，但其他三阶段却很明显。还有些材料，如高碳钢 T10A，没有屈服阶段和局部变形阶段，只有弹性阶段和强化阶段。

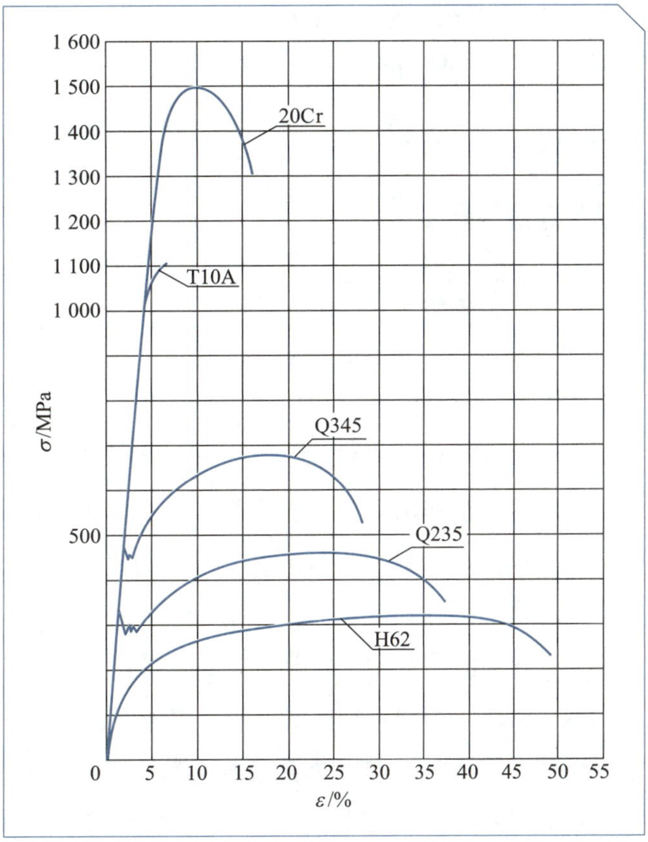

图 2.15

对没有明显屈服极限的塑性材料，可以将产生 0.2% 塑性应变②时的应力作为屈服指标，称为规定塑性延伸强度，并用 $\sigma_{p0.2}$ 来表示（图 2.16）。

各类碳素钢中，随含碳量的增加，屈服极限和强度极限相应提高，但断后伸长率降低。例如，合金钢、工具钢等高强度钢材，屈服极限较高，但塑性性能却较差。

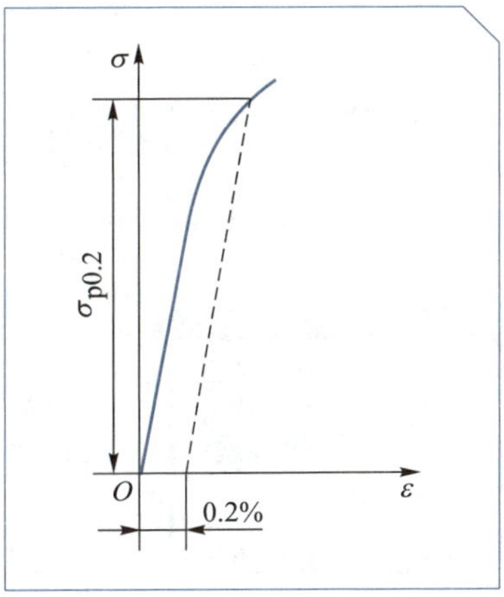

图 2.16

三、铸铁拉伸时的力学性能

灰口铸铁拉伸时的应力-应变关系是一段微弯曲线，如图 2.17 所示，没有明显的直线部分。它在较小的拉应力下就被拉断，没有屈服和颈缩现象，拉断前的应变很小，断后伸长率也很小。灰口铸铁是典型的

① 在图 2.15 中，合金钢 20Cr，930 ℃水淬，180 ℃回火。高碳钢 T10A，790 ℃水淬，180 ℃回火。螺纹钢 Q345，普通黄铜 H62，软态。

② 在 GB/T 228.1—2021 中，描述为规定塑性延伸率为 0.2%。

铸铁拉伸实验

铸铁拉伸实验曲线

脆性材料。

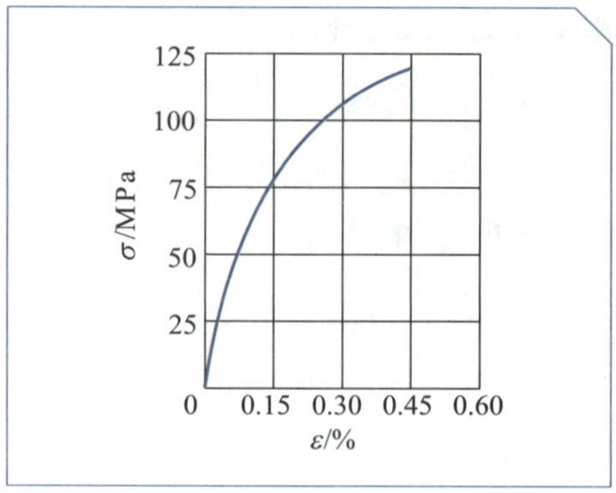

图 2.17

由于铸铁的 σ-ε 曲线没有明显的直线部分，弹性模量 E 的数值随应力的大小而变。但在工程中铸铁的拉应力不能太高，而在较低的拉应力下，则可近似地认为服从胡克定律。通常取 σ-ε 曲线的割线代替曲线的开始部分，并以割线的斜率作为弹性模量，称为割线弹性模量。

铸铁拉断时的最大应力即为其强度极限。因为没有屈服现象，强度极限 σ_b 是衡量强度的唯一指标。铸铁等脆性材料的抗拉强度很低，所以不宜作为抗拉零件的材料。

铸铁在熔炼时经球化处理成为球墨铸铁后，力学性能有显著改善，不但有较高的强度，还有较好的塑性性能。国内不少工厂成功地用球墨铸铁代替钢材制造曲轴、凸轮轴、齿轮等零件。

§2.5 材料压缩时的力学性能

低碳钢压缩实验

低碳钢压缩实验曲线

金属的压缩试样一般制成很短的圆柱，以免被压弯。圆柱高度为直径的 1.5～3.5 倍。混凝土、石料等则制成立方体试块。

低碳钢压缩时的 σ-ε 曲线如图 2.18 所示。试验表明：低碳钢压缩时的弹性模量 E 和屈服极限 σ_s，都与拉伸时大致相同。屈服阶段以后，试样越压越扁，横截面面积不断增大，试样抗压能力也继续增高，因而得不到压缩时的强度极限。由于低碳钢压缩时的主要性能可从拉伸试验获得，所以不一定要进行压缩试验。

图 2.19 表示铸铁压缩时的 σ-ε 曲线。试样仍然在较小的变形下突然破坏。破坏断面的法线与轴线大致成 45°~55°的倾角①，表明试样沿斜截面因相对错动而破坏。铸铁的抗压强度比它的抗拉强度高 4~5 倍。其他脆性材料，如混凝土、石料等，其抗压强度也远高于抗拉强度。

铸铁压缩实验

脆性材料抗拉强度低，塑性性能差，但抗压能力强，且价格低廉，宜作为抗压构件的材料。铸铁坚硬耐磨，易于浇铸成形状复杂的零部件，广泛用于铸造机床床身、机座、缸体及轴承座等受压零部件。因此，其压缩试验比拉伸试验更为重要。

铸铁压缩实验曲线

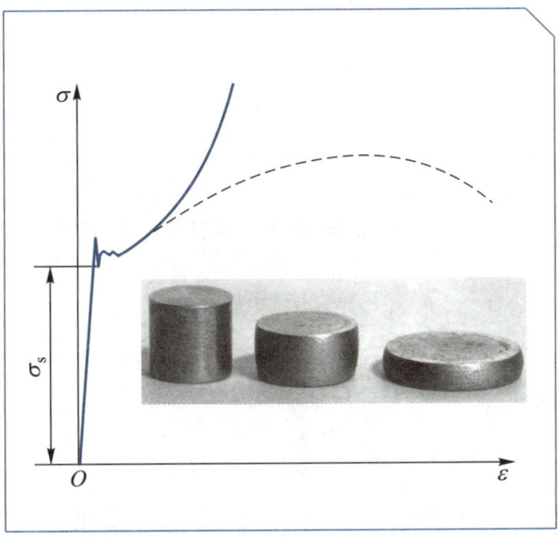

图 2.18

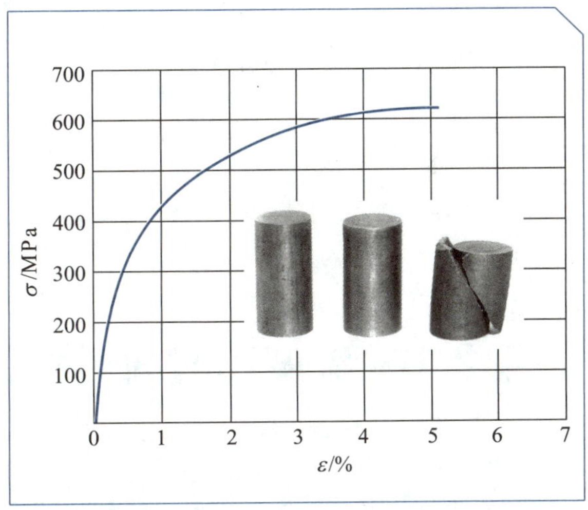

图 2.19

综上所述，衡量材料的力学性能的指标主要有：比例极限（或弹性极限）σ_p、屈服极限 σ_s、强度极限 σ_b、弹性模量 E、断后伸长率 δ 和断面收缩率 ψ 等。对很多金属材料来说，这些量往往受温度、热处理等条件的影响。表 2.1 中列出了几种常用材料在常温、静载下 σ_s、σ_b 和 δ 的数值。

① 某些塑性材料，如铝合金、铝青铜等，压缩时也是沿斜截面破坏，并非都像低碳钢一样压成扁饼状。

表 2.1　几种常用材料的主要力学性能

材料名称	牌　号	σ_s或$\sigma_{p0.2}$/MPa	σ_b/MPa	δ_5/%
普通碳素钢	Q235 Q275	215～235 255～275	370～500 410～540	25～27 19～21
优质碳素结构钢	40 45	335 355	570 600	19 16
普通低合金结构钢	Q345 Q390	275～345 330～390	470～630 490～650	19～21 17～19
合金结构钢	20Cr 40Cr	540 785	835 980	10 9
碳素铸钢	ZG270-500	270	500	18
可锻铸铁	KTZ450-06	270	450	6(δ_3)
球墨铸铁	QT450-10	310	450	10
灰铸铁	HT150		150～250	

注：表中 δ_5是指 $l_o=5d_o$ 的比例试样的断后伸长率；
δ_3是指 $l_o=3d_o$ 的非比例试样的断后伸长率。

*§ 2.6　温度和时间对材料力学性能的影响

前面两节讨论了材料在常温、静载下的力学性能。但也有些零件，例如汽轮机的叶片，长期在高温中运转；又如液态氢、液态氧或液态氮的容器，则在低温下工作。材料在高温和低温下的力学性能与常温下并不相同，且往往与作用时间的长短有关。现在简略介绍温度和时间对材料的力学性能的影响。

一、短期静载下，温度对材料的力学性能的影响

为确定金属材料在高温下的性能，可对处于一定温度下的试样进行短期静载拉伸试验，例如在 15 min 或 20 min 内拉断的试验。图 2.20 表示在高温短期静载下，低碳钢的 σ_s、σ_b、E、δ、ψ 等随温度变化的情况。从图线可以看出，σ_s和 E 随温度的增高而降低。在 250 ℃～300 ℃之前，随温度的升高，δ 和 ψ 降低而 σ_b增加；在 250 ℃～300 ℃之后，随温度的升高，δ 和 ψ 增加而 σ_b降低。

在低温情况下，碳钢的弹性极限和强度极限都有所提高，但断后伸长率则相应降低。这表明在低温下，碳钢倾向于变脆。

二、高温、长期静载下材料的力学性能

在高温下，长期作用载荷将影响材料的力学性能。试验结果表明，如低于一定温度（例如，对碳钢来说，温度在 300 ℃ ~ 350 ℃ 以下），虽长期作用载荷，材料的力学性能并无明显的变化。但如高于一定温度，且应力超过某一限度，则材料在这一固定应力和不变温度下，随着时间的增长，变形将缓慢加大，这种现象称为蠕变。蠕变变形是塑性变形，卸载后不再消失。在高温下工作的零件往往因蠕变而引起事故。例如，汽轮机的叶片可能因蠕变发生过大的塑性变形，以致与轮壳相碰而打碎。图 2.21 中的曲线是金属材料在不变温度和固定应力下，蠕变变形 ε 随时间 t 变化的典型曲线。图中 A 点所对应的应变是载荷作用时立刻就得到的应变。从 A 点到 B 点蠕变速度 $\frac{d\varepsilon}{dt}$（即曲线的斜率）不断减小，是不稳定的蠕变阶段。从 B 点到 C 点蠕变速度最小，且接近于常量，是稳定的蠕变阶段。从 C 点开始蠕变速度又逐渐增加，是蠕变的加速阶段。过 D 点后，蠕变速度急剧加大以至断裂。

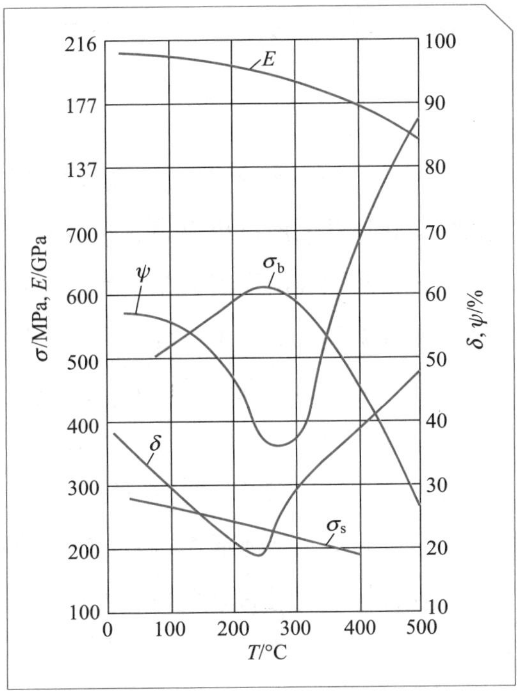

图 2.20

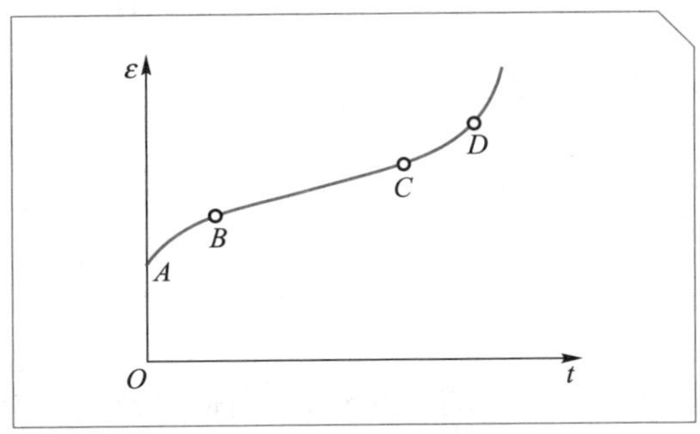

图 2.21

高温下工作的零件，在发生弹性变形后，如保持其变形总量不变，根据胡克定律，则零件内将保持一定的预紧力。随着时间的增长，因蠕变而逐渐发展的塑性变形将逐步地代替原来的弹性变形，从而使零件内的预紧力逐渐降低，这种现象称为松弛。靠预紧力密封或连接的部件，往往因松弛而引起漏气或松脱。例如，汽轮机转子与轴的紧密配合可能因松弛而松脱。解决这类问题就需要了解材料有关蠕变的性质。

随着高分子材料和复合材料在现代工程中的广泛应用，蠕变和松弛问题越加明显和重要。

§2.7 失效、安全因数和强度计算

由脆性材料制成的构件，在拉力作用下，当变形很小时就会突然断裂。塑性材料制成的构件，在拉断之前已出现塑性变形，由于不能保持原有的形状和尺寸，它已不能正常工作。可以把断裂和出现塑性变形统称为失效。受压短杆被压溃、压扁同样也是失效。上述这些失效现象都是强度不足造成的，可是构件失效并不都是强度问题。例如，若机床主轴变形过大，即使未出现塑性变形，但还是不能保证加工精度，这也是失效，它是刚度不足造成的。受压细长杆被压弯，则是稳定性不足引起的失效。此外，不同的加载方式，如冲击、交变应力等，以及不同的环境条件，如高温、腐蚀介质等，都可以导致失效。这里主要讨论强度问题，其他形式的失效将于以后依次介绍。

脆性材料断裂时的应力是强度极限 σ_b，塑性材料到达屈服时的应力是屈服极限 σ_s，这两者都是构件失效时的极限应力。为保证构件有足够的强度，在载荷作用下构件的实际应力 σ（以后称为工作应力），显然应低于极限应力。强度计算中，用极限应力除以大于 1 的因数，并将所得结果称为许用应力，用 $[\sigma]$ 来表示。对塑性材料，

$$[\sigma]=\frac{\sigma_s}{n_s} \tag{2.10}$$

对脆性材料，

$$[\sigma]=\frac{\sigma_b}{n_b} \tag{2.11}$$

式中，大于1的因数 n_s 或 n_b 称为安全因数。把许用应力 $[\sigma]$ 作为构件工作应力的最高限度，即要求工作应力 σ 不超过许用应力 $[\sigma]$。于是得构件轴向拉伸或压缩时的强度条件为

$$\sigma=\frac{F_N}{A}\leqslant[\sigma] \tag{2.12}$$

根据以上强度条件，便可进行强度校核、截面设计和确定许可载荷等强度计算。下面用例题来说明。

例 2.3 若钢材的许用应力 $[\sigma]=150\ \text{MPa}$，试对例 2.2 中的斜杆 AB 进行强度校核。

解：在例 2.2 中已经求出斜杆 AB 的应力为 $\sigma=123\ \text{MPa}$，可见

$$\sigma=123\ \text{MPa}<[\sigma]$$

斜杆满足了强度条件。

如载荷增加到 $W=20\ \text{kN}$，则斜杆 AB 的应力增加到 $\sigma=164\ \text{MPa}$，于是 $\sigma>[\sigma]$，不满足强度条件，应重新改变设计。可加大斜杆的截面面积，或限制载荷 W 的大小。在工程问题中，如工作应力 σ 略高于 $[\sigma]$，但不超过 $[\sigma]$ 的 5%，一般还是允许的。

例 2.4 气动夹具如图 2.22a 所示。已知气缸内径 $D=140\ \text{mm}$，缸内气压 $p=0.6\ \text{MPa}$。活塞杆材料为 20 钢，$[\sigma]=80\ \text{MPa}$。试设计活塞杆的直径 d。

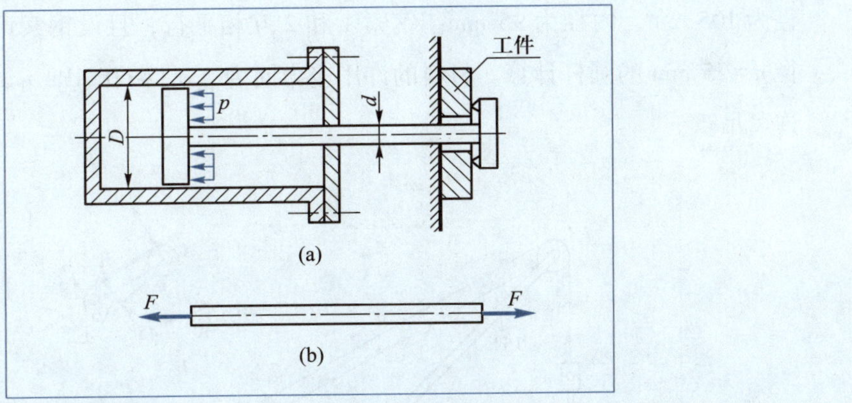

图 2.22

解：活塞杆左端承受活塞上的气体压力，右端承受工件的反作用力，故为轴向拉伸（图 2.22b）。拉力 F 可由气体压强乘活塞的受压面积来求得。在尚未确定活塞杆的横截面面积之前，计算活塞的受压面积时，可暂将活塞杆横截面面积略去不计，这样是偏于安全的。故有

$$F=p\times\frac{\pi}{4}D^2=(0.6\times10^6\ \text{Pa})\times\frac{\pi}{4}\times(140\times10^{-3}\ \text{m})^2=9\ 236\ \text{N}=9.236\ \text{kN}$$

活塞杆的轴力为

$$F_{\text{N}}=F=9.236\ \text{kN}$$

根据强度条件式（2.12），活塞杆横截面面积应满足以下要求：

$$A=\frac{\pi d^2}{4}\geqslant\frac{F_N}{[\sigma]}=\frac{9.236\times10^3\ \mathrm{N}}{80\times10^6\ \mathrm{Pa}}=1.15\times10^{-4}\ \mathrm{m}^2$$

由此求出

$$d\geqslant0.0121\ \mathrm{m}$$

考虑到当初计算拉力 F 时没有扣除活塞杆的面积，因此，活塞杆的直径可取得比上式略小一点，最后将活塞杆的直径取为 $d=0.012\ \mathrm{m}=12\ \mathrm{mm}$。

根据最后确定的活塞杆直径，应重新计算拉力 F，再校核活塞杆的强度。这些留给读者去完成。

例 2.5 某工地自制悬臂起重机如图 2.23a 所示。撑杆 AB 为空心钢管，外径为 105 mm，内径为 95 mm。钢索 1 和 2 互相平行，且设钢索可作为相当于直径 $d=25$ mm 的圆杆计算。材料的许用应力同为 $[\sigma]=60$ MPa。试确定起重机的许可吊重。

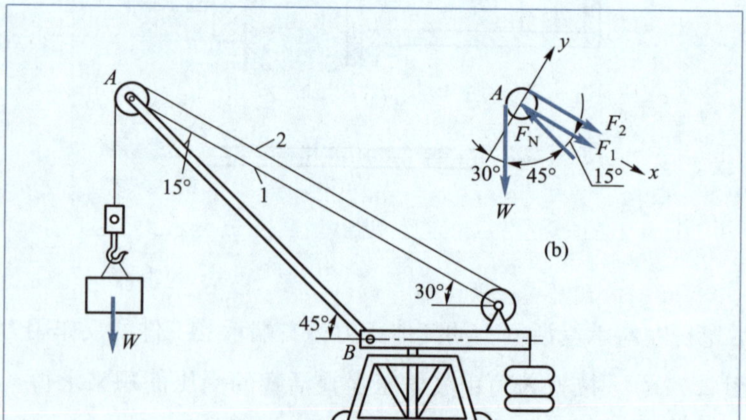

图 2.23

解： 作滑轮 A 的受力图（图 2.23b），假设撑杆 AB 受压，轴力为 F_N；钢索 1 受拉，拉力为 F_1。选取坐标轴 x 和 y，如图所示。列出平衡方程如下：

$$\sum F_x=0,\qquad F_1+F_2+W\sin 30°-F_N\cos 15°=0$$

$$\sum F_y=0,\qquad F_N\sin 15°-W\cos 30°=0$$

若不计摩擦力，则钢索 2 的拉力 F_2与吊重 W 相等。以 $F_2=W$ 代入第一式，并解以上方程组，求得 F_N和 F_1为

$$F_N=W\frac{\cos 30°}{\sin 15°}=3.346\ W \tag{a}$$

$$F_1=F_N\cos 15°-W(1+\sin 30°)=1.732\ W \tag{b}$$

求得的 F_N及 F_1皆为正号，表示假设撑杆 AB 受压，钢索 1 受拉，结果是合理的。

现在确定许可吊重。根据强度条件式（2.12），撑杆 AB 允许的最大轴力为

$$\begin{aligned}F_{N\max}&\leqslant[\sigma]A=60\times10^6\ \text{Pa}\times\frac{\pi}{4}(105^2-95^2)\times10^{-6}\ \text{m}^2\\&=94\ 248\ \text{N}=94.248\ \text{kN}\end{aligned}$$

代入式（a）得相应的吊重为

$$W=\frac{F_{N\max}}{3.346}\leqslant\frac{94.248\ \text{kN}}{3.346}=28.17\ \text{kN}$$

同理，钢索 1 允许的最大拉力是

$$F_{1\max}\leqslant[\sigma]A_1=60\times10^6\ \text{Pa}\times\frac{\pi}{4}\times25^2\times10^{-6}\ \text{m}^2=29\ 452\ \text{N}=29.452\ \text{kN}$$

代入式（b）得相应的吊重为

$$W=\frac{F_{1\max}}{1.732}\leqslant\frac{29.452\ \text{kN}}{1.732}=17\ \text{kN}$$

比较以上结果，可知起重机的许可吊重应为 17 kN。

从以上讨论看出，若从安全的角度考虑，应加大安全因数，降低许用应力，这就难免要增加材料的消耗和机器的重量，造成浪费。相反，如从经济的角度考虑，应减小安全因数，提高许用应力，这样可以少用材料，减轻自重，但又不利于安全。所以应合理地权衡安全与经济两方面的要求。

至于确定安全因数应考虑的因素，一般有以下几点：

（1）材料的性质，包括材料的均匀程度，质地好坏，是塑性的还是脆性的等。

（2）载荷情况，包括对载荷的估计是否准确，是静载荷还是动载荷等。

（3）实际构件简化过程和计算方法的精确程度。

（4）零件在设备中的重要性，工作条件，损坏后造成后果的严重程度，制造和修配的

难易程度等。

（5）对减轻设备自重和提高设备机动性的要求。

上述这些因素都足以影响安全因数的确定。例如，材料的均匀程度较差，分析方法的精度不高，载荷估计粗糙等都是偏于不安全的因素，这时就要适当地增加安全因数的数值，以补偿这些不利因素的影响。又如某些工程结构对减轻自重的要求高，材料质地好，而且不要求长期使用，这就不妨适当地提高许用应力的数值。可见在确定安全因数时，要综合考虑多方面的因素，很难作统一的规定。不过，人类对客观事物的认识总是逐步地从不完善趋向于完善。随着原材料质量的日益提高，制造工艺和设计方法的不断改进，对客观世界认识的不断深化，安全因数的选择必将日益趋向于合理。

许用应力和安全因数的数值，可在有关规范中查到。目前一般机械制造中，在静载的情况下，对塑性材料可取 $n_s=1.2\sim2.5$。脆性材料均匀性较差，且断裂会突然发生，有更大的危险性，所以取 $n_b=2\sim3.5$，有时甚至取到 $3\sim9$。

§2.8 轴向拉伸与压缩时的变形

直杆在轴向拉力作用下，将产生轴向尺寸的增大和横向尺寸的缩小；反之，直杆在轴向压力作用下，将产生轴向尺寸的缩短和横向尺寸的增大。

设等直杆的原长度为 l（图 2.24），横截面面积为 A。在轴向拉力 F 作用下，长度由 l 变为 l_1。杆件在轴线方向的伸长量为

$$\Delta l=l_1-l \tag{a}$$

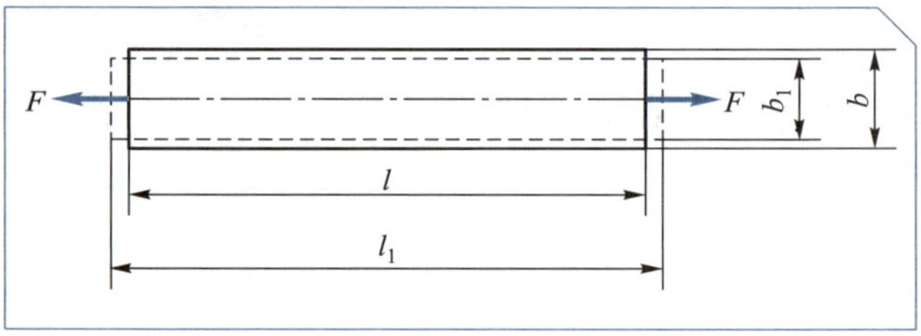

图 2.24

将 Δl 除以 l 得杆件轴线方向的线应变为

$$\varepsilon=\frac{\Delta l}{l} \tag{b}$$

此外，在杆件横截面上的应力为

$$\sigma=\frac{F_N}{A}=\frac{F}{A} \tag{c}$$

工程上使用的大多数材料，其应力-应变关系的初始阶段都是线弹性的（§2.4 和 §2.5）。

即当应力不超过材料的比例极限时，应力与应变成正比，这就是胡克定律，其表达式可以写成

$$\sigma = E\varepsilon \tag{2.7}$$

式中，弹性模量 E 的值随材料而不同。几种常用材料的 E 值已列入表 2.2 中。

表 2.2　几种常用材料的 E 和 μ 的值

材料名称	E/GPa	μ
碳钢	196～216	0.24～0.28
合金钢	186～206	0.25～0.30
灰铸铁	78.5～157	0.23～0.27
铜及其合金	72.6～128	0.31～0.42
铝合金	70	0.33

若把式（b）和式（c）两式代入式（2.7），得

$$\Delta l = \frac{F_N l}{EA} = \frac{Fl}{EA} \tag{2.13}$$

这表示：当应力不超过比例极限时，杆件的伸长量 Δl 与拉力 F 和杆件的原长度 l 成正比，与横截面面积 A 成反比。这是胡克定律的另一种表达形式。以上结果同样可以用于轴向压缩的情况，只要把轴向拉力改为压力，把伸长量 Δl 改为缩短量就可以了。

从式（2.13）可以看出，对长度相同，受力相等的杆件，EA 越大则变形量 Δl 越小，所以 EA 称为杆件的抗拉（或抗压）刚度。

若杆件变形前的横向尺寸为 b，变形后为 b_1，则横向应变为

$$\varepsilon' = \frac{\Delta b}{b} = \frac{b_1 - b}{b} \tag{d}$$

试验结果表明：当应力不超过比例极限时，横向应变 ε' 与轴向应变 ε 之比是一个常数，可写成

$$\mu = -\frac{\varepsilon'}{\varepsilon} \tag{2.14}$$

μ 称为横向变形因数或泊松比，是一个量纲一的量。这里引入负号，是因为工程实际中的常见材料，都符合杆件伸长时横向缩小，轴向缩短时横向增大的规律。即 ε' 和 ε 的符号是相反的。也就是说，工程实际中的大多数材料，其泊松比 μ 是正的。由热力学原理可以给出各向同性材料 μ 的取值范围为

$$-1 \leqslant \mu \leqslant 1/2 \tag{2.15}$$

对于常规、传统的材料，有 $0<\mu<1/2$。特别地，当 $\mu=1/2$ 时，材料在变形过程中体

负泊松比材料

积将保持不变，称为不可压缩材料；当 $\mu=0$ 时，材料在变形过程中横向尺寸将保持不变；当 $-1<\mu<0$ 时，由式（2.14）知，出现杆件伸长时横向增大（轴向缩短时横向缩小）的奇特现象，这种材料称为负泊松比材料或拉胀材料。在天然材料中，已发现黄铁矿、α-方英石等具有负泊松比效应。现在，人们已能够设计出具有负泊松比的材料。在后面的讨论中，限定在传统材料，即 μ 为正值的情形。

和弹性模量 E 一样，泊松比 μ 也是材料固有的弹性常数。表 2.2 中摘录了几种常用材料的 μ 值。

例 2.6 图 2.25 中的 M12 螺栓内径 $d_1=10.1$ mm，拧紧后在计算长度 $l=80$ mm 内产生的总伸长量为 $\Delta l=0.03$ mm。钢的弹性模量 $E=210$ GPa。试计算螺栓内的应力和螺栓的预紧力。

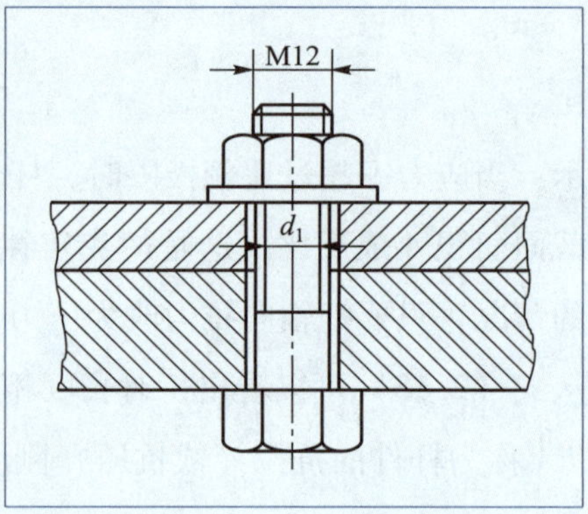

图 2.25

解： 拧紧后螺栓的应变为

$$\varepsilon=\frac{\Delta l}{l}=\frac{0.03\ \text{mm}}{80\ \text{mm}}=0.000\ 375$$

由胡克定律求出螺栓横截面上的拉应力是

$$\begin{aligned}\sigma&=E\varepsilon=210\times10^{9}\ \text{Pa}\times0.000\ 375\\&=78.75\times10^{6}\ \text{Pa}=78.75\ \text{MPa}\end{aligned}$$

螺栓的预紧力为

$$F=A\sigma=\frac{\pi}{4}(10.1\times10^{-3}\ \text{mm})^{2}(78.75\times10^{6}\ \text{Pa})=6\ 309\ \text{N}=6.309\ \text{kN}$$

以上问题求解时，也可先由胡克定律的另一种表达式（2.13）求出预紧力 F，然后再由 F 计算应力 σ。

例 2.7 图 2.26a 所示为一简单托架。BC 杆为圆钢，横截面直径 $d=20$ mm。BD 杆为［8 槽钢①。若 $[\sigma]=160$ MPa，$E=200$ GPa。设 $F=60$ kN，试

① 本书的型钢规格表示方法执行国家标准《热扎型钢》（GB/T 706—2016），具体可见附录Ⅲ型钢表。

校核托架的强度，并求 B 点的水平和铅垂位移。

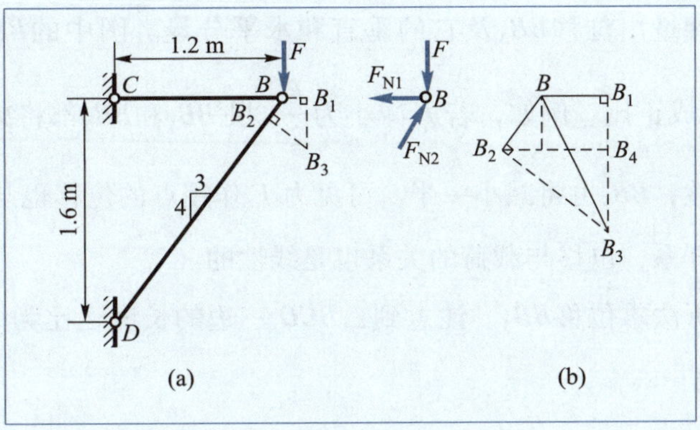

图 2.26

解：$\triangle BCD$ 三边的长度之比为 $BC:CD:BD=3:4:5$，由此求出 $BD=2$ m。根据 B 点的平衡方程，求得 BC 杆的轴力 F_{N1} 和 BD 杆的轴力 F_{N2} 分别为

$$F_{N1}=\frac{3}{4}F=45\ \text{kN}（拉）,\qquad F_{N2}=\frac{5}{4}F=75\ \text{kN}（压）$$

BC 杆圆形截面的面积 $A_1=314.16\times10^{-6}\ \text{m}^2$。$BD$ 杆为［8 槽钢，由附录Ⅲ型钢表中查得截面面积 $A_2=10.24\times10^{-4}\ \text{m}^2$。于是，$BC$ 和 BD 两杆的应力分别是

$$\sigma_1=\frac{F_{N1}}{A_1}=143.2\ \text{MPa}<[\sigma]$$

$$\sigma_2=\frac{F_{N2}}{A_2}=73.2\ \text{MPa}<[\sigma]$$

可见两杆都满足强度要求。

根据胡克定律，求出 BC 和 BD 两杆的变形分别为

$$BB_1=\Delta l_1=\frac{F_{N1}l_1}{A_1E}=0.859\times10^{-3}\ \text{m}$$

$$BB_2=\Delta l_2=\frac{F_{N2}l_2}{A_2E}=0.732\times10^{-3}\ \text{m}$$

这里 Δl_1 为拉伸变形量，而 Δl_2 为压缩变形量。设想将托架在节点 B 拆开，BC 杆伸长变形后变为 B_1C，BD 杆压缩变形后变为 B_2D。分别以 C 点和 D 点为圆心，CB_1 和 DB_2 为半径，作弧相交于 B_3 点，B_3 点即为托架变形后 B 点的位置。因为变形很小，B_1B_3 和 B_2B_3 是两段极其微小的短弧，所以可用分别垂直于 BC 和 BD 的直线段来代替，这两段直线的交点即为 B_3 点，BB_3 即为 B 点的位移。

可以用图解法求位移BB_3。这时，把多边形 $B_1BB_2B_3$ 按比例放大成图 2.26b。从图中可以直接量出位移BB_3及它的垂直和水平分量。图中的$BB_1=\Delta l_1$和$BB_2=\Delta l_2$都与载荷 F 成正比。例如，若 F 减小为$\frac{F}{2}$，则BB_1和BB_2都将减小一半。根据多边形的相似性，BB_3也将减小一半。可见力 F 作用点的位移也与 F 成正比。亦即，对线弹性杆系，位移与载荷的关系也是线性的。

也可用解析法求位移BB_3。注意到$\triangle BCD$ 三边的长度之比为 3∶4∶5，由图 2.26b 可以求出

$$B_2B_4=\Delta l_2\times\frac{3}{5}+\Delta l_1$$

工程中的轴向压缩变截面杆

B 点的铅垂位移为

$$B_1B_3=B_1B_4+B_4B_3=BB_2\times\frac{4}{5}+B_2B_4\times\frac{3}{4}$$

$$=\Delta l_2\times\frac{4}{5}+\left(\Delta l_2\times\frac{3}{5}+\Delta l_1\right)\frac{3}{4}=1.559\times10^{-3}\ \text{m}$$

B 点的水平位移为

$$BB_1=\Delta l_1=0.859\times10^{-3}\ \text{m}$$

最后求出位移BB_3为

$$BB_3=\sqrt{(B_1B_3)^2+(BB_1)^2}=1.781\times10^{-3}\ \text{m}$$

式（2.13）适用于杆件横截面面积 A 和轴力 F_N 皆为常量的情况。若杆件横截面沿轴线变化，但变化平缓（图 2.27），轴力也沿轴线变化，但作用线仍与轴线重合。这时，可用相邻的横截面从杆件中取出长度为 dx 的微段，把式（2.13）应用于这一微段，得微段的伸长量为

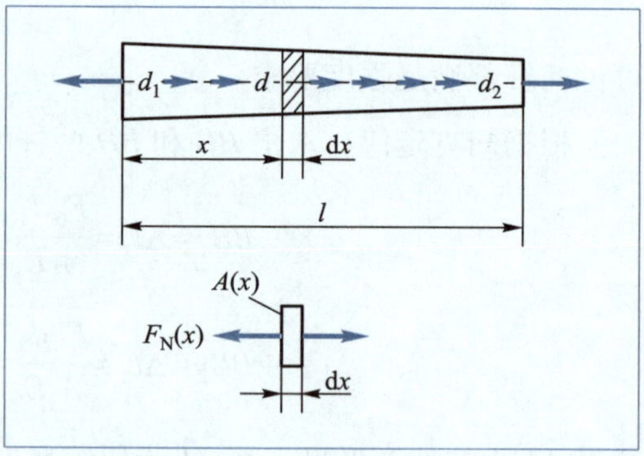

图 2.27

$$\mathrm{d}(\Delta l)=\frac{F_N(x)\,\mathrm{d}x}{EA(x)} \tag{e}$$

式中，$F_N(x)$ 和 $A(x)$ 分别表示轴力和横截面面积，它们都是 x 的函数。积分上式得杆件的伸长量为

$$\Delta l=\int_l \frac{F_N(x)}{EA(x)}\mathrm{d}x \tag{2.16}$$

例 2.8 若图 2.27 中变截面杆是圆锥的一部分，左右两端面圆的直径分别为 d_1 和 d_2，不计杆件的自重，只在两端作用轴向拉力 F，试求杆件的伸长量。

解： 设距左端为 x 的横截面的直径为 d，按比例关系可以求出

$$d=d_1\left(1-\frac{d_1-d_2}{d_1}\frac{x}{l}\right)$$

于是

$$A(x)=\frac{\pi}{4}d^2=\frac{\pi}{4}d_1^2\left(1-\frac{d_1-d_2}{d_1}\frac{x}{l}\right)^2$$

由式（2.16）求得整个杆件的伸长量为

$$\Delta l=\int_0^l \frac{4F}{\pi E d_1^2\left(1-\frac{d_1-d_2}{d_1}\frac{x}{l}\right)^2}\mathrm{d}x=\frac{4Fl}{\pi E d_1 d_2}$$

例 2.9 在压力 F 作用下的杆件，如再考虑其自重影响，并要求任一横截面上的应力皆等于许用应力 $[\sigma]$。试确定横截面面积沿轴线的变化规律，并计算杆件变形。设材料的密度为 ρ。

解： 于杆件中取出长度为 $\mathrm{d}x$ 的微段（图 2.28a），设其顶面与底面的面积分别为 $A(x)$ 和 $A(x)+\mathrm{d}A(x)$。这两个横截面上的应力都应等于 $[\sigma]$，而这一微段的自重则应为 $\rho gA(x)\mathrm{d}x$。由平衡方程 $\sum F_x=0$，有

$$[\sigma]A(x)+\rho gA(x)\mathrm{d}x-[\sigma][A(x)+\mathrm{d}A(x)]=0$$

得出

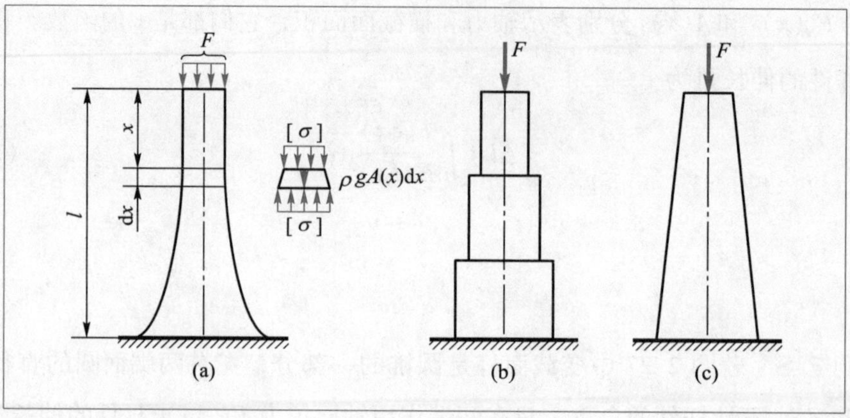

图 2.28

$$\frac{\mathrm{d}A(x)}{A(x)}=\frac{\rho g}{[\sigma]}\mathrm{d}x$$

等号两边积分，得

$$\ln A(x)=\frac{\rho g}{[\sigma]}x+C \tag{f}$$

确定积分常数的边界条件是

$$当\ x=0\ 时, \quad A(x)=A_0=\frac{F}{[\sigma]}$$

把以上边界条件代入式（f），得

$$C=\ln A_0$$

这样，式（f）化为

$$A(x)=A_0\mathrm{e}^{\frac{\rho g}{[\sigma]}x}$$

这就是 $A(x)$ 沿轴线的变化规律。这样的杆件由于任一横截面上的应力皆等于许用应力，所以称为等强度杆。

由于等强度杆在任一横截面上的应力都等于常量，因而任一横截面处的应变也是常量，即

$$|\varepsilon|=\frac{[\sigma]}{E}\ （常量）$$

于是整个杆件的总变形是

$$|\Delta l|=|\varepsilon l|=\frac{[\sigma]l}{E}$$

实际上，若将杆件加工成由式（c）表示的形状，是非常困难的。因此，工程实际中通常采用阶梯形杆或锥台形杆，如图 2.28b 和 c 所示。

§2.9 轴向拉伸与压缩的应变能

固体受外力作用而变形。在变形过程中，外力所做的功将转变为储存于固体内的能量。当外力逐渐减小时，变形逐渐恢复，固体又将释放出储存的能量而做功。例如，内燃机的气阀开启时，气阀弹簧因受压力作用发生压缩变形而储存能量。当压力逐渐减小，弹簧变形逐渐恢复时，它又释放出能量为关闭气阀而做功。固体在外力作用下，因变形而储存的能量称为应变能。

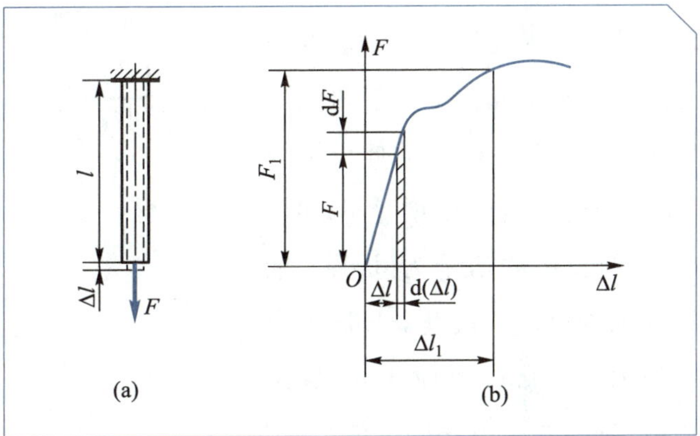

图 2.29

现在讨论轴向拉伸或压缩时的应变能。设受拉杆件上端固定（图 2.29a），作用于下端的拉力由零开始缓慢增加。拉力 F 与伸长量 Δl 的关系如图 2.29b 所示。在逐渐加力的过程中，当拉力为 F 时，杆件的伸长量为 Δl。如再增加一个 $\mathrm{d}F$，杆件相应的变形增量为 $\mathrm{d}(\Delta l)$。于是已经作用于杆件上的力 F 因位移 $\mathrm{d}(\Delta l)$ 而做功，且所做的功为

$$\mathrm{d}W=F\mathrm{d}(\Delta l)$$

容易看出，$\mathrm{d}W$ 等于图 2.29b 中画阴影线的微面积。把拉力看作一系列 $\mathrm{d}F$ 的积累，则拉力所做的总功 W 应为上述微面积的总和，它等于 F-Δl 曲线下面的面积，即

$$W=\int_0^{\Delta l_1}F\mathrm{d}(\Delta l) \tag{a}$$

在应力小于比例极限的范围内，F 与 Δl 的关系是一斜直线，斜直线下面的面积是一个三角形，故有

$$W=\frac{1}{2}F\Delta l \tag{b}$$

根据功能原理，拉力所完成的功应等于杆件获得的能量。对缓慢增加的静载荷，杆件的动能并无明显变化。金属杆受拉虽也会引起热能的变化，但数量甚微。这样，如忽略动能、热能等能量的变化，就可认为杆件内只储存了应变能 V_ε，其数值就等于拉力所做的功。线弹性范围内，外力做功由式（b）表示，故有

$$V_\varepsilon=W=\frac{1}{2}F\Delta l$$

由胡克定律，$\Delta l=\frac{Fl}{EA}$，上式又可写成

$$V_\varepsilon=W=\frac{1}{2}F\Delta l=\frac{F^2l}{2EA} \tag{2.17}$$

为了求出储存于单位体积内的应变能，设想从构件中取出边长为 $\mathrm{d}x$、$\mathrm{d}y$、$\mathrm{d}z$ 的单元体（图 2.30a）。如单元体只在铅垂方向上受力，则单元体上、下两面上的力为 $\sigma\mathrm{d}y\mathrm{d}z$，$\mathrm{d}x$ 边的伸长量为 $\varepsilon\mathrm{d}x$。当应力有一个增量 $\mathrm{d}\sigma$ 时，$\mathrm{d}x$ 边伸长量的增量为 $\mathrm{d}\varepsilon\mathrm{d}x$。依照前面的讨论，这里 $\sigma\mathrm{d}y\mathrm{d}z$ 对应于拉力 F，$\mathrm{d}\varepsilon\mathrm{d}x$ 对应于 $\mathrm{d}(\Delta l)$。由式（a）知，力 $\sigma\mathrm{d}y\mathrm{d}z$ 完成的功应为

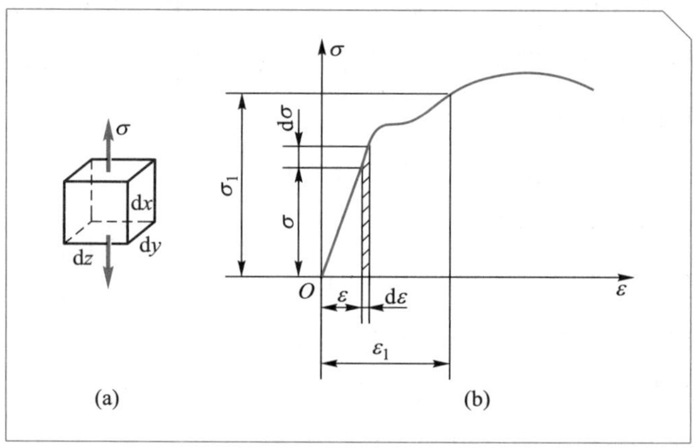

图 2.30

$$\mathrm{d}W=\int_0^{\varepsilon_1}\sigma\mathrm{d}y\mathrm{d}z\mathrm{d}x\mathrm{d}\varepsilon$$

$\mathrm{d}W$ 等于单元体内储存的应变能 $\mathrm{d}V_\varepsilon$，故有

$$\mathrm{d}V_\varepsilon=\int_0^{\varepsilon_1}\sigma\mathrm{d}y\mathrm{d}z\mathrm{d}x\mathrm{d}\varepsilon=\left(\int_0^{\varepsilon_1}\sigma\mathrm{d}\varepsilon\right)\mathrm{d}V$$

式中，$\mathrm{d}V=\mathrm{d}x\mathrm{d}y\mathrm{d}z$ 是单元体的体积。将 $\mathrm{d}V_\varepsilon$ 除以 $\mathrm{d}V$ 得单位体积内的应变能为

$$v_\varepsilon=\frac{\mathrm{d}V_\varepsilon}{\mathrm{d}V}=\int_0^{\varepsilon_1}\sigma\mathrm{d}\varepsilon \tag{2.18}$$

上式表明，v_ε 等于 $\sigma-\varepsilon$ 曲线下的面积（图 2.30b）。在应力小于比例极限的情况下，σ 与 ε 的关系为斜直线，它下面的面积为

$$v_\varepsilon=\frac{1}{2}\sigma\varepsilon$$

由胡克定律 $\sigma=E\varepsilon$，上式可写成

$$v_\varepsilon=\frac{1}{2}\sigma\varepsilon=\frac{E\varepsilon^2}{2}=\frac{\sigma^2}{2E} \tag{2.19}$$

由于式（2.18）和式（2.19）两式是由单元体导出的，故不论构件内应力是否均匀，只要是只在一个方向上受力，它们就可使用。若杆件内应力是均匀的，则以杆件的体积 V 乘 v_ε，得整个杆件的应变能 $V_\varepsilon=v_\varepsilon V$。若杆件内应力不均匀，则可先由式（2.18）或式（2.19）求出 v_ε，然后用积分

$$V_\varepsilon=\int_V v_\varepsilon \mathrm{d}V \tag{2.20}$$

计算整个杆件的应变能。

v_ε也称为应变能密度，单位为 $\mathrm{J/m^3}$。

例 2.10 简易起重机如图 2.31 所示。BD 杆为无缝钢管，外径为 90 mm，壁厚为 2.5 mm，杆件长度 $l=3$ m，弹性模量 $E=210$ GPa。BC 是两条横截面面积为 172 $\mathrm{mm^2}$的钢索，弹性模量 $E_1=177$ GPa。若不考虑立柱的变形，试求 B 点的铅垂位移。设 $P=30$ kN。

解： 从 $\triangle BCD$ 中解出钢索 BC 的长度为

$$l_1=\frac{BD\sin 45^\circ}{\sin(180^\circ-75^\circ)}=(\sqrt{3}-1)l=2.20\ \mathrm{m}$$

算出钢索 BC 和 BD 杆的横截面面积分别为

$$A_1=2\times172\ \mathrm{mm^2}=344\ \mathrm{mm^2}$$

$$A=\frac{\pi}{4}(90^2-85^2)\ \mathrm{mm^2}=687\ \mathrm{mm^2}$$

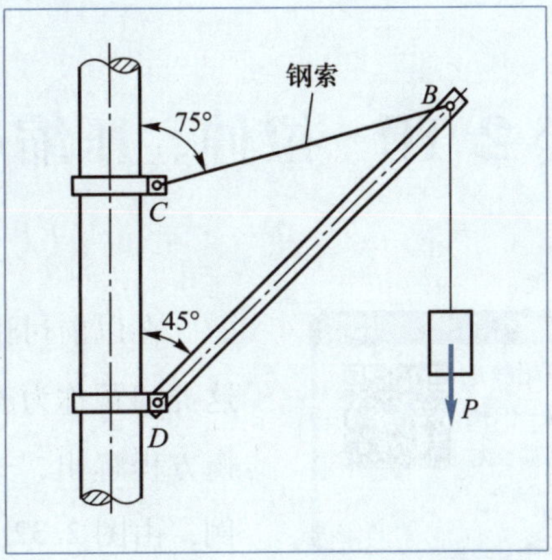

图 2.31

将 P 沿 BD 和 BC 两个方向分解，可知钢索 BC 的拉力为

$$F_{\mathrm{N1}}=\frac{\sin 45^\circ}{\sin 30^\circ}P=1.414P$$

BD 杆的压力为

$$F_{N2}=\frac{\sin 105^{\circ}}{\sin 30^{\circ}}P=1.932P$$

把简易起重机看作由钢索 BC 和 BD 杆组成的简单弹性杆系，当载荷 P 从零开始缓慢地作用于杆系上时，P 与 B 点铅垂位移 Δ_B 的关系也与图 2.29b 一样，是一条斜直线（参看例 2.7）。P 所完成的功也是这条斜直线下的面积，即

$$W=\frac{1}{2}P\Delta_B$$

P 所完成的功在数值上应等于杆系的应变能，亦即等于钢索 BC 和 BD 杆应变能的总和。故有

$$\frac{1}{2}P\Delta_B=\frac{F_{N1}^2 l_1}{2E_1A_1}+\frac{F_{N2}^2 l}{2EA}=\frac{(1.414\ P)^2 l_1}{2E_1A_1}+\frac{(1.932\ P)^2 l}{2EA}$$

由此求得

$$\Delta_B=4.49\times10^{-3}\ \text{m}$$

这里，只是初步用能量方法计算了 B 点的铅垂位移。能量方法是杆件变形计算的一种重要方法，有运算形式统一、适应于编程计算等优点。关于能量法还将于第十三章中详细讨论。

§2.10　拉伸、压缩超静定问题

拉压超静定问题——钢管混凝土柱

在以前讨论的问题中，杆件的轴力可由静力平衡方程求出，这类问题称为静定问题。但有时，杆件的轴力并不能全由静力平衡方程解出，这就是超静定问题。以图 2.32a 所示三杆桁架为例，由图 2.32b 得节点 A 的静力平衡方程为

$$\left.\begin{aligned}&\sum F_x=0, && F_{N1}\sin\alpha-F_{N2}\sin\alpha=0\\ & && F_{N1}=F_{N2}\\ &\sum F_y=0, && F_{N3}+2F_{N1}\cos\alpha-F=0\end{aligned}\right\}\qquad(a)$$

这里静力平衡方程只有 2 个，但未知力却有 3 个。可见，只凭静力平衡方程不能求出全部轴力，所以该问题是超静定问题。

为了求得问题的解，在静力平衡方程之外，还必须寻求补充方程。设 1、2 两杆的抗拉刚度相同，桁架变形是对称的，节点 A 垂直地移动到 A_1，位移 AA_1 也就是杆 3 的伸长量 Δl_3。以 B 点为圆心，杆 1 的原长 $\frac{l}{\cos\alpha}$ 为半径作圆弧，圆弧以外的线段即为杆 1 的伸长量 Δl_1。由于变形很小，可用垂直于 A_1B 的直线 AE 代替上述弧线，且仍可认为 $\angle AA_1B=\alpha$。于是

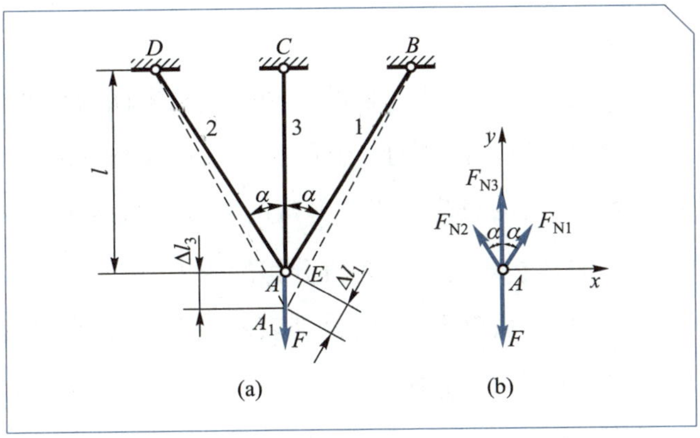

图 2.32

$$\Delta l_1=\Delta l_3\cos\alpha \tag{b}$$

这是 1、2、3 三根杆件的变形必须满足的关系，只有满足了这一关系，它们才可能在变形后仍然在节点 A_1 联系在一起，三杆的变形才是相互协调的。所以，这种几何关系称为变形协调方程。

若 1、2 两杆的抗拉刚度为 E_1A_1，杆 3 的抗拉刚度为 E_3A_3，由胡克定律，有

$$\Delta l_1=\frac{F_{N1}l}{E_1A_1\cos\alpha},\qquad \Delta l_3=\frac{F_{N3}l}{E_3A_3} \tag{c}$$

这两个表示变形与轴力关系的式子可称为物理方程，将其代入式（b），得

$$\frac{F_{N1}l}{E_1A_1\cos\alpha}=\frac{F_{N3}l}{E_3A_3}\cos\alpha \tag{d}$$

这是在静力平衡方程之外得到的补充方程。从式（a）、式（d）两式容易解出

$$F_{N1}=F_{N2}=\frac{F\cos^2\alpha}{2\cos^3\alpha+\frac{E_3A_3}{E_1A_1}},\qquad F_{N3}=\frac{F}{1+2\frac{E_1A_1}{E_3A_3}\cos^3\alpha}$$

以上例子表明，超静定问题是综合了静力平衡方程、变形协调方程和物理方程等三方面的关系求解的。

例 2.11 内燃机的气阀弹簧和车辆的缓冲弹簧经常采用双层圆柱螺旋弹簧（图 2.33）。弹簧的一个重要参数是弹簧的刚度系数，其定义为使弹簧产生单位变形所需的载荷。若内弹簧的刚度系数为 k_1，外弹簧的刚度系数为 k_2，压力为 F，试求内、外弹簧各自分担的压力。

解： 设以 F_1 及 F_2 分别表示内弹簧和外弹簧所承担的压力，显然

$$F_1+F_2=F \tag{e}$$

在 F_1 作用下，内弹簧的压缩变形为

$$\lambda_1=\frac{F_1}{k_1}$$

在 F_2 作用下，外弹簧的压缩变形为

$$\lambda_2=\frac{F_2}{k_2}$$

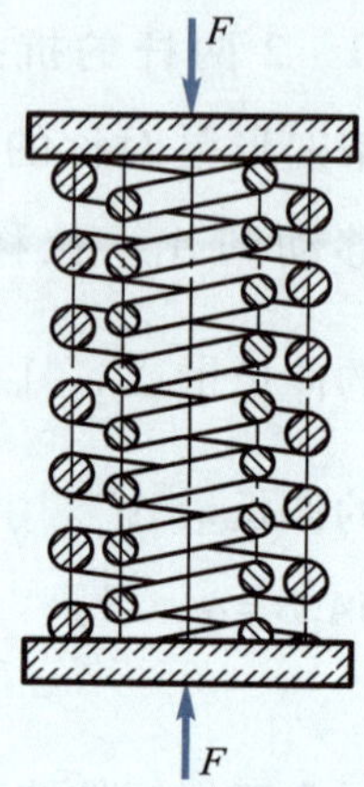

图 2.33

以上两式即为物理方程。在压力作用下，内、外两个弹簧的压缩变形必然相等。于是得变形协调方程

$$\lambda_1=\lambda_2$$

或

$$\frac{F_1}{k_1}=\frac{F_2}{k_2} \tag{f}$$

解式（e）、式（f）两式，得

$$\left.\begin{aligned}F_1&=\frac{k_1F}{k_1+k_2}\\F_2&=\frac{k_2F}{k_1+k_2}\end{aligned}\right\} \tag{g}$$

可见，内、外弹簧所承担的力与各自的刚度系数成正比。因此，弹簧上分担的力的大小可通过调节弹簧的刚度系数进行调整。刚度系数 k_1 和 k_2 与弹簧的几何尺寸和材料的力学性能有关（参看 §3.6）。

例 2.12　在图 2.34 所示结构中，设横梁 AB 的变形可以忽略，1、2 两杆的横截面面积均为 A，材料的弹性模量均为 E。试求 1、2 两杆的内力。

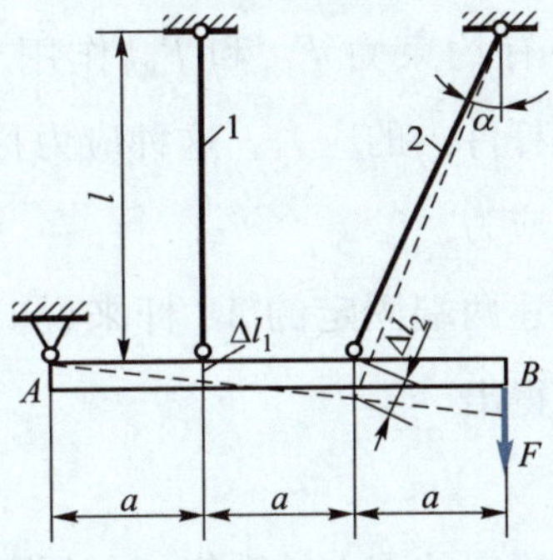

图 2.34

解： 设 1、2 两杆的轴力分别为 F_{N1} 和 F_{N2}。由 AB 杆的平衡方程 $\sum M_A=0$，得

$$3F-2F_{N2}\cos\alpha-F_{N1}=0 \qquad \text{(h)}$$

由于横梁 AB 是刚性杆，结构变形后，它仍为直杆，由图中看出，1、2 两杆的伸长量 Δl_1 和 Δl_2 应满足以下关系：

$$\frac{\Delta l_2}{\cos\alpha}=2\Delta l_1 \qquad \text{(i)}$$

这就是变形协调方程。

由胡克定律，有

$$\Delta l_1=\frac{F_{N1}l}{EA},\quad \Delta l_2=\frac{F_{N2}l}{EA\cos\alpha}$$

代入式（i）得

$$\frac{F_{N2}l}{EA\cos^2\alpha}=2\frac{F_{N1}l}{EA} \qquad \text{(j)}$$

由式（h）、式（j）两式解出

$$F_{N1}=\frac{3F}{4\cos^3\alpha+1},\qquad F_{N2}=\frac{6F\cos^2\alpha}{4\cos^3\alpha+1}$$

§ 2.11　温度应力和装配应力

一、温度应力

温度变化将引起物体的膨胀或收缩。静定结构由于可以自由变形，当温度均匀变化时，并不会引起构件的内力。但在超静定结构中，因变形受到部分或全部约束，温度变化时，往往会引起内力。例如，在图 2.35 中，AB 杆代表蒸汽锅炉与原动机间的管道。与锅炉和原动机相比，管道刚度很小，故可把 A、B 两端简化成固定端。固定于枕木或基础上的钢轨也类似于这种情况。当管道中通过高压蒸汽，或因季节变化引起钢轨温度变化时，就相当于上述两端固定杆的温度发生了变化。因为固定端限制杆件的膨胀或收缩，所以势必有约束力 F_{RA} 和 F_{RB} 作用于两端，从而引起杆件内的应力，这种应力称为热应力或温度应力。

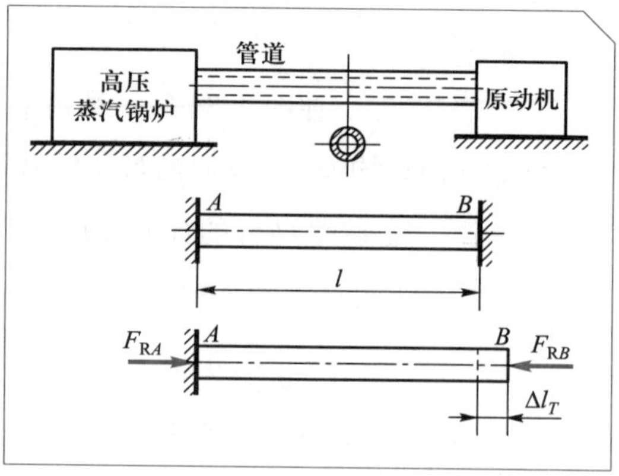

图 2.35

对上述两端固定的 AB 杆来说，由平衡方程只能得出

$$F_{RA}=F_{RB} \tag{a}$$

这并不能确定约束力的数值，必须再补充一个变形协调方程。设想拆除右端支座，允许杆件自由胀缩，当温度变化 ΔT 时，杆件由于温度变化引起的变形（伸长量）应为

$$\Delta l_T=\alpha_l \Delta T \cdot l \tag{b}$$

式中，α_l为材料的线胀系数。然后，再在右端作用 F_{RB}，杆件因 F_{RB}而产生的缩短量是

$$\Delta l=\frac{F_{RB}l}{EA} \tag{c}$$

实际上，由于两端固定，杆件长度不能变化，必须有

$$\Delta l_T=\Delta l$$

这就是补充的变形协调方程。以式（b）和式（c）代入上式，得

$$\alpha_l \Delta T \cdot l=\frac{F_{RB}l}{EA} \tag{d}$$

由此求出

$$F_{RB}=EA\alpha_l \Delta T$$

进而可得杆件横截面上的正应力

$$\sigma_T=\frac{F_{RB}}{A}=\alpha_l E\Delta T$$

碳钢的 $\alpha_l=12.5\times10^{-6}\ ℃^{-1}$，$E=200$ GPa。所以

$$\begin{aligned}\sigma_T&=12.5\times10^{-6}\ ℃^{-1}\times200\times10^3\ \text{MPa}\cdot\Delta T\\&=(2.5\ ℃^{-1}\Delta T)\ \text{MPa}\end{aligned}$$

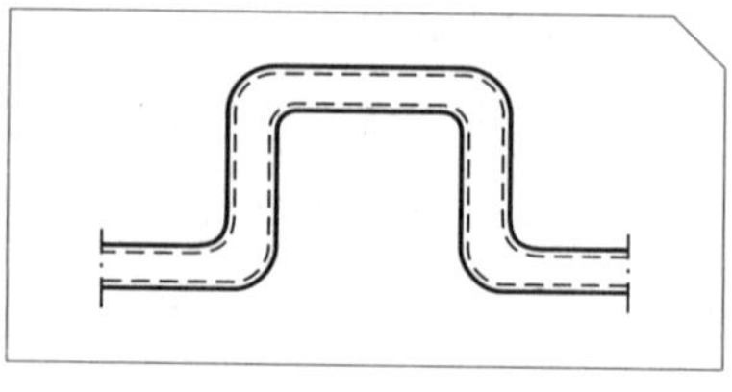

图 2.36

可见当 ΔT 较大时，σ_T的数值便非常可观。为了避免产生过高的温度应力，在管道中有时增加伸缩节（图 2.36），在钢轨各段之间留有伸缩缝，这样就可以削弱

对膨胀构件的约束，降低温度应力。

例 2.13 在图 2.37a 中，设横梁 ACB 的变形可以忽略不计（即设 ACB 为刚体）；钢杆 AD 的横截面面积 $A_1=100\ \text{mm}^2$，长度 $l_1=330\ \text{mm}$，弹性模量 $E_1=200\ \text{GPa}$，线胀系数 $\alpha_{l1}=12.5\times10^{-6}\ ℃^{-1}$；铜杆 BE 的相应数据分别是：$A_2=200\ \text{mm}^2$，$l_2=220\ \text{mm}$，$E_2=100\ \text{GPa}$，$\alpha_{l2}=16.5\times10^{-6}\ ℃^{-1}$。如温度升高 30 ℃，试求两杆的轴力。

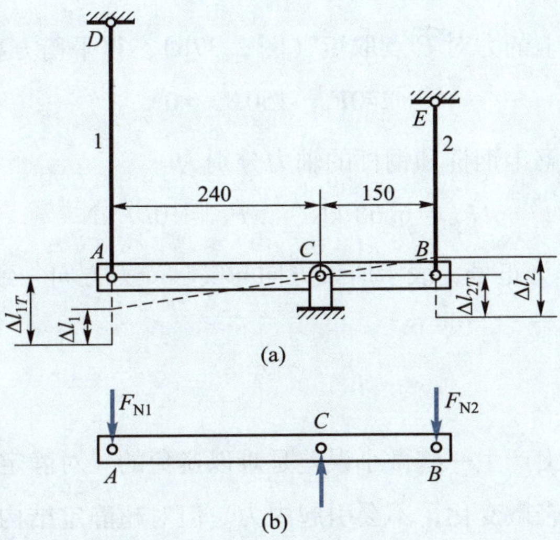

图 2.37

解： 设想拆除钢杆和铜杆与横梁间的联系，允许其自由膨胀。这时钢杆和铜杆由于温度升高引起的伸长量分别是 Δl_{1T} 和 Δl_{2T}。当把已经伸长的杆件再与横梁相连接时，必将在两杆内分别引起轴力 F_{N1} 和 F_{N2}，并使两杆再次变形。设 F_{N1} 和 F_{N2} 的方向如图 2.37b 所示，即假设 AD 杆和 BE 杆均受压；横梁的最终位置如图 2.37a 中虚线所示，而图中的 Δl_1 和 Δl_2 分别是钢杆和铜杆因轴力引起的变形。这样得变形协调方程为

$$\frac{\Delta l_{1T}-\Delta l_1}{\Delta l_2-\Delta l_{2T}}=\frac{240}{150}$$

这里 Δl_1 和 Δl_2 皆为绝对值。求出上式中的各项变形分别为

$$\Delta l_{1T}=(330\times10^{-3}\ \text{m})(12.5\times10^{-6}\ ℃^{-1})(30\ ℃)=124\times10^{-6}\ \text{m}$$

$$\Delta l_{2T}=(220\times10^{-3}\ \text{m})(16.5\times10^{-6}\ ℃^{-1})(30\ ℃)=109\times10^{-6}\ \text{m}$$

$$\Delta l_1=\frac{F_{\text{N1}}(330\times10^{-3}\ \text{m})}{(200\times10^{9}\ \text{Pa})(100\times10^{-6}\ \text{m}^2)}=0.016\,5\times10^{-6}F_{\text{N1}}\ \text{m/N}$$

$$\Delta l_2=\frac{F_{\text{N2}}(220\times10^{-3}\ \text{m})}{(100\times10^{9}\ \text{Pa})(200\times10^{-6}\ \text{m}^2)}=0.011\times10^{-6}F_{\text{N2}}\ \text{m/N}$$

把以上数据代入变形协调方程，经整理后，得出

$$124\ \text{N}-0.016\,5F_{\text{N1}}=\frac{8}{5}(0.011F_{\text{N2}}-109\ \text{N})$$

把作用于横梁上的力对 C 点取矩（图 2.37b），得平衡方程

$$240F_{\text{N1}}-150F_{\text{N2}}=0$$

从以上两方程式中解出钢杆和铜杆的轴力分别为

$$F_{\text{N1}}=6.68\ \text{kN},\qquad F_{\text{N2}}=10.7\ \text{kN}$$

求得的 F_{N1} 及 F_{N2} 皆为正号，表示所设方向与实际受力方向一致，即两杆均受压。

二、装配应力

加工构件时，尺寸上产生一些微小误差是难以避免的。对静定结构，加工误差只不过是造成结构几何形状的轻微变化，不会引起内力。但对超静定结构，加工误差往往要引起内力。这与上述温度应力的形成是非常相似的。以两端固定的杆件为例，若杆件的名义长度为 l，加工误差为 δ，结果杆件的实际长度为 $l+\delta$。把长度为 $l+\delta$ 的杆件装进距离为 l 的固定支座之间，必然引起杆件内的压应力，这种应力称为装配应力。这里的加工误差 δ 就相当于图 2.35 中的 Δl_T，所以只要把式（d）中的 $\alpha_l\Delta T\cdot l$ 改成 δ，就可以求得支座约束力，从而确定装配应力。

例 2.14 吊桥链条的一节由三根长度为 l 的钢杆组成（图 2.38a）。若三杆的横截面面积均为 A，材料的弹性模量均为 E，中间钢杆略短于名义长度，且加工误差为 $\delta=\dfrac{l}{2\,000}$，试求各杆件的装配应力。

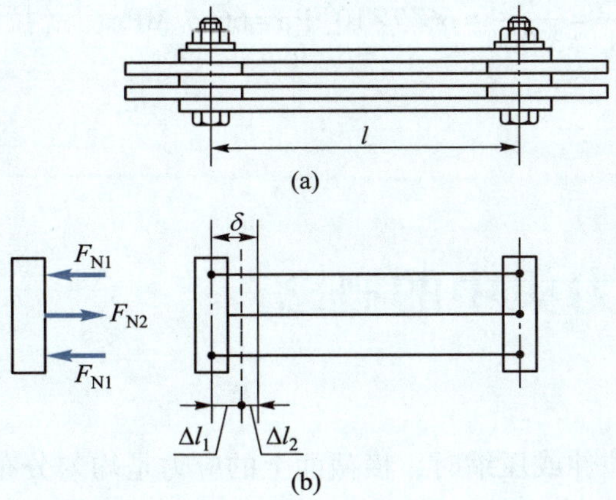

图 2.38

解： 如不计两端连接螺栓的变形，可将链条的一节简化成图 2.38b 所示的静不定结构。当把较短的中间杆与两侧杆一同固定于两端的刚体时，中间杆将受到拉伸，而两侧杆受到压缩。最后在虚线所示位置上，三杆的变形相互协调。设两侧杆的轴向压力为 F_{N1}，中间杆的轴向拉力为 F_{N2}。平衡方程应为

$$2F_{N1}=F_{N2} \tag{e}$$

若两侧杆缩短 Δl_1，中间杆伸长 Δl_2，显然，Δl_1 和 Δl_2 的绝对值之和应等于 δ，即

$$\Delta l_1+\Delta l_2=\delta=\frac{l}{2\ 000} \tag{f}$$

由胡克定律，有

$$\Delta l_1=\frac{F_{N1}l}{EA},\qquad \Delta l_2=\frac{F_{N2}l}{EA}$$

代入式（f），得

$$F_{N1}+F_{N2}=\frac{EA}{2\ 000} \tag{g}$$

从式（e）、式（g）两式解出

$$F_{N1}=\frac{EA}{6\ 000},\qquad F_{N2}=\frac{EA}{3\ 000}$$

取 $E=200$ GPa，则两侧杆和中间杆的装配应力分别是

$$\sigma_1=\frac{F_{N1}}{A}=\frac{E}{6\ 000}=33.3\times10^6\ \text{Pa}=33.3\ \text{MPa}\quad（压应力）$$

$$\sigma_2=\frac{F_{N2}}{A}=\frac{E}{3\ 000}=66.7\times10^6\ \text{Pa}=66.7\ \text{MPa}\qquad(拉应力)$$

§2.12 应力集中的概念

等截面直杆受轴向拉伸或压缩时，横截面上的应力是均匀分布的。由于实际需要，有些零件必须有切口、切槽、油孔、螺纹、轴肩等，以致在这些部位上截面尺寸发生突然变化。实验结果和理论分析表明，在零件尺寸突然改变处的截面上，应力并不是均匀分布的。例如，开有圆孔或切口的板条（图 2.39）受拉时，在圆孔或切口附近的局部区域内，应力将剧烈增加，但在离开圆孔或切口稍远处，应力就迅速降低而趋于均匀。这种因杆件外形突然变化，而引起局部应力急剧增大的现象，称为应力集中。

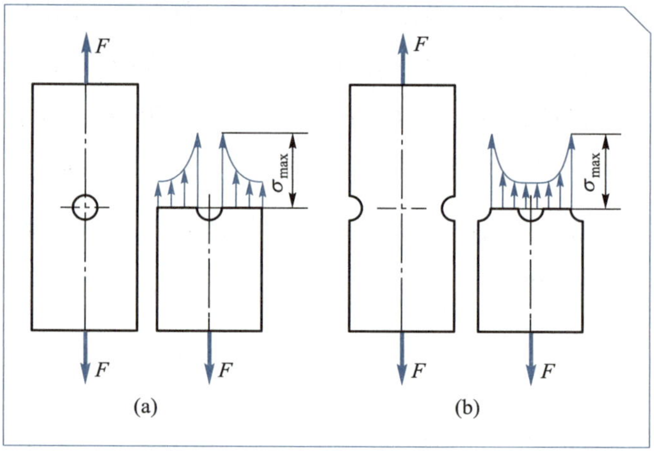

图 2.39

设发生应力集中的截面上的最大应力为 σ_{max}，同一截面上的平均应力为 σ，则比值

$$K=\frac{\sigma_{max}}{\sigma}\qquad(2.21)$$

称为理论应力集中因数。它反映了应力集中的程度，是一个大于 1 的因数。实验结果表明：截面尺寸变化越急剧、角越尖、孔越小，应力集中的程度就越严重。因此，零件上应尽可能地避免带尖角的孔和槽，在阶梯轴的轴肩处要用圆弧过渡，而且应尽量使圆弧半径大一些。

各种材料对应力集中的敏感程度并不相同。塑性材料有屈服阶段，当局部的最大应力 σ_{max}达到屈服极限 σ_s时，该处材料的变形可以继续增长，而应力却不再加大。如外力继续增加，增加的力就由截面上尚未屈服的材料来承担，使截面上其他点的应力相继增大到屈服极限，如图 2.40 所示。这就使截面上的应力逐渐趋于平均，降低了应力不均匀程度，也限制了最大应力 σ_{max}的数值。因此，用塑性材料制成的零件在静载下，可以不考虑应力集中的影响。脆性材料没有屈服阶段，当载荷增加时，应力集中处的最大应力 $\sigma_{\max}$ 一直领先，首先达到强度极限 σ_{b}，该处将先产生裂纹。所以对于脆性材料制成的零件，应力集中的危害性很严重。这样，即使在静载下，也应考虑应力集中对零件承载能力的削弱。至于灰铸铁，其内部的不均匀性和缺陷往往是产生应力集中的主要因素，而零件外形改变所引起的应力集中就可能成为次要因素，对零件的承载能力不一定造成明显的影响。

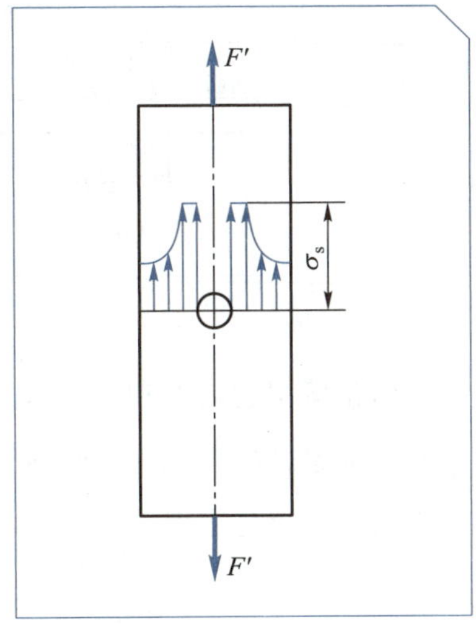

图 2.40

当零件受周期性变化的应力或受冲击载荷作用时，不论是塑性材料还是脆性材料，应力集中对零件的强度都有严重影响，往往是产生破坏的根源。这一问题将于第十一章中作进一步讨论。

§2.13　剪切和挤压的实用计算

剪切和挤压的实用计算，与轴向拉伸或压缩并无实质上的联系。附在本章之末，只是因为两种实用计算方法在形式上与拉伸有些相似。

一、剪切的实用计算

受剪切构件

现以钢杆受剪的例子（图 2.41a），介绍剪切的概念。上、下两个刀刃以大小相等、方向相反、垂直于轴线且作用线很近的两个力 F 作用于钢杆上，迫使在 $n-n$ 截面左、右的两部分发生沿 $n-n$ 截面相对错动的变形（图 2.41b），直到最后被剪断。作为第二个例子，考察连接轴与轮的键（图 2.42a）。作用于轮和轴上的传动力偶和阻抗力偶大小相等，方向相反，键的受力情况如图 2.42b 所示。作用于键的左右两个侧面上的力，意欲使键的上、下两部分沿 $n-n$ 截面发生相对错动。以上两例中的 $n-n$ 截面可称为剪切面。可见剪切的特点是：作用于构件某一截面两侧的力，大小相等、方向相反且相互平行，使构件的两部分沿这一截面（剪切面）发生相对错动的变形。工程中的连接件，如螺栓、铆钉、销、键等都是承受剪切的构件。

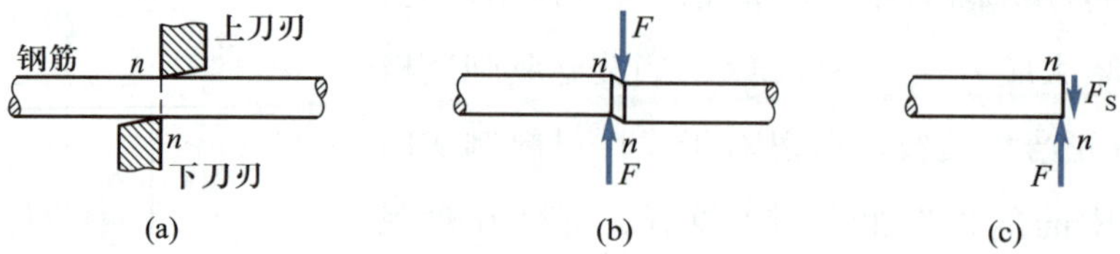

图 2.41

讨论剪切的内力和应力时，以剪切面 $n-n$ 将受剪构件分成两部分，并以其中一部分为研究对象，如图 2.41c 或图 2.42c 所示。$n-n$ 截面上的内力 F_S 与截面相切，称为剪力。由平衡方程容易求得

$$F_S = F \tag{a}$$

实用计算中，假设在剪切面上剪切应力是均匀分布的。若以 A 表示剪切面面积，则应力是

$$\tau = \frac{F_S}{A} \tag{2.22}$$

τ 与剪切面相切，故为切应力。

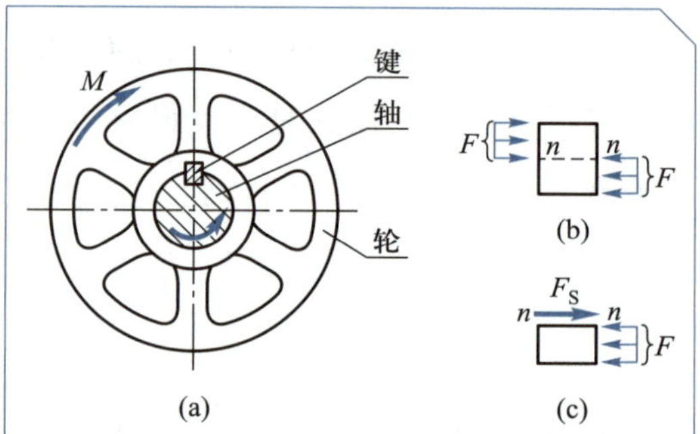

图 2.42

在一些连接件的剪切面上，应力的实际情况比较复杂，切应力并非均匀分布，并且还有正应力。所以，由式（2.22）算出的只是剪切面上的“平均切应力”，是一个名义切应力。为了弥补这一缺陷，在用实验的方式建立强度条件时，使试样受力尽可能地接近实际连接件的情况，由实验确定试样失效时的极限载荷。同样，用式（2.22）由极限载荷求出相应的名义极限应力，再除以安全因数 n，得许用切应力 $[\tau]$，从而建立强度条件

$$\tau = \frac{F_S}{A} \leqslant [\tau] \tag{2.23}$$

根据以上强度条件，便可进行强度计算。

例 2.15 电瓶车挂钩由插销连接（图 2.43a）。插销材料为 20 钢，$[\tau] = 30$ MPa，直径 $d = 20$ mm。挂钩及被连接的板件的厚度分别为 $\delta = 8$ mm 和 $1.5\delta = 12$ mm。牵引力 $F = 15$ kN。试校核插销的剪切强度。

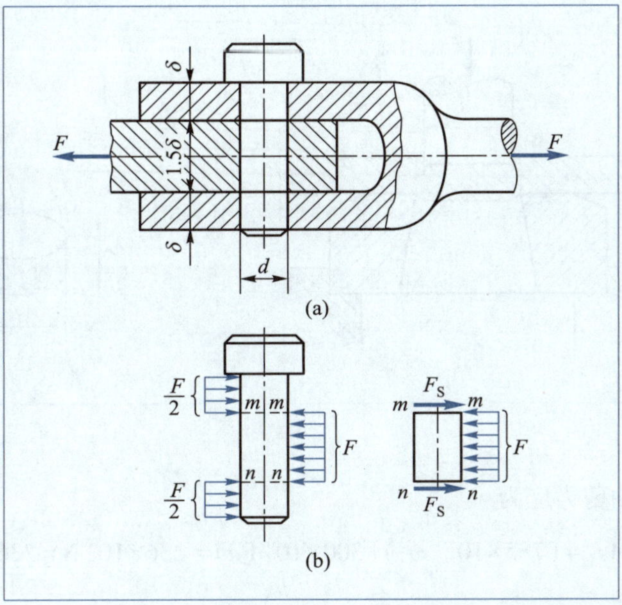

图 2.43

解：插销受力如图 2.43b 所示。根据受力情况，插销中段相对于上、下两段，沿 $m-m$ 和 $n-n$ 两个面向左错动。所以有两个剪切面，称为双剪切。而图 2.41 和图 2.42 所示的情况仅有一个剪切面。由平衡方程容易求出

$$F_S=\frac{F}{2}$$

插销横截面上的切应力为

$$\tau=\frac{F_S}{A}=\frac{15\times10^3\ \text{N}}{2\times\frac{\pi}{4}(20\times10^{-3}\text{m})^2}=23.9\times10^6\ \text{Pa}=23.9\ \text{MPa}<[\tau]$$

故插销满足强度要求。

例 2.16 已知钢板厚度 $\delta=10$ mm，其剪切极限应力为 $\tau_u=300$ MPa。若用冲床将钢板冲出直径 $d=25$ mm 的孔，需要多大的冲剪力 F？

解：剪切面是钢板内被冲头冲出的圆饼体的柱形侧面，如图 2.44b 所示。其面积为

$$A=\pi d\delta=\pi(25\times10^{-3}\text{m})(10\times10^{-3}\ \text{m})=785\times10^{-6}\ \text{m}^2$$

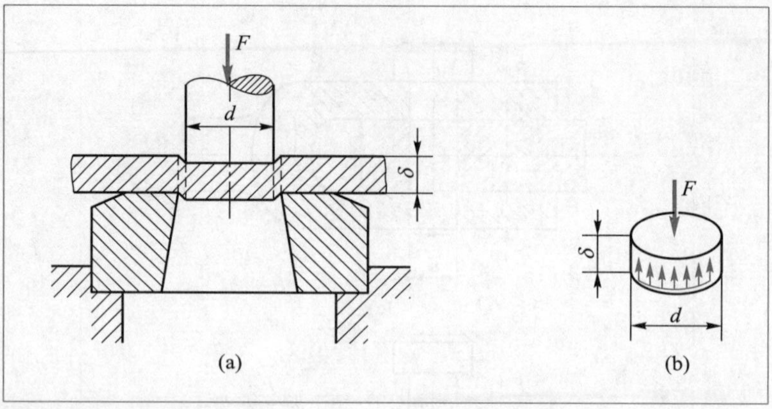

图 2.44

冲孔所需要的冲剪力应为

$$F \geqslant A\tau_u = (785\times10^{-6}\ \mathrm{m}^2)(300\times10^6\ \mathrm{Pa}) = 236\times10^3\ \mathrm{N} = 236\ \mathrm{kN}$$

二、挤压的实用计算

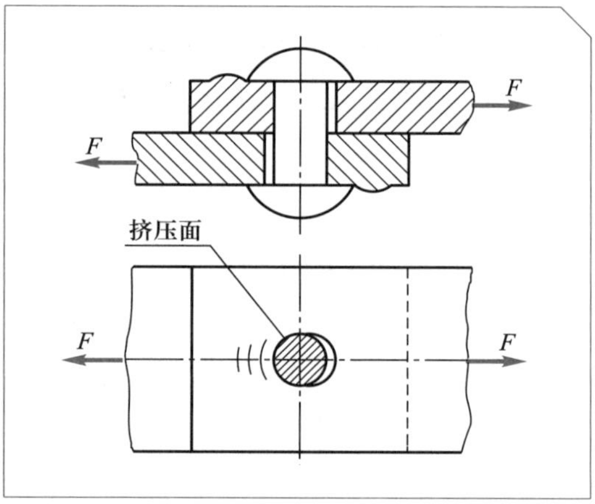

图 2.45

在外力作用下，连接件和被连接的构件之间，必将在接触面上相互压紧，这种现象称为挤压。例如，在铆钉连接中，铆钉与钢板就相互压紧。这就可能把铆钉或钢板的铆钉孔压致局部塑性变形。图 2.45 就是铆钉孔被压成长圆孔的情况，当然，铆钉也可能被压成扁圆柱。所以应该进行挤压强度计算。在挤压面上，应力分布一般也比较复杂。实用计算中，也是假设在挤压面上应力均匀分布。以 F 表示挤压面上传递的力，A_{bs} 表示挤压面积，于是挤压应力为

$$\sigma_{bs} = \frac{F}{A_{bs}} \tag{2.24}$$

相应的强度条件是

$$\sigma_{bs} = \frac{F}{A_{bs}} \leqslant [\sigma_{bs}] \tag{2.25}$$

式中，$[\sigma_{bs}]$ 为材料的许用挤压应力。

当连接件与被连接构件的接触面为平面时，如图 2.42 中的键连接，以上公式中的 A_{bs}

就是接触面的面积（参看例2.17）。当接触面为圆柱面时（如销、铆钉等与钉孔间的接触面），挤压应力的分布大致如图2.46所示，最大应力在圆柱面的中点。实用计算中，以圆孔或圆钉的直径平面面积 δd（即图2.46b中画阴影线的面积）除挤压力 F，则所得应力大致上与实际最大应力接近。

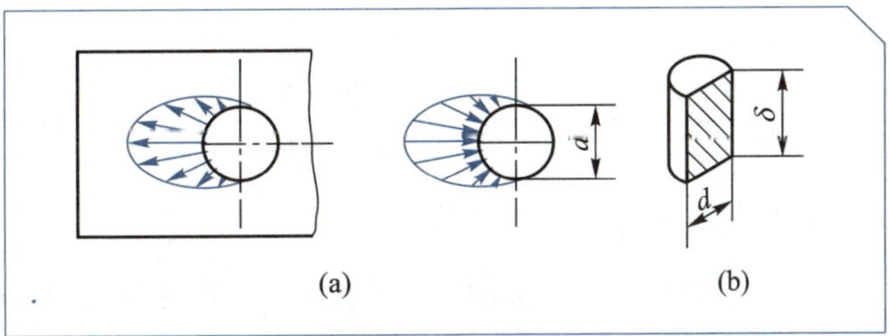

图2.46

例2.17 图2.47a表示齿轮用平键与轴连接（图中只画出了轴与平键，没有画出齿轮）。已知轴的直径 $d=70$ mm，平键的尺寸为 $b\times h\times l=20$ mm×12 mm×100 mm，传递的扭转力偶矩 $M_e=2$ kN·m，平键的许用应力 $[\tau]=60$ MPa，$[\sigma_{bs}]=100$ MPa。试校核平键的强度。

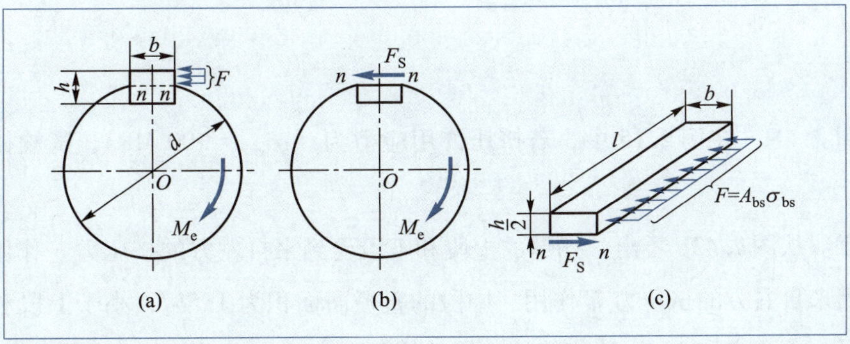

图2.47

解： 首先校核平键的剪切强度。将平键沿 $n-n$ 截面分成两部分，并把 $n-n$ 以下部分和轴作为一个整体来考虑（图2.47b）。因为假设在 $n-n$ 截面上切应力均匀分布，故 $n-n$ 截面上的剪力 F_S 为

$$F_S=A\tau=bl\tau$$

对轴心取矩，由平衡方程 $\sum M_O=0$，得

$$F_S\cdot\frac{d}{2}=bl\tau\cdot\frac{d}{2}=M_e$$

故有

$$\tau=\frac{2M_e}{bld}=\frac{2(2\ 000\ \text{N}\cdot\text{m})}{20\times100\times70\times10^{-9}\ \text{m}^3}=28.6\times10^6\ \text{Pa}=28.6\ \text{MPa}<[\tau]$$

可见平键满足剪切强度条件。

其次校核平键的挤压强度。考虑平键在 $n-n$ 截面以上部分的平衡（图 2.47c），在 $n-n$ 截面上的剪力 $F_S=bl\tau$，右侧面上的挤压力为

$$F=A_{bs}\sigma_{bs}=\frac{h}{2}l\sigma_{bs}$$

投影于水平方向，由平衡方程得

$$F_S=F \quad 或 \quad bl\tau=\frac{h}{2}l\sigma_{bs}$$

由此求得

$$\sigma_{bs}=\frac{2b\tau}{h}=\frac{2(20\times10^{-3}\ \text{m})(28.6\times10^6\ \text{Pa})}{12\times10^{-3}\ \text{m}}=95.3\times10^6\ \text{Pa}=95.3\ \text{MPa}<[\sigma_{bs}]$$

故平键也满足挤压强度要求。

例 2.18 在例 2.15 中，若挤压许用应力为 $[\sigma_{bs}]=100\ \text{MPa}$，试校核挤压强度。

解： 从图 2.43b 看出，插销的上段和下段受到来自左方的挤压力 F 作用，中段受到来自右方的挤压力 F 作用。中段的直径面面积为 $1.5\delta d$，小于上段和下段的直径面面积之和 $2\delta d$，故应校核中段的挤压强度。由式（2.24），有

$$\sigma_{bs}=\frac{F}{A_{bs}}=\frac{F}{1.5\delta d}=\frac{15\times10^3\ \text{N}}{1.5(8\times10^{-3}\ \text{m})(20\times10^{-3}\ \text{m})}$$
$$=62.5\times10^6\ \text{Pa}=62.5\ \text{MPa}<[\sigma_{bs}]$$

故满足挤压强度要求。

习　题

习题：
第二章轴向拉伸与压缩
剪切与挤压

2.1　试求图示各杆 1-1、2-2、3-3 截面上的轴力，并作轴力图。

2.2　作用于图示零件上的拉力 $F=38\ \mathrm{kN}$，试问零件内最大拉应力发生于哪个截面上？并求其值。

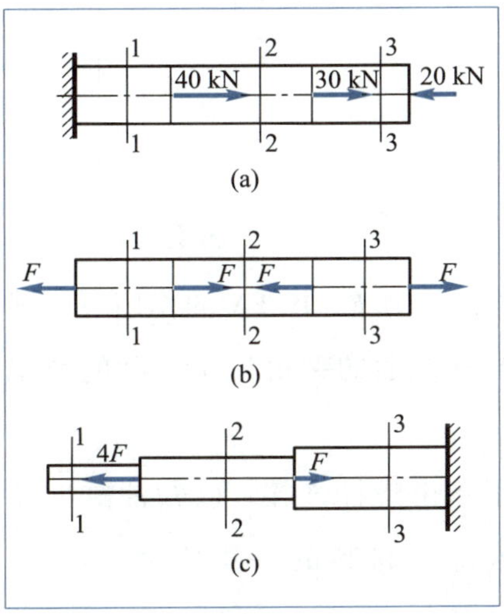

题 2.1 图

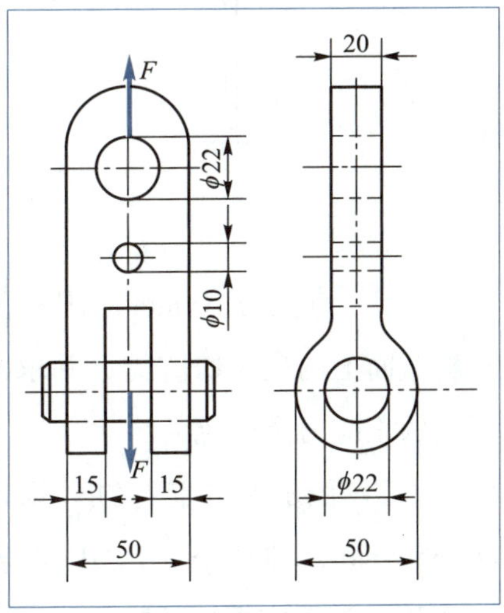

题 2.2 图

2.3　在题 2.1 图 c 中，若 1-1、2-2、3-3 三个横截面的直径分别是：$d_1=15\ \mathrm{mm}$，$d_2=20\ \mathrm{mm}$，$d_3=24\ \mathrm{mm}$，$F=8\ \mathrm{kN}$，试用图线表示横截面上的应力沿轴线的变化情况。

2.4　在图示结构中，若钢拉杆 BC 的横截面直径为 10 mm，试求拉杆横截面上的应力。设由 BC 连接的 1 和 2 两部分均为刚体。

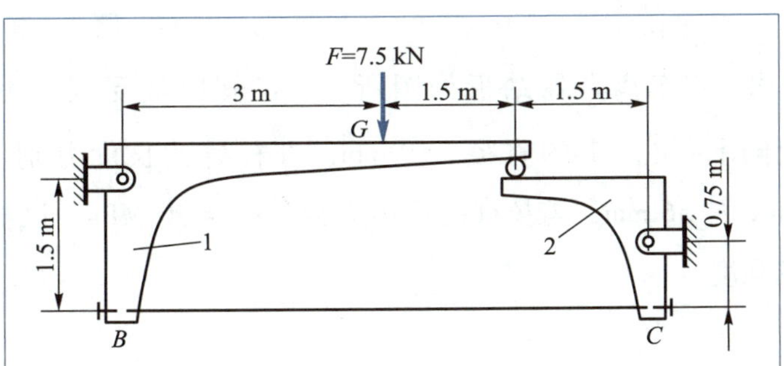

题 2.4 图

2.5 图示结构中，设两根横梁皆为刚体。1、2 两杆的横截面直径分别为 10 mm 和 20 mm，试求两杆横截面上的应力。

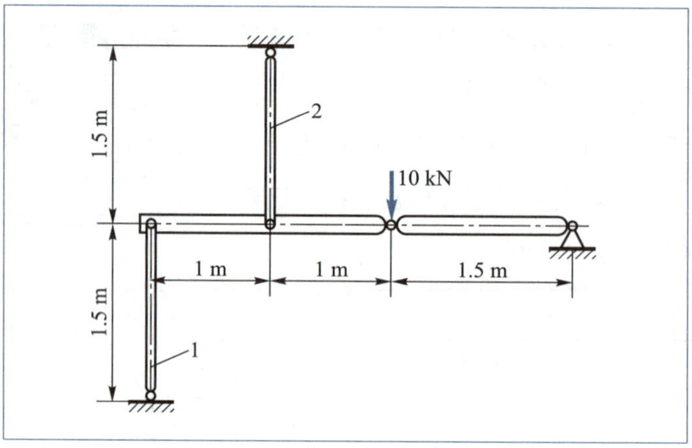

题 2.5 图

2.6 直径为 10 mm 的圆杆，在拉力 $F=10$ kN 的作用下，试求斜截面上的最大切应力，并求与横截面的夹角为 $\alpha=30°$ 的斜截面上的正应力及切应力。

2.7 图示油缸盖与缸体采用 6 个螺栓连接。已知油缸内径 $D=350$ mm，油压 $p=1$ MPa。若螺栓材料的许用应力 $[\sigma]=40$ MPa，试确定螺栓的内径。

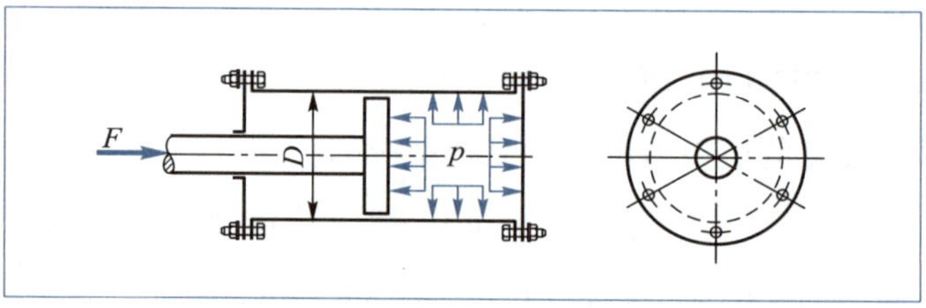

题 2.7 图

2.8 汽车离合器踏板如图所示。已知踏板受到压力 $F_1=400$ N作用，拉杆 1 的直径 $d=9$ mm，杠杆臂的长度分别为 $L=330$ mm，$l=56$ mm，若拉杆的许用应力 $[\sigma]=50$ MPa，试校核拉杆 1 的强度。

2.9 冷镦机的曲柄滑块机构如图所示。镦压工件时连杆接近水平位置，承受的镦压力 $F=1\ 100$ kN。若连杆是矩形截面，高度 h 与宽度 b 之比为$\dfrac{h}{b}=1.4$，材料为 45 钢，许用应力 $[\sigma]=58$ MPa，试确定截面尺寸 h 及 b。

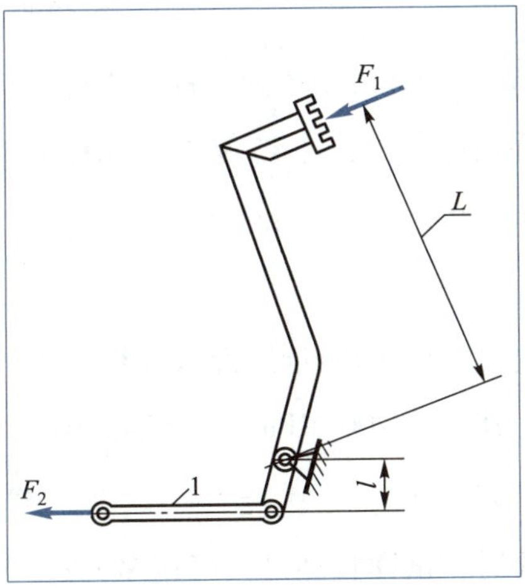

题 2.8 图

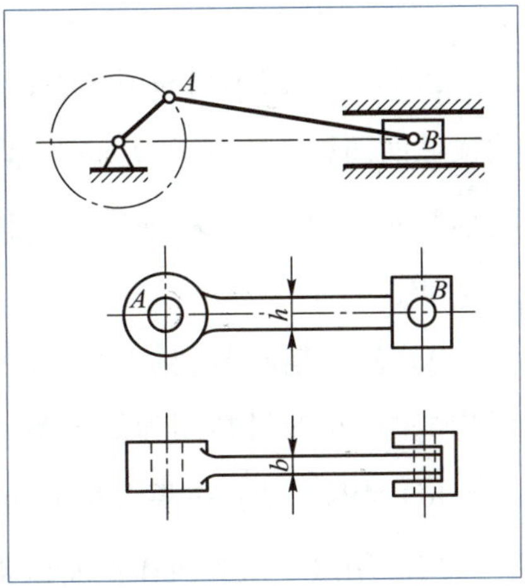

题 2.9 图

2.10 图示双杠杆夹紧机构，需产生一对 20 kN 的夹紧力，已知三杆的材料相同，$[\sigma]=100$ MPa，$\alpha=30°$。试求水平杆 AB 及两斜杆 BC 和 BD 的横截面直径。

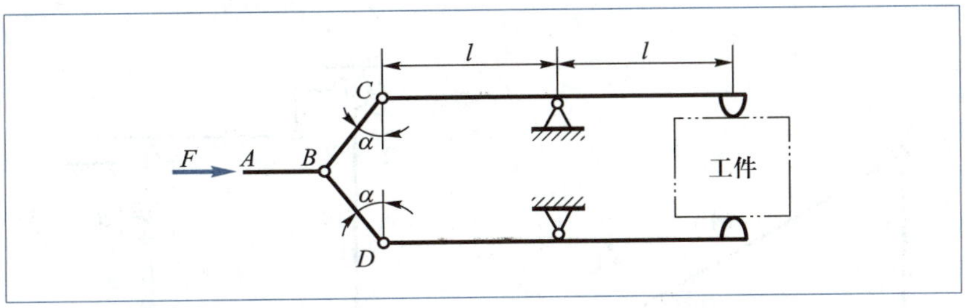

题 2.10 图

2.11 图示卧式拉床的油缸内径 $D=186$ mm，活塞杆直径 $d_1=65$ mm，材料为 20Cr 并经过热处理，$[\sigma]_{杆}=130$ MPa。缸盖由 6 个 M20 的螺栓与缸体连接，M20 螺栓的内径 $d=17.3$ mm，材料为 35 钢，经热处理后 $[\sigma]_{螺}=110$ MPa。试按活塞杆和螺栓的强度确定最大油压 p。

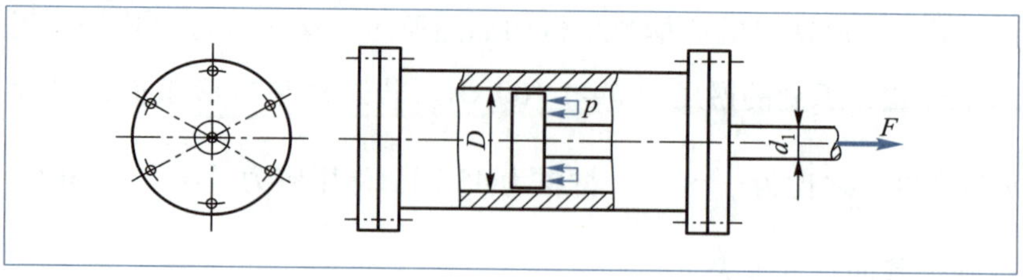

题 2.11 图

2.12 在图示简易吊车中，*BC* 为钢杆，*AB* 为木杆。木杆 *AB* 的横截面面积 $A_1=10\ 000\ \text{mm}^2$，许用应力 $[\sigma]_1=7\ \text{MPa}$；钢杆 *BC* 的横截面面积 $A_2=600\ \text{mm}^2$，许用拉应力 $[\sigma]_2=160\ \text{MPa}$。试求许可吊重 *W*。

2.13 某拉伸试验机的结构示意图如图所示。设试验机的 *CD* 杆与试样 *AB* 的材料同为低碳钢，其 $\sigma_p=200\ \text{MPa}$，$\sigma_s=240\ \text{MPa}$，$\sigma_b=400\ \text{MPa}$。试验机最大拉力为 100 kN。

(1) 用这一试验机作拉断试验时，试样直径最大可达多大？

(2) 若设计时取试验机的安全因数 $n=2$，则 *CD* 杆的横截面面积为多少？

(3) 若试样直径 $d=10\ \text{mm}$，今欲测弹性模量 *E*，则所加载荷最大不能超过多少？

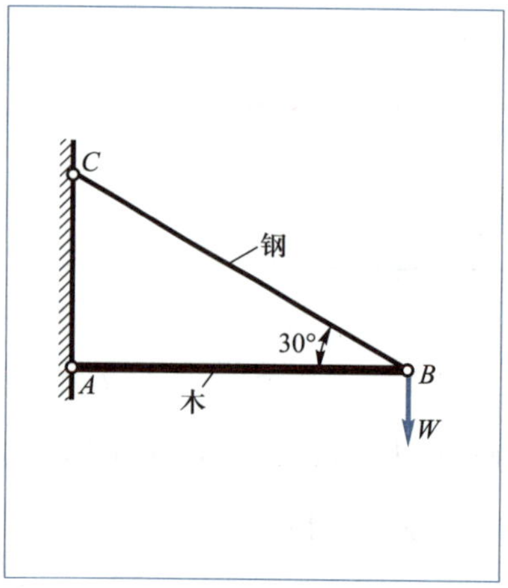

题 2.12 图

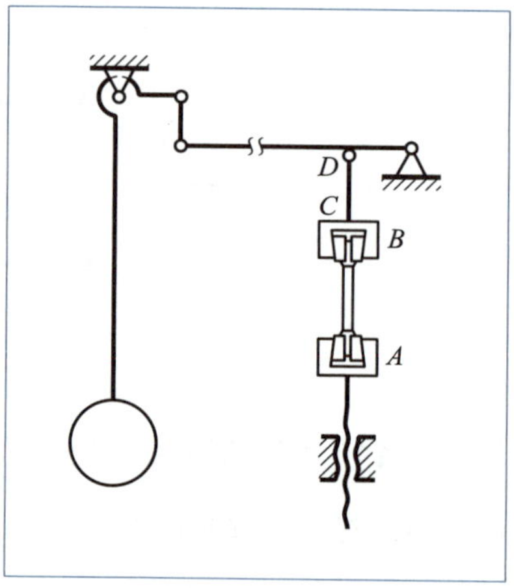

题 2.13 图

2.14 某铣床工作台进给油缸如图所示，缸内工作油压 $p=2\ \text{MPa}$，油缸内径 $D=75\ \text{mm}$，活塞杆直径 $d=18\ \text{mm}$。已知活塞杆材料的许用应力 $[\sigma]=50\ \text{MPa}$，试校核活塞杆的强度。

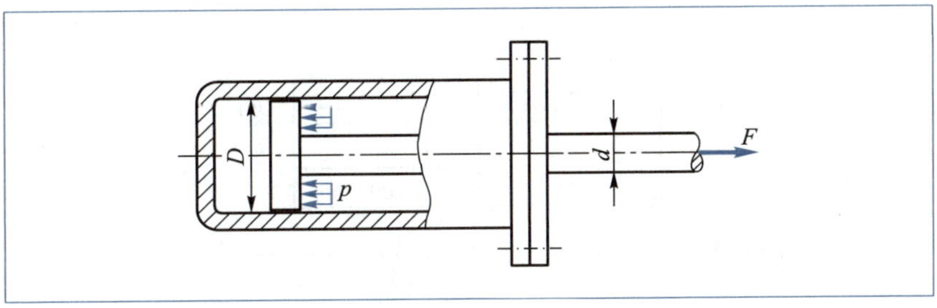

题 2.14 图

2.15 图示拉杆沿斜截面 $m-m$ 由两部分胶合而成。设在胶合面上许用拉应力 $[\sigma]=100$ MPa，许用切应力 $[\tau]=50$ MPa。并设杆件的拉力由胶合面的强度控制。试问：为使杆件承受最大拉力 F，α 角的值应为多少？若杆件横截面面积为 400 mm^2，并规定 $\alpha\leqslant 60°$，试确定许可载荷 F。

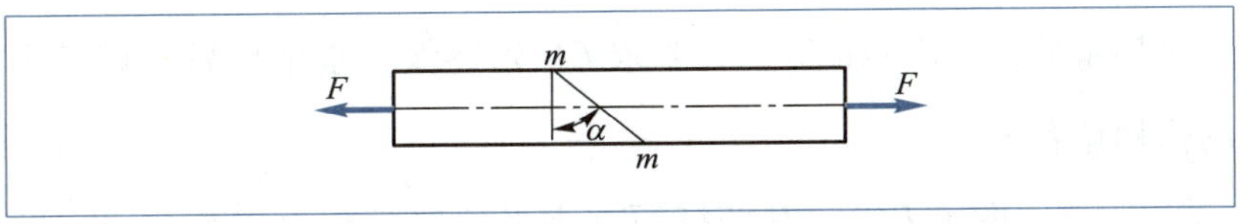

题 2.15 图

2.16 重量为 W 的均质圆形等截面空心长钢杆，长度为 l，内径为 d，外径为 D。施工的某一过程中需要将其竖直悬吊于空中。若材料的弹性模量为 E，试求此时杆件在自重作用下的伸长量 Δl。

2.17 在图示杆系中，BC 和 BD 两杆的材料相同，且抗拉和抗压许用应力相等，同为 $[\sigma]$。为使杆系使用的材料最省，试求夹角 θ 的值。

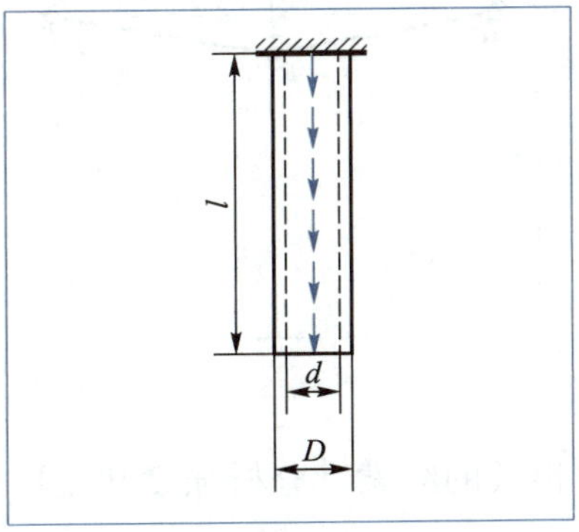

题 2.16 图

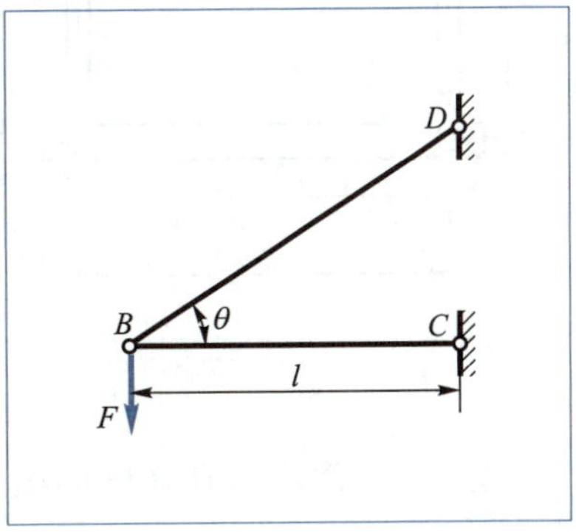

题 2.17 图

2.18 阶梯形直杆如图所示。已知：$A_1=800\ mm^2$，$A_2=400\ mm^2$，$E=200$ GPa。试求杆件的总伸长量 Δl。

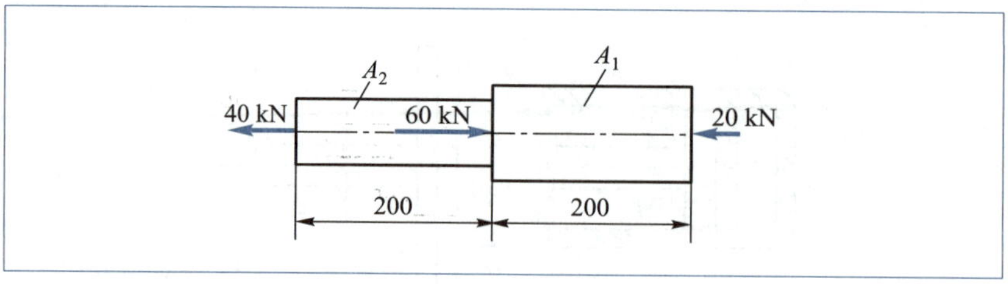

题 2.18 图

2.19 为了改进万吨水压机的设计，在四根立柱的小型水压机上进行模型实验，测得立柱的轴向总伸长量 $\Delta l=0.4$ mm。立柱直径 $d=80$ mm，长度 $l=1\ 350$ mm。材料的 $E=210$ GPa。每一根立柱受到的轴向力有多大？水压机的中心载荷 F 等于多少？

2.20 如图所示，设 CG 为刚体（即 CG 的弯曲变形可以忽略），BC 为铜杆，DG 为钢杆，两杆的横截面面积分别为 A_1 和 A_2，弹性模量分别为 E_1 和 E_2。如要求 CG 始终保持水平位置，试求力的作用位置 x。

*2.21 图示 BC、BD 两杆原在水平位置。在力 F 作用下，两杆发生变形，在 B 点的竖向位移为 Δ。若两杆的抗拉刚度同为 EA，试求 Δ 与 F 的关系。（提示：计算时应考虑 BC 和 BD 杆的角度变化，即变形后两杆不再保持水平。）

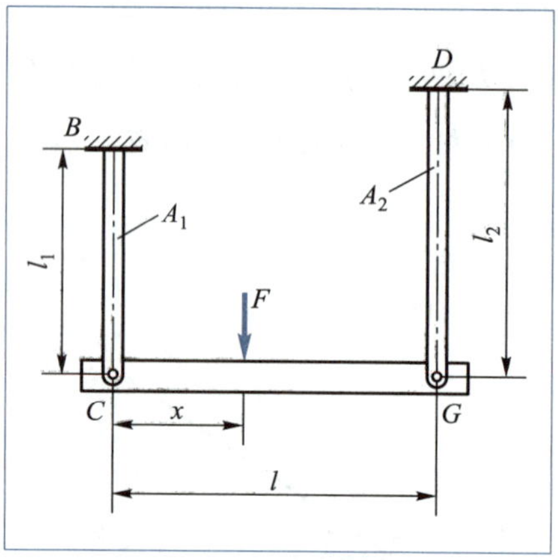

题 2.20 图

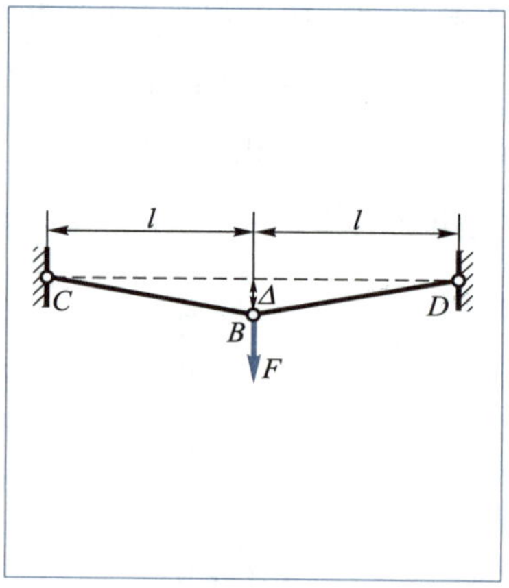

题 2.21 图

2.22 像矿山升降机钢缆这类很长的绳索，分析强度和变形时应考虑其自重的影响。设材料的密度为 ρ，许用应力为 $[\sigma]$。钢缆下端所受拉力为 F，钢缆截面不变。试求钢缆的允许长度及其总伸长量。

2.23 将悬索桥两桥塔间的主缆简化为图示力学模型，主缆的曲线可近似用二次抛物线来描述，作用于主缆的载荷简化为竖直向下的均布载荷 q。若主缆的跨度为 l，中间下垂的高度为 h，抗拉刚度为 EA。试确定主缆的伸长量。

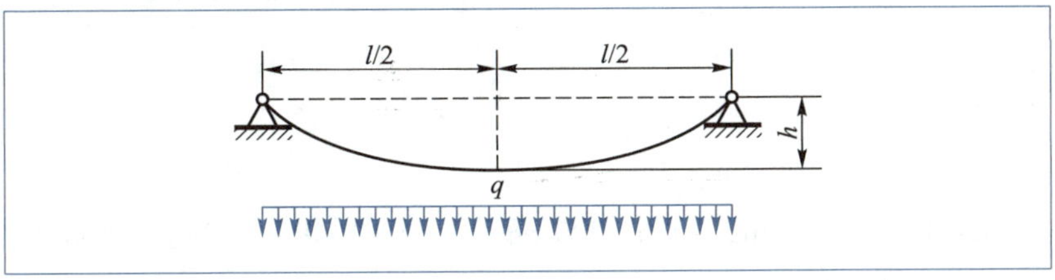

题 2.23 图

2.24 铸铁柱尺寸如图所示，轴向压力 $F=30\ \text{kN}$，$E=120\ \text{GPa}$。若不计自重，试求柱的变形。

2.25 图中 AD 和 BE 两根铸铁柱的尺寸与题 2.24 中的铸铁柱相同。若设横梁 AB 为刚体，$F=50\ \text{kN}$，试求 F 作用点 C 的铅垂位移。

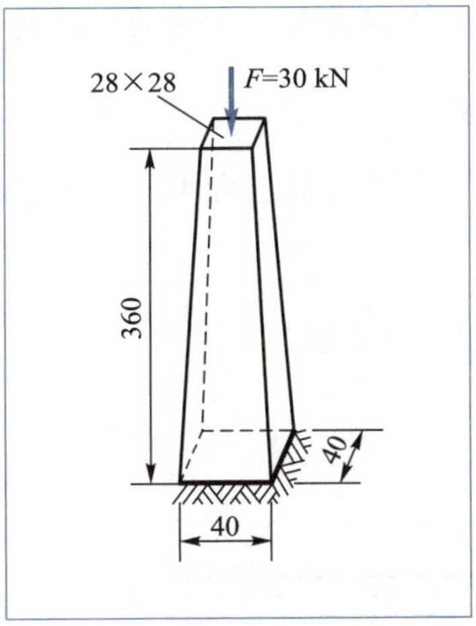

题 2.24 图

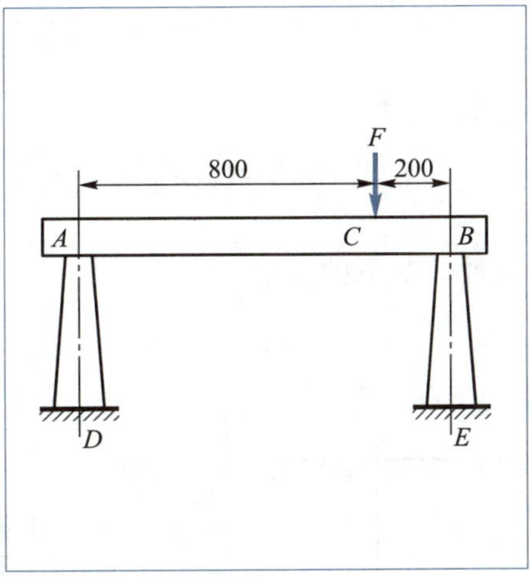

题 2.25 图

***2.26** 图 a 所示简单杆系，其两杆的长度均为 $l=3\ \text{m}$，横截面面积 $A=1\ 000\ \text{mm}^2$。材料的应力-应变关系如图 b 所示。$E_1=70\ \text{GPa}$，$E_2=10\ \text{GPa}$。试分别计算当 $F=80\ \text{kN}$ 和 $F=120\ \text{kN}$ 时，节点 B 的铅垂位移。

2.27 如图所示，打入黏土的木桩长度为 l，顶上载荷为 F。设载荷全由摩擦力承担，且沿木桩单位长度内的摩擦力 f 按抛物线 $f=Ky^2$ 规律变化，这里 K 为常数，y 是截面距木桩底部的距离。若

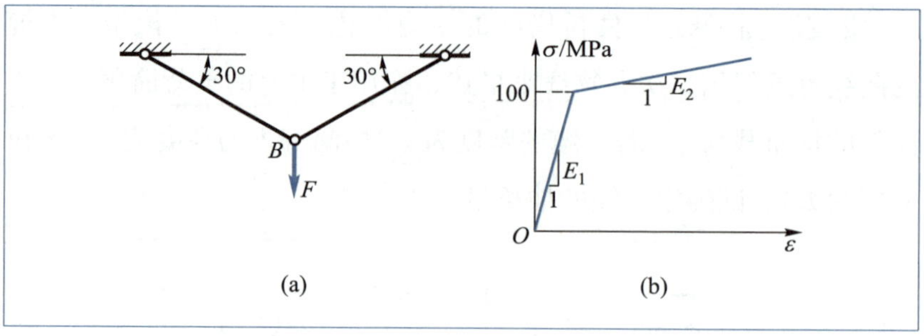

题 2.26 图

$F = 420$ kN，$l = 12$ m，$A = 64\ 000\ \mathrm{mm}^2$，$E = 10$ GPa，试确定常数 K，并求木桩的缩短量。

2.28 抗拉（压）刚度为 EA 的等直杆，受力情况如图所示。试问：

（1）总伸长量是否为 $\Delta l = \dfrac{F_1 l_1}{EA} + \dfrac{F_2 l_2}{EA}$？如有错误，正确的算式是什么？

（2）应变能是否为 $V_\varepsilon = \dfrac{F_1^2 l_1}{2EA} + \dfrac{F_2^2 l_2}{2EA}$？如有错误，正确的算式是什么？

（3）若 $l_1 = l_2 = l$，$F_1 + F_2 = F$（常量），试求 $V_{\varepsilon\max}$ 和 $V_{\varepsilon\min}$，并求两种情况下的比值 $\dfrac{F_2}{F_1}$。

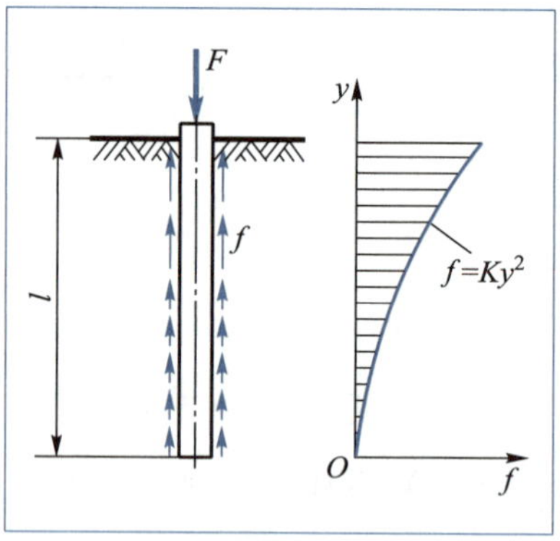

题 2.27 图

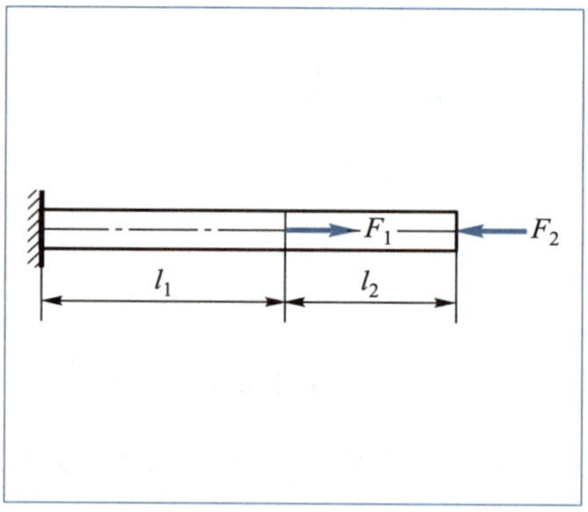

题 2.28 图

2.29 长度为 l 的杆件，抗拉刚度为 EA。若在杆件两端沿轴线先作用拉力 F_1，再作用 F_2，在作用 F_2 的过程中，应变能的增量是否为 $\Delta V_\varepsilon = \dfrac{F_2^2 l}{2EA}$？

2.30 设横梁 $ABCD$ 为刚体。横截面面积为 $76.36\ mm^2$ 的钢索绕过无摩擦的滑轮。设 $F=20\ kN$，钢索的 $E=177\ GPa$。试求钢索内的应力和 C 点的铅垂位移。

2.31 钢制受拉杆件如图所示，横截面面积 $A=200\ mm^2$，$l=5\ m$，密度为 $7.8\times10^3\ kg/m^3$，设 $E=200\ GPa$。如不计自重，试计算杆件的应变能 V_ε 和应变能密度 v_ε。如考虑自重影响，试计算杆件的应变能，并求应变能密度的最大值。

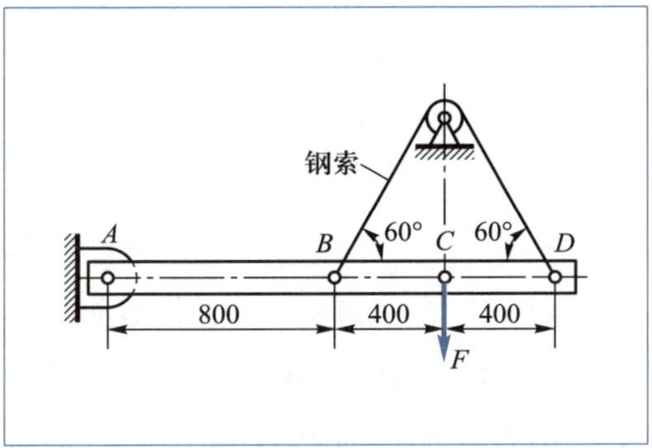

题 2.30 图

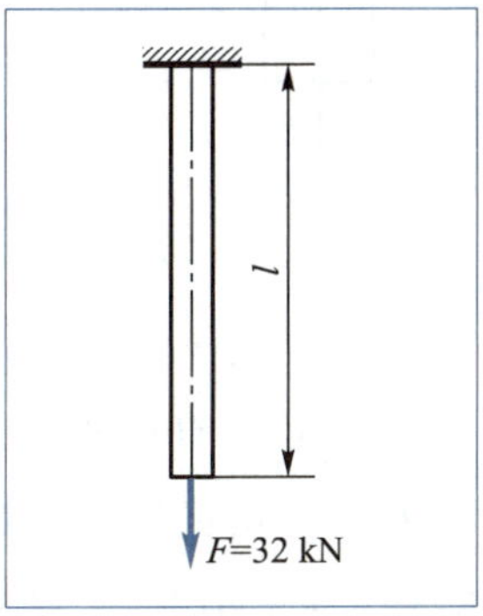

题 2.31 图

2.32 在图示简单杆系中，设 AB 和 AC 分别为直径是 20 mm 和 24 mm 的圆形截面杆，$E=200\ GPa$，$F=5\ kN$。试求 A 点的铅垂位移。

2.33 由五根钢杆组成的杆系如图所示。各杆件横截面面积均为 $500\ mm^2$，$E=200\ GPa$。设沿对角线 AC 方向作用一对 20 kN 的力，试求 A、C 两点的距离改变量。

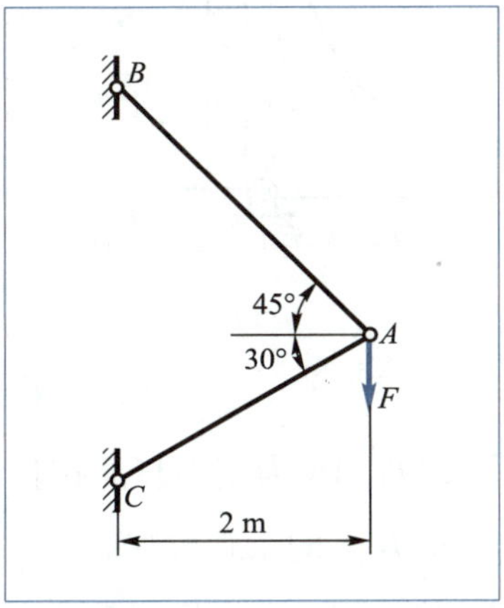

题 2.32 图

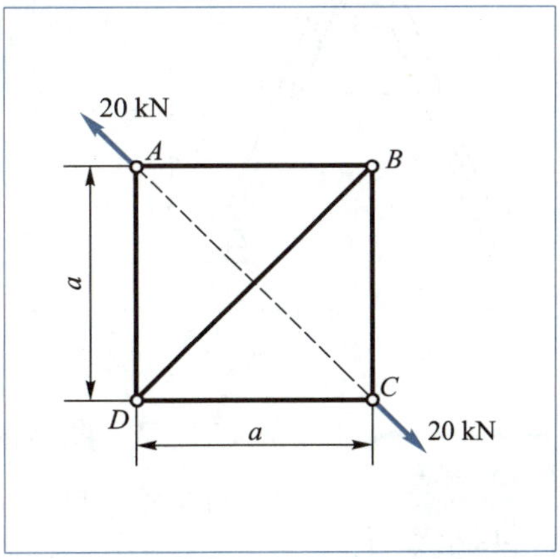

题 2.33 图

2.34 如图所示，截面分别为圆形和正方形的两种薄壁杆件，作用轴向拉力 F。若材料的弹性模量为 E，泊松比为 μ。试分别确定横截面上 AB 两点的距离改变量 δ_{AB}。

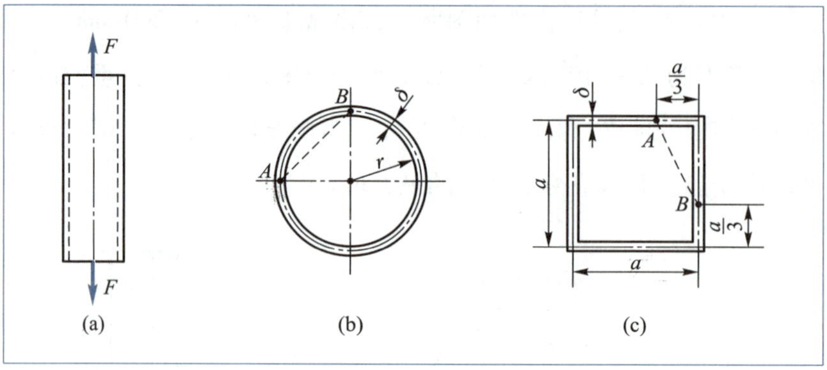

题 2.34 图

2.35 在图示支架中，设拉杆 DE 的长度为 2 m，横截面是直径为 15 mm 的圆形，$E=210$ GPa。若 ADB 和 AEC 两杆可以看作刚体，$F=20$ kN，试求力 F 作用点 A 的铅垂位移和 C 点的水平位移。

2.36 图示结构中，ABC 为刚体，拉杆 CD 的拉压刚度为 EA，长度为 l，在 A 点作用铅垂方向的集中力 F。试求 A 点的铅垂位移。

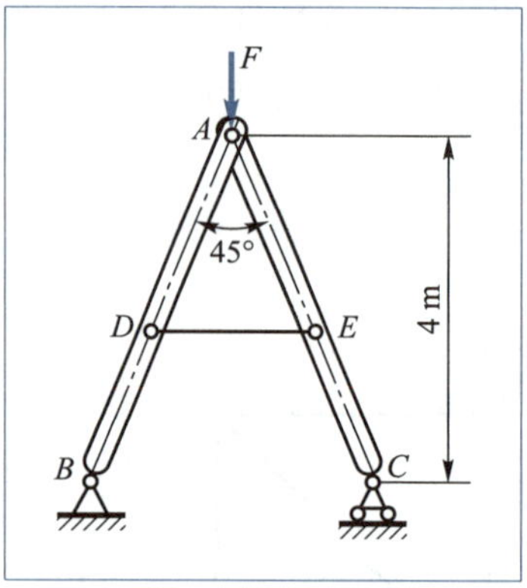

题 2.35 图

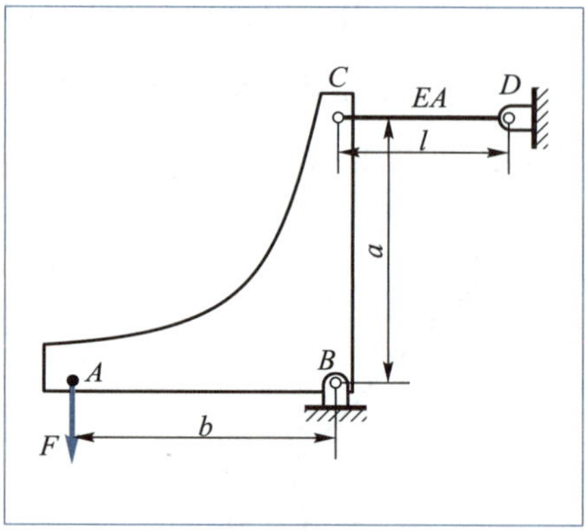

题 2.36 图

题解 2.38

2.37 图示简易支架中，AB 为刚性杆，拉杆 CD 的拉压刚度为 EA。试求 B 点的铅垂位移。

2.38 试用能量法求例 2.10 中简易起重机 B 点的水平位移。

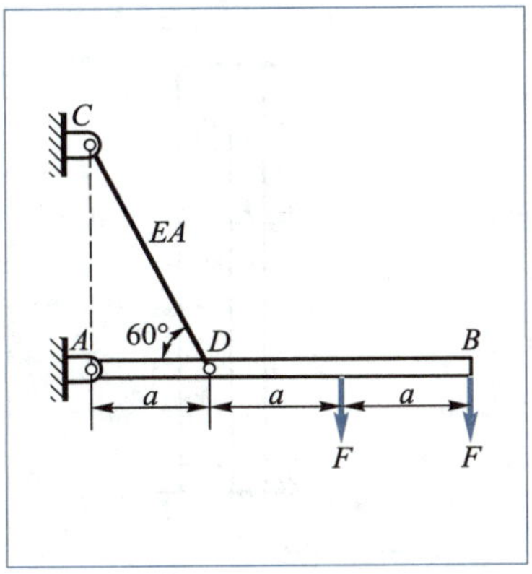

题 2.37 图

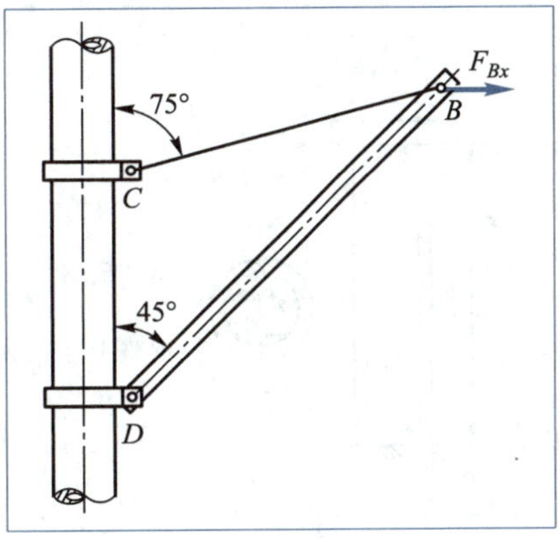

题 2.38 图

*2.39　图示简单桁架的三根杆件均由钢材制成，横截面面积均为 300 mm²，E=200 GPa。若 F=5 kN，试求 C 点的水平及铅垂位移。

2.40　木制短柱的四个角用四根∠40×4 等边角钢加固，如图所示。已知角钢的许用应力 $[\sigma]_{钢}$ = 160 MPa，$E_{钢}$ = 200 GPa；木材的许用应力 $[\sigma]_{木}$ = 12 MPa，$E_{木}$ = 10 GPa。试求许可载荷 F。

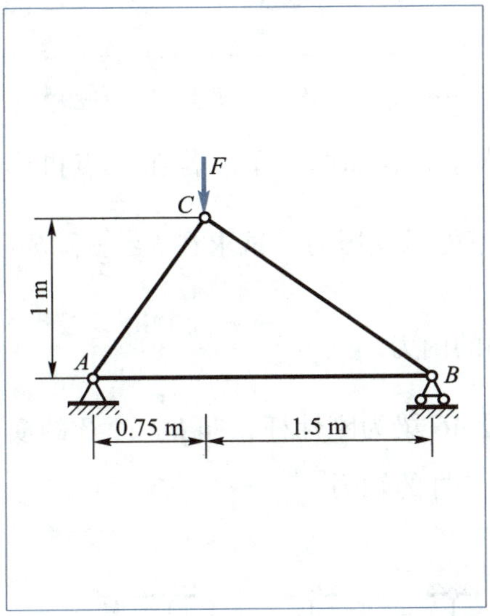

题 2.39 图

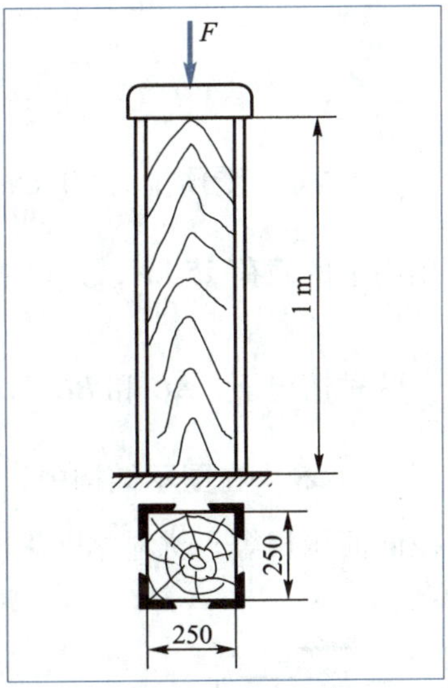

题 2.40 图

2.41　图示由钢管和混凝土组成的复合短柱，长度为 l。钢管部分的横截面面积为 A_s，混凝土部分的横截面面积为 A_c，钢的弹性模量为 E_s，混凝土的弹性模量为 E_c。该柱的顶面通过刚性板作用轴向压力 F，试求该柱的轴向缩短量 Δl。

2.42　在图示两端固定的杆件的截面 C 上，沿轴线作用力 F。试求两端的约束力。

题解 2.42

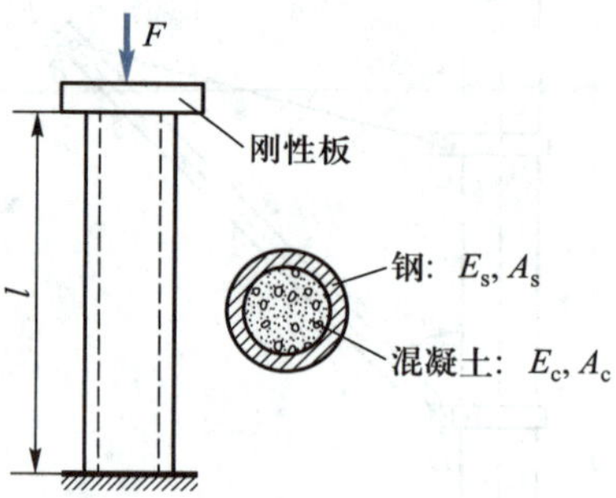

题 2.41 图

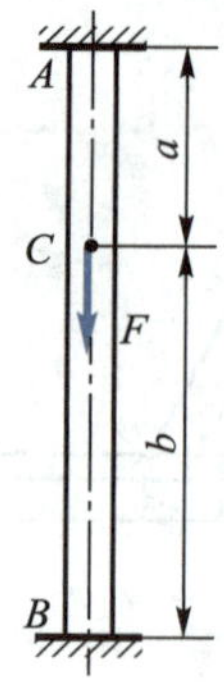

题 2.42 图

2.43 两根材料不同但截面尺寸相同的矩形截面杆件，同时固定连接于两端的刚性板上，且 $E_1>E_2$，如图所示。若使两杆都为均匀拉伸，试求拉力 F 的偏心距 e。

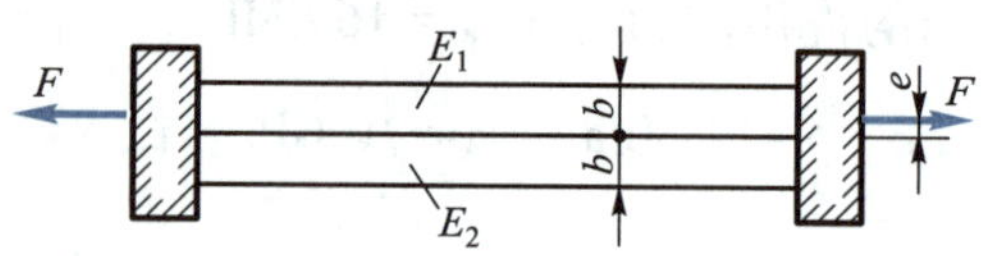

题 2.43 图

2.44 受预拉力 10 kN 的张紧缆索如图所示。若在 C 点再作用向下的载荷 15 kN，并设缆索不能承受压力，试求在 $h=\frac{l}{5}$ 和 $h=\frac{4l}{5}$ 两种情况下，AC 和 BC 两段内的内力。

2.45 在图示结构中，假设 AC 梁为刚性杆，杆 1、2、3 的横截面面积相等，材料相同。试求三杆的轴力。

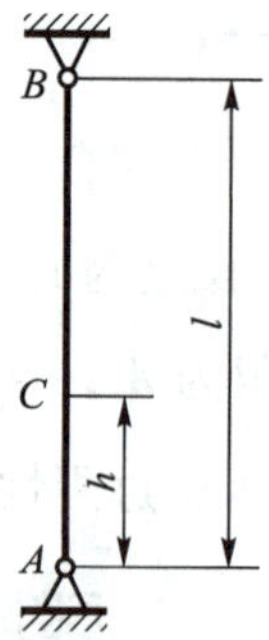

题 2.44 图

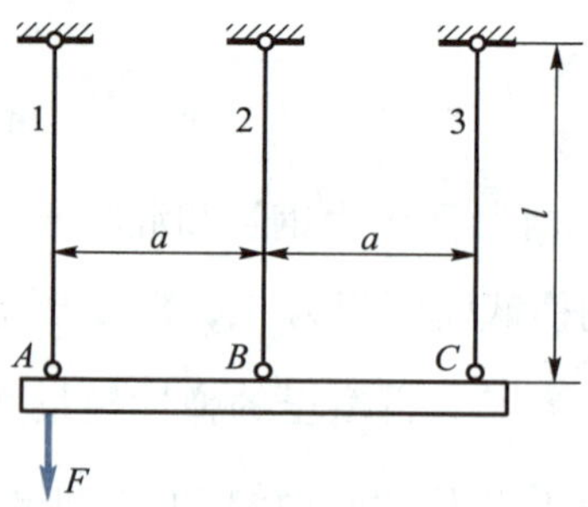

题 2.45 图

2.46 图示刚性杆 AB 悬挂于 1、2 两杆上，杆 1 的横截面面积为 60 mm^2，杆 2 为 120 mm^2，且两杆材料相同。若 $F=6$ kN，试求两杆的轴力及支座 A 的约束力。

2.47 图示支架中的三根杆件材料相同，杆 1 的横截面面积为 200 mm^2，杆 2 为 300 mm^2，杆 3 为 400 mm^2。若 $F=30$ kN，试求各杆件横截面上的应力。

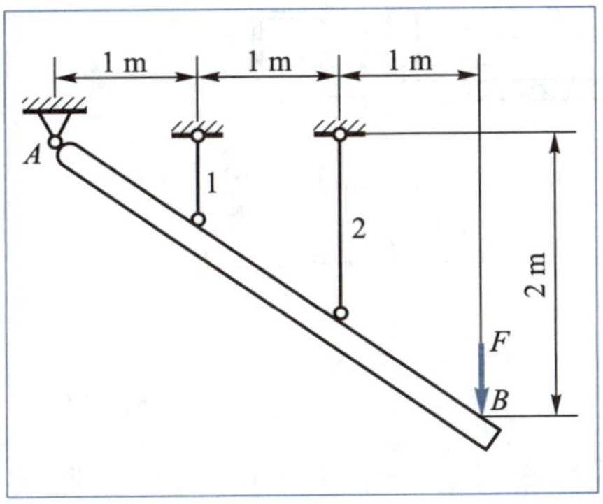

题 2.46 图

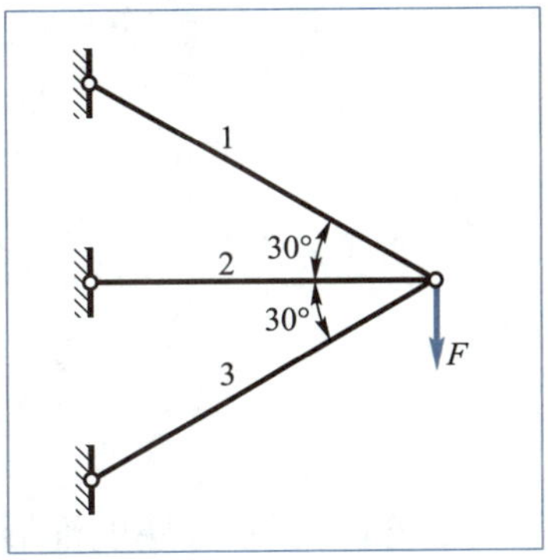

题 2.47 图

2.48 图示结构中，ABC 为刚性杆，A 端铰支，处于水平位置。DB 和 DC 为横截面面积相同的钢杆，两端铰支。在 C 点作用竖直向下的力 $F=10$ kN。已知钢的屈服强度为 $\sigma_s=400$ MPa。取安全因数 $n_s=2$，试确定 DB 和 DC 钢杆的横截面面积。

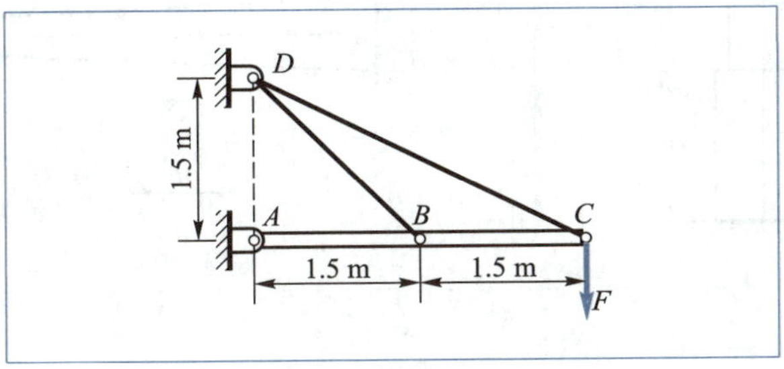

题 2.48 图

2.49 为了说明用螺栓将机器各部分紧固连接的问题，以图示在铸铁套筒内套钢螺栓的情况为例。若垫片贴住套筒后，再将螺母旋进 1/4 圈，试求螺栓与套筒间的预紧力。

题解 2.49

2.50 图示阶梯形钢杆的两端在 $T_1=5$ ℃时被固定，杆件上、下两段的横截面面积分别是 $A_上=500$ mm^2，$A_下=1\,000$ mm^2。钢材的 $\alpha_l=12.5\times10^{-6}$ ℃$^{-1}$，$E=200$ GPa。当温度升高至 $T_2=25$ ℃时，

试求杆件内各部分的温度应力。

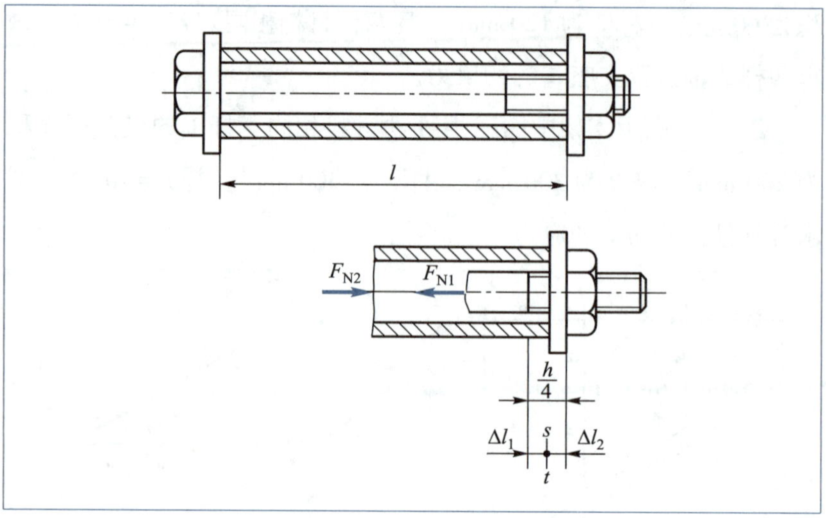

题 2.49 图

2.51 图示等厚度锥形变截面钢杆，长度为 1 000 mm，厚度为 20 mm，左端和右端截面的高度分别为 40 mm 和 20 mm。钢材的 $\alpha_l = 12.5\times10^{-6}$ ℃$^{-1}$，$E = 200$ GPa。在 40 ℃时将此杆的两端固定，当温度降低至 20 ℃时，试求此杆内的最大应力。

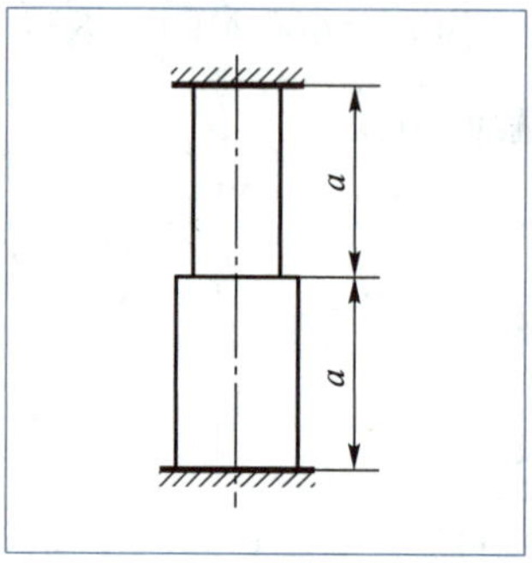

题 2.50 图

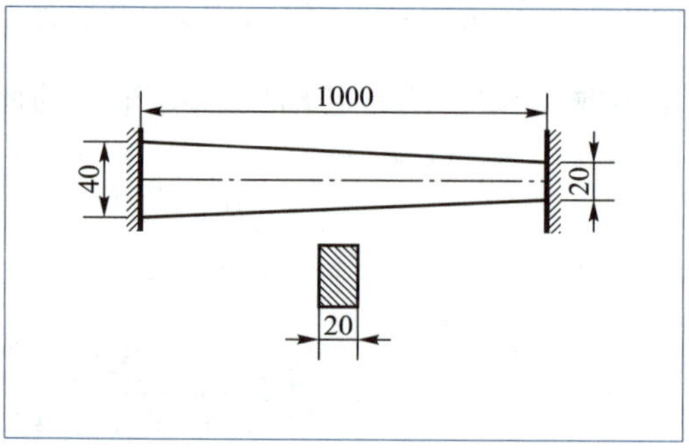

题 2.51 图

2.52 图示杆系的两杆同为钢杆，$E = 200$ GPa，$\alpha_l = 12.5\times10^{-6}$ ℃$^{-1}$。两杆的横截面面积同为 $A = 1\ 000$ mm^2。若 BC 杆的温度降低 20 ℃，而 BD 的温度不变，试求两杆的应力。

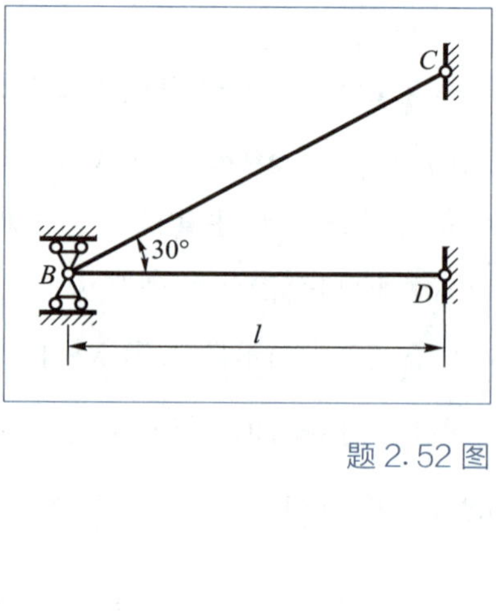

题 2.52 图

2.53 在图示结构中，1、2 两杆的抗拉刚度同为 E_1A_1，杆 3 为 E_3A_3。杆 3 的长度为 $l+\delta$，其中 δ 为加工误差。试求将杆 3 装入 AC 位置后，1、2、3 三杆的轴力。

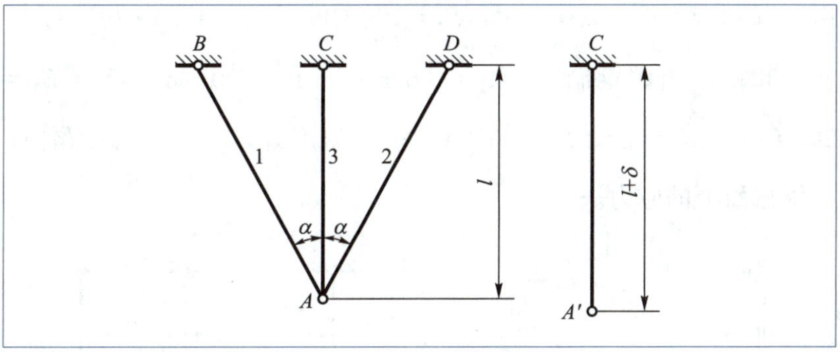

题 2.53 图

2.54 图示杆系的杆 6 比名义长度略短，误差为 δ，所有杆件的刚度同为 EA，试求装配后各杆件的轴力。

提示： 解除杆 6，并将它的内力 F_{N6} 作用于 A 和 C 两节点。借用题 2.33 的方法，求出 A、C 两点沿 AC 方向的位移 u_A 和 u_C。若再以 Δl_6 表示杆 6 的伸长量，则变形协调方程应为

$$u_A+u_C+\Delta l_6=\delta$$

2.55 在图示杆系中，AB 杆比名义长度略短，误差为 δ。若各杆件材料相同，横截面面积相等，试求装配后各杆件的轴力。

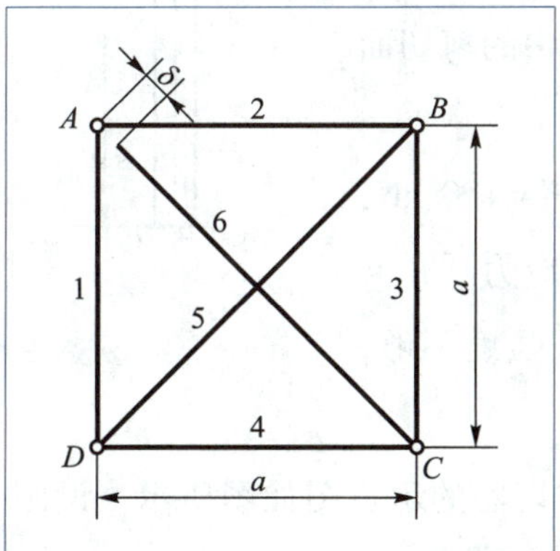

题 2.54 图

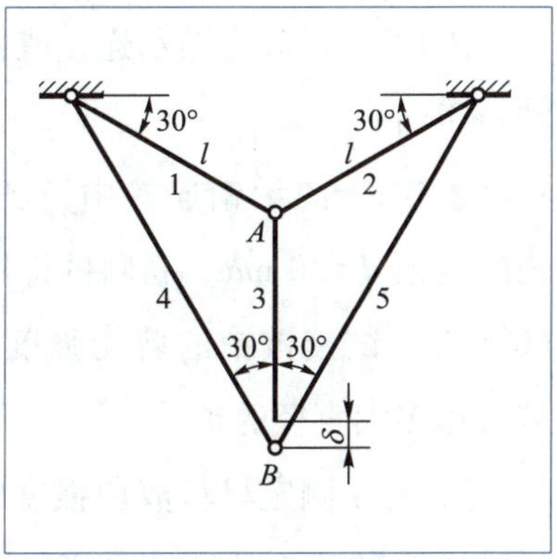

题 2.55 图

2.56 图示杆 1 为钢杆，$E_1=210$ GPa，$\alpha_{l1}=12.5\times10^{-6}$ ℃$^{-1}$，$A_1=3\ 000$ mm^2。杆 2 为铜杆，$E_2=105$ GPa，$\alpha_{l2}=19\times10^{-6}$ ℃$^{-1}$，$A_2=3\ 000$ mm^2。载荷 $F=50$ kN。若 AB 为刚性杆，且始终保持水平，

试问温度应该是升高还是降低。并求温度的改变量 ΔT。

*2.57 图示刚性横梁 AB 悬挂于三根竖直的杆件上。已知 $l=2$ m，$F=40$ kN，$a=1.5$ m，$b=1$ m，$c=0.25$ m，$\delta=0.2$ mm。杆 1 由黄铜制成，$A_1=200\ \text{mm}^2$，$E_1=100$ GPa，$\alpha_{l1}=16.5\times10^{-6}\ ℃^{-1}$。杆 2 和杆 3 由碳钢制成，$A_2=100\ \text{mm}^2$，$A_3=300\ \text{mm}^2$，$E_2=E_3=200$ GPa，$\alpha_{l2}=\alpha_{l3}=12.5\times10^{-6}\ ℃^{-1}$。设温度升高 20 ℃，试求各杆件横截面上的应力。

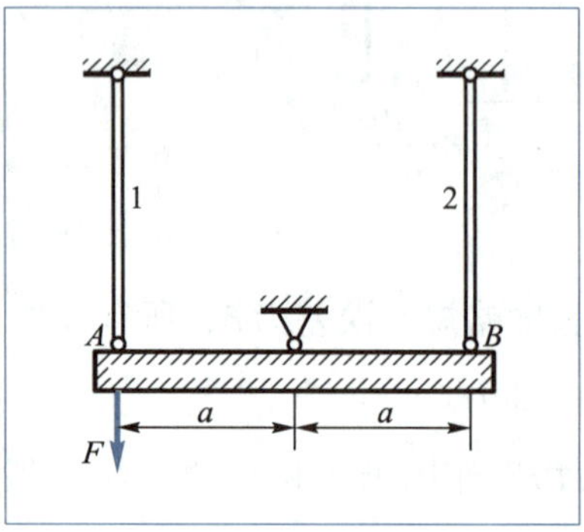

题 2.56 图

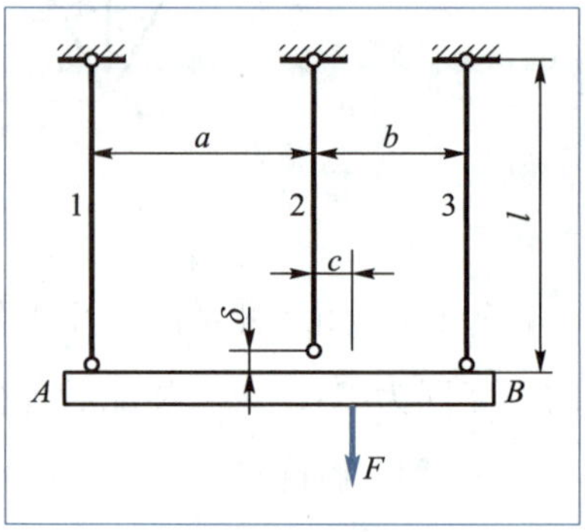

题 2.57 图

*2.58 图示两端固定的杆件，横截面面积 $A=1\ 200\ \text{mm}^2$，$a=300$ mm。材料的应力-应变关系见题 2.26。试分别求 $F=60$ kN 和 $F=210$ kN 时，杆件上、下两段横截面上的应力。

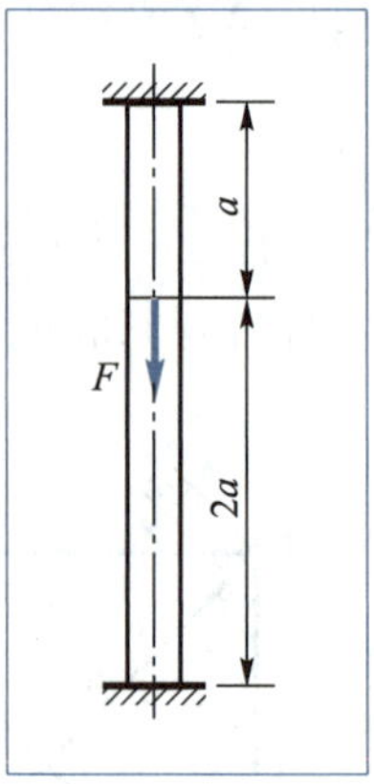

题 2.58 图

2.59 试确定图示连接或接头中的剪切面和挤压面。

2.60 图示销连接中，已知 $F=100$ kN，销的直径 $d=30$ mm，材料的许用切应力 $[\tau]=60$ MPa。试校核销的剪切强度。若强度不够，应改用多大直径的销？

2.61 测定材料剪切强度的剪切器的示意图如图所示。设圆形试样的直径 $d=15$ mm，当压力 $F=31.5$ kN 时，试样被剪断，试求材料的名义剪切极限应力。若取剪切许用应力为 $[\tau]=80$ MPa，试问安全因数是多大。

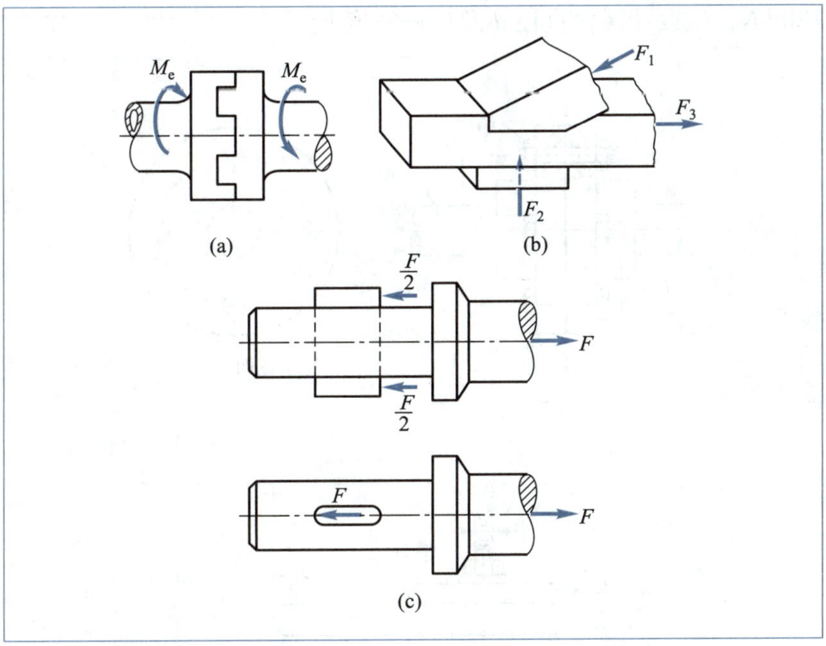

题 2.59 图

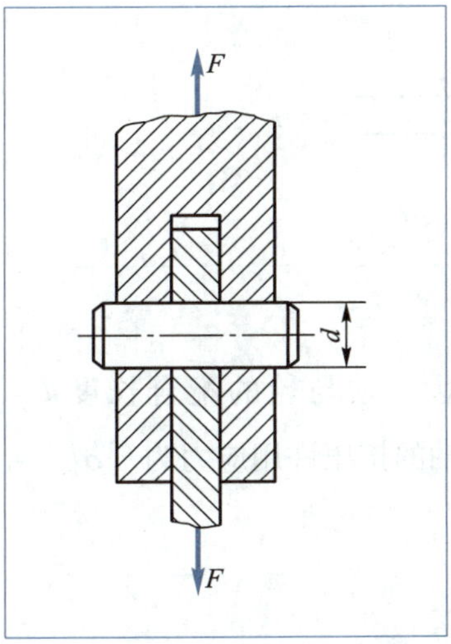

题 2.60 图

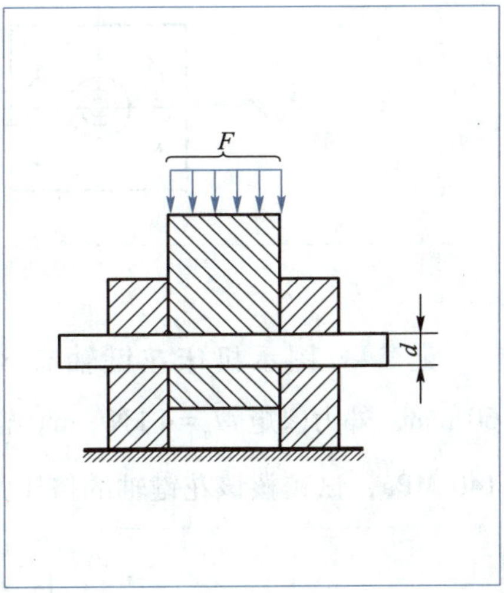

题 2.61 图

2.62 图示凸缘联轴节传递的力偶矩为 $M_e = 200\ \mathrm{N \cdot m}$，凸缘之间用四根螺栓连接，螺栓内径 $d \approx 10$ mm，对称地分布在直径为 80 mm 的圆周上。如螺栓的剪切许用应力 $[\tau] = 60$ MPa，试校核螺栓的剪切强度。

2.63 一螺栓将拉杆与厚度为 8 mm 的两块盖板相连接，如图所示。各零件材料相同，许用应力均为 $[\sigma] = 80$ MPa，$[\tau] = 60$ MPa，$[\sigma_{bs}] = 160$ MPa。若拉杆的厚度 $\delta = 15$ mm，拉力 $F =$

120 kN，试设计螺栓直径 d 及拉杆宽度 b。

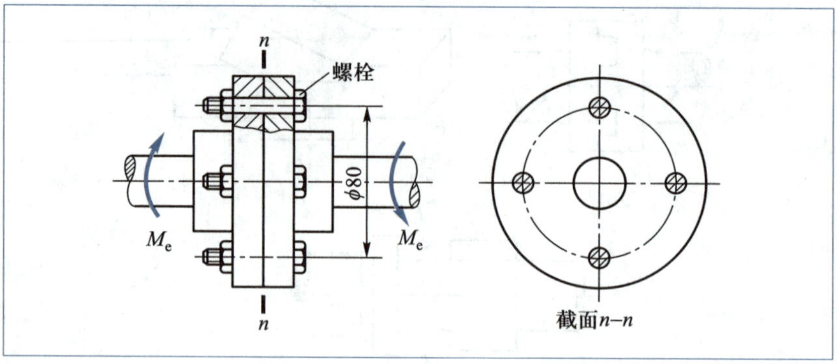

题 2.62 图

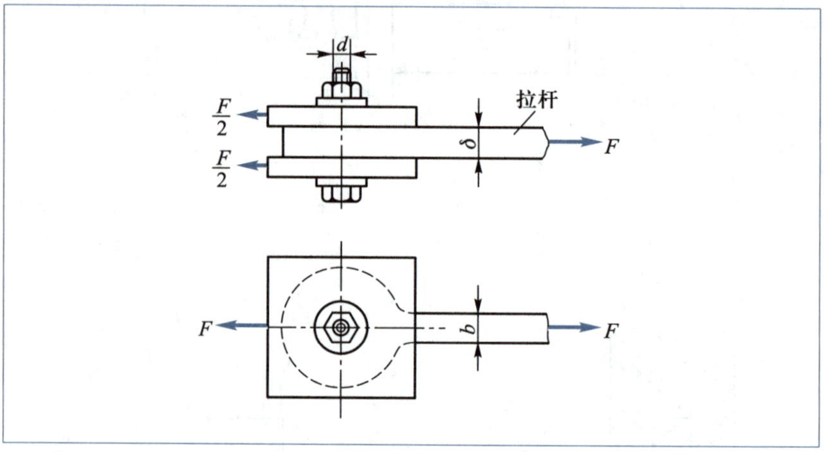

题 2.63 图

2.64 图示机床花键轴有 8 个齿。轴与轮的配合长度 $l=60$ mm，外力偶矩 $M_e=4$ kN · m。轮与轴的挤压许用应力为 $[\sigma_{bs}]=140$ MPa，试校核该花键轴的挤压强度。

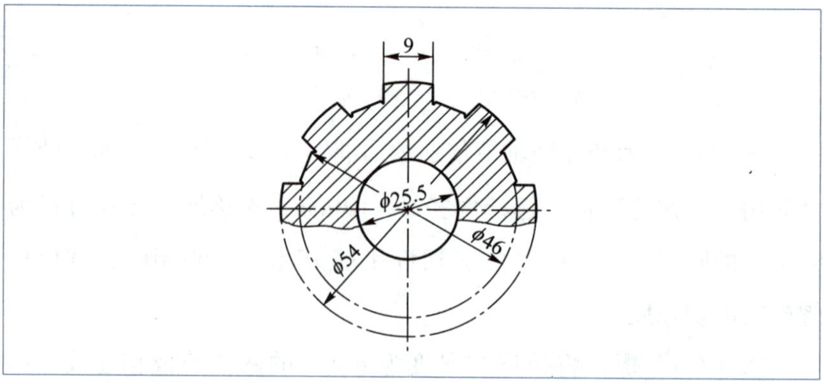

题 2.64 图

2.65 在厚度 $\delta=5$ mm 的钢板上，冲出一个形状如图所示的孔，钢板剪断时的剪切极限应力 $\tau_u=300$ MPa，试求冲床所需的冲力 F。

2.66 可倾式压力机为防止过载采用了压环式保险器（如图所示）。当过载时，保险器先被剪断，以保护其他主要零件。设环式保险器以剪切的形式破坏，且剪切面的高度 $\delta=20$ mm，材料的剪切极限应力 $\tau_u=200$ MPa，压力机的最大许可压力 $F=630$ kN。试确定保险器剪切部分的直径 D。

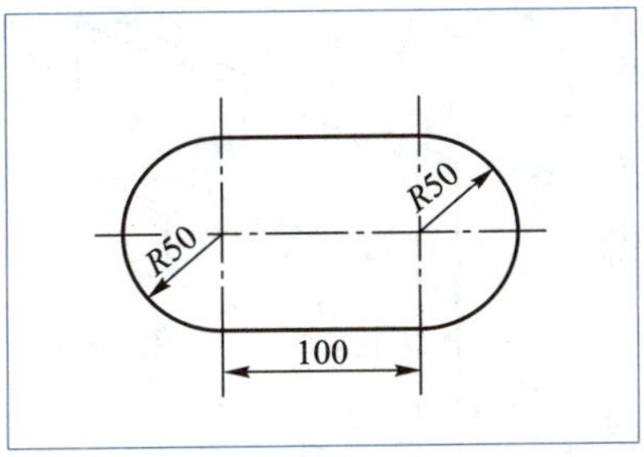

题 2.65 图

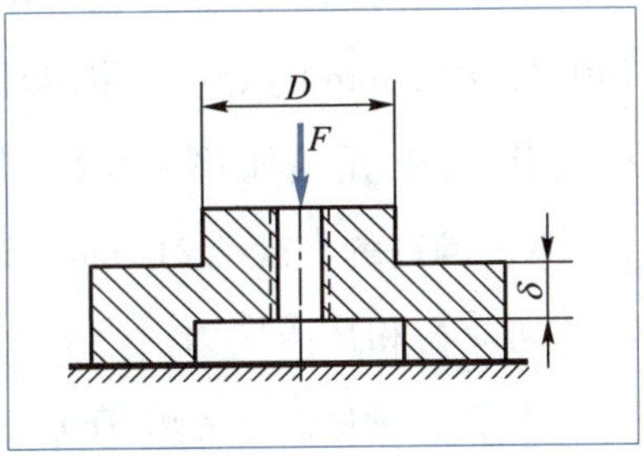

题 2.66 图

2.67 车床的传动光杆装有安全联轴器，当超过一定载荷时，安全销即被剪断。已知安全销的平均直径为 5 mm，材料为 45 钢，其剪切极限应力为 $\tau_u=370$ MPa。试求安全联轴器所能传递的力偶矩 M_e。

2.68 图示螺钉在拉力 F 作用下。已知材料的剪切许用应力 $[\tau]$ 和拉伸许用应力 $[\sigma]$ 之间的关系约为：$[\tau]=0.6[\sigma]$。试求螺钉直径 d 与钉头高度 h 的合理比值。

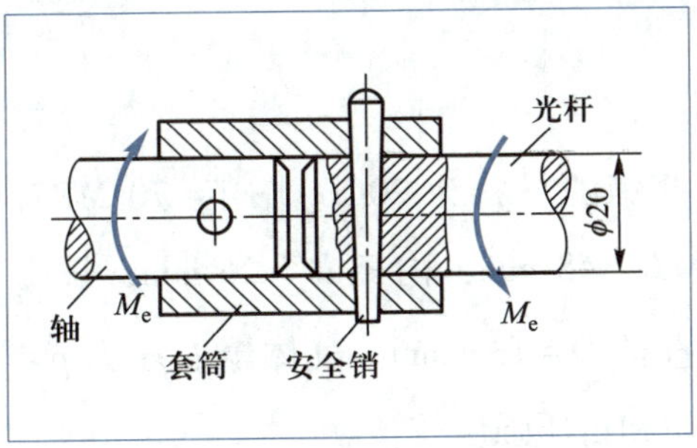

题 2.67 图

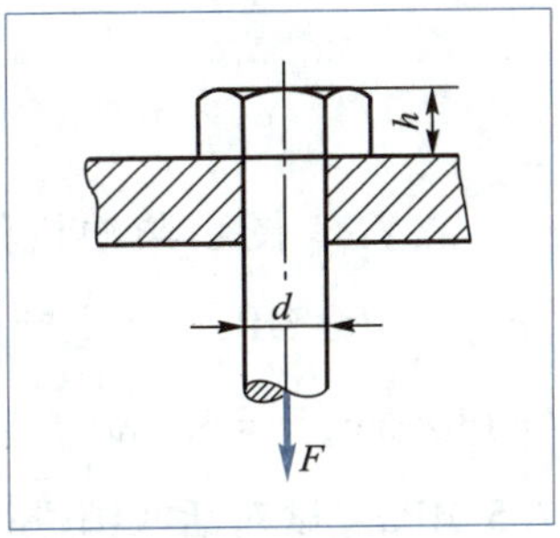

题 2.68 图

2.69 木榫接头如图所示。$a=b=120$ mm，$h=350$ mm，$c=45$ mm，$F=40$ kN。试求接头的切应力和挤压应力。

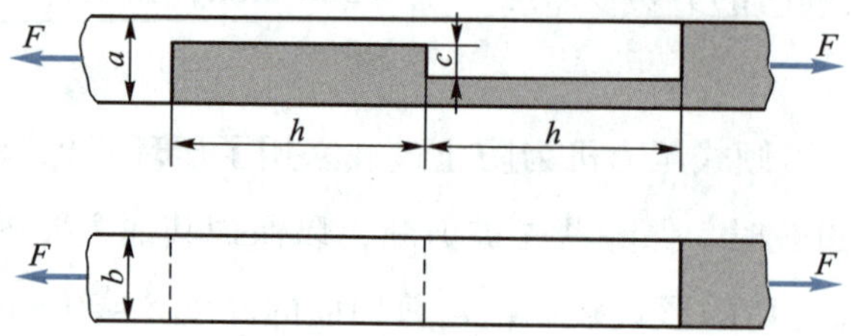

题 2.69 图

2.70 用两个铆钉将 140 mm×140 mm×12 mm 的等边角钢铆接在立柱上构成支托，如图所示。若 $F=30$ kN，铆钉的直径为21 mm，试求铆钉的切应力和挤压应力。

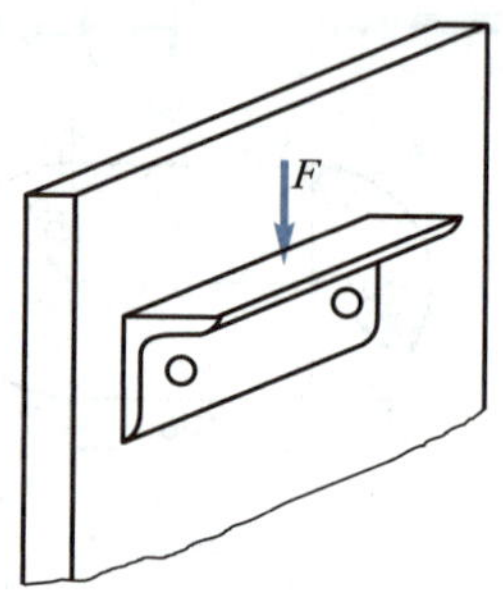

题 2.70 图

2.71 图示用夹剪剪断直径为 3 mm 的铅丝。若铅丝的剪切极限应力约为 100 MPa，试求剪断铅丝所需要的力 F。若销 B 的直径为 8 mm，试求销内的切应力。

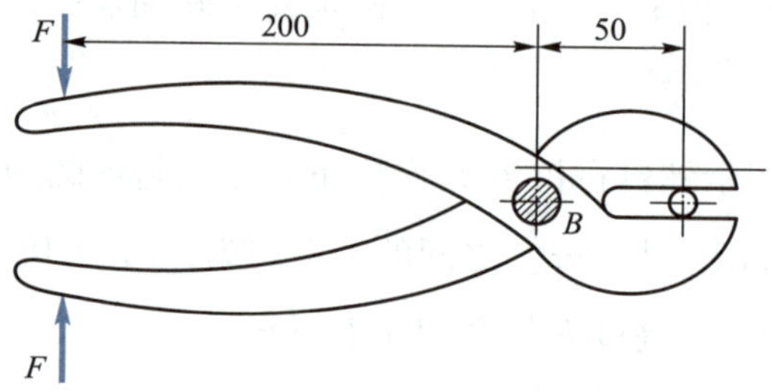

题 2.71 图

2.72 图示柴油机的活塞销的材料为 20Cr，$[\tau]=70$ MPa，$[\sigma_{bs}]=100$ MPa。活塞销外径 $d_1=48$ mm，内径 $d_2=26$ mm，长度 $l=130$ mm，$a=50$ mm。活塞直径 $D=135$ mm。气体爆发压力 $p=7.5$ MPa。试对活塞销进行剪切和挤压强度校核。

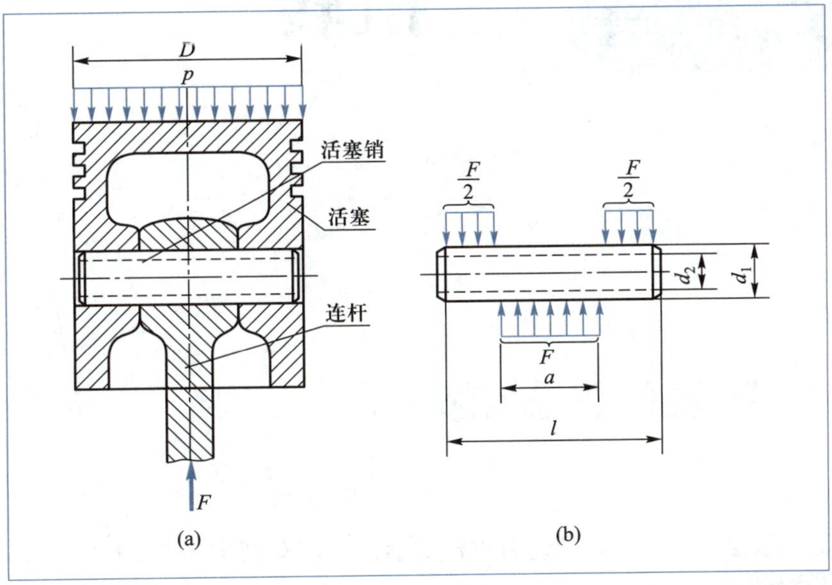

题 2.72 图

第三章　扭转

§3.1　扭转的概念和实例

受扭构件

为了说明扭转变形，以汽车转向轴为例（图 3.1），轴的上端受到经由方向盘传来的力偶作用，下端则又受到来自转向器的阻力偶作用。再以攻丝时丝锥的受力情况为例（图 3.2），通过绞杠把力偶作用于丝锥的上端，丝锥下端则受到工件的阻力偶作用。这些实例都是在杆件的两端作用两个大小相等、方向相反且作用平面垂直于杆件轴线的力偶，致使杆件的任意两个横截面都发生绕轴线的相对转动，这就是扭转变形。

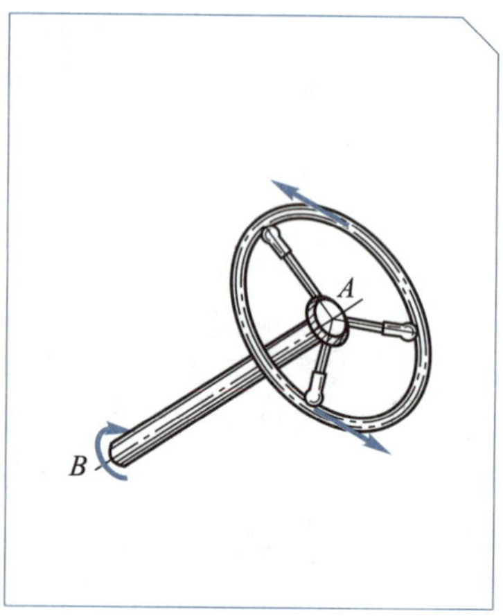

图 3.1

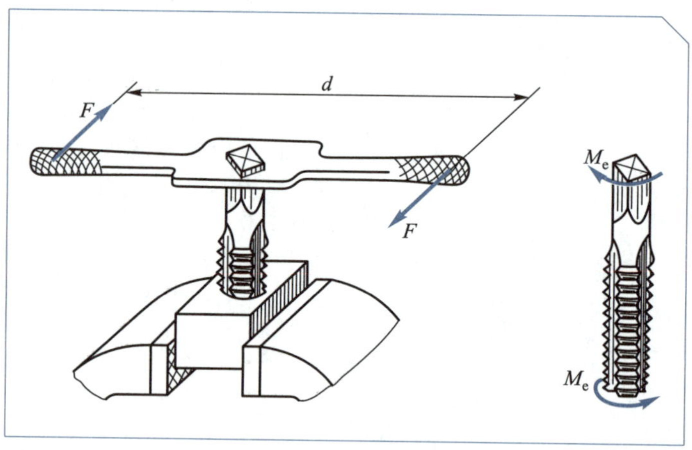

图 3.2

工程实际中，有很多构件，如车床的光杆、搅拌机轴、汽车传动轴等，都是受扭构件。对于一些轴类零件，如电动机主轴、水轮机主轴、机床传动轴等，除扭转变形外还有弯曲变形，属于组合变形。

本章主要研究圆形截面等直杆的扭转，这是工程中最常见的情况，也是扭转中最简单的问题。对非圆形截面杆的扭转，则只作简单介绍。

§3.2 外力偶矩的计算　扭矩和扭矩图

在研究扭转的应力和变形之前，先讨论作用于轴上的外力偶矩及横截面上的内力。

作用于轴上的外力偶矩往往不直接给出，通常是给出轴所传送的功率和轴的转速。例如，在图 3.3 中，由电动机的转速和功率，可以求出传动轴 AB 的转速及通过带轮输入的功率。功率输入到 AB 轴上，再经右端的齿轮输送出去。设通过带轮输入 AB 轴的功率为 P（单位为 kW），则因 1 kW = 1 000 N · m/s，所以输入功率 P，就相当于在时间 t（单位为 s）内输入功的数值大小为

$$\{P\}_{\mathrm{kW}}\times 1\,000\times\{t\}_{\mathrm{s}}$$ ①

电动机是通过带轮以力偶矩 M_e 作用于 AB 轴上的，若轴的转速为 n（单位为 r/min），则 M_e 在时间 t（单位为 s）内完成功的数值大小应为

$$2\pi\times\frac{\{n\}_{\mathrm{r/min}}}{60}\times\{M_e\}_{\mathrm{N\cdot m}}\times\{t\}_{\mathrm{s}}$$

因为 M_e 所完成的功也就是给 AB 轴输入的功，因而有

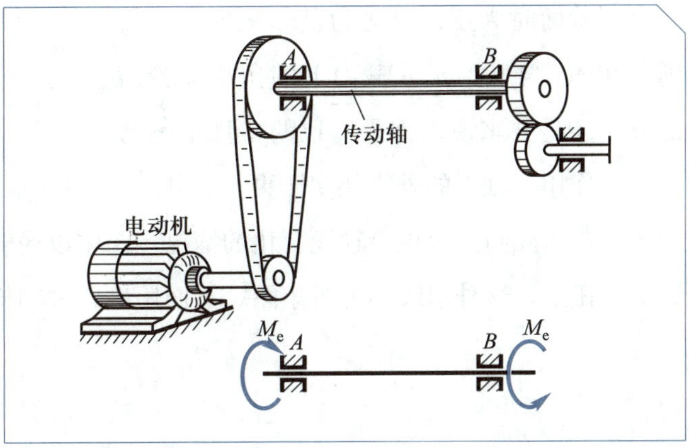

图 3.3

$$2\pi\times\frac{\{n\}_{\mathrm{r/min}}}{60}\times\{M_e\}_{\mathrm{N\cdot m}}=\{P\}_{\mathrm{kW}}\times 1\,000$$

由此求出计算外力偶矩 M_e 的公式为

$$\{M_e\}_{\mathrm{N\cdot m}}=9\,550\,\frac{\{P\}_{\mathrm{kW}}}{\{n\}_{\mathrm{r/min}}}\tag{3.1}$$

在作用于轴上的所有外力偶矩都求出后，即可用截面法研究横截面上的内力。现以图 3.4a 所示圆轴为例，假想地将圆轴沿 $n-n$ 截面分成两部分，并取部分 Ⅰ 作为研究对象（图 3.4b）。由于整个轴是平衡的，所以部分 Ⅰ 也处于平衡状态，这就要求截面 $n-n$ 上的

---

① 这是采用国家标准《有关量、单位和符号的一般原则》（GB 3101—93）中规定的数值方程式的表示方法。其中，$\{P\}_{\mathrm{kW}}$ 表示功率 P 以 kW 为单位时，P 之值，其他表达式的含义与此类似。

内力系必须归结为一个内力偶矩 T，且由部分Ⅰ的平衡方程 $\sum M_x=0$，求出

$$T-M_e=0$$

$$T=M_e$$

T 称为 $n-n$ 截面上的扭矩，它是Ⅰ、Ⅱ两部分在 $n-n$ 截面上相互作用的分布内力系的合力偶矩。

如果取部分Ⅱ作为研究对象（图 3.4c），仍可以求得 $T=M_e$ 的结果，其方向则与用部分Ⅰ求出的扭矩相反。为了使无论用部分Ⅰ或部分Ⅱ求出的同一截面上的扭矩不仅数值相等，而且符号相同，将扭矩 T 的符号规定如下：若按右手螺旋法则把 T 表示为矢量，当矢量方向与截面的外法线的方向一致时，T 为正；反之，为负。也即当力偶矩矢的指向离开截面时为正，反之为负。根据这一规则，在图 3.4 中，$n-n$ 截面上的扭矩无论就部分Ⅰ还是Ⅱ来说，都是一致的，且是正的。

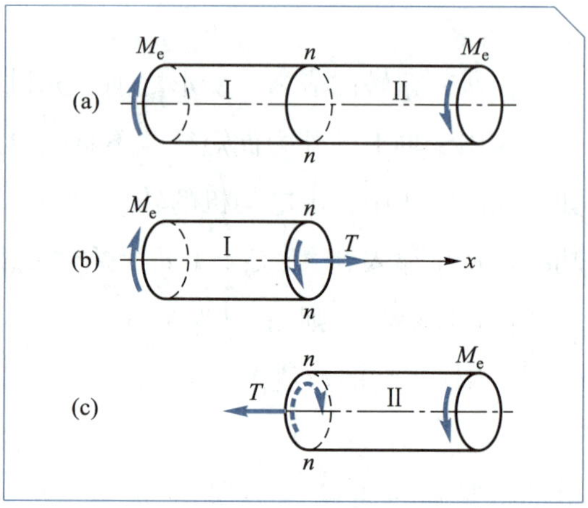

图 3.4

若作用于轴上的外力偶多于两个，也与拉伸（压缩）问题中画轴力图一样，可用图线来表示各横截面上扭矩沿轴线变化的情况。图中以横轴表示横截面的位置，纵轴表示相应截面上的扭矩。这种图线称为扭矩图。下面用例题说明横截面上扭矩的计算和扭矩图的绘制。

例 3.1 传动轴如图 3.5a 所示，主动轮 A 输入功率 $P_A=36\ \text{kW}$，从动轮 B、C、D 输出功率分别为 $P_B=P_C=11\ \text{kW}$，$P_D=14\ \text{kW}$，轴的转速为 $n=300\ \text{r/min}$。试画出该轴的扭矩图。

解： 按式（3.1）算出作用于各轮上的外力偶矩为

$$M_{eA}=\left(9\ 550\times\frac{36}{300}\right)\text{N}\cdot\text{m}=1\ 146\ \text{N}\cdot\text{m}$$

$$M_{eB}=M_{eC}=\left(9\ 550\times\frac{11}{300}\right)\text{N}\cdot\text{m}=350\ \text{N}\cdot\text{m}$$

$$M_{eD}=\left(9\ 550\times\frac{14}{300}\right)\text{N}\cdot\text{m}=446\ \text{N}\cdot\text{m}$$

从受力情况看出，轴在 BC、CA、AD 三段内，各截面上的扭矩是不相等的。现在用截面法，根据平衡方程计算各段内的扭矩。

在 BC 段内，以 T_1 表示截面 1-1 上的扭矩，并任意地把 T_1 的方向假设为如图 3.5b 所示。由平衡方程

$$T_1+M_{eB}=0$$

得

$$T_1=-M_{eB}=-350\ \text{N}\cdot\text{m}$$

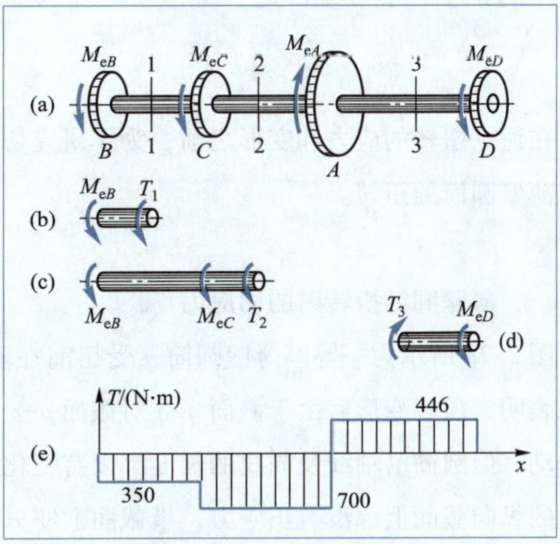

图 3.5

等号右边的负号只说明，在图 3.5b 中对 T_1 所假定的方向与截面 1-1 上的实际扭矩相反。按照扭矩的符号规定，与图 3.5b 中假设的方向相反的扭矩是负的。在 BC 段内各截面上的扭矩不变，皆为 $-350\ \text{N}\cdot\text{m}$。所以在这一段内扭矩图为一条水平线（图 3.5e）。同理，在 CA 段内，由图 3.5c，得

$$T_2+M_{eC}+M_{eB}=0$$

$$T_2=-M_{eC}-M_{eB}=-700\ \text{N}\cdot\text{m}$$

在 AD 段内（图 3.5d），有

$$T_3-M_{eD}=0$$

$$T_3=M_{eD}=446\ \text{N}\cdot\text{m}$$

根据所得数据，把各截面上的扭矩沿轴线变化的情况，用图 3.5e 表示出来，就是扭矩图。从图中看出，最大扭矩发生于 CA 段内，且 $T_{max}=700\ \text{N}\cdot\text{m}$。

对同一根轴，若把主动轮 A 安置于轴的一端，例如放在右端，则轴的扭矩图将如图 3.6 所示。这时，轴的最大扭矩是：$T_{max}=1\ 146\ \text{N}\cdot\text{m}$。可见，传动轴上主动轮和从动轮安置的位置不同，轴所承受的最大扭矩也就不同。两者相比，显然图 3.5 所示布局比较合理。

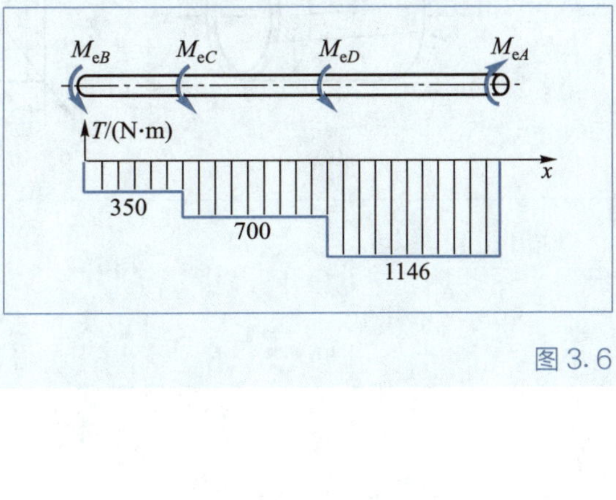

图 3.6

§3.3 纯剪切

在讨论扭转的应力和变形之前，为了研究切应力和切应变的规律及两者间的关系，先考察薄壁圆筒的扭转。

一、薄壁圆筒扭转时的切应力

图 3.7a 所示为一等厚薄壁圆筒，受扭前在表面上用圆周线和纵向线画成方格。试验结果表明，扭转变形后由于截面 q-q 对截面 p-p 的相对转动，使方格的左、右两边发生相对错动，但圆筒沿轴线及周线的长度都没有变化（图 3.7b）。这表明，圆筒横截面和包含轴线的纵向截面上都没有正应力，横截面上便只有切于截面的切应力 τ，它组成与外加扭转力偶矩 M_e 相平衡的内力系。因为筒壁的厚度 δ 很小，可以认为沿筒壁厚度方向切应力不变。又因在同一圆周上各点情况完全相同，应力也就相同（图 3.7c）。这样，横截面上内力系对 x 轴的力矩应为$2\pi r\delta\cdot\tau\cdot r$，这里 r 是圆筒的平均半径。由 q-q 截面以左的部分圆筒的平衡方程 $\sum M_x=0$，得

$$M_e=2\pi r\delta\cdot\tau\cdot r$$

$$\tau=\frac{M_e}{2\pi r^2\delta} \tag{a}$$

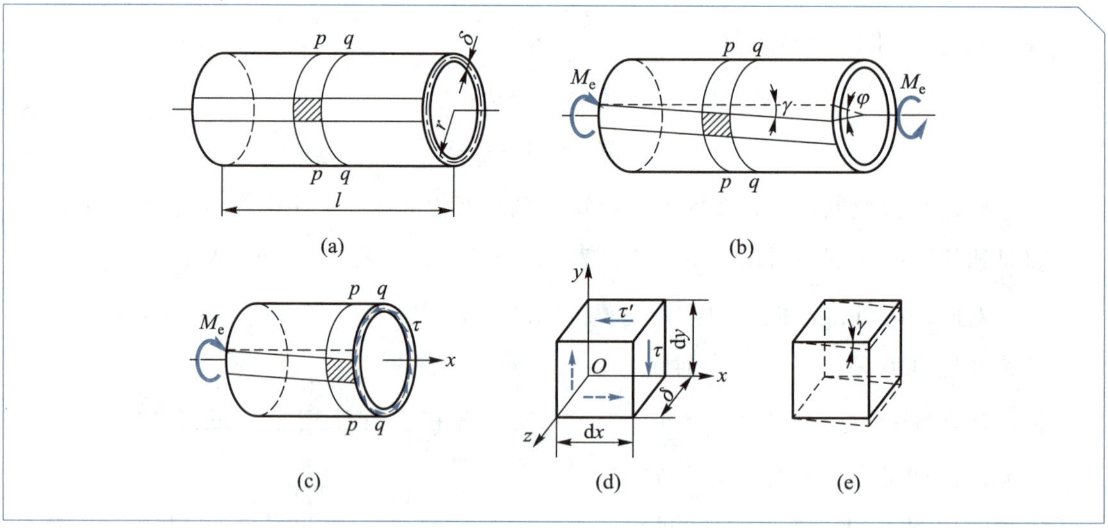

图 3.7

二、切应力互等定理

用相邻的两个横截面和两个纵向面，从圆筒中取出边长分别为 $\mathrm{d}x$、$\mathrm{d}y$ 和 δ 的单元体[①]，并放大为图 3.7d。单元体的左、右两侧面是圆筒横截面的一部分，所以并无正应力只有切应力。两个面上的切应力皆由式（a）计算，数值相等但方向相反，于是组成一个力偶矩为 $(\tau\delta\mathrm{d}y)\mathrm{d}x$ 的力偶。为保持平衡，单元体的上、下两个侧面上必须有切应力，并组成力偶以与力偶矩 $(\tau\delta\mathrm{d}y)\mathrm{d}x$ 相平衡。由 $\sum F_x=0$ 知，上、下两个面上存在大小相等、方向相反的切应力 τ'，于是组成力偶矩为 $(\tau'\delta\mathrm{d}x)\mathrm{d}y$ 的力偶。由平衡方程 $\sum M_z=0$，得

$$(\tau\delta\mathrm{d}y)\mathrm{d}x=(\tau'\delta\mathrm{d}x)\mathrm{d}y$$

$$\tau=\tau' \tag{3.2}$$

式（3.2）表明，在相互垂直的两个平面上，切应力必然成对存在，且数值相等；两者都垂直于两个平面的交线，方向则共同指向或共同背离这一交线。这就是切应力互等定理。

三、切应变　剪切胡克定律

在上述单元体的上、下、左、右四个侧面上，只有切应力并无正应力，这种情况称为纯剪切。纯剪切单元体的左、右两侧面将发生微小的相对错动（图 3.7e），使原来互相垂直的两个棱边的夹角改变了一个微量 γ，这正是由式（1.4）定义的切应变。从图 3.7b 看出，γ 也就是表面纵向线变形后的倾角。记 φ 为圆筒两端的相对扭转角，l 为圆筒的长度，则切应变 γ 应为

$$\gamma=\frac{r\varphi}{l} \tag{b}$$

利用薄壁圆筒的扭转，可以实现纯剪切试验。试验的结果表明切应力低于材料的剪切比例极限时，扭转角 φ 与扭转力偶矩 M_e 成正比（图 3.8a）。再由式（a）和式（b）两式看出，切应力 τ 与 M_e 成正比，而切应变 γ 又与 φ 成正比。所以上述试验结果表明，当切应力不超过材料的剪切比例极限时，切应变 γ 与切应力 τ 成正比（图 3.8b）。这就是剪切胡克定律，可以写成

$$\tau=G\gamma \tag{3.3}$$

式中，G 为比例常数，称为材料的切变模量。因 γ 的量纲为一，G 的量纲与 τ 的量纲相同。钢材的 G 值约为 80 GPa。

---

① 单元体的三个棱边中，$\mathrm{d}x$ 和 $\mathrm{d}y$ 是无穷小，而 δ 却是有限长度。一般情况下，单元体的三条边皆为无穷小。

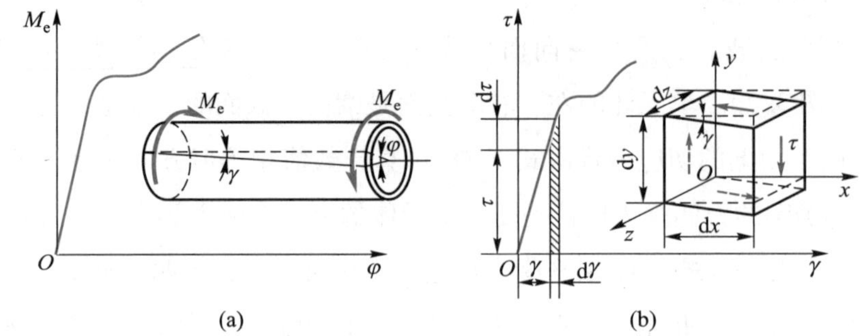

图 3.8

至此，我们已经引用了三个弹性常数，即弹性模量 E、泊松比 μ 和切变模量 G。对各向同性材料，可以证明（见例 7.10）三个弹性常数 E、G、μ 之间存在下列关系：

$$G=\frac{E}{2(1+\mu)} \tag{3.4}$$

可见，三个弹性常数中，只要知道任意两个，另一个即可确定。

四、剪切应变能

设想从构件中取出受纯剪切的单元体（图 3.8b），并设单元体的左侧面固定（这不影响所得结果的普遍性）。右侧面上的剪力为 $\tau\mathrm{d}y\mathrm{d}z$，由于剪切变形，右侧面向下错动的距离为 $\gamma\mathrm{d}x$。若切应力有一增量 $\mathrm{d}\tau$，切应变的相应增量为 $\mathrm{d}\gamma$，右侧面向下位移的增量则应为 $\mathrm{d}\gamma\mathrm{d}x$。剪力 $\tau\mathrm{d}y\mathrm{d}z$ 在位移 $\mathrm{d}\gamma\mathrm{d}x$ 上完成的功应是 $\tau\mathrm{d}y\mathrm{d}z\cdot\mathrm{d}\gamma\mathrm{d}x$。在应力从零开始逐渐增加到 τ_1（相应切应变为 γ_1）的过程中，右侧面上剪力 $\tau\mathrm{d}y\mathrm{d}z$ 总共完成的功应为

$$\mathrm{d}W=\int_0^{\gamma_1}\tau\mathrm{d}y\mathrm{d}z\cdot\mathrm{d}\gamma\mathrm{d}x$$

$\mathrm{d}W$ 等于单元体内储存的应变能 $\mathrm{d}V_\varepsilon$，故

$$\mathrm{d}V_\varepsilon=\mathrm{d}W=\int_0^{\gamma_1}\tau\mathrm{d}y\mathrm{d}z\cdot\mathrm{d}\gamma\mathrm{d}x=\left(\int_0^{\gamma_1}\tau\mathrm{d}\gamma\right)\mathrm{d}V$$

式中，$\mathrm{d}V=\mathrm{d}x\mathrm{d}y\mathrm{d}z$ 是单元体的体积。以 $\mathrm{d}V$ 除 $\mathrm{d}V_\varepsilon$ 得单位体积内的剪切应变能密度为

$$v_\varepsilon=\frac{\mathrm{d}V_\varepsilon}{\mathrm{d}V}=\int_0^{\gamma_1}\tau\mathrm{d}\gamma \tag{3.5}$$

这表明，v_ε 等于 $\tau-\gamma$ 曲线下的面积。在应力小于剪切比例极限的情况下，τ 与 γ 的关系呈斜直线，即

$$v_\varepsilon=\frac{1}{2}\tau\gamma$$

由剪切胡克定律 $\tau=G\gamma$，上式可以写成

$$v_\varepsilon = \frac{1}{2}\tau\gamma = \frac{\tau^2}{2G} \tag{3.6}$$

§3.4 圆轴扭转时的应力

现在讨论横截面为圆形的直杆受扭时的应力。这要综合研究几何、物理和静力三方面的关系。

低碳钢扭转实验

低碳钢扭转实验曲线

1. 几何关系

为了观察圆轴的扭转变形，与薄壁圆筒受扭一样，在圆轴表面上作圆周线和纵向线（在图 3.9a 中，变形前的纵向线用虚线表示）。在扭转力偶矩 M_e 作用下，得到与薄壁圆筒受扭时相似的现象。即各圆周线绕轴线相对地旋转了一个角度，但大小、形状及相邻圆周线间的距离均不变。在小变形的情况下，纵向线仍近似地是一条直线，只是倾斜了一个微小的角度。变形前表面上的正方形格子，变形后错动成菱形。

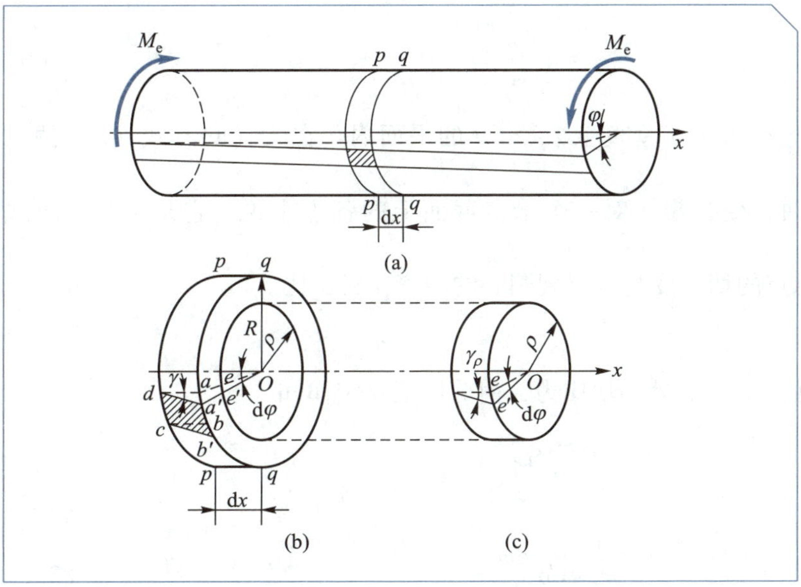

图 3.9

铸铁扭转实验

铸铁扭转实验曲线

根据观察到的现象，作下述基本假设：圆轴扭转变形前原为平面的横截面，变形后仍保持为平面，形状和大小不变，半径仍保持为直线；且相邻两截面间的距离不变。这就是圆轴扭转的平面假设。按照这一假设，扭转变形中，圆轴的横截面就像刚性平面一样，绕轴线旋转了一个角度。以平面假设为基础导出的应力和变形计算公式，符合试验结果，且与弹性力学一致，这都足以说明假设是正确的。

在图 3.9a 中，φ 表示圆轴两端截面的相对转角，称为扭转角。扭转角用弧度来度量。用相邻的横截面 $p-p$ 和 $q-q$ 从轴上取出长度为 $\mathrm{d}x$ 的微段，并放大为图 3.9b。若截面 $q-q$ 对 $p-p$ 的相对转角为 $\mathrm{d}\varphi$，则根据平面假设，横截面 $q-q$ 像刚性平面一样，相对于 $p-p$ 绕轴线旋转了一个角度 $\mathrm{d}\varphi$，半径 Oa 转到了 Oa'。于是，表面矩形格子 $abcd$ 的 ab 边相对于 cd 边发生了微小的错动，错动的距离是

$$aa'=R\mathrm{d}\varphi$$

因而引起原为直角的 $\angle adc$ 角度发生改变，改变量为

$$\gamma=\frac{aa'}{ad}=R\frac{\mathrm{d}\varphi}{\mathrm{d}x} \tag{a}$$

这就是圆形截面边缘上 d 点的切应变，由于圆轴外表面的变形程度相同，因此，a 点的切应变也为 γ。显然，γ 发生在垂直于半径 Oa 的平面内。

根据变形后横截面仍为平面，半径仍为直线的假设，用相同的方法，并参考图 3.9c，可以求得距圆心为 ρ 处的切应变为

$$\gamma_\rho=\rho\frac{\mathrm{d}\varphi}{\mathrm{d}x} \tag{b}$$

与式（a）中的 γ 一样，γ_ρ 也发生于垂直于半径 Oa 的平面内。在式（a）、式（b）两式中，$\frac{\mathrm{d}\varphi}{\mathrm{d}x}$是扭转角 φ 沿 x 轴的变化率。对一个给定截面上的各点来说，它是常量。故式（b）表明，横截面上任意点的切应变与该点到圆心的距离 ρ 成正比。

2. 物理关系

以 τ_ρ 表示横截面上距圆心为 ρ 处的切应力，由剪切胡克定律知

$$\tau_\rho=G\gamma_\rho$$

将式（b）代入上式，得

$$\tau_\rho=G\rho\frac{\mathrm{d}\varphi}{\mathrm{d}x} \tag{3.7}$$

这表明，横截面上任意点的切应力 τ_ρ 与该点到圆心的距离 ρ 成正比。因为 γ_ρ 发生于垂直于半径的平面内，所以 τ_ρ 也与半径垂直。如再注意到切应力互等定理，则在纵向截面和横截面上，切应力沿半径方向的分布如图 3.10 所示。

因为式（3.7）中的$\frac{d\varphi}{dx}$尚未求出，所以仍不能用它计算切应力，这就要用到静力关系。

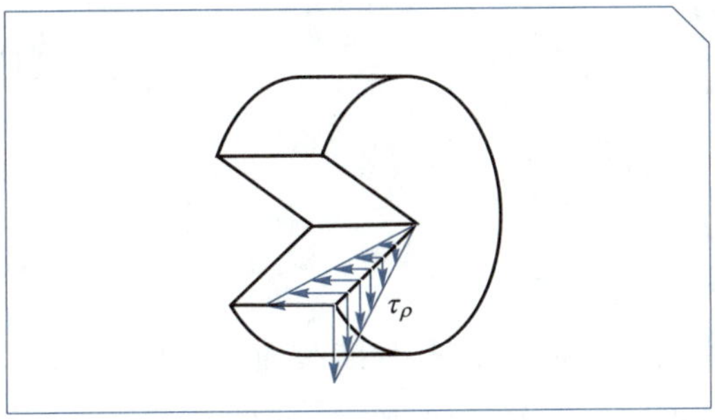

图 3.10

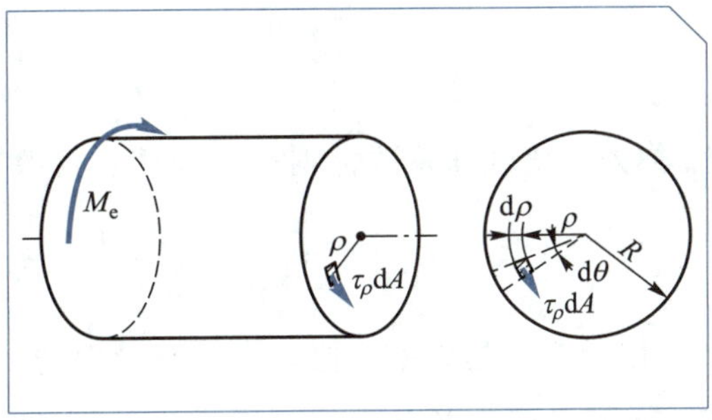

图 3.11

3. 静力关系

在横截面内，按极坐标方式取微元面积 $dA=\rho d\theta d\rho$（图 3.11）。dA 上的微内力 $\tau_\rho dA$ 对圆心的力矩为 $\rho\cdot\tau_\rho dA$，积分得横截面上的内力系对圆心的力矩为 $\int_A \rho\cdot\tau_\rho dA$。回顾§3.2 中关于扭矩的定义，可见这里求出的内力系对圆心的力矩就是截面上的扭矩，即

$$T=\int_A \rho\tau_\rho dA \tag{c}$$

考虑杆件左半部分的平衡，横截面上的扭矩 T 应与截面左侧的外力偶矩相平衡，即 T 可由截面左侧（或右侧）的外力偶矩来计算。将式（3.7）代入式（c），并注意到在给定的截面上$\frac{d\varphi}{dx}$为常量，于是有

$$T=\int_A \rho\tau_\rho dA=G\frac{d\varphi}{dx}\int_A \rho^2 dA \tag{d}$$

以 I_p 表示上式中的积分，即

$$I_p=\int_A \rho^2 dA \tag{e}$$

I_p 称为横截面对圆心 O 点的极惯性矩（截面二次极矩）。这样，式（d）便可写成

$$T=GI_p\frac{d\varphi}{dx} \tag{3.8}$$

从式（3.8）中解出$\frac{d\varphi}{dx}$，再代入式（3.7），得

$$\tau_\rho=\frac{T\rho}{I_p} \tag{3.9}$$

由以上公式，可以算出横截面上距圆心为 ρ 的任意点的切应力。

在圆形截面边缘上，ρ 为最大值 R，得最大切应力为

$$\tau_{\max}=\frac{TR}{I_{\mathrm{p}}} \tag{3.10}$$

引用记号

$$W_{\mathrm{p}}=\frac{I_{\mathrm{p}}}{R} \tag{f}$$

W_{p} 称为抗扭截面系数，则式（3.10）可改写成

$$\tau_{\max}=\frac{T}{W_{\mathrm{p}}} \tag{3.11}$$

以上各式是以平面假设为基础导出的。试验结果表明，只有对横截面不变的直圆轴，平面假设才是正确的。所以这些公式只适用于等直圆杆。对圆形截面沿轴线变化缓慢的小锥度锥形杆，也可近似地用这些公式计算。此外，导出以上诸式时使用了胡克定律，因而只适用于 $\tau_{\max}$ 低于剪切比例极限的情况。

导出式（3.9）和式（3.11）时，引进了截面极惯性矩 I_{p} 和抗扭截面系数 W_{p}，下面来计算这两个量。对于半径为 R 的实心轴（图 3.11），以 $\mathrm{d}A=\rho\mathrm{d}\theta\mathrm{d}\rho$ 代入式（e），得

$$I_{\mathrm{p}}=\int_A\rho^2\mathrm{d}A=\int_0^{2\pi}\int_0^R\rho^3\mathrm{d}\rho\mathrm{d}\theta=\frac{\pi R^4}{2}=\frac{\pi D^4}{32} \tag{3.12}$$

式中，D 为圆形截面的直径。再由式（f）求出

$$W_{\mathrm{p}}=\frac{I_{\mathrm{p}}}{R}=\frac{\pi R^3}{2}=\frac{\pi D^3}{16} \tag{3.13}$$

对于空心圆轴（图 3.12），由于截面的空心部分没有内力，所以式（d）和式（e）的定积分不应包括空心部分，于是

$$\left.\begin{aligned} I_{\mathrm{p}}&=\int_A\rho^2\mathrm{d}A=\int_0^{2\pi}\int_{d/2}^{D/2}\rho^3\mathrm{d}\rho\mathrm{d}\theta\\ &=\frac{\pi}{32}(D^4-d^4)=\frac{\pi D^4}{32}(1-\alpha^4)\\ W_{\mathrm{p}}&=\frac{I_{\mathrm{p}}}{R}=\frac{\pi}{16D}(D^4-d^4)=\frac{\pi D^3}{16}(1-\alpha^4)\end{aligned}\right\} \tag{3.14}$$

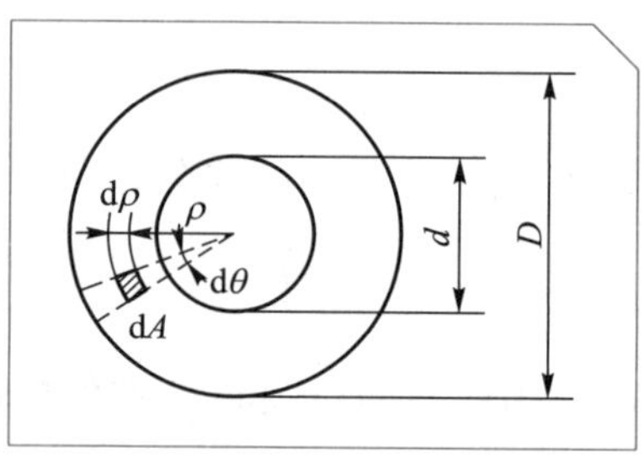

图 3.12

式中，D 和 d 分别为空心圆形截面的外径和内径，R 为外半径，$\alpha=d/D$。

最后，建立圆轴扭转的强度条件。根据轴的受力情况或由扭矩图，求出最大扭矩 $T_{\max}$。对等截面杆，按式（3.11）算出最大切应力 $\tau_{\max}$。限制 $\tau_{\max}$ 不超过许用应力［τ］，便得强度条件为

$$\tau_{\max}=\frac{T_{\max}}{W_{\mathrm{p}}}\leqslant[\tau] \tag{3.15}$$

对变截面杆，如阶梯轴、圆锥形杆等，W_p 不是常量，τ_{max} 并不一定发生于扭矩为 T_{max} 的截面上，这要综合考虑 T 和 W_p，寻求 $\tau=\dfrac{T}{W_p}$ 的极值。

例 3.2 由无缝钢管制成的汽车传动轴 AB（图 3.13），外径 $D=90$ mm，壁厚 $\delta=2.5$ mm，材料为 45 钢。工作时的最大扭矩为 $T=1.5$ kN·m。如材料的 $[\tau]=60$ MPa，试校核传动轴 AB 的扭转强度。

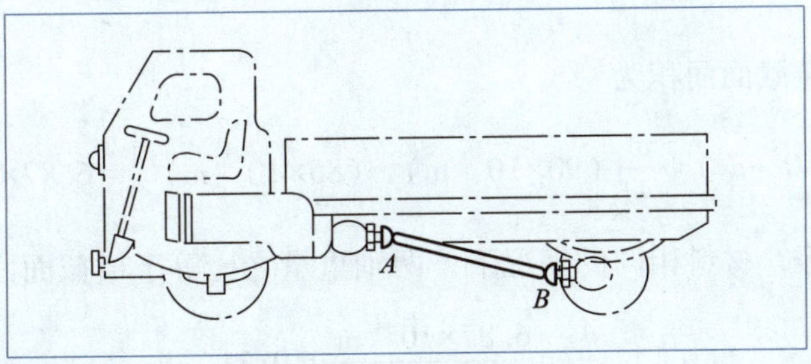

图 3.13

解：由传动轴 AB 的截面尺寸计算抗扭截面系数，

$$\alpha=\frac{d}{D}=\frac{90\times10^{-3}\ \text{m}-2\times2.5\times10^{-3}\ \text{m}}{90\times10^{-3}\ \text{m}}=0.944\ 4$$

$$W_p=\frac{\pi D^3}{16}(1-\alpha^4)=\frac{\pi(90\times10^{-3}\ \text{m})^3}{16}(1-0.944\ 4^4)=29\ 276\times10^{-9}\ \text{m}^3$$

轴的最大切应力为

$$\tau_{max}=\frac{T}{W_p}=\frac{1\ 500\ \text{N}\cdot\text{m}}{29\ 276\times10^{-9}\ \text{m}^3}=51.2\times10^6\ \text{Pa}=51.2\ \text{MPa}<[\tau]$$

所以传动轴 AB 满足强度条件。

例 3.3 如把上例中的传动轴改为实心轴，要求它与原来的空心轴强度相同，试确定其直径，并比较实心轴和空心轴的重量。

解：当实心轴和空心轴的最大应力同为 $[\tau]$ 时，两轴的许可扭矩分别为

$$T_1=W_p[\tau]=\frac{\pi}{16}D_1^3[\tau]$$

$$T_2=\frac{\pi}{16}D^3(1-\alpha^4)[\tau]=\frac{\pi}{16}(90\ \mathrm{mm})^3(1-0.944\,4^4)[\tau]$$

式中，D_1 为实心轴的直径，若两轴的强度相同，则 T_1 应与 T_2 相等，于是有

$$D_1^3=(90\ \mathrm{mm})^3(1-0.944\,4^4)$$

$$D_1=53.0\ \mathrm{mm}=0.053\ \mathrm{m}$$

实心轴横截面面积是

$$A_1=\frac{\pi D_1^2}{4}=\frac{\pi(0.053\ \mathrm{m})^2}{4}=22.1\times10^{-4}\ \mathrm{m}^2$$

空心轴的横截面面积为

$$A_2=\frac{\pi}{4}(D^2-d^2)=\frac{\pi}{4}[(90\times10^{-3}\ \mathrm{m})^2-(85\times10^{-3}\ \mathrm{m})^2]=6.87\times10^{-4}\ \mathrm{m}^2$$

在两轴长度相等，材料相同的情况下，两轴重量之比等于横截面面积之比：

$$\frac{A_2}{A_1}=\frac{6.87\times10^{-4}\ \mathrm{m}^2}{22.1\times10^{-4}\ \mathrm{m}^2}=0.31$$

可见，在载荷相同的条件下，空心轴的重量只为实心轴的 31%，其在减轻重量、节约材料方面的效果是非常明显的。这是因为，横截面上的切应力沿半径按线性规律分布，圆心附近的应力很小，材料没有充分发挥作用。若把轴心附近的材料向外边缘移置，使其成为空心轴，就可增大 I_p 和 W_p，提高轴的强度。

§3.5 圆轴扭转时的变形

扭转变形的特征是两个横截面间产生绕轴线的相对转角，即扭转角。由式（3.8），得

$$d\varphi=\frac{T}{GI_p}dx \tag{a}$$

$d\varphi$ 表示相距为 dx 的两个横截面之间的相对转角（图 3.9b）。沿轴线 x 积分，即可求得距离为 l 的两个横截面之间的相对转角为

$$\varphi=\int_l d\varphi=\int_0^l\frac{T}{GI_p}dx \tag{b}$$

若在两截面之间 T 的值不变，且轴为等直杆，则式（b）中$\frac{T}{GI_{\mathrm{p}}}$为常量。例如，只在等直圆轴的两端作用扭转力偶时，就是这种情况。这时式（b）化为

$$\varphi=\frac{Tl}{GI_{\mathrm{p}}} \tag{3.16}$$

上式表明，GI_{p} 越大，则扭转角 φ 越小，故 GI_{p} 称为圆轴的抗扭刚度。

有时，轴在各段内的 T 并不相同，例如例 3.1 的情况；或者各段内的 I_{p} 不同，例如阶梯轴。这就应该分段计算各段的扭转角，然后按代数相加，得两端截面的相对扭转角为

$$\varphi=\sum_{i=1}^{n}\frac{T_i l_i}{GI_{\mathrm{p}i}} \tag{c}$$

轴类零件除应满足强度要求外，一般还不应有过大的扭转变形。例如，若车床丝杆扭转角过大，会影响车刀进给，降低加工精度；发动机的凸轮轴扭转角过大，会影响气阀开关时间；镗床的主轴或磨床的传动轴若扭转角过大，将引起扭转振动，影响工件的精度和光洁度。所以，要限制某些轴的扭转变形。

式（3.16）表示的扭转角与轴的长度 l 有关，为消除长度的影响，用 φ 对 x 的变化率$\frac{\mathrm{d}\varphi}{\mathrm{d}x}$来表示扭转变形的程度。用 φ' 表示变化率$\frac{\mathrm{d}\varphi}{\mathrm{d}x}$，由式（3.8）得出

$$\varphi'=\frac{\mathrm{d}\varphi}{\mathrm{d}x}=\frac{T}{GI_{\mathrm{p}}} \tag{3.17}$$

φ 的变化率 φ' 即是相距单位长度的两截面的相对转角，称为单位长度扭转角，单位为 rad/m。若在轴长 l 的范围内 T 为常量，且圆轴的横截面不变，则$\frac{T}{GI_{\mathrm{p}}}$为常量，由式（3.16）得

$$\varphi'=\frac{T}{GI_{\mathrm{p}}}=\frac{\varphi}{l} \tag{3.18}$$

扭转的刚度条件就是限定 φ' 的最大值不得超过规定的允许值 $[\varphi']$，即

$$\varphi'_{\max}=\frac{T_{\max}}{GI_{\mathrm{p}}}\leqslant[\varphi'] \tag{3.19}$$

工程中，习惯用 (°)/m 作为 $[\varphi']$ 的单位。把上式中的弧度换算成度，得

$$\varphi'_{\max}=\frac{T_{\max}}{GI_{\mathrm{p}}}\times\frac{180^{\circ}}{\pi}\leqslant[\varphi'] \tag{3.20}$$

各种轴类零件的 $[\varphi']$ 值可从有关规范和手册中查到。

最后，讨论一下空心轴的问题。根据例 3.3 的分析，把轴心附近的材料移向边缘，得到空心轴，它可在保持重量不变的情况下，取得较大的 I_{p}，即取得较大的刚度。因此，若保持 I_{p} 不变，则空心轴比实心轴可少用材料，重量也就较轻。所以，飞机、轮船、汽车

的某些轴常采用空心轴，以减轻重量。车床主轴采用空心轴既提高了强度和刚度，又便于加工长工件。当然，如将直径较小的长轴加工成空心轴，则因工艺复杂，反而增加成本，并不经济。例如，车床的光杆一般就采用实心轴。此外，空心轴体积较大，在机器中要占用较大空间，而且若轴壁太薄，还会因扭转而不能保持稳定性。

例 3.4 图 3.14a 为某组合机床主轴箱内轴 4 的示意图。轴上有Ⅱ、Ⅲ、Ⅳ三个齿轮，动力由轴 5 经齿轮Ⅲ输送到轴 4，再由齿轮Ⅱ和Ⅳ带动轴 1、2 和 3 轴。轴 1 和轴 2 同时钻孔，共消耗功率 0.756 kW；3 轴扩孔，消耗功率 2.98 kW。若轴 4 转速为 183.5 r/min，材料为 45 钢，$G=80$ GPa。取 $[\tau]=40$ MPa，$[\varphi']=1.5(°)/\mathrm{m}$。若轴 4 为实心圆轴，试设计轴的直径。

解： 为了分析轴 4 的受力情况，先由式（3.1）计算作用于齿轮Ⅱ和Ⅳ上的外力偶矩：

$$M_{\mathrm{II}}=\left(9\ 550\times\frac{0.756}{183.5}\right)\ \mathrm{N\cdot m}=39.3\ \mathrm{N\cdot m}$$

$$M_{\mathrm{IV}}=\left(9\ 550\times\frac{2.98}{183.5}\right)\ \mathrm{N\cdot m}=155.1\ \mathrm{N\cdot m}$$

M_{II} 和 M_{IV} 同为阻力偶矩，故转向相同。若轴 5 经齿轮Ⅲ传给轴 4 的主动力偶矩为 M_{III}，则 M_{III} 的转向应该与阻力偶矩的转向相反（图 3.14b）。于是由平衡方程 $\sum M_x=0$，得

$$M_{\mathrm{III}}-M_{\mathrm{II}}-M_{\mathrm{IV}}=0$$

$$M_{\mathrm{III}}=M_{\mathrm{II}}+M_{\mathrm{IV}}=(39.3+155.1)\ \mathrm{N\cdot m}=194.4\ \mathrm{N\cdot m}$$

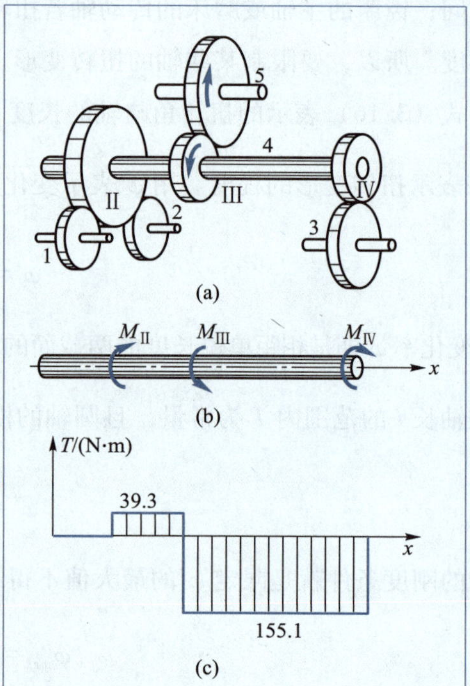

图 3.14

根据作用于轴 4 上的 M_{II}、M_{IV} 和 M_{III} 的数值，作扭矩图如图 3.14c 所示。从扭矩图看出，在齿轮Ⅲ和Ⅳ之间，轴的任一横截面上的扭矩皆为最大值，且

$$T_{\max}=155.1\ \mathrm{N\cdot m}$$

由强度条件

$$\tau_{\max}=\frac{T_{\max}}{W_{\mathrm{p}}}=\frac{16T_{\max}}{\pi D^3}\leqslant[\tau]$$

得

$$D\geqslant\sqrt[3]{\frac{16T_{\max}}{\pi[\tau]}}=0.027\ \mathrm{m}$$

其次，由刚度条件

$$\varphi'_{\max}=\frac{T_{\max}}{GI_{\mathrm{p}}}\times\frac{180^\circ}{\pi}=\frac{T_{\max}}{G\times\dfrac{\pi}{32}D^4}\times\frac{180^\circ}{\pi}\leqslant[\varphi']$$

$$D\geqslant\sqrt[4]{\frac{32T_{\max}\times180^\circ}{G\pi^2[\varphi']}}=0.029\ 5\ \mathrm{m}$$

根据以上计算结果，为了同时满足强度和刚度要求，选定轴的直径 $D=30$ mm。可见，刚度条件是轴 4 的控制因素。由于刚度是大多数机床的主要问题，所以用刚度作为控制因素的轴是相当普遍的。

像轴 4 这样靠齿轮传动的轴，它除了受扭外，同时还受到弯曲，应按扭弯组合变形计算（第八章）。但在开始设计时，由于轴的结构形式未定，轴承间的距离还不知道，支座约束力不能求出，所以无法按扭弯组合变形计算。而扭矩的数值却与轴的结构形式无关，这样，可以先按扭转的强度条件和刚度条件初步估算轴的直径。在根据初估直径确定了轴的结构形式后，就可再按第八章提出的方法，作进一步的计算。

例 3.5 图 3.15 所示杆件为圆锥的一部分，设其锥度不大，两端的直径分别为 d_1 和 d_2，长度为 l。沿轴线作用均匀分布的扭转力偶矩，它在单位长度内的集度为 m。试计算两端截面的相对扭转角。

解： 设距左端为 x 的横截面的直径为 d，按比例关系可以求得

$$d=d_2\left(1+\frac{d_1-d_2}{d_2}\ \frac{x}{l}\right)$$

这一横截面的极惯性矩为

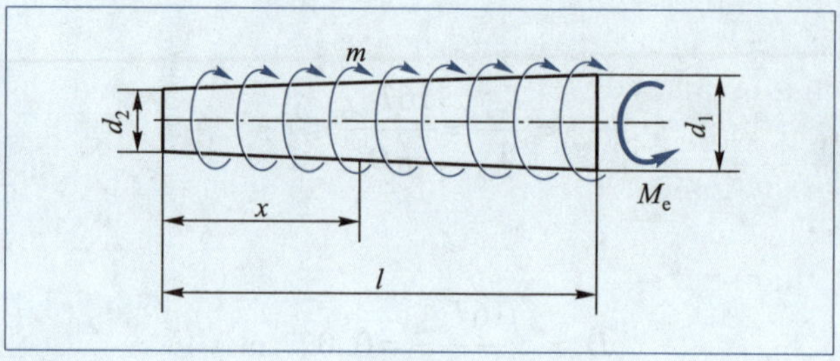

图 3.15

$$I_p=\frac{\pi d^4}{32}=\frac{\pi d_2^4}{32}\left(1+\frac{d_1-d_2}{d_2}\frac{x}{l}\right)^4$$

该横截面上的扭矩为

$$T=mx$$

由式（3.17），有

$$\frac{d\varphi}{dx}=\frac{T}{GI_p}=\frac{32mx}{G\pi d_2^4\left(1+\frac{d_1-d_2}{d_2}\frac{x}{l}\right)^4}$$

两边乘 dx，并完成在 0 到 l 区间内的积分，得

$$\varphi=\frac{32m}{G\pi d_2^4}\int_0^l\frac{x\mathrm{d}x}{\left(1+\frac{d_1-d_2}{d_2}\frac{x}{l}\right)^4}=\frac{16ml^2}{3G\pi d_1^2d_2^2}\left(1+2\frac{d_2}{d_1}\right)$$

例 3.6 有 A、B 两个凸缘的圆轴（图 3.16a），在扭转力偶矩 M_e 作用下发生了变形。这时把一个薄壁圆筒与圆轴的凸缘焊接在一起，然后解除 M_e（图 3.16b）。设圆轴和圆筒的抗扭刚度分别是 G_1I_{p1} 和 G_2I_{p2}，试求圆轴和圆筒分别承受的扭矩。

解： 由于圆筒与圆轴的凸缘焊接在一起，外加扭转力偶矩 M_e 解除后，圆轴必然力图恢复并消除扭转变形，而圆筒则阻挡其恢复。这就使得在轴内和筒内分别出现扭矩 T_1 和 T_2。设想用横截面把圆轴与圆筒切开，因这时已无外力偶矩，平衡方程是

$$T_1-T_2=0 \qquad \text{(d)}$$

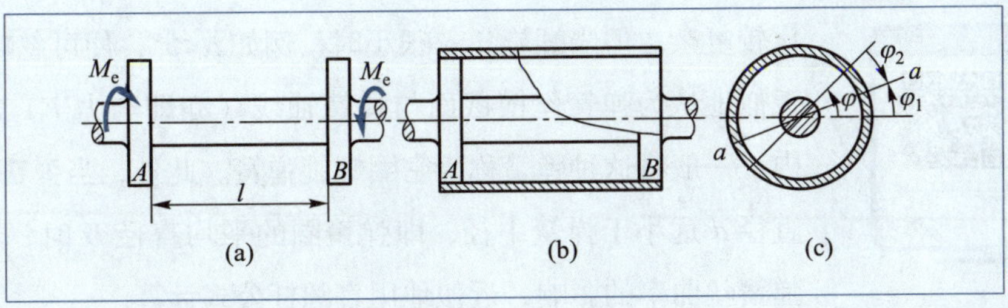

图 3.16

仅由上式不能解出两个扭矩，所以这是一个超静定问题，应再寻求一个变形协调方程。

焊接前圆轴在 M_e 作用下的扭转角为

$$\varphi=\frac{M_e l}{G_1 I_{p1}} \tag{e}$$

这就是凸缘 B 的水平直径相对于 A 转过的角度（图 3.16c）。在圆筒与圆轴相焊接并解除 M_e 后，因受圆筒的阻挡，圆轴的上述变形不能完全恢复，最后协调的位置为 $a-a$。这时圆轴残留的扭转角为 φ_1，而圆筒产生的扭转角为 φ_2。显然，有

$$\varphi_1+\varphi_2=\varphi$$

利用式（3.16）和式（e），可将上式写成

$$\frac{T_1 l}{G_1 I_{p1}}+\frac{T_2 l}{G_2 I_{p2}}=\frac{M_e l}{G_1 I_{p1}} \tag{f}$$

从式（d）、式（f）两式解出

$$T_1=T_2=\frac{M_e G_2 I_{p2}}{G_1 I_{p1}+G_2 I_{p2}}$$

§3.6 圆柱螺旋弹簧的应力和变形

圆柱螺旋弹簧在工程中应用极广。它可用于缓冲减振，如火车和汽车轮轴的支承弹簧。又可用于控制机械运动，如凸轮机构的压紧弹簧、内燃机的气阀弹簧等。也可用于测量力的大小，如弹簧秤中的弹簧。

圆柱螺旋弹簧的弹簧丝轴线是一条空间螺旋线（图 3.17a），其应力和变形的精确分析比较复杂。但当螺旋角 α 很小时，例如 $\alpha<5°$，便可忽略 α 的影响，近似地认为弹簧丝横截面与弹簧轴线（亦即与力 F）在同一平面内。一般将这种弹簧称为密圈螺旋弹簧。此外，当弹簧丝横截面的直径 d 远小于弹簧中径，即弹簧圈的平均直径 D 时，还可以略去弹簧丝曲率的影响，近似地用直圆杆公式计算。

圆柱螺旋弹簧

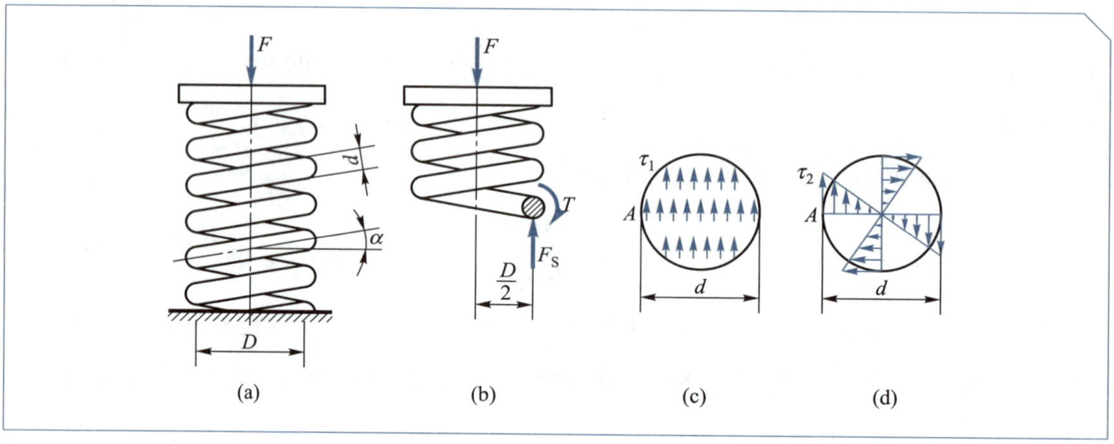

图 3.17

一、弹簧丝横截面上的应力

以弹簧丝的任意横截面取出上面部分作为研究对象（图 3.17b）。前曾指出，在密圈情况下，可以认为压力 F 与弹簧丝横截面在同一平面内。为保持取出部分的平衡，要求横截面上有一个与截面相切的内力系。这个内力系简化为一个通过截面形心的力 F_S 和一个力偶矩 T。根据平衡方程，有

$$F_S=F,\qquad T=\frac{FD}{2} \tag{a}$$

这里 F_S 为弹簧丝横截面上的剪力；T 为横截面上的扭矩。

与剪力 F_S 对应的切应力 τ_1，按实用计算方法，可认为均匀分布于横截面上（图 3.17c），即

$$\tau_1=\frac{F_S}{A}=\frac{4F}{\pi d^2} \tag{b}$$

与扭矩 T 对应的切应力 τ_2 的大小与分布情况，认为与等直圆轴的扭转相同（图 3.17d），其最大值为

$$\tau_{2\max}=\frac{T}{W_p}=\frac{8FD}{\pi d^3} \tag{c}$$

弹簧丝横截面上任意点的总应力，应是剪切和扭转两种切应力的矢量和。在靠近轴线的内侧点 A 处，τ_1 和 τ_{2max} 方向一致，总应力达到最大值，且

$$\tau_{max}=\tau_1+\tau_{2max}=\frac{4F}{\pi d^2}+\frac{8FD}{\pi d^3}=\frac{8FD}{\pi d^3}\left(\frac{d}{2D}+1\right) \tag{d}$$

式中，括号内的第一项代表剪切的影响，当 $\frac{D}{d}\geqslant 10$ 时，$\frac{d}{2D}$ 与 1 相比不超过 5%，显然可以省略。这就相当于不考虑剪切，而只考虑扭转的影响。这样，式（d）化为

$$\tau_{max}=\frac{8FD}{\pi d^3} \tag{3.21}$$

在以上分析中，用直杆的扭转公式计算应力，没有考虑弹簧丝实际上是一个曲杆。这在 $\frac{D}{d}$ 较小，即弹簧丝曲率较大时，自然会引起较大的误差。此外，认为剪切引起的切应力 τ_1 “均匀分布”于截面上，也是一个假定计算。在考虑了弹簧丝曲率和 τ_1 并非均匀分布等两个因素后，求得计算最大切应力的修正公式①如下：

$$\tau_{max}=\left(\frac{4c-1}{4c-4}+\frac{0.615}{c}\right)\frac{8FD}{\pi d^3}=k\frac{8FD}{\pi d^3} \tag{3.22}$$

式中

$$c=\frac{D}{d},\qquad k=\frac{4c-1}{4c-4}+\frac{0.615}{c} \tag{e}$$

c 称为弹簧指数。k 为对近似公式（3.21）的一个修正系数，称为曲度系数。表 3.1 中的 k 值就是根据式（e）算出的。从表中数值看出，c 越小则 k 越大。当 $c=4$ 时，$k=1.40$。这表明，此时如仍按近似公式（3.21）计算应力，其误差将高达 40%。

表 3.1　螺旋弹簧的曲度系数 k

c	4	4.5	5	5.5	6	6.5	7	7.5	8	8.5	9	9.5	10	12	14
k	1.40	1.35	1.31	1.28	1.25	1.23	1.21	1.20	1.18	1.17	1.16	1.15	1.14	1.12	1.10

弹簧丝的强度条件是

$$\tau_{max}\leqslant[\tau] \tag{f}$$

式中，τ_{max} 是按式（3.22）求出的最大切应力，$[\tau]$ 是材料的许用切应力。弹簧材料一般是弹簧钢，其许用切应力 $[\tau]$ 的数值颇高。

① 参见刘鸿文主编的《高等材料力学》§9.8（该书由高等教育出版社于 1985 年出版）。

二、弹簧的变形

弹簧在轴向压力（或拉力）作用下，轴线方向的总缩短（或伸长）量 λ，就是弹簧的变形（图 3. 18a）。在弹性范围内，试验表明，压力 F 与变形 λ 成正比，即 F 与 λ 的关系呈一条斜直线（图 3. 18b）。早期的胡克定律就是这样提出的。当外力从零增加到最终值时，它做的功等于斜直线下的面积，即

$$W=\frac{1}{2}F\lambda \tag{g}$$

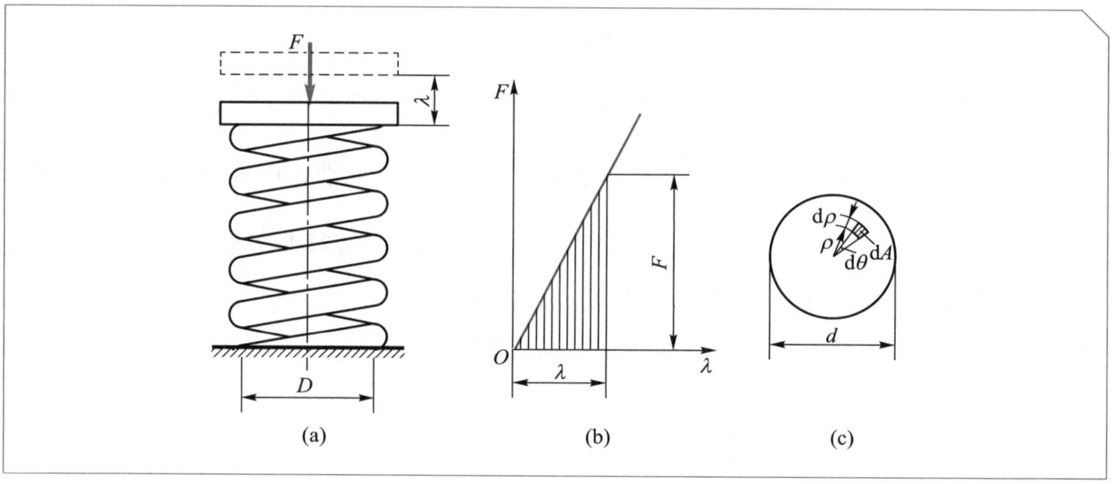

图 3. 18

现在计算储存于弹簧内的应变能。在弹簧丝横截面上，距圆心为 ρ 的任意点（图 3. 18c）的扭转切应力为

$$\tau_\rho=\frac{T\rho}{I_p}=\frac{\frac{1}{2}FD\rho}{\frac{\pi d^4}{32}}=\frac{16FD\rho}{\pi d^4}$$

根据式（3. 6），单位体积的应变能是

$$v_\varepsilon=\frac{\tau_\rho^2}{2G}=\frac{128F^2D^2\rho^2}{G\pi^2 d^8} \tag{h}$$

弹簧的应变能为

$$V_\varepsilon=\int_V v_\varepsilon \mathrm{d}V \tag{i}$$

式中，V 为弹簧的体积。若以 $\mathrm{d}A$ 表示弹簧丝横截面的微元面积，$\mathrm{d}s$ 表示沿弹簧丝轴线的微分长度，则 $\mathrm{d}V=\mathrm{d}A\cdot\mathrm{d}s=\rho\mathrm{d}\theta\mathrm{d}\rho\mathrm{d}s$。积分式（i）时，首先遍及弹簧丝的横截面，$\theta$ 由 0 到 2π，ρ 由 0 到 $\frac{d}{2}$；其次遍及弹簧的长度，s 由 0 到 l。若弹簧的有效圈数（即扣除两端

与弹簧座接触部分后的圈数）为 n，则 $l=n\pi D$。将式（h）代入式（i），按上述方式完成积分，得

$$V_{\varepsilon}=\int_{V}v_{\varepsilon}\mathrm{d}V=\frac{128F^{2}D^{2}}{G\pi^{2}d^{8}}\int_{0}^{2\pi}\int_{0}^{d/2}\rho^{3}\mathrm{d}\theta\mathrm{d}\rho\int_{0}^{n\pi D}\mathrm{d}s=\frac{4F^{2}D^{3}n}{Gd^{4}} \tag{j}$$

外力完成的功应等于储存于弹簧的应变能，即 $W=V_{\varepsilon}$，于是

$$\frac{1}{2}F\lambda=\frac{4F^{2}D^{3}n}{Gd^{4}}$$

由此得到

$$\lambda=\frac{8FD^{3}n}{Gd^{4}}=\frac{64FR^{3}n}{Gd^{4}} \tag{3.23}$$

式中，$R=\dfrac{D}{2}$是弹簧圈的平均半径，即弹簧中径的一半。

引用记号

$$C=\frac{Gd^{4}}{8D^{3}n}=\frac{Gd^{4}}{64R^{3}n} \tag{3.24}$$

则式（3.23）可以写成

$$\lambda=\frac{F}{C} \tag{3.25}$$

C 越大则 λ 越小，所以 C 代表弹簧抵抗变形的能力，称为弹簧的刚度系数。

从式（3.23）看出，λ 与 d^4 成反比，如希望弹簧有较好的减振和缓冲作用，即要求它有较大变形和比较柔软时，应使弹簧丝横截面直径 d 尽可能小一些，于是相应的 τ_{max} 的数值也就增高，这就要求弹簧材料有较高的［τ］。此外，根据式（3.23），增加有效圈数 n 和加大弹簧中径 D，都可以取得增大 λ 的效果。

例 3.7 某柴油机的气阀弹簧，弹簧中径 $D=119$ mm，弹簧丝横截面直径 $d=14$ mm，有效圈数 $n=5$。材料的［τ］$=350$ MPa，$G=80$ GPa。弹簧工作时总压缩变形（包括预压变形）为 $\lambda=55$ mm。试校核弹簧的强度。

解： 由式（3.23）求出弹簧所受压力 F 为

$$F=\frac{\lambda Gd^{4}}{64\left(\dfrac{D}{2}\right)^{3}n}=\frac{(55\times10^{-3}\ \mathrm{m})(80\times10^{9}\ \mathrm{Pa})(14\times10^{-3}\ \mathrm{m})^{4}}{64(59.5\times10^{-3}\ \mathrm{m})^{3}\times5}=2\ 508\ \mathrm{N}$$

由 D 及 d 求出

$$c=\frac{D}{d}=\frac{119\times10^{-3}\ \text{m}}{14\times10^{-3}\ \text{m}}=8.5$$

由表 3.1 查出弹簧的曲度系数 k 的值为 1.17，故

$$\tau_{\max}=k\frac{8FD}{\pi d^3}=1.17\frac{8(2\ 508\ \text{N})(119\times10^{-3}\ \text{m})}{\pi(14\times10^{-3}\ \text{m})^3}=324.1\times10^6\ \text{Pa}$$

$$=324.1\ \text{MPa}<[\tau]$$

弹簧满足强度要求。

§3.7 非圆形截面杆件扭转的概念

前面各节讨论了圆形截面杆件的扭转。但有些受扭杆件的横截面并非圆形。例如，农业机械中有时采用方轴作为传动轴，又如曲轴的曲柄承受扭转，而其横截面是矩形的。

取一横截面为矩形的杆件，在其侧面上画上纵向线和横向周界线（图 3.19a），扭转变形后发现横向周界线已变为空间曲线（图 3.19b）。这表明变形后杆件的横截面已不再保持为平面，这种现象称为翘曲。所以，平面假设对非圆形截面杆件的扭转已不再适用。

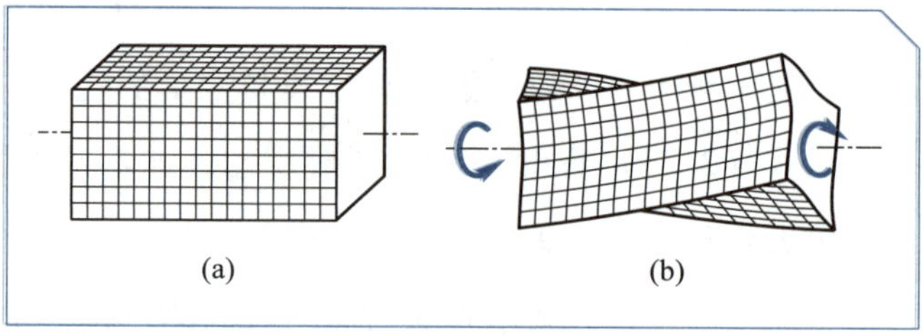

图 3.19

非圆形截面杆件的扭转可分为自由扭转和约束扭转。等直杆两端受扭转力偶作用，且翘曲不受任何限制的情况，属于自由扭转。这种情况下杆件各横截面的翘曲程度相同，纵向纤维的长度无变化，故横截面上没有正应力而只有切应力。图 3.20a 即表示工字钢的自由扭转。若由于约束条件或受力条件的限制，造成杆件各横截面的翘曲程度不同，这势必引起相邻两截面间纵向纤维的长度改变。于是横截面上除切应力外还有正应力。这种情况称为约束扭转。图 3.20b 即为工字钢约束扭转的示意图。像工字钢、槽钢等薄壁杆件，约束扭转时横截面上的正应力往往是相当大的。但一些实体杆件，如截面为矩形或椭圆形的杆件，因约束扭转而引起的正应力很小，与自由扭转并无太大差别。

可以证明，杆件扭转时，横截面上边缘各点的切应力都与截面边界相切。因为边缘各点的切应力如不与边界相切，总可分解为边界切线方向的分量 τ_t 和法线方向的分量 τ_n（图 3.21）。根据切应力互等定理，τ_n 应与杆件自由表面上的切应力 τ_n' 相等。但在自由表面上没有切应力 τ_n'，即 $\tau_n'=\tau_n=0$。这样，在边缘各点上，就只能有沿边界切线方向的切应力 τ_t。在横截面的凸角处（图 3.22），如果有切应力，当然可以把它分解成分别沿 ab 边和 ac 边法线的分量 τ_1 和 τ_2，仿照上面的方法同样可以证明，τ_1 和 τ_2 皆应等于零，故截面凸角处的切应力等于零。

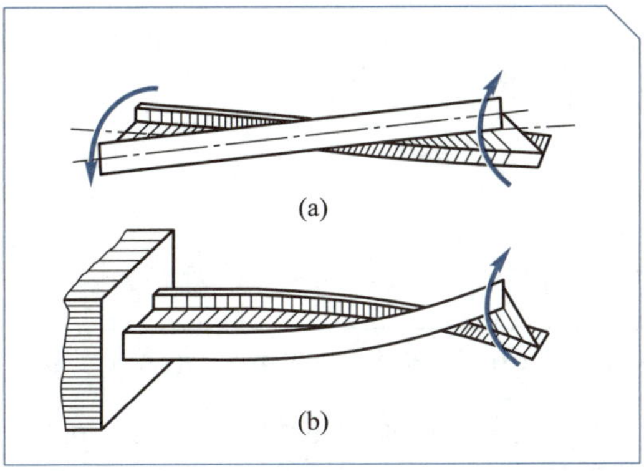

图 3.20

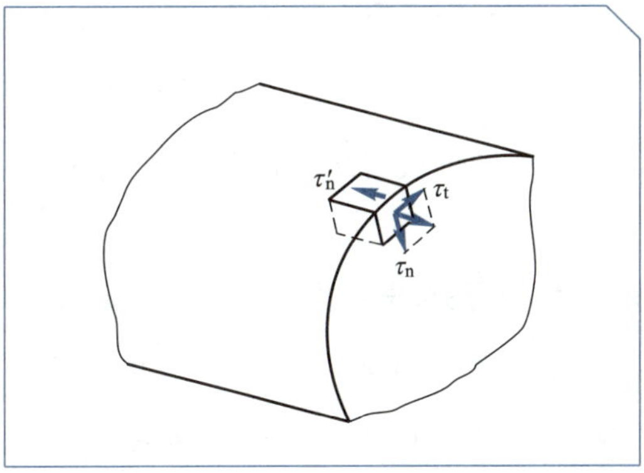

图 3.21

非圆形截面杆件的自由扭转，一般在弹性力学中讨论。这里我们直接引用弹性力学的一些结果，并只限于矩形截面杆扭转的情况。这时，横截面上的切应力分布大致如图 3.23 所示。边缘各点的切应力形成与边界相切的顺流。四个角点上切应力等于零。最大切应力发生于矩形长边的中点，且按下列公式计算：

$$\tau_{max}=\frac{T}{\alpha hb^2}=\frac{T}{W_t} \tag{3.26}$$

式中，

$$W_t=\alpha hb^2 \tag{a}$$

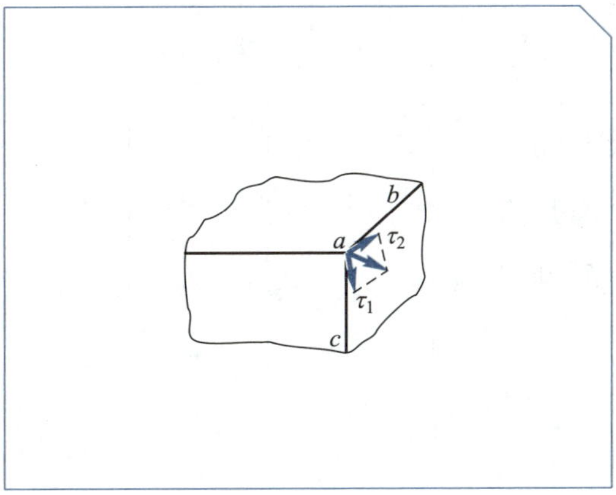

图 3.22

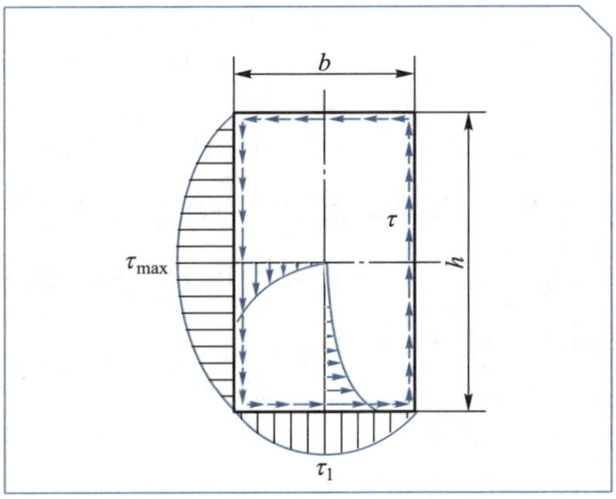

图 3.23

式中，h 为长边，b 为短边。α 是一个与比值 h/b 有关的系数，其数值见表 3.2。短边中点的切应力 τ_1 是短边上的最大切应力，并按以下公式计算：

$$\tau_1 = \nu\tau_{max} \tag{3.27}$$

式中，τ_{max}是长边中点的最大切应力。系数 ν 及下式中的 β 均与比值 h/b 有关，已列入表 3.2 中。杆件两端横截面的相对转角 φ 的计算公式是

$$\varphi = \frac{Tl}{G\beta hb^3} = \frac{Tl}{GI_t} \tag{3.28}$$

式中

$$I_t = \beta hb^3 \tag{b}$$

GI_t 称为非圆形截面杆件的抗扭刚度。

表 3.2　矩形截面杆件扭转时的系数 α、β 和 ν

h/b	1.0	1.2	1.5	2.0	2.5	3.0	4.0	6.0	8.0	10.0	∞
α	0.208	0.219	0.231	0.246	0.258	0.267	0.282	0.299	0.307	0.313	0.333
β	0.141	0.166	0.196	0.229	0.249	0.263	0.281	0.299	0.307	0.313	0.333
ν	1.000	0.930	0.858	0.796	0.767	0.753	0.745	0.743	0.743	0.743	0.743

特别地，当$\frac{h}{b}>10$时，截面成为狭长矩形。这时 $\alpha=\beta\approx\frac{1}{3}$。如以 δ 表示狭长矩形的短边的长度，则式（3.26）和式（3.28）化为

$$\left.\begin{aligned} \tau_{max} &= \frac{T}{\frac{1}{3}h\delta^2} \\ \varphi &= \frac{Tl}{G\cdot\frac{1}{3}h\delta^3} \end{aligned}\right\} \tag{3.29}$$

在狭长矩形截面上，扭转切应力的变化规律大致如图 3.24 所示。虽然最大切应力在长边的中点，但沿长边各点的切应力实际上变化不大，接近相等，在靠近短边处才迅速减小为零。

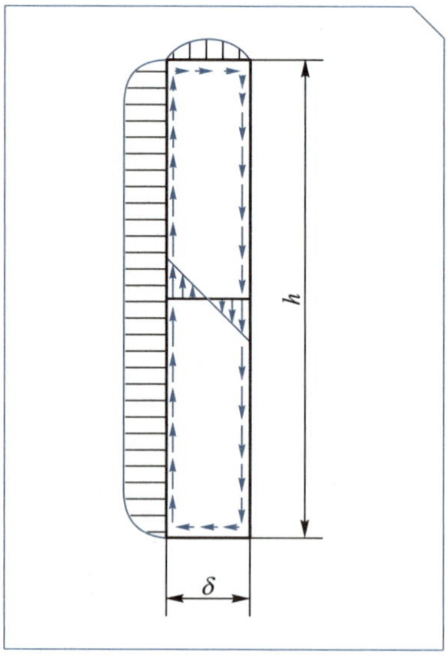

图 3.24

例 3.8 某柴油机曲轴的曲柄截面 $m-m$ 可以认为是矩形（图 3.25）。在实用计算中，其扭转切应力近似地按矩形截面杆件受扭计算。若 $b=22$ mm，$h=102$ mm，已知曲柄所受扭矩为 $T=281$ N·m，试求这一矩形截面上的最大切应力。

解：由截面 $m-m$ 的尺寸求得

$$\frac{h}{b}=4.64$$

查表 3.2，并利用线性插值法，求出

$$\alpha=0.287$$

于是，由式（3.26）得

$$\tau_{\max}=\frac{T}{\alpha hb^2}=19.8\ \text{MPa}$$

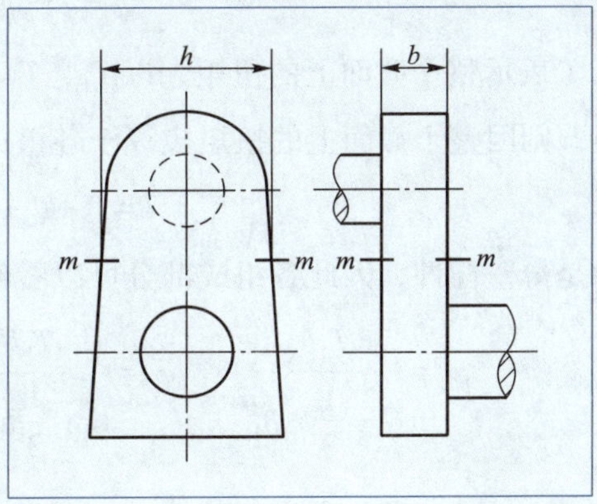

图 3.25

*§3.8 薄壁杆件的自由扭转

为减轻结构本身重量，工程上常采用各种轧制型钢，如工字钢、槽钢等；也经常使用薄壁管状杆件。这类杆件的壁厚远小于横截面的其他两个尺寸（高和宽）或平均半径，称为薄壁杆件。若杆件的截面中线（薄壁杆件横截面的壁厚平分线，也称壁厚中线。）是一条不封闭的折线或曲线（图 3.26a），则称为开口薄壁杆件。若截面中线是一条封闭的折线或曲线（图 3.26b），则称为闭口薄壁杆件。本节只讨论开口和闭口薄壁杆件的自由扭转。

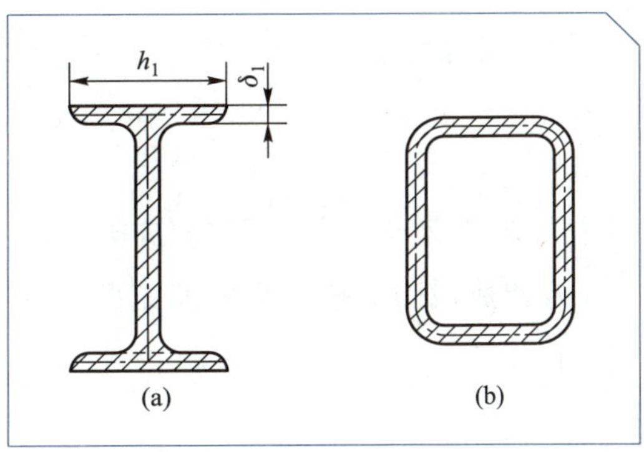

图 3.26

一、开口薄壁杆件的自由扭转

开口薄壁杆件，如槽钢、工字钢等，其横截面可以看作由若干个狭长矩形组成的

(图 3.26a)。自由扭转时假设横截面在其本身平面内形状不变，即在变形过程中，横截面在其本身平面内的投影只作刚性平面运动。因此整个横截面和组成截面的各部分的扭转角相等。若以 φ 表示整体组合截面杆的扭转角，以 φ_1，φ_2，…，φ_i，…分别代表各组成部分的扭转角，则

$$\varphi=\varphi_1=\varphi_2=\cdots=\varphi_i=\cdots \tag{a}$$

若以 T 表示整个截面上的扭矩，以 T_1，T_2，…，T_i，…分别表示截面各组成部分上分担的扭矩，则因整个截面上的扭矩应等于各组成部分上的扭矩之和，故有

$$T=T_1+T_2+\cdots+T_i+\cdots=\sum T_i \tag{b}$$

因为是薄壁杆件，因此各组成部分可以看作狭长矩形，由式 (3.29)，有

$$\varphi_1=\frac{T_1 l}{G\cdot\frac{1}{3}h_1\delta_1^3},\quad \varphi_2=\frac{T_2 l}{G\cdot\frac{1}{3}h_2\delta_2^3},\quad \cdots,\quad \varphi_i=\frac{T_i l}{G\cdot\frac{1}{3}h_i\delta_i^3},\quad \cdots \tag{c}$$

由式 (c) 解出 T_1，T_2，…，T_i，…，代入式 (b)，并注意到由式 (a) 表示的关系，得到

$$\begin{aligned} T&=\varphi\cdot\frac{G}{l}\left(\frac{1}{3}h_1\delta_1^3+\frac{1}{3}h_2\delta_2^3+\cdots+\frac{1}{3}h_i\delta_i^3+\cdots\right)\\ &=\varphi\cdot\frac{G}{l}\sum\frac{1}{3}h_i\delta_i^3 \end{aligned} \tag{d}$$

引用记号

$$I_t=\sum\frac{1}{3}h_i\delta_i^3 \tag{e}$$

式 (d) 又可写成

$$\varphi=\frac{Tl}{GI_t} \tag{f}$$

式中，GI_t 即为开口薄壁杆件的抗扭刚度。

在组成截面的任一个狭长矩形上，长边各点的切应力可由式 (3.29) 的第一式计算，即

$$\tau_i=\frac{T_i}{\frac{1}{3}h_i\delta_i^2} \tag{g}$$

由于 $\varphi_i=\varphi$，故由式 (c) 及式 (f) 两式得

$$\frac{T_i l}{G\cdot\frac{1}{3}h_i\delta_i^3}=\frac{Tl}{GI_t}$$

由此解出 T_i，代入式（g）得出

$$\tau_i = \frac{T\delta_i}{I_t} \tag{h}$$

由式（h）看出，当 δ_i 为最大时，切应力 τ_i 达到最大值。故 τ_{max} 发生在宽度最大的狭长矩形的长边上，且

$$\tau_{max} = \frac{T\delta_{max}}{I_t} \tag{3.30}$$

沿截面的边缘，切应力与边界相切，形成顺流，如图 3.27 所示，因而在同一厚度线的两端，切应力方向相反。

计算槽钢、工字钢等开口薄壁杆件的 I_t 时，应对式（e）略加修正，这是因为在这些型钢截面上，各狭长矩形连接处有圆角，翼缘内侧有斜度，这增加了杆件的抗扭刚度。修正公式为

$$I_t = \eta \cdot \frac{1}{3}\sum h_i\delta_i^3 \tag{i}$$

式中，η 为修正因数。对角钢 $\eta = 1.00$，槽钢 $\eta = 1.12$，T 字钢 $\eta = 1.15$，工字钢 $\eta = 1.20$。

中线为曲线的开口薄壁杆件（图 3.28），计算时可将截面展直，作为狭长矩形截面处理①。

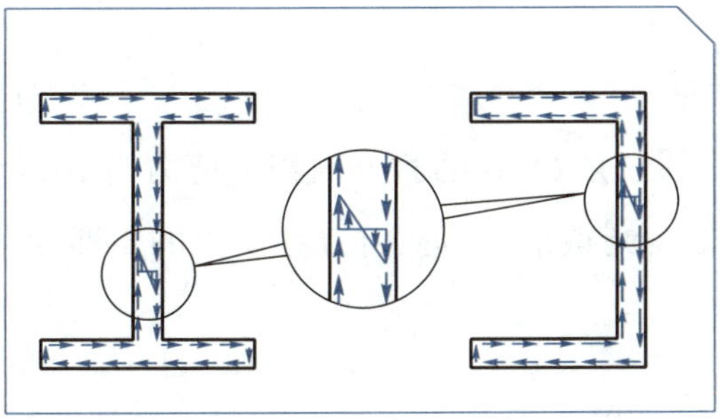

图 3.27

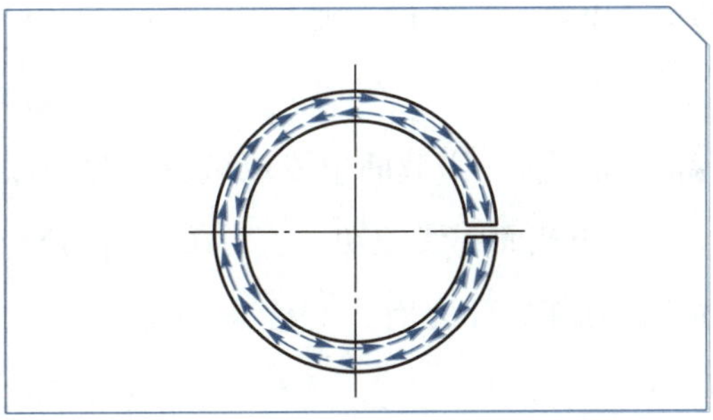

图 3.28

二、闭口薄壁杆件的自由扭转

关于闭口薄壁杆件，只讨论横截面只有内外两个边界的单孔管状杆件（图 3.29a）。杆件壁厚 δ 沿截面中线可以是变化的，但与杆件的其他尺寸相比总是很小的，因此可以认为沿厚度 δ 切应力均匀分布。这样，沿截面中线单位长度内的剪力就可以写成 $\tau\delta$，且 $\tau\delta$ 与截面中线相切。用两个相邻的横截面和两个任意纵向截面从杆件中取出一部分 $abcd$，

① 之所以能这样处理，最直接的解释是用薄膜比拟法。其他如式（f）、式（g）等式的成立，也同样可用薄膜比拟法说明。参见刘鸿文主编的《高等材料力学》§9.4 与 §9.5（该书由高等教育出版社于 1985 年出版）。

记 ab（或 cd）的长度为 Δx（图 3.29b）。若截面在 a 点的厚度为 δ_1，切应力为 τ_1；而在 d 点则分别是 δ_2 和 τ_2。根据切应力互等定理，在纵向面 ab 和 cd 上的剪力应分别为

$$F_{S1}=\tau_1\delta_1\Delta x$$

$$F_{S2}=\tau_2\delta_2\Delta x$$

自由扭转时，横截面上无正应力，bc 和 ad 两侧面上没有平行于杆件轴线的力。将作用于 $abcd$ 部分上的力向杆件轴线方向投影，由平衡方程可知

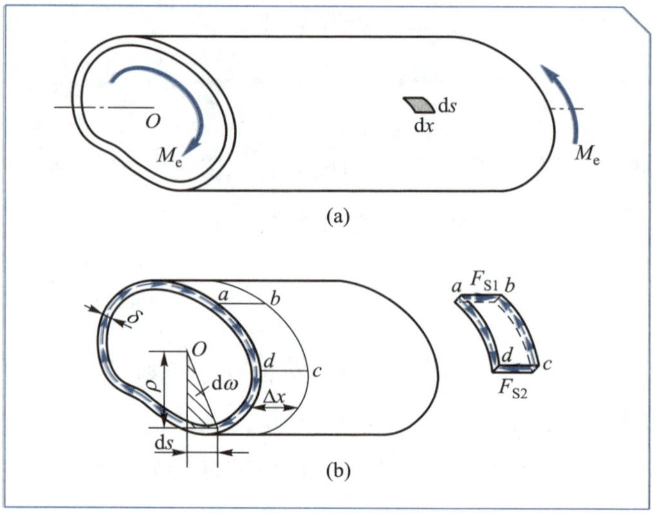

图 3.29

$$F_{S1}=F_{S2}$$

把 F_{S1} 和 F_{S2} 代入上式，可知

$$\tau_1\delta_1=\tau_2\delta_2$$

a 和 d 是横截面上的任意两点，这说明在横截面上的任意点，切应力与壁厚的乘积不变。若以 f 代表这一乘积，则

$$f=\tau\delta\text{（常量）}\tag{3.31}$$

f 称为剪力流。沿截面中线取微分长度 $\mathrm{d}s$，在中线长度为 $\mathrm{d}s$ 的微分面积上剪力为 $\tau\delta\mathrm{d}s=f\mathrm{d}s$，它与截面中线相切。若对截面内的 O 点取矩，则整个截面上内力对 O 点的矩即为截面上的扭矩，于是有

$$T=\int_s f\mathrm{d}s\cdot\rho=f\int_s\rho\mathrm{d}s$$

式中，ρ 为由 O 点到截面中线的切线的垂直距离，$\rho\mathrm{d}s$ 等于图中画阴影线的三角形面积 $\mathrm{d}\omega$ 的 2 倍，所以积分 $\int_s\rho\mathrm{d}s$ 是截面中线所围面积 ω 的 2 倍，即

$$T=2f\omega$$

$$f=\frac{T}{2\omega}\tag{3.32}$$

又 $f=\delta\tau$，故在 δ 最小处，切应力最大，即

$$\tau_{\max}=\frac{f}{\delta_{\min}}=\frac{T}{2\omega\delta_{\min}}\tag{3.33}$$

现在讨论闭口薄壁杆件自由扭转的变形。由式（3.32）求得横截面上一点处的切应

力为

$$\tau=\frac{f}{\delta}=\frac{T}{2\omega\delta}$$

在自由扭转的情况下，横截面上的扭矩 T 与外加扭转力偶矩 M_e 相等。上式又可写成

$$\tau=\frac{M_e}{2\omega\delta}$$

由式（3.6），单位体积的应变能 v_ε 为

$$v_\varepsilon=\frac{\tau^2}{2G}=\frac{M_e^2}{8G\omega^2\delta^2}$$

在杆件内取 $\mathrm{d}V=\delta\mathrm{d}x\mathrm{d}s$ 的单元体，$\mathrm{d}V$ 内的应变能为

$$\mathrm{d}V_\varepsilon=v_\varepsilon\mathrm{d}V=\frac{M_e^2}{8G\omega^2\delta}\mathrm{d}x\mathrm{d}s$$

整个闭口薄壁杆件的应变能应为

$$V_\varepsilon=\int_l\left[\oint\frac{M_e^2}{8G\omega^2\delta}\mathrm{d}s\right]\mathrm{d}x=\frac{M_e^2 l}{8G\omega^2}\oint\frac{\mathrm{d}s}{\delta}$$

外加扭转力偶矩在端截面的角位移（扭转角）上做功。在线弹性范围内，外力偶矩 M_e 与扭转角 φ 成正比，它们的关系在 M_e-φ 坐标系中是一条斜直线。M_e 所做的功等于斜直线下的面积，即

$$W=\frac{1}{2}M_e\varphi$$

由 $V_\varepsilon=W$，便可求得

$$\varphi=\frac{M_e l}{4G\omega^2}\oint\frac{\mathrm{d}s}{\delta} \tag{3.34}$$

若杆件的壁厚 δ 不变，上式化为

$$\varphi=\frac{M_e lS}{4G\omega^2\delta} \tag{3.35}$$

式中，$S=\oint\mathrm{d}s$ 是截面中线的长度。

例 3.9 截面为圆环形的开口和闭口薄壁杆件如图 3.30 所示。设两杆具有相同的平均半径 r 和壁厚 δ，试比较两者的扭转强度和刚度。

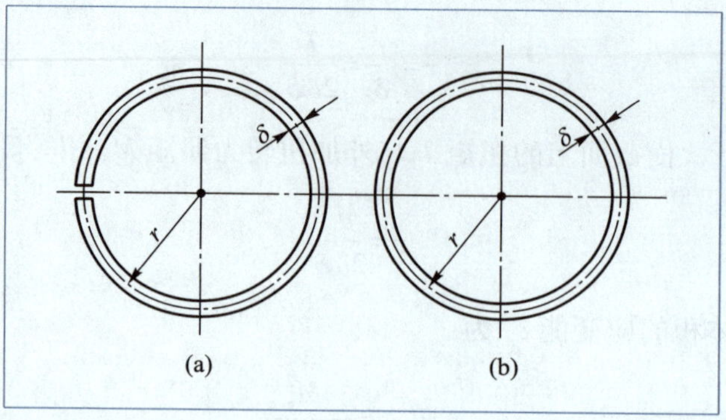

图 3.30

解：计算环形开口薄壁杆件的应力和变形时，可以把环形展直，作为狭长矩形看待。这时矩形的长边为 $h=2\pi r$，宽度为 δ。当横截面上的扭矩为 T 时，由式（3.29），求得切应力和扭转角分别为

$$\tau_1=\frac{T}{\frac{1}{3}h\delta^2}=\frac{3T}{2\pi r\delta^2}$$

$$\varphi_1=\frac{Tl}{G\cdot\frac{1}{3}h\delta^3}=\frac{3Tl}{2\pi r\delta^3 G}$$

环形闭口薄壁截面的 ω 和 S 分别是

$$\omega=\pi r^2,\quad S=2\pi r$$

以 ω 和 S 分别代入式（3.33）和式（3.35），求得切应力和扭转角分别为

$$\tau_2=\frac{T}{2\omega\delta}=\frac{T}{2\pi r^2\delta}$$

$$\varphi_2=\frac{TlS}{4G\omega^2\delta}=\frac{Tl}{2G\pi r^3\delta}$$

圆环形闭口薄壁杆件也可以作为空心圆轴计算。由于 δ 很小，故 $I_p\approx 2\pi r^3\delta$，$W_p=\frac{I_p}{r}\approx 2\pi r^2\delta$。这将得到与上面相同的结果。

在 T 和 l 相同的情况下，两者切应力之比是

$$\frac{\tau_1}{\tau_2}=3\left(\frac{r}{\delta}\right)$$

扭转角之比是

$$\frac{\varphi_1}{\varphi_2}=3\left(\frac{r}{\delta}\right)^2$$

由于 r 远大于 δ，所以开口薄壁杆件的应力和变形，都远大于同样情况下的闭口薄壁杆件。

习　题

习题：第三章扭转

3.1　作图示各杆件的扭矩图。

3.2　T 为圆杆横截面上的扭矩，试画出图示横截面上与 T 对应的切应力分布图。

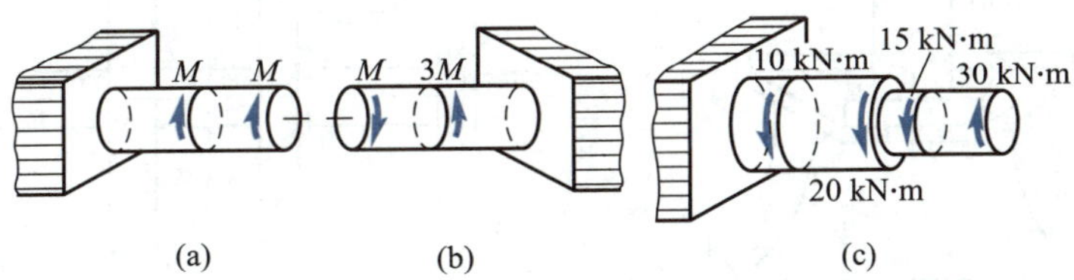

题 3.1 图

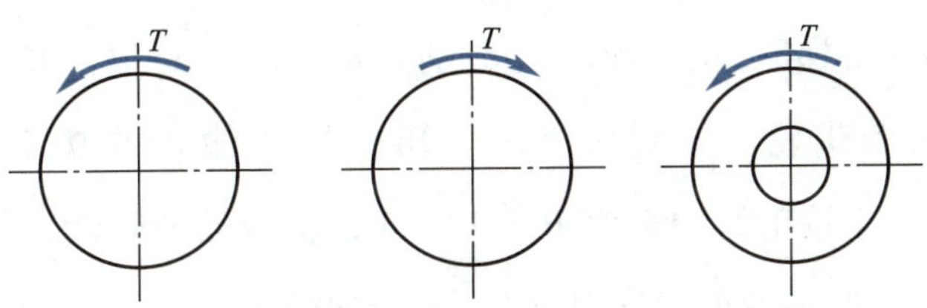

题 3.2 图

3.3　在变速箱中，为何低速轴的直径要比高速轴的直径大？

3.4　内、外直径分别为 d 和 D 的空心轴，其横截面的极惯性矩为 $I_p=\frac{1}{32}\pi D^4-\frac{1}{32}\pi d^4$，抗扭截面系数为 $W_p=\frac{1}{16}\pi D^3-\frac{1}{16}\pi d^3$。以上算式是否正确？若不正确，请改正并说明理由。

3.5 直径 $D=50$ mm 的实心圆轴，受到扭矩 $T=2.15$ kN · m 的作用。试求在距离轴心10 mm处的切应力，并求轴横截面上的最大切应力。

3.6 发电量为 15 000 kW 的水轮机主轴如图所示。$D=550$ mm，$d=300$ mm，正常运转时的转速 $n=250$ r/min。材料的许用切应力 $[\tau]=50$ MPa。试校核该水轮机主轴的强度。

3.7 图示 AB 轴的转速 $n=120$ r/min，从 B 轮输入功率 $P=44.13$ kW，功率的一半通过锥形齿轮传给垂直轴 Ⅱ，另一半由水平轴 Ⅰ 输出。已知 $D_1=600$ mm，$D_2=240$ mm，$d_1=100$ mm，$d_2=80$ mm，$d_3=60$ mm，$[\tau]=20$ MPa。试对各轴进行强度校核。

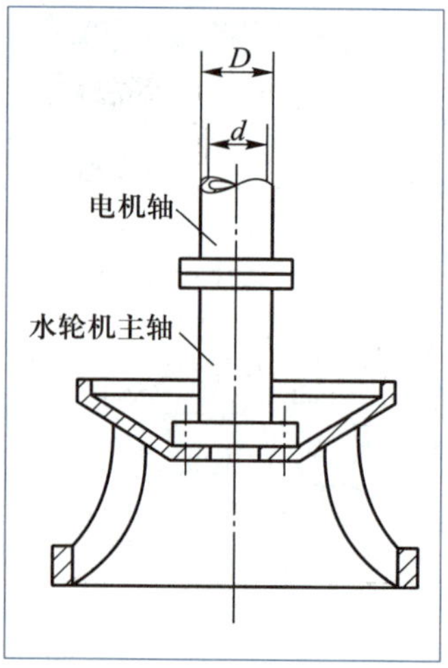

题 3.6 图

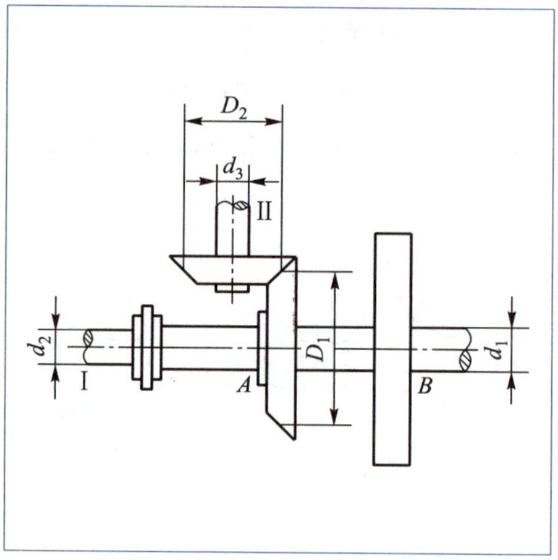

题 3.7 图

3.8 阶梯形实心圆轴直径分别为 $d_1=40$ mm，$d_2=70$ mm，轴上装有三个带轮，如图所示。已知由轮 3 输入的功率为 $P_3=30$ kW，轮 1 输出的功率为 $P_1=13$ kW，轴做匀速转动，转速 $n=200$ r/min，材料的剪切许用应力 $[\tau]=60$ MPa，$G=80$ GPa，许用扭转角 $[\varphi']=2(°)/\text{m}$。试校核轴的强度和刚度。

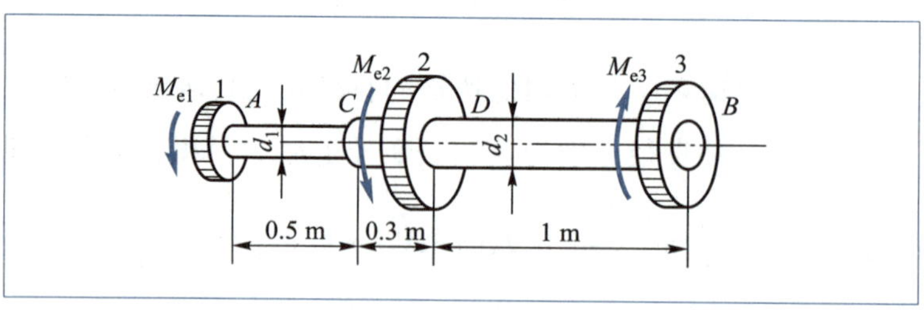

题 3.8 图

3.9 图示绞车同时由两人操作，若每人加在手柄上的力都是 $F=200\ \mathrm{N}$，已知轴的许用切应力 $[\tau]=40\ \mathrm{MPa}$，试按强度条件初步设计 AB 轴的直径，并确定最大起吊重量 W。

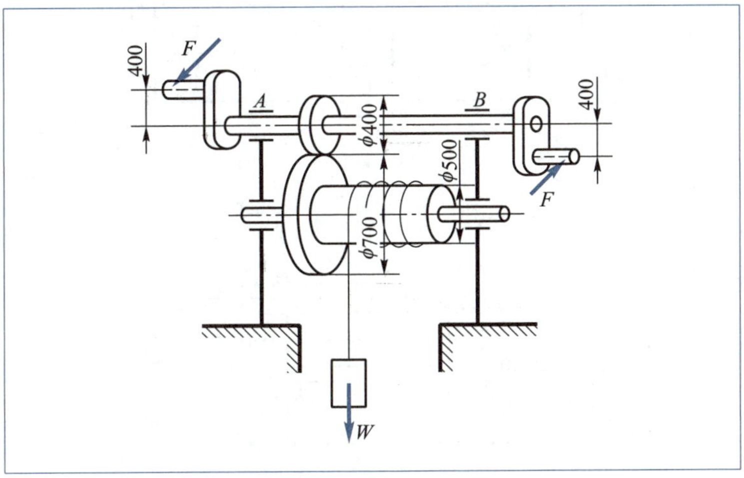

题 3.9 图

3.10 机床变速箱第Ⅱ轴如图所示，轴所传递的功率为 $P=5.5\ \mathrm{kW}$，转速 $n=200\ \mathrm{r/min}$，材料为 45 钢，$[\tau]=40\ \mathrm{MPa}$。若该轴为实心圆轴，试按强度条件初步设计轴的直径。

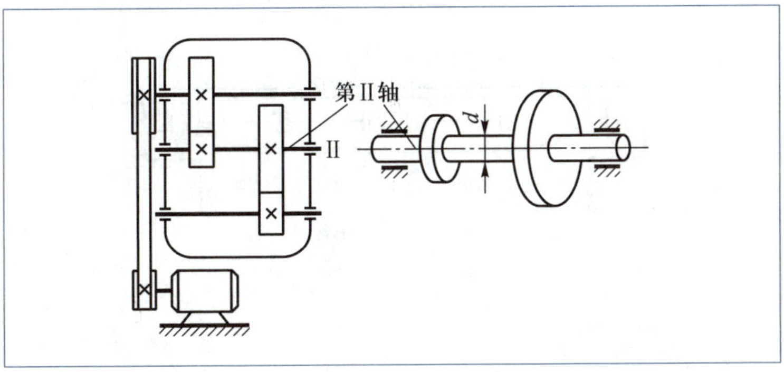

题 3.10 图

3.11 图示实心轴和空心轴通过牙嵌式离合器连接在一起。已知轴的转速 $n=100\ \mathrm{r/min}$，传递的功率 $P=7.5\ \mathrm{kW}$，材料的许用应力 $[\tau]=40\ \mathrm{MPa}$。试选择实心轴的直径 d_1 和内外径比值为 $\dfrac{1}{2}$ 的空心轴的外径 D_2。

3.12 发动机涡轮轴的简图如图所示。在截面 B，Ⅰ级涡轮传递的功率为 21 771 kW；在截面 C，Ⅱ级涡轮传递的功率为

19 344 kW。轴的转速 $n=4\ 650$ r/min。试画出轴的扭矩图，并求轴的最大切应力。

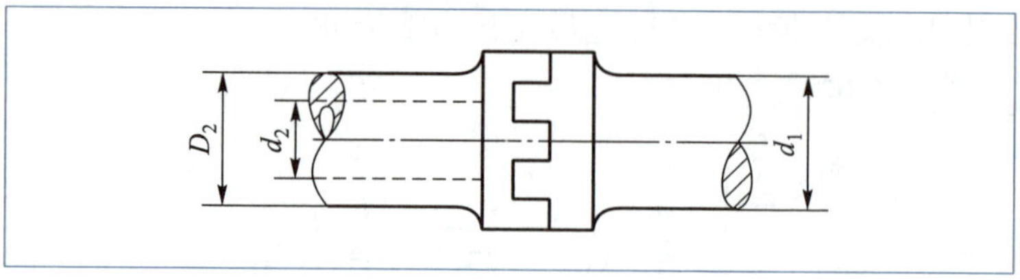

题 3.11 图

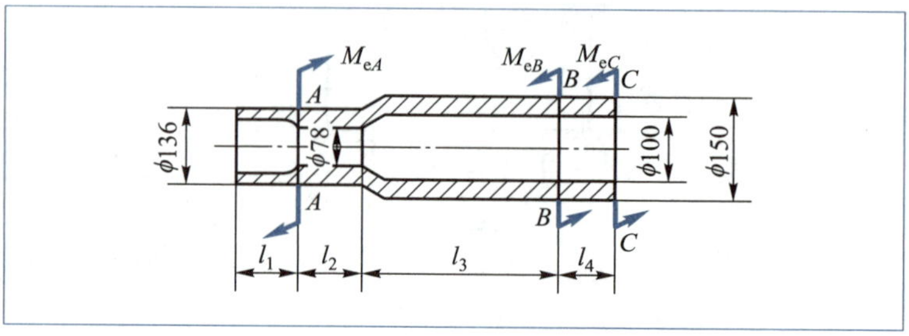

题 3.12 图

3.13 桥式起重机如图所示。若传动轴传递的力偶矩 $M_e=1.08$ kN·m，材料的许用应力 $[\tau]=40$ MPa，$G=80$ GPa，同时规定 $[\varphi']=0.5(°)/\text{m}$。若采用实心圆轴，试设计圆轴的直径。

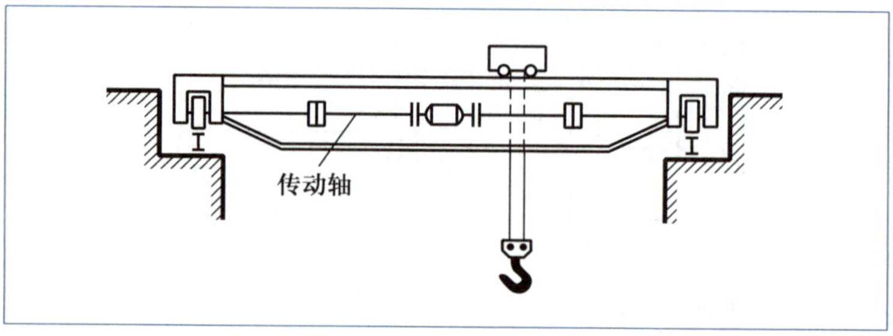

题 3.13 图

3.14 如图所示，实心圆形截面传动轴的转速为 $n=500$ r/min，主动轮 1 输入功率 $P_1=368$ kW，从动轮 2 和 3 分别输出功率 $P_2=147$ kW，$P_3=221$ kW。已知 $[\tau]=70$ MPa，$[\varphi']=1(°)/\text{m}$，$G=80$ GPa。

(1) 试确定 AB 段的直径 d_1 和 BC 段的直径 d_2。

(2) 若 AB 和 BC 两段选用同一直径，试确定直径 d。

(3) 主动轮和从动轮应如何安排才比较合理？

3.15 设实心圆轴横截面上的扭矩为 T，如图所示，试求四分之一截面上内力系的合力的大小、方向及作用点。

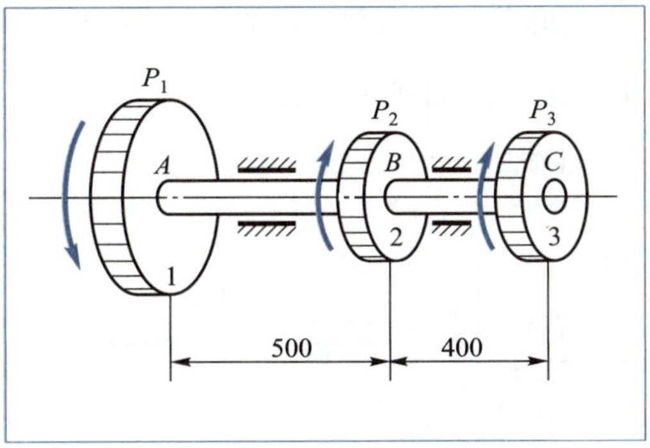

题 3.14 图

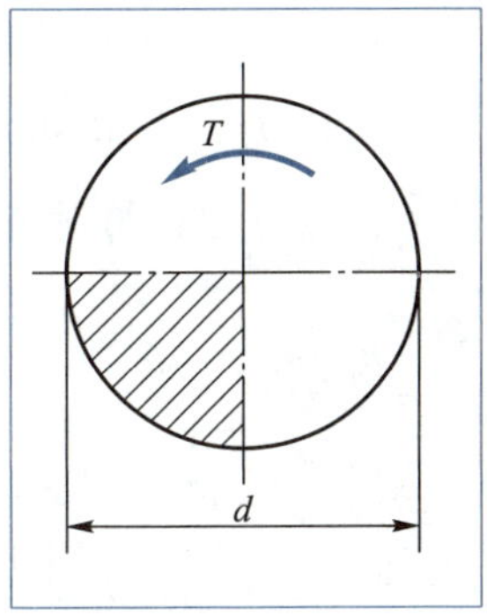

题 3.15 图

*3.16 用横截面 ABE、CDF 和包含轴线的纵向面 $ABCD$ 从受扭圆轴（图 a）中截出一部分，如图 b 所示。根据切应力互等定理，纵向截面上的切应力 τ' 已表示于图中。这一纵向截面上的内力系最终将组成一个力偶矩。试问它与这一截出部分上的什么内力平衡。

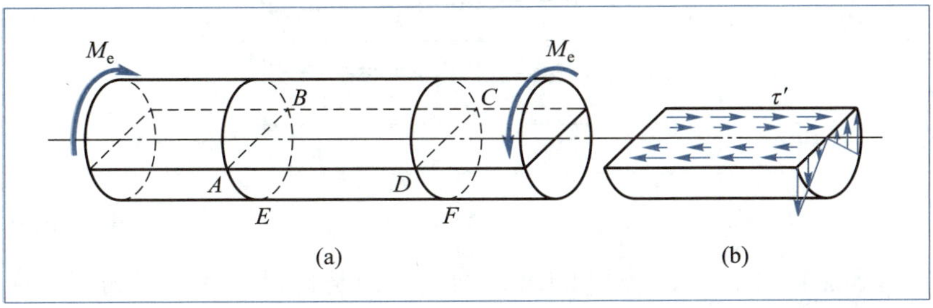

题 3.16 图

3.17 由厚度 $\delta=8$ mm 的钢板卷制成的圆筒，平均直径为 $D=200$ mm。接缝处用铆钉铆接（如图所示）。若铆钉直径 $d=20$ mm，许用切应力 $[\tau]=60$ MPa，许用挤压应力 $[\sigma_{bs}]=160$ MPa，筒的两端受扭转力偶矩 $M_e=30$ kN·m 作用，试求铆钉的间距 s。

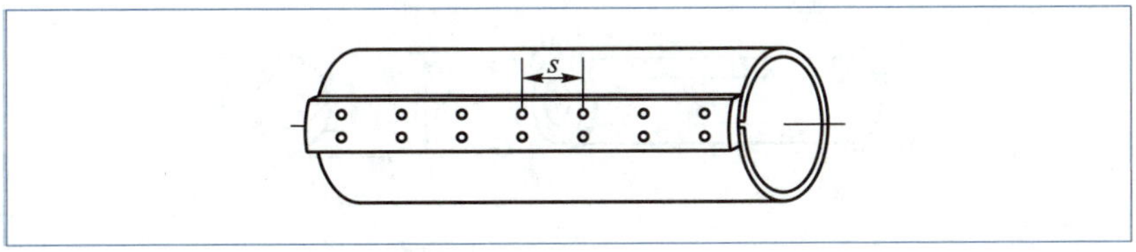

题 3.17 图

3.18 图示阶梯形实心圆轴，在 B 截面和 C 截面处分别受 M_e 和 $2M_e$ 的扭转力偶矩作用，材料的切变模量均为 G。试求端面 B 绕杆轴的扭转角。

3.19 极惯性矩为 I_p 的圆形截面等直杆 AB 的左端固定，承受一集度为 m 的均布力偶矩作用，如图所示。若材料的切变模量为 G，试导出计算截面 B 绕其轴线的转角公式。

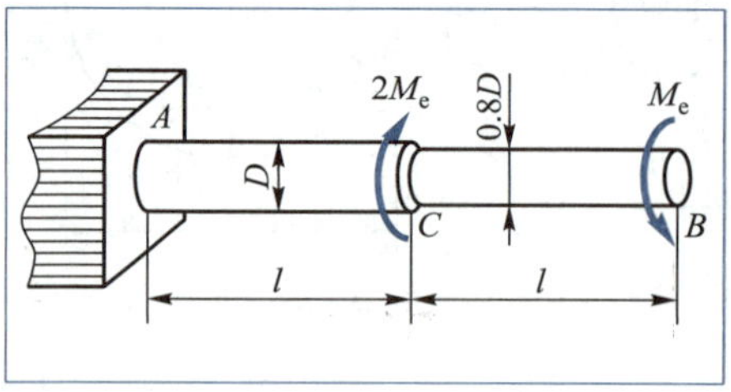

题 3.18 图

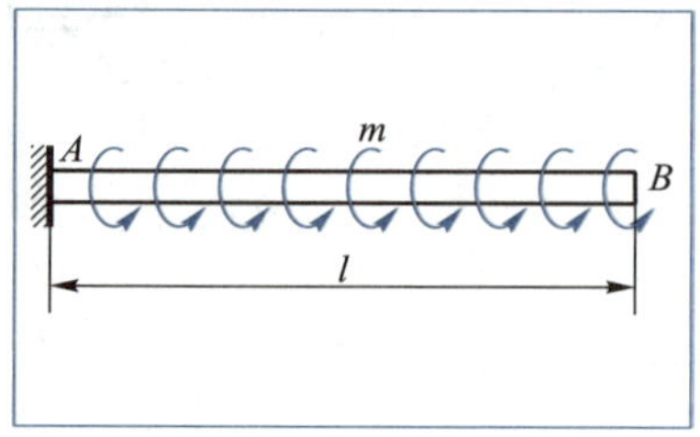

题 3.19 图

3.20 图示薄壁圆锥管锥度很小，厚度 δ 不变，长度为 l。左右两端的平均直径分别为 d_1 和 d_2。材料的切变模量为 G，试导出计算两端相对扭转角的公式。

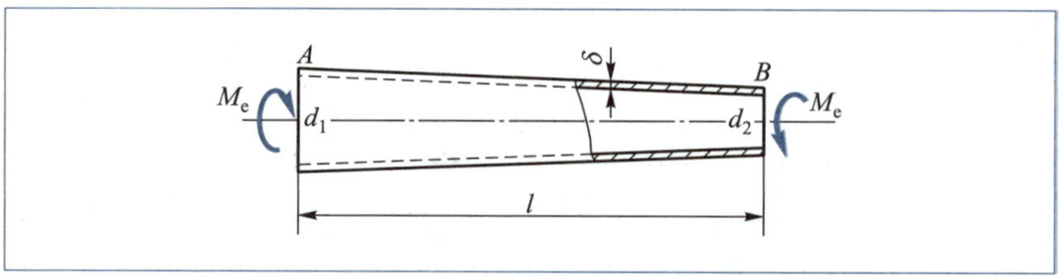

题 3.20 图

3.21 图示长度为 l 的组合轴，内部是材料切变模量为 G、直径为 d 的实心等直圆杆，外部是材料切变模量为 $2G$、内直径为 d、外直径为 $2d$ 的圆环形截面等直杆。两杆经紧密配合而成，受外力偶矩 M_e 的作用而发生扭转变形。试求：（1）横截面上最外表面的切应力；（2）杆件两端的相对扭转角。

提示： 平面假设依然成立。

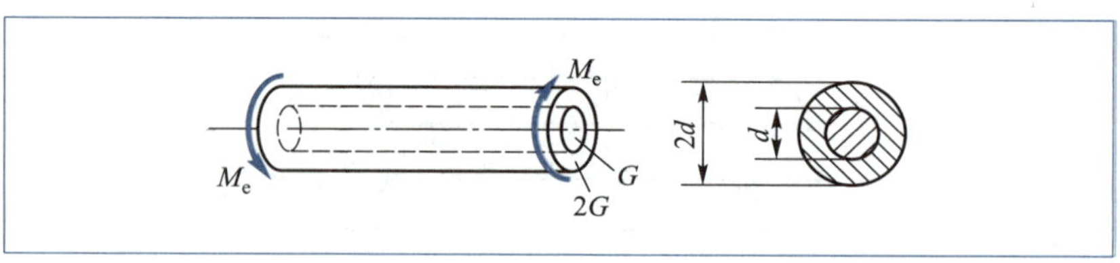

题 3.21 图

3.22 试由单位体积的剪切应变能 $v_\varepsilon=\dfrac{\tau^2}{2G}$ 推导出圆轴扭转时应变能的计算公式

$$V_{\varepsilon}=\int_{l}\frac{T^{2}\mathrm{d}x}{2GI_{\mathrm{p}}}=\frac{1}{2}\int_{0}^{\varphi}T\mathrm{d}\varphi$$

3.23 如图所示，钻头横截面直径为 20 mm，在顶部受均匀的阻抗扭矩 m（单位为 N·m/m）的作用，许用切应力 $[\tau]=70$ MPa。

（1）求作用于上端的许可 M_e。

（2）若 $G=80$ GPa，求上端对下端的相对扭转角。

3.24 图示两端固定的圆轴 AB，在截面 C 处受扭转力偶矩 M_e 作用。试求两固定端的反作用力偶矩 M_A 和 M_B。

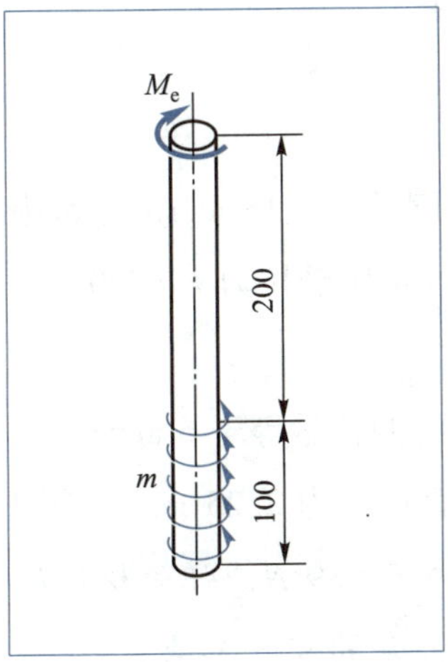

题 3.23 图

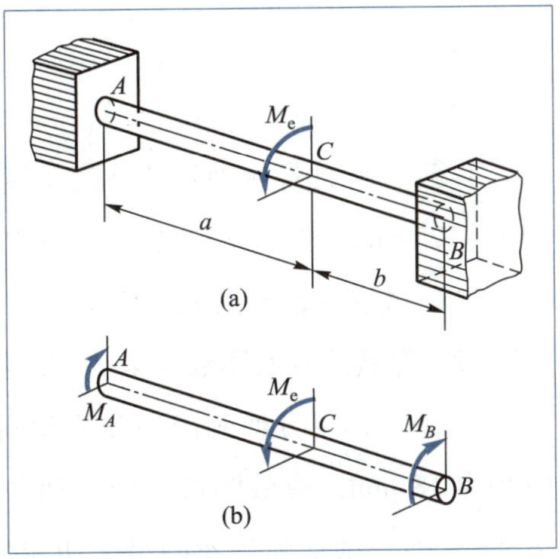

题 3.24 图

提示： 轴的受力图如图 b 所示。若以 φ_{AC}表示截面 C 对 A 端的转角，φ_{CB}表示 B 端对截面 C 的转角，则 B 端对 A 端的转角 φ_{AB}应是 φ_{AC}和 φ_{CB}的代数和。但因 B、A 两端皆是固定端，故 φ_{AB}应等于零。于是得变形协调方程

$$\varphi_{AB}=\varphi_{CB}+\varphi_{AC}=0$$

***3.25** 两端固定的圆形截面杆如图所示。在截面 B 上作用扭转力偶矩 M_e，在截面 C 上有弹簧刚度系数为 k（单位为 N·m/rad）的扭转弹簧。试求两端的反作用力偶矩。

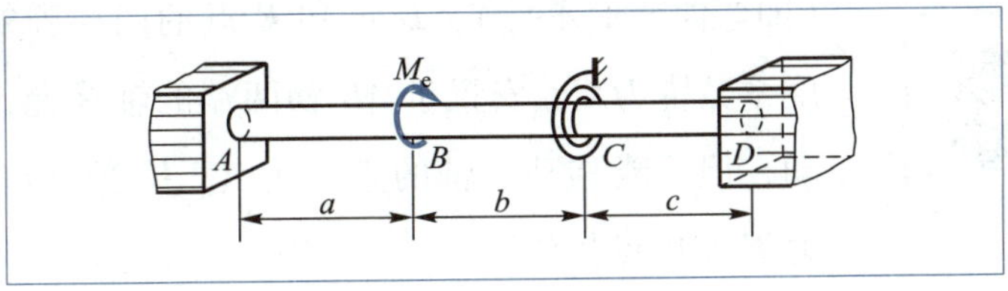

题 3.25 图

3.26 图示 AB 和 CD 两杆的尺寸相同。AB 为钢杆，CD 为铝杆，两杆材料的切变模量之比为 3 : 1。若不计 BE 和 ED 两杆的变形，试问力 F 将以怎样的比例分配于 AB 和 CD 两杆?

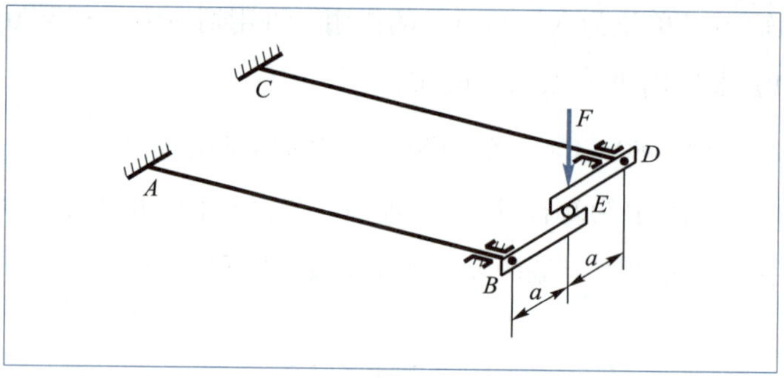

题 3.26 图

3.27 圆柱螺旋弹簧的弹簧丝横截面直径 $d=18$ mm，弹簧中径 $D=125$ mm，弹簧材料的 $G=80$ GPa。弹簧所受拉力 $F=500$ N。

(1) 试求弹簧丝的最大切应力。

(2) 弹簧的有效圈数为多少才能使它的伸长量等于 6 mm?

3.28 油泵分油阀门的弹簧丝横截面直径为 2.25 mm，簧圈中径为 18 mm，有效圈数 $n=8$，轴向压力 $F=89$ N，弹簧材料的 $G=82$ GPa。试求弹簧丝的最大切应力及弹簧的变形 λ 值。

3.29 圆柱螺旋弹簧的弹簧中径 $D=300$ mm，弹簧丝横截面直径 $d=30$ mm，有效圈数 $n=10$，受力前弹簧的自由长度为 400 mm，材料的 $[\tau]=140$ MPa，$G=82$ GPa。试确定弹簧所能承受的最大压力（提示：注意弹簧可能的压缩量）。

3.30 图示圆锥螺旋弹簧，也称塔簧，受轴向压力 F 作用，上端面和下端面的弹簧中径分别为 D_1 和 D_2。弹簧丝横截面直径为 d，有效圈数为 n，材料的切变模量为 G。试确定弹簧的压缩量 λ。

3.31 AB 轴的两端分别与 DE 和 BC 两杆刚性连接。力 F 作用前，轴及两杆皆在水平面内，如图所示。设 BC 和 DE 为刚体（即弯曲变形不计），D 点和 E 点的两根弹簧的刚度系数皆为 C。安置于 AB 轴两端的轴承允许轴转动，但不能移动。轴的直径为 d，长度为 l。试求力 F 作用点的位移。

题解 3.31

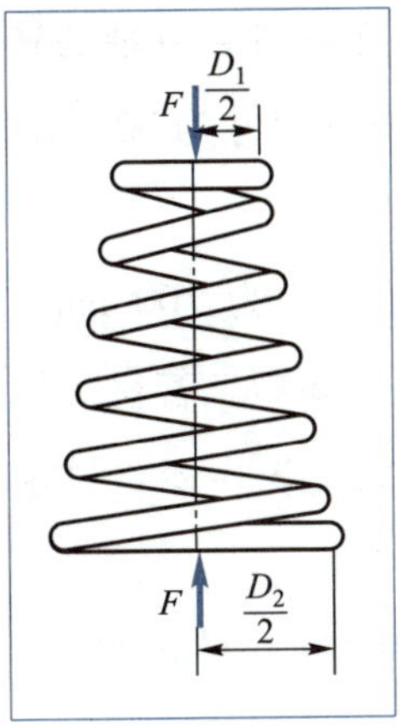

题 3.30 图

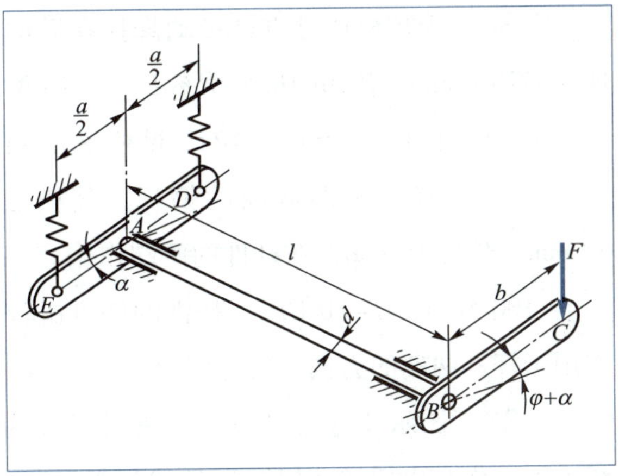

题 3.31 图

3.32 若图中 1、2 两根弹簧的弹簧中径、材料和弹簧丝横截面的直径都相等，如要求两根弹簧的负担相同（即受力相等）。设横梁为刚体，试求两根弹簧的有效圈数之比。

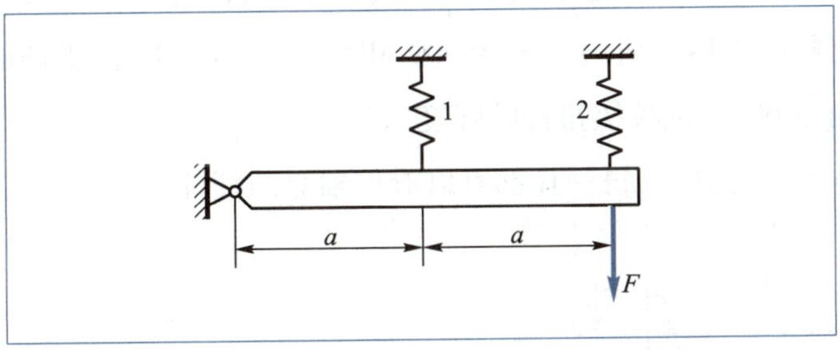

题 3.32 图

3.33 在图示机构中，除了 1、2 两根弹簧外，其余构件都可假设为刚体。若两根弹簧完全相同，弹簧中径 $D=200$ mm，$[\tau]=300$ MPa，试确定弹簧丝的横截面直径，并求出每一根弹簧所受的力。

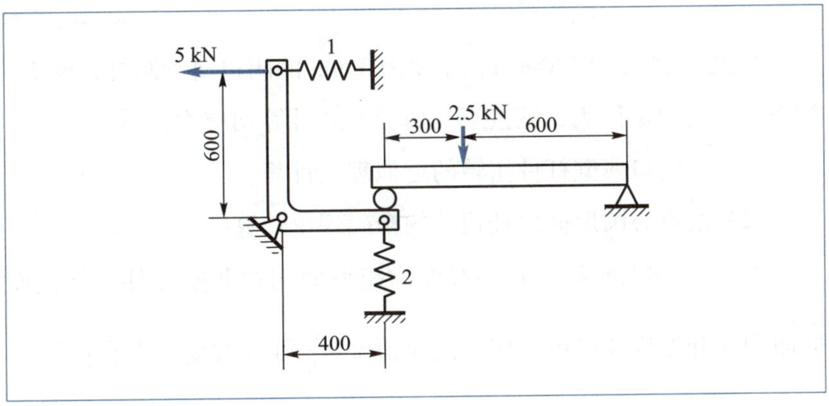

题 3.33 图

3.34 拖拉机通过方轴带动悬挂在后面的旋耕机。方轴的转速 $n=720\ \mathrm{r/min}$，传递的最大功率 $P=25.7\ \mathrm{kW}$，截面尺寸为 30 mm×30 mm，材料的 $[\tau]=100\ \mathrm{MPa}$。试校核方轴的强度。

3.35 有一矩形截面的钢杆，其横截面尺寸为 100 mm×50 mm，长度 $l=2\ \mathrm{m}$，在杆件的两端作用着一对力偶矩。若材料的 $[\tau]=100\ \mathrm{MPa}$，$G=80\ \mathrm{GPa}$，杆件的许可扭转角为 $[\varphi]=2°$，试求作用于杆件两端的力偶矩的许可值。

3.36 图示 T 字形薄壁截面杆件长度为 $l=2\ \mathrm{m}$，材料的 $G=80\ \mathrm{GPa}$，作自由扭转，扭矩为 $T=200\ \mathrm{N\cdot m}$。

（1）试求最大切应力及扭转角。

（2）作图表示沿截面的周边和厚度方向切应力分布的情况。

3.37 某火箭炮平衡机的扭杆是用六片截面尺寸为 75 mm×12 mm 的钢板叠在一起而组成的，受扭部分的长度为 $l=1\ 084\ \mathrm{mm}$。已知材料的许用切应力 $[\tau]=900\ \mathrm{MPa}$，$G=80\ \mathrm{GPa}$，扭杆的最大扭转角为 60°。试校核扭杆的强度。

提示： 扭杆的每一片都可以看作独立的杆件。

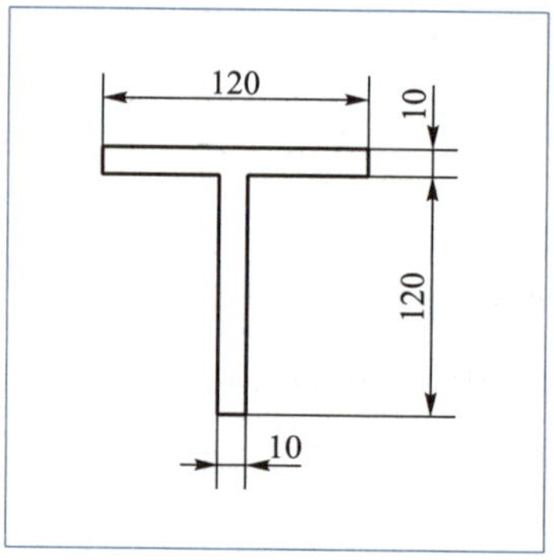

题 3.36 图

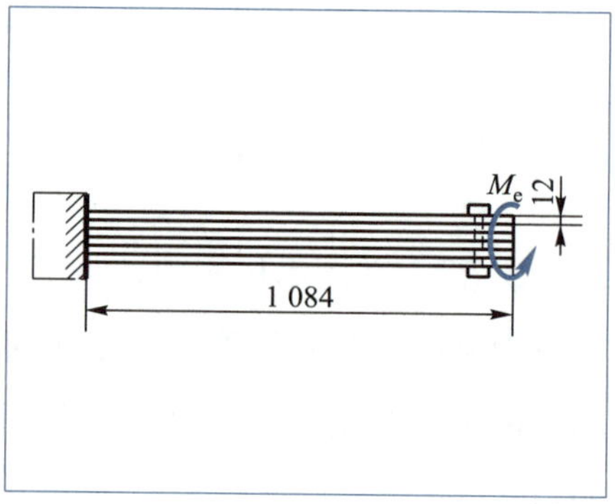

题 3.37 图

3.38 外径为 120 mm、厚度为 5 mm 的闭口薄壁圆杆，受 $T=4\ \mathrm{kN\cdot m}$ 的扭矩作用，试按下列两种方式计算切应力：

（1）按闭口薄壁杆件扭转的近似理论计算。

（2）按空心圆形截面杆扭转的精确理论计算。

***3.39** 如图所示，有一截面为矩形的闭口薄壁杆件，其截面的面积 A 和厚度 δ 保持不变，而比值 $\beta=\dfrac{a}{b}$ 可以改变。在自由扭转

情形下，试证明切应力 τ 正比于$\frac{(1+\beta)^2}{\beta}$。若将上述闭口薄壁杆件改为开口薄壁杆件，在相同扭矩作用下，改变比值 $\beta=\frac{a}{b}$，但 $a+b$ 保持不变，会不会引起切应力的改变？

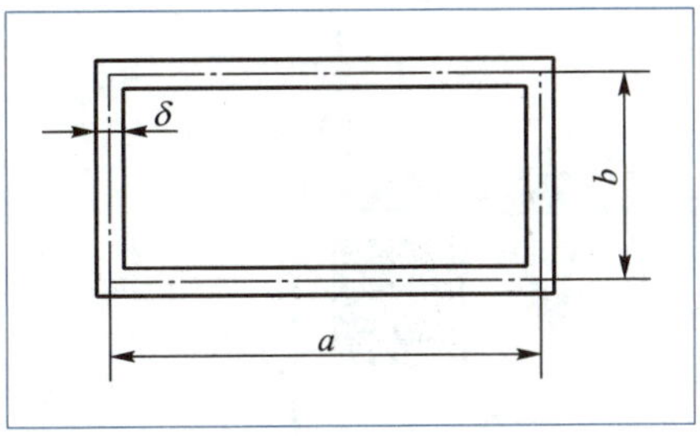

题 3.39 图

3.40 图示椭圆形截面薄壁等直杆件自由扭转，两端作用扭矩 $M_e=8\ \text{kN}\cdot\text{m}$。若材料的切变模量 $G=80\ \text{GPa}$，截面的几何参数为：壁厚 $\delta=5\ \text{mm}$，壁厚中线的长轴 $a=80\ \text{mm}$、短轴 $b=60\ \text{mm}$。试求：(1) 截面上的切应力大小；(2) 杆件的单位长度扭转角。

提示： 壁厚中线所包围面积的计算公式为 $\omega=\pi ab$，壁厚中线周长的近似计算公式为 $S=\pi[1.5(a+b)-\sqrt{ab}]$。

3.41 如图所示，截面为正六边形的闭口薄壁杆件的壁厚为 δ，壁厚中线的边长为 a，两端受扭转力偶矩 M_e 作用。若材料的切变模量为 G，试求此杆件横截面上的切应力和单位长度扭转角。

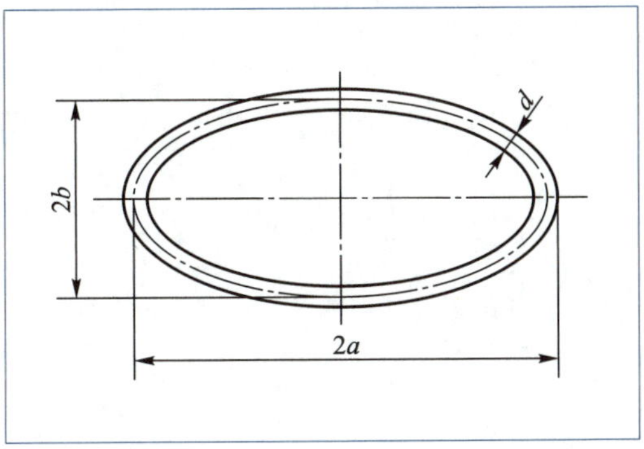

题 3.40 图

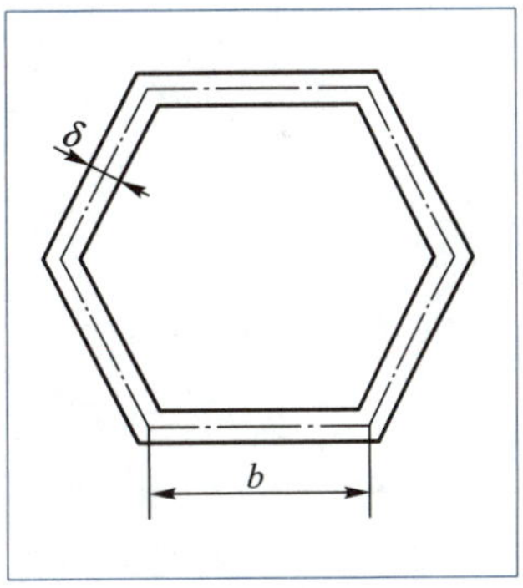

题 3.41 图

3.42 如图所示，长度为 l 的非等壁厚的闭口薄壁杆件，截面为矩形，截面壁厚中线的长度为 b，高度为 h，壁厚有 δ 和 2δ 两种，两端受扭转力偶矩 M_e 作用。若材料的切变模量为 G，试求此杆件横截面上的最大切应力和两端的相对扭转角。

第三章习题
参考答案

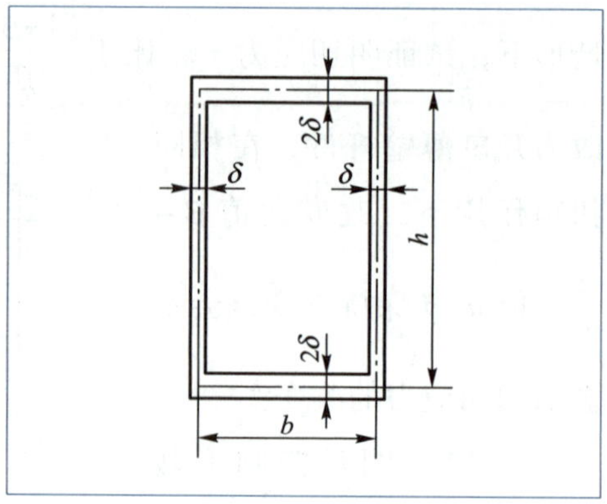

题 3.42 图

第四章　弯曲内力

§4.1　弯曲的概念和实例

工程中经常遇到像桥式起重机的大梁（图 4.1a）、火车轮轴（图 4.1b）这样的杆件。作用于这些杆件上的外力垂直于杆件的轴线，使原为直线的轴线变形后成为曲线。这种形式的变形称为弯曲变形。以弯曲变形为主的杆件习惯上称为梁。某些杆件，如图 4.1c 所示的镗刀杆等，在载荷作用下，不但有弯曲变形，还有扭转等变形。当讨论其弯曲变形时，仍然把它作为梁来处理。

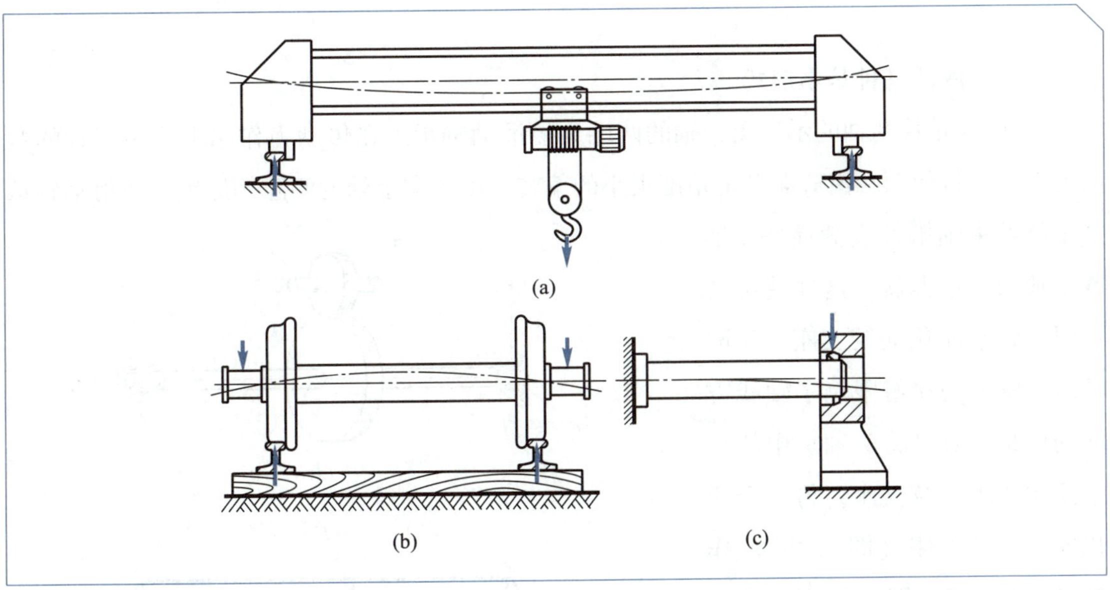

图 4.1

工程问题中，绝大部分受弯杆件的横截面都有一根对称轴，因而整个杆件存在一个包含轴线的纵向对称面。上面提到的桥式起重机大梁、火车轮轴等都符合这种情况。当作用于杆件上的所有外力都在纵向对称面内时（图 4.2），弯曲变形后的轴线将是位于这个对称面内的一条曲线。这是弯曲问题中最常见的情况，称为对称弯曲。

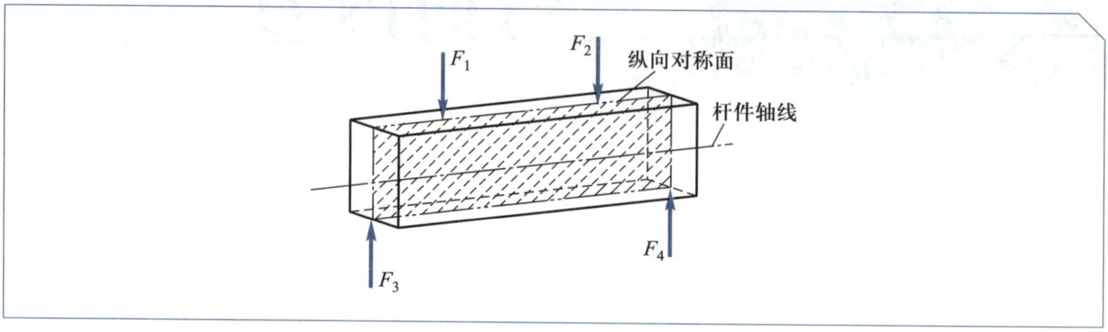

图 4.2

本章讨论受弯杆件横截面上的内力，以后两章将分别讨论弯曲的应力和变形。

§4.2 受弯杆件的简化

梁的支座和载荷有多种情况，必须作一些简化才能得出计算简图。下面就对支座及载荷的简化分别进行讨论。

一、支座的几种基本形式

图 4.3a 是传动轴的示意图，轴的两端为短滑动轴承。在传动力作用下将引起轴的弯曲变形，这将使两端横截面发生角度很小的偏转。由于支承处的间隙等原因，短滑动轴承并不能约束轴端部横截面绕 z 轴或 y 轴的微小偏转。这样就可把短滑动轴承简化成铰支座。又因轴肩与轴承的接触限制了轴线方向的位移，故可将两轴承中的一个简化成固定铰支座，另一个简化成可动铰支座（图 4.3b）。作为另一个例子，图 4.4a 是车床主轴的示意图，其轴承为滚动轴承。根据短滑动轴承可简化成铰支座的同样理由，可将滚动轴承

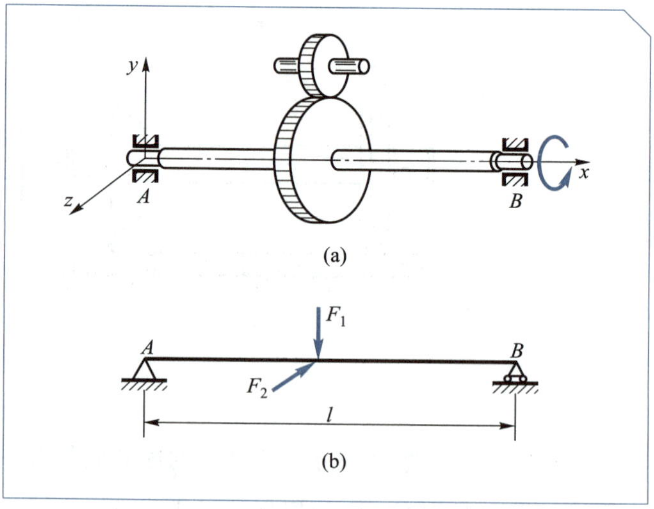

图 4.3

简化成铰支座。左端向心推力轴承可以约束轴向位移，简化成固定铰支座（图 4.4b）。中部的滚柱轴承不约束轴线方向的位移，简化为可动铰支座。至于图 4.1a 和 b 中的桥式起重机大梁和火车轮轴，都是通过车轮安置于钢轨之上。钢轨不限制车轮平面的微小偏转，但车轮凸缘与钢轨的接触却可约束轴线方向的位移。所以，也可以把两条钢轨中的一条看作固定铰支座，而另一条则视为可动铰支座。

图 4.5a 表示车床上的割刀及刀架。割刀的一端用螺钉压紧固定于刀架上，使割刀压紧部分对刀架既不能有相对移动，也不能有相对转动，这种形式的支座称为固定端支座，或简称为固定端。同理，在图 4.1c 中，镗刀杆的左端也应简化成固定端。

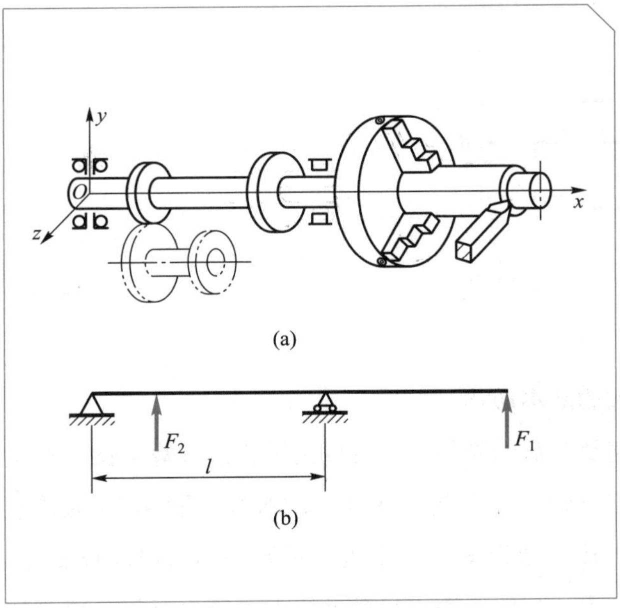

图 4.4

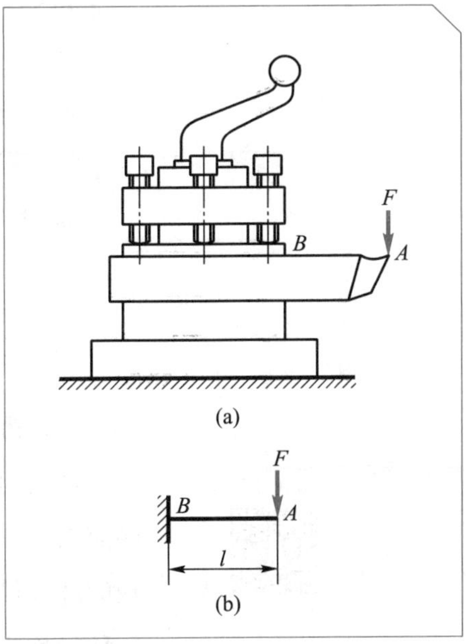

图 4.5

二、 载荷的简化

在前面提到的一些实例中，像作用在传动轴上的传动力、车床主轴上的切削力、割刀上的切削力等，其分布的范围都远小于传动轴、车床主轴和割刀的长度，所以都可以简化成集中力。吊车梁上的吊重、火车车厢对轮轴的压力等，也都可以简化成集中力。

图 4.6a 是薄板轧机的示意图。在轧辊与板材的接触长度 l_0 内，可以认为轧辊与板材间相互作用的轧制力是均匀分布的，称为均布载荷（图 4.6b）。若轧制力为 F，沿轧辊轴线单位长度内的载荷应为 $q=F/l_0$，q 称为载荷集度。在这里均布载荷分布的长度 l_0 与轧辊长度相比，不是一个很小的范围，故不能简化成一个集中力。否则，计算结果将出现较大误差。此外，图 4.1a 中起重机大梁的自重也是均布载荷。

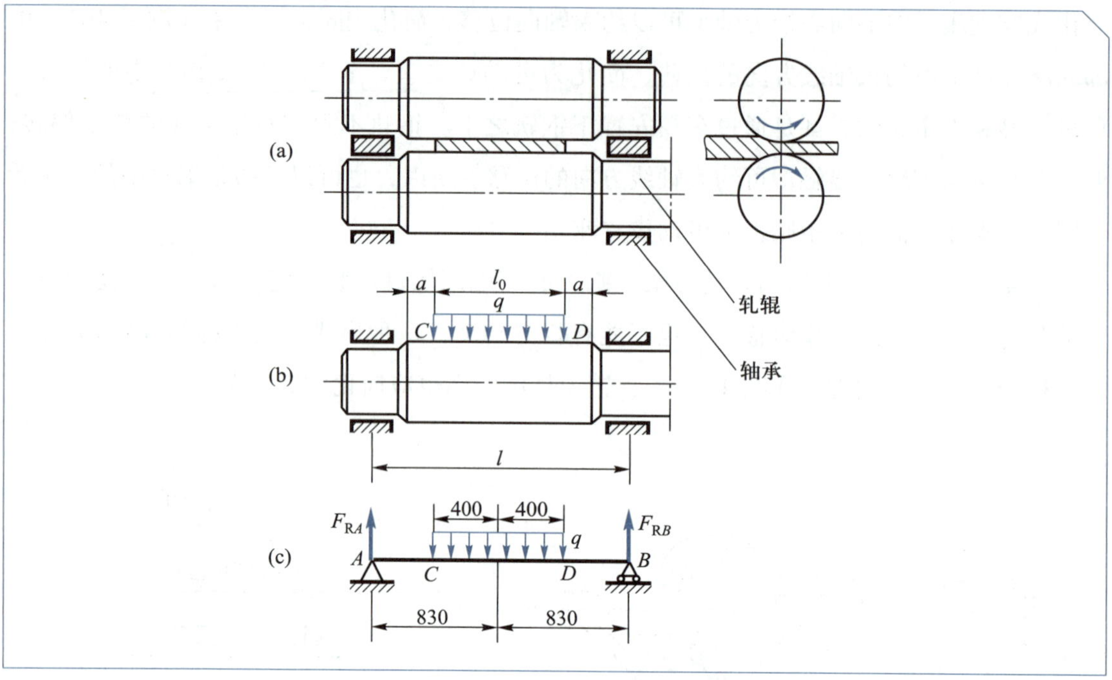

图 4.6

简支梁

悬臂梁

外伸梁

三、静定梁的基本形式

经过对支座及载荷的简化，最后得出了梁的计算简图。在这些简图中，我们只画上了引起弯曲变形的载荷。图 4.3b 为传动轴的计算简图，其一端为固定铰支座，而另一端为可动铰支座，这种梁称为简支梁。其他如桥式起重机的大梁等也可简化成简支梁。车床主轴简化成梁的计算简图如图 4.4b 所示，梁的一端伸出支座之外，这样的梁称为外伸梁。在图 4.1b 中，火车轮轴的两端皆伸出支座之外，也是外伸梁。割刀简化成一端为固定端另一端为自由端的梁（图 4.5b），称为悬臂梁。图 4.1c 中的镗刀杆也是悬臂梁。简支梁或外伸梁的两个铰支座之间的距离称为跨度，用 l 来表示。悬臂梁的跨度是固定端到自由端的距离。

上面我们得到了三种形式的梁：（1）简支梁，（2）外伸梁，（3）悬臂梁。这些梁的计算简图确定后，支座约束力均可由静力平衡方程完全确定，统称为静定梁。至于支座约束力不能完全由静力平衡方程确定的梁，称为超静定梁，将于第六章和第十四章中讨论。

§4.3 剪力和弯矩

根据平衡方程，可以求得静定梁在载荷作用下的支座约束力，于是作用于梁上的外力皆为已知量，进一步就可以研究各横截面上的内力。现以图 4.7a 所示简支梁为例，F_1、F_2 和 F_3 为作用于梁上的载荷，F_{RA}和 F_{RB}为两端的支座约束力。为了显示出横截面上的内力，沿截面 $m-m$ 假想地把梁分成两部分，并以左段为研究对象（图 4.7b）。由于原来的梁处于平衡状态，所以梁的左段仍应处于平衡状态。作用于左段上的力，除外力 F_{RA}和 F_1 外，在截面 $m-m$ 上还有右段对它作用的内力。把这些内力和外力投影于 y 轴，其总和应等于零。一般地说，这就要求 $m-m$ 截面上有一个与横截面相切的内力 F_S，且由 $\sum F_y=0$，得

$$F_{RA}-F_1-F_S=0$$

$$F_S=F_{RA}-F_1 \qquad \text{(a)}$$

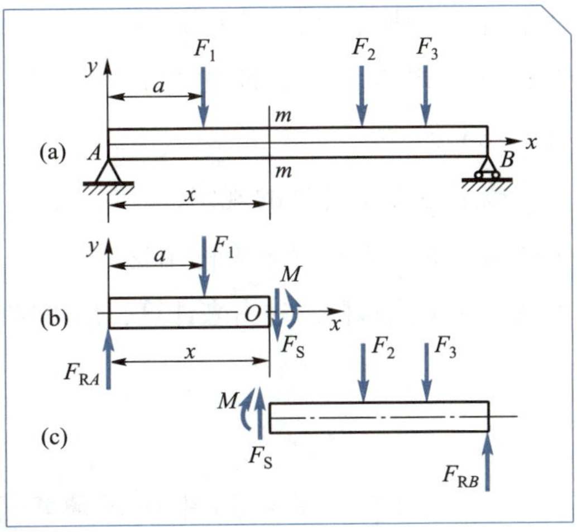

图 4.7

F_S 称为横截面 $m-m$ 上的剪力。它是与横截面相切的分布内力系的合力。若把左段上的所有外力和内力对截面 $m-m$ 的形心 O 取矩，其力矩总和也应等于零。一般地说，这就要求在截面 $m-m$ 上有一个内力偶矩 M，由 $\sum M_O=0$，得

$$M+F_1(x-a)-F_{RA}x=0$$

$$M=F_{RA}x-F_1(x-a) \qquad \text{(b)}$$

M 称为横截面 $m-m$ 上的**弯矩**。它是与横截面垂直的分布内力系合成的力偶矩。剪力和弯矩同为梁横截面上的内力。上面的讨论表明，它们都可由梁段的平衡方程来确定。

从式（a）、式（b）两式还可看出，在数值上，剪力 F_S 等于截面 $m-m$ 以左所有外力在梁轴线的垂线（y 轴）上投影的代数和；弯矩 M 等于截面 $m-m$ 以左所有外力对截面形心的力矩的代数和。所以，F_S 和 M 可用截面 $m-m$ 左侧的外力来计算。

如以右段为研究对象（图 4.7c），用相同的方法也可求得截面 $m-m$ 上的 F_S 和 M。且在数值上，F_S 等于截面 $m-m$ 以右所有外力在梁轴垂线上投影的代数和；M 等于截面 $m-m$ 以右所有外力对截面形心力矩的代数和。因为剪力和弯矩是左段与右段在截面 $m-m$ 上相互作用的内力，所以右段作用于左段的剪力 F_S 和弯矩 M，必然在数值上等于左段作用于右段的剪力 F_S 和弯矩 M，但方向相反。亦即，无论用截面 $m-m$ 左侧的外力，或截面

$m-m$ 右侧的外力来计算剪力 F_S 和弯矩 M，其数值都是相等的，但方向相反。

为使上述两种算法得到的同一截面上的弯矩和剪力，不仅数值相同而且符号也一致，把剪力和弯矩的符号规则与梁的变形联系起来，规定如下：在图 4.8a 所示变形情况下，即截面 $m-m$ 的左段对右段向上相对错动时，截面 $m-m$ 上的剪力规定为正；反之为负（图 4.8b）。在图 4.8c 所示变形情况下，即在截面 $m-m$ 处弯曲变形凸向下时，截面 $m-m$ 上的弯矩规定为正；反之为负（图4.8d）。

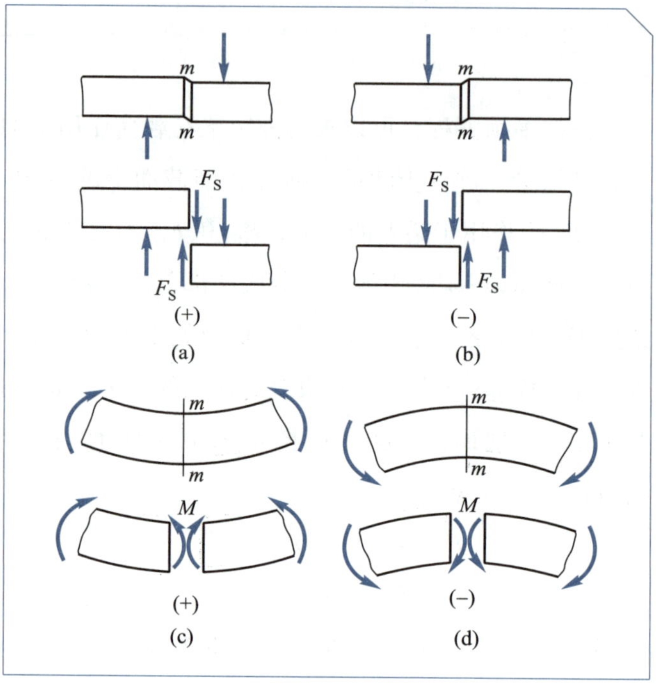

图 4.8

按上述关于符号的规定，一个截面上的剪力和弯矩无论用这个截面左侧或右侧的外力来计算，所得结果的数值和符号都是一致的。

例 4.1　图 4.6b 中所示薄板轧机的下轧辊的尺寸为 $l_0 = 800$ mm，$l =$ 1 660 mm，轧制力约为 $F = 10^4$ kN。试求轧辊中央截面上的弯矩及截面 C 上的剪力。

解： 轧辊的计算简图如图 4.6c 所示，轧制力均匀分布于长度为 0.8 m 的范围内，故载荷集度为

$$q=\frac{10^4\ \text{kN}}{0.8\ \text{m}}=12.5\times10^3\ \text{kN/m}$$

由于梁上的载荷和支座约束力对跨度中点是对称的，故容易求出两端支座约束力为

$$F_{RA}=F_{RB}=\frac{10^4\ \text{kN}}{2}=5\times10^3\ \text{kN}$$

在截面 C 左侧的外力只有 F_{RA}，且 F_{RA} 在截面 C 上引起的剪力是正的，故截面 C 上的剪力为

$$F_S = F_{RA} = 5\times10^3\ \text{kN}$$

在跨度中点截面左侧的外力为 F_{RA} 和部分均布载荷。F_{RA} 引起的弯矩为正，且数值为 $F_{RA}\times0.83\ \text{m}$。跨度中点截面以左的那部分均布载荷引起的弯矩为负，且数值为 $q\times0.4\ \text{m}\times\frac{0.4}{2}\ \text{m}$。故跨度中点截面上的弯矩为

$$M = F_{RA}\times0.83\ \text{m} - q\times0.4\ \text{m}\times\frac{0.4\ \text{m}}{2} = 3\ 150\ \text{kN}\cdot\text{m}$$

§4.4 剪力方程和弯矩方程　剪力图和弯矩图

从上面的讨论看出，一般情况下，梁横截面上的剪力和弯矩随截面位置不同而变化。若以横坐标 x 表示横截面在梁轴线上的位置，则各横截面上的剪力和弯矩皆可表示为 x 的函数，即

$$F_S = F_S(x)$$

$$M = M(x)$$

上面的函数表达式，即为梁的剪力方程和弯矩方程。

与绘制轴力图或扭矩图一样，也可用图线表示梁的各横截面上弯矩 M 和剪力 F_S 沿轴线变化的情况。绘图时以平行于梁轴的横坐标 x 表示横截面的位置，以纵坐标表示相应截面上的剪力或弯矩。这种图线分别称为剪力图和弯矩图。下面用例题来说明。

例 4.2　图 4.9a 所示简支梁是齿轮传动轴的计算简图。试列出它的剪力方程和弯矩方程，并作剪力图和弯矩图。

解： 由静力平衡方程

$$\sum M_B = 0,\qquad Fb - F_{RA}l = 0$$

$$\sum M_A=0, \quad F_{RB}l-Fa=0$$

求得支座约束力为

$$F_{RA}=\frac{Fb}{l}, \quad F_{RB}=\frac{Fa}{l}$$

以梁的左端为坐标原点，选取坐标系如图 4.9a 所示。集中力 F 作用于 C 点，梁在 AC 和 CB 两段内的剪力或弯矩不能用同一方程式来表示，应分段考虑。在 AC 段内取距原点为 x 的任意截面，截面以左只有外力 F_{RA}，根据剪力和弯矩的计算方法和符号规则，求得这一截面上的 F_S 和 M 分别为

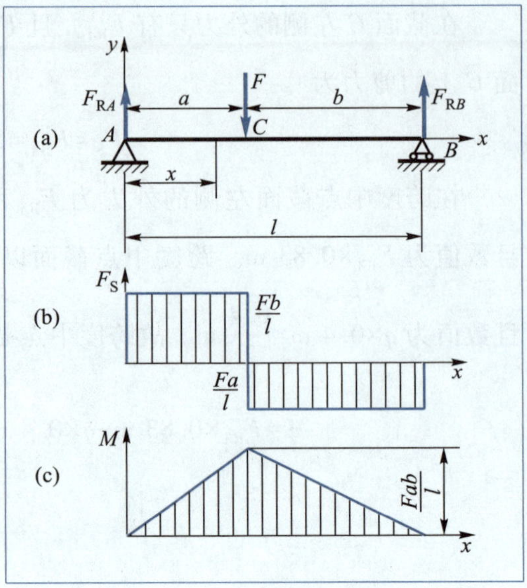

图 4.9

$$F_S(x)=\frac{Fb}{l} \quad (0<x<a) \tag{a}$$

$$M(x)=\frac{Fb}{l}x \quad (0\leqslant x\leqslant a) \tag{b}$$

这就是在 AC 段内的剪力方程和弯矩方程。如在 CB 段内取距左端为 x 的任意截面，则截面以左有 F_{RA} 和 F 两个外力，截面上的剪力和弯矩分别是

$$F_S(x)=\frac{Fb}{l}-F=-\frac{Fa}{l} \quad (a<x<l) \tag{c}$$

$$M(x)=\frac{Fb}{l}x-F(x-a)=\frac{Fa}{l}(l-x) \quad (a\leqslant x\leqslant l) \tag{d}$$

当然，如用截面右侧的外力来计算会得到相同的结果。

由式（a）可知，在 AC 段内梁的任意横截面上的剪力皆为常数$\frac{Fb}{l}$，且符号为正，所以在 AC 段（$0<x<a$）内，剪力图是在 x 轴上方且平行于 x 轴的直线（图4.9b）。同理，可以根据式（c）作 CB 段的剪力图。从剪力图看出，当 $a<b$ 时，最大剪力为 $|F_S|_{max}=\frac{Fb}{l}$。

由式（b）可知，在 AC 段内弯矩是 x 的一次函数，所以弯矩图是一条斜线。只要确定直线上的两点，就可以确定这条直线。例如，$x=0$ 处，$M=0$；$x=a$ 处，

$M=\dfrac{Fab}{l}$。连接这两点就得到 AC 段内的弯矩图（图 4.9c）。同理，可以根据式（d）作 CB 段内的弯矩图。从弯矩图看出，最大弯矩在截面 C 上，且 $M_{\max}=\dfrac{Fab}{l}$。

例 4.3 在均布载荷作用下的悬臂梁如图 4.10a 所示。试作梁的剪力图和弯矩图。

解： 悬臂梁的固定端约束了端截面的移动和转动，故有铅垂方向的约束力 F_{RA} 和反作用力偶 M_A。由平衡方程 $\sum F_y=0$ 和 $\sum M_A=0$，求得

$$F_{RA}=ql,\quad M_A=\frac{ql^2}{2}$$

选取坐标系如图所示。在距原点为 x 的横截面的左侧，有约束力 F_{RA}、弯矩 M_A 和载荷集度为 q 的均布载荷，但在截面的右侧只有均布载荷。所以，宜用截面右侧的外力来计算剪力和弯矩。这样，便可不必首先求出左端的约束力，而直接就能算出 F_S 和 M 为

$$F_S(x)=q(l-x) \tag{e}$$

$$M(x)=-q(l-x)\cdot\frac{(l-x)}{2}=-\frac{q(l-x)^2}{2} \tag{f}$$

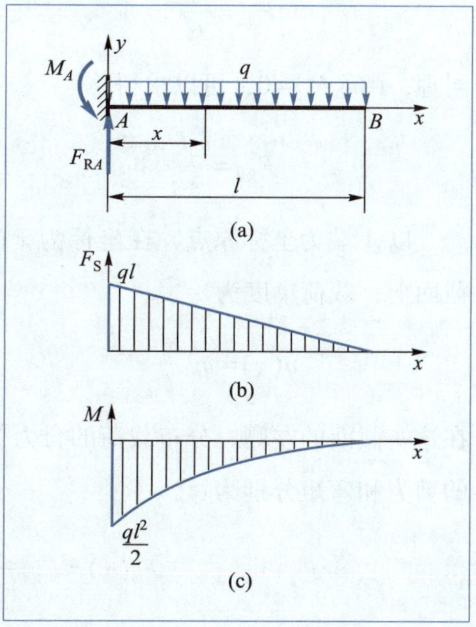

图 4.10

式（e）表明，剪力图是一斜线，只要确定两点就可定出这一斜线，如图 4.10b 所示。式（f）表明，弯矩图是一抛物线，要多确定曲线上的几点，然后用光滑曲线描出。例如

$$x=0,\quad M(0)=-\frac{1}{2}ql^2;\qquad x=\frac{l}{4},\quad M\left(\frac{l}{4}\right)=-\frac{9}{32}ql^2$$

$$x=\frac{l}{2},\quad M\left(\frac{l}{2}\right)=-\frac{1}{8}ql^2;\qquad x=l,\quad M(l)=0$$

最后绘出弯矩图如图 4.10c 所示。

例 4.4 简支梁受按线性规律分布载荷①的作用（图 4.11a），试作剪力图和弯矩图。

解：利用平衡方程 $\sum M_B=0$ 求支座约束力 F_{RA} 时，三角形分布载荷对 B 点的力矩，等于载荷分布图的面积与其形心到 B 点距离的乘积。这样，由 $\sum M_B=0$，得

$$F_{RA}l-\frac{q_0l}{2}\cdot\frac{l}{3}=0$$

$$F_{RA}=\frac{q_0l}{6}$$

同理，由 $\sum M_A=0$，可以求得

$$F_{RB}=\frac{q_0l}{3}$$

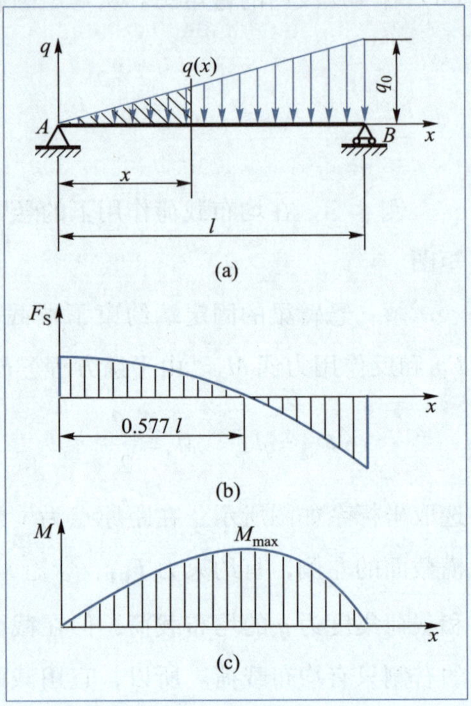

图 4.11

以 A 端为坐标原点，在坐标为 x 的截面上，载荷集度为

$$q(x)=q_0\frac{x}{l}$$

在这一截面的左侧，分布载荷的合力等于图中画阴影线的三角形的面积。截面上的剪力和弯矩分别为

$$F_S(x)=F_{RA}-\frac{q(x)\cdot x}{2}=\frac{q_0l}{6}-\frac{q_0x^2}{2l} \tag{g}$$

$$M(x)=F_{RA}x-\frac{q(x)\cdot x}{2}\cdot\frac{x}{3}=\frac{q_0lx}{6}\left(1-\frac{x^2}{l^2}\right) \tag{h}$$

由式（g）和式（h）作剪力图和弯矩图。最大弯矩发生于 $F_S(x)=0$ 的截面上。令式（g）等于零，有

$$\frac{q_0l}{6}-\frac{q_0x^2}{2l}=0$$

① 土壤与静水压力一般按线性规律分布。

由此解出

$$x=\frac{l}{\sqrt{3}}=0.577l$$

代入式（h），求出最大弯矩为

$$M_{\max}=\frac{q_0l^2}{9\sqrt{3}}=\frac{q_0l^2}{15.59}$$

在式（h）中令 $x=\frac{l}{2}$，求出跨度中点截面上的弯矩为

$$M_{\frac{l}{2}}=\frac{q_0l^2}{16}$$

可见，$M_{\max}$ 与 $M_{\frac{l}{2}}$ 相差很小，故可用跨度中点截面上的弯矩代替最大弯矩。

例 4.5 在图 4.12a 中，外伸梁上均布载荷的集度为 $q=3\ \text{kN/m}$，集中力偶矩 $M_e=3\ \text{kN}\cdot\text{m}$，列出剪力方程和弯矩方程，并绘制剪力图和弯矩图。

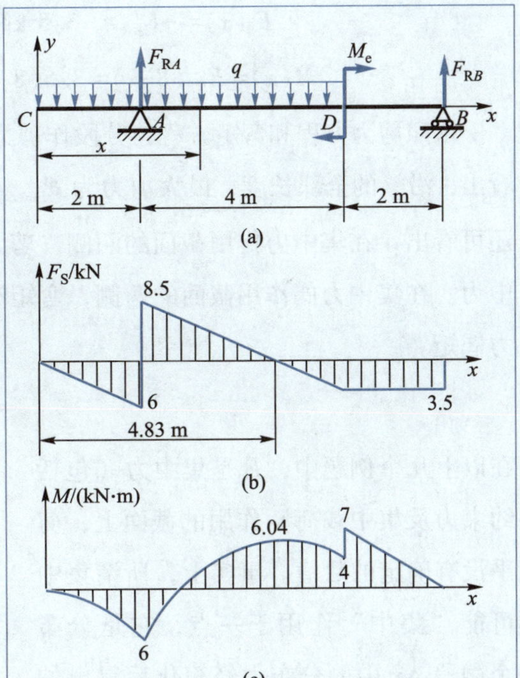

图 4.12

解：由梁的平衡方程，求出支座约束力为

$$F_{RA}=14.5\ \text{kN},\qquad F_{RB}=3.5\ \text{kN}$$

在梁的 CA、AD、DB 这三段内，剪力和弯矩都不能用同一个方程式来表示，所以应分三段考虑。对每一段都可仿照前面诸例的计算方法，列出剪力方程和弯矩方程，方程中 x 以 m 为单位，$F_S(x)$ 以 kN 为单位，$M(x)$ 以 kN · m 为单位。在 CA 段内，

$$F_S(x)=-qx=-3x \quad (0\leqslant x<2\text{ m})$$

$$M(x)=-\frac{1}{2}qx^2=-\frac{3}{2}x^2 \quad (0\leqslant x\leqslant 2\text{ m})$$

在 AD 段内，

$$F_S(x)=F_{RA}-qx=14.5-3x \quad (2\text{ m}<x\leqslant 6\text{ m}) \tag{i}$$

$$M(x)=F_{RA}(x-2)-\frac{1}{2}qx^2=14.5(x-2)-\frac{3}{2}x^2 \quad (2\text{ m}\leqslant x<6\text{ m}) \tag{j}$$

$M(x)$ 是 x 的二次函数，根据极值条件 $\dfrac{\mathrm{d}M(x)}{\mathrm{d}x}=0$，得

$$14.5-3x=0$$

由此解出 $x=4.83$ m，亦即在这一截面上，弯矩为极值。代入式（j）得 AD 段内的最大弯矩为

$$M=6.04\text{ kN}\cdot\text{m}$$

当截面取在 DB 段内时，用截面右侧的外力计算剪力和弯矩比较方便，结果为

$$F_S(x)=-F_{RB}=-3.5\text{ kN} \quad (6\text{ m}\leqslant x<8\text{ m}) \tag{k}$$

$$M(x)=F_{RB}(8-x)=3.5(8-x) \quad (6\text{ m}<x\leqslant 8\text{ m}) \tag{l}$$

依照剪力方程和弯矩方程，分段作剪力图和弯矩图（图 4.12b 和 c）。从图中看出，沿梁的全部长度，最大剪力为 $F_{S\max}=8.5$ kN，最大弯矩为 $M_{\max}=7$ kN·m。还可看出，在集中力作用截面的两侧，剪力有一突然变化，变化的数值就等于集中力。在集中力偶作用截面的两侧，弯矩有一突然变化，变化的数值就等于集中力偶矩。

在以上几个例题中，凡是集中力（包括支座约束力及集中载荷）作用的截面上，剪力似乎没有确定的数值。事实上，所谓集中力不可能“集中”作用于一点，它是分布于一个微段 Δx 内的分布力经简化后得出的结果（图 4.13a）。若在 Δx 范围内把载荷看作均布的①，则剪力将连续地从 F_{S1} 变到 F_{S2}

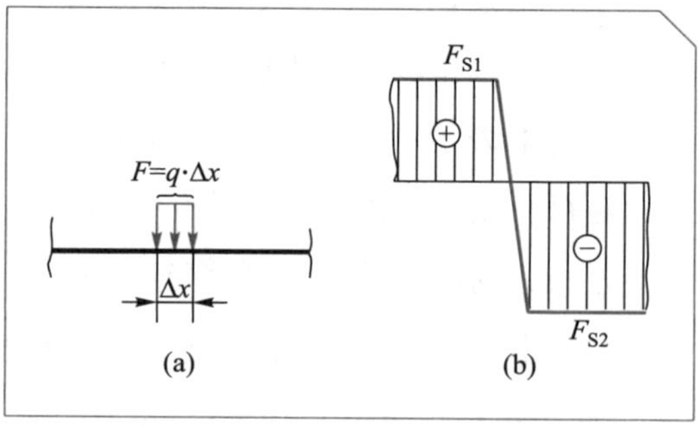

图 4.13

① 也可根据载荷作用的实际情况，处理成其他非均匀分布形式的分布载荷，如抛物线分布等。

(图 4.13b)。对集中力偶作用的截面，也可作同样的解释。

§4.5 载荷集度、剪力和弯矩间的关系

轴线为直线的梁如图 4.14a 所示。以轴线为 x 轴，y 轴向上为正。梁上分布载荷的集度 $q(x)$ 是 x 的连续函数，且规定 $q(x)$ 向上（与 y 轴方向一致）为正。从梁中取出长度为 $\mathrm{d}x$ 的微段，并放大为图 4.14b。微段左边截面上的剪力和弯矩分别是 $F_S(x)$ 和 $M(x)$。当坐标 x 有一增量 $\mathrm{d}x$ 时，$F_S(x)$ 和 $M(x)$ 的相应增量是 $\mathrm{d}F_S(x)$ 和 $\mathrm{d}M(x)$。所以，微段右边截面上的剪力和弯矩应分别为 $F_S(x)+\mathrm{d}F_S(x)$ 和 $M(x)+\mathrm{d}M(x)$。微段上的这些内力都取正值，且设微段内无集中力和集中力偶。由微段的平衡方程 $\sum F_y=0$ 和 $\sum M_C=0$，得

$$F_S(x)-[F_S(x)+\mathrm{d}F_S(x)]+q(x)\mathrm{d}x=0$$

$$-M(x)+[M(x)+\mathrm{d}M(x)]-F_S(x)\mathrm{d}x-q(x)\mathrm{d}x\cdot\frac{\mathrm{d}x}{2}=0$$

略去第二式中的高阶微量 $q(x)\mathrm{d}x\cdot\dfrac{\mathrm{d}x}{2}$，整理后得出

$$\frac{\mathrm{d}F_S(x)}{\mathrm{d}x}=q(x) \tag{4.1}$$

$$\frac{\mathrm{d}M(x)}{\mathrm{d}x}=F_S(x) \tag{4.2}$$

这就是直梁微段的平衡方程。如将式 (4.2) 对 x 取导数，并利用式 (4.1)，又可得出

$$\frac{\mathrm{d}^2M(x)}{\mathrm{d}x^2}=\frac{\mathrm{d}F_S(x)}{\mathrm{d}x}=q(x) \tag{4.3}$$

以上三式表示了直梁的 $q(x)$、$F_S(x)$ 和 $M(x)$ 间的导数关系。

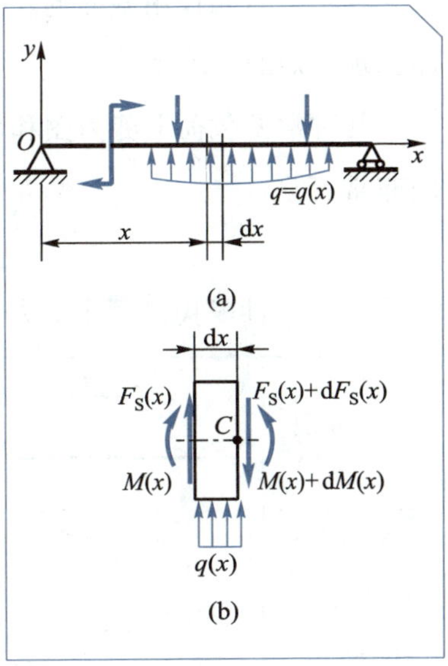

图 4.14

根据上述导数关系，容易得出下面一些推论。这些推论对绘制或校核剪力图和弯矩图是非常有帮助的。

(1) 在梁的某一段内，若无载荷作用，即 $q(x)=0$，由 $\dfrac{\mathrm{d}F_S(x)}{\mathrm{d}x}=q(x)=0$ 可知，在这一段内 $F_S(x)$ 为常数，剪力图是平行于 x 轴的直线，如图 4.9b 所示。再由 $\dfrac{\mathrm{d}^2M(x)}{\mathrm{d}x^2}=q(x)=$

0 可知，$M(x)$ 是 x 的一次函数①，弯矩图是斜线，如图 4.9c 所示。

（2）在梁的某一段内，若作用均布载荷，即 $q(x)$ 为常数，则 $\frac{\mathrm{d}^2M(x)}{\mathrm{d}x^2}=\frac{\mathrm{d}F_S(x)}{\mathrm{d}x}=q(x)$ 为常数。故在这一段内 $F_S(x)$ 是 x 的一次函数，$M(x)$ 是 x 的二次函数。因而剪力图是斜线，弯矩图是抛物线。例 4.3 和例 4.5 都说明了这一点。

在梁的某一段内，若分布载荷 $q(x)$ 向下，则因向下的 $q(x)$ 为负，故 $\frac{\mathrm{d}^2M(x)}{\mathrm{d}x^2}=q(x)<0$，这表明弯矩图应为向上凸的曲线（图 4.10c 和图 4.12c）。反之，若分布载荷向上，则弯矩图应为向下凸的曲线。

（3）在梁的某一截面上，若 $F_S(x)=\frac{\mathrm{d}M(x)}{\mathrm{d}x}=0$，则在这一截面上弯矩有一极值（极大或极小），即弯矩的极值发生于剪力为零的截面上（例 4.5）。

在集中力作用截面的左、右两侧，剪力 F_S 有一突然变化，弯矩图的斜率也发生突然变化，成为一个转折点。如例 4.2 的截面 C 和例 4.5 的截面 A。弯矩的极值就可能出现于这类截面上。

在集中力偶作用截面的左、右两侧，弯矩发生突然变化（例 4.5），这类截面上也可能出现弯矩的极大值。

几种常见载荷下剪力图和弯矩图的特征列于表 4.1，掌握这些特征对作剪力图和弯矩图非常有益。

表 4.1　几种常见载荷下剪力图和弯矩图的特征

外力情况	无载荷	向下的均布载荷	集中力	集中力偶
F_S图特征	水平直线	右端向下方倾斜的直线	在C处有沿力方向的突变 突变量为F	在C处无变化
M图特征	倾斜直线或水平直线 $F_S>0$　$F_S<0$ $F_S=0$	上凸的二次抛物线 不出现顶点情形 出现顶点的情形	在C处有尖角	在C处有突变 突变量为M_e

① 当然，也可能 $M(x)$ 为常数，弯矩图为平行于 x 轴的直线，此时有 $F_S=0$。

（4）利用导数关系式（4.1）和式（4.2），经过积分得

$$F_S(x_2)-F_S(x_1)=\int_{x_1}^{x_2} q(x)\mathrm{d}x \tag{4.4}$$

$$M(x_2)-M(x_1)=\int_{x_1}^{x_2} F_S(x)\mathrm{d}x \tag{4.5}$$

以上两式表明，在 $x=x_2$ 和 $x=x_1$ 两截面上的剪力之差，等于两截面间载荷图的面积；两截面上的弯矩之差，等于两截面间剪力图的面积。上述关系自然也可用于剪力图和弯矩图的绘制与校核。例如，在图 4.12 中，A、D 两截面间载荷图的面积为 -3×4 kN $=-12$ kN，这正是 A、D 两截面上剪力之差。同时，A、D 两截面间剪力图的面积为 $\frac{1}{2}\times8.5(4.83-2)$ kN · m $-\frac{1}{2}\times3.5(6-4.83)$ kN · m $=10$ kN · m，这也就是两截面上弯矩之差。

例 4.6 外伸梁及其所受载荷如图 4.15a 所示，试作梁的剪力图和弯矩图。

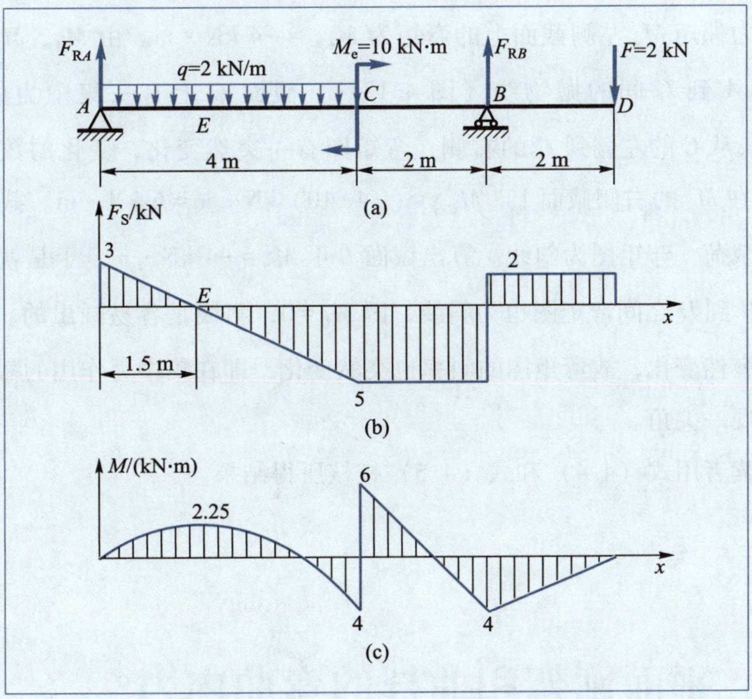

图 4.15

解： 由静力平衡方程，求得支座约束力

$$F_{RA}=3\ \text{kN},\qquad F_{RB}=7\ \text{kN}$$

按照以前作剪力图和弯矩图的方法，应分段列出 F_S 和 M 的方程式，然后依照方程式作图。现在利用本节所得推论，可以不列方程式直接作图。

在支座约束力 F_{RA} 的右侧梁截面上，剪力为 3 kN。截面 A 到 C 之间的载荷为均布载荷，剪力图为斜直线。算出截面 C 上的剪力为 $(3-2\times4)$ kN $=-5$ kN，即可确定这条斜直线（图 4.15b）。截面 C 和 B 之间梁上无载荷，剪力图为水平直线。截面 B 上有一集中力 F_{RB}，从 B 的左侧到 B 的右侧，剪力图发生突然变化，变化的数值即等于 F_{RB}。故 F_{RB} 右侧截面上的剪力为 $(-5+7)$ kN $=2$ kN。截面 B 和 D 之间无载荷，剪力图又为水平直线。

截面 A 上的弯矩 $M_A=0$。从 A 到 C 梁上为均布载荷，弯矩图为抛物线。在这一段内，截面 E 上剪力等于零，弯矩为极值。E 到左端的距离为 $\dfrac{3\ \text{kN}}{2\ \text{kN/m}}=$ 1.5 m，求出截面 E 上的极值弯矩为

$$M_E=(3\ \text{kN})(1.5\ \text{m})-\frac{1}{2}(2\ \text{kN/m})(1.5\ \text{m})^2=2.25\ \text{kN}\cdot\text{m}$$

求出集中力偶矩 M_e 左侧截面上的弯矩为 $M_{C左}=-4$ kN·m。由 M_A、M_E 和 $M_{C左}$，便可连成 A 到 C 间的抛物线（图 4.15c）。截面 C 上有一集中力偶矩 $M_e=$ 10 kN·m，从 C 的左侧到 C 的右侧，弯矩图有一突然变化，变化的数值即等于 M_e。所以在 M_e 的右侧截面上，$M_{C右}=(-4+10)$ kN·m $=6$ kN·m。截面 C 与 B 间梁上无载荷，弯矩图为斜线。算出截面 B 上 $M_B=-4$ kN·m，于是就确定了这条直线。B 到 D 之间弯矩图也为斜线，因 $M_D=0$，斜线是容易画出的。在截面 B 上，剪力突然变化，故弯矩图的斜率也突然变化，即在集中力作用的截面上，弯矩图将出现一尖角。

建议读者用式（4.4）和式（4.5）校核所得结果。

§4.6 平面刚架和曲杆的弯曲内力

某些机器的机身或机架的轴线，是由几段直线组成的折线，如液压机机身、钻床床架、轧钢机机架等。这种机架的每两个组成部分在其连接处夹角在变形过程中保持不变，

即两部分在连接处不能有相对转动，这种连接称为刚节点。在图4.16a中的节点C即为刚节点。各部分由刚节点连接成的框架结构称为刚架。刚架任意横截面上的内力，一般有剪力、弯矩和轴力。内力可由静力平衡方程确定的刚架称为静定刚架。下面我们用例题说明静定刚架弯矩图的绘制。其他内力图，如轴力图或剪力图，需要时也可按相似的方法绘制。

例4.7 作图4.16a所示刚架的弯矩图。

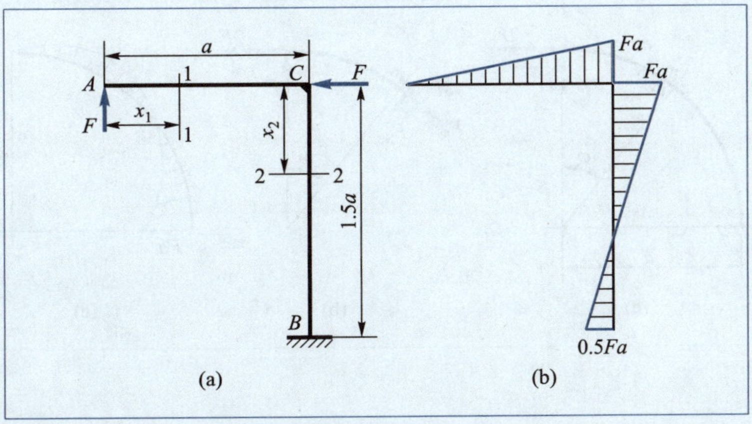

图4.16

解：计算内力时，一般来说应先求出刚架的支座约束力。对于现在的情况下，由于刚架的A端是自由端，无须确定支座约束力就可直接计算弯矩。在横杆AC的范围内，把坐标原点取在A点，并用截面1-1以左的外力来计算弯矩，得

$$M(x_1)=Fx_1$$

在竖杆BC的范围内，把原点放在C点，求任意截面2-2上的弯矩时，用截面2-2以上的外力来计算，得

$$M(x_2)=Fa-Fx_2=F(a-x_2)$$

在绘制刚架的弯矩图时，约定把弯矩图画在杆件弯曲变形凹入的一侧，亦即画在受压的一侧。例如，根据竖杆的变形，在截面B处杆件的左侧凹入，即左侧受压，故将截面B的弯矩画在左侧（图4.16b）。

某些构件，如活塞环、链环、拱等，一般都有一纵向对称面，其轴线是一平面曲线，称为平面曲杆或平面曲梁。当载荷作用于纵向对称面内时，曲杆将发生弯曲变形。这时横

截面上的内力一般有弯矩 M、剪力 F_S 和轴力 F_N，现以轴线为圆周四分之一的曲杆（图 4.17a）为例，说明内力的计算。以圆心角为 φ 的横截面（径向截面）$m-m$，将曲杆分成两部分。$m-m$ 截面以右部分如图 4.17b 所示，把作用于这一部分上的力，分别投影于轴线在 $m-m$ 截面处的切线和法线方向，并对 $m-m$ 截面的形心取矩，根据平衡方程，容易求得

$$F_N = F\sin\varphi + 2F\cos\varphi = F(\sin\varphi + 2\cos\varphi)$$

$$F_S = 2F\sin\varphi - F\cos\varphi = F(2\sin\varphi - \cos\varphi)$$

$$M = 2Fa(1-\cos\varphi) - Fa\sin\varphi = Fa(2-2\cos\varphi - \sin\varphi)$$

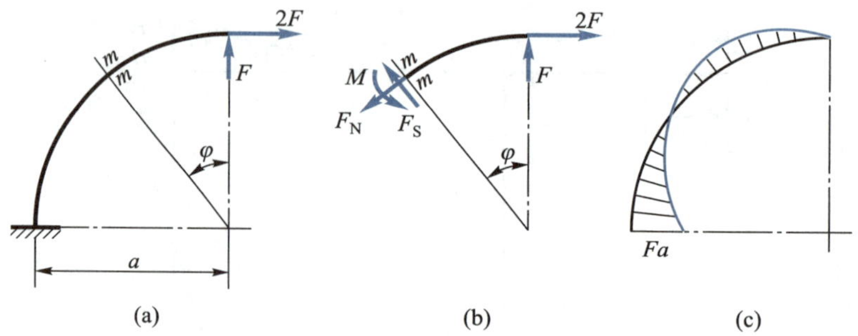

图 4.17

关于内力的符号，规定为：引起拉伸变形的轴力 F_N 为正；使轴线曲率增加的弯矩 M 为正；以剪力 F_S 对所考虑的一段曲杆内任一点取矩，若力矩为顺时针方向，则剪力 F_S 为正。按照这一符号规则，在图 4.17b 中，F_N、F_S 和 M 均为正。

作弯矩图时，将 M 画在轴线的垂直方向，并画在杆件受压的一侧（参看例 4.7），如图 4.17c 所示。同样也可以作曲杆的剪力图和轴力图，这里不再详细讨论。

习　题

习题：第四章弯曲内力

4.1 试求图示各梁中截面 1-1、2-2、3-3 上的剪力和弯矩，这些截面无限接近于截面 C 或截面 D。设 F、q、q_0、a 均为已知。

提示： 梁上三角形分布载荷对某点的力矩，等于载荷分布图的面积与其形心到该点距离的乘积。

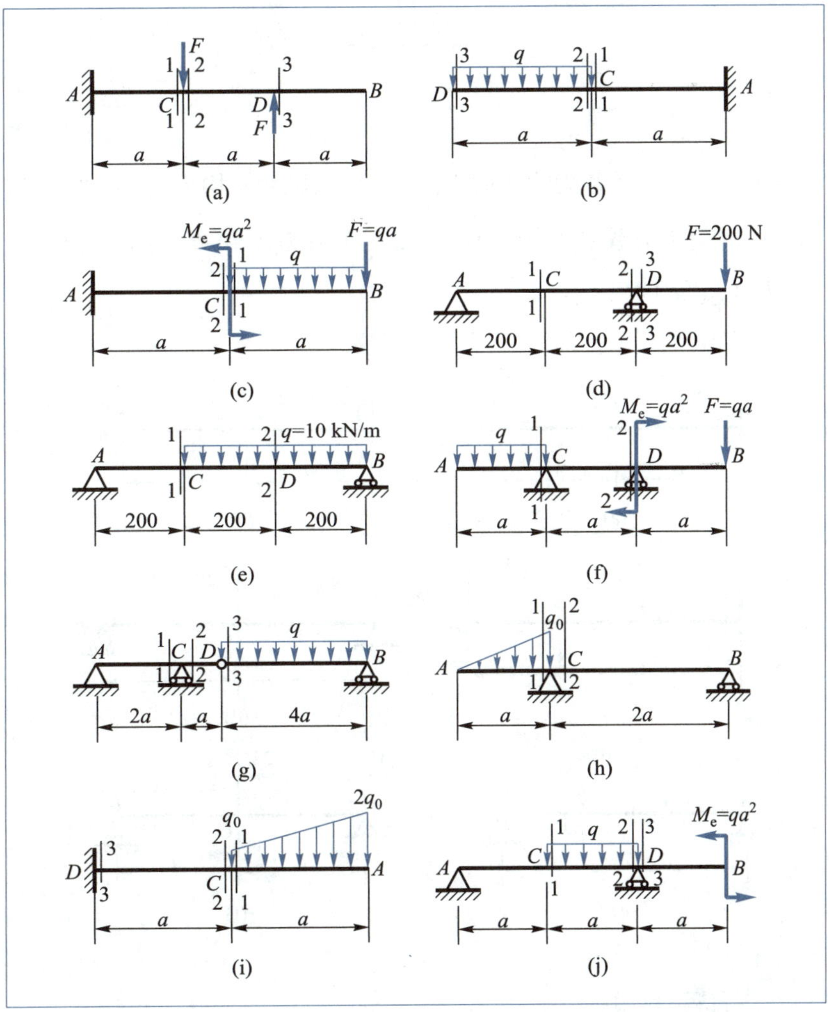

题 4.1 图

4.2 用截面法将梁分成两部分，计算梁截面上的内力时，下列说法是否正确？如不正确应如何改正。

（1）在截面的任一侧，向上的集中力产生正的剪力，向下的集中力产生负的剪力。

（2）在截面的任一侧，顺时针转向的集中力偶产生正弯矩，逆时针的产生负弯矩。

4.3 对图示简支梁的 $m-m$ 截面，如用截面左侧的外力计算剪力和弯矩，则 F_S 和 M 便与 q 无关；如用截面右侧的外力计算，则 F_S 和 M 又与 F 无关。这样的论断正确吗？何故？

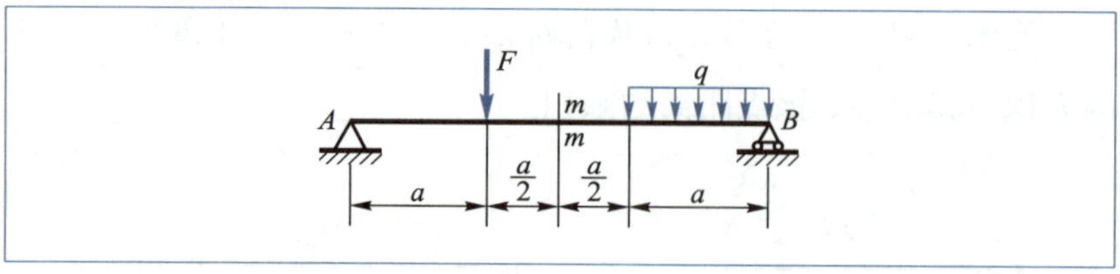

题 4.3 图

4.4 设图示各梁的载荷 F、q、M_e 和尺寸 a 均为已知。(1) 试列出梁的剪力方程和弯矩方程；(2) 作剪力图和弯矩图；(3) 确定 $|F_S|_{max}$ 及 $|M|_{max}$。

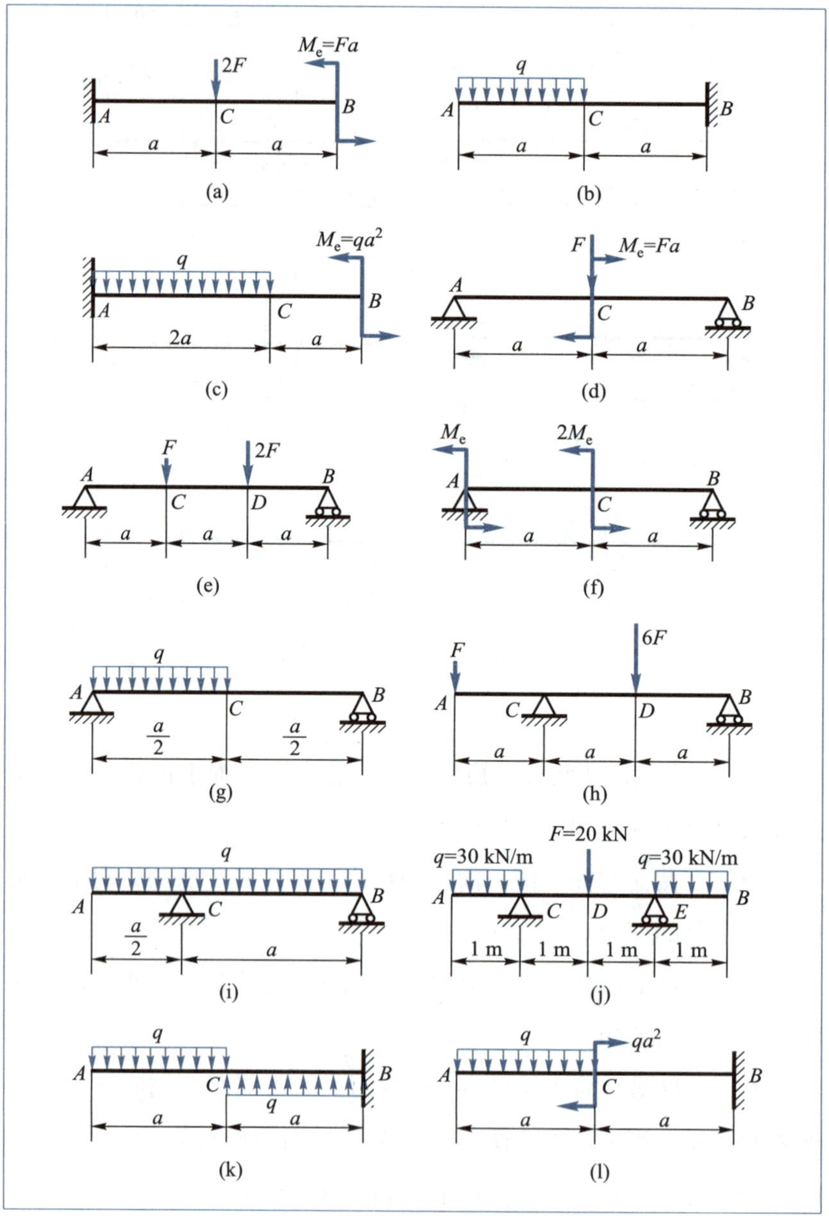

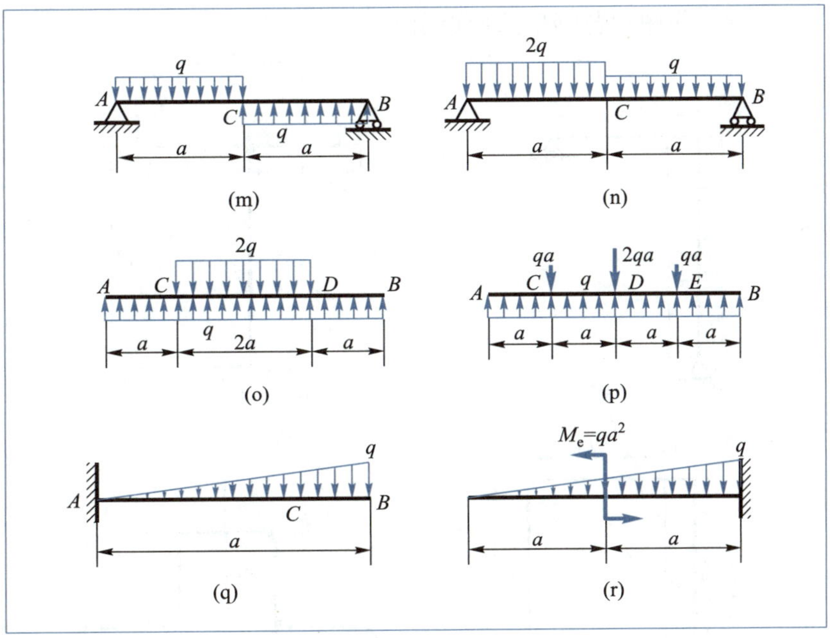

题 4.4 图

4.5 作图示梁的剪力图和弯矩图。梁在 *CD* 段的变形称为纯弯曲。试问纯弯曲有何特征。

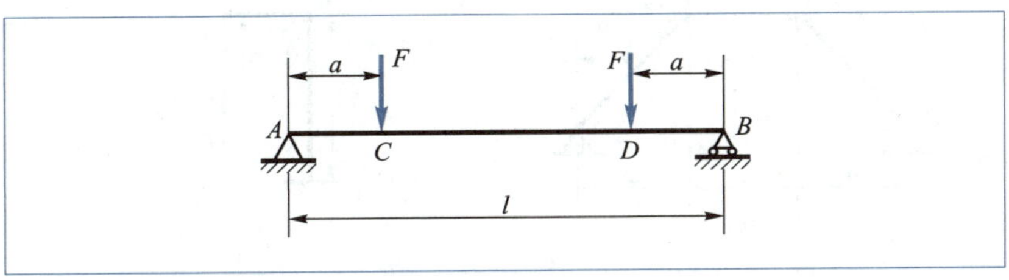

题 4.5 图

4.6 作图示各梁的剪力图和弯矩图。

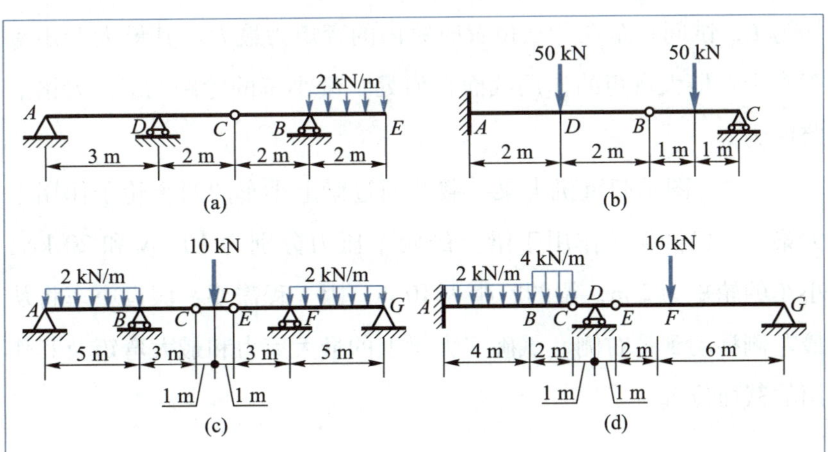

题 4.6 图

4.7 作图示各刚架的弯矩图。

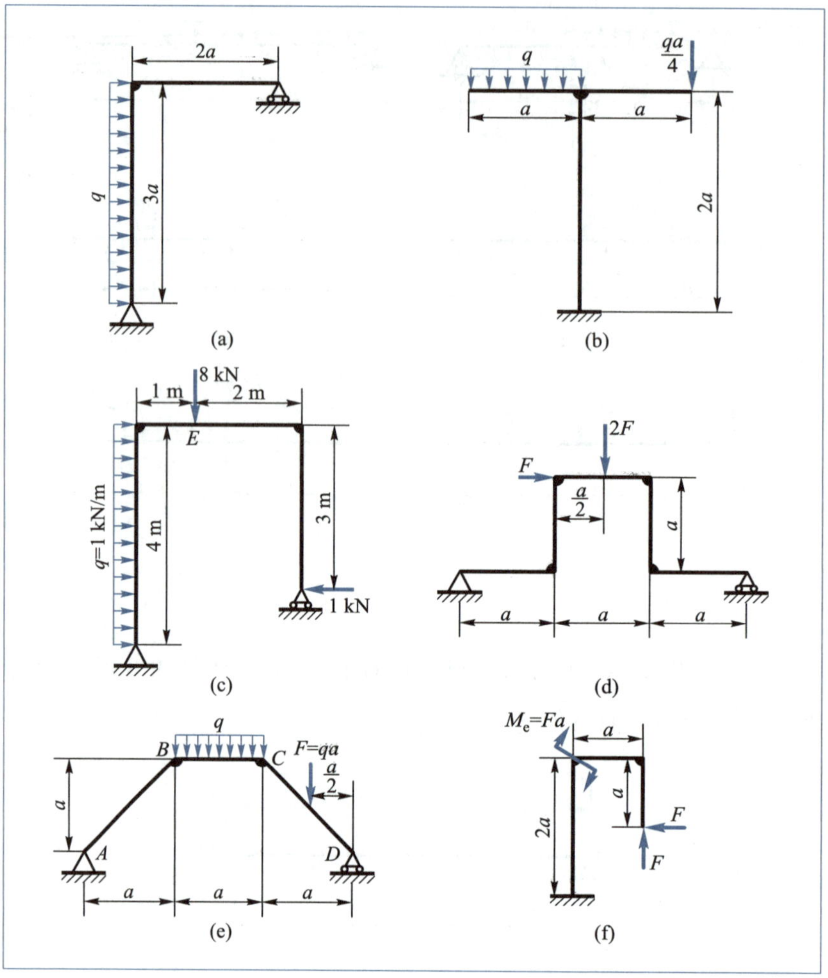

题 4.7 图

4.8 图示桥式起重机大梁上的小车的每个轮子对大梁的压力均为 F，试问小车在什么位置时梁内的弯矩为最大。其最大弯矩等于多少？最大弯矩的作用截面在何处？设小车的轮距为 d，大梁的跨度为 l。

4.9 图示起重机大梁，载荷通过梁上小车的两个轮子作用于大梁上。已知轮子作用于梁上的两个压力分别为 10 kN 和 20 kN，小车的轮矩为 2 m，梁的跨距为 10 m。因工程需要，假设小车将从最左侧移动到最右侧，试确定大梁上的最大剪力和最大弯矩及其作用的截面位置。

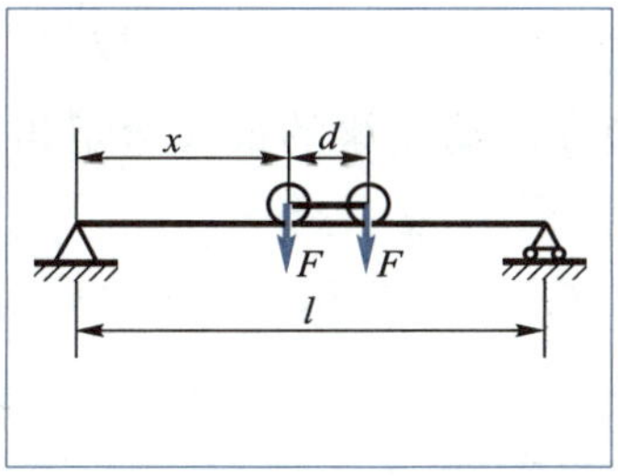

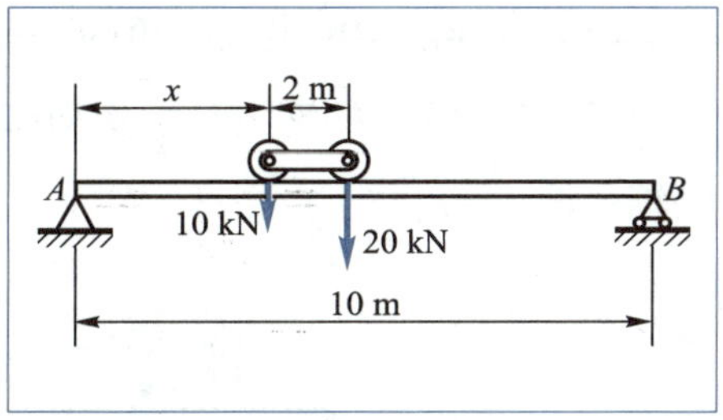

题 4.8 图

题 4.9 图

4.10 作图示各梁的剪力图和弯矩图。求出最大剪力和最大弯矩。

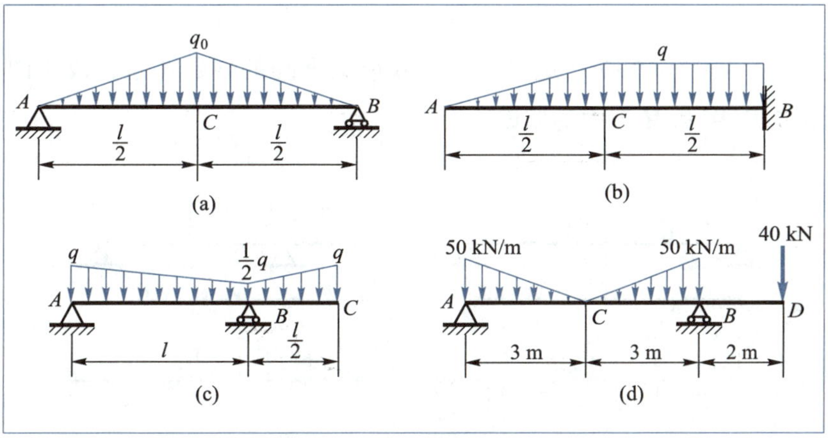

题 4.10 图

4.11 图示简支梁上的分布载荷按抛物线规律变化，其方程为

$$q(x)=\frac{4q_0x}{l}\left(1-\frac{x}{l}\right)$$

试作剪力图和弯矩图。

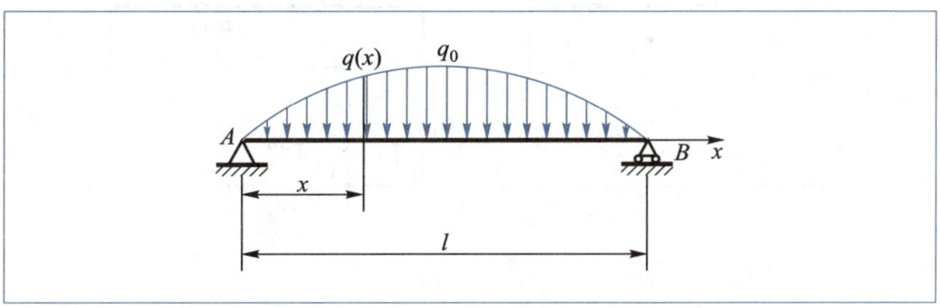

题 4.11 图

***4.12** 某简支梁上作用有 n 个间距相等的集中力，其总载荷为 F，每个载荷等于 F/n，如图所示。梁的跨度为 l，载荷的间距则为$\dfrac{l}{n+1}$。

（1）试导出梁中最大弯矩的一般公式。

（2）将（1）的答案与承受均布载荷 q 的简支梁的最大弯矩相比较。设 $ql=F$。

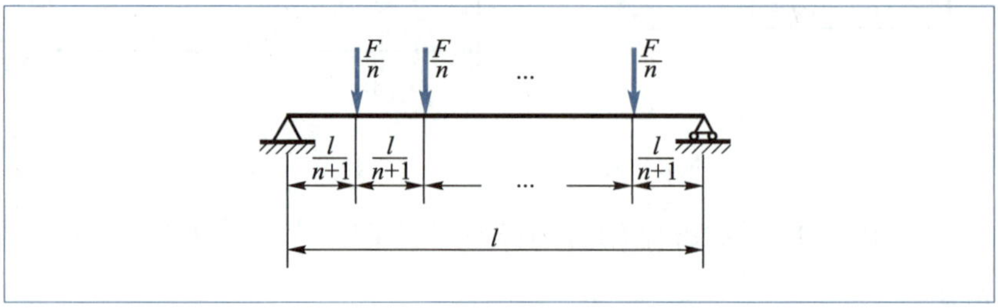

题 4.12 图

4.13 试根据弯矩、剪力和载荷集度间的导数关系，改正图示各 F_S 图和 M 图中的错误。

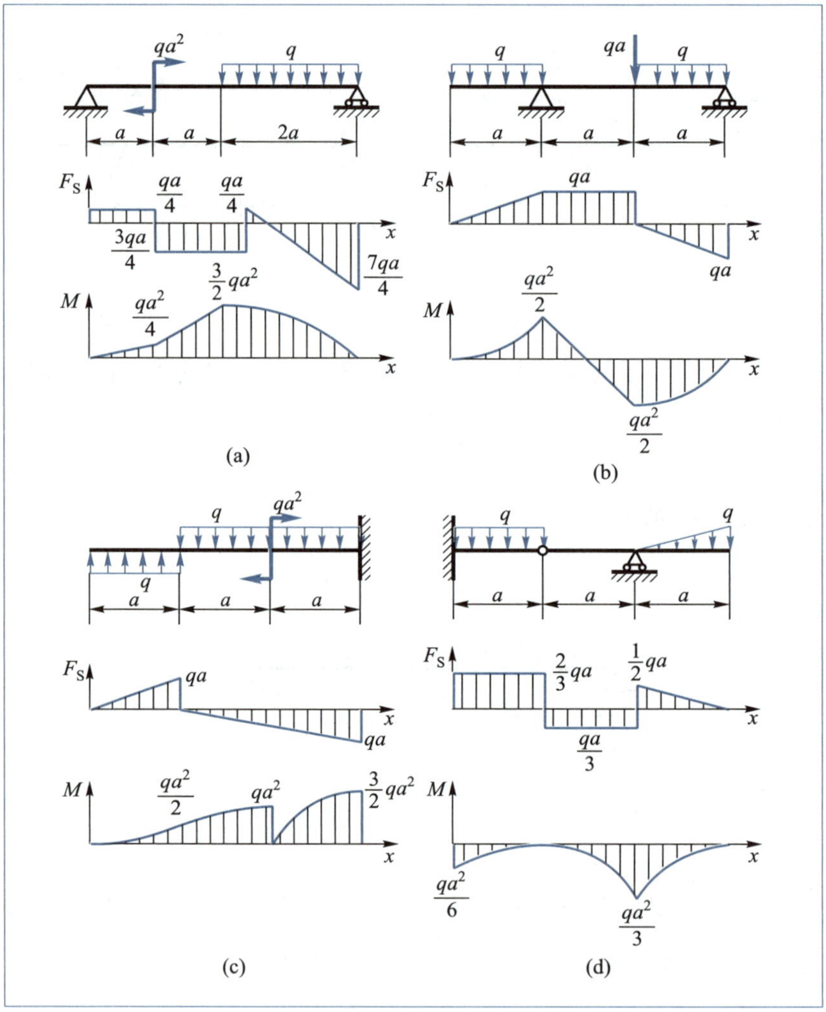

题 4.13 图

4.14 试作题 2.72 中柴油机活塞销的剪力图和弯矩图，设作用于活塞销上的力是均匀分布的。

4.15 设沿梁的轴线同时作用集度为 $m(x)$ 的分布弯矩和集度为 $q(x)$ 的分布力，如图所示。试导出 $q(x)$、$m(x)$、$F_S(x)$ 和 $M(x)$ 间的导数关系。

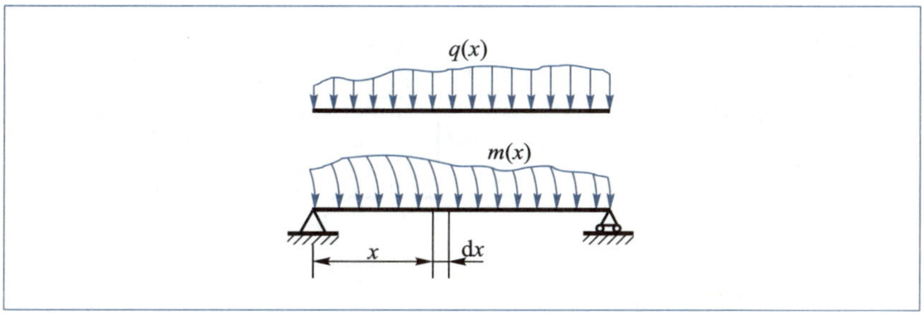

题 4.15 图

4.16 设梁的剪力图如图所示，试作弯矩图及载荷图。已知梁上没有作用集中力偶。

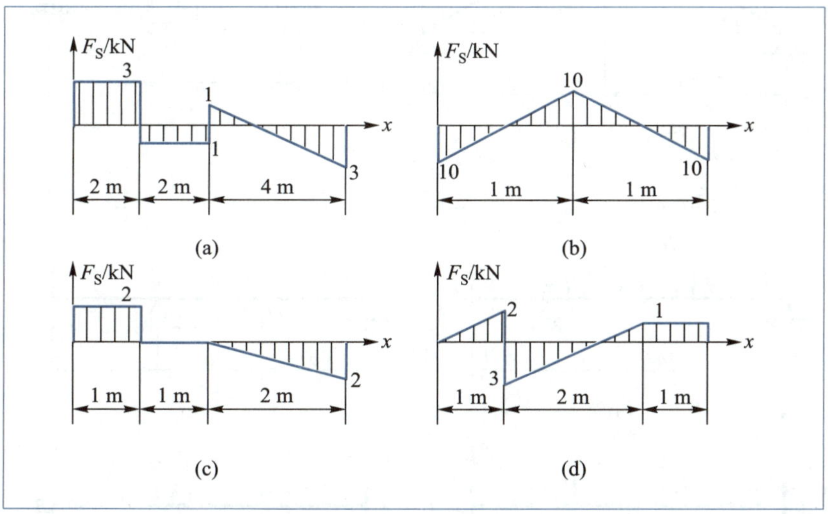

题 4.16 图

4.17 已知梁的弯矩图如图所示，试作梁的载荷图和剪力图。

4.18 如图所示，设沿刚架斜杆轴线作用 $q=6\ \text{kN/m}$ 的均布载荷。作该刚架的剪力图、弯矩图和轴力图。

4.19 图示桥式起重机的自重为载荷集度为 q 的均布载荷，起吊的重量为 W。以此为例，试说明作弯矩图的叠加法。

题解 4.19

4.20 用叠加法绘出图示下列各梁的弯矩图。

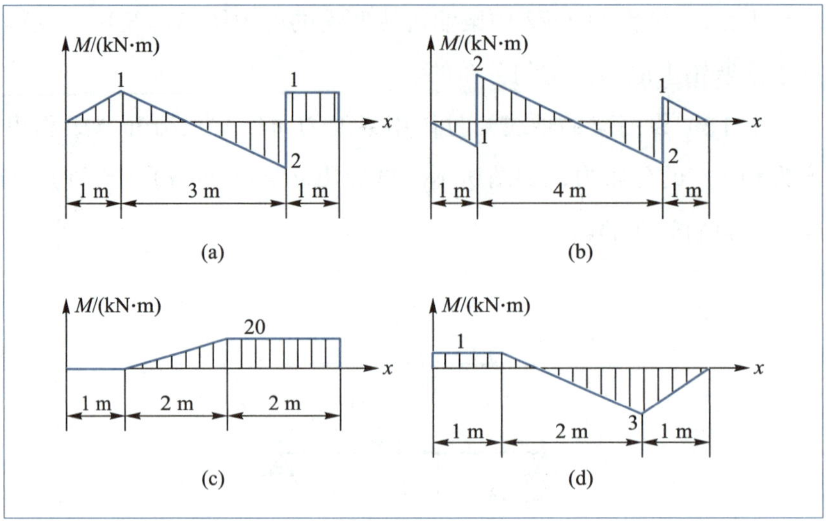

题 4.17 图

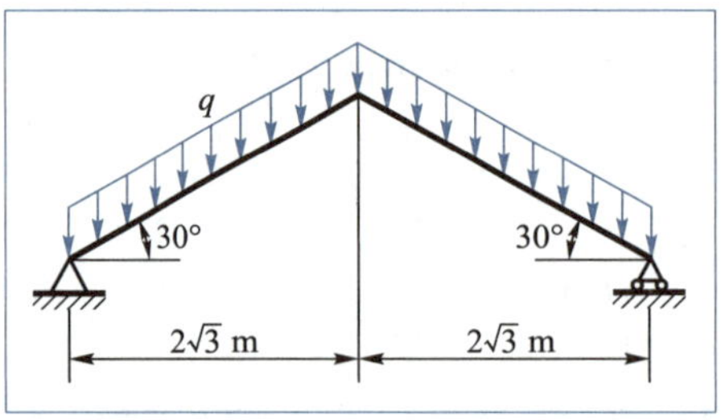

题 4.18 图

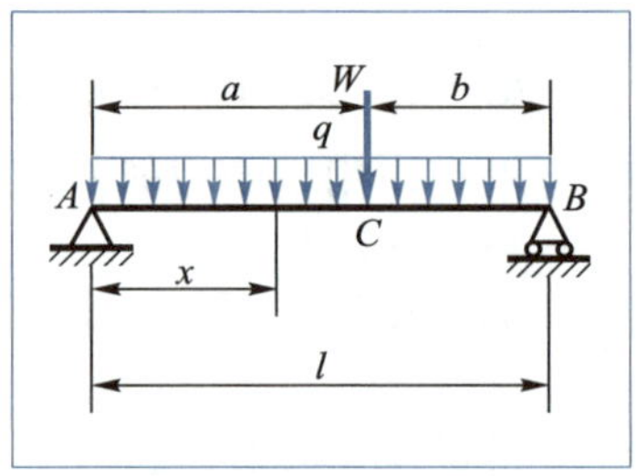

题 4.19 图

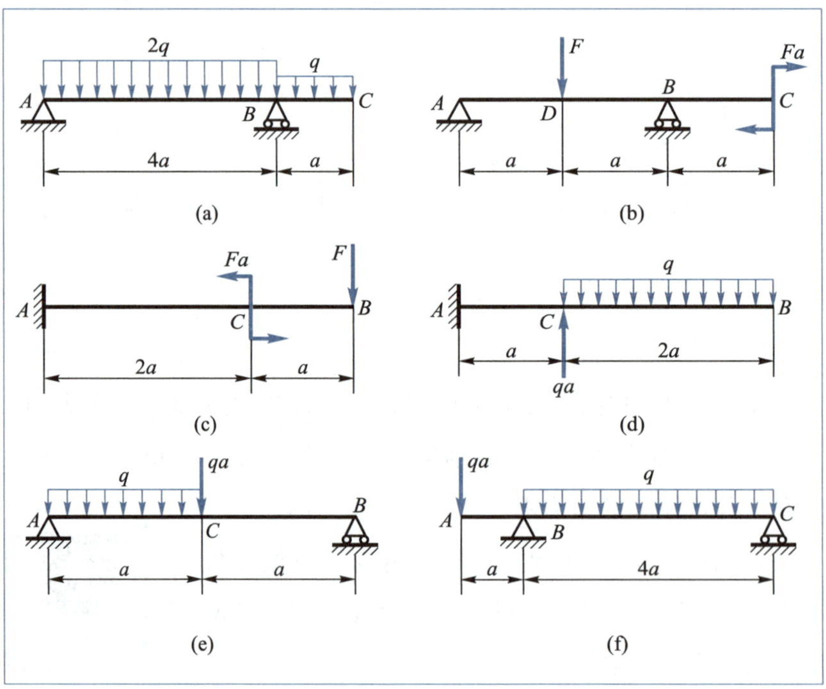

题 4.20 图

4.21 写出图示各曲杆的轴力方程、剪力方程和弯矩方程，并作弯矩图。设曲杆弯曲段的轴线皆为圆形或半圆形。

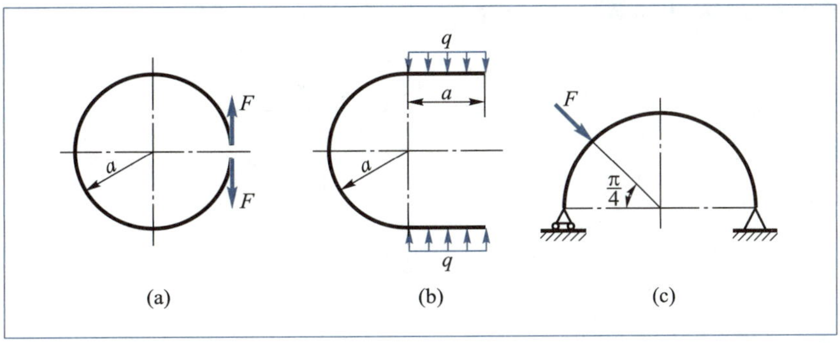

题 4.21 图

第五章 弯曲应力

§5.1 概述

前面一章详细讨论了梁横截面上的剪力和弯矩。在§4.3中曾经指出，弯矩是垂直于横截面的内力系的合力偶矩；而剪力是相切于横截面的内力系的合力。所以，弯矩 M 只与横截面上的正应力 σ 相关，而剪力 F_S 只与切应力 τ 相关。本章将研究正应力 σ 和切应力 τ 的大小和分布规律。

纯弯曲

在图5.1a中，简支梁上的两个外力 F 对称地作用于梁的纵向对称面内。其计算简图、剪力图和弯矩图分别表示于图5.1b、c和d中。从图中看出，在 AC 和 DB 两段内，梁横截面上既有弯矩又有剪力。这种情况称为横力弯曲。在 CD 段内，梁横截面上剪力等于零，而弯矩为常量。这种情况称为纯弯曲。例如，在图4.1b中，火车轮轴在两个车轮之间的一段就是纯弯曲。

纯弯曲容易在材料试验机上实现，并用以观察变形规律。在变形前的杆件侧面上作纵向线 aa 和 bb，并作与它们垂直的横向线 mm 和 nn（图5.2a），然后使杆件发生纯弯曲的弯曲变形。变形后纵向线 aa 和 bb 弯成弧线（图5.2b），但横向直线 mm 和 nn 仍保持为直线，它们相对旋转一个角度后，仍然垂直于弧线$\widehat{aa}$和$\widehat{bb}$。根据这样的实验结果，可以假设变形前原为平面的梁的横截面变形后仍保持为平面，且仍然垂直于变形后的梁轴线。这就是弯曲变形的平面假设。

设想梁由平行于轴线的众多纵向纤维所组成。发生弯曲变形后，例如，发生如图5.3所示凸向下的弯曲变形，必然会引起靠近底面的纤维伸长，靠近顶面的纤维缩短。因为横截面仍保持为平面，所以沿截面高度方向，由底面纤维的伸长连续地过渡为顶面纤维的缩短，中间必定存在一长度不变的纤维层。这一层纤维称为中性层。中性层与横截面的交线称为中性轴。在中性层上、下两侧的纤维，如一侧伸长则另一侧必缩短。这就形成横截面绕中性轴的轻微转动。由于梁上的载荷都作用于梁的纵向对称面内，梁的整体变形应对称于纵向对称面，这就使得中性轴与纵向对称面垂直。

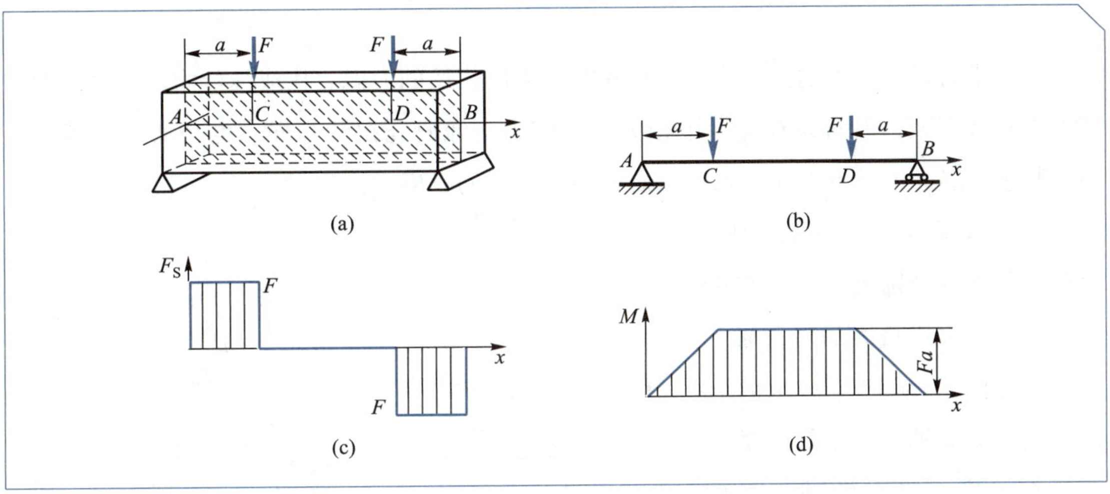

图 5.1

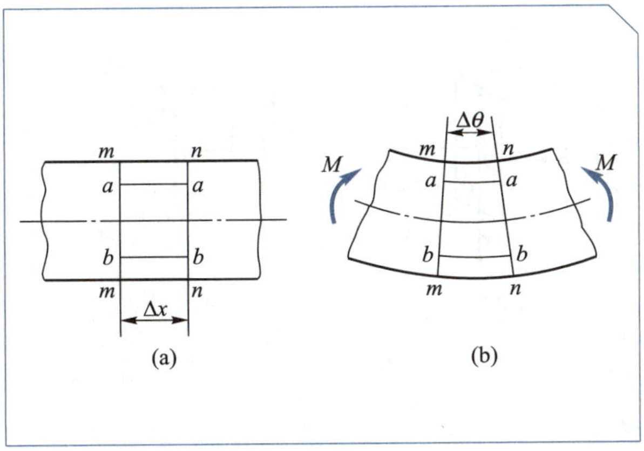

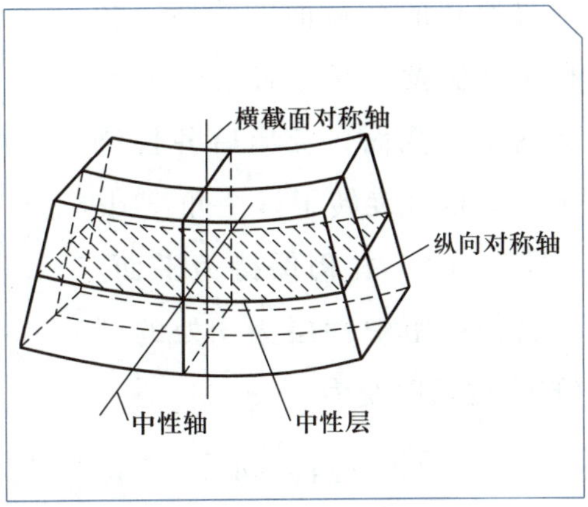

图 5.2

图 5.3

以上对弯曲变形作了概括的描述。在纯弯曲的弯曲变形中，还认为各纵向纤维之间并无相互作用的正应力。至此，对纯弯曲变形提出了两个假设，即（1）平面假设，（2）纵向纤维间无正应力。根据这两个假设得出的理论结果，在长期工程实践中，符合实际情况，并已为实践所检验。而且，在纯弯曲的情况下，其结果与弹性理论的结果相一致。

§ 5.2 纯弯曲时的正应力

设在梁的纵向对称面内，作用大小相等、方向相反的力偶，构成纯弯曲。这时梁的横截面上只有弯矩，因而只有与弯矩相关的正应力。像研究扭转一样，也是从综合考虑几何、物理和静力等三方面关系入手，研究纯弯曲时的正应力。

1. 几何关系 弯曲变形前和变形后的梁段分别表示于图 5.4a 和 b 中。以梁横截面的对称轴为 y 轴，且向下为正（图 5.4c）。以中性轴为 z 轴，但中性轴的位置尚待确定。在中性轴尚未确定之前，x 轴只能暂时认为是通过原点的横截面的法线。根据平面假设，变形前相距为 $\mathrm{d}x$ 的两个横截面，变形后各自绕中性轴相对旋转了一个角度 $\mathrm{d}\theta$（图 5.4b），并仍保持为平面。这就使得距中性层为 y 处的纤维 bb 的长度变为

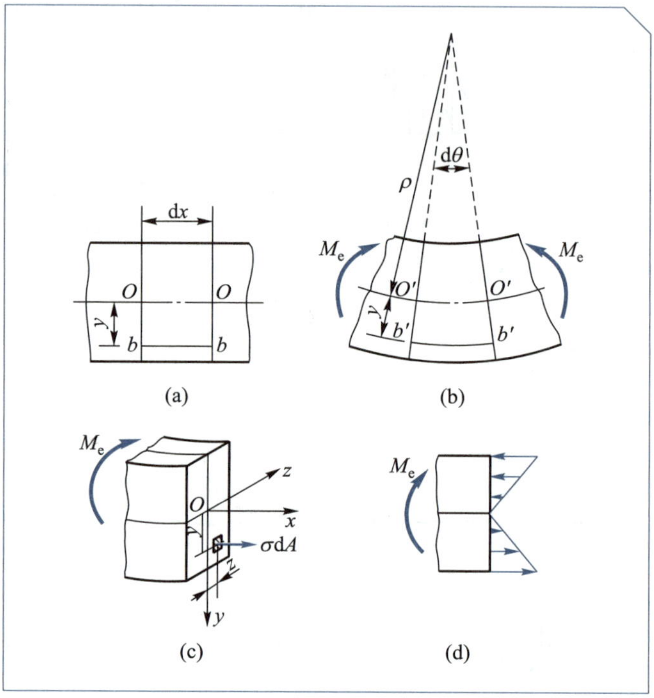

图 5.4

$$\widehat{b'b'}=(\rho+y)\mathrm{d}\theta$$

这里 ρ 为中性层的曲率半径。纤维 bb 的原长度为 $\mathrm{d}x$，且 $bb=\mathrm{d}x=OO$。因为变形前和变形后中性层内纤维 OO 的长度不变，故有

$$bb=\mathrm{d}x=OO=\widehat{O'O'}=\rho\mathrm{d}\theta$$

根据 § 1.5 关于应变的定义，求得纤维 bb 的应变为

$$\varepsilon=\frac{(\rho+y)\mathrm{d}\theta-\rho\mathrm{d}\theta}{\rho\mathrm{d}\theta}=\frac{y}{\rho} \tag{a}$$

可见，纵向纤维的应变与它到中性层的距离成正比。

2. 物理关系 因为纵向纤维之间无正应力，每一纤维都是单向拉伸或压缩。当应力小于比例极限时，由胡克定律知

$$\sigma=E\varepsilon$$

将式（a）代入上式，得

$$\sigma = E\frac{y}{\rho} \tag{b}$$

这表明，任意纵向纤维的正应力与它到中性层的距离成正比。在横截面上，任意点的正应力与该点到中性轴的距离成正比，亦即沿截面高度，正应力按线性规律变化，且在中性层处等于零，如图 5.4d 所示。

3. 静力关系 横截面上的微内力 $\sigma \mathrm{d}A$ 组成垂直于横截面的空间平行力系（在图 5.4c 中，只画出力系中的一个微内力 $\sigma \mathrm{d}A$）。这一力系只可能简化成三个内力分量，即平行于 x 轴的轴力 F_{N}，分别对 y 轴和 z 轴的力偶矩 M_y 和 M_z。它们是

$$F_{\mathrm{N}} = \int_A \sigma \mathrm{d}A, \quad M_y = \int_A z\sigma \mathrm{d}A, \quad M_z = \int_A y\sigma \mathrm{d}A$$

横截面上的内力应与截面左侧的外力平衡。在纯弯曲情况下，截面左侧的外力只有对 z 轴的力偶矩 M_{e}（图 5.4c）。由于内、外力必须满足平衡方程 $\sum F_x = 0$ 和 $\sum M_y = 0$，故有 $F_{\mathrm{N}} = 0$ 和 $M_y = 0$，即

$$F_{\mathrm{N}} = \int_A \sigma \mathrm{d}A = 0 \tag{c}$$

$$M_y = \int_A z\sigma \mathrm{d}A = 0 \tag{d}$$

这样，横截面上的内力系最终只归结为一个力偶矩 M_z，它也就是弯矩 M，即

$$M_z = M = \int_A y\sigma \mathrm{d}A \tag{e}$$

根据平衡方程，弯矩 M 与外力偶矩 M_{e} 大小相等、方向相反。

下面对式（c）、式（d）、式（e）作进一步讨论，以式（b）代入式（c），得

$$\int_A \sigma \mathrm{d}A = \frac{E}{\rho}\int_A y \mathrm{d}A = 0 \tag{f}$$

式中，$\frac{E}{\rho}$为常量，不等于零，故必须有$\int_A y\mathrm{d}A = S_z = 0$，即横截面对 z 轴的静矩必须等于零，亦即 z 轴（中性轴）应通过截面形心（附录 §Ⅰ.1）。这就完全确定了 z 轴和 x 轴的位置。中性轴通过截面形心又包含在中性层内，所以梁截面的形心连线（轴线）也在中性层内，其长度不变。

以式（b）代入式（d），得

$$\int_A z\sigma \mathrm{d}A = \frac{E}{\rho}\int_A yz \mathrm{d}A = 0 \tag{g}$$

式中，积分$\int_A yz\mathrm{d}A = I_{yz}$是横截面对 y 轴和 z 轴的惯性积。由于 y 轴是横截面的对称轴，必然有 $I_{yz} = 0$（附录 §Ⅰ.3）。所以式（g）是自动满足的。

以式（b）代入式（e），得

$$M=\int_A y\sigma \mathrm{d}A=\frac{E}{\rho}\int_A y^2\mathrm{d}A \tag{h}$$

式中积分

$$\int_A y^2\mathrm{d}A=I_z$$

是横截面对 z 轴（中性轴）的惯性矩。于是式（h）可以写成

$$\frac{1}{\rho}=\frac{M}{EI_z} \tag{5.1}$$

式中，$\frac{1}{\rho}$是梁轴线变形后的曲率。上式表明，EI_z越大，则曲率$\frac{1}{\rho}$越小，故 EI_z称为梁的抗弯刚度。从式（5.1）和式（b）中消去$\frac{1}{\rho}$，得

$$\sigma=\frac{My}{I_z} \tag{5.2}$$

这就是纯弯曲时正应力的计算公式。对图 5.4 所取坐标系，在弯矩 M 为正的情况下，y 为正时 σ 为拉应力；y 为负时 σ 为压应力。一点的应力是拉应力或压应力，也可由弯曲变形直接判定，不一定借助于坐标 y 的正或负。因为，以中性层为界，梁在凸出的一侧受拉，凹入的一侧受压。这样，就可把 y 看作一点到中性轴的距离的绝对值。

导出式（5.1）和式（5.2）时，为了方便，把梁截面画成矩形。但在推导过程中，并未用到矩形的任何几何特性。所以，只要梁有一纵向对称面，且载荷作用于这个平面内，该公式就适用。

§5.3 横力弯曲时的正应力

式（5.2）是在纯弯曲情况下，以§5.1 提出的两个假设为基础导出的。工程实际中常见的弯曲问题多为横力弯曲。这时，梁的横截面上不仅有正应力而且还有切应力。由于切应力的存在，横截面不再能保持为平面。同时，横力弯曲下，往往也不能保证纵向纤维之间没有正应力。例如，悬臂梁上作用均布载荷的情形（图 4.10a），纵向纤维间就存在相互挤压的正应力。虽然横力弯曲与纯弯曲存在这些差异，但进一步的分析表明（§5.5），用式（5.2）计算横力弯曲时的正应力，并不会引起很大误差，能够满足工程问题所需要的精度。

横力弯曲时，弯矩随截面位置变化。一般情况下，最大正应力 $\sigma_{\max}$ 发生于弯矩最大的截面上，且离中性轴最远处。于是由式（5.2）得

$$\sigma_{\max}=\frac{M_{\max}y_{\max}}{I_z} \tag{5.3}$$

但式（5.2）表明，正应力不仅与 M 有关，而且与 $\frac{y}{I_z}$ 有关，亦即与截面的形状和尺寸有关。对截面为某些形状（如 T 形）的梁或变截面梁进行强度校核时，不应只注意弯矩为最大值的截面（参看例 5.2 和例 5.3）。

引入记号

$$W=\frac{I_z}{y_{\max}} \tag{5.4}$$

则式（5.3）可以改写成

$$\sigma_{\max}=\frac{M_{\max}}{W} \tag{5.5}$$

W① 称为抗弯截面系数。它与截面的几何形状有关，单位为 m^3。若截面是高度为 h、宽度为 b 的矩形，则

$$W=\frac{I_z}{h/2}=\frac{bh^3/12}{h/2}=\frac{bh^2}{6}$$

若截面是直径为 d 的圆形，则

$$W=\frac{I_z}{d/2}=\frac{\pi d^4/64}{d/2}=\frac{\pi d^3}{32}$$

求出最大弯曲正应力后，弯曲正应力的强度条件为

$$\sigma_{\max}=\frac{M_{\max}}{W}\leqslant[\sigma] \tag{5.6}$$

对抗拉和抗压强度相等的材料（如碳钢），只要绝对值最大的正应力不超过许用应力即可。对抗拉和抗压强度不等的材料（如铸铁），则拉和压的最大应力都应不超过各自的许用应力。

例 5.1　螺栓压板夹紧装置如图 5.5a 所示。已知压板的长度 $3a=150$ mm，压板材料的弯曲许用应力 $[\sigma]=140$ MPa。试计算压板传给工件的最大允许压紧力 F。

① 这里表示对 z 轴的抗弯截面系数，后文也常记作 W_z，以区别于对另一坐标轴 y 的抗弯截面系数 $W_y=I_y/z_{\max}$。

解：压板可简化为图 5.5b 所示的外伸梁。由梁的外伸部分 BC 可以求得截面 B 的弯矩为 $M_B=Fa$。此外又知 A 和 C 两截面上弯矩等于零。从而作弯矩图如图 5.5c 所示。最大弯矩在截面 B 上，且

$$M_{\max}=M_B=Fa$$

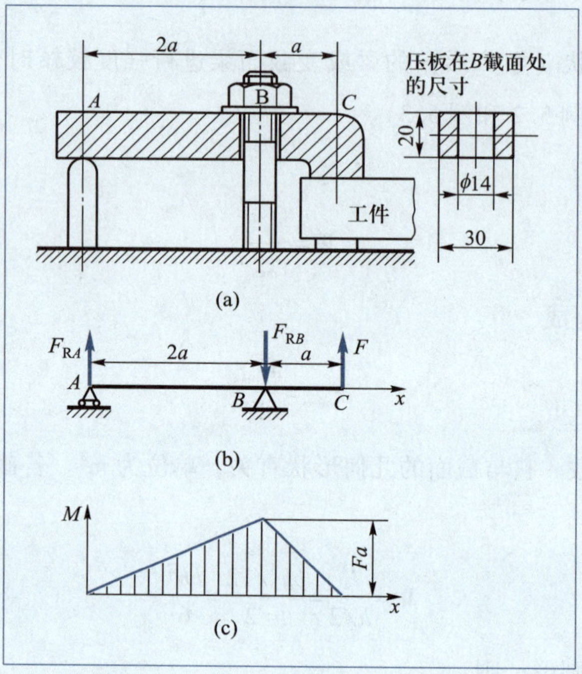

图 5.5

根据截面 B 的尺寸求出

$$I_z=\frac{(3\ \text{cm})\times(2\ \text{cm})^3}{12}-\frac{(1.4\ \text{cm})\times(2\ \text{cm})^3}{12}=1.07\ \text{cm}^4$$

$$W_z=\frac{I_z}{y_{\max}}=\frac{1.07\ \text{cm}^4}{1\ \text{cm}}=1.07\ \text{cm}^3$$

把强度条件式（5.6）改写成

$$M_{\max}\leqslant W_z[\sigma]$$

于是有

$$Fa\leqslant W_z[\sigma]$$

$$F\leqslant\frac{W_z[\sigma]}{a}=3\ \text{kN}$$

所以根据压板的强度，最大压紧力不应超过 3 kN。

例 5.2 卷扬机卷筒心轴的材料为 45 钢，弯曲许用应力 $[\sigma]=100\ \text{MPa}$，心轴的结构和受力情况如图 5.6a 所示。$F=25.3\ \text{kN}$。试校核心轴的强度。

解： 心轴的计算简图表示为图 5.6b。由静力平衡方程求出支座 A、B 的支座约束力为

$$F_{RB}=\frac{(25.3\times10^3\ \text{N})(200\times10^{-3}\ \text{m})+(25.3\times10^3\ \text{N})(950\times10^{-3}\ \text{m}+200\times10^{-3}\ \text{m})}{1\ 265\times10^{-3}\ \text{m}}$$

$$=27\times10^3\ \text{N}=27\ \text{kN}$$

$$F_{RA}=2F-F_{RB}=2\times(25.3\times10^3\ \text{N})-27\times10^3\ \text{N}=23.6\times10^3\ \text{N}=23.6\ \text{kN}$$

四个集中力作用的截面上的弯矩分别是

$$M_A=0,\quad M_B=0$$

$$M_1=F_{RA}\times(200\times10^{-3}\ \text{m})=4.72\ \text{kN}\cdot\text{m}$$

$$M_4=F_{RB}\times(115\times10^{-3})\ \text{m}=3.11\ \text{kN}\cdot\text{m}$$

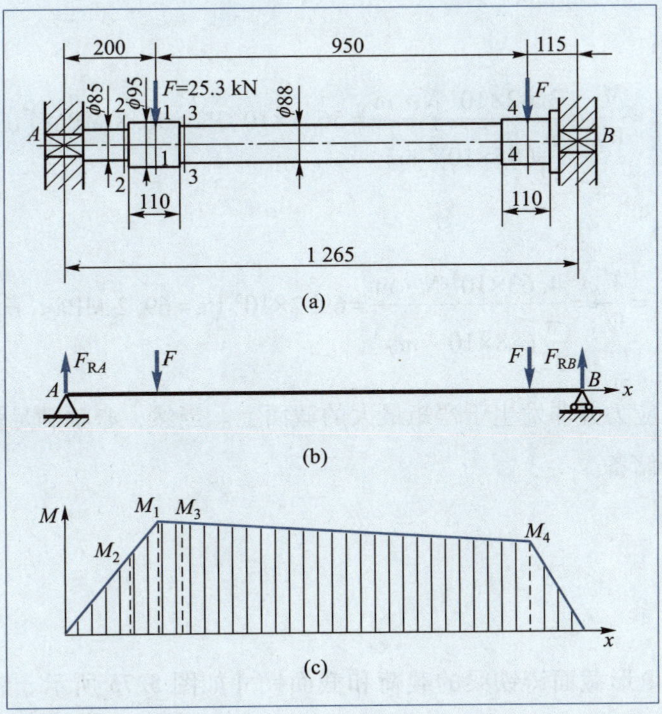

图 5.6

连接 M_A、M_1、M_4、M_B 四点，即得心轴在四个集中力作用下的弯矩图（图5.6c）。从图中看出截面 1-1 上的弯矩最大，即

$$M_{\max}=M_1=4.72\ \text{kN}\cdot\text{m}$$

所以截面 1-1 可能是危险截面。此外，在截面 2-2 和 3-3 上虽然弯矩较小，但这两个截面的直径也较小，也有可能是危险截面，所以要分别算出这两个截面的弯矩：

$$M_2=F_{RA}\left(200\times10^{-3}\ \text{m}-\frac{110\times10^{-3}\ \text{m}}{2}\right)=3.42\times10^3\ \text{N}\cdot\text{m}=3.42\ \text{kN}\cdot\text{m}$$

$$M_3=F_{RA}\left(200\times10^{-3}\ \text{m}+\frac{110\times10^{-3}\ \text{m}}{2}\right)-F\left(\frac{110\times10^{-3}\ \text{m}}{2}\right)$$

$$=4.63\times10^3\ \text{N}\cdot\text{m}=4.63\ \text{kN}\cdot\text{m}$$

现在对上述三个截面同时进行强度校核。

截面 1-1：

$$\sigma_1=\frac{M_1}{W_{z1}}=\frac{4.72\times10^3\ \text{N}\cdot\text{m}}{\frac{\pi}{32}(95\times10^{-3}\ \text{m})^3}=56.1\times10^6\ \text{Pa}=56.1\ \text{MPa}<[\sigma]$$

截面 2-2：

$$\sigma_2=\frac{M_2}{W_{z2}}=\frac{3.42\times10^3\ \text{N}\cdot\text{m}}{\frac{\pi}{32}(85\times10^{-3}\ \text{m})^3}=56.8\times10^6\ \text{Pa}=56.8\ \text{MPa}<[\sigma]$$

截面 3-3：

$$\sigma_3=\frac{M_3}{W_{z3}}=\frac{4.63\times10^3\ \text{N}\cdot\text{m}}{\frac{\pi}{32}(88\times10^{-3}\ \text{m})^3}=69.2\times10^6\ \text{Pa}=69.2\ \text{MPa}<[\sigma]$$

可见，最大正应力并非发生于弯矩最大的截面上。当然，心轴满足强度要求，且有较大的安全储备。

例 5.3 T 形截面铸铁梁的载荷和截面尺寸如图 5.7a 所示。铸铁的抗拉许用应力为 $[\sigma_t]=30$ MPa，抗压许用应力为 $[\sigma_c]=160$ MPa。已知截面对形心轴 z 的惯性矩为 $I_z=763\ \text{cm}^4$，且 $|y_1|=52$ mm。试校核此梁的强度。

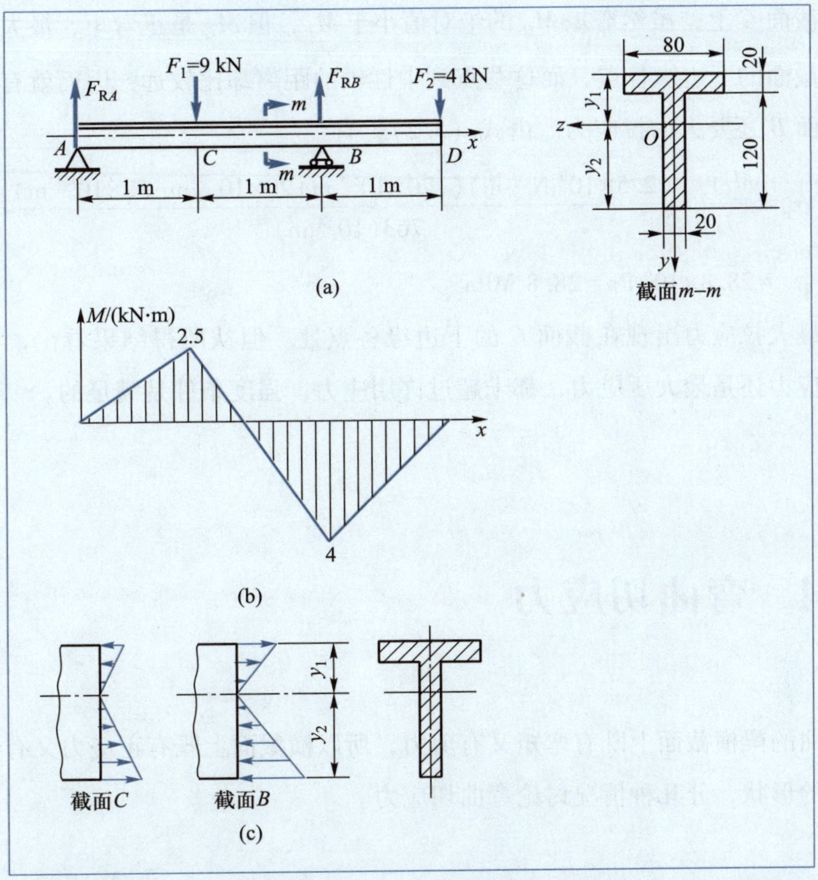

图 5.7

解：由静力平衡方程求出梁的支座约束力为

$$F_{RA}=2.5\ \text{kN},\qquad F_{RB}=10.5\ \text{kN}$$

作弯矩图如图 5.7b 所示。最大正弯矩在截面 C 上，$M_C=2.5\ \text{kN}\cdot\text{m}$。最大负弯矩在截面 B 上，$M_B=-4\ \text{kN}\cdot\text{m}$。

T 形截面对中性轴不对称，同一截面上的最大拉应力和最大压应力并不相等。计算最大应力时，应以 y_1 和 y_2 分别代入式（5.2）。在截面 B 上，弯矩是负的，最大拉应力发生于上边缘各点（图 5.7c），且

$$\sigma_t=\frac{M_B y_1}{I_z}=\frac{(4\times10^3\ \text{N}\cdot\text{m})(52\times10^{-3}\ \text{m})}{763(10^{-2}\ \text{m})^4}=27.3\times10^6\ \text{Pa}=27.3\ \text{MPa}$$

最大压应力发生于下边缘各点，且

$$\sigma_c=\frac{M_B y_2}{I_z}=\frac{(4\times10^3\ \text{N}\cdot\text{m})(120\times10^{-3}\ \text{m}+20\times10^{-3}\ \text{m}-52\times10^{-3}\ \text{m})}{763(10^{-2}\ \text{m})^4}$$

$$=46.1\times10^6\ \text{Pa}=46.1\ \text{MPa}$$

在截面 C 上，虽然弯矩 M_C 的绝对值小于 M_B，但 M_C 是正弯矩，最大拉应力发生于截面的下边缘各点，而这些点到中性轴的距离却比较远，因而就有可能发生比截面 B 还要大的拉应力。由式（5.2），有

$$\sigma_t=\frac{M_C y_2}{I_z}=\frac{(2.5\times10^3\ \text{N}\cdot\text{m})(120\times10^{-3}\ \text{m}+20\times10^{-3}\ \text{m}-52\times10^{-3}\ \text{m})}{763(10^{-2}\ \text{m})^4}$$

$$=28.8\times10^6\ \text{Pa}=28.8\ \text{MPa}$$

综上，最大拉应力出现在截面 C 的下边缘各点处。但从所得结果看出，无论是最大拉应力还是最大压应力，都未超过许用应力，强度条件是满足的。

§5.4 弯曲切应力

横力弯曲的梁横截面上既有弯矩又有剪力，所以横截面上既有正应力又有切应力。现在按梁截面的形状，分几种情况讨论弯曲切应力。

一、矩形截面梁

在图 5.8a 所示矩形截面梁的任意截面上，剪力 F_S 皆与截面的对称轴 y 重合（图 5.8b）。关于横截面上切应力的分布规律，作以下两个假设①：（1）横截面上各点的切应力的方向都平行于剪力 F_S；（2）切应力沿截面宽度均匀分布。在截面高度 h 大于宽度 b 的情况下，以上述假定为基础得到的解，与精确解相比有足够的精确度。按照这两个假设，在距中性轴为 y 处的横线 pq 上，各点的切应力 τ 都相等，且都平行于 F_S。再由切应力互等定理可知，在沿 pq 切出的平行于中性层的 pr 平面上，也必然有与 τ 相等的 τ'（图 5.8b 中未画 τ'，画在图 5.9 中），而且沿宽度 b，τ' 也是均匀分布的。

如以横截面 $m-n$ 和 m_1-n_1 从图 5.8a 所示梁中取出长度为 $\mathrm{d}x$ 的一段（图 5.9a），设截面 $m-n$ 和 m_1-n_1 上的弯矩分别为 M 和 $M+\mathrm{d}M$，再以平行于中性层且距中性层为 y 处的 pr 平面从这一段梁中截出一部分 $prnn_1$，则在这一截出部分的左侧面 rn 上，作用着因弯矩 M 引起的正应力；而在右侧面 pn_1 上，作用着因弯矩 $M+\mathrm{d}M$ 引起的正应力。在顶面 pr 上，

① 该假设在 $\frac{h}{b}>2$ 时比较符合，当 $\frac{h}{b}<1$ 时，此假设会引起结果产生较大误差。

作用着切应力 τ'。以上三种应力（即两侧正应力和顶面切应力 τ'）都平行于 x 轴（图 5.9a）。在右侧面 pn_1 上（图 5.9b），由微内力 $\sigma \mathrm{d}A$ 组成的内力系的合力是

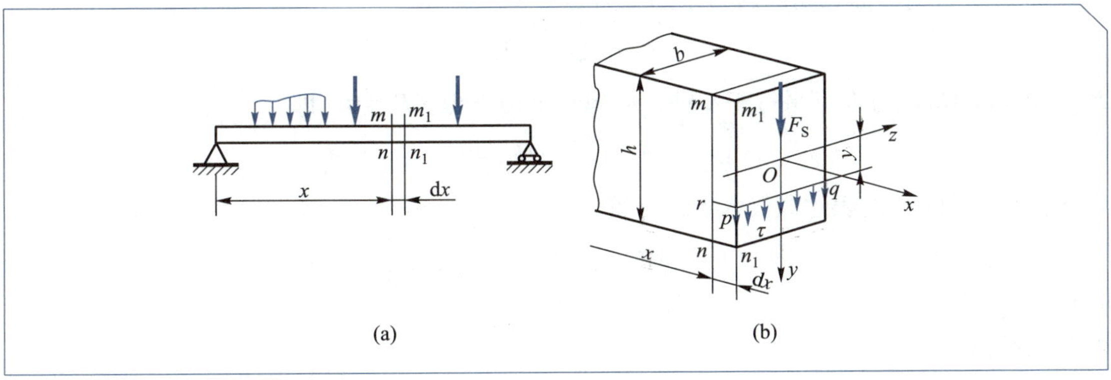

图 5.8

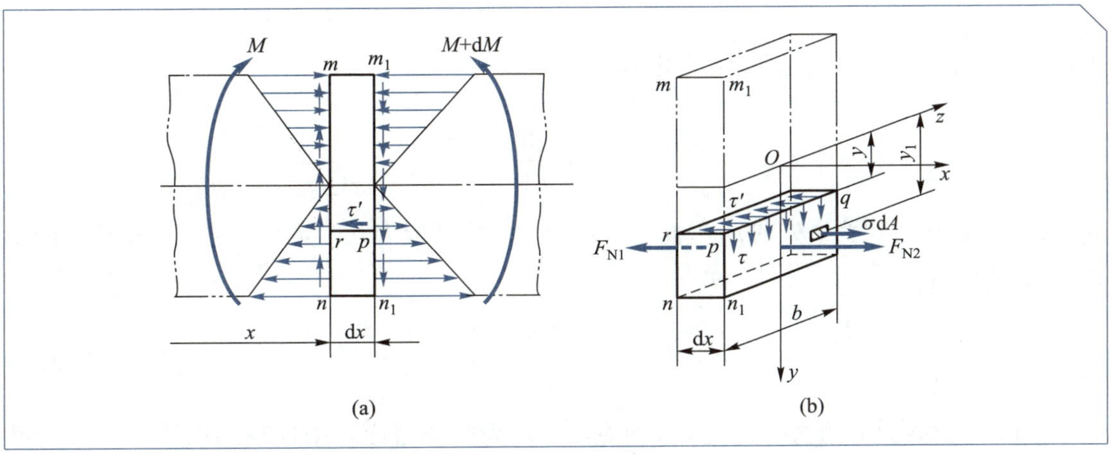

图 5.9

$$F_{\mathrm{N2}}=\int_{A_1}\sigma \mathrm{d}A \tag{a}$$

式中，A_1 为右侧面 pn_1 的面积。正应力 σ 应按式（5.2）计算，于是

$$\begin{aligned}F_{\mathrm{N2}}&=\int_{A_1}\sigma \mathrm{d}A=\int_{A_1}\frac{(M+\mathrm{d}M)y_1}{I_z}\mathrm{d}A=\frac{(M+\mathrm{d}M)}{I_z}\int_{A_1}y_1\mathrm{d}A\\&=\frac{(M+\mathrm{d}M)}{I_z}S_z^*\end{aligned}$$

式中，

$$S_z^*=\int_{A_1}y_1\mathrm{d}A \tag{b}$$

是横截面的部分面积 A_1 对中性轴的静矩，也就是距中性轴为 y 处的横线 pq 以下的面积对中性轴的静矩。同理，可以求得左侧面 rn 上的内力系合力 F_{N1} 为

$$F_{N1}=\frac{M}{I_z}S_z^*$$

在顶面 pr 上，与顶面相切的内力系的合力是

$$dF'_S=\tau' b dx$$

F_{N2}、F_{N1} 和 dF'_S 的方向都平行于 x 轴，应满足平衡方程 $\sum F_x=0$，即

$$F_{N2}-F_{N1}-dF'_S=0$$

将 F_{N2}、F_{N1} 和 dF'_S 的表达式代入上式，得

$$\frac{(M+dM)}{I_z}S_z^*-\frac{M}{I_z}S_z^*-\tau' b dx=0$$

简化后得出

$$\tau'=\frac{dM}{dx}\cdot\frac{S_z^*}{I_z b}$$

由式（4.2），有 $\frac{dM}{dx}=F_S$，于是上式化为

$$\tau'=\frac{F_S S_z^*}{I_z b}$$

式中，τ' 是距中性层为 y 处的 pr 平面上的切应力，由切应力互等定理，它等于横截面的横线 pq 上的切应力 τ，即

$$\tau=\frac{F_S S_z^*}{I_z b} \tag{5.7}$$

式中，F_S 为横截面上的剪力，b 为截面宽度，I_z 为整个截面对中性轴的惯性矩，S_z^* 为截面上距中性轴为 y 处的横线以下部分的面积对中性轴的静矩。这就是矩形截面梁弯曲切应力的计算公式。

对于矩形截面（图 5.10），可取 $dA=b dy_1$，于是式（b）化为

$$S_z^*=\int_{A_1}y_1 dA=\int_y^{\frac{h}{2}}b y_1 dy_1=\frac{b}{2}\left(\frac{h^2}{4}-y^2\right)$$

这样，式（5.7）可以写成

$$\tau=\frac{F_S}{2I_z}\left(\frac{h^2}{4}-y^2\right) \tag{5.8}$$

从式（5.8）看出，沿截面高度方向切应力 τ 按抛物线规律变化。当 $y=\pm\frac{h}{2}$ 时，$\tau=0$。

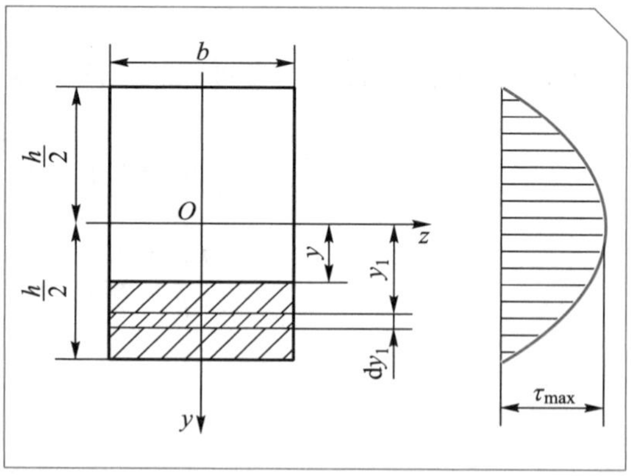

图 5.10

这表明在截面上、下边缘的各点处，切应力等于零。随着离中性轴的距离 y 的减小，τ 逐渐增大。当 $y=0$ 时，τ 为最大值，即最大切应力发生于中性轴上，且

$$\tau_{\max}=\frac{F_S h^2}{8I_z}$$

将 $I_z=\frac{bh^3}{12}$代入上式，即可得出

$$\tau_{\max}=\frac{3}{2}\frac{F_S}{bh} \tag{5.9}$$

可见矩形截面梁的最大切应力为平均切应力$\frac{F_S}{bh}$的 1.5 倍。

二、工字形截面梁

首先讨论工字形截面梁腹板上的切应力。腹板截面是一个狭长矩形，关于矩形截面上切应力分布的两个假设仍然适用。用相同的方法，必然可导出相同的切应力计算公式，即

$$\tau=\frac{F_S S_z^*}{I_z b_0}$$

式中，b_0 为腹板宽度。若需要计算腹板上距中性轴为 y 处的切应力，则 S_z^* 为图 5.11a 中画阴影线部分的面积对中性轴的静矩，即

$$\begin{aligned}S_z^* &=b\left(\frac{h}{2}-\frac{h_0}{2}\right)\left[\frac{h_0}{2}+\frac{1}{2}\left(\frac{h}{2}-\frac{h_0}{2}\right)\right]+b_0\left(\frac{h_0}{2}-y\right)\left[y+\frac{1}{2}\left(\frac{h_0}{2}-y\right)\right]\\&=\frac{b}{8}(h^2-h_0^2)+\frac{b_0}{2}\left(\frac{h_0^2}{4}-y^2\right)\end{aligned}$$

于是

$$\tau=\frac{F_S}{I_z b_0}\left[\frac{b}{8}(h^2-h_0^2)+\frac{b_0}{2}\left(\frac{h_0^2}{4}-y^2\right)\right] \tag{5.10}$$

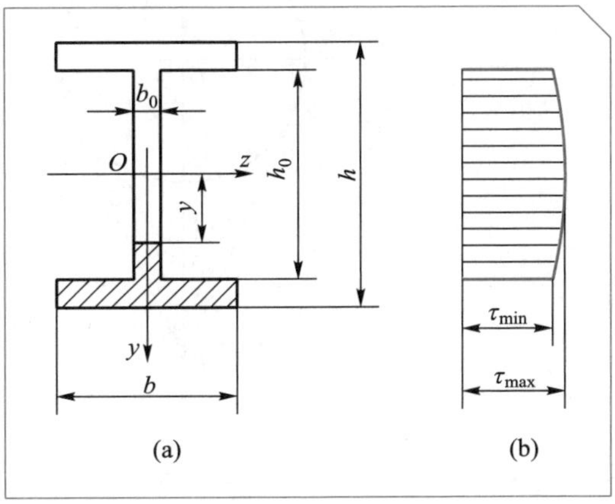

图 5.11

可见，沿腹板高度，切应力也是按抛物线规律分布的（图 5.11b）。以 $y=0$ 和 $y=\pm\frac{h_0}{2}$分别代入式（5.10），求得腹板上的最大和最小切应力分别是

$$\tau_{\max}=\frac{F_S}{I_z b_0}\left[\frac{bh^2}{8}-(b-b_0)\frac{h_0^2}{8}\right]$$

$$\tau_{\min}=\frac{F_S}{I_z b_0}\left(\frac{bh^2}{8}-\frac{bh_0^2}{8}\right)$$

从以上两式看出，因为腹板的宽度 b_0 远小于翼缘的宽度 b，因此 $\tau_{\max}$ 与 $\tau_{\min}$ 实际上相差不大。所以，可以认为在腹板上切应力大致是呈均匀分布的。若以图 5. 11b 中应力分布图的面积乘以腹板厚度 b_0，即可得到腹板上的总剪力 F_{S1}。计算结果表明，F_{S1} 等于（0. 95 ~ 0. 97）F_S。可见，横截面上的剪力 F_S 的绝大部分由腹板所负担。既然腹板几乎负担了截面上的全部剪力，而且腹板上的切应力又接近于均匀分布，这样，就可用剪力 F_S 除以腹板的截面面积，近似地得出腹板内的切应力为

$$\tau=\frac{F_S}{b_0 h_0} \tag{5.11}$$

在翼缘上，也应有平行于 F_S 的切应力分量，分布情况比较复杂，但数量很小，并无实际意义，所以通常并不进行计算。此外，翼缘上还有平行于翼缘宽度 b 的切应力分量。它与腹板内的切应力比较，一般说也是次要的。如需计算时，可用例 5. 4 给出的方法。

同时也注意到，工字形截面梁翼缘的全部面积都在离中性轴最远处，每一点的正应力都比较大，所以翼缘负担了截面上的大部分弯矩。

*三、圆形截面梁

当梁的横截面为圆形时，已经不能再假设截面上各点的切应力都平行于剪力 F_S。按照 § 3. 7 的证明（参看图 3. 20），截面边缘上各点的切应力与圆周相切。这样，在水平弦 AB 的两个端点上，与圆周相切的切应力作用线相交于 y 轴上的某点 p（图 5. 12a）。此外，由于对称，AB 中点 C 的切应力必定是铅垂的，因而也通过 p 点。由此可以假设，AB 弦上

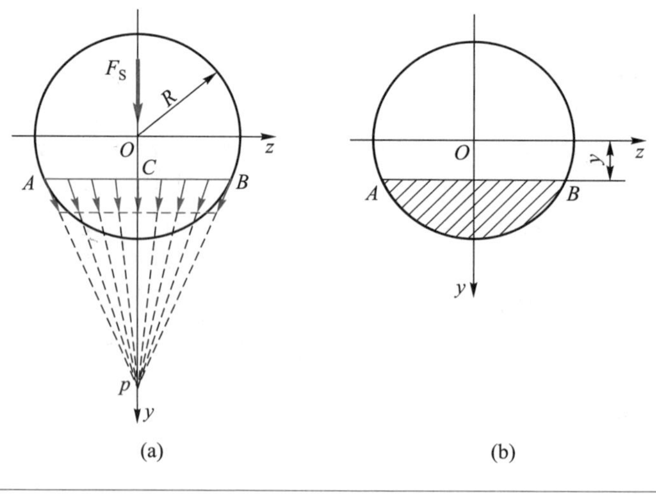

图 5. 12

各点切应力的作用线都通过 p 点。如再假设 AB 弦上各点切应力的垂直分量 τ_y 是相等的，于是对 τ_y 来说，就与对矩形截面所作的假设完全相同，所以可用式（5.7）来计算，即

$$\tau_y=\frac{F_S S_z^*}{I_z b} \tag{c}$$

式中，b 为 AB 弦的长度，S_z^* 是图 5.12b 中画阴影线的面积对 z 轴的静矩。

在中性轴上，切应力为最大值 τ_{max}，且各点的 τ_y 就是该点的总切应力。对中性轴上的点，有

$$b=2R,\qquad S_z^*=\frac{\pi R^2}{2}\cdot\frac{4R}{3\pi}$$

代入式（c），并注意到 $I_z=\dfrac{\pi R^4}{4}$，最后得出

$$\tau_{max}=\frac{4}{3}\frac{F_S}{\pi R^2} \tag{5.12}$$

式中，$\dfrac{F_S}{\pi R^2}$是梁截面上的平均切应力，可见最大切应力是平均切应力的$\dfrac{4}{3}$倍。

例 5.4 由木板胶合而成的梁如图 5.13a 所示。试求胶合面上沿 x 轴单位长度内的剪力。

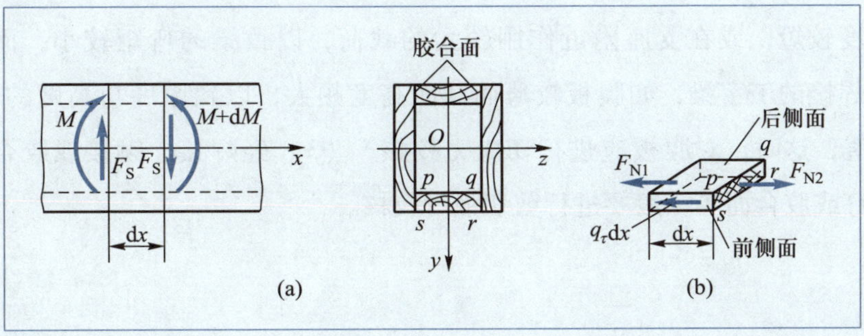

图 5.13

解： 从梁中取出长度为 dx 的微段，其两端截面上的弯矩分别为 M 和 $M+dM$。再从微段中取出平放的木板如图 5.13b 所示。仿照导出式（5.7）的方法，不难求出

$$F_{N1}=\frac{M}{I_z}S_z^*$$

$$F_{N2}=\frac{M+dM}{I_z}S_z^*$$

式中，S_z^* 是平放木板截面 $pqrs$ 对 z 轴的静矩，I_z 是整个梁截面对 z 轴的惯性矩。若胶合面上沿 x 轴单位长度内的剪力为 q_τ，则平放木板的前、后两个侧面上的剪力总共为 $2q_\tau \mathrm{d}x$。由平衡方程 $\sum F_x=0$，得

$$F_{N2}-F_{N1}-2q_\tau \mathrm{d}x=0$$

将 F_{N1} 和 F_{N2} 代入上式，整理后得出

$$q_\tau=\frac{1}{2}\frac{\mathrm{d}M}{\mathrm{d}x}\frac{S_z^*}{I_z}=\frac{1}{2}\frac{F_S S_z^*}{I_z}$$

现在讨论弯曲切应力的强度校核。一般说，在剪力为最大值的截面的中性轴上，出现最大切应力，且

$$\tau_{\max}=\frac{F_{S\max}S_{z\max}^*}{I_z b} \tag{5.13}$$

式中，$S_{z\max}^*$ 是中性轴以下（或以上）部分截面对中性轴的静矩。中性轴上各点的正应力等于零，所以都是纯剪切（§3.3）。弯曲切应力的强度条件是

$$\tau_{\max}\leqslant[\tau] \tag{5.14}$$

细长梁的控制因素通常是弯曲正应力。满足弯曲正应力强度条件的梁，一般来说都能满足切应力的强度条件。只有在下述一些情况下，要进行梁的弯曲切应力强度校核：（1）梁的跨度较短，或在支座附近作用较大的载荷，以致梁的弯矩较小，而剪力颇大；（2）铆接或焊接的工字梁，如腹板较薄而截面高度颇大，以致厚度与高度的比值小于型钢的相应比值，这时，对腹板应进行切应力校核；（3）经焊接、铆接或胶合而成的梁，对焊缝、铆钉或胶合面等一般要进行剪切强度校核。

例 5.5 简支梁 AB 如图 5.14a 所示。$l=2$ m，$a=0.2$ m。梁上的载荷为 $q=10$ kN/m，$F=200$ kN。材料的许用应力为 $[\sigma]=160$ MPa，$[\tau]=100$ MPa。试选择适用的工字钢型号。

解：计算梁的支座约束力。然后作剪力图和弯矩图，分别如图 5.14b 和 c 所示。

根据最大弯矩选择工字钢型号。$M_{\max}=45$ kN·m，由弯曲正应力强度条件，有

$$W_z \geqslant \frac{M_{max}}{[\sigma]} = \frac{45\times10^3\ \text{N}\cdot\text{m}}{160\times10^6\ \text{Pa}}$$

$$= 281\times10^{-6}\ \text{m}^3 = 281\ \text{cm}^3$$

查附录Ⅲ型钢表，选用 I 22a 工字钢，其 $W_z = 309\ \text{cm}^3$。

接下来校核梁的切应力。由型钢表查得$\frac{I_z}{S_z^*} = 18.9\ \text{cm}$①，腹板厚度 $d = 0.75\ \text{cm}$。由剪力图知 $F_{Smax} = 210\ \text{kN}$，代入切应力强度条件，得

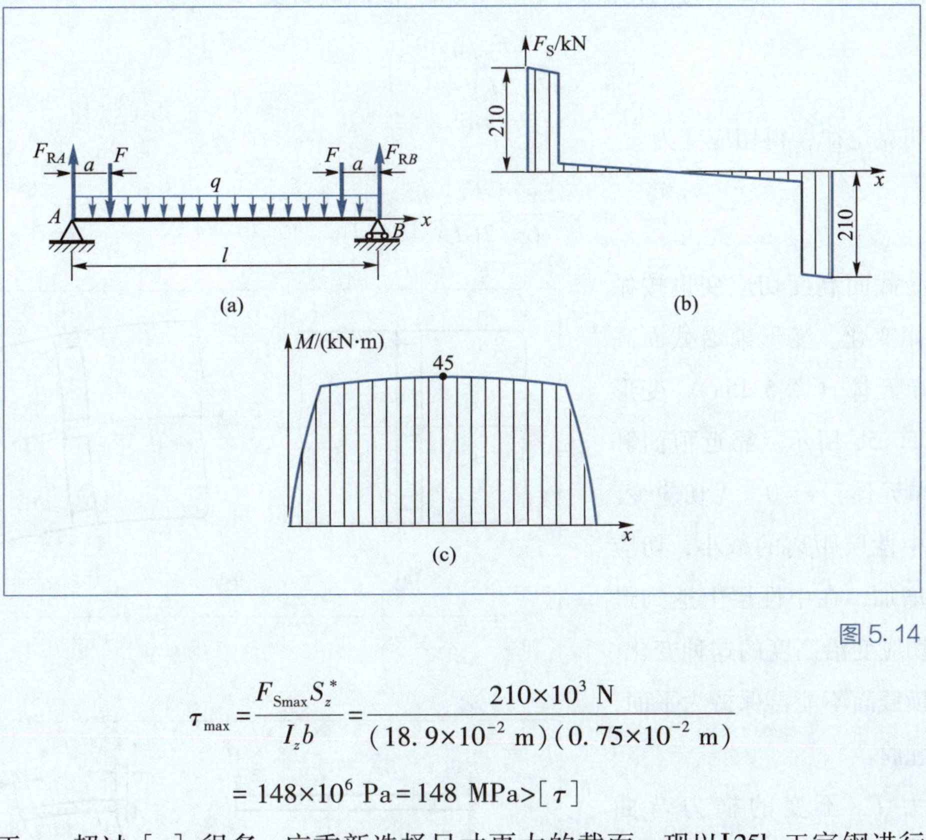

图 5.14

$$\tau_{max} = \frac{F_{Smax}S_z^*}{I_z b} = \frac{210\times10^3\ \text{N}}{(18.9\times10^{-2}\ \text{m})(0.75\times10^{-2}\ \text{m})}$$

$$= 148\times10^6\ \text{Pa} = 148\ \text{MPa} > [\tau]$$

由于 τ_{max} 超过 $[\tau]$ 很多，应重新选择尺寸更大的截面。现以I25b 工字钢进行试算。由型钢表查出，$\frac{I_z}{S_z^*} = 21.3\ \text{cm}$，$d = 10.0\ \text{mm}$。再次进行切应力强度校核，得

$$\tau_{max} = \frac{210\times10^3\ \text{N}}{(21.3\times10^{-2}\ \text{m})(1\times10^{-2}\ \text{m})} = 98.6\times10^6\ \text{Pa} = 98.6\ \text{MPa} < [\tau]$$

因此，要同时满足正应力和切应力强度条件，应选用型号为I25b 的工字钢。

①《热轧型钢》（GB/T 706—2016）中取消了工字钢$\frac{I_z}{S_z^*}$，本书引用此项旨在说明型钢选用的过程。

*§5.5 关于弯曲理论的基本假设

前面导出纯弯曲正应力的计算公式时，引用了两个假设。一个是平面假设；另一个是认为纵向纤维间无正应力。此外，还认为材料是线弹性的。对材料不是线弹性的情况留待第十八章讨论。现在讨论横力弯曲时，两个基本假设引起的偏差。

横力弯曲时，梁横截面上的切应力并非均匀分布，因而，沿截面高度各点的切应变也各不相同。以矩形截面梁为例，由式（5.8）知，沿截面高度切应力为

$$\tau=\frac{F_S}{2I_z}\left(\frac{h^2}{4}-y^2\right) \tag{a}$$

由剪切胡克定律，得切应变为

$$\gamma=\frac{\tau}{G}=\frac{F_S}{2GI_z}\left(\frac{h^2}{4}-y^2\right) \tag{b}$$

所以，沿截面高度切应变也按抛物线规律变化。变形前沿截面高度的各单元体（图5.15a），变形后如图5.15b所示。靠近顶面和底面的单元体，$\gamma=0$，无切应变。随着离中性层距离的减小，切应变逐渐增加，在中性层上达到最大值。切应变沿高度的这种变化，势必使横截面不能再保持为平面，而引起翘曲。

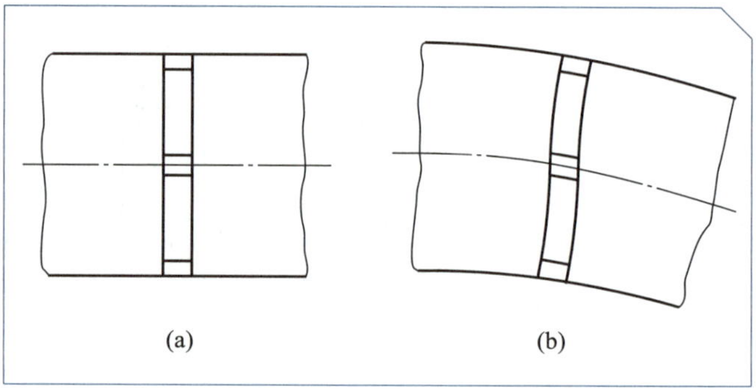

图 5.15

剪力 F_S 不变的横力弯曲（图5.16a），相邻横截面上的切应力相同，翘曲程度也就相同（图5.16b），纵向纤维 AB 的两端因翘曲而引起的位移 u 相等。这样，纵向纤维的长度不因截面翘曲而改变，所以不会引起附加的正应力，即截面翘曲并不改变按平面假设得到的正应力。

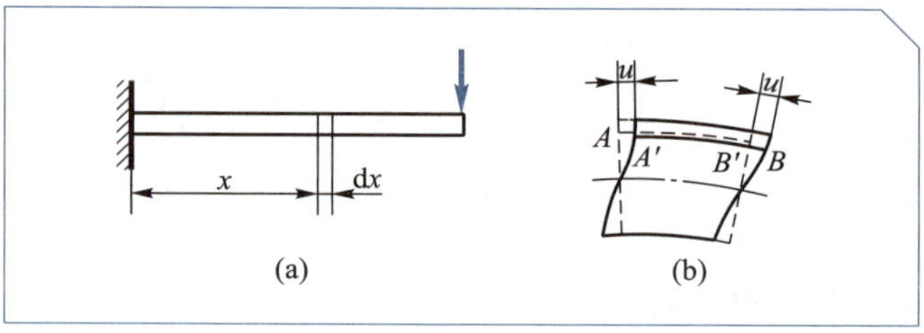

图 5.16

若横力弯曲的剪力 F_S 随截面位置而变化（图5.17a），相邻两截面上的切应力不同，于是翘曲的程度也不一样（图5.17b）。这样，纵向纤维 AB 两端的位移 u 和 u' 并不相等，

纤维长度将发生变化，从而引起附加的正应力。这正是平面假设所忽略的因素。理论分析的结果表明①，对截面高度 h 远小于跨度 l 的梁，上述偏差是非常微小的；而 $h \ll l$，正是杆件的几何特征。

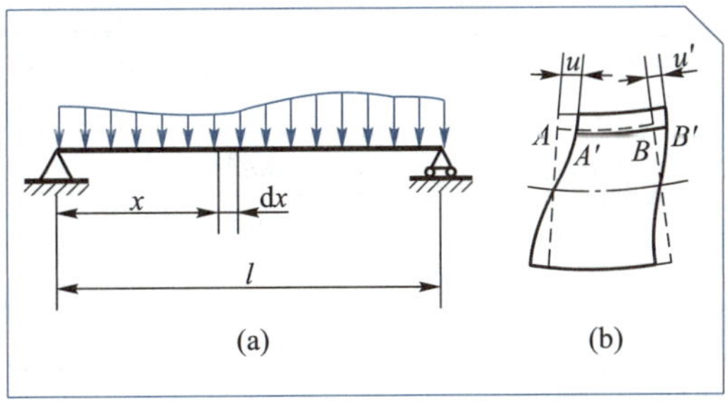

图 5.17

现在讨论第二个假设。分布载荷作用下的横力弯曲，纵向纤维之间一般是存在正应力的。例如，图 5.18a 表示从梁中取出的微段，微段左、右两截面上的剪力分别为 F_S 和 F_S+dF_S。梁上分布载荷的集度为 $q(x)$，按照 §4.5 的规定，设 $q(x)$ 是正的，方向向上。对矩形截面梁，截面上距中性轴为 y_1 处的切应力仍由式（a）来表示，只是将式中的坐标 y 改记为 y_1。若以平行于中性层的水平面 $prst$ 从微段中截出一部分（图 5.18b），则截出部分左侧面 $mnpt$ 上的剪力应为

$$F'_S=\int_y^{h/2}\tau b\mathrm{d}y_1=\frac{F_S b}{2I_z}\int_y^{h/2}\left(\frac{h^2}{4}-y_1^2\right)\mathrm{d}y_1=\frac{F_S b}{2I_z}\left(\frac{h^3}{12}-\frac{h^2}{4}y+\frac{1}{3}y^3\right)$$

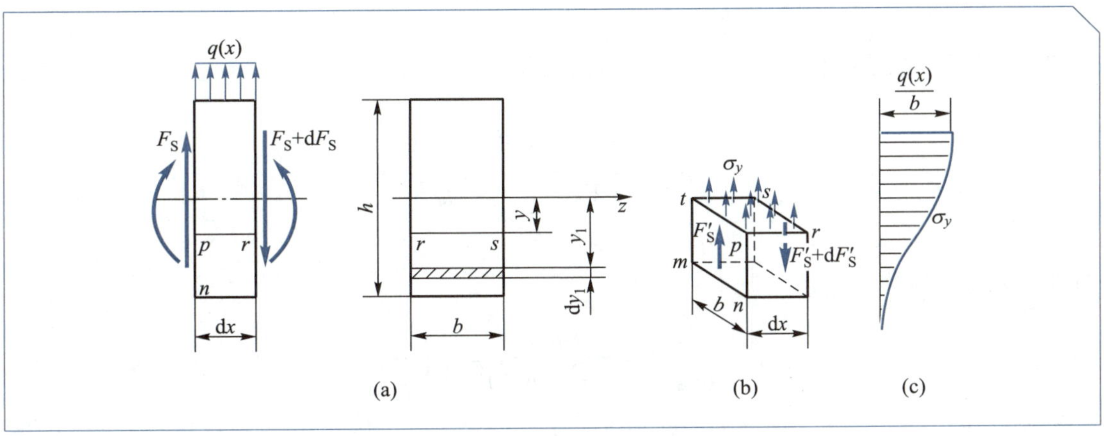

图 5.18

以 F_S+dF_S 代替上式中的 F_S，得到截出部分右侧面上的剪力

$$F'_S+\mathrm{d}F'_S=\frac{(F_S+\mathrm{d}F_S)b}{2I_z}\left(\frac{h^3}{12}-\frac{h^2}{4}y+\frac{1}{3}y^3\right)$$

在截出部分的顶面 $prst$ 上，以 σ_y 表示纵向水平面上的正应力，它也就是纵向纤维间相互作用的正应力。这样，顶面上沿 y 方向的内力是 $\sigma_y b\mathrm{d}x$。根据截出部分的平衡方程 $\sum F_y=0$，得

$$F'_S-(F'_S+\mathrm{d}F'_S)+\sigma_y b\mathrm{d}x=0$$

以 F'_S 和 $F'_S+\mathrm{d}F'_S$ 的表达式代入上式，化简后得出

① 参见王龙甫主编的《弹性理论》§7.7（该书由科学出版社于 1978 年出版）。

$$\sigma_y=\frac{\mathrm{d}F_S}{\mathrm{d}x}\cdot\frac{1}{2I_z}\left(\frac{h^3}{12}-\frac{h^2}{4}y+\frac{1}{3}y^3\right)$$

注意到$\frac{\mathrm{d}F_S}{\mathrm{d}x}=q(x)$，且 $I_z=\frac{bh^3}{12}$，上式便可写成

$$\sigma_y=\frac{q(x)}{2bh^3}(h^3-3h^2y+4y^3)$$

沿截面高度，σ_y 的分布情况如图 5.18c 所示。令 $y=-\frac{h}{2}$，得靠近顶面处 σ_y 的最大值为

$$\sigma_{y,\max}=\frac{q(x)}{b} \tag{c}$$

与弯曲正应力相比，σ_y 的值一般很小，可以忽略。以图 5.19 中的悬臂梁为例，梁在向下的均布载荷作用下，以 $q(x)=-q$ 代入式（c）得纵向纤维间的最大应力为

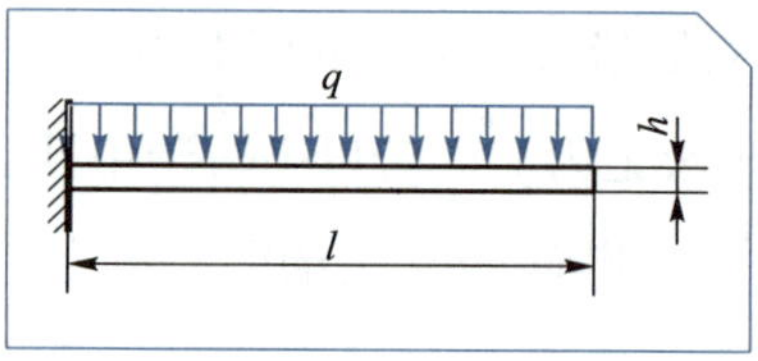

图 5.19

$$\sigma_{y,\max}=-\frac{q}{b}$$

式中，负号表示是压应力。最大弯曲正应力发生于固定端，且

$$\sigma_{\max}=\frac{M_{\max}}{W}=\frac{\frac{1}{2}ql^2}{\frac{1}{6}bh^2}=\frac{3ql^2}{bh^2}$$

两种正应力之比为

$$\frac{|\sigma_{y,\max}|}{\sigma_{\max}}=\frac{q/b}{3ql^2/(bh^2)}=\frac{1}{3}\left(\frac{h}{l}\right)^2$$

若$\frac{h}{l}=\frac{1}{10}$，则以上比值仅为 0.33%。若$\frac{h}{l}=\frac{1}{5}$，比值也只为 1.33%。可见，一般情况下，σ_y是可以忽略的，这正是假设纵向纤维间无正应力的依据。

§5.6 提高弯曲强度的措施

前面曾经指出，弯曲正应力是控制梁的主要因素。所以弯曲正应力的强度条件

$$\sigma_{\max}=\frac{M_{\max}}{W}\leqslant[\sigma] \tag{a}$$

往往是设计梁的主要依据。从这个条件看出，要提高梁的承载能力应从两方面考虑：一方面是合理安排梁的受力情况，以降低 $M_{\max}$ 的数值；另一方面则是采用合理的截面形状，以提高 W 的数值，充分利用材料的性能。下面分几点进行讨论。

一、合理安排梁的受力情况

改善梁的受力情况，尽量降低梁内的最大弯矩，相对地说，也就是提高了梁的强度。为此，首先应合理布置梁的支座。以图 5. 20a 所示均布载荷作用下的简支梁为例，有

$$M_{\max}=\frac{ql^2}{8}=0.\ 125ql^2$$

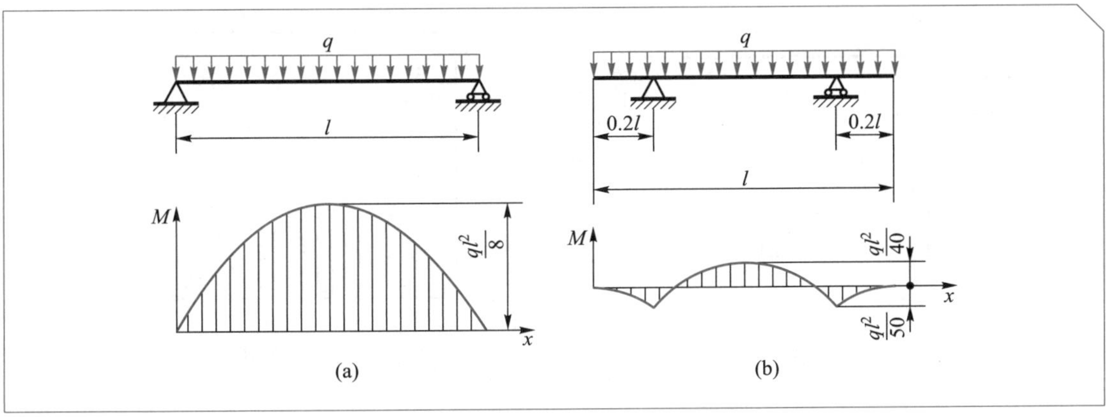

图 5. 20

若将两端支座各向里移动 0. 2l（图 5. 20b），则最大弯矩减小为

$$M_{\max}=\frac{ql^2}{40}=0.\ 025ql^2$$

只及前者的$\frac{1}{5}$。也就是说按图 5. 20b 布置支座，载荷即可提高 4 倍。图 5. 21a 所示门式起重机的大梁，图 5. 21b 所示柱形容器等，其支撑点略向中间移动，都可以取得降低 $M_{\max}$的效果。

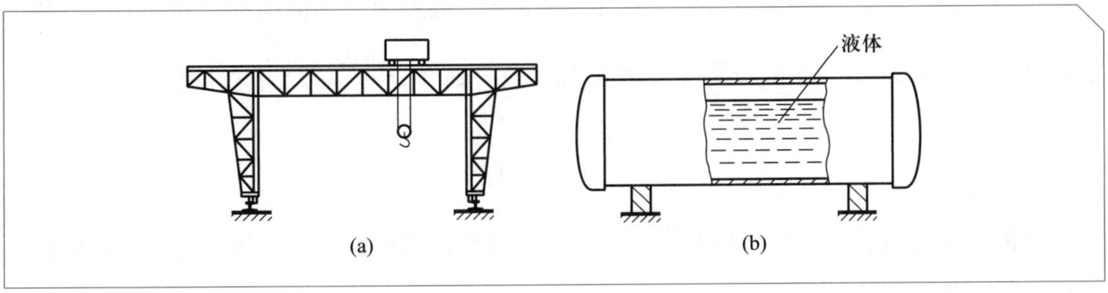

图 5. 21

其次，合理布置载荷，也可起到降低最大弯矩的效果。例如，将轴上的齿轮安置得紧靠轴承，就会使齿轮传到轴上的力 F 紧靠支座。像图 5.22 所示情况，轴上的最大弯矩仅为 $M_{\max}=\frac{5}{36}Fl$；但如把集中力 F 作用于轴的中点，则 $M_{\max}=\frac{1}{4}Fl$。相比之下，前者的最大弯矩就减少很多。此外，在情况允许的条件下，应尽可能把较大的集中力分散成较小的力，或者改变成分布载荷。例如，把作用于跨度中点的集中力 F 分散成图 5.23 所示的两个集中力，则最大弯矩将由 $M_{\max}=\frac{Fl}{4}$ 降低为 $M_{\max}=\frac{Fl}{8}$。

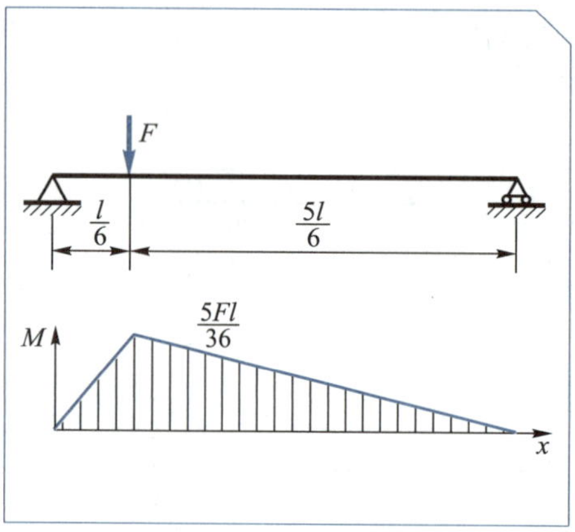

图 5.22

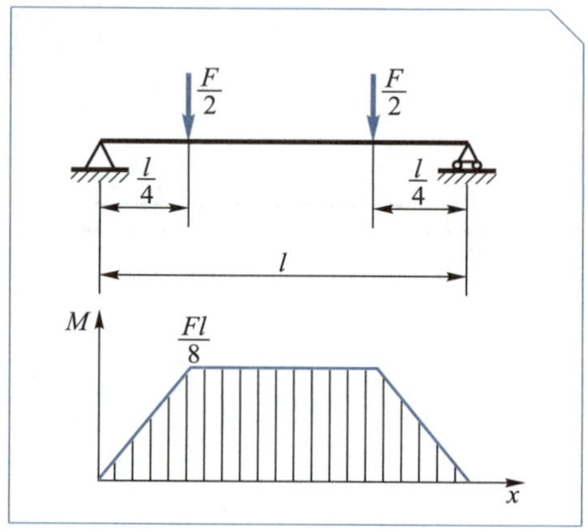

图 5.23

二、梁的合理截面

若把弯曲正应力的强度条件改写成

$$M_{\max}\leqslant[\sigma]W \tag{b}$$

梁截面的优化——在中性层附近开孔的梁

可见，梁可能承受的 $M_{\max}$ 与抗弯截面系数 W 成正比，W 越大越有利。另一方面，使用材料的多少和自重的大小，则与截面面积 A 成正比，面积越小越经济，越轻巧。因而合理的截面形状应该是截面面积 A 较小，而抗弯截面系数 W 较大。例如，使截面高度 h 大于宽度 b 的矩形截面梁，抵抗垂直平面内的弯曲变形时，如把截面竖放（图 5.24a），则 $W_{z1}=\frac{bh^2}{6}$；如把截面平放，则 $W_{z2}=\frac{b^2h}{6}$。两者之比是

$$\frac{W_{z1}}{W_{z2}}=\frac{h}{b}>1$$

所以竖放比平放有更高的抗弯强度，更为合理。因此，房屋和桥梁等建筑物中的矩形截面梁，一般都是竖放的。

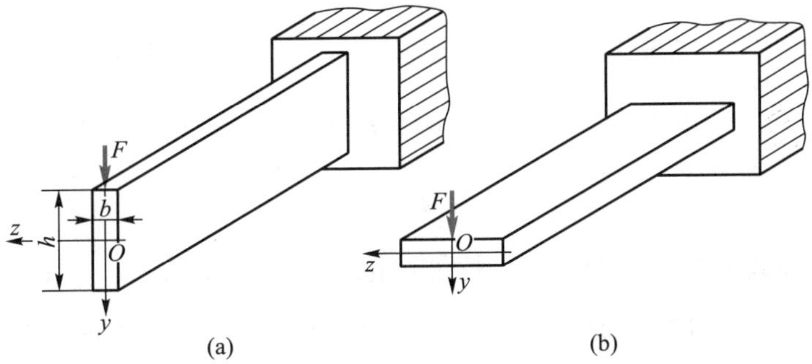

图 5.24

截面的形状不同，其抗弯截面系数 W_z 也就不同。可以用比值$\frac{W_z}{A}$来衡量截面形状的合理性和经济性。比值$\frac{W_z}{A}$较大，则截面的形状就较为经济合理。可以算出矩形截面的比值$\frac{W_z}{A}$为

$$\frac{W_z}{A}=\frac{1}{6}bh^2/(bh)=0.167h$$

圆形截面的比值$\frac{W_z}{A}$为

$$\frac{W_z}{A}=\frac{\pi d^3}{32}\bigg/\frac{\pi d^2}{4}=0.125d$$

几种常用截面的比值$\frac{W_z}{A}$已列入表 5.1 中。从表中所列数值可以看出，工字钢或槽钢比矩形截面经济合理，矩形截面比圆形截面经济合理。所以桥式起重机的大梁及其他钢结构中的抗弯杆件，经常采用工字形截面、槽形截面或箱形截面等。这可以用梁横截面上正应力的分布规律来解释。弯曲时，梁截面上的点离中性轴越远，正应力越大。为了充分利用材料，应尽可能地把材料置放到离中性轴较远处。圆形截面在中性轴附近聚集了较多的材料，致使材料未能充分发挥作用。为了将材料移置到离中性轴较远处，可将实心圆形截面改成空心圆形截面。至于矩形截面，如把中性轴附近的材料移置到上、下边缘处（图 5.25），这就成了工字形截面。采用槽形截面或箱形截面也是出于同样的考虑。

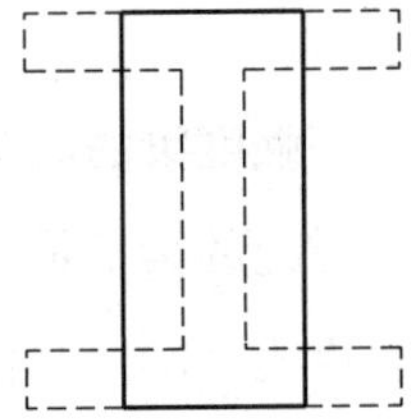

图 5.25

表 5.1　几种截面的 W_z 和 A 的比值

截面形状	矩形	圆形	槽钢	工字钢
$\frac{W_z}{A}$	$0.167h$	$0.125d$	$(0.27\sim0.31)h$	$(0.27\sim0.31)h$

以上是仅从静载抗弯强度的角度进行了讨论。事物是复杂的，不能只从单方面考虑。例如，把一根细长的圆杆加工成空心杆，势必会因加工复杂或难度而提高成本。又如轴类零件，虽然也承受弯曲，但它还承受扭转，还要完成传动任务，对它还有结构和工艺上的要求。考虑到这些方面，采用圆轴就比较切合实际了。

在讨论截面的合理形状时，还应考虑到材料的特性。对抗拉和抗压强度相同的材料（如碳钢），宜采用对中性轴对称的截面，如圆形、矩形、工字形等。这样可使截面上、下边缘处的最大拉应力和最大压应力数值相等，并同时接近许用应力。对抗拉和抗压强度不相等的材料（如铸铁），宜采用中性轴偏向于受拉一侧的截面形状，例如，图 5.26 中所表示的一些截面。对这类截面，如能使 y_1 和 y_2 之比接近于下列关系：

$$\frac{\sigma_{\text{tmax}}}{\sigma_{\text{cmax}}}=\frac{M_{\max}y_1}{I_z}\Big/\frac{M_{\max}y_2}{I_z}=\frac{y_1}{y_2}=\frac{[\sigma_t]}{[\sigma_c]}$$

式中，$[\sigma_t]$ 和 $[\sigma_c]$ 分别表示拉伸和压缩的许用应力，则最大拉应力和最大压应力便可同时接近许用应力。

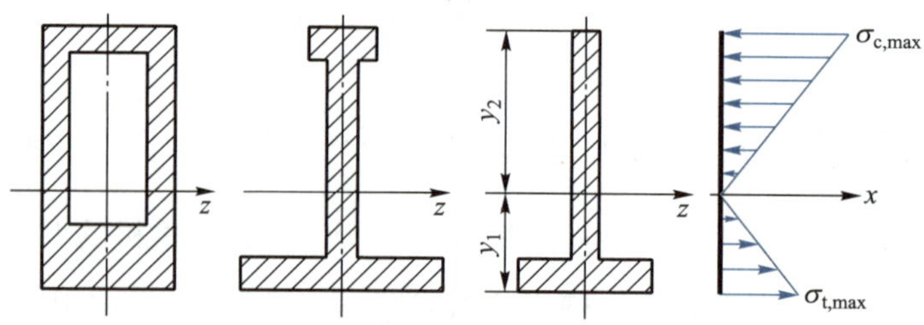

图 5.26

三、等强度梁的概念

前面讨论的梁都是等截面的，即 W 为常数，但梁在各截面上的弯矩却随截面的位置而变化。由式（a）可知，对于等截面的梁来说，只有在弯矩为最大值 $M_{\max}$ 的截面上，最大应力才有可能接近许用应力。其余各截面上弯矩较小，应力也就较低，材料没有得到充分利用。为了节约材料，减轻自重，可改变截面尺寸，使抗弯截面系数随弯矩而变化。在弯矩较大处采用较大截面，而在弯矩较小处采用较小截面。这种截面沿轴线变化的梁，称为变截面梁。变截面梁的正应力计算仍可近似地用等截面梁的公式。如变截面梁各横截面上的最大正应力都相等，且都等于许用应力，就是等强度梁。设梁在任一截面上的弯矩为 $M(x)$，而截面的抗弯截面系数为 $W(x)$。根据上述等强度梁的要求，应有

变截面梁

$$\sigma_{\max}=\frac{M(x)}{W(x)}=[\sigma]$$

或者写成

$$W(x)=\frac{M(x)}{[\sigma]} \tag{5.15}$$

这是等强度梁的 $W(x)$ 沿梁轴线变化的规律。

若图 5.27a 所示在集中力 F 作用下的简支梁为等强度梁，截面为矩形，且设截面高度 h 为常数，而宽度 b 为 x 的函数，即 $b=b(x)\left(0\leqslant x\leqslant\frac{l}{2}\right)$，则由式（5.15），有

$$W(x)=\frac{b(x)h^2}{6}=\frac{M(x)}{[\sigma]}=\frac{\frac{F}{2}x}{[\sigma]}$$

于是

$$b(x)=\frac{3F}{[\sigma]h^2}x \tag{c}$$

截面宽度 $b(x)$ 是 x 的一次函数（图 5.27b）。因为载荷对称于跨度中点，因而截面形状也应对跨度中点对称。按照式（c）所表示的关系，在梁的两端，$x=0$，$b(x)=0$，即截面宽度等于零。这显然不能满足剪切强度要求。因而要按剪切强度条件确定支座附近截面的宽度。设所需要的最小截面宽度为 $b_{\min}$（图 5.27c），根据切应力强度条件

$$\tau_{\max}=\frac{3}{2}\frac{F_{\mathrm{Smax}}}{A}=\frac{3}{2}\times\frac{\frac{F}{2}}{b_{\min}h}=[\tau]$$

由此求得

$$b_{\min}=\frac{3F}{4h[\tau]} \tag{d}$$

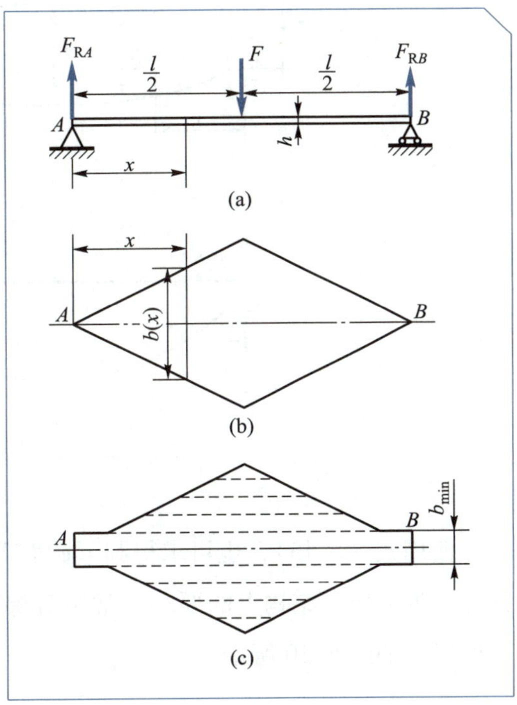

图 5.27

若设想把这一等强度梁分成若干狭条（图 5. 27c），然后叠置起来，并使其略微拱起，这就成为载重车辆上经常使用的钢板弹簧，如图 5. 28 所示。

等强度设计梁——钢板弹簧

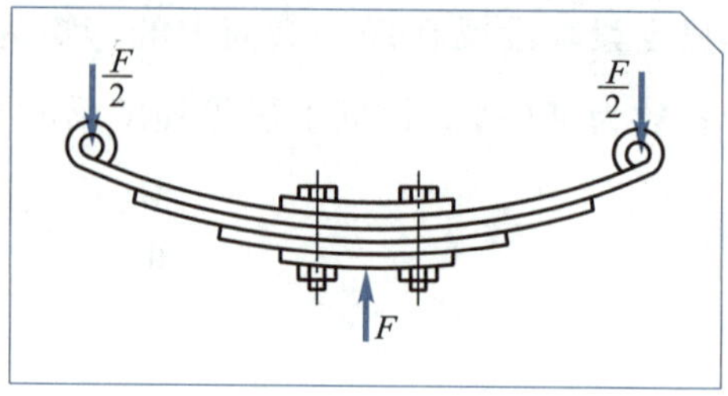

图 5. 28

若上述矩形截面等强度梁的截面宽度 b 为常数，而高度 h 为 x 的函数，即 $h=h(x)$，用完全相同的方法可以求得

变厚度梁——鱼腹梁

$$h(x)=\sqrt{\frac{3Fx}{b[\sigma]}} \tag{e}$$

$$h_{\min}=\frac{3F}{4b[\tau]} \tag{f}$$

按式（e）和式（f）所确定的梁的形状如图 5. 29a 所示。如把梁做成图 5. 29b 所示的形式，就成为在厂房建筑中广泛使用的“鱼腹梁”了。

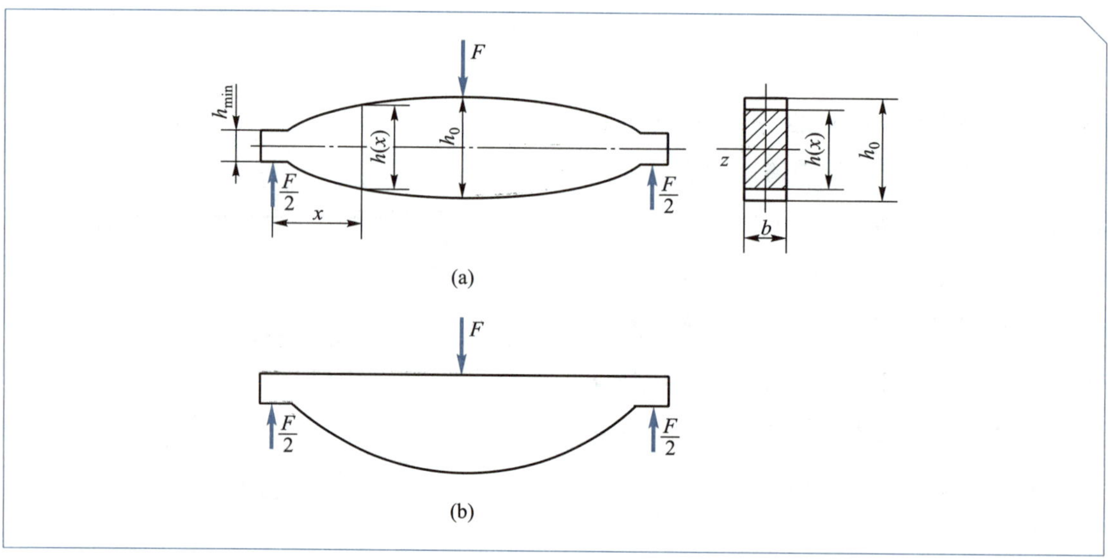

图 5. 29

使用式（5. 15），也可求得圆形截面等强度梁的截面直径沿轴线的变化规律。但考虑到加工的方便及结构上的要求，常用阶梯形状的变截面梁（阶梯轴）来代替理论上的等强度梁，如图 5. 30 所示。

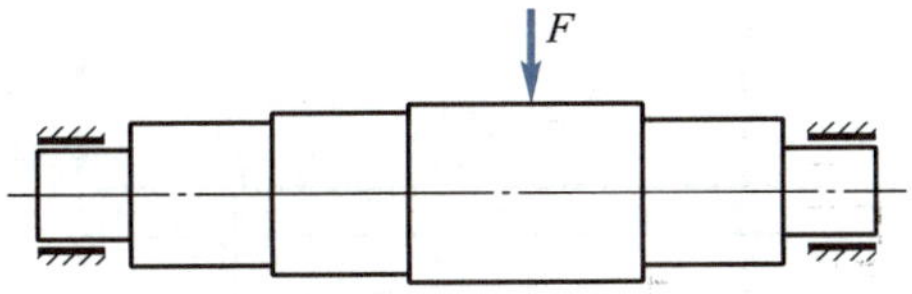

图 5.30

习　题

5.1　把直径 $d=1$ mm 的钢丝绕在直径为 2 m 的卷筒上，设 $E=200$ GPa，试计算该钢丝中产生的最大应力。

习题：
第五章弯曲应力

5.2　简支梁承受均布载荷如图所示。若分别采用截面面积相等的实心和空心圆形截面，且 $D_1=40$ mm，$\dfrac{d_2}{D_2}=\dfrac{3}{5}$，试分别计算它们的最大正应力。并问空心截面比实心截面的最大正应力减小了百分之几？

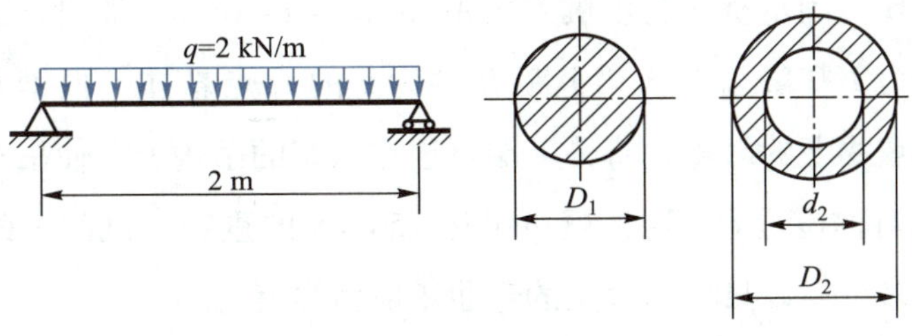

题 5.2 图

5.3　某圆轴的外伸部分系空心圆形截面，载荷情况如图所示。试作该轴的弯矩图，并求轴内的最大正应力。

5.4　矩形截面悬臂梁如图所示，已知 $l=4$ m，$\dfrac{b}{h}=\dfrac{2}{3}$，$q=10$ kN/m，$[\sigma]=10$ MPa。试确定此梁横截面的尺寸。

5.5　Ⅰ20a 工字钢梁的支承和受力情况如图所示。若 $[\sigma]=160$ MPa，试求许可载荷 F。

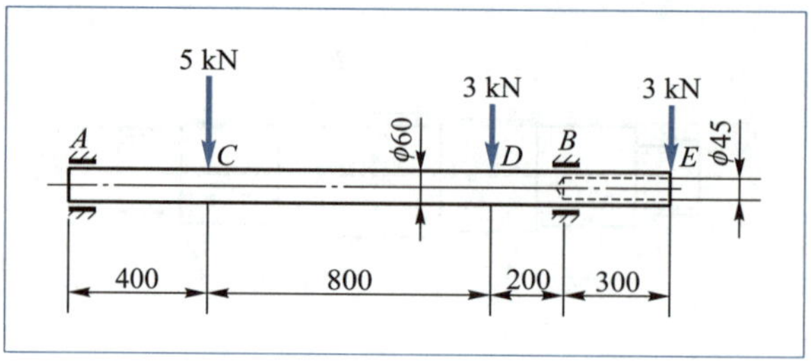

题 5.3 图

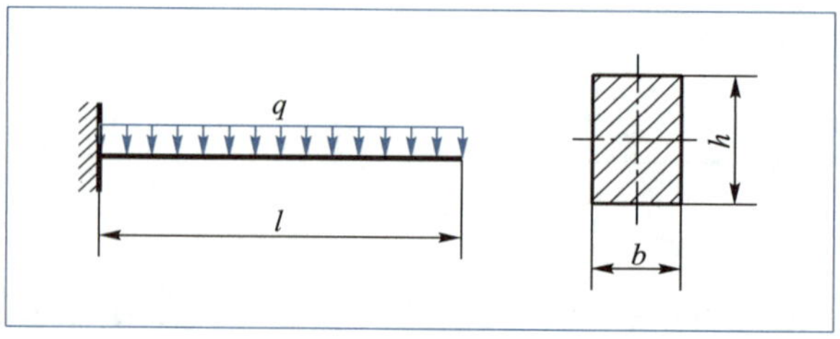

题 5.4 图

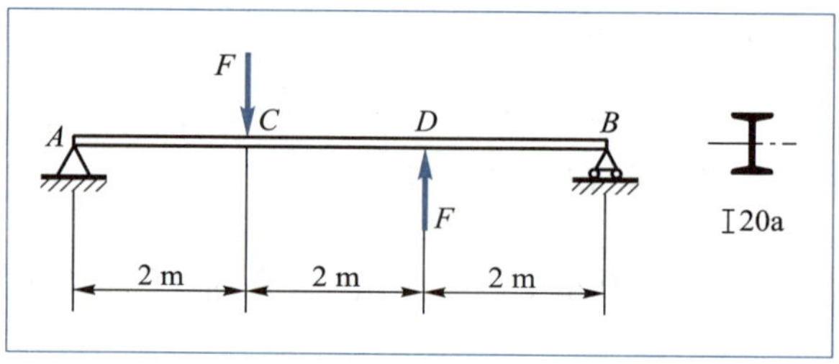

题 5.5 图

5.6 图示桥式起重机大梁 AB 的跨度 $l=16$ m，原设计最大起吊重量为 100 kN。在大梁上距 B 端为 x 的 C 点悬挂一根钢索，绕过装在重物上的滑轮，将另一端再挂在吊车的吊钩上，使吊车行驶到 C 的对称位置 D。这样就可吊运 150 kN 的重物。试问 x 的最大值等于多少。设只考虑大梁的弯曲正应力强度。

5.7 图示轧辊轴直径 $D=280$ mm，跨长 $L=1\ 000$ mm，$l=450$ mm，$b=100$ mm①。若轧辊材料的弯曲许用应力 $[\sigma]=100$ MPa。求轧辊能承受的最大轧制力。

5.8 压板的尺寸和载荷情况如图所示。材料为 45 钢，$\sigma_s=380$ MPa，取安全因数 $n=1.5$。试校核压板的强度。

① 为了示意轧辊轴在实际轧制过程中所受载荷为均布载荷，图中放大了均布载荷 q 的作用范围，l 和 b 并未按实际比例绘制。

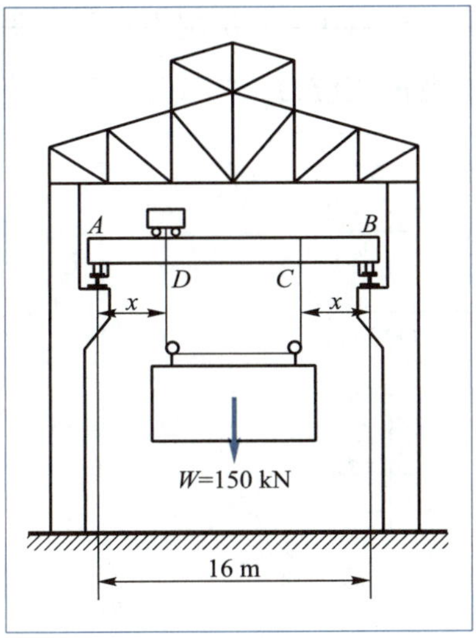

题 5.6 图

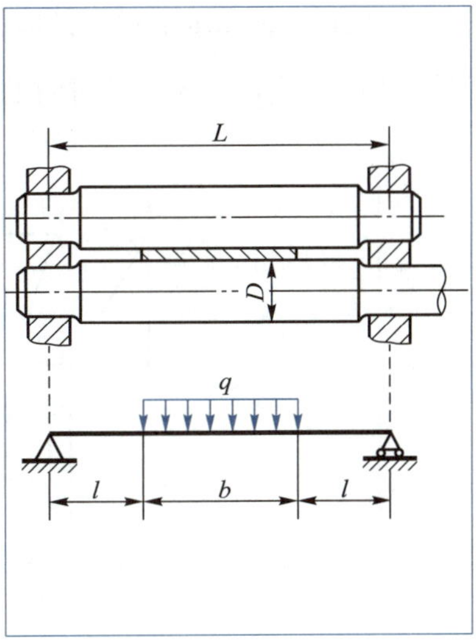

题 5.7 图

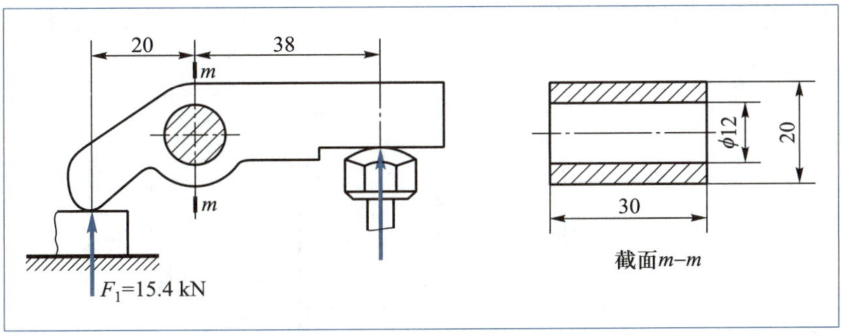

题 5.8 图

5.9 拆卸工具如图所示。若 $l=250$ mm，$a=30$ mm，$h=60$ mm，$c=16$ mm，$d=58$ mm，$[\sigma]=160$ MPa，试按横梁中央截面的强度确定许可的顶压力 F。

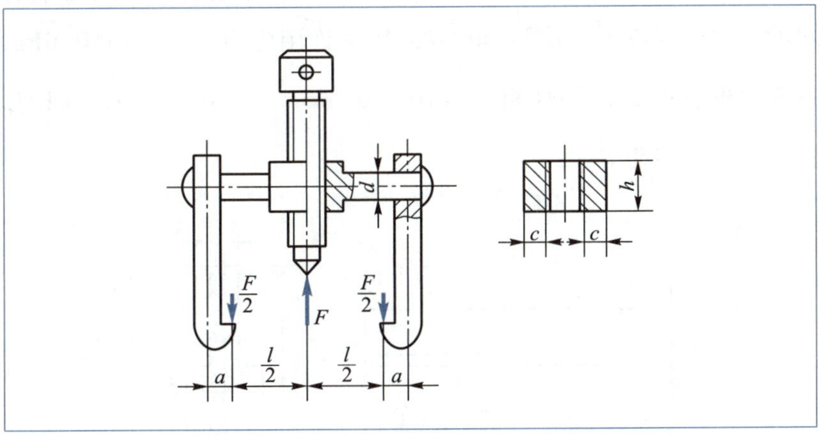

题 5.9 图

5.10 割刀在切割工件时，受到 $F=1$ kN 的切削力作用。割刀尺寸如图所示。试求割刀内的最大弯曲正应力。

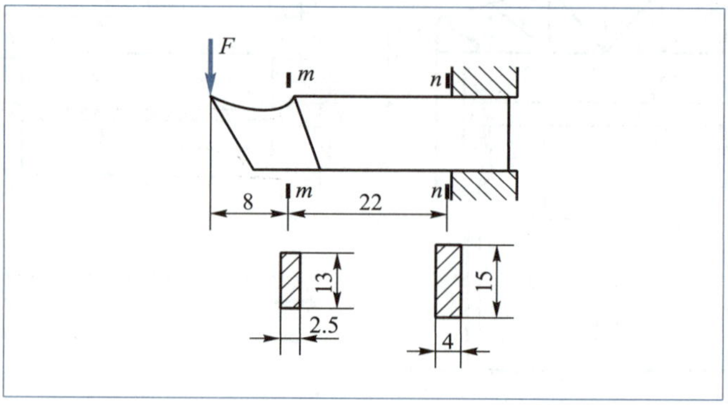

题 5.10 图

5.11 图示为一承受纯弯曲的铸铁梁，其截面为倒 T 字形，材料的拉伸和压缩许用应力之比 $[\sigma_t]/[\sigma_c]=1/4$。求水平翼板的合理宽度 b。

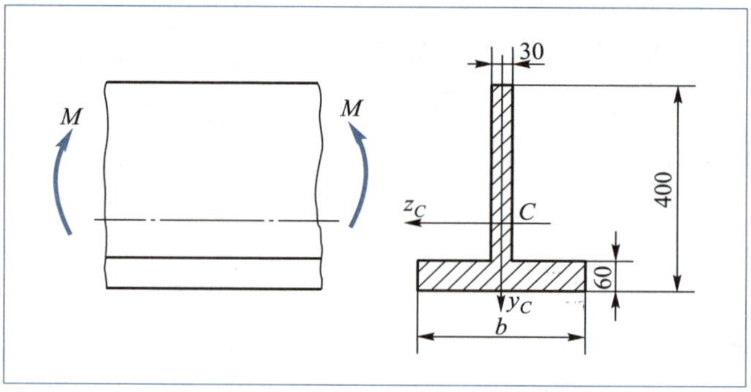

题 5.11 图

5.12 倒 T 字形截面铸铁悬臂梁，尺寸及载荷如图所示。若材料的拉伸许用应力 $[\sigma_t]=40$ MPa，压缩许用应力 $[\sigma_c]=160$ MPa，截面对形心轴 z_C 的惯性矩 $I_{z_C}=10\ 180\ \text{cm}^4$，$h_1=96.4$ mm，试计算该梁的许可载荷 F。

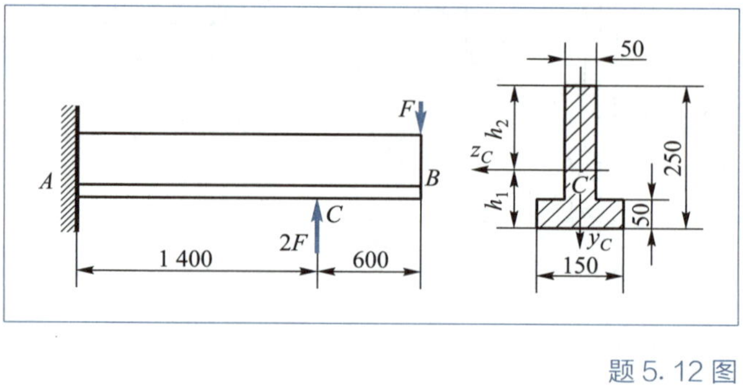

题 5.12 图

5.13　当 [20b 槽钢受纯弯曲变形时，测出距顶部 5 mm 处的侧面上 A、B 两点间长度的改变量为 $\Delta l=27\times10^{-3}$ mm，材料的 $E=200$ GPa。试求图示梁截面上的弯矩 M。

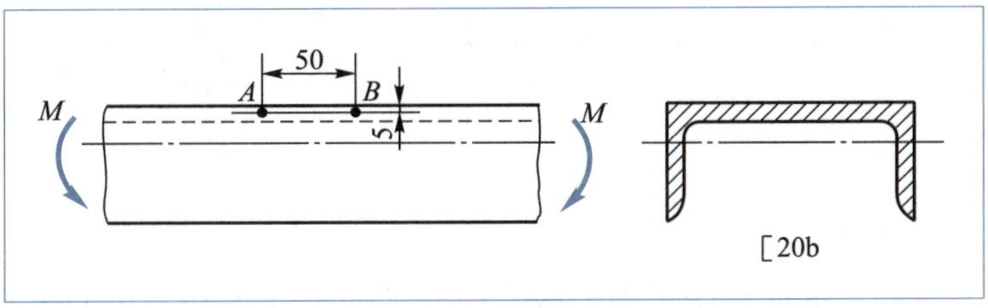

题 5.13 图

5.14　矩形截面梁的尺寸及载荷如图所示。试求 1-1 截面上画阴影线的面积内，由 σdA 组成的内力系的合力。

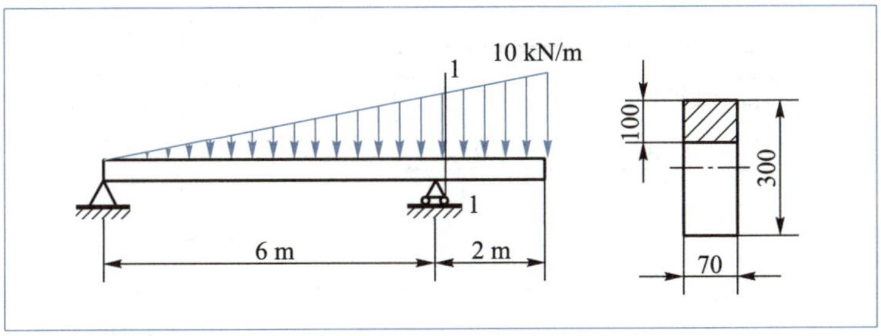

题 5.14 图

5.15　图示结构，AB 梁为 I 10 工字钢，BC 杆为直径为 $d=20$ mm 的实心圆形截面钢杆，AB 梁上作用均布载荷 q。若梁及杆的许用应力均为 $[\sigma]=100$ MPa。试求许用的均布载荷 $[q]$。

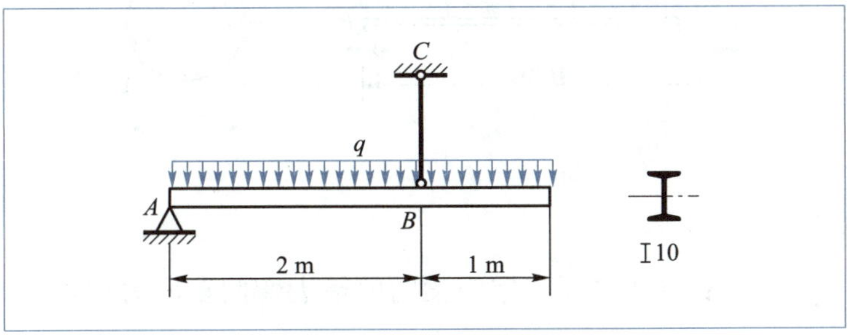

题 5.15 图

5.16　铸铁梁的载荷及横截面尺寸如图所示。许用拉应力 $[\sigma_t]=40$ MPa，许用压应力 $[\sigma_c]=160$ MPa。试按正应力强度条件校核梁的强度。若载荷不变，但将 T 形横截面梁倒置，即翼缘在下成为倒 T 字形，是否合理？何故？

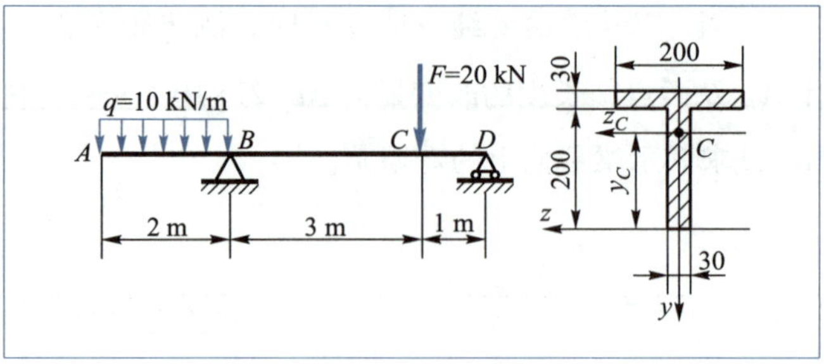

题 5.16 图

5.17 试计算图示矩形截面简支梁的 1-1 截面上 a 点和 b 点的正应力和切应力。

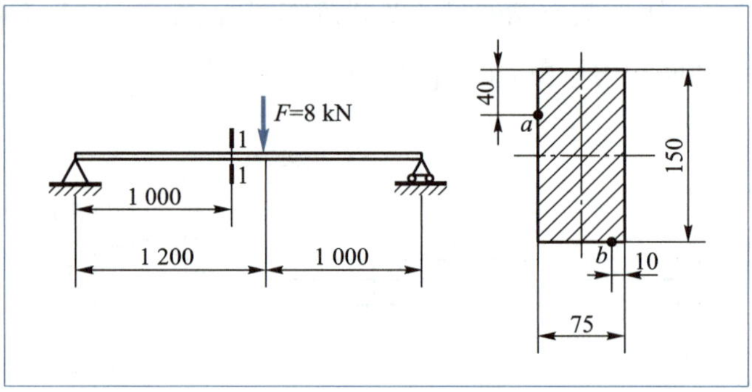

题 5.17 图

5.18 试计算在图示均布载荷作用下，圆形截面简支梁内的最大正应力和最大切应力，并指出它们各自发生于何处。

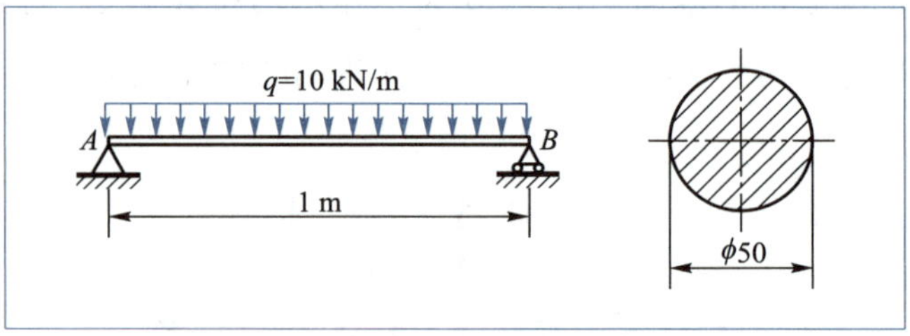

题 5.18 图

5.19 试计算图示工字钢梁内的最大弯曲正应力和最大弯曲切应力。（注：Ⅰ16 工字钢 $I_z/S_z^* = 13.8$ cm。）

5.20 若图示圆环形截面梁的壁厚 δ 远小于平均半径 R_0，试求截面上的最大切应力。设剪力 F_S 已知。

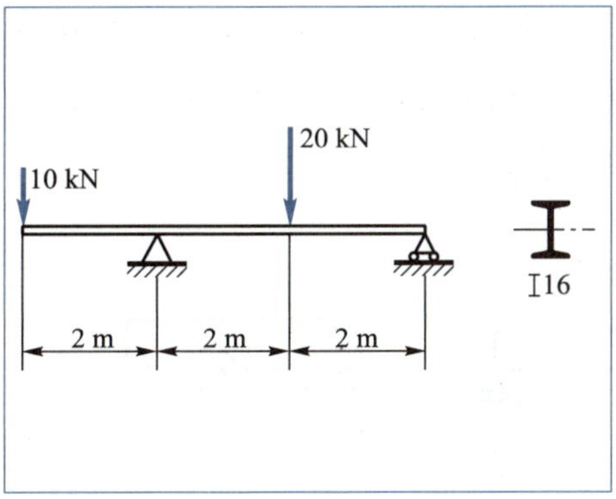

题 5.19 图

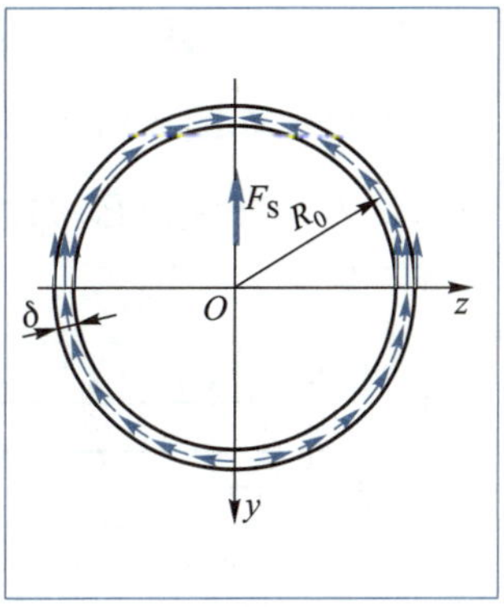

题 5.20 图

5.21 起重机下的梁由两根工字钢组成，起重机自重 $P=50$ kN，起吊重量 $W=10$ kN。许用应力 $[\sigma]=160$ MPa，$[\tau]=100$ MPa。若暂不考虑梁的自重，试按弯曲正应力强度条件选定工字钢型号，然后再按弯曲切应力强度条件进行校核。（注：I 27a 工字钢 $I_z/S_z^*=$ 23.8 cm。）

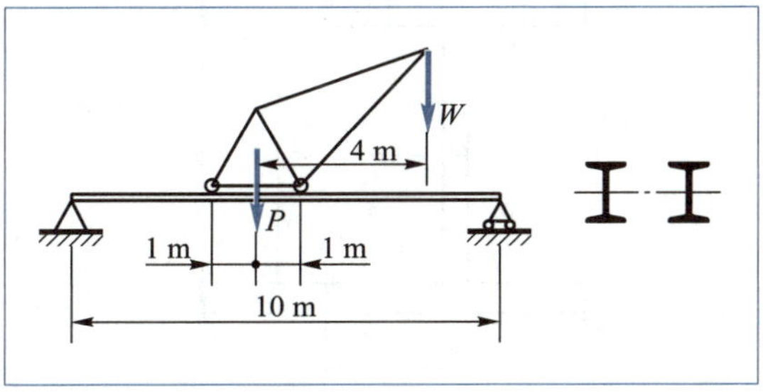

题 5.21 图

5.22 由三根木条胶合而成的悬臂梁截面尺寸如图所示，跨度 $l=1$ m。若胶合面上的许用切应力为 0.34 MPa，木材的许用弯曲正应力为 $[\sigma]=10$ MPa，许用切应力为 $[\tau]=1$ MPa，试确定许可载荷 F。

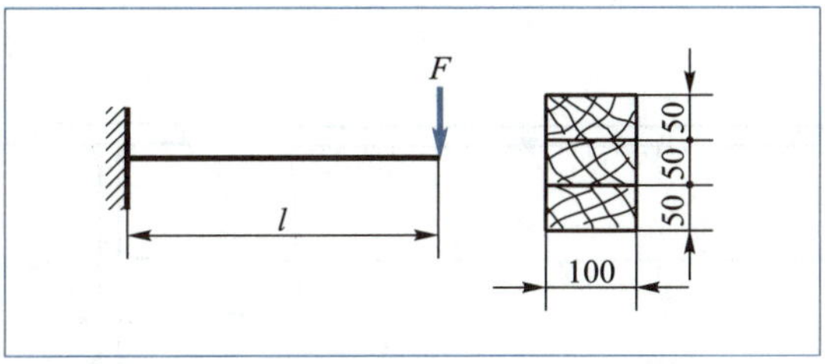

题 5.22 图

*5.23 在图 a 中，若以虚线所示的纵向面和横向面从梁中截出一部分，如图 b 所示，试求在纵向面 $abcd$ 上由 $\tau \mathrm{d}A$ 组成的内力系的合力，并说明它与什么力平衡。

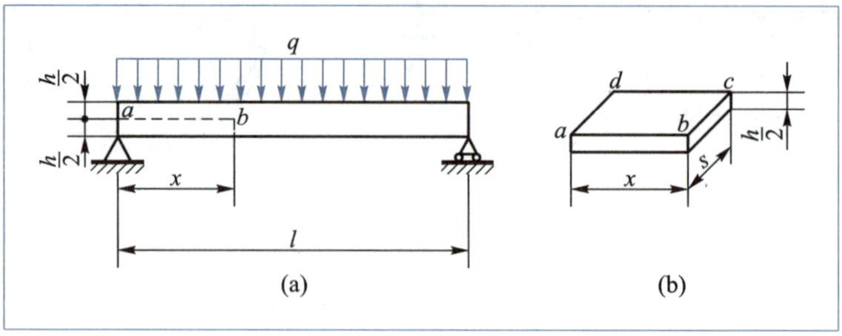

题 5.23 图

5.24 若图示梁的截面为宽翼缘工字形截面，横截面上的剪力为 F_S，试求翼缘上平行于 z 轴的切应力分布规律，并求最大切应力。

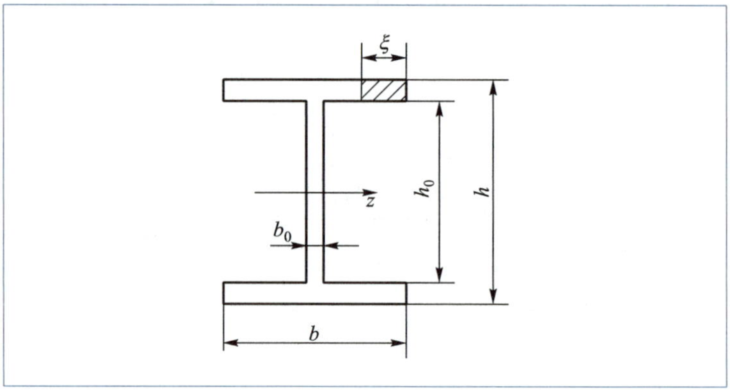

题 5.24 图

题解 5.25

5.25 图示宽翼缘工字形截面梁由钢板焊接而成。若横截面上剪力为 $F_S = 180$ kN，试求每单位长度焊缝所必须传递的力。

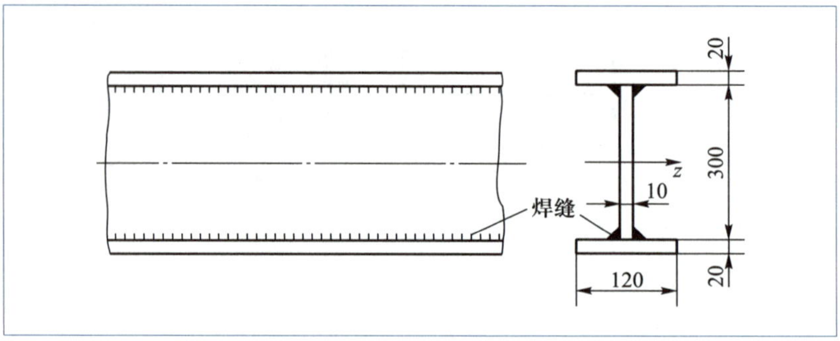

题 5.25 图

5.26 用螺钉将四块木板连接而成的箱形截面梁如图所示，设 $F=5.5$ kN。每块木板的横截面皆为 150 mm×25 mm。若每一螺钉的许可剪力为 1.1 kN，试确定螺钉的间距 s。

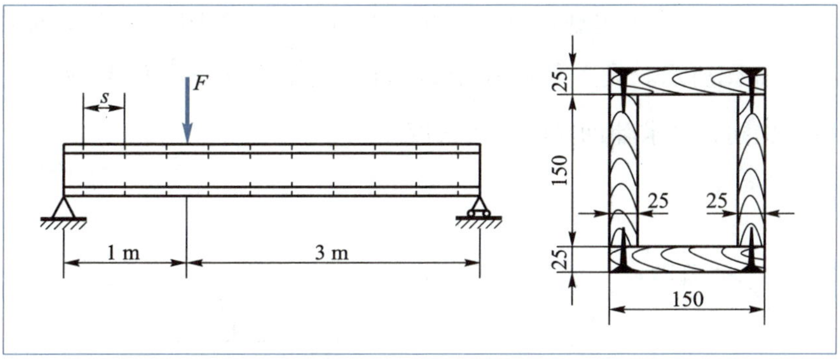

题 5.26 图

5.27 图示梁由两根 I 36a 工字钢铆接而成。铆钉的间距为 $s=150$ mm，直径 $d=20$ mm，许用切应力 $[\tau]=90$ MPa。梁横截面上的剪力 $F_S=40$ kN。试校核铆钉的剪切强度。

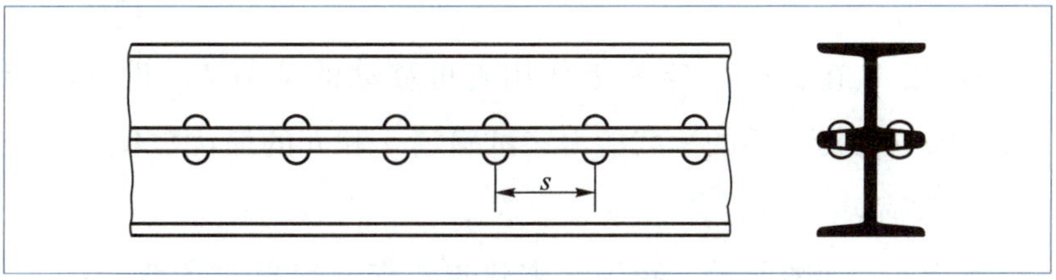

题 5.27 图

5.28 试计算题 5.12 中的梁在许可载荷作用下的最大切应力。

5.29 截面为正方形的梁按图示两种方式放置。试问哪种方式比较合理。

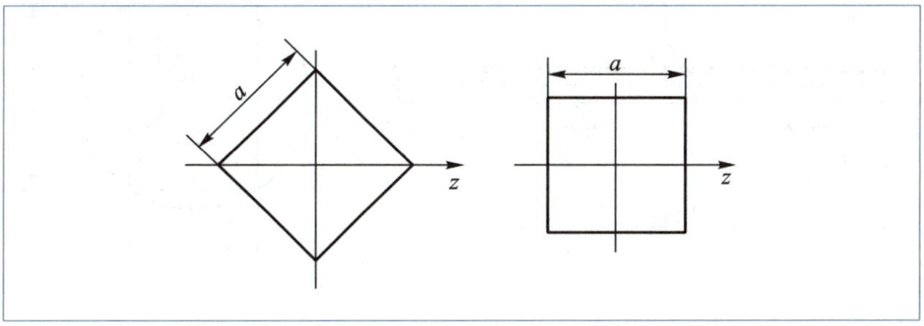

题 5.29 图

5.30 图示半径为 r 的圆形梁截面，切掉画阴影线的部分后，反而有可能使抗弯截面系数增大，何故？试求使 W 为极值的 α，并问这对梁的抗弯刚度有何影响？

5.31 为改善载荷分布，在长度为 l 的主梁 AB 上安置辅助梁 CD，如图所示。设主梁和辅助梁的抗弯截面系数分别为 W_1 和 W_2，材料相同，试求辅助梁的最优长度 a。

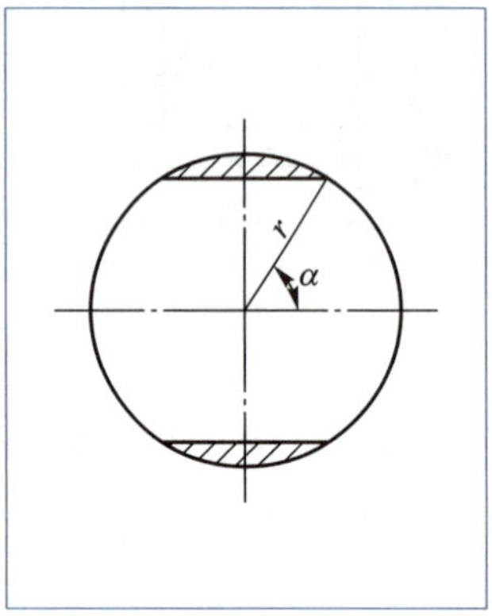

题 5.30 图

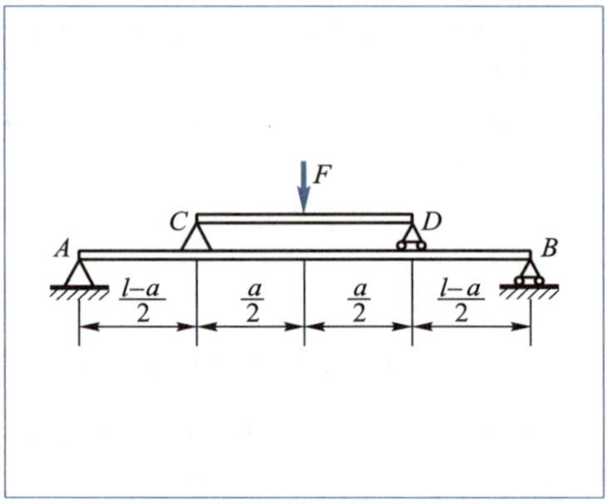

题 5.31 图

5.32 在 I 18 工字梁上作用着可移动的载荷 F。设 $[\sigma]=160\ \text{MPa}$。为提高梁的承载能力，试确定 a 和 b 的最优数值及相应的许可载荷。

5.33 如图所示，我国北宋建筑家李诫编纂的《营造法式》一书中，对矩形截面梁给出的尺寸比例是 $h:b=3:2$。试用弯曲正应力强度证明：从圆木锯出的矩形截面梁，上述尺寸比例接近最佳比值。

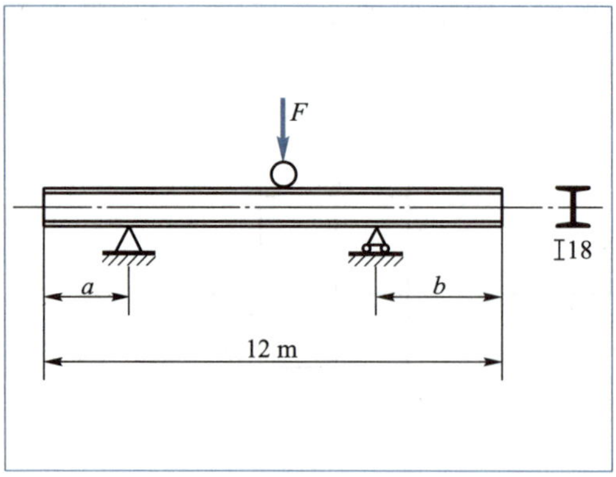

题 5.32 图

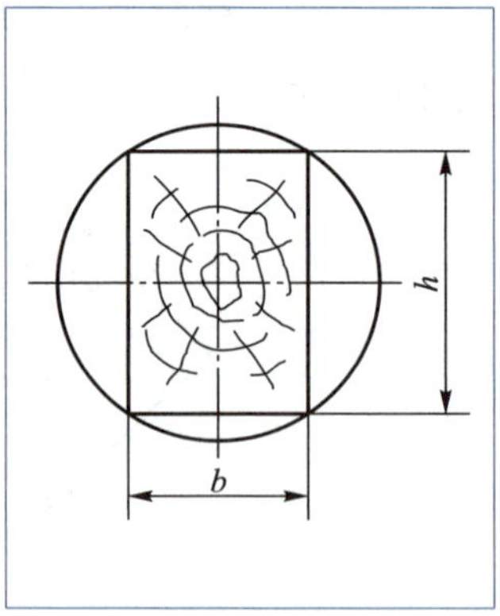

题 5.33 图

5.34 在均布载荷作用下的等强度悬臂梁，其横截面为矩形，且宽度 b 为常量。试确定截面高度 h 沿梁轴线的变化规律。

5.35 图示矩形截面简支梁在跨中受集中力 F 的作用，截面的宽度×高度$=b\times h$。若材料的弹性模量为 E。试求梁下表面纤维的总伸长量。

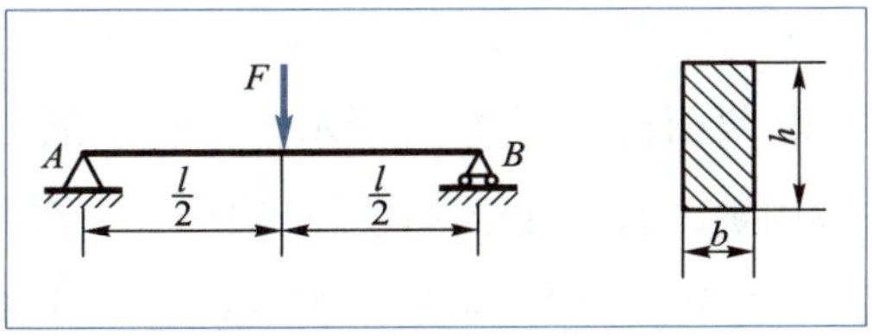

题 5.35 图

5.36 如图所示，以力 F 将置放于地面的钢筋提起。若钢筋单位长度的重量为 q，当 $b=2a$ 时，试求所需的力 F。

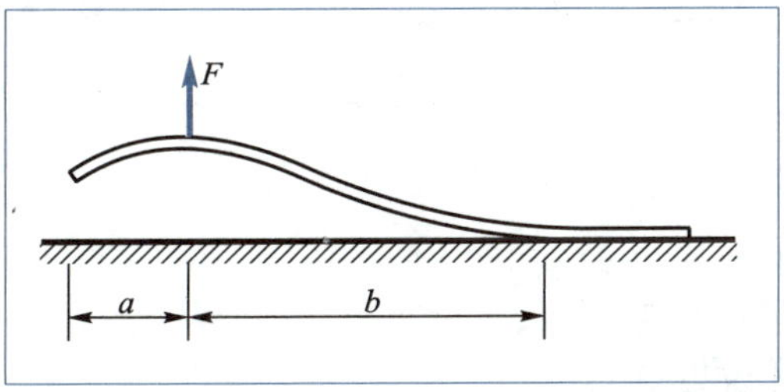

题 5.36 图

5.37 长度为 l 的截面高度为线性变化的悬臂梁，如图所示。截面的宽度恒为 b，左端截面高度为 h_0，右端截面高度为 $3h_0$，左端受集中力 F 的作用。试求最大弯曲正应力的位置及大小。

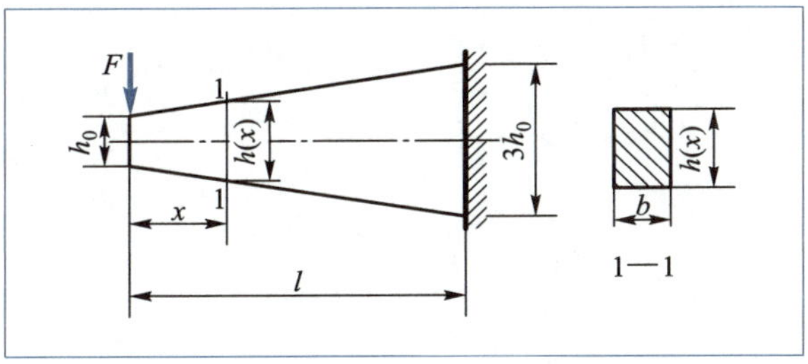

题 5.37 图

***5.38** 图示矩形截面悬臂梁，宽度为 b，高度为 h。在梁的顶面和底面同时受到均布面载荷 q 的作用。试确定距离左端 x 横截面上的弯曲正应力和切应力。

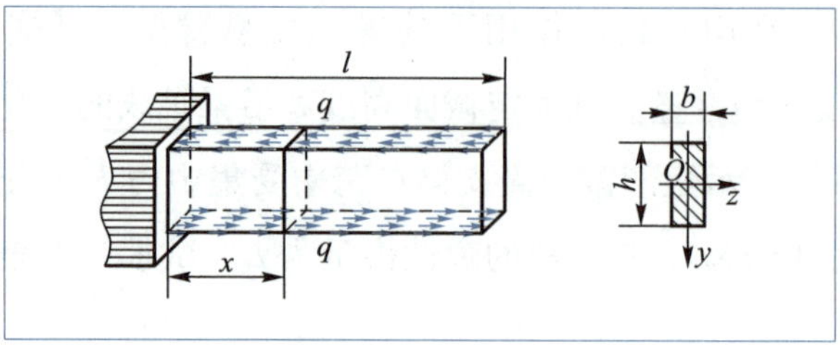

题 5.38 图

*5.39 矩形截面阶梯梁如图所示，材料相同，许用应力为$[\sigma]$。梁的左端固定，右端受铅垂向下的集中力 F 作用。已知阶梯梁的宽度均为 b，总长度为 l。为使梁的重量最轻，试确定梁的 a 及 h_1 和 h_2。

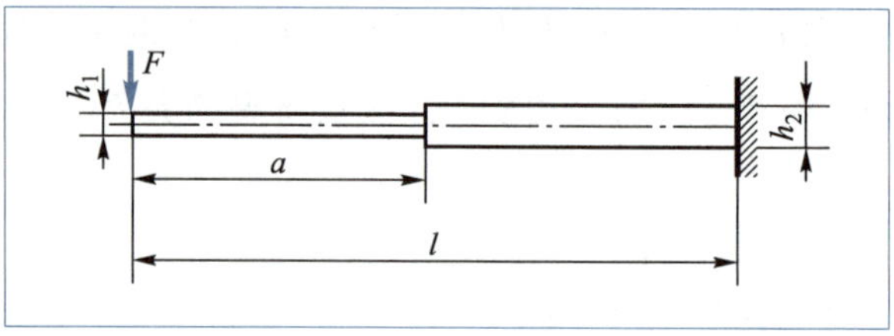

题 5.39 图

第六章

弯曲变形

§6.1　工程中的弯曲变形问题

前面一章讨论了梁的强度计算。工程中对某些受弯杆件除强度要求外，往往还有刚度要求，即要求它变形不能过大。以车床主轴为例，若其变形过大（图 6.1），将影响齿轮的啮合和轴承的配合，造成磨损不均，引起噪声，降低寿命，还会影响加工精度。再以吊车梁为例，当变形过大时，将使梁上的小车行走困难，出现爬坡现象，还会引起较严重的振动。所以，若变形超过允许值，即使仍在弹性范围内，也被认为是已经失效。

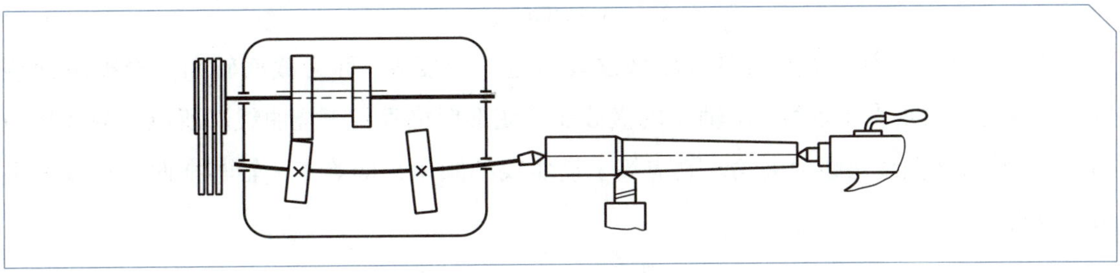

图 6.1

工程中通常是限制弯曲变形，但在另一些情况下，常常又利用弯曲变形以达到某种要求。例如，钢板弹簧（图 6.2）应有较大的变形，才可以更好地起到缓冲减振作用。力矩扳手（图 6.3）要有明显的弯曲变形，才可以使测得的力矩更为准确。

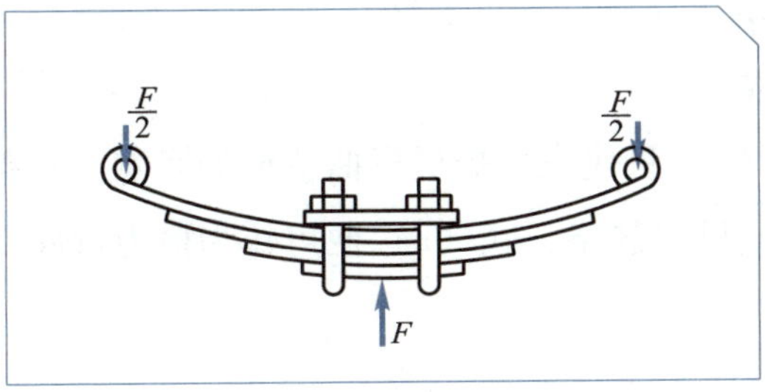

图 6.2

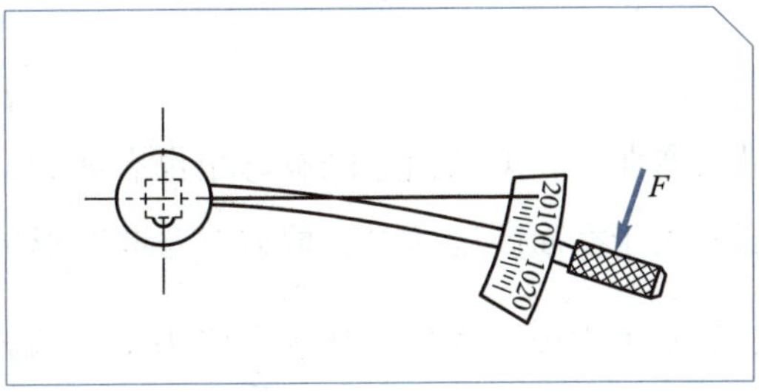

图 6.3

弯曲变形计算除用于解决弯曲刚度问题外，还用于求解超静定系统和振动计算。

§6.2 挠曲线的微分方程

发生弯曲变形时，变形前为直线的梁轴线，变形后成为一条连续且光滑的曲线，称为挠曲线。讨论弯曲变形时，以变形前的梁轴线为 x 轴，垂直向上的轴为 y 轴（图 6.4），x-y平面为梁的纵向对称面。在对称弯曲的情况下，变形后梁的轴线将成为 x-y 平面内的一条曲线。挠曲线上横坐标为 x 的任意点的纵坐标，用 w 来表示，它代表坐标为 x 的横截面的形心沿 y 轴方向的位移，称为挠度。这样，挠曲线的方程式可以写成

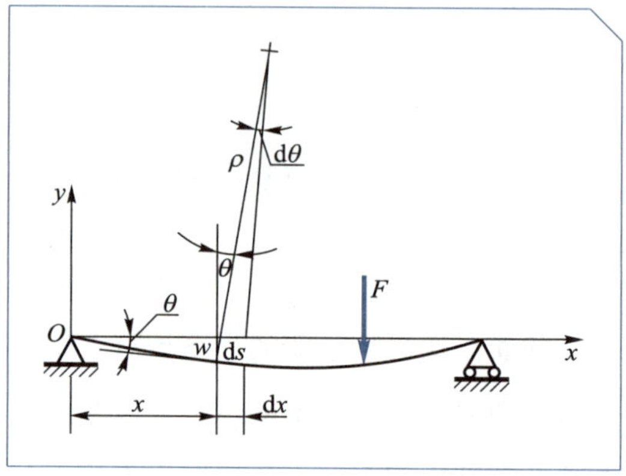

图 6.4

$$w = w(x) \tag{6.1}$$

弯曲变形中，梁的横截面对其原来位置转过的角度 θ，称为截面转角。根据平面假设，弯曲变形前垂直于轴线（x 轴）的横截面，变形后仍垂直于挠曲线。所以，截面转角 θ 就是 y 轴与挠曲线法线的夹角。它应等于挠曲线的倾角，即等于 x 轴与挠曲线切线的夹角。故有

$$\tan\theta = \frac{\mathrm{d}w}{\mathrm{d}x}, \qquad \theta = \arctan\left(\frac{\mathrm{d}w}{\mathrm{d}x}\right) \tag{6.2}$$

挠度与转角是度量弯曲变形的两个基本量。在图 6.4 所示的坐标系中，向上的挠度和逆时针的转角为正。

纯弯曲情况下，弯矩与曲率间的关系为式（5.1），即

$$\frac{1}{\rho} = \frac{M}{EI} \tag{a}$$

横力弯曲时，梁截面上既有弯矩也有剪力，式（a）只代表弯矩对弯曲变形的影响。对跨度远大于截面高度的梁，剪力对弯曲变形的影响可以忽略，式（a）便可作为横力弯曲变形的基本方程。这时，M 和$\dfrac{1}{\rho}$皆为 x 的函数。

把图 6.4 中的微分弧段 ds 放大为图 6.5。ds 两端法线的交点即为曲率中心，由此确

定了曲率半径ρ。并有

$$|\mathrm{d}s| = \rho |\mathrm{d}\theta|, \qquad \frac{1}{\rho} = \left|\frac{\mathrm{d}\theta}{\mathrm{d}s}\right|$$

于是式（a）化为

$$\left|\frac{\mathrm{d}\theta}{\mathrm{d}s}\right| = \frac{M}{EI} \tag{b}$$

这里取绝对值是因未曾考虑$\frac{\mathrm{d}\theta}{\mathrm{d}s}$的正负号。若弯矩为正，则挠曲线向下凸出，也就是图6.5所表示的情况。在我们选定的坐标系中（y轴向上为正），随着弧长s的增加，θ也是增加的，即正增量$\mathrm{d}s$对应的$\mathrm{d}\theta$也是正的。这样，将正负号考虑在内，式（b）应写成

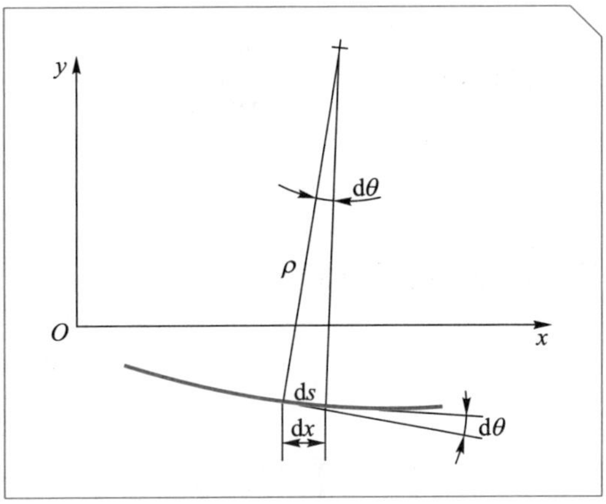

图6.5

$$\frac{\mathrm{d}\theta}{\mathrm{d}s} = \frac{M}{EI} \tag{c}$$

由式（6.2），有

$$\frac{\mathrm{d}\theta}{\mathrm{d}s} = \frac{\mathrm{d}\theta}{\mathrm{d}x}\frac{\mathrm{d}x}{\mathrm{d}s} = \frac{\mathrm{d}}{\mathrm{d}x}\left[\arctan\left(\frac{\mathrm{d}w}{\mathrm{d}x}\right)\right]\frac{\mathrm{d}x}{\mathrm{d}s}$$

$$= \frac{\dfrac{\mathrm{d}^2w}{\mathrm{d}x^2}}{1+\left(\dfrac{\mathrm{d}w}{\mathrm{d}x}\right)^2}\frac{\mathrm{d}x}{\mathrm{d}s}$$①

注意到$\mathrm{d}s = \left[1+\left(\frac{\mathrm{d}w}{\mathrm{d}x}\right)^2\right]^{1/2}\mathrm{d}x$，上式成为

$$\frac{\mathrm{d}\theta}{\mathrm{d}s} = \frac{\dfrac{\mathrm{d}^2w}{\mathrm{d}x^2}}{\left[1+\left(\dfrac{\mathrm{d}w}{\mathrm{d}x}\right)^2\right]^{3/2}}$$

代入式（c）得

$$\frac{\dfrac{\mathrm{d}^2w}{\mathrm{d}x^2}}{\left[1+\left(\dfrac{\mathrm{d}w}{\mathrm{d}x}\right)^2\right]^{3/2}} = \frac{M}{EI} \tag{6.3}$$

① 这里使用了求导数的公式：$\frac{\mathrm{d}}{\mathrm{d}x}(\arctan x) = \frac{1}{1+x^2}$。

这就是挠曲线的微分方程，适用于弯曲变形的任意情况，它是非线性的。

为了求解的方便，在小变形的情况下，可将式（6.3）线性化。因为在工程问题中，梁的挠度一般都远小于跨度，因此挠曲线 $w=w(x)$ 是一条非常平坦的曲线，转角 θ 也是一个非常小的角度，于是式（6.2）可以写成

$$\theta \approx \tan\theta=\frac{\mathrm{d}w}{\mathrm{d}x}=w'(x) \tag{6.4}$$

由于挠曲线极其平坦，$\frac{\mathrm{d}w}{\mathrm{d}x}$很小，在式（6.3）中$\left(\frac{\mathrm{d}w}{\mathrm{d}x}\right)^2$与 1 相比可以忽略，于是有

$$\frac{\mathrm{d}^2w}{\mathrm{d}x^2}=\frac{M}{EI} \tag{6.5}$$

这是挠曲线的近似微分方程。

§6.3 用积分法求弯曲变形

将挠曲线近似微分方程（6.5）的两边乘以 $\mathrm{d}x$，积分得转角方程为

$$\theta=\frac{\mathrm{d}w}{\mathrm{d}x}=\int\frac{M}{EI}\mathrm{d}x+C \tag{a}$$

再乘以 $\mathrm{d}x$，积分得挠曲线的方程

$$w=\iint\left(\frac{M}{EI}\mathrm{d}x\right)\mathrm{d}x+Cx+D \tag{b}$$

式中，C、D 为积分常数。等截面梁的 EI 为常量，积分时可提到积分号外面。

在梁的支座处，根据支座提供的位移限制特征，可给定挠度和转角。例如，在固定端，挠度和转角都为零（图 6.6a），在铰支座上，挠度为零。这类条件称为边界条件。此外，挠曲线应该是一条连续光滑的曲线，不应有图 6.7a 和 b 所表示的不连续和不光滑的

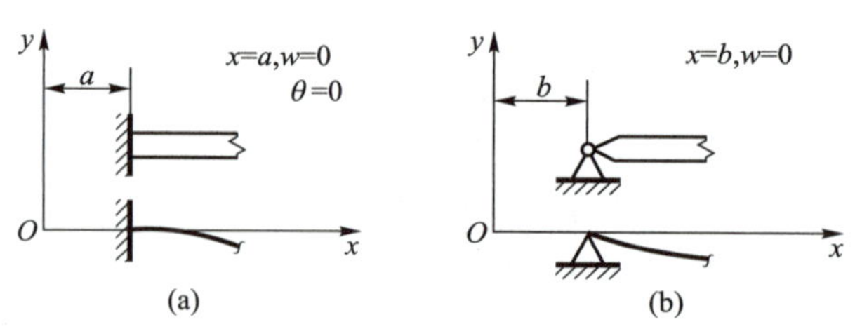

图 6.6

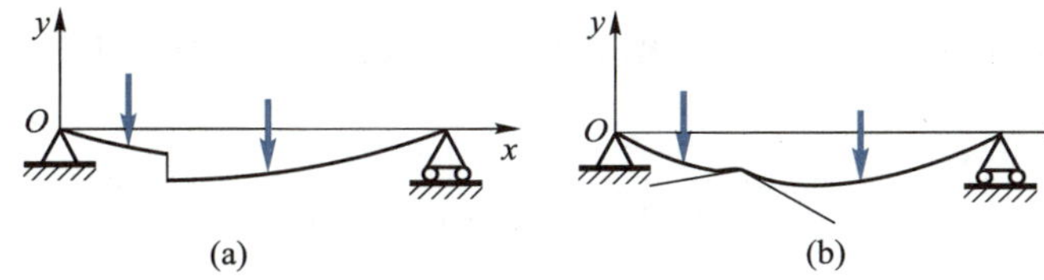

图 6.7

情况。亦即，在挠曲线的任意点上，有唯一确定的挠度和转角。这就是连续条件。根据连续条件和边界条件，就可确定积分常数。

求得梁的挠度和转角后，根据需要，限制最大挠度 $|w|_{max}$ 和最大转角 $|\theta|_{max}$（或特定截面的挠度和转角）不超过某一规定数值，可得到梁的刚度条件如下：

$$\left.\begin{aligned} |w|_{max} &\leqslant [w] \\ |\theta|_{max} &\leqslant [\theta] \end{aligned}\right\} \tag{6.6}$$

式中，$[w]$ 和 $[\theta]$ 分别为规定的许可挠度和转角。

例 6.1 图 6.8a 为镗刀在工件上镗孔的示意图。为保证镗孔精度，镗刀杆的弯曲变形不能过大。设径向切削力 $F=200$ N，镗刀杆直径 $d=10$ mm，外伸长度 $l=50$ mm。材料的弹性模量 $E=210$ GPa。试求镗刀杆上安装镗刀头的截面 B 的转角和挠度。

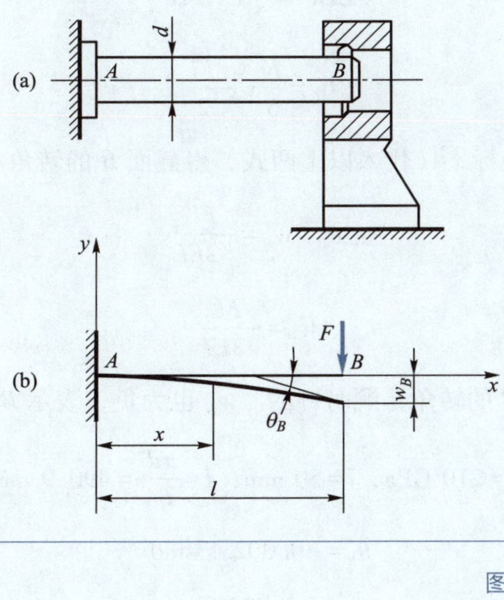

图 6.8

解： 镗刀杆可简化为悬臂梁（图 6.8b）。选取坐标系如图所示，任意横截面上的弯矩为

$$M=-F(l-x)$$

由式（6.5），得挠曲线的微分方程为

$$EIw''=M=-F(l-x)$$

积分得

$$EIw'=\frac{F}{2}x^2-Flx+C \tag{c}$$

$$EIw=\frac{F}{6}x^3-\frac{Fl}{2}x^2+Cx+D \tag{d}$$

在固定端 A，转角和挠度均应等于零，即

$$当\ x=0\ 时，\quad w'_A=\theta_A=0 \tag{e}$$

$$w_A=0 \tag{f}$$

利用边界条件式（e）和式（f），可由式（c）和式（d）中确定出

$$C=EI\theta_A=0$$

$$D=EIw_A=0$$

再将所得积分常数 C 和 D 代回式（c）和式（d），得转角方程和挠曲线方程分别为

$$EIw'=\frac{F}{2}x^2-Flx$$

$$EIw=\frac{F}{6}x^3-\frac{Fl}{2}x^2$$

以截面 B 的横坐标 $x=l$ 代入以上两式，得截面 B 的转角和挠度分别为

$$\theta_B=w'_B=-\frac{Fl^2}{2EI}$$

$$w_B=-\frac{Fl^3}{3EI}$$

θ_B 为负，表示截面 B 的转角是顺时针的。w_B 也为负，表示 B 点的挠度向下。

令 $F=200\ \text{N}$，$E=210\ \text{GPa}$，$l=50\ \text{mm}$，$I=\frac{\pi d^4}{64}=490.9\ \text{mm}^4$，得

$$\theta_B=-0.002\ 43\ \text{rad}$$

$$w_B=-0.080\ 8\ \text{mm}$$

例 6.2 桥式起重机的大梁和建筑中的一些梁都可简化成简支梁，梁的自重就是均布载荷。试讨论在均布载荷作用下简支梁的弯曲变形（图 6.9）。

解： 计算简支梁的约束力，写出弯矩方程，利用式（6.5）积分两次（这些计算建议由读者自行补充），最后得出

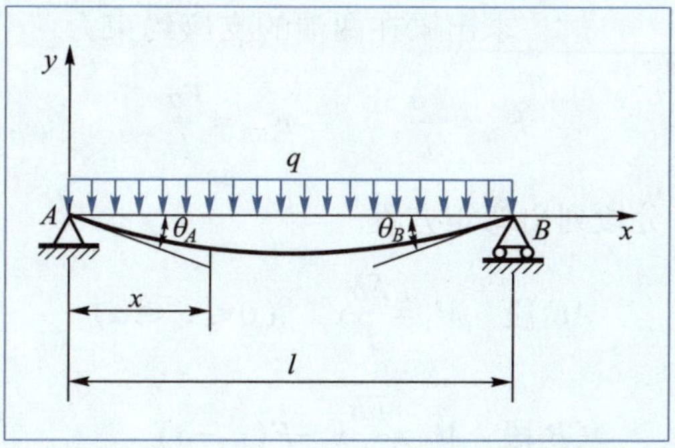

图 6.9

$$EI\,w'=\frac{ql}{4}x^2-\frac{q}{6}x^3+C$$

$$EIw=\frac{ql}{12}x^3-\frac{q}{24}x^4+Cx+D$$

左端铰支座上的挠度等于零，故

$$x=0\text{ 时，}\quad w=0$$

因为梁上的外力和边界条件都对跨度中点对称，挠曲线也应对该点对称。因此，在跨度中点，挠曲线切线的斜率 w'（截面的转角 θ）应等于零，即

$$x=\frac{l}{2}\text{时，}\quad w'=0$$

把以上两个条件分别代入 w 和 w' 的表达式，可以求出

$$C=-\frac{ql^3}{24},\quad D=0$$

于是得转角方程及挠曲线方程为

$$EIw'=EI\theta=\frac{ql}{4}x^2-\frac{q}{6}x^3-\frac{ql^3}{24}\tag{g}$$

$$EIw=\frac{ql}{12}x^3-\frac{q}{24}x^4-\frac{ql^3}{24}x\tag{h}$$

在跨度中点，挠曲线切线的斜率等于零，挠度为极值。由式（h）得

$$w_{\max}=w\,\Big|_{x=\frac{l}{2}}=-\frac{5ql^4}{384EI}$$

在 A、B 两端，截面转角的数值相等，符号相反，且绝对值最大。于是在式（g）中分别令 $x=0$ 和 $x=l$，得

$$\theta_{\max}=-\theta_A=\theta_B=\frac{ql^3}{24EI}$$

例 6.3 内燃机中的凸轮轴或某些齿轮轴，可以简化成在集中力 F 作用下的简支梁，如图 6.10 所示。试讨论这一简支梁的弯曲变形。

解： 求出梁在两端的支座约束力

$$F_{RA}=\frac{Fb}{l},\qquad F_{RB}=\frac{Fa}{l}$$

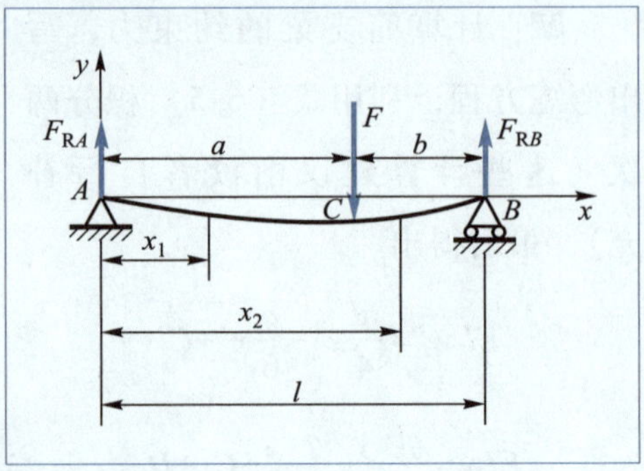

图 6.10

分段列出弯矩方程

$$AC\text{ 段}\quad M_1=\frac{Fb}{l}x_1\quad(0\leqslant x_1\leqslant a)$$

$$CB\text{ 段}\quad M_2=\frac{Fb}{l}x_2-F(x_2-a)\quad(a\leqslant x_2\leqslant l)$$

由于 AC 和 CB 两段内弯矩方程不同，挠曲线的微分方程也就不同，所以应分成两段分别进行积分。在 CB 段内积分时，对含有 (x_2-a) 的项就以 (x_2-a) 为自变量，这可使确定积分常数的运算得到简化。积分结果如下：

AC 段 $(0\leqslant x_1\leqslant a)$		CB 段 $(a\leqslant x_2\leqslant l)$	
$EIw_1''=M_1=\frac{Fb}{l}x_1$		$EIw_2''=M_2=\frac{Fb}{l}x_2-F(x_2-a)$	
$EIw_1'=\frac{Fb}{l}\frac{x_1^2}{2}+C_1$	(i)	$EIw_2'=\frac{Fb}{l}\frac{x_2^2}{2}-F\frac{(x_2-a)^2}{2}+C_2$	(k)
$EIw_1=\frac{Fb}{l}\frac{x_1^3}{6}+C_1x_1+D_1$	(j)	$EIw_2=\frac{Fb}{l}\frac{x_2^3}{6}-\frac{F(x_2-a)^3}{6}+C_2x_2+D_2$	(l)

积分后出现的四个积分常数，需要四个条件来确定。由于挠曲线应该是一条光滑连续的曲线，因此，在 AC 和 BC 两段的交界截面 C 处，由式（i）确定的转角应该等于由式（k）确定的转角；而且由式（j）确定的挠度应该等于由式（l）确定的挠度，即

$$x_1=x_2=a\text{ 时},\quad w_1'=w_2',\quad w_1=w_2$$

在式（i）、式（j）、式（k）和式（l）各式中，令 $x_1=x_2=a$，并应用上述连续条件得

$$\frac{Fb}{l}\cdot\frac{a^2}{2}+C_1=\frac{Fb}{l}\cdot\frac{a^2}{2}-\frac{F(a-a)^2}{2}+C_2$$

$$\frac{Fb}{l}\cdot\frac{a^3}{6}+C_1a+D_1=\frac{Fb}{l}\cdot\frac{a^3}{6}-\frac{F(a-a)^3}{6}+C_2a+D_2$$

由以上两式即可求得

$$C_1=C_2, \quad D_1=D_2$$

此外，梁在 A、B 两端皆为铰支座，边界条件为

$$x_1=0 \text{ 时}, \quad w_1=0 \tag{m}$$

$$x_2=l \text{ 时}, \quad w_2=0 \tag{n}$$

以边界条件（m）代入式（j），得

$$D_1=D_2=0$$

以边界条件（n）代入式（l），得

$$C_1=C_2=-\frac{Fb}{6l}(l^2-b^2)$$

把所求得的四个积分常数代回式（i）、式（j）、式（k）和式（l）这四式，得转角和挠度方程如下：

AC 段（$0\leqslant x_1\leqslant a$）		CB 段（$a\leqslant x_2\leqslant l$）	
$EIw_1'=-\dfrac{Fb}{6l}(l^2-b^2-3x_1^2)$	(o)	$EIw_2'=-\dfrac{Fb}{6l}\left[(l^2-b^2-3x_2^2)+\dfrac{3l}{b}(x_2-a)^2\right]$	(q)
$EIw_1=-\dfrac{Fbx_1}{6l}(l^2-b^2-x_1^2)$	(p)	$EIw_2=-\dfrac{Fb}{6l}\left[(l^2-b^2-x_2^2)x_2+\dfrac{l}{b}(x_2-a)^3\right]$	(r)

最大转角：在式（o）中令 $x_1=0$，在式（q）中令 $x_2=l$，得梁在 A、B 两端的截面转角分别为

$$\theta_A=-\frac{Fb(l^2-b^2)}{6EIl}=-\frac{Fab(l+b)}{6EIl} \tag{s}$$

$$\theta_B=\frac{Fab(l+a)}{6EIl} \tag{t}$$

当 $a>b$ 时，可以确定 θ_B 为最大转角。

最大挠度：当 $\theta=\dfrac{\mathrm{d}w}{\mathrm{d}x}=0$ 时，w 为极值。所以应首先确定转角 θ 为零的截面的位置。由式（s）知左端截面 A 的转角 θ_A 为负。此外，若在式（q）中令 $x_2=a$，又可求得截面 C 的转角为

$$\theta_C=\frac{Fab}{3EIl}(a-b)$$

如 $a>b$，则 θ_C 为正。可见从截面 A 到截面 C，转角由负变为正，改变了正负号。因挠曲线为光滑连续曲线，$\theta=0$ 的截面必然在 AC 段内。令式（o）等于零，得

$$\frac{Fb}{6l}(l^2-b^2-3x_0^2)=0$$

$$x_0=\sqrt{\frac{l^2-b^2}{3}} \tag{u}$$

x_0 即为挠度为最大值的截面的横坐标。将 x_0 代入式（p），求得最大挠度为

$$w_{\max}=w_1\big|_{x_1=x_0}=-\frac{Fb}{9\sqrt{3}EIl}\sqrt{(l^2-b^2)^3} \tag{v}$$

当集中力 F 作用于跨度中点时，$a=b=\dfrac{l}{2}$，由式（u）得 $x_0=\dfrac{l}{2}$，即最大挠度发生于跨度中点。这也可由挠曲线的对称性直接看出。考虑一种极端情况是，集中力 F 无限接近于右端支座，以至 b^2 与 l^2 相比可以忽略，于是由式（u）及式（v）两式得

$$x_0=\frac{l}{\sqrt{3}}=0.577l$$

$$w_{\max}=-\frac{Fbl^2}{9\sqrt{3}EI}$$

可见即使在这种极端情况下，发生最大挠度的截面仍然在跨度中点附近。也就是说挠度为最大值的截面总是靠近跨度中点，所以可以用跨度中点的挠度近似地代替最大挠度。在式（p）中令 $x=\dfrac{l}{2}$，求出跨度中点的挠度为

$$w_{\frac{l}{2}}=-\frac{Fb}{48EI}(3l^2-4b^2) \tag{w}$$

在上述极端情况下，集中力 F 无限靠近支座 B，可求得

$$w_{\frac{l}{2}}\approx-\frac{Fb}{48EI}\cdot 3l^2=-\frac{Fbl^2}{16EI}$$

这时用 $w_{\frac{l}{2}}$ 代替 $w_{\max}$ 所引起的误差为

$$\frac{w_{\max}-w_{\frac{l}{2}}}{w_{\max}}=2.65\%$$

可见在简支梁中，只要挠曲线上无拐点，总可用跨度中点的挠度代替最大挠度，并且不会引起很大误差。

由上例看出，如梁上载荷复杂，写出弯矩方程时分段愈多，积分常数也就愈多，确定积分常数就十分冗繁。在例 6.3 中由于在列出弯矩方程和积分时采取了一些措施，才使积分常数最终归结为两两相等的两个。

积分法的优点是可以求得转角和挠度的普遍方程。但当只需确定某些特定截面的转角和挠度，而并不需求出转角和挠度的普遍方程时，积分法就显得过于累赘。为此，将梁在某些简单载荷作用下的变形列入表 6.1 中，以便直接查用。而且利用这些表格，运用叠加法还可比较方便地解决一些弯曲变形问题。

§6.4 用叠加法求弯曲变形

在弯曲变形很小，且材料服从胡克定律的情况下，挠曲线的微分方程（6.5）是线性的。又因在小变形的前提下，计算弯矩时用梁变形前的位置，结果弯矩与载荷的关系也是线性的。这样，对应于几种不同的载荷，弯矩可以叠加，方程式（6.5）的解也可以叠加。例如，F、q 两种载荷各自单独作用时的弯矩分别为 M_F 和 M_q，叠加 M_F 和 M_q 就是两种载荷共同作用时的弯矩 M（参看题 4.19），即

$$M=M_F+M_q \tag{a}$$

设 F 和 q 各自单独作用下的挠度分别是 w_F 和 w_q，根据式（6.5），有

$$EI\frac{\mathrm{d}^2 w_F}{\mathrm{d}x^2}=M_F, \qquad EI\frac{\mathrm{d}^2 w_q}{\mathrm{d}x^2}=M_q \tag{b}$$

若 F 和 q 共同作用下的挠度为 w，则 w 与 M 的关系也应该是

$$EI\frac{\mathrm{d}^2 w}{\mathrm{d}x^2}=M \tag{c}$$

将式（a）代入式（c），并利用式（b），得

$$EI\frac{\mathrm{d}^2 w}{\mathrm{d}x^2}=M_F+M_q=EI\frac{\mathrm{d}^2 w_F}{\mathrm{d}x^2}+EI\frac{\mathrm{d}^2 w_q}{\mathrm{d}x^2}=EI\frac{\mathrm{d}^2(w_F+w_q)}{\mathrm{d}x^2}$$

可见 F 和 q 联合作用下的挠度 w，就是两个载荷单独作用下的挠度 w_F 和 w_q 的代数和。这一结论显然可以推广到载荷多于两个的情况。所以，当梁上同时作用几个载荷时，可先分别求出每一个载荷单独引起的变形（梁在简单载荷作用下的变形见表 6.1），然后把所得变形叠加即为这些载荷共同作用时的变形。这就是计算弯曲变形的叠加法。

表 6.1　梁在简单载荷作用下的变形

序号	梁的简图	挠曲线方程	端截面转角	最大挠度
1	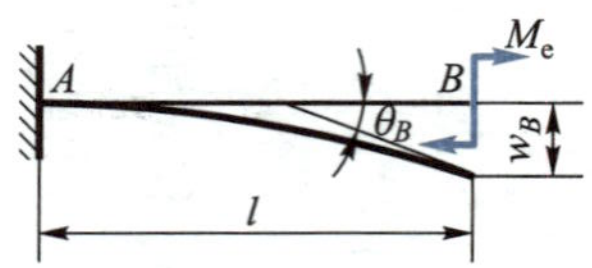	$w=-\dfrac{M_e x^2}{2EI}$	$\theta_B=-\dfrac{M_e l}{EI}$	$w_B=-\dfrac{M_e l^2}{2EI}$
2	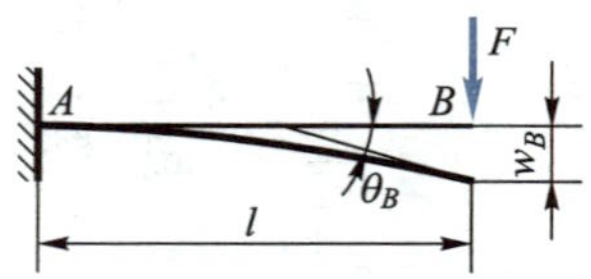	$w=-\dfrac{Fx^2}{6EI}(3l-x)$	$\theta_B=-\dfrac{Fl^2}{2EI}$	$w_B=-\dfrac{Fl^3}{3EI}$
3	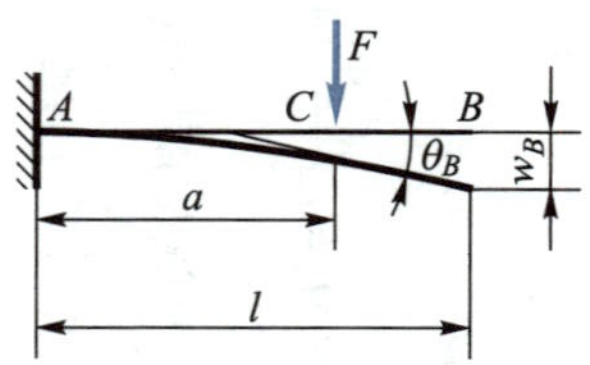	$w=-\dfrac{Fx^2}{6EI}(3a-x)\quad(0\leqslant x\leqslant a)$ $w=-\dfrac{Fa^2}{6EI}(3x-a)\quad(a\leqslant x\leqslant l)$	$\theta_B=-\dfrac{Fa^2}{2EI}$	$w_B=-\dfrac{Fa^2}{6EI}(3l-a)$
4	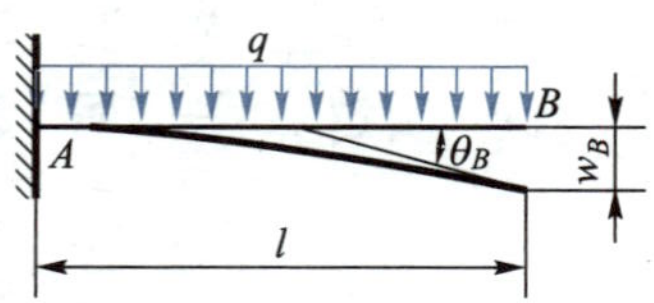	$w=-\dfrac{qx^2}{24EI}(x^2-4lx+6l^2)$	$\theta_B=-\dfrac{ql^3}{6EI}$	$w_B=-\dfrac{ql^4}{8EI}$

续表

序号	梁的简图	挠曲线方程	端截面转角	最大挠度
5	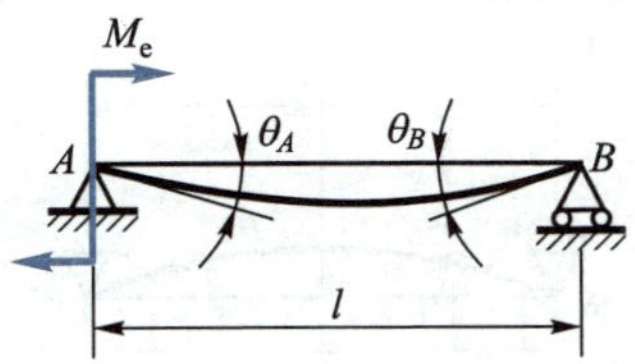	$w=-\frac{M_e x}{6EIl}(l-x)(2l-x)$	$\theta_A=-\frac{M_e l}{3EI}$ $\theta_B=\frac{M_e l}{6EI}$	$x=\left(1-\frac{1}{\sqrt{3}}\right)l$, $w_{max}=-\frac{M_e l^2}{9\sqrt{3}EI}$ $x=\frac{l}{2}$, $w_{\frac{l}{2}}=-\frac{M_e l^2}{16EI}$
6	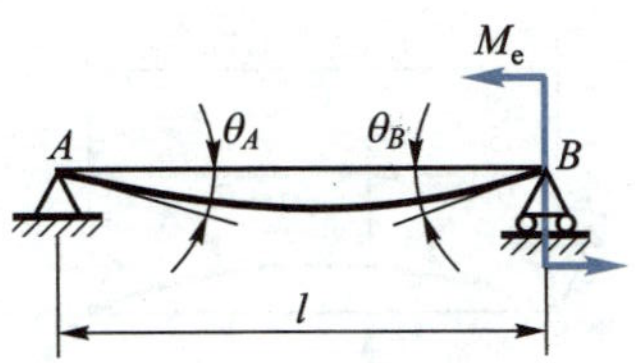	$w=-\frac{M_e x}{6EIl}(l^2-x^2)$	$\theta_A=-\frac{M_e l}{6EI}$ $\theta_B=\frac{M_e l}{3EI}$	$x=\frac{l}{\sqrt{3}}$, $w_{max}=-\frac{M_e l^2}{9\sqrt{3}EI}$ $x=\frac{l}{2}$, $w_{\frac{l}{2}}=-\frac{M_e l^2}{16EI}$
7	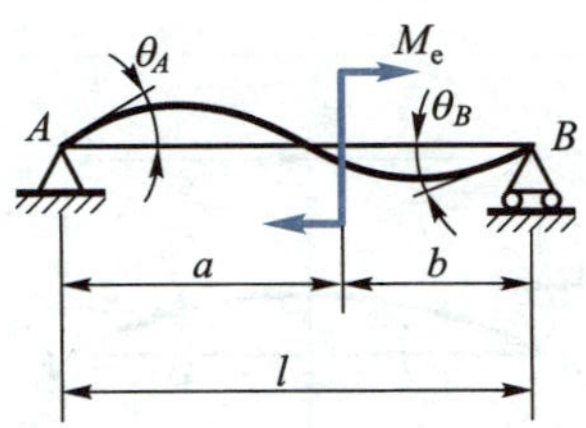	$w=\frac{M_e x}{6EIl}(l^2-3b^2-x^2)\ (0\leqslant x\leqslant a)$ $w=\frac{M_e}{6EIl}\left[-x^3+3l(x-a)^2+(l^2-3b^2)x\right]\ (a\leqslant x\leqslant l)$	$\theta_A=\frac{M_e}{6EIl}(l^2-3b^2)$ $\theta_B=\frac{M_e}{6EIl}(l^2-3a^2)$	

续表

序号	梁的简图	挠曲线方程	端截面转角	最大挠度
8	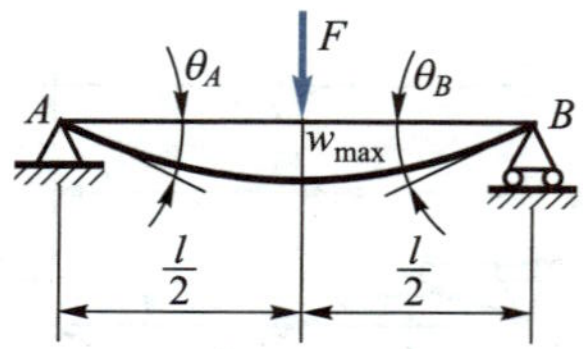	$w=-\frac{Fx}{48EI}(3l^2-4x^2)\ \left(0\leqslant x\leqslant\frac{l}{2}\right)$	$\theta_A=-\theta_B=-\frac{Fl^2}{16EI}$	$w_{\max}=-\frac{Fl^3}{48EI}$
9	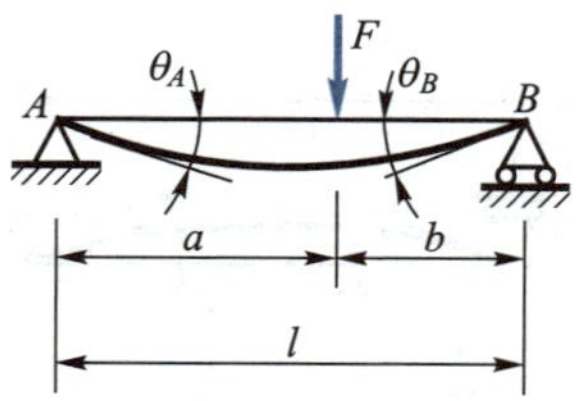	$w=-\frac{Fbx}{6EIl}(l^2-x^2-b^2)\ (0\leqslant x\leqslant a)$ $v=-\frac{Fb}{6EIl}\left[\frac{l}{b}(x-a)^3+(l^2-b^2)x-x^3\right]\ (a\leqslant x\leqslant l)$	$\theta_A=-\frac{Fab(l+b)}{6EIl}$ $\theta_B=\frac{Fab(l+a)}{6EIl}$	设 $a>b$， 在 $x=\sqrt{\frac{l^2-b^2}{3}}$ 处， $w_{\max}=-\frac{Fb(l^2-b^2)^{3/2}}{9\sqrt{3}EIl}$ 在 $x=\frac{l}{2}$ 处， $w_{\frac{l}{2}}=-\frac{Fb(3l^2-4b^2)}{48EI}$
10	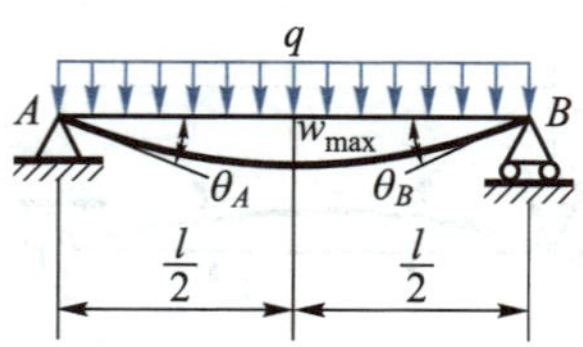	$w=-\frac{qx}{24EI}(l^3-2lx^2+x^3)$	$\theta_A=-\theta_B=-\frac{ql^3}{24EI}$	$w_{\max}=-\frac{5ql^4}{384EI}$

例 6.4 桥式起重机大梁的自重为均布载荷，载荷集度为 q。作用于跨度中点的吊重为集中力 F（图 6.11）。试求大梁跨度中点的挠度。

解： 大梁的变形是均布载荷 q 和集中力 F 共同引起的。在均布载荷 q 单独作用下，大梁跨度中点的挠度由表 6.1 序号 10 查出为

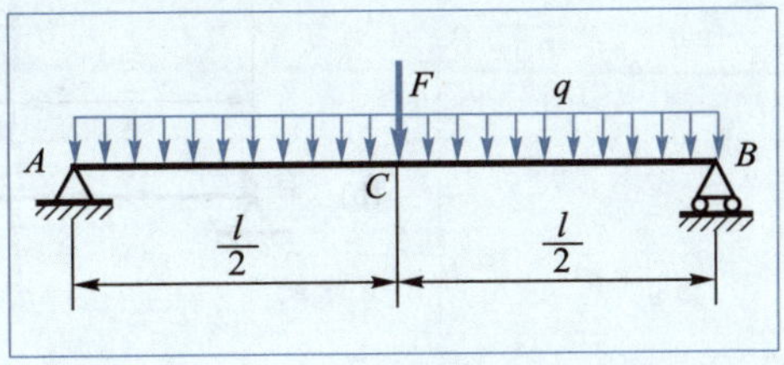

图 6.11

$$(w_C)_q=-\frac{5ql^4}{384EI}$$

在集中力 F 单独作用下，大梁跨度中点的挠度由表 6.1 序号 8 查出为

$$(w_C)_F=-\frac{Fl^3}{48EI}$$

叠加以上结果，求得在均布载荷和集中力共同作用下，大梁跨度中点的挠度为

$$w_C=(w_C)_q+(w_C)_F=-\frac{5ql^4}{384EI}-\frac{Fl^3}{48EI}$$

例 6.5 车床主轴的计算简图可简化成外伸梁，如图 6.12a 和 b 所示。F_1 为切削力，F_2 为齿轮传动力。若近似地把外伸梁作为等截面梁，试求截面 B 的转角和端点 C 的挠度。

解： 设想沿截面 B 将外伸梁分成两部分。AB 部分成为简支梁（图 6.12c），梁上除集中力 F_2 外，在截面 B 上还有剪力 F_S 和弯矩 M，且 $F_S=F_1$，$M=F_1a$。剪力 F_S 直接传递到支座 B，不引起变形。在弯矩 M 作用下，由表 6.1 序号 6 查出截面 B 的转角为

$$(\theta_B)_M=\frac{Ml}{3EI}=\frac{F_1al}{3EI}$$

在 F_2 作用下，由表 6.1 序号 8 查出截面 B 的转角为

$$(\theta_B)_{F_2}=-\frac{F_2l^2}{16EI}$$

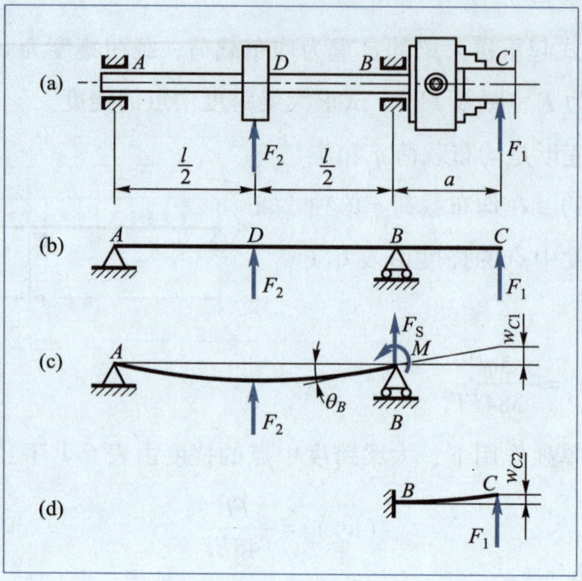

图 6.12

右边的负号表示截面 B 因 F_2 引起的转角是顺时针的。叠加 $(\theta_B)_M$ 和 $(\theta_B)_{F_2}$，得 M 和 F_2 共同作用下截面 B 的转角为

$$\theta_B=\frac{F_1al}{3EI}-\frac{F_2l^2}{16EI}$$

这也就是图 6.12b 中外伸梁在截面 B 的转角。仅由这一转角引起 C 点向上的挠度是

$$w_{C1}=a\theta_B=\frac{F_1a^2l}{3EI}-\frac{F_2al^2}{16EI}$$

再把 BC 部分作为悬臂梁（图 6.12d），在 F_1 作用下，由表 6.1 序号 2 查出 C 点的挠度是

$$w_{C2}=\frac{F_1a^3}{3EI}$$

最终，把外伸梁的 BC 部分看作整体转动了一个 θ_B 的悬臂梁，于是 C 点的挠度应为 w_{C1} 和 w_{C2} 的叠加，故有

$$w_C=w_{C1}+w_{C2}=\frac{F_1a^2}{3EI}(a+l)-\frac{F_2al^2}{16EI}$$

例 6.6　在简支梁的一部分上作用均布载荷（图 6.13）。试求跨度中点的挠度。设 $b<\frac{l}{2}$。

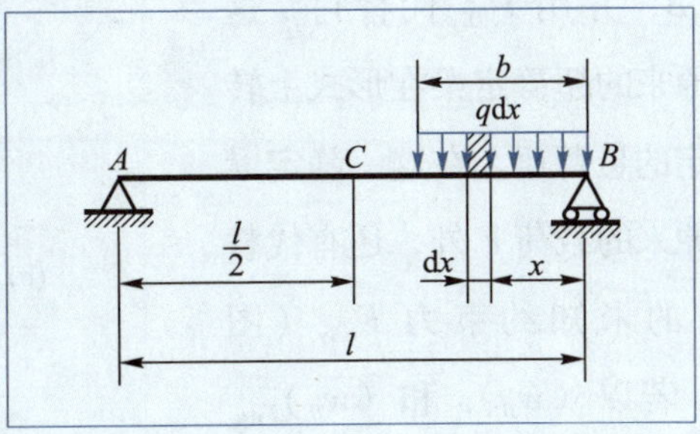

图 6.13

解： 这一问题可以把梁分成两段，用积分法求解。现在我们用叠加法求解。利用例 6.3 所得结果或表 6.1 序号 9 的公式，跨度中点 C 由微分载荷 $\mathrm{d}F=q\mathrm{d}x$ 引起的挠度为

$$\mathrm{d}w_C=-\frac{\mathrm{d}F\cdot x}{48EI}(3l^2-4x^2)=-\frac{qx}{48EI}(3l^2-4x^2)\,\mathrm{d}x$$

按照叠加法，在图示均布载荷作用下，跨度中点 C 的挠度应为 $\mathrm{d}w_C$ 的积分，即

$$w_C=-\frac{q}{48EI}\int_0^b x(3l^2-4x^2)\,\mathrm{d}x=-\frac{qb^2}{48EI}\left(\frac{3}{2}l^2-b^2\right)$$

§6.5　简单超静定梁

前面讨论的一些梁的约束力用静力平衡方程即可确定，所以都是静定梁。但在实际问题中，有些梁的约束力只用静力平衡方程并不能全部确定。例如，在图 6.14a 中，车削工件的左端由卡盘夹紧。对细长的工件，为了减少变形，提高加工精度，在工件的右端又安装尾顶针。把卡盘夹紧的一端简化成固定端，尾顶针简化为铰支座。在切削力 F 作用下，得计算简图如图 6.14b 所示。这样便有 F_{RAx}、F_{RAy}、M_A、F_{RBy} 等 4 个约束力，而可以利用的静力平衡方程只有 3 个，即

$$\sum F_x=0,\quad F_{RAx}=0$$
$$\sum F_y=0,\quad F-F_{RAy}-F_{RBy}=0$$
$$\sum M_A=0,\quad Fa-F_{RBy}l-M_A=0$$

由 3 个平衡方程不能解出全部 4 个未知力。所以这是一根超静定梁。

关于超静定结构，主要在第十四章中讨论，这里只介绍一些简单超静定梁的求解。仍

以图 6.14b 所示超静定梁为例，为了寻求变形协调方程，设想解除支座 B，并用 F_{RBy} 代替它。这样就把原来的超静定梁在形式上转变为静定的悬臂梁。在这一静定梁上，除原来的载荷 F 外，还有代替支座 B 的未知约束力 F_{RBy}（图 6.14c）。若以 $(w_B)_F$ 和 $(w_B)_{F_{RBy}}$ 分别表示 F 和 F_{RBy} 各自单独作用时 B 端的挠度（图 6.14d 和 e），则在 F 和 F_{RBy} 的共同作用下，B 端的挠度应为 $(w_B)_F$ 和 $(w_B)_{F_{RBy}}$ 的代数和。但 B 端实际上为铰支座，它不应有铅垂位移，即

$$w_B=(w_B)_F+(w_B)_{F_{RBy}}=0 \quad \text{(a)}$$

这就是变形协调方程。利用表 6.1，求出

$$(w_B)_F=\frac{Fa^2}{6EI}(3l-a),$$

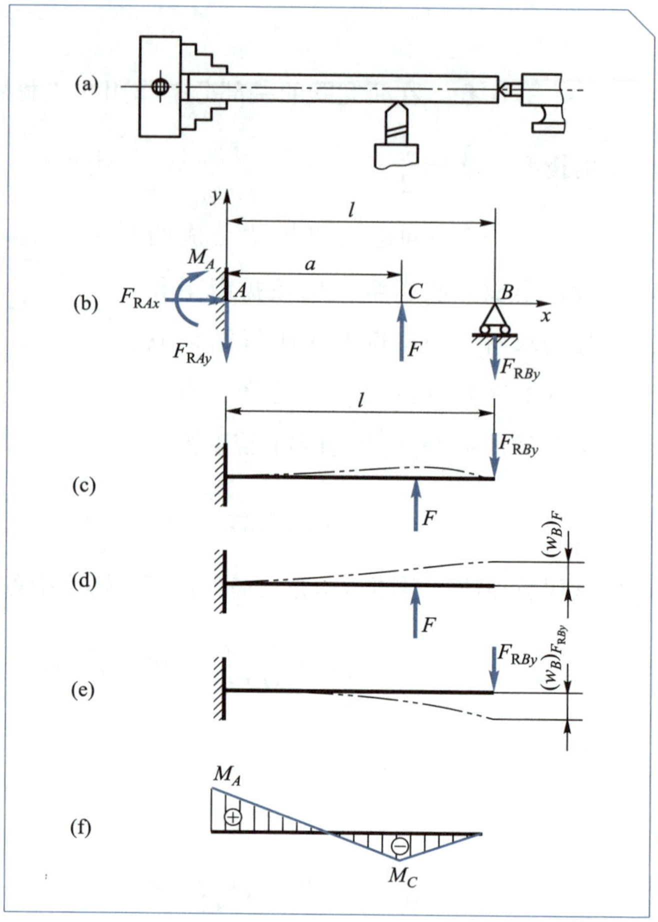

图 6.14

$$(w_B)_{F_{RBy}}=-\frac{F_{RBy}l^3}{3EI}$$

代入式（a）后即可解出

$$F_{RBy}=\frac{F}{2}\left(3\frac{a^2}{l^2}-\frac{a^3}{l^3}\right)$$

解出 F_{RBy} 后，原来的超静定梁就相当于在 F 和 F_{RBy} 共同作用下的悬臂梁。进一步的计算就与静定梁无异。例如，可以求出 C 和 A 两截面的弯矩分别是

$$M_C=-F_{RBy}(l-a)=-\frac{F}{2}\left(3\frac{a^2}{l^2}-\frac{a^3}{l^3}\right)(l-a)$$

$$M_A=Fa-F_{RBy}l=\frac{Fl}{2}\left(2\frac{a}{l}-3\frac{a^2}{l^2}+\frac{a^3}{l^3}\right)$$

于是可作梁的弯矩图（图 6.14f），并进行强度计算。同理，也可以进行变形计算，这些不再赘述。

对现在讨论的超静定梁，不难证实其内力和变形都远小于只在 A 端固定的悬臂梁

（相当于左端夹紧，右端无尾顶针的情况）。这表明，由于增加了支座 B，超静定梁的强度和刚度都得到了提高。但超静定梁也容易引起装配应力。以三轴承的传动轴为例，由于加工误差，三个轴承孔的中心线难以保证重叠在一条直线上。这就等同于轴的三个支座不在同一直线上（图 6.15）。当传动轴装进这样的三个轴承孔时，必将使轴发生弯曲变形，引起应力，这就是装配应力。在拉伸压缩超静定结构中，因杆件长度不准确将引起装配应力（§2.11）。现在又说明，超静定梁的支座高度不同（或各支座的沉陷不等），也将引起装配应力。这是超静定结构的共同性质，静定结构并没有这类问题。

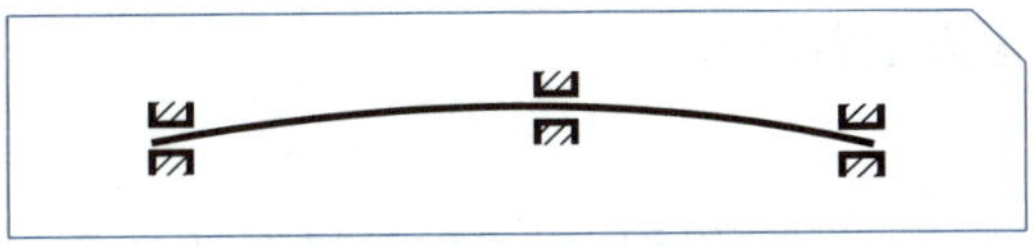

图 6.15

例 6.7 对图 6.14a 所示超静定梁，试用解除固定端对截面转动约束的方法求解。

解： 解除固定端对截面 A 的转动约束，就把固定端变成了铰支座（图 6.16）。这就将原来的超静定梁在形式上变为静定的简支梁。在简支梁的支座 A 上，应以未知的反作用力偶 M_A 代表固定端对截面 A 的转动约束。叠加 M_A 和 F 各自单独作用时截面 A 的转角 $(\theta_A)_{M_A}$ 和 $(\theta_A)_F$，得到两者共同作用时截面 A 的转角 θ_A。因实际上 A 为固定端，截面 A 的转角应等于零，故有

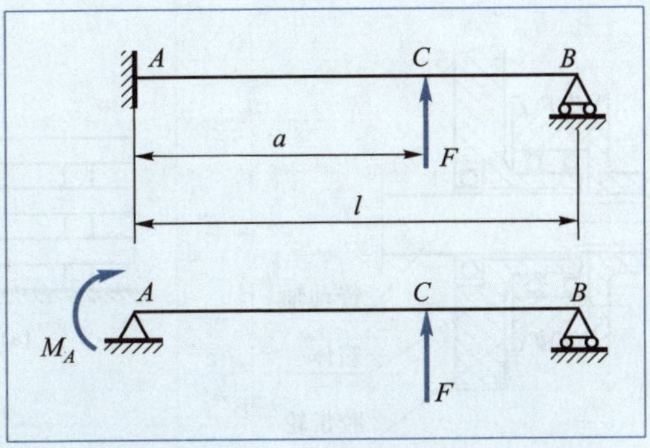

图 6.16

$$\theta_A=(\theta_A)_{M_A}+(\theta_A)_F=0$$

这便是变形协调条件。利用表 6.1 求出 $(\theta_A)_{M_A}$ 和 $(\theta_A)_F$，代入上式后就可求出 M_A。这些运算由读者去完成。

§6.6 提高弯曲刚度的一些措施

从挠曲线的近似微分方程及其积分可以看出，弯曲变形与弯矩大小、跨度长短、支座条件、梁截面的惯性矩 I 及材料的弹性模量 E 有关。所以要提高弯曲刚度，就应该综合考虑以上各因素。

一、改善结构形式和载荷作用方式，减小弯矩

弯矩是引起弯曲变形的主要因素，所以减小弯矩也就相当于提高弯曲刚度。例如，胶带轮采用卸荷装置（图 6.17）后，胶带拉力经滚动轴承传给箱体，它对传动轴不再引起弯矩，也就消除了它对传动轴弯曲变形的影响。又如铸件进行人工时效时，按图 6.18a 的方式堆放，比按图 6.18b 的方式堆放更为合理。因为按前一种方式堆放时，铸件内的弯矩较小，弯曲变形也就小。

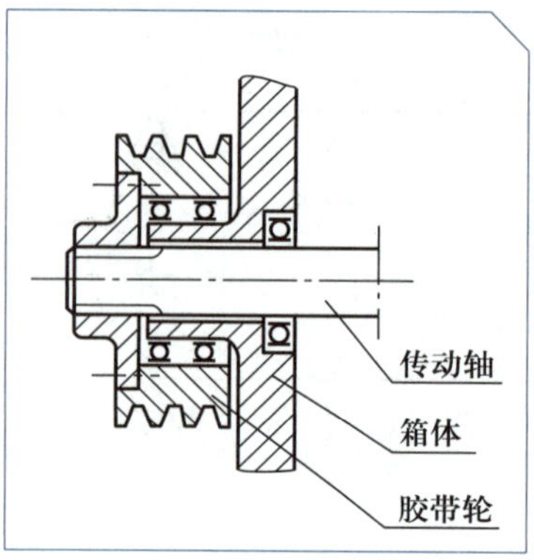

图 6.17

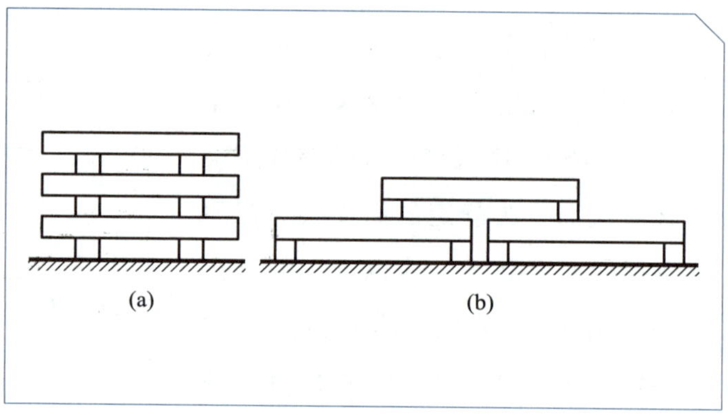

图 6.18

在结构允许的条件下，应使轴上的齿轮、胶带轮等尽可能地靠近支座。例如，在图 6.19 中，应尽量减小 a 和 b 的数值，以减少传动力 F_1 和 F_2 对传动轴弯曲变形的影响。

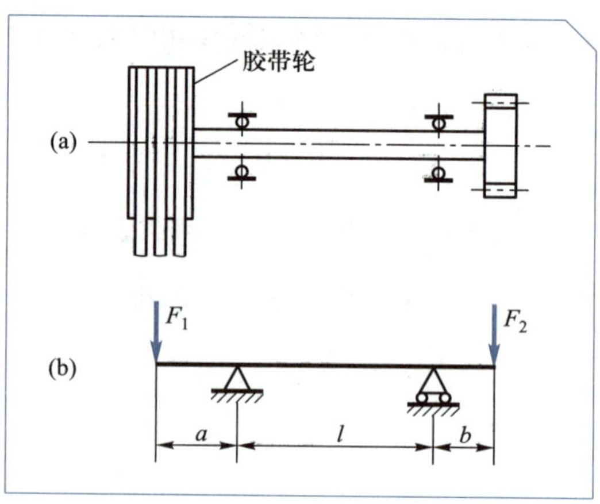

图 6.19

把集中力分散成分布力，也可以取得减小弯矩降低弯曲变形的效果。例如，简支梁在跨度中点作用集中力 F 时，最大挠度值为 $w_{max}=\dfrac{Fl^3}{48EI}$（表 6.1，序号 8）。如将集中力 F 代以均布载荷，且使 $ql=F$，则此时最大

挠度值为 $w_{\max}=\dfrac{5Fl^3}{384EI}$，仅为集中力 F 作用时的 62.5%。

缩小跨度也是减小弯曲变形的有效方法。以前的例子都表明，在集中力作用下，挠度与跨度 l 的三次方成正比。如跨度缩短一半，则挠度减为原来的$\dfrac{1}{8}$，刚度的提高是非常显著的。所以工程上对镗刀杆（例 6.1）的外伸长度都有一定的规定，以保证镗孔的精度要求。在长度不能缩短的情况下，可采取增加支承的方法提高梁的刚度。例如，前面提到的镗刀杆，若外伸部分过长，可在端部加装尾架（图 6.20），以减小镗刀杆的变形，提高加工精度。车削细长工件时，除了用尾顶针外，有时还加用中心架（图 6.21）或跟刀架，以减小工件的变形，提高加工精度和光洁度。对较长的传动轴，有时采用三支承以提高轴的刚度。应该指出，为提高镗刀杆、细长工件和传动轴的弯曲刚度而增加支承，都将使这些杆件由原来的静定梁变为超静定梁。

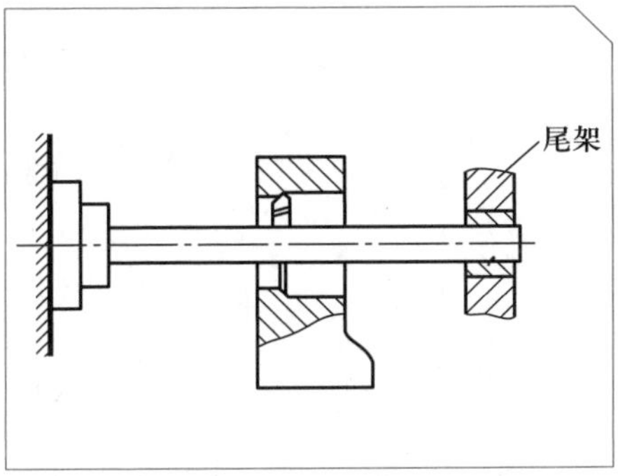

图 6.20

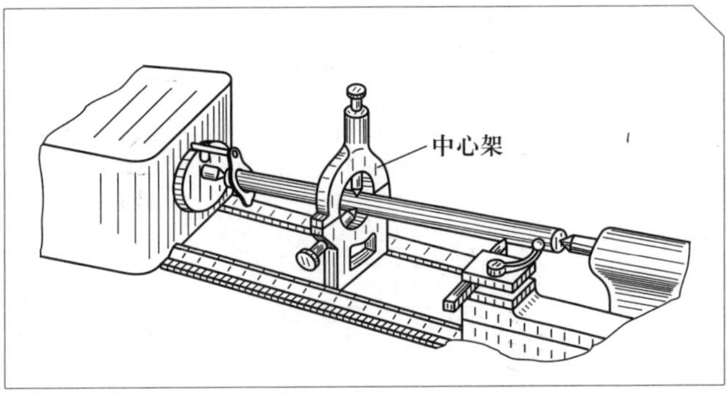

图 6.21

二、选择合理的截面形状

不同形状的截面，尽管面积相等，但惯性矩却不一定相等。所以选取形状合理的截面，增大截面的惯性矩，也是提高弯曲刚度的有效措施。例如，工字形、箱形、槽形、T 形截面都比面积相等的矩形截面有更大的惯性矩。所以起重机大梁一般采用工字形或箱形截面；机器的箱体通常采用加筋的办法提高箱壁的抗弯刚度，却不采取增加壁厚的办法。一般说，提高截面惯性矩 I 的数值，往往也同时提高了梁的强度。不过，在强度问题中，更准确地说，只需提高弯矩较大的局部范围内的抗弯截面系数。而弯曲变形与全长内各部分的刚度都有关系，往往要考虑提高杆件全长范围内的弯曲刚度。

最后指出，弯曲变形还与材料的弹性模量 E 有关。对于 E 值不同的材料来说，E 值越大弯曲变形越小。由于各种钢材的弹性模量 E 大致相同，所以为提高弯曲刚度而采用高强度钢材，不会达到预期的效果。

§6.7 弯曲变形的应变能

图 6.22a 所示的悬臂梁，右端受弯曲力偶矩 M_e 作用，该梁发生纯弯曲变形。在线弹性范围内，M_e 由零逐渐增加到最终值，B 端截面的转角 θ 与 M_e 的关系是线性的（图 6.22b）。

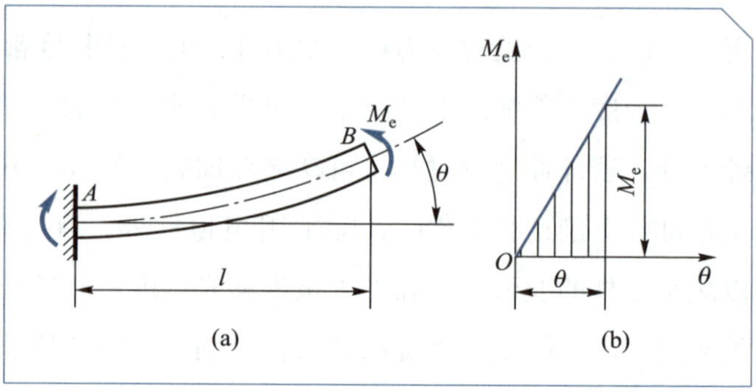

图 6.22

弯曲力偶矩所做的功的数值等于 M_e-θ 图中斜线下面的面积的大小，即

$$W=\frac{1}{2}M_e\theta$$

根据功能原理，纯弯曲的应变能为

$$V_\varepsilon=W=\frac{1}{2}M_e\theta \tag{a}$$

或者写成

$$V_\varepsilon=W=\frac{M_e^2 l}{2EI} \tag{b}$$

横力弯曲时（图 6.23a），梁横截面上同时有弯矩和剪力，且弯矩和剪力都随截面位置而变化，都是 x 的函数。这时应分别计算与弯曲和剪切相对应的应变能。但在细长梁的情况下，对应于剪切的应变能与弯曲应变能相比，一般很小，可以不计，所以只需要计算弯曲应变能。从梁内取出长度为 dx 的微段（图 6.23b），其左、右两截面上的弯矩应分别是 $M(x)$ 和 $M(x)+\mathrm{d}M(x)$。计算应变能时，省略增量 $\mathrm{d}M(x)$，便可把微段看作纯弯曲的情况。应用式（b）算出微段的应变能为

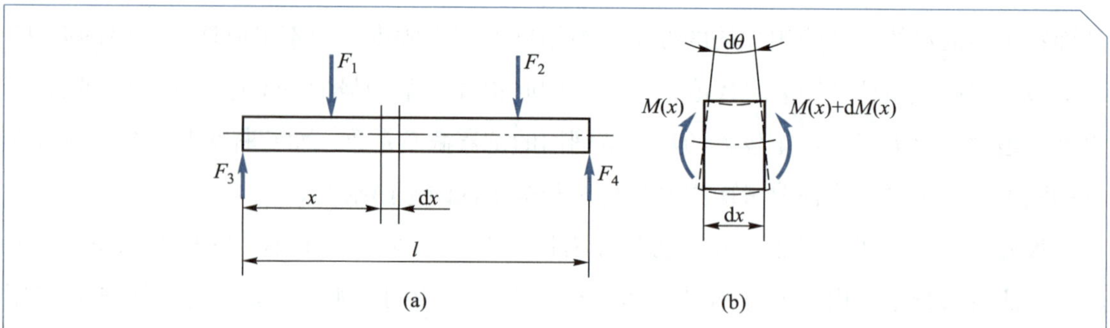

图 6.23

$$dV_{\varepsilon}=\frac{M^2(x)\,dx}{2EI}$$

积分上式求得全梁的应变能为

$$V_{\varepsilon}=\int_l \frac{M^2(x)\,dx}{2EI} \tag{6.7}$$

如 $M(x)$ 在梁的各段内分别由不同的函数表示，上列积分应分段进行，然后求其总和。利用挠曲线的近似微分方程（6.5），式（6.7）可以改写成

$$V_{\varepsilon}=\frac{1}{2}\int_l EI\left[\frac{d^2w(x)}{dx^2}\right]^2 dx \tag{6.8}$$

例6.8 弯曲刚度为 EI 的简支梁，长度为 l，跨度中点受向上的集中力 F 作用，如图 6.24 所示。试求梁跨度中点的挠度。

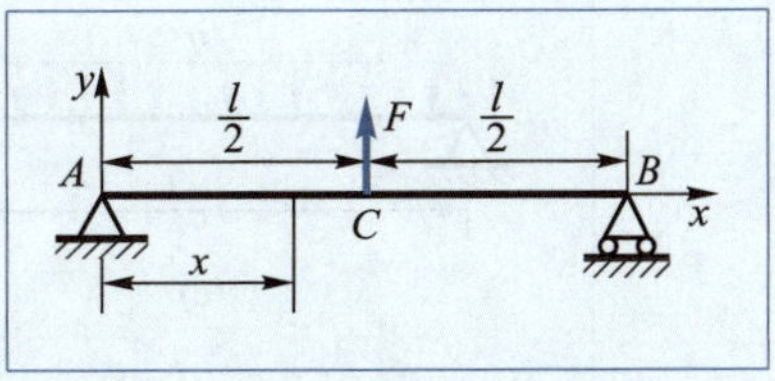

图 6.24

解：梁的弯曲应变能为

$$V_{\varepsilon}=\int_l \frac{M^2(x)}{2EI}dx$$

$$=2\int_0^{\frac{l}{2}}\frac{\left(\frac{F}{2}x\right)^2}{2EI}dx=\frac{F^2l^3}{96EI}$$

设梁跨度中点的挠度为 w_C，则外力所做的功为

$$W=\frac{1}{2}Fw_C$$

由功能原理 $V_{\varepsilon}=W$，得

$$\frac{1}{2}Fw_C=\frac{F^2l^3}{96EI}$$

则有

$$w_C=\frac{Fl^3}{48EI}$$

习　题

习题：第六章弯曲变形

6.1　写出图示各梁的边界条件。在图 d 中支座 B 的弹簧刚度系数为 k。

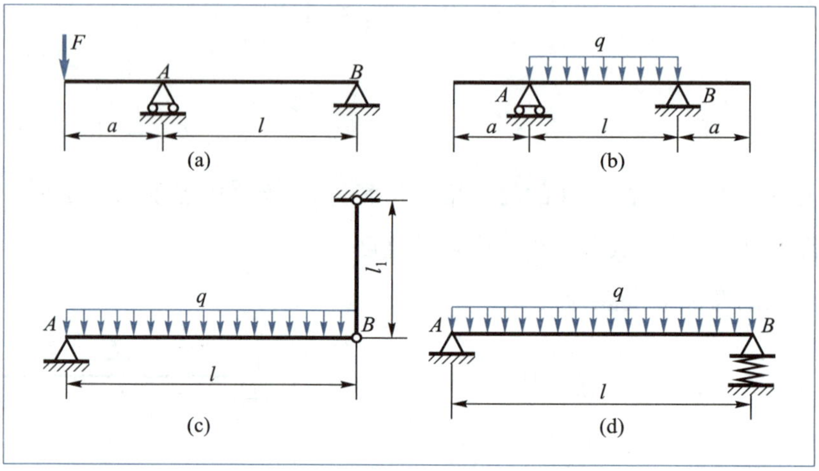

题 6.1 图

6.2　如将坐标系取为 y 轴向下为正（如图所示），试证明挠曲线的近似微分方程（6.5）应改写为

$$\frac{\mathrm{d}^2 w}{\mathrm{d}x^2}=-\frac{M}{EI}$$

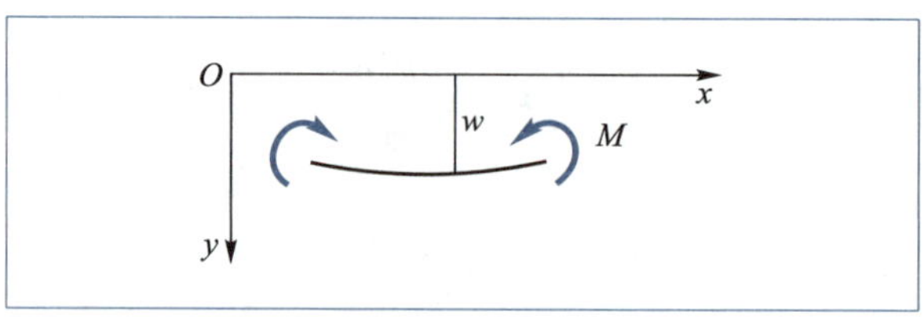

题 6.2 图

6.3　用积分法求图示各梁的挠曲线方程及自由端的挠度和转角。设 EI 为常量。

6.4　用积分法求图示各梁的挠曲线方程、端截面转角 θ_A 和 θ_B、跨度中点的挠度和最大挠度。设 EI 为常量。

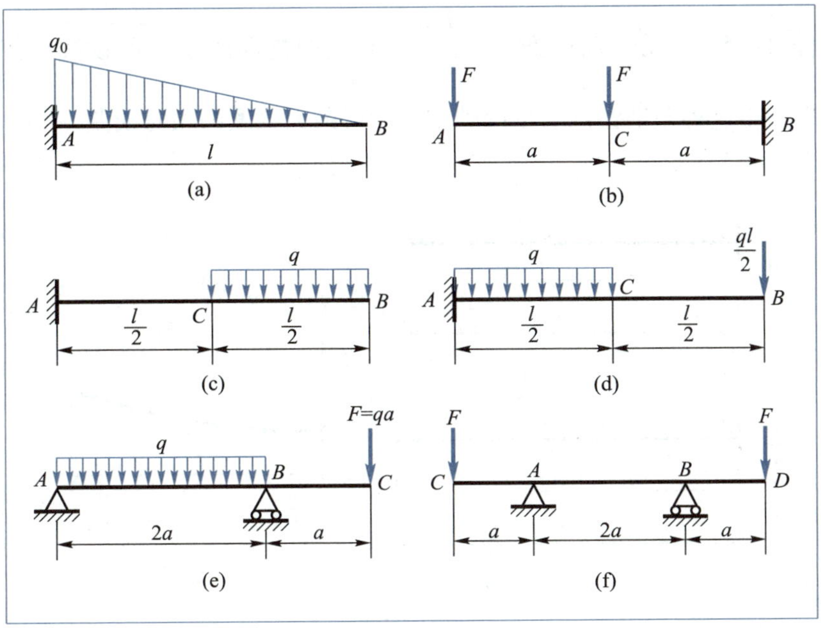

题 6.3 图

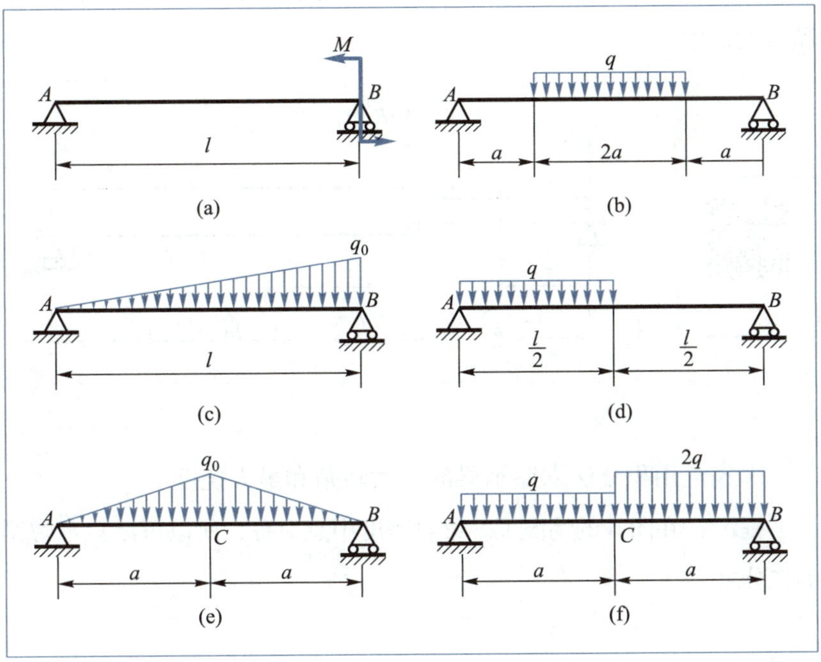

题 6.4 图

6.5 求图示悬臂梁的挠曲线方程及自由端的挠度和转角。设 EI 为常量。求解时应注意到梁在 CB 段内无载荷，故 CB 仍为直线。

6.6 若只在图示悬臂梁的自由端作用弯曲力偶 M_e，使其成为纯弯曲，则由 $\frac{1}{\rho}=\frac{M_e}{EI}$ 知 ρ 为常量，挠曲线应为圆弧。若由微分方程（6.5）积分，将得到 $w=\dfrac{M_e x^2}{2EI}$。它表明挠曲线是一抛物线。何以产生这种差别？试求按两种结果所得最大挠度的相对误差。

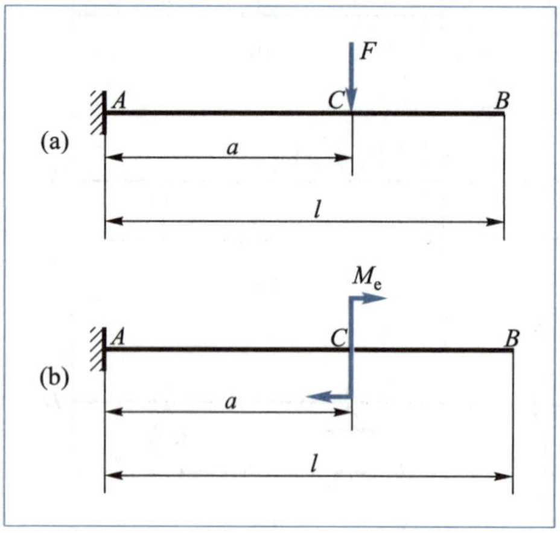

题 6.5 图

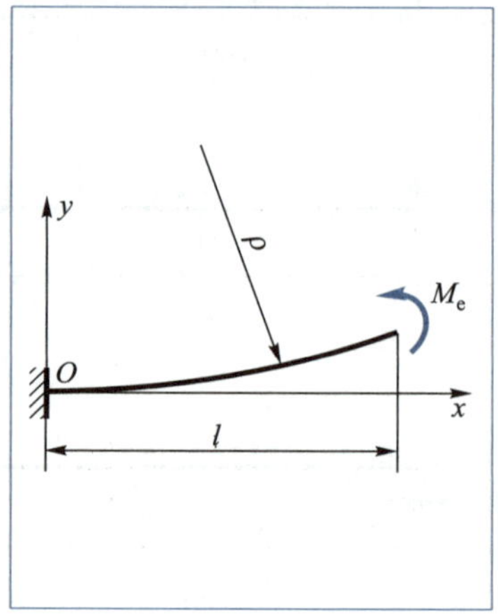

题 6.6 图

6.7 用积分法求图示变截面梁的挠曲线方程、端截面转角和最大挠度。

题解 6.7

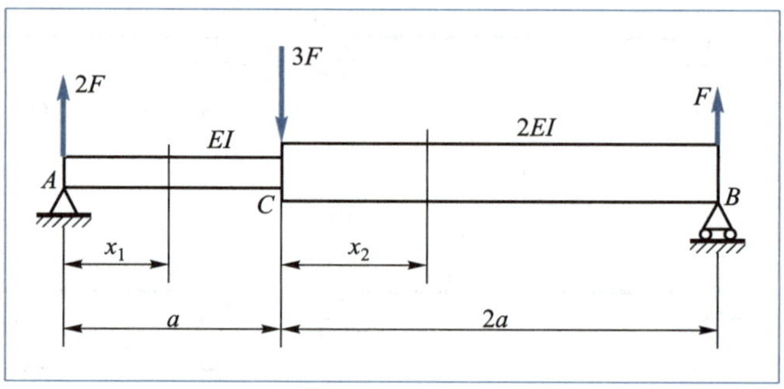

题 6.7 图

6.8 用积分法求图示梁的最大转角和最大挠度。

提示：在图 b 的情况下，梁对跨度中点对称，所以可以只考虑梁的二分之一。

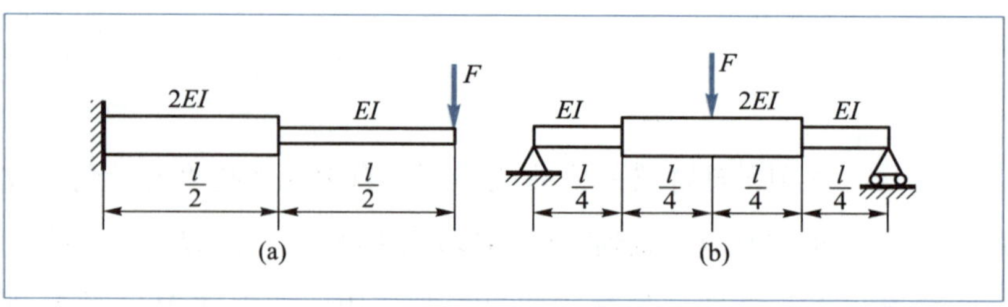

题 6.8 图

6.9 将微分方程$\frac{\mathrm{d}^2w}{\mathrm{d}x^2}=\frac{M}{EI}$的两端对 x 微分两次，再使用关系式$\frac{\mathrm{d}^2M}{\mathrm{d}x^2}=q(x)$，即可得出

$$\frac{\mathrm{d}^4w}{\mathrm{d}x^4}=\frac{q(x)}{EI}$$

试用以上四阶微分方程重解例 6.2。

6.10 用叠加法求图示各梁截面 A 的挠度和截面 B 的转角。EI 为常量。

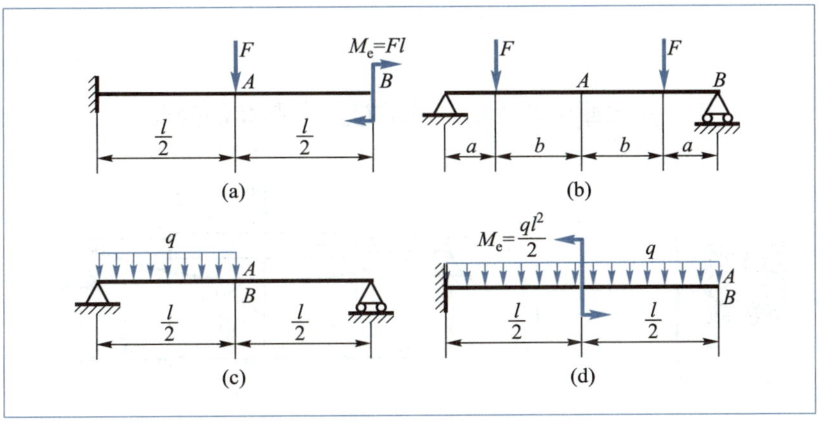

题 6.10 图

6.11 用叠加法求图示外伸梁外伸端的挠度和转角。设 EI 为常量。

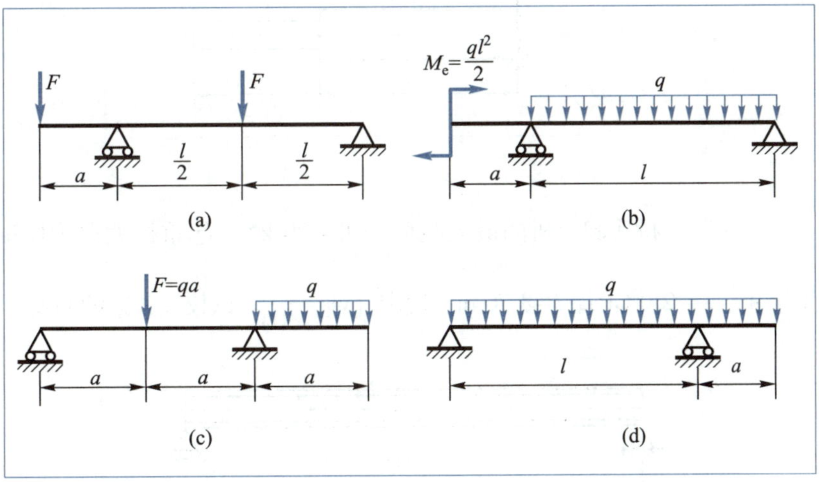

题 6.11 图

6.12 某磨床尾架如图所示。顶尖上的作用力在铅垂方向的分量 $F_V=950$ N，在水平方向的分量 $F_H=600$ N。顶尖材料的弹性模量 $E=210$ GPa。求顶尖的总挠度和总转角。

提示： 先求顶尖上的合力，然后再求总挠度和总转角。

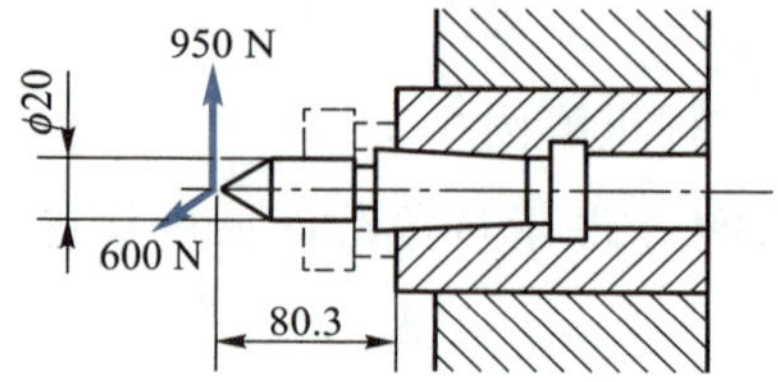

题 6.12 图

6.13 变截面梁如图示，试求跨度中点 C 的挠度。

题解 6.13

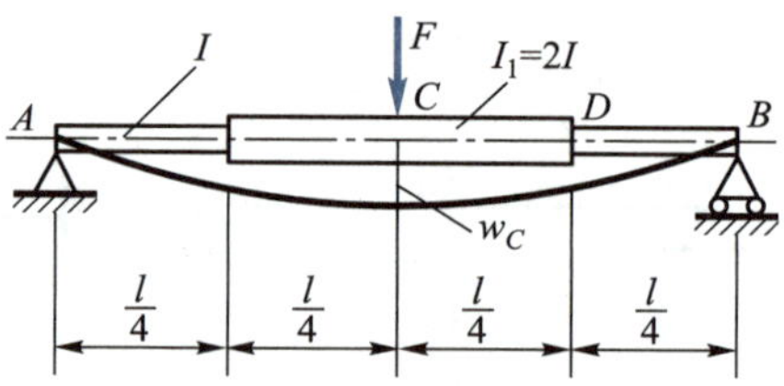

题 6.13 图

6.14 求图示变截面梁自由端的挠度和转角。

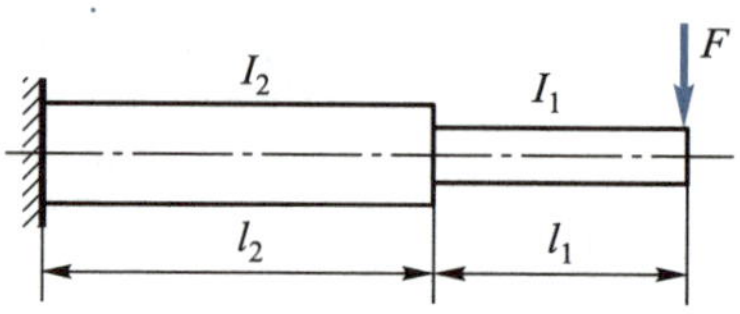

题 6.14 图

6.15 桥式起重机的最大载荷为 $W=20$ kN。起重机大梁为I32a 工字钢，$E=210$ GPa，$l=8.76$ m。规定 $[w]=\frac{l}{500}$。试校核大梁的刚度。

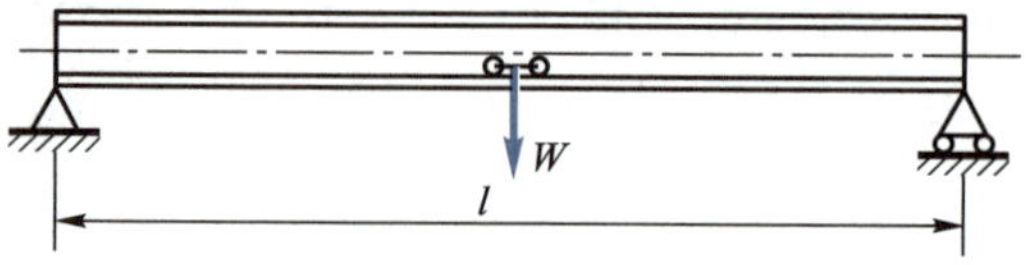

题 6.15 图

6.16 力矩扳手的主要尺寸及其受力简图如图所示。材料的 $E=210$ GPa。当力矩扳手产生 200 N·m 的力矩时，试求 C 点（刻度所在处）的挠度。

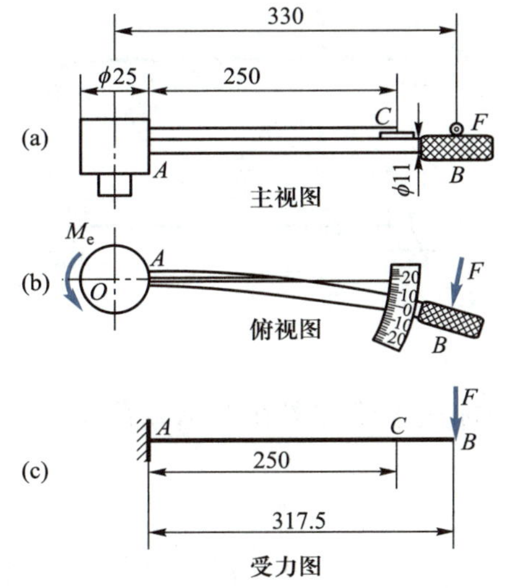

题 6.16 图

6.17 磨床砂轮主轴的示意图如图所示。轴的外伸段的长度 $a=100$ mm，轴承间距离 $l=350$ mm，$E=210$ GPa。$F_y=600$ N，$F_z=200$ N。试求主轴外伸端的总挠度。

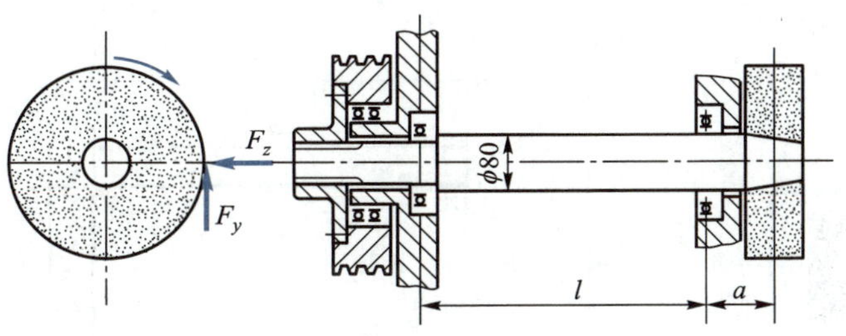

题 6.17 图

6.18 在简支梁的一半跨度内作用均布载荷 q（图 a），试求跨度中点的挠度。设 EI 为常数。

提示：把图 a 中的载荷看作图 b 和 c 中两种载荷的叠加。在图 b 所示载荷作用下，跨度中点的挠度等于零。

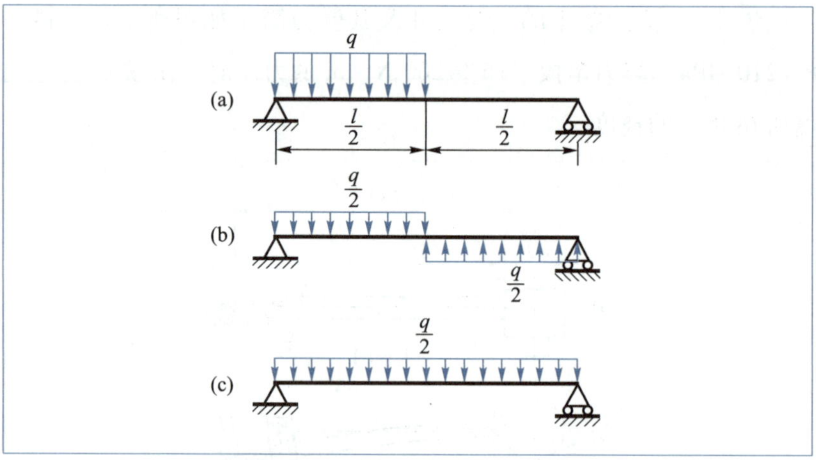

题 6.18 图

6.19 用叠加法求简支梁在图示载荷作用下跨度中点的挠度。设 EI 为常数。

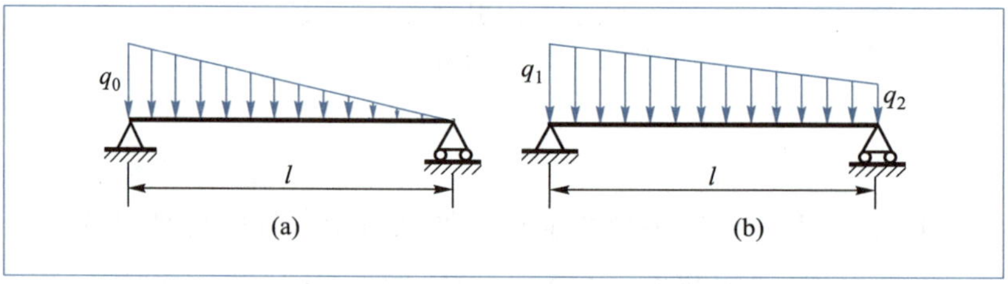

题 6.19 图

6.20 求图示简单刚架自由端 C 的水平位移和铅垂位移。设 EI 为常数。

题解 6.20

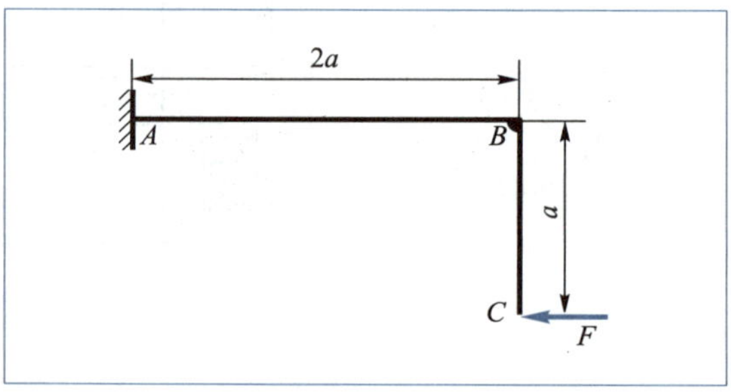

题 6.20 图

6.21 图示直角拐 AB 与 AC 轴刚性连接，A 处为一轴承，允许 AC 轴的端截面在轴承所在平面内自由转动，但不能上下移动。已知 $F=60\ \text{N}$，$E=210\ \text{GPa}$，$G=0.4E$。试求截面 B 的铅垂位移。

6.22 图示刚架 ABC 的 EI 为常量，拉杆 BD 的横截面面积为 A，弹性模量为 E。试求 C 点的铅垂位移。

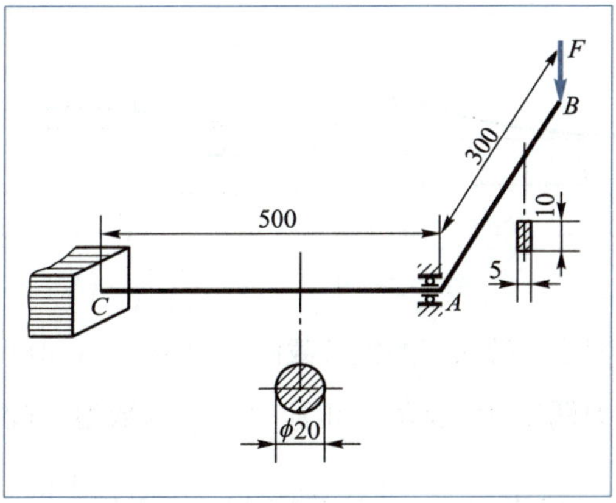

题 6.21 图

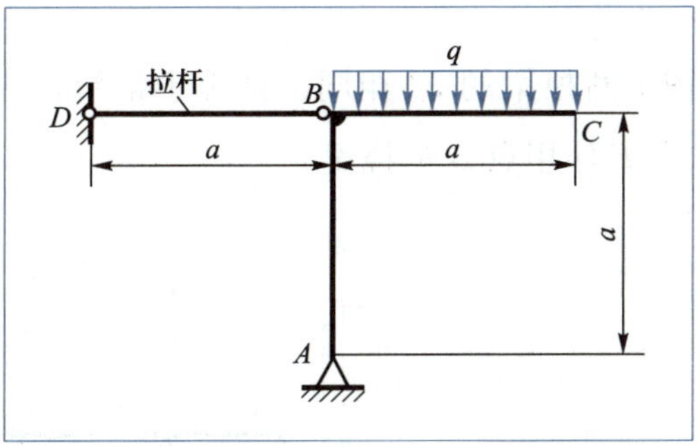

题 6.22 图

6.23 图示刚架 *BCDE* 用铰与悬臂梁的自由端 *B* 相连接，各杆 *EI* 相同，且为常量。若不计结构的自重，试求力 *F* 作用点 *E* 的铅垂位移。

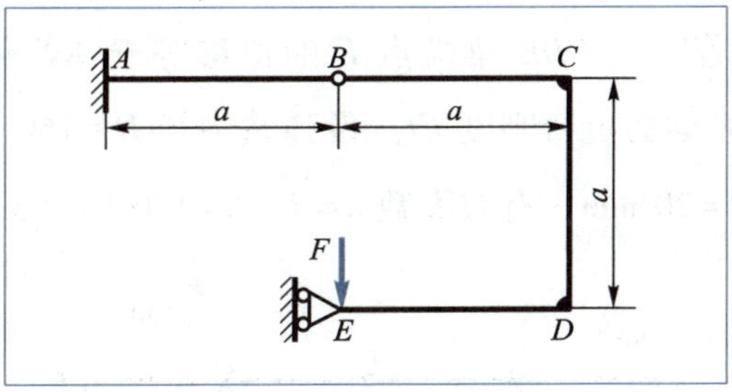

题 6.23 图

6.24 悬臂梁如图所示，有载荷 *F* 沿梁移动。若使载荷移动时总保持相同的高度，试问应将梁轴线预弯成怎样的曲线。设 *EI* 为常数。

6.25 图示滚轮沿简支梁移动时，要求滚轮恰好走一水平路径，试问须将梁的轴线预先弯成怎样的曲线。设 *EI* 为常数。

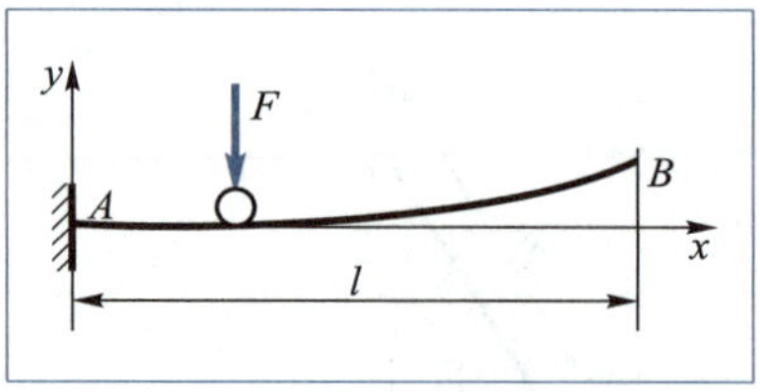

题 6.24 图

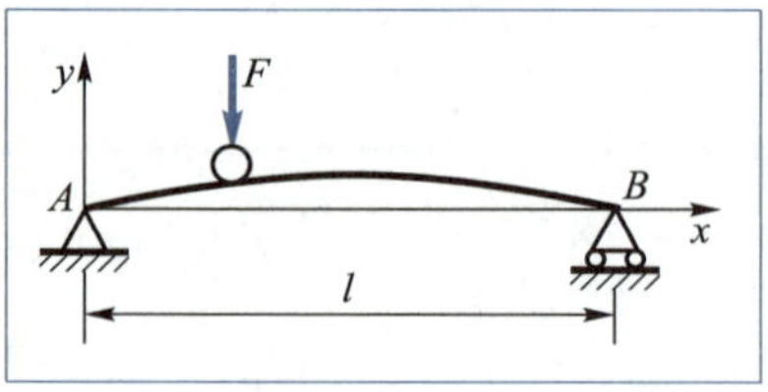

题 6.25 图

6.26 图示一端固定的板条截面尺寸为 0.4 mm×6 mm，将它弯成半圆形。求力偶矩 M_e 及最大正应力 σ_{max} 的数值。设 $E=200$ GPa。在这种情况下，能否用 $\sigma=\dfrac{M}{W}$ 计算应力？能否用 $\dfrac{d^2w}{dx^2}=\dfrac{M}{EI}$ 计算变形？何故？

6.27 图中两根梁的 EI 相同，且等于常量。两梁由铰链相互连接。试求力 F 作用点 D 的挠度。

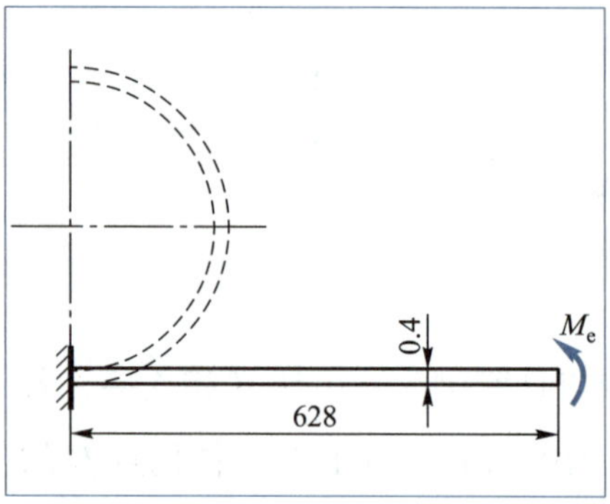

题 6.26 图

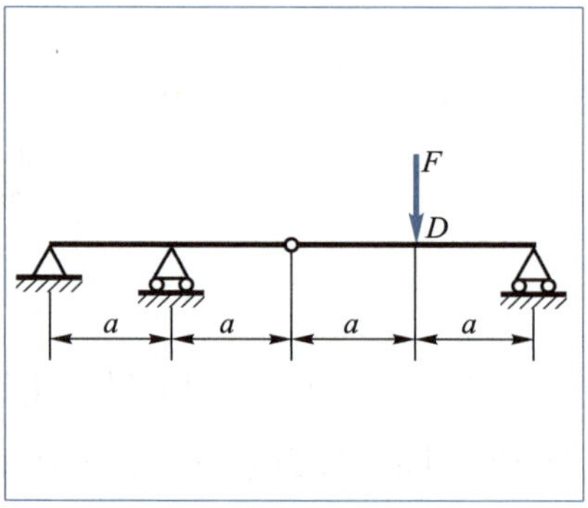

题 6.27 图

6.28 若图示 CDE 梁端点 E 的位移等于弹簧伸长量的 1.5 倍，试求 CDE 梁的抗弯刚度 EI。设弹簧中径 $D=160$ mm，弹簧丝横截面直径 $d=20$ mm，有效圈数 $n=7$，$G=80\times10^9$ Pa。

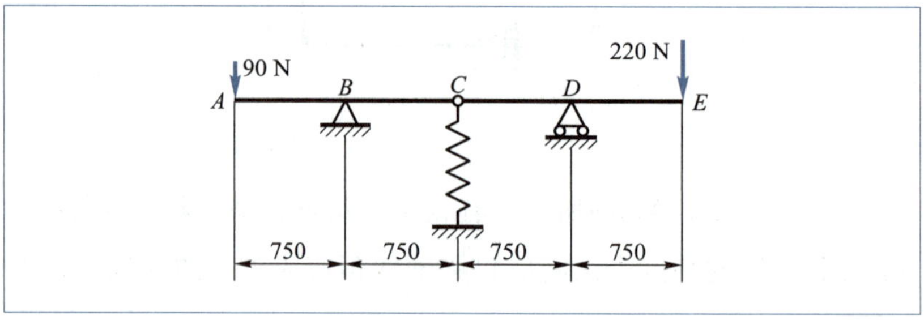

题 6.28 图

6.29 悬臂梁的横截面尺寸为 75 mm×150 mm，在截面 B 上固定一个指针，如图所示。在集中力 3 kN 作用下，试求指针端点的铅垂位移。设 $E=200\ \mathrm{GPa}$。

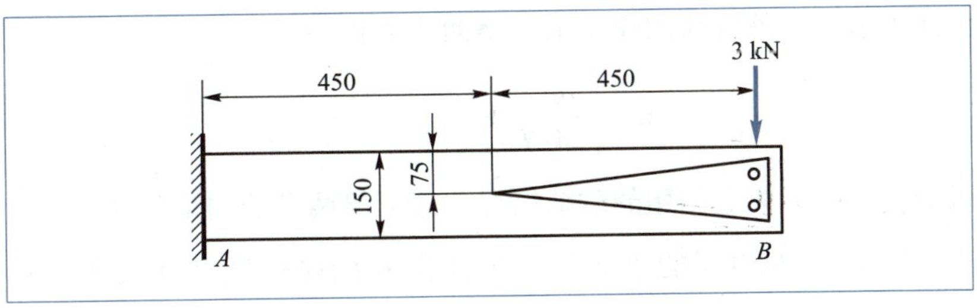

题 6.29 图

6.30 等强度梁如图所示，设 F、a、b、h 及弹性模量 E 均为已知。试求梁的最大挠度。

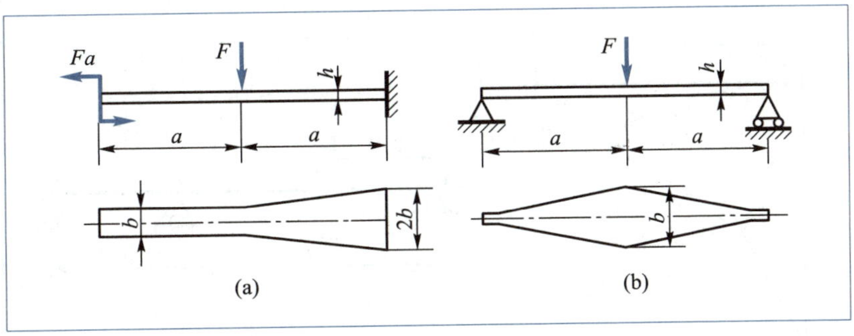

题 6.30 图

6.31 图示等截面梁，抗弯刚度为 EI。设梁下有一曲面 $y=-Ax^3$，欲使梁变形后恰好与该曲面密合，且曲面不受压力。试问梁上应加什么载荷。并确定载荷的大小和方向。

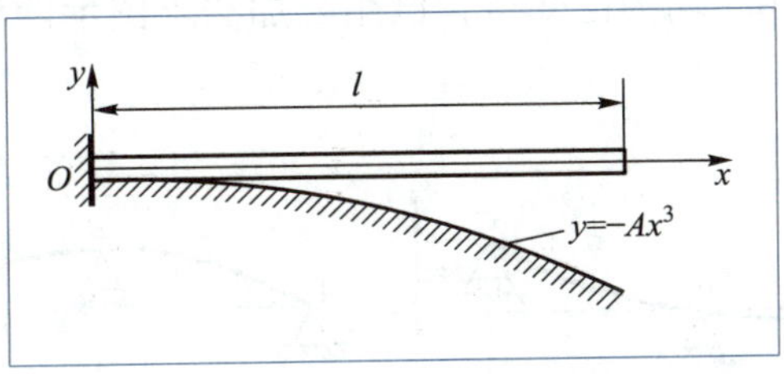

题 6.31 图

6.32 总重量为 W、长度为 $3a$ 的钢筋，对称地放置于宽度为 a 的刚性平台上。试求钢筋与平台间的最大间隙 δ。设 EI 为常量。

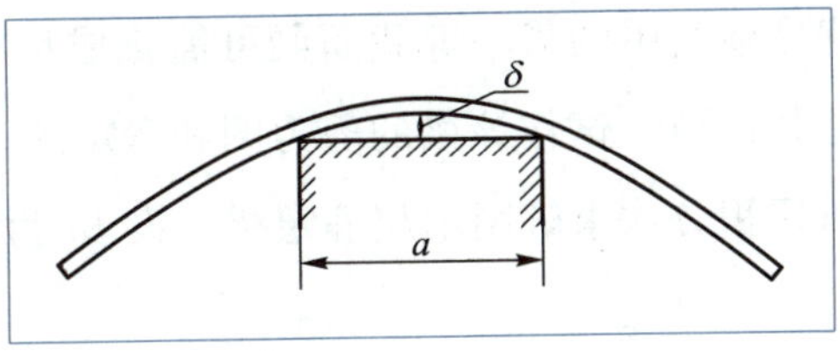

题 6.32 图

6.33 长度为 l、弯曲刚度为 EI 的直梁且在梁的中间不存在任何支承，在外载荷的作用下，挠曲线方程为

$$w=-\frac{qx^2}{24EI}(x^2-4lx+6l^2)$$

试确定：(1) 梁上作用的载荷情况；(2) 梁两端的约束条件。

***6.34** 悬臂梁的下面是一半径为 R 的刚性圆柱面（如图所示）。在集中力 F 作用下，试求端点 B 的挠度。

6.35 车床床头箱的一根传动轴可简化成三支座等截面梁，如图所示。试用叠加法求解，并作该轴的弯矩图。

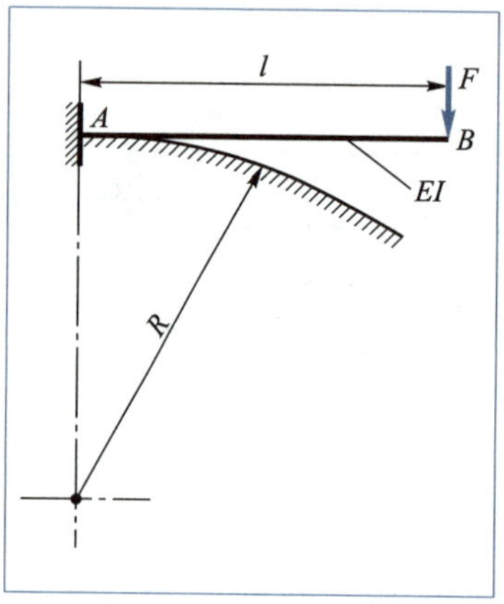

题 6.34 图

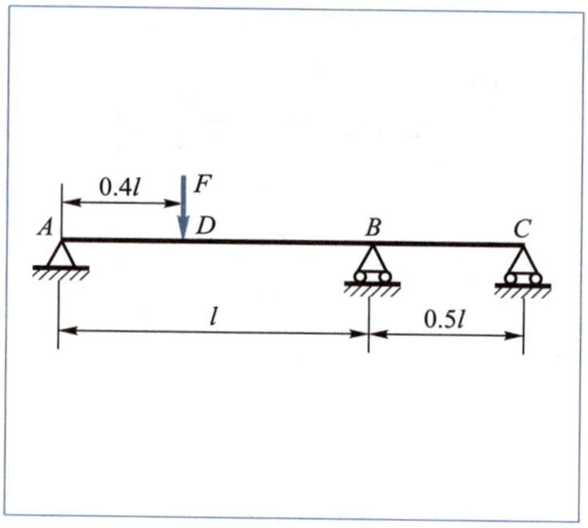

题 6.35 图

6.36 图示三支座等截面轴，由于制造不精确，轴承有高低。设 EI、δ 和 l 均为已知量，试用叠加法求图示两种情况的最大弯矩。

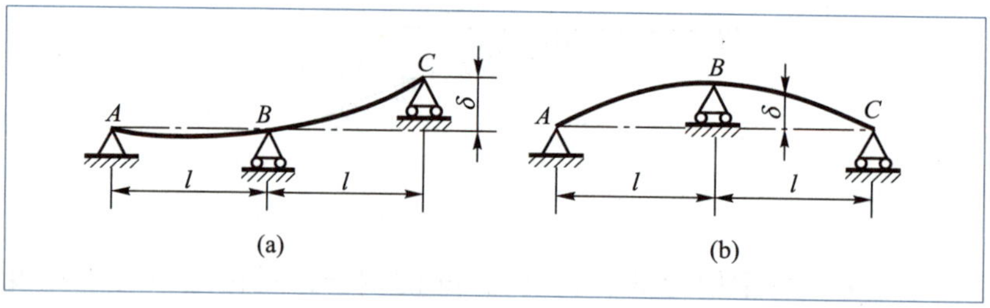

题 6.36 图

6.37 房屋建筑中的某一等截面梁可简化成均布载荷作用下的双跨梁（如图所示）。试作该梁的剪力图和弯矩图。

6.38 试用积分法求解图示超静定梁。设 EI 为常量。

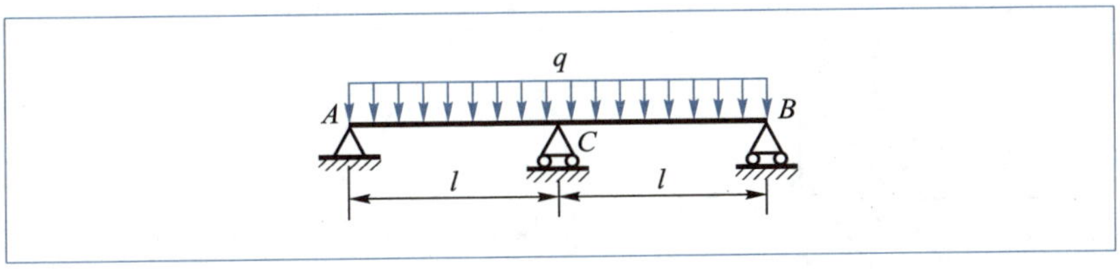

题 6.37 图

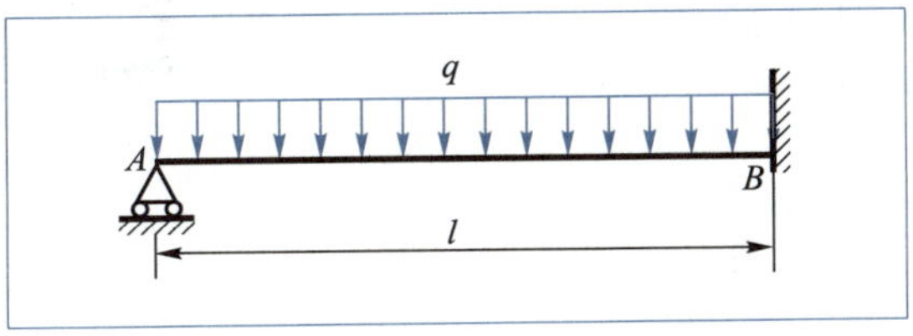

题解 6.38

题 6.38 图

6.39 图示结构中 1、2 两杆的抗拉刚度同为 EA。

(1) 若将横梁 AB 视为刚体，试求 1 和 2 两杆的内力。

(2) 若考虑横梁的变形，且抗弯刚度为 EI，试求 1 和 2 两杆的拉力。

6.40 图示结构中，梁为 I 16 工字钢梁；拉杆的横截面为圆形，$d=10$ mm。两者均为 Q235 钢，$E=200$ GPa。试求梁及拉杆内的最大正应力。

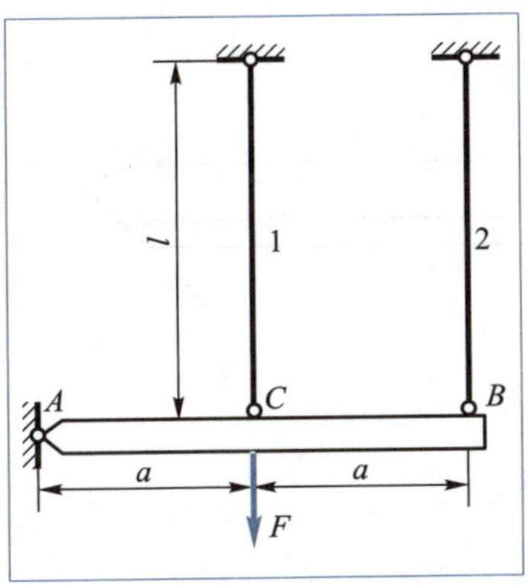

题 6.39 图

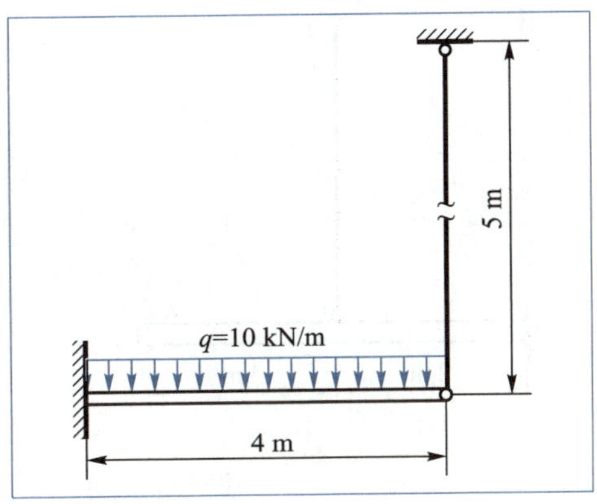

题 6.40 图

6.41 图示两根梁的材料相同，截面惯性矩分别为 I_1 和 I_2。在无外载荷作用时两梁刚好接触。试求在力 F 作用下，两根梁分别负担的载荷。

6.42 图示悬臂梁的抗弯刚度 $EI=30\times10^3\ \mathrm{N\cdot m^2}$。弹簧的刚度系数为 175×10^3 N/m。若梁与弹簧间的空隙为 1.25 mm，当集中力 $F=450$ N 作用于梁的自由端时，试问弹簧将分担多大的力。

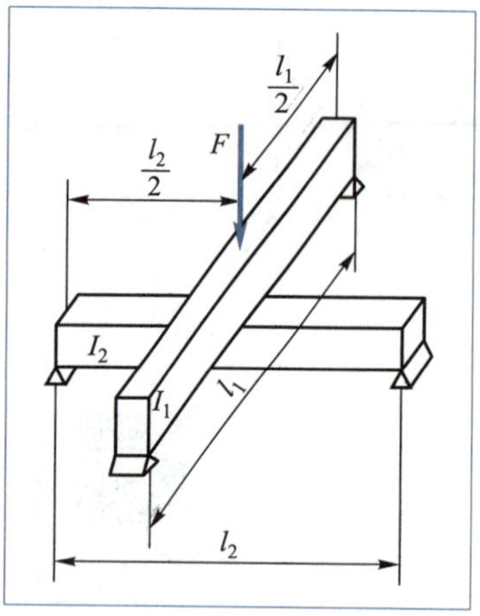

题 6.41 图

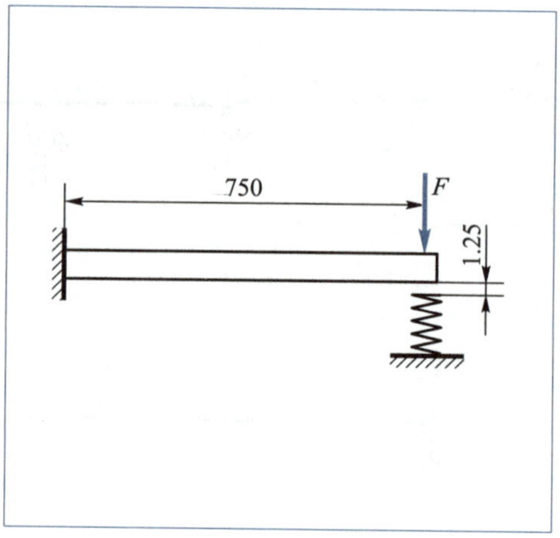

题 6.42 图

6.43 图示悬臂梁 AD 和 BE 的抗弯刚度同为 $EI=24\times10^6\ \text{N}\cdot\text{m}^2$，由钢杆 CD 相连接。CD 杆的 $l=5\ \text{m}$，$A=3\times10^{-4}\ \text{m}^2$，$E=200\ \text{GPa}$。若 $F=50\ \text{kN}$，试求悬臂梁 AD 在 D 点的挠度。

6.44 图示悬臂梁的自由端恰好与光滑斜面接触。若温度升高 ΔT，试求梁内最大弯矩。设 E、A、I、α_l 已知，且梁的自重及轴力对弯曲变形的影响皆可略去不计。

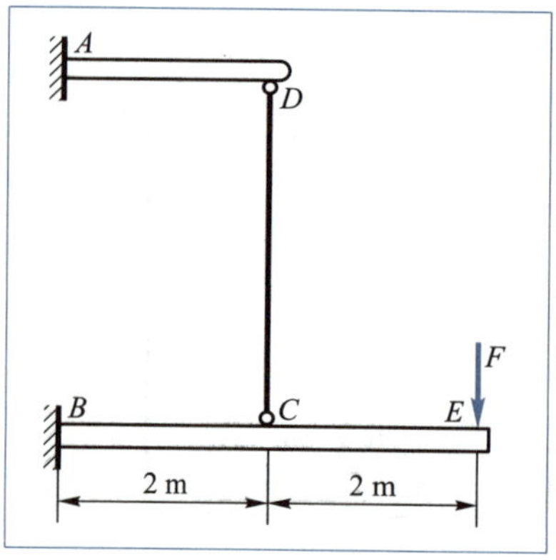

题 6.43 图

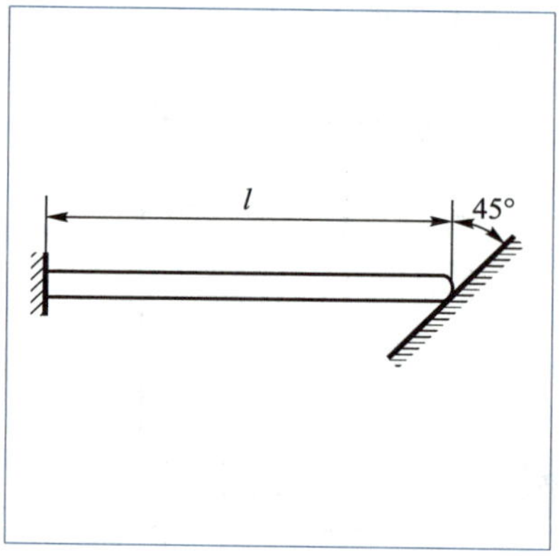

题 6.44 图

6.45 图示超静定梁 AB，承受均布载荷 q 的作用。已知梁的抗弯截面系数为 W，抗弯刚度为 EI，材料的许用应力为 $[\sigma]$。为提高梁的承载能力，可以采用将右端支座 B 适当提高的方法。试求支座 B 提高量 Δ 的最优值，并确定此时载荷集度 q 的许用值。

6.46 抗弯刚度为 EI 的超静定梁，梁上的载荷和支承情况如图所示。试求各支座的约束力。

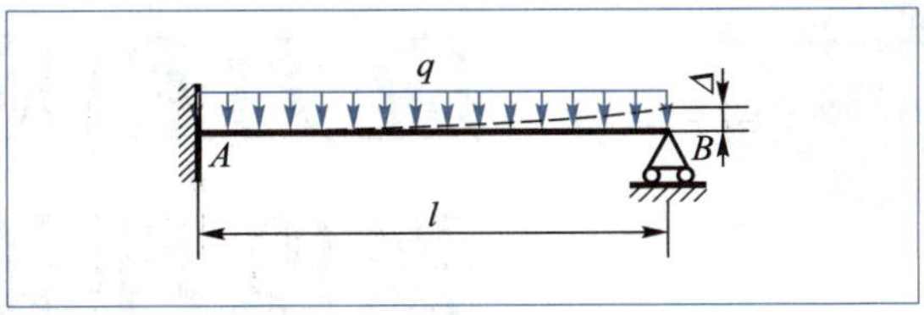

题 6.45 图

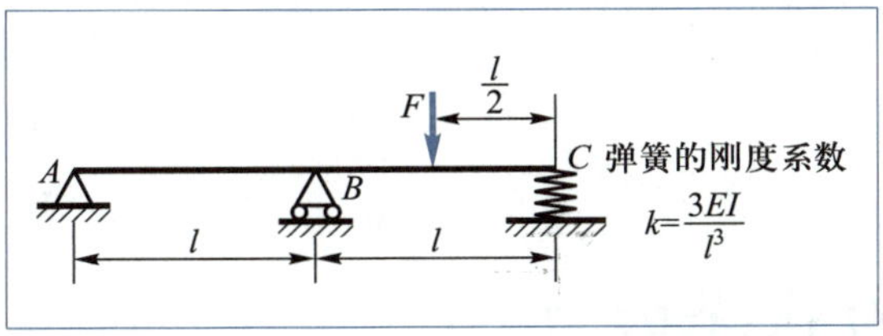

题 6.46 图

第六章习题
参考答案

第七章

应力和应变分析 强度理论

§7.1 应力状态概述

对弯曲或扭转的研究表明，杆件内不同位置的点通常具有不同的应力。所以，一点的应力是该点坐标的函数。就一点而言，通过这一点的截面可以有不同的方位，而截面上的应力又随截面的方位而变化。现以直杆拉伸为例（图 7.1a），设想围绕 A 点以纵横六个截面从杆内截取单元体，并放大为图 7.1b，其平面图则表示为图 7.1c。单元体的左、右两侧面是杆件横截面的一部分，面上的应力皆为 $\sigma=\dfrac{F}{A}$。单元体的上、下、前、后四个面都是平行于轴线的纵向面，面上都没有应力。但如按图 7.1d 的方式截取单元体，使其四个侧面虽与纸面垂直，但与杆件轴线既不平行也不垂直，成为斜截面（§2.3），则在这四个面上，不仅有正应力而且还有切应力。所以，随所取方位的不同，单元体各面上的应力也就不同。

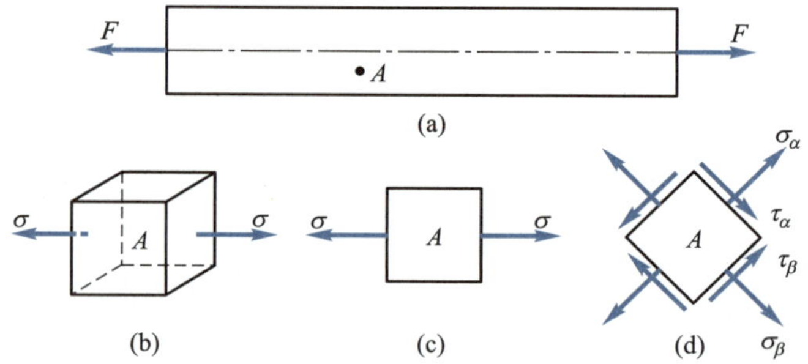

图 7.1

围绕一点 A 取出的单元体，一般在三个方向上的尺寸均为无穷小，以致可以认为，在它的每个面上，应力都是均匀的；且在单元体内相互平行的截面上，应力都是相同的，同等于通过 A 点的平行面上的应力。所以这样的单元体的应力状态可以代表一点的应力状态。研究通过一点的不同截面上的应力变化情况，就是应力分析的内容。

在图 7.1b 中，单元体的三个相互垂直的面上都无切应力，这种切应力等于零的面称为主平面。主平面上的正应力称为主应力。通过受力构件的任意点皆可找到三个相互垂直的主平面，因而每一点都有三个主应力。对简单拉伸（或压缩），三个主应力中只有一个不等于零，称为单向应力状态。若三个主应力中有两个不等于零，称为二向应力状态。当三个主应力皆不等于零时，称为三向应力状态。单向应力状态也称为简单应力状态，二向和三向应力状态也统称为复杂应力状态。

关于单向应力状态已于 §2.3 中详细讨论过，本章将从分析二向应力状态开始。

§7.2 二向和三向应力状态的实例

作为二向应力状态的实例，我们研究锅炉或其他圆筒形容器的应力状态（图 7.2）。当这类圆筒的壁厚 δ 远小于它的内径 d 时$\left(譬如，\delta<\dfrac{d}{20}\right)$，称为薄壁圆筒。若封闭的薄壁圆筒所受内压为 p，则沿圆筒轴线作用于筒底的总压力为 F（图 7.2b），且

$$F=p\cdot\frac{\pi d^2}{4}$$

在力 F 作用下，圆筒横截面上应力 σ' 的计算，属于第二章的轴向拉伸问题。因为薄壁圆筒的横截面面积是 $A=\pi d\delta$，故有

$$\sigma'=\frac{F}{A}=\frac{p\cdot\dfrac{\pi d^2}{4}}{\pi d\delta}=\frac{pd}{4\delta} \tag{7.1}$$

用相距为 l 的两个横截面和包含直径的纵向平面，从圆筒中截取一部分（图 7.2c）。若在筒壁的纵向截面上应力为 σ''①，对于薄壁圆筒，可认为沿壁厚方向 σ'' 为常量，则内力为

$$F_N=\sigma''\delta l$$

在这一部分圆筒内壁的微分面积 $l\cdot\dfrac{d}{2}\mathrm{d}\varphi$ 上，压力为 $pl\cdot\dfrac{d}{2}\mathrm{d}\varphi$（图 7.2d）。它在 y 方向的投影为 $pl\cdot\dfrac{d}{2}\mathrm{d}\varphi\cdot\sin\varphi$。通过积分求出上述投影的总和为

① 该应力通常被称为环向应力或周向应力。

$$\int_0^{\pi} pl \cdot \frac{d}{2}\sin\varphi \mathrm{d}\varphi = pld$$

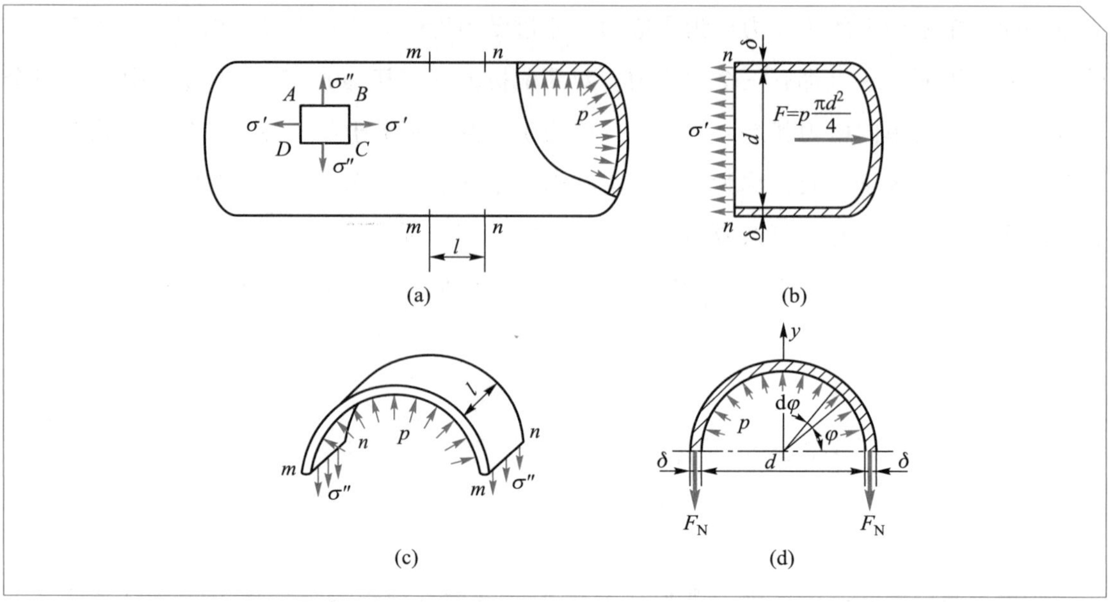

图 7.2

积分结果表明，截出部分的内表面在纵向平面上的投影面积 ld 与 p 的乘积，就等于内压作用于截出段内表面上的合力。由平衡方程 $\sum F_y=0$，得

$$2\sigma''\delta l - pld = 0$$

$$\sigma''=\frac{pd}{2\delta} \tag{7.2}$$

从式（7.1）和式（7.2）看出，纵向截面上的应力 σ''是横截面上应力 σ'的 2 倍。

σ'作用的截面就是直杆轴向拉伸的横截面。这类截面上没有切应力。又因内压是轴对称载荷，所以在 σ''作用的纵向截面上也没有切应力。这样，通过壁内任意点的纵横两截面皆为主平面，σ''和 σ'皆为主应力。此外，在单元体 $ABCD$ 的第三个方向上，有作用于内壁的内压 p 和作用于外壁的大气压，它们都远小于 σ'和 σ''，可以认为等于零，于是得到了二向应力状态。

从杆件的扭转和弯曲等问题看出，最大应力往往发生于构件的表层。构件表面一般为自由表面。自由表面上的正应力和切应力均为零。因此，自由表面对应其中一个主平面，且该主平面上的主应力等于零。因而从构件表层取出的微分单元体就属于二向应力状态，这是最有实用意义的情况。

在滚珠轴承中，滚珠与外圈接触点处的应力状态，可以作为三向应力状态的实例。围绕接触点 A（图 7.3a），以垂直和平行于压力 F 的平面截取单元体，如图 7.3b 所示。在滚珠与外圈的接触面上，有接触应力 σ_3。由于 σ_3 的作用，单元体将向周围膨胀，于是引起周围材料对它的约束应力 σ_2 和 σ_1。所取单元体的三个相互垂直的面皆为主平面，且三个主应力皆不等于零，于是得到三向应力状态。与此相似，桥式起重机大梁两端的滚动轮与轨道的接触点，火车车轮与钢轨的接触点，也都是三向应力状态。

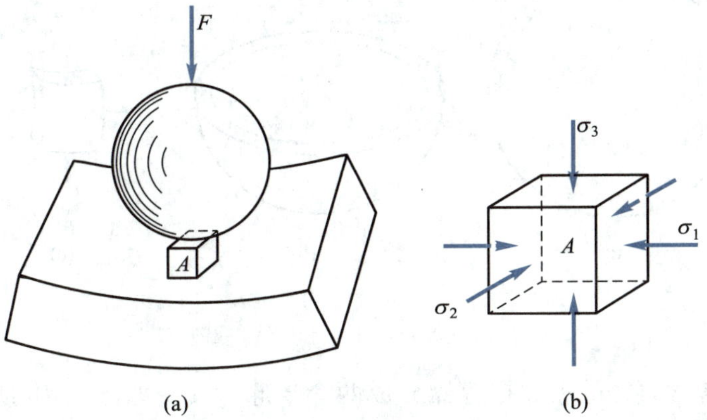

图 7.3

在研究一点的应力状态时，通常用 σ_1、σ_2、σ_3 代表该点的三个主应力，并以 σ_1 代表代数值最大的主应力，σ_3 代表代数值最小的主应力，即 $\sigma_1 \geqslant \sigma_2 \geqslant \sigma_3$。

例 7.1 由 Q235 钢制成的蒸汽锅炉。壁厚 $\delta = 10$ mm，内径 $d = 1$ m（图 7.2）。壁内受蒸汽内压 $p = 3$ MPa。试计算锅炉壁内任意点处的三个主应力。

解： 由式（7.1）和式（7.2），得

$$\sigma' = \frac{pd}{4\delta} = \frac{(3\times10^6\ \text{Pa})(1\ \text{m})}{4(10\times10^{-3}\ \text{m})} = 75\times10^6\ \text{Pa} = 75\ \text{MPa}$$

$$\sigma'' = \frac{pd}{2\delta} = \frac{(3\times10^6\ \text{Pa})(1\ \text{m})}{2(10\times10^{-3}\ \text{m})} = 150\times10^6\ \text{Pa} = 150\ \text{MPa}$$

按照关于主应力记号的规定，有

$$\sigma_1 = \sigma'' = 150\ \text{MPa},\quad \sigma_2 = \sigma' = 75\ \text{MPa},\quad \sigma_3 \approx 0$$

例 7.2 薄壁圆球形容器（图 7.4a）的壁厚为 δ，内径为 d，内压为 p。试求容器壁内的应力。

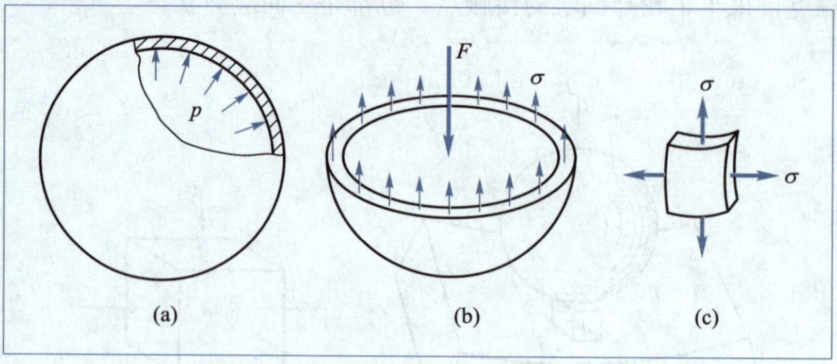

图 7.4

解： 用包含直径的平面把容器分成两个半球，其一如图 7.4b 所示。半球上内压力的合力 F，等于半球在直径平面上的投影面积$\frac{\pi d^2}{4}$与 p 的乘积，即

$$F=p\cdot\frac{\pi d^2}{4}$$

容器截面上的内力为（由于是薄壁圆球，认为 σ 沿厚度方向为常量）

$$F_{\mathrm{N}}=\pi d\delta\cdot\sigma$$

由平衡方程 $F_{\mathrm{N}}-F=0$，求出

$$\sigma=\frac{pd}{4\delta}$$

由容器的对称性可知，包含直径的任意截面上皆无切应力，且正应力都等于由上式算出的 σ（图 7.4c）。与 σ 相比，半径方向的应力可以忽略，则三个主应力为

$$\sigma_1=\sigma_2=\sigma,\quad \sigma_3=0$$

所以，这也是一个二向应力状态。

§7.3 二向应力状态分析——解析法

在薄壁圆筒的筒壁上，以横向和纵向截面截取单元体 $ABCD$（图 7.2a），其各面皆为主平面，应力皆为主应力。但在其他情况下就不一定如此。例如，圆轴扭转时，横截面上除圆心外，任一点皆有切应力。可见，对于这些点，横截面不是它们的主平面。横力弯曲也是这样，梁的横截面上除上、下边缘和中性轴上的点外，任一点上不但有正应力还有切应力。所以横截面不是这些点的主平面，横截面上的弯曲正应力也不是这些点的主应力。现在讨论的问题是：这种应力状态下，已知通过一点的某些截面上的应力后，如何确定通过这一点的其他截面上的应力，从而确定主应力和主平面。

在图 7.5a 所示单元体的各面上，设应力分量 σ_x、σ_y、τ_{xy} 和 τ_{yx} 皆为已知，其余各应力分量均为零，这种应力状态称为平面应力状态。图 7.5b 为单元体的正投影。这里 σ_x 和 τ_{xy} 是法线与 x 轴平行的面上的正应力和切应力；σ_y 和 τ_{yx} 是法线与 y 轴平行的面上的正应力和切应力。切应力 τ_{xy}（或 τ_{yx}）有两个角标，第一个角标 x（或 y）表示切应力作用平面的法线的方向；第二个角标 y（或 x）则表示切应力的方向平行于 y 轴（或 x 轴）。关于应力的符号规定为：正应力以拉应力为正而压应力为负；切应力对单元体内任意点的矩为顺时针转向时，规定为正，反之为负。按照上述符号规则，在图 7.5a 中，σ_x、σ_y 和 τ_{xy} 皆为正，而 τ_{yx} 为负。

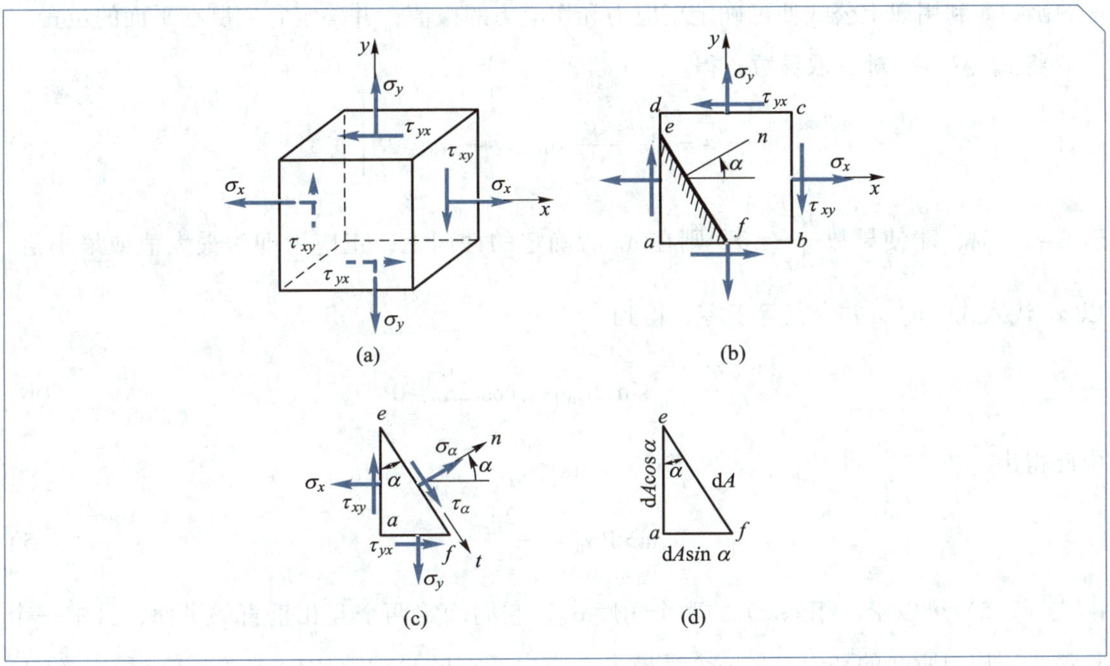

图 7.5

取任意斜截面 ef①，其外法线 n 与 x 轴的夹角为 α。规定：由 x 轴转到外法线 n 为逆时针转向时，则 α 为正。斜截面 ef 把单元体分成两部分，研究 aef 部分的平衡（图 7.5c）。斜截面 ef 上的应力有正应力 σ_α 和切应力 τ_α。若 ef 面的面积为 $\mathrm{d}A$（图 7.5d），则 af 面和 ae 面的面积应分别是 $\mathrm{d}A\sin\alpha$ 和 $\mathrm{d}A\cos\alpha$。把作用于 aef 部分上的力投影于 ef 面的外法线 n 和切线 t 的方向，所得平衡方程是

$$\sigma_\alpha \mathrm{d}A+(\tau_{xy}\mathrm{d}A\cos\alpha)\sin\alpha-(\sigma_x\mathrm{d}A\cos\alpha)\cos\alpha+$$
$$(\tau_{yx}\mathrm{d}A\sin\alpha)\cos\alpha-(\sigma_y\mathrm{d}A\sin\alpha)\sin\alpha=0$$
$$\tau_\alpha \mathrm{d}A-(\tau_{xy}\mathrm{d}A\cos\alpha)\cos\alpha-(\sigma_x\mathrm{d}A\cos\alpha)\sin\alpha+$$
$$(\sigma_y\mathrm{d}A\sin\alpha)\cos\alpha+(\tau_{yx}\mathrm{d}A\sin\alpha)\sin\alpha=0$$

根据切应力互等定理，τ_{xy} 和 τ_{yx} 在数值上相等，以 τ_{xy} 代换 τ_{yx}，并简化上列两个平衡方程，最后得出

$$\begin{aligned}\sigma_\alpha &=\sigma_x\cos^2\alpha+\sigma_y\sin^2\alpha-2\tau_{xy}\sin\alpha\cos\alpha\\ &=\frac{\sigma_x+\sigma_y}{2}+\frac{\sigma_x-\sigma_y}{2}\cos 2\alpha-\tau_{xy}\sin 2\alpha\end{aligned} \tag{7.3}$$

$$\tau_\alpha=\frac{\sigma_x-\sigma_y}{2}\sin 2\alpha+\tau_{xy}\cos 2\alpha \tag{7.4}$$

以上公式表明，斜截面上的正应力 σ_α 和切应力 τ_α 随 α 角的改变而变化，即 σ_α 和 τ_α 都是 α 的函数。利用以上公式便可确定正应力和切应力的极值，并确定它们所在平面的位置。

将式（7.3）对 α 取导数，得

$$\frac{\mathrm{d}\sigma_\alpha}{\mathrm{d}\alpha}=-2\left[\frac{\sigma_x-\sigma_y}{2}\sin 2\alpha+\tau_{xy}\cos 2\alpha\right] \tag{a}$$

若 $\alpha=\alpha_0$ 时，能使导数 $\frac{\mathrm{d}\sigma_\alpha}{\mathrm{d}\alpha}=0$，则在 α_0 所确定的截面上，正应力即为最大值或最小值。以 α_0 代入式（a），并令其等于零，得到

$$\frac{\sigma_x-\sigma_y}{2}\sin 2\alpha_0+\tau_{xy}\cos 2\alpha_0=0 \tag{b}$$

由此得出

$$\tan 2\alpha_0=-\frac{2\tau_{xy}}{\sigma_x-\sigma_y} \tag{7.5}$$

由式（7.5）可以求出相差 90°的两个角度 α_0，它们确定两个互相垂直的平面，其中一个是最大正应力所在的平面，另一个是最小正应力所在的平面。比较式（7.4）和式（b），

① 斜截面 ef 平行于 z 轴，与坐标平面 x-y 垂直。

可见满足式（b）的 α_0 角恰好使 τ_α 等于零。也就是说，在切应力等于零的平面上，正应力为最大值或最小值。因为切应力为零的平面是主平面，主平面上的正应力是主应力，所以主应力就是最大或最小的正应力。从式（7.5）求出 $\sin 2\alpha_0$ 和 $\cos 2\alpha_0$，代入式（7.3），求得最大及最小的正应力分别为

$$\left.\begin{array}{l}\sigma_{\max}\\ \sigma_{\min}\end{array}\right\}=\frac{\sigma_x+\sigma_y}{2}\pm\sqrt{\left(\frac{\sigma_x-\sigma_y}{2}\right)^2+\tau_{xy}^2} \tag{7.6}$$

将式（7.5）确定的两个角度均限定在$\left(-\frac{\pi}{2},\ \frac{\pi}{2}\right)$。可以这样处理，先算得一个在$\left(-\frac{\pi}{4},\ \frac{\pi}{4}\right)$范围内的角度，记为 α_{01}。若 $\alpha_{01}>0$，取另一角度 $\alpha_{02}=\alpha_{01}-\frac{\pi}{2}$；若 $\alpha_{01}<0$，取另一角度 $\alpha_{02}=\alpha_{01}+\frac{\pi}{2}$。则有，当 $\tau_{xy}>0$ 时，小于零的那个角度为最大正应力 $\sigma_{\max}$ 的方位角；当 $\tau_{xy}<0$ 时，大于零的那个角度为最大正应力 $\sigma_{\max}$ 的方位角。

用完全相似的方法，可以确定最大和最小切应力及它们所在的平面。将式（7.4）对 α 取导数，得

$$\frac{\mathrm{d}\tau_\alpha}{\mathrm{d}\alpha}=(\sigma_x-\sigma_y)\cos 2\alpha-2\tau_{xy}\sin 2\alpha \tag{c}$$

若 $\alpha=\alpha_1$ 时，能使导数$\frac{\mathrm{d}\tau_\alpha}{\mathrm{d}\alpha}=0$，则在 α_1 所确定的截面上，切应力为最大或最小值。以 α_1 代入式（c），且令其等于零，得

$$(\sigma_x-\sigma_y)\cos 2\alpha_1-2\tau_{xy}\sin 2\alpha_1=0$$

由此求得

$$\tan 2\alpha_1=\frac{\sigma_x-\sigma_y}{2\tau_{xy}} \tag{7.7}$$

由式（7.7）可以解出两个角度 α_1，它们相差 90°，从而可以确定两个相互垂直的平面，分别作用着最大和最小切应力。由式（7.7）解出 $\sin 2\alpha_1$ 和 $\cos 2\alpha_1$，代入式（7.4），求得切应力的最大和最小值分别是

$$\left.\begin{array}{l}\tau_{\max}\\ \tau_{\min}\end{array}\right\}=\pm\sqrt{\left(\frac{\sigma_x-\sigma_y}{2}\right)^2+\tau_{xy}^2} \tag{7.8}$$

比较式（7.5）和式（7.7）可见

$$\tan 2\alpha_0=-\frac{1}{\tan 2\alpha_1}$$

所以有

$$2\alpha_1 = 2\alpha_0 + \frac{\pi}{2}, \quad \alpha_1 = \alpha_0 + \frac{\pi}{4} \tag{d}$$

即最大和最小切应力所在平面与主平面的夹角为45°。

例 7.3 处于平面应力状态的单元体各面上的应力如图7.6所示。试求主应力并确定主平面的方位。

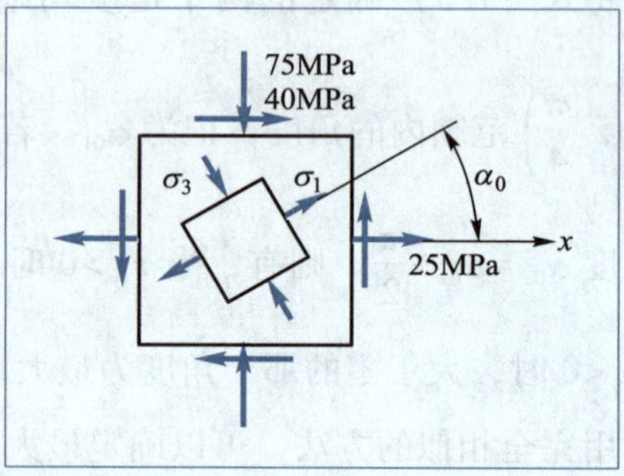

图7.6

解：按应力的符号规则，选定 $\sigma_x = 25$ MPa，$\sigma_y = -75$ MPa，$\tau_{xy} = -40$ MPa。由式(7.5)，得

$$\tan 2\alpha_0 = -\frac{2(-40\text{MPa})}{25\ \text{MPa} - (-75\ \text{MPa})} = 0.80$$

$$2\alpha_0 = 38.66° \text{或} -141.34°$$

$$\alpha_0 = 19.33° \text{或} -70.67°$$

以 $\alpha_0 = 19.33°$ 和 $\alpha_0 = -70.67°$ 分别代入式(7.3)，求出主应力为

$$\sigma_{19.33°} = \frac{25+(-75)}{2}\text{MPa} + \frac{25-(-75)}{2}\text{MPa} \times \cos 38.66° - (-40\ \text{MPa}) \times \sin 38.66° = 39\ \text{MPa}$$

$$\sigma_{-70.67°} = \frac{25+(-75)}{2}\text{MPa} + \frac{25-(-75)}{2}\text{MPa} \times \cos(-143.34°) - (-40\ \text{MPa}) \times \sin(-143.34°) = -89\ \text{MPa}$$

可见在由 $\alpha_0 = 19.33°$ 确定的主平面上，作用着主应力 $\sigma_{max} = 39$ MPa；在由 $\alpha_0 = -70.67°$ 确定的主平面上，作用着主应力 $\sigma_{min} = -89$ MPa。按照主应力的记号规定，$\sigma_1 \geqslant \sigma_2 \geqslant \sigma_3$，单元体的三个主应力分别是

$$\sigma_1 = 39\ \text{MPa}, \quad \sigma_2 = 0, \quad \sigma_3 = -89\ \text{MPa}$$

也可联合使用式(7.5)和式(7.6)来确定主平面的位置和主应力的数值。例7.4和例7.5就采用这一方法。

例 7.4 讨论圆轴扭转时的应力状态，并分析铸铁试样受扭时的破坏现象。

解： 圆轴扭转时，在横截面的边缘处切应力最大，其数值为

$$\tau=\frac{T}{W_{\mathrm{p}}} \tag{e}$$

在圆轴的表层，按图 7.7a 所示方式取出单元体 $ABCD$，单元体各面上的应力如图 7.7b 所示，因此，有

$$\sigma_x=\sigma_y=0,\quad \tau_{xy}=\tau \tag{f}$$

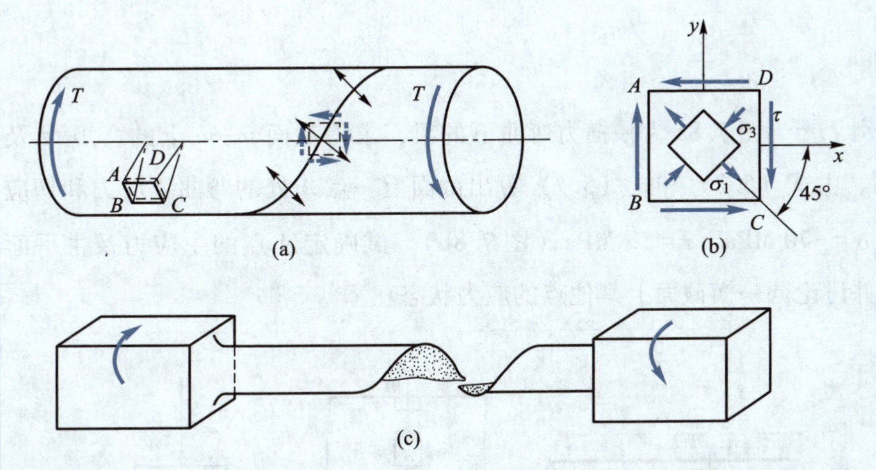

图 7.7

这就是 §3.3 所讨论的纯剪切应力状态。把式（f）代入式（7.6），得

$$\left.\begin{matrix}\sigma_{\max}\\ \sigma_{\min}\end{matrix}\right\}=\frac{\sigma_x+\sigma_y}{2}\pm\sqrt{\left(\frac{\sigma_x-\sigma_y}{2}\right)^2+\tau_{xy}^2}=\pm\tau$$

由式（7.5），得

$$\tan 2\alpha_0=-\frac{2\tau_{xy}}{\sigma_x-\sigma_y}\rightarrow-\infty$$

所以

$$2\alpha_0=-90^\circ \quad 或 \quad 90^\circ$$

$$\alpha_0=-45^\circ \quad 或 \quad 45^\circ$$

以上结果表明，从 x 轴量起，由 $\alpha_0=-45^\circ$（顺时针方向）所确定的主平面上的主应力为 $\sigma_{\max}$，而由 $\alpha_0=45^\circ$所确定的主平面上的主应力为 $\sigma_{\min}$。按照主应力的

记号规定，有

$$\sigma_1=\sigma_{max}=\tau,\quad \sigma_2=0,\quad \sigma_3=\sigma_{min}=-\tau$$

所以，纯剪切的两个主应力的绝对值相等，都等于切应力 τ，但一个为拉应力，另一个为压应力。

圆形截面铸铁试样扭转时，表面各点 σ_{max} 所在的主平面连成倾角为45°的螺旋面（图 7.7a）。由于铸铁抗拉强度较低，试样将沿这一螺旋面因拉伸而发生断裂破坏，如图 7.7c 所示。

例 7.5 图 7.8a 为一横力弯曲下的梁，求得截面 $m-m$ 上的弯矩 M 及剪力 F_S 后，由式（5.2）和式（5.7）算出截面上一点 A 处的弯曲正应力和切应力分别为 $\sigma=-70$ MPa，$\tau=50$ MPa（图 7.8b）。试确定 A 点的主应力及主平面的方位，并讨论同一横截面上其他点的应力状态。

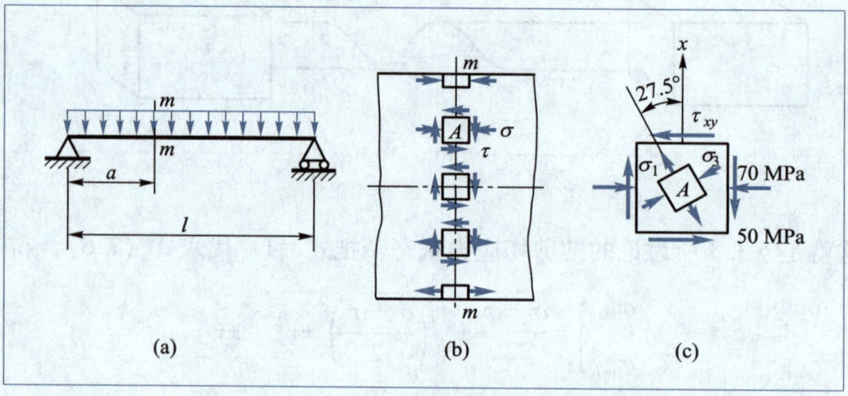

图 7.8

解：把从 A 点处截取的单元体放大如图 7.8c 所示。垂直方向等于零的应力是代数值较大的应力，故选定 x 轴的方向垂直向上，于是有

$$\sigma_x=0,\quad \sigma_y=-70\ \text{MPa},\quad \tau_{xy}=-50\ \text{MPa}$$

由式（7.5），得

$$\tan 2\alpha_0=-\frac{2\tau_{xy}}{\sigma_x-\sigma_y}=-\frac{2(-50\ \text{MPa})}{0-(-70\ \text{MPa})}=1.429$$

$$2\alpha_0 = 55° \quad 或 \quad -125°$$

$$\alpha_0 = 27.5° \quad 或 \quad -62.5°$$

从 x 轴按逆时针方向的角度 27.5°，确定 σ_{max} 所在的主平面；从 x 轴按顺时针方向的角度 62.5°，确定 σ_{min} 所在的另一个主平面。至于这两个主应力的大小，则可由式（7.6）求出为

$$\left.\begin{array}{l}\sigma_{max}\\ \\ \sigma_{min}\end{array}\right\} = \frac{0+(-70\text{MPa})}{2} \pm \sqrt{\left[\frac{0\ \text{MPa}-(-70\text{MPa})}{2}\right]^2 + (-50\ \text{MPa})^2} = \left\{\begin{array}{l}26\ \text{MPa}\\ -96\ \text{MPa}\end{array}\right.$$

按照关于主应力的记号规定，有

$$\sigma_1 = 26\ \text{MPa}, \quad \sigma_2 = 0, \quad \sigma_3 = -96\ \text{MPa}$$

主应力及主平面的位置已表示于图 7.8c 中。

在梁的横截面 $m-m$ 上，其他点的应力状态都可用相同的方法进行分析。截面上、下边缘处的各点为单向拉伸或压缩，横截面即为它们的主平面。在中性轴上，各点的应力状态为纯剪切，主平面与梁轴成 45°。从上边缘到下边缘，各点的应力状态大致如图 7.8b 所示。

在求出梁截面上一点主应力的方向后，把其中一个主应力的方向延长与相邻横截面相交。求出交点的主应力方向，再将其延长与下一个相邻横截面相交。依次类推，将得到一条折线，它的极限将是一条曲线。在这样的曲线上，任一点的切线即代表该点主应力的方向。这种曲线称为主应力迹线。经过每一点有两条相互垂直的主应力迹线。图 7.9 表示梁内的两组主应力迹线，虚线为主压应力迹线，实线为主拉应力迹线。在钢筋混凝土梁中，钢筋的作用是抵抗拉伸，所以应使钢筋尽可能地沿主拉应力迹线的方向放置。

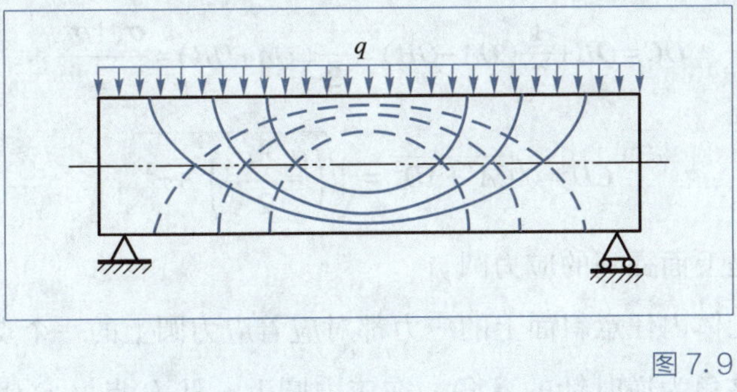

图 7.9

§7.4 二向应力状态分析——应力圆

前面的讨论指出，平面应力状态下，在法线倾角为 α 的斜面上，应力由式（7.3）和式（7.4）来计算。这两个公式可以看作以 α 为参数的参数方程。为消去 α，将两式改写成

$$\sigma_\alpha-\frac{\sigma_x+\sigma_y}{2}=\frac{\sigma_x-\sigma_y}{2}\cos 2\alpha-\tau_{xy}\sin 2\alpha$$

$$\tau_\alpha=\frac{\sigma_x-\sigma_y}{2}\sin 2\alpha+\tau_{xy}\cos 2\alpha$$

将以上两式等号两边平方，然后相加便可消去 α，得

$$\left(\sigma_\alpha-\frac{\sigma_x+\sigma_y}{2}\right)^2+\tau_\alpha^2=\left(\frac{\sigma_x-\sigma_y}{2}\right)^2+\tau_{xy}^2 \tag{a}$$

因为 σ_x、σ_y、τ_{xy} 皆为已知量，所以式（a）是一个以 σ_α 和 τ_α 为变量的圆方程。若以横坐标表示 σ，纵坐标表示 τ，则圆心的横坐标为 $\frac{1}{2}(\sigma_x+\sigma_y)$，纵坐标为零。圆周的半径为 $\sqrt{\left(\frac{\sigma_x-\sigma_y}{2}\right)^2+\tau_{xy}^2}$。这一圆周称为应力圆。

现以图 7.10a 所示二向应力状态为例说明应力圆的作法。在 $\sigma-\tau$ 坐标系中，根据单元体右侧面上的两个应力分量确定 $D(\sigma_x,\ \tau_{xy})$ 点，根据单元体顶面上的两个应力分量确定 $D'(\sigma_y,\ -\tau_{xy}$①）点，如图 7.10b 所示。图中有 $OA=\sigma_x$，$OB=\sigma_y$，$AD=\tau_{xy}$。连接 D 和 D'，与横坐标交于 C 点。若以 C 点为圆心，CD 为半径作圆，由于圆心 C 的纵坐标为零，横坐标 OC 和圆半径 CD 又分别为

$$OC=OB+\frac{1}{2}(OA-OB)=\frac{1}{2}(OA+OB)=\frac{\sigma_x+\sigma_y}{2} \tag{b}$$

$$CD=\sqrt{CA^2+AD^2}=\sqrt{\left(\frac{\sigma_x-\sigma_y}{2}\right)^2+\tau_{xy}^2} \tag{c}$$

所以，这一圆周就是上面提到的应力圆。

可以证明，单元体内任意斜面上的应力都对应着应力圆上的一个点。例如，由 x 轴到任意斜面法线 n 的夹角为逆时针的 α 角。在应力圆上，从 D 点（它代表以 x 轴为法线的面上的应力）也按逆时针方向沿圆周转到 E 点，且使 DE 弧所对的圆心角为 α 的 2 倍（图

---

① 负号可以理解为顶面上的切应力对内部点产生的力矩与右侧面上的切应力对内部点产生的力矩转向相反。

7.10b)，则 E 点的坐标就代表以 n 为法线的斜面上的应力。E 点的坐标是

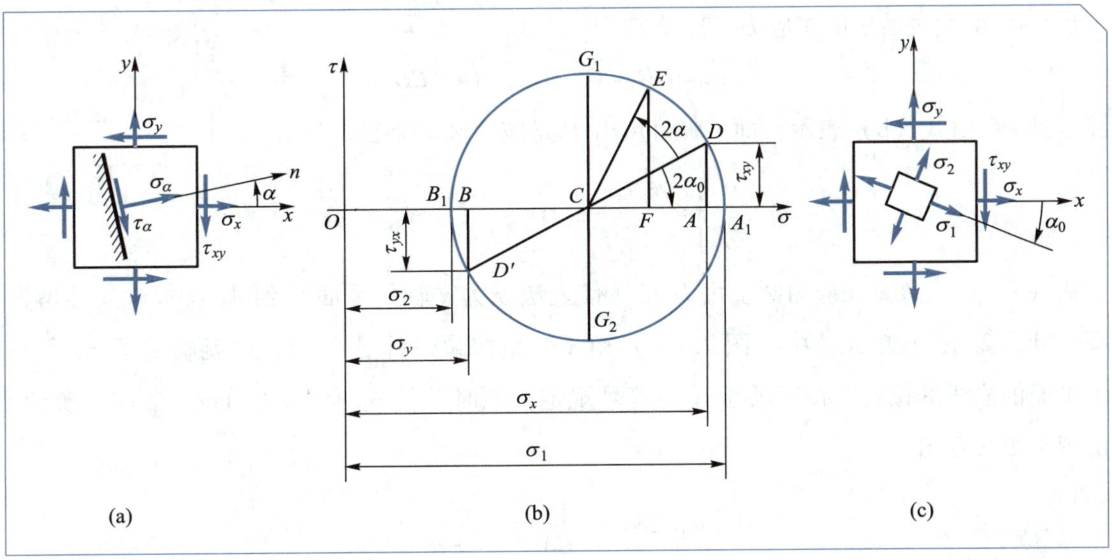

图 7.10

$$\left.\begin{aligned}OF&=OC+CE\cos(2\alpha_0+2\alpha)\\&=OC+CE\cos 2\alpha_0\cos 2\alpha-CE\sin 2\alpha_0\sin 2\alpha\\FE&=CE\sin(2\alpha_0+2\alpha)\\&=CE\sin 2\alpha_0\cos 2\alpha+CE\cos 2\alpha_0\sin 2\alpha\end{aligned}\right\}\qquad(\mathrm{d})$$

由于 CE 和 CD 同为圆周的半径，可以互相代替，故有

$$CE\cos 2\alpha_0=CD\cos 2\alpha_0=CA=\frac{\sigma_x-\sigma_y}{2}$$

$$CE\sin 2\alpha_0=CD\sin 2\alpha_0=AD=\tau_{xy}$$

把以上结果及式（b）一并代入式（d），即可求得

$$OF=\frac{\sigma_x+\sigma_y}{2}+\frac{\sigma_x-\sigma_y}{2}\cos 2\alpha-\tau_{xy}\sin 2\alpha$$

$$FE=\frac{\sigma_x-\sigma_y}{2}\sin 2\alpha+\tau_{xy}\cos 2\alpha$$

与式（7.3）和式（7.4）比较，可见

$$OF=\sigma_\alpha,\qquad FE=\tau_\alpha$$

这就证明了，E 点的坐标代表法线倾角为 α 的斜面上的应力。

利用应力圆可以得出关于二向应力状态的很多结论。例如，可用来确定主应力的数值和主平面的方位。由于应力圆上 A_1 点的横坐标（正应力）大于所有其他点的横坐标，而纵坐标（切应力）等于零，所以 A_1 点代表最大的主应力，即

$$\sigma_1 = OA_1 = OC + CA_1 = OC + CD$$

同理，B_1 点代表最小的主应力，即

$$\sigma_2 = OB_1 = OC - CB_1 = OC - CD$$

注意到 OC 由式（b）表示，而 CA_1 和 CB_1 都是应力圆的半径，故有

$$\left.\begin{matrix}\sigma_1\\ \sigma_2\end{matrix}\right\} = \frac{\sigma_x+\sigma_y}{2} \pm \sqrt{\left(\frac{\sigma_x-\sigma_y}{2}\right)^2 + \tau_{xy}^2}$$

与式（7.6）一致。在应力圆上由 D 点（代表法线为 x 轴的平面）到 A_1 点所对圆心角为顺时针的 $2\alpha_0$，在单元体中（图 7.10c）由 x 轴也按顺时针量取 α_0，这就确定了 σ_1 所在主平面的法线的位置。按照关于 α 的符号规定，顺时针的 α_0 是负的，$\tan 2\alpha_0$ 应为负值。由图 7.10b 看出

$$\tan 2\alpha_0 = -\frac{AD}{CA} = -\frac{2\tau_{xy}}{\sigma_x - \sigma_y}$$

于是再次得到了式（7.5）。

应力圆上 G_1 和 G_2 两点的纵坐标分别是最大和最小值，分别代表最大和最小切应力。因为 CG_1 和 CG_2 都是应力圆的半径，故有

$$\left.\begin{matrix}\tau_{\max}\\ \tau_{\min}\end{matrix}\right\} = \pm\sqrt{\left(\frac{\sigma_x-\sigma_y}{2}\right)^2 + \tau_{xy}^2}$$

这就是式（7.8）。又因为应力圆的半径也等于$\dfrac{\sigma_1-\sigma_2}{2}$，故又可写成

$$\left.\begin{matrix}\tau_{\max}\\ \tau_{\min}\end{matrix}\right\} = \pm\frac{\sigma_1-\sigma_2}{2} \tag{7.9}$$

在应力圆上，由 A_1 转到 G_1 所对圆心角为逆时针的$\dfrac{\pi}{2}$；在单元体内，由 σ_1 所在主平面的法线到 $\tau_{\max}$所在平面的法线应为逆时针的$\dfrac{\pi}{4}$。

例 7.6 已知图 7.11a 所示单元体的 $\sigma_x = 80$ MPa，$\sigma_y = -40$ MPa，$\tau_{xy} = -60$ MPa，$\tau_{yx} = 60$ MPa。试用应力圆求主应力，并确定主平面的方位。

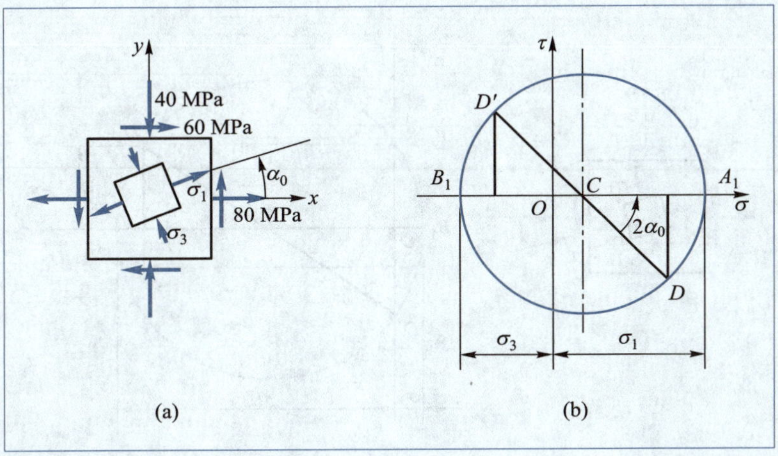

图 7.11

解：以（80，-60）为坐标确定 D 点（图 7.11b）。以（-40，60）为坐标确定 D'点。连接 D、D'，与横坐标轴交于 C 点。以 C 为圆心，DD'为直径作应力圆，如图 7.11b 所示。

$$\sigma_1=OA_1=OC+CD=105\ \text{MPa},\qquad \sigma_3=OB_1=OC-CD=-65\ \text{MPa}$$

在这里另一个主应力 $\sigma_2=0$。在应力圆上由 D 到 A_1 为逆时针方向，且 $\angle DCA_1=2\alpha_0=45°$。所以，在单元体中从 x 以逆时针方向量取 $\alpha_0=22.5°$，确定 σ_1 所在主平面的法线，如图 7.11a 所示。

例 7.7 在横力弯曲及今后将要讨论的扭弯组合变形中，经常遇到图 7.12a 所示的应力状态。设 σ 及 τ 已知，试确定主应力和主平面的方位。

解：如用解析法求解，图 7.12a 所示的单元体应力可表示为

$$\sigma_x=\sigma,\qquad \tau_{xy}=\tau$$

$$\sigma_y=0,\qquad \tau_{yx}=-\tau$$

代入式（7.6），得

$$\left.\begin{matrix}\sigma_1\\ \\ \sigma_3\end{matrix}\right\}=\frac{\sigma}{2}\pm\sqrt{\left(\frac{\sigma}{2}\right)^2+\tau^2}$$

由于在根号前取“-”号的主应力总为负值，即总为压应力，故记为 σ_3。

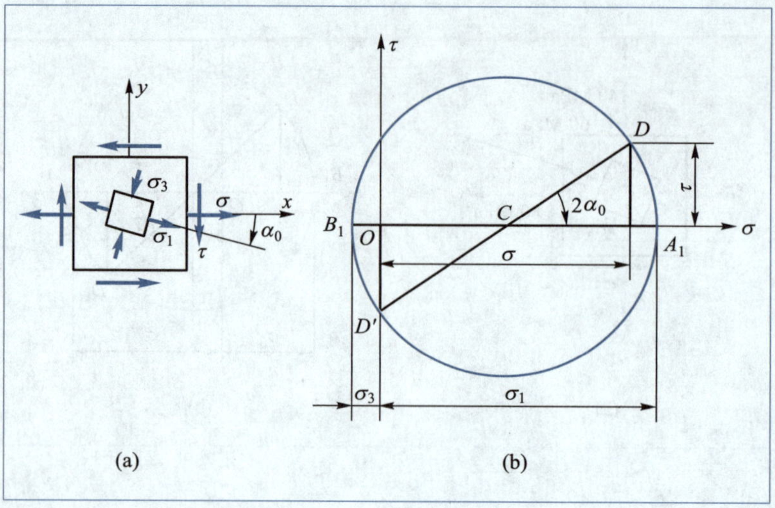

图 7.12

由式（7.5），得

$$\tan 2\alpha_0 = -\frac{2\tau}{\sigma}$$

由此可以确定主平面的位置。

作为分析计算的辅助，在计算时可以作出应力圆（图 7.12b），这样可以帮助我们检查计算结果有无错误。

§ 7.5　三向应力状态

对三向应力状态，这里只讨论当三个主应力已知时（图 7.13a），任意斜截面上的应力计算。

以任意斜截面 ABC 从单元体中取出四面体，如图 7.13b 所示。设 ABC 的法线 n 的三个方向余弦为 l、m、n，它们应满足关系式

$$l^2+m^2+n^2=1 \tag{a}$$

若 ABC 的面积为 $\mathrm{d}A$，则四面体其余三个面的面积应分别为

$$OBC \text{ 的面积} = l\mathrm{d}A$$

$$OCA \text{ 的面积} = m\mathrm{d}A$$

$$OAB\text{ 的面积}=n\mathrm{d}A$$

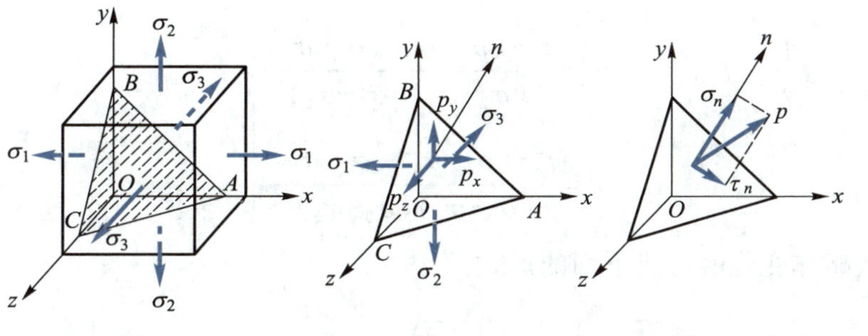

图 7.13

现将斜截面 ABC 上的应力分解成平行于 x、y、z 轴的三个分量 p_x、p_y、p_z。由四面体的平衡方程 $\sum F_x=0$，得

$$p_x\mathrm{d}A-\sigma_1 l\mathrm{d}A=0$$

$$p_x=\sigma_1 l$$

同理，由平衡方程 $\sum F_y=0$ 和 $\sum F_z=0$，又可求得 p_y 和 p_z。最后得出

$$p_x=\sigma_1 l,\qquad p_y=\sigma_2 m,\qquad p_z=\sigma_3 n \tag{b}$$

由以上三个分量求得斜截面 ABC 上的总应力为

$$p=\sqrt{p_x^2+p_y^2+p_z^2}=\sqrt{\sigma_1^2 l^2+\sigma_2^2 m^2+\sigma_3^2 n^2} \tag{c}$$

还可以把总应力分解成与斜截面垂直的正应力 σ_n 和相切的切应力 τ_n（图 7.13c），显然有

$$p^2=\sigma_n^2+\tau_n^2 \tag{d}$$

如把 σ_n 看作总应力 p 在斜截面法线上的投影，则 σ_n 应等于 p 的三个分量 p_x、p_y、p_z 在法线方向上投影的代数和，即

$$\sigma_n=p_x l+p_y m+p_z n$$

将式（b）代入上式，得

$$\sigma_n=\sigma_1 l^2+\sigma_2 m^2+\sigma_3 n^2 \tag{e}$$

此外，把式（c）代入式（d），还可求出

$$\tau_n^2=\sigma_1^2 l^2+\sigma_2^2 m^2+\sigma_3^2 n^2-\sigma_n^2 \tag{f}$$

把式（a）、式（e）、式（f）三式看作含有 l^2、m^2、n^2 的联立方程组，从中可以解出 l^2、m^2 和 n^2，结果是

$$
\left.\begin{aligned}
l^2&=\frac{\tau_n^2+(\sigma_n-\sigma_2)(\sigma_n-\sigma_3)}{(\sigma_1-\sigma_2)(\sigma_1-\sigma_3)}\\
m^2&=\frac{\tau_n^2+(\sigma_n-\sigma_3)(\sigma_n-\sigma_1)}{(\sigma_2-\sigma_3)(\sigma_2-\sigma_1)}\\
n^2&=\frac{\tau_n^2+(\sigma_n-\sigma_1)(\sigma_n-\sigma_2)}{(\sigma_3-\sigma_1)(\sigma_3-\sigma_2)}
\end{aligned}\right\}\tag{g}
$$

再将以上三式略作变化改写成下面的形式：

$$
\left.\begin{aligned}
\left(\sigma_n-\frac{\sigma_2+\sigma_3}{2}\right)^2+\tau_n^2&=\left(\frac{\sigma_2-\sigma_3}{2}\right)^2+l^2(\sigma_1-\sigma_2)(\sigma_1-\sigma_3)\\
\left(\sigma_n-\frac{\sigma_3+\sigma_1}{2}\right)^2+\tau_n^2&=\left(\frac{\sigma_3-\sigma_1}{2}\right)^2+m^2(\sigma_2-\sigma_3)(\sigma_2-\sigma_1)\\
\left(\sigma_n-\frac{\sigma_1+\sigma_2}{2}\right)^2+\tau_n^2&=\left(\frac{\sigma_1-\sigma_2}{2}\right)^2+n^2(\sigma_3-\sigma_1)(\sigma_3-\sigma_2)
\end{aligned}\right\}\tag{h}
$$

在以 σ_n 为横坐标，τ_n 为纵坐标的坐标系中，以上三式是三个圆的方程式。这表明斜截面 ABC 上的应力既在第一式所表示的圆上，又在第二和第三式所表示的圆上。所以，以上三式所表示的三个圆交于一点。交点的坐标就是斜截面 ABC 上的应力。可见，在 σ_1、σ_2、σ_3 和 l、m、n 已知后，可以作出上述三个圆中的任意两个，其交点的坐标即为所求斜截面上的应力。

如约定 $\sigma_1\geqslant\sigma_2\geqslant\sigma_3$，且因 $l^2\geqslant0$，则在式（h）的第一式中有

$$
l^2(\sigma_1-\sigma_2)(\sigma_1-\sigma_3)\geqslant0
$$

所以，式（h）中第一式所确定的圆的半径，大于和它同心的圆

$$
\left(\sigma_n-\frac{\sigma_2+\sigma_3}{2}\right)^2+\tau_n^2=\left(\frac{\sigma_2-\sigma_3}{2}\right)^2
$$

的半径。这样，在图 7.14 中，由式（h）中第一式所确定的圆在圆 B_1C_1 之外。用同样的方法可以说明，式（h）中第二式所表示的圆在圆 A_1B_1 之内；第三式所表示的圆在圆 A_1C_1 之外。因而上述三个圆的交点 D，亦即斜截面 ABC 上的应力应在图 7.14 中画阴影线的区域。

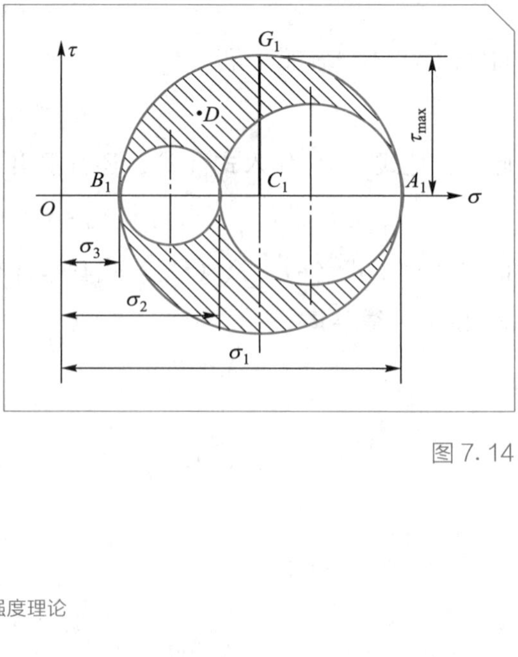

图 7.14

在图 7.14 画阴影线的区域，任何点的横坐标都小于 A_1 点的横坐标，并大于 B_1 点的横坐标；任何点的纵坐标都小于 G_1 点的

纵坐标。于是得正应力和切应力的极值分别为

$$\sigma_{\max}=\sigma_1, \quad \sigma_{\min}=\sigma_3, \quad \tau_{\max}=\frac{\sigma_1-\sigma_3}{2} \tag{7.10}$$

若所取斜截面平行于 σ_2，则 $m=0$。这时从式（e）及式（f）可以看出，斜截面上的应力与 σ_2 无关，只受 σ_1 和 σ_3 的影响。同时，由式（h）中第二式所表示的圆变成圆 A_1B_1。这表明，在这类斜截面上的应力由 σ_1 和 σ_3 所确定的应力圆来表示。$\tau_{\max}$所在平面就是这类斜截面中的一个，其法线与 σ_1 所在平面的法线成 45°。同理，平行于 σ_1 或 σ_3 的截面上的应力分别与 σ_1 或 σ_3 无关。

如将二向应力状态看作三向应力状态的特殊情况，当 $\sigma_1>\sigma_2>0$，$\sigma_3=0$ 时，按式（7.10），有

$$\tau_{\max}=\frac{\sigma_1}{2} \tag{i}$$

这里所求得的最大切应力，显然大于由式（7.9）所得的

$$\tau_{\max}=\frac{\sigma_1-\sigma_2}{2}$$

这是因为在 §7.4 中，只是考虑了平行于 σ_3 的各截面，在这类截面中切应力的最大值是 $\frac{\sigma_1-\sigma_2}{2}$。但如果再考虑到平行于 σ_2 的那些截面，就得到由式（i）所表示的最大切应力。

*§7.6 位移与应变分量

位移和应变的概念在 §1.5 中就已提出，现在建立两者间的解析表达式。对构件各点的位移和应变都发生于同一平面内（例如 $x-y$ 平面）的情况，如 z 方向的线应变等于零，以及 $x-z$ 和 $y-z$ 面内切应变均为零，即 $\varepsilon_z=0$，$\gamma_{xz}=0$ 和 $\gamma_{yz}=0$ 的情形，称为平面应变问题①。工程实际中，最大应变往往发生于构件的表层，表层的应变也易于测量。将构件表面点切平面定义为 $x-y$ 平面，z 为该点切平面的外法线方向，则该点不为零的应变分量为 ε_x、ε_y、γ_{xy}和 ε_z，但 ε_z 是不独立的。因此，独立的应变分量仅有 ε_x、ε_y 和 γ_{xy}三个，都发生于 $x-y$ 平面内。因此，本书讨论 $x-y$ 平面内的位移和应变的关系。

设构件内平行于 x 轴、长度为 Δx 的微分线段 MN，变形后发生位移到 $M'N'$（图

① 将 $\sigma_z=0$，$\tau_{xz}=0$ 和 $\tau_{yz}=0$ 的情形称为平面应力问题。

7.15)。M 点的位移矢为$\overrightarrow{MM'}=\boldsymbol{U}$，它在 x 和 y 轴上的投影分别记为 u 和 v，即

$$\boldsymbol{U}=u\boldsymbol{i}+v\boldsymbol{j} \tag{a}$$

式中，$\boldsymbol{i}$、$\boldsymbol{j}$ 是沿 x、y 方向的单位矢。根据变形固体的连续性假设，位移分量 u 和 v 都应是坐标 x 和 y 的连续函数，即

$$u=u(x,\ y),\qquad v=v(x,\ y) \tag{b}$$

与 M 点相比，N 点的纵坐标未变，但横坐标有一增量 Δx，所以 N 点的位移分量应为

$$u+\frac{\partial u}{\partial x}\Delta x \quad 和 \quad v+\frac{\partial v}{\partial x}\Delta x$$

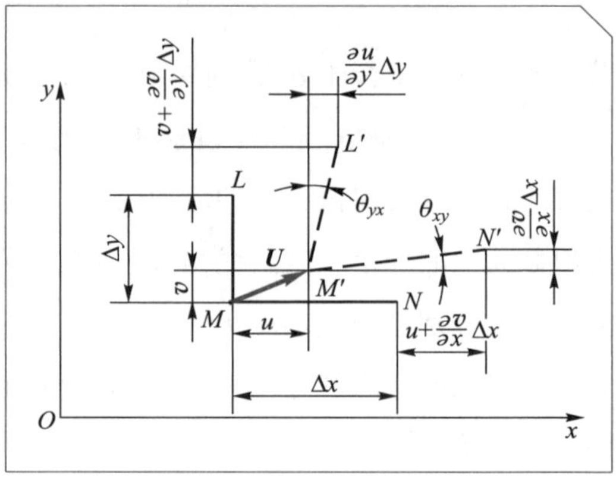

图 7.15

其中，$\frac{\partial u}{\partial x}\Delta x$ 和$\frac{\partial v}{\partial x}\Delta x$ 是函数 u 和 v 因 x 有一增量 Δx 而引起的相应增量。在小变形的情况下，位移 v 的增量$\frac{\partial v}{\partial x}\Delta x$ 只是引起线段 $M'N'$ 的轻微转动，并不改变它的长度。于是可以认为 $M'N'$的长度是

$$M'N'=\Delta x+u+\frac{\partial u}{\partial x}\Delta x-u=\Delta x+\frac{\partial u}{\partial x}\Delta x$$

按式（1.3）给出的应变的定义，M 点沿 x 方向的应变是

$$\varepsilon_x=\lim_{MN\to 0}\frac{M'N'-MN}{MN}=\lim_{\Delta x\to 0}\frac{\Delta x+\frac{\partial u}{\partial x}\Delta x-\Delta x}{\Delta x}=\frac{\partial u}{\partial x}$$

同理，如在 M 点沿 y 方向取微分线段 $ML=\Delta y$，仿照上述推导，可以得出沿 y 方向的应变分量为

$$\varepsilon_y=\frac{\partial v}{\partial y}$$

由图 7.15 看出，$M'N'$对其原位置 MN 的倾角 θ_{xy}为

$$\theta_{xy}\approx\tan\theta_{xy}=\frac{\frac{\partial v}{\partial x}\Delta x}{\Delta x+\frac{\partial u}{\partial x}\Delta x}=\frac{\frac{\partial v}{\partial x}}{1+\frac{\partial u}{\partial x}}$$

在小变形的情况下，分母中的$\frac{\partial u}{\partial x}=\varepsilon_x$ 与 1 相比是个小量，可以略去不计。于是有

$$\theta_{xy}=\frac{\partial v}{\partial x}$$

同理，有

$$\theta_{yx}=\frac{\partial u}{\partial y}$$

按照式（1.4）给出的切应变的定义，得

$$\gamma_{xy}=\lim_{\substack{MN\to 0\\ ML\to 0}}\left(\frac{\pi}{2}-\angle L'M'N'\right)=\frac{\pi}{2}-\left(\frac{\pi}{2}-\theta_{xy}-\theta_{yx}\right)=\frac{\partial v}{\partial x}+\frac{\partial u}{\partial y}$$

规定使直角$\angle LMN$减小的切应变为正。至此，我们求得了在x-y平面内，由位移的偏导数表达的三个应变分量，它们是

$$\varepsilon_x=\frac{\partial u}{\partial x},\qquad \varepsilon_y=\frac{\partial v}{\partial y},\qquad \gamma_{xy}=\frac{\partial v}{\partial x}+\frac{\partial u}{\partial y} \tag{7.11}$$

以上结果容易应用到建立空间各位移分量与各应变分量间的关系，这里就不再赘述。

*§7.7 平面应变状态分析

在§7.6中，以Oxy为参考坐标系，导出了三个平面应变分量ε_x、ε_y、γ_{xy}。现在讨论当坐标系改变时，应变分量的变换规律。

设将坐标轴旋转α角，且规定逆时针转向的α为正，得到新坐标系$Ox'y'$（图7.16）。M点的位移矢$\boldsymbol{U}$在新坐标轴x'和y'上的投影为u'和v'，于是

$$\boldsymbol{U}=u'\boldsymbol{i}'+v'\boldsymbol{j}' \tag{a}$$

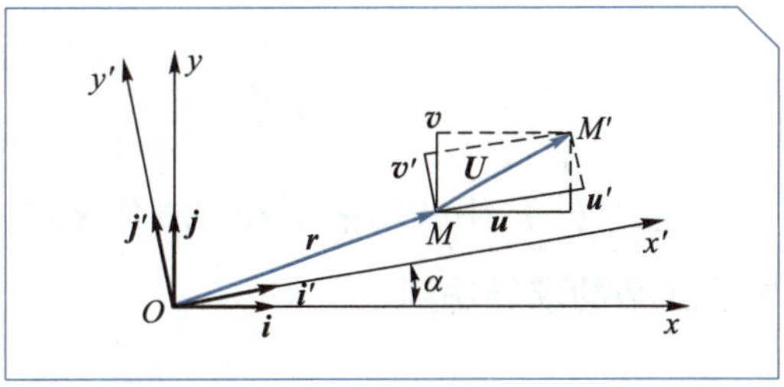

图7.16

式中，$\boldsymbol{i}'$和$\boldsymbol{j}'$分别是沿x'和y'方向的单位矢。像导出式（7.11）一样，重复上节的讨论，便可得到沿x'和y'方向的应变$\varepsilon_{x'}$和$\varepsilon_{y'}$及x'-y'平面内的切应变$\gamma_{x'y'}$，它们分别是

$$\varepsilon_{x'}=\frac{\partial u'}{\partial x'},\qquad \varepsilon_{y'}=\frac{\partial v'}{\partial y'},\qquad \gamma_{x'y'}=\frac{\partial v'}{\partial x'}+\frac{\partial u'}{\partial y'} \tag{b}$$

以旧坐标系Oxy为参考坐标系时，曾于§7.6求出M点位移矢$\boldsymbol{U}$为

$$\boldsymbol{U}=u\boldsymbol{i}+v\boldsymbol{j} \tag{c}$$

式中，$\boldsymbol{i}$和$\boldsymbol{j}$是沿x、y方向的单位矢。M点的位移矢$\boldsymbol{U}$应与坐标的选择无关，所以由式（a）和式（c）两式表达的$\boldsymbol{U}$是相等的，即

$$u'\boldsymbol{i}'+v'\boldsymbol{j}'=u\boldsymbol{i}+v\boldsymbol{j} \tag{d}$$

还有，如M点在旧坐标系中的坐标为x、y，在新坐标系中为x'、y'，则M点在新、旧两

坐标系中矢径 $\boldsymbol{r}$ 的表达式分别是

$$\boldsymbol{r}=x'\boldsymbol{i}'+y'\boldsymbol{j}', \qquad \boldsymbol{r}=x\boldsymbol{i}+y\boldsymbol{j}$$

一点的矢径也应该与坐标的选择无关，故又有

$$x\boldsymbol{i}+y\boldsymbol{j}=x'\boldsymbol{i}'+y'\boldsymbol{j}' \tag{e}$$

若以 $\boldsymbol{j}'$ 点乘式（d）两端，得

$$u'\boldsymbol{i}' \cdot \boldsymbol{j}'+v'\boldsymbol{j}' \cdot \boldsymbol{j}'=u\boldsymbol{i} \cdot \boldsymbol{j}'+v\boldsymbol{j} \cdot \boldsymbol{j}' \tag{f}$$

由于 $\boldsymbol{i}'$ 和 $\boldsymbol{j}'$ 都是单位矢，且相互正交，故

$$\boldsymbol{j}' \cdot \boldsymbol{j}'=1, \qquad \boldsymbol{i}' \cdot \boldsymbol{j}'=0$$

再由图 7.16 看出

$$\boldsymbol{i} \cdot \boldsymbol{j}'=\cos\left(\frac{\pi}{2}+\alpha\right)=-\sin\alpha, \qquad \boldsymbol{j} \cdot \boldsymbol{j}'=\cos\alpha$$

这样，由式（f）得出

$$v'=-u\sin\alpha+v\cos\alpha$$

用相同的方法，以 $\boldsymbol{i}'$ 点乘式（d），并分别以 $\boldsymbol{i}$ 和 $\boldsymbol{j}$ 点乘式（e），又可求出 u'、x 和 y。最终结果是

$$\left.\begin{aligned} u'&=u\cos\alpha+v\sin\alpha \\ v'&=-u\sin\alpha+v\cos\alpha \\ x&=x'\cos\alpha-y'\sin\alpha \\ y&=x'\sin\alpha+y'\cos\alpha \end{aligned}\right\} \tag{g}$$

在式（b）中，若把 u' 和 v' 看作 x 和 y 的函数，而 x 和 y 又是 x' 和 y' 的函数，于是由复合函数的求导法则，可得

$$\left.\begin{aligned} \varepsilon_{x'}&=\frac{\partial u'}{\partial x'}=\frac{\partial u'}{\partial x}\frac{\partial x}{\partial x'}+\frac{\partial u'}{\partial y}\frac{\partial y}{\partial x'} \\ \gamma_{x'y'}&=\frac{\partial v'}{\partial x'}+\frac{\partial u'}{\partial y'}=\frac{\partial v'}{\partial x}\frac{\partial x}{\partial x'}+\frac{\partial v'}{\partial y}\frac{\partial y}{\partial x'}+ \\ &\quad\frac{\partial u'}{\partial x}\frac{\partial x}{\partial y'}+\frac{\partial u'}{\partial y}\frac{\partial y}{\partial y'} \end{aligned}\right\} \tag{h}$$

上式中的一些偏导数可由式（g）求出为

$$\frac{\partial u'}{\partial x}=\frac{\partial u}{\partial x}\cos\alpha+\frac{\partial v}{\partial x}\sin\alpha, \qquad \frac{\partial x}{\partial x'}=\cos\alpha$$

$$\frac{\partial u'}{\partial y}=\frac{\partial u}{\partial y}\cos\alpha+\frac{\partial v}{\partial y}\sin\alpha, \qquad \frac{\partial y}{\partial x'}=\sin\alpha$$

$$\frac{\partial v'}{\partial x}=-\frac{\partial u}{\partial x}\sin\alpha+\frac{\partial v}{\partial x}\cos\alpha, \qquad \frac{\partial x}{\partial y'}=-\sin\alpha$$

$$\frac{\partial v'}{\partial y}=-\frac{\partial u}{\partial y}\sin\alpha+\frac{\partial v}{\partial y}\cos\alpha,\qquad \frac{\partial y}{\partial y'}=\cos\alpha$$

代入式（h），并利用式（7.11）进行整理，得

$$\left.\begin{aligned}\varepsilon_{x'}&=\varepsilon_x\cos^2\alpha+\varepsilon_y\sin^2\alpha+\gamma_{xy}\sin\alpha\cos\alpha\\ \gamma_{x'y'}&=-2(\varepsilon_x-\varepsilon_y)\sin\alpha\cos\alpha+\gamma_{xy}(\cos^2\alpha-\sin^2\alpha)\end{aligned}\right\}\tag{7.12}$$

上式就是坐标变换时应变分量的变换规律。$\varepsilon_{y'}$同样可照上述方法导出，但如用$\left(\alpha+\frac{\pi}{2}\right)$代替第一式中的$\alpha$，也就求得了$\varepsilon_{y'}$。将$\varepsilon_{x'}$和$\gamma_{x'y'}$分别记为$\varepsilon_\alpha$和$\gamma_\alpha$，并将右端的三角函数略作简化，式（7.12）又可写成

$$\varepsilon_\alpha=\frac{\varepsilon_x+\varepsilon_y}{2}+\frac{\varepsilon_x-\varepsilon_y}{2}\cos 2\alpha+\frac{\gamma_{xy}}{2}\sin 2\alpha\tag{7.13}$$

$$\frac{\gamma_\alpha}{2}=-\frac{\varepsilon_x-\varepsilon_y}{2}\sin 2\alpha+\frac{\gamma_{xy}}{2}\cos 2\alpha\tag{7.14}$$

主应变及主应变的方向 将式（7.13）、式（7.14）与式（7.3）、式（7.4）进行比较，可见这两组公式完全相似。在平面应变状态分析中的ε_x、ε_y和ε_α相当于二向应力中的σ_x、σ_y和σ_α；而平面应变状态分析中的$-\frac{\gamma_{xy}}{2}$和$-\frac{\gamma_\alpha}{2}$则相当于二向应力中的τ_{xy}和τ_α。由于这种相似关系，在二向应力中由式（7.3）和式（7.4）导出的那些结论，在现在的平面应变状态中，由式（7.13）和式（7.14）出发，必然也同样可以得到。例如，对应于主应力和主平面，在平面应变状态中，通过一点一定存在两个相互垂直的方向，在这两个方向上，线应变为极值而切应变等于零。这样的极值线应变称为主应变。

将式（7.5）中的应力代以相对应的应变，得出确定主应变方向的公式为

$$\tan 2\alpha_0=\frac{\gamma_{xy}}{\varepsilon_x-\varepsilon_y}\tag{7.15}$$

从上式解出α_0，代入式（7.13）就得出主应变。当然，也可以利用式（7.6），得出计算主应变的公式为

$$\left.\begin{matrix}\varepsilon_{\max}\\ \varepsilon_{\min}\end{matrix}\right\}=\frac{\varepsilon_x+\varepsilon_y}{2}\pm\sqrt{\left(\frac{\varepsilon_x-\varepsilon_y}{2}\right)^2+\left(\frac{\gamma_{xy}}{2}\right)^2}\tag{7.16}$$

应变圆 利用上述相似关系，在二向应力中使用应力圆的解法，也可推广为平面应变分析中使用应变圆的解法。作图时以横坐标表示线应变，以纵坐标表示切应变的二分之一。由于问题的显而易见，所以对应变圆我们将不再多作陈述，就直接使用。

应变的实测 使用以上各公式或作应变圆时，应首先求得一点处的三个应变分量ε_x、ε_y和γ_{xy}。用应变仪直接测定应变时，因切应变γ_{xy}不易测量，所以一般先测出在三个选定

方向 α_1、α_2、α_3 上的线应变 ε_{α_1}、ε_{α_2}、ε_{α_3}，然后由式（7.13）得出以下三式：

$$\left.\begin{aligned}\varepsilon_{\alpha_1}=\frac{\varepsilon_x+\varepsilon_y}{2}+\frac{\varepsilon_x-\varepsilon_y}{2}\cos 2\alpha_1+\frac{\gamma_{xy}}{2}\sin 2\alpha_1\\ \varepsilon_{\alpha_2}=\frac{\varepsilon_x+\varepsilon_y}{2}+\frac{\varepsilon_x-\varepsilon_y}{2}\cos 2\alpha_2+\frac{\gamma_{xy}}{2}\sin 2\alpha_2\\ \varepsilon_{\alpha_3}=\frac{\varepsilon_x+\varepsilon_y}{2}+\frac{\varepsilon_x-\varepsilon_y}{2}\cos 2\alpha_3+\frac{\gamma_{xy}}{2}\sin 2\alpha_3\end{aligned}\right\}\tag{7.17}$$

在以上三式中，ε_{α_1}、ε_{α_2}、ε_{α_3}已直接测出，是已知量，解这一组联立方程式，便可求得 ε_x、ε_y 和 γ_{xy}。实际测量时，可把 α_1、α_2、α_3 取为便于计算的数值。例如，使三个应变片的方向分别为 $\alpha_1=0°$，$\alpha_2=45°$，$\alpha_3=90°$，这就得到图 7.17 所示的直角应变花。关于直角应变花的计算，下面将用例题来说明。

最后指出，以上对平面应变状态的分析，未曾涉及材料的性质，只是纯几何上的关系。所以，在小变形的前提下，这些关系无论是对线弹性变形或非线弹性变形都是正确的。

例 7.8 用直角应变花（图 7.17）测得一点处的三个线应变为 $\varepsilon_{0°}=-300\times 10^{-6}$，$\varepsilon_{45°}=-200\times10^{-6}$，$\varepsilon_{90°}=200\times10^{-6}$。试求主应变及其方向。

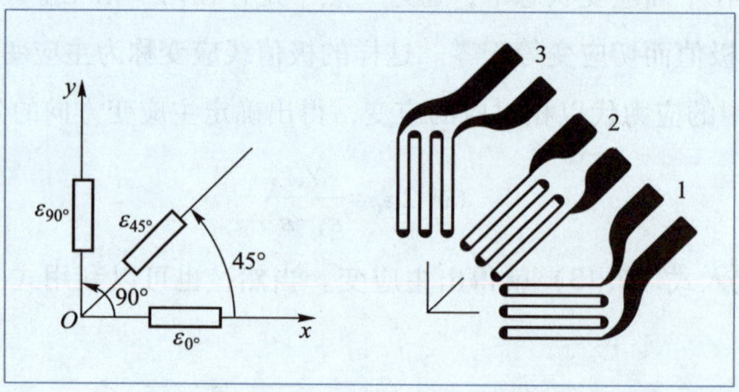

图 7.17

解： 在式（7.17）中，令 $\alpha_1=0°$，$\alpha_2=45°$，$\alpha_3=90°$，得

$$\varepsilon_{0°}=-300\times10^{-6}=\frac{\varepsilon_x+\varepsilon_y}{2}+\frac{\varepsilon_x-\varepsilon_y}{2}$$

$$\varepsilon_{45°}=-200\times10^{-6}=\frac{\varepsilon_x+\varepsilon_y}{2}+\frac{\gamma_{xy}}{2}$$

$$\varepsilon_{90^\circ}=200\times10^{-6}=\frac{\varepsilon_x+\varepsilon_y}{2}-\frac{\varepsilon_x-\varepsilon_y}{2}$$

由此求得

$$\varepsilon_x=-300\times10^{-6},\quad \varepsilon_y=200\times10^{-6},\quad \gamma_{xy}=-300\times10^{-6}$$

代入式（7.15），得

$$\tan 2\alpha_0=\frac{\gamma_{xy}}{\varepsilon_x-\varepsilon_y}=\frac{-300}{-300-200}=0.6$$

$$2\alpha_0=30.96^\circ\text{或}-149.04^\circ$$

$$\alpha_0=15.48^\circ\text{或}-74.52^\circ$$

以 ε_x、ε_y、γ_{xy} 的值和 $\alpha_0=15.48^\circ$ 代入式（7.13），得

$$\varepsilon_{15.48^\circ}=\frac{-300+200}{2}\times10^{-6}+\frac{-300-200}{2}\times10^{-6}\cos 30.96^\circ+\frac{-300}{2}\times10^{-6}\sin 30.96^\circ=-341.5\times10^{-6}$$

同理，可得

$$\varepsilon_{-74.52^\circ}=\frac{-300+200}{2}\times10^{-6}+\frac{-300-200}{2}\times10^{-6}\cos(-149.04^\circ)+\frac{-300}{2}\times10^{-6}\sin(-149.04^\circ)=241.5\times10^{-6}$$

所以在 $\alpha_0=-74.52^\circ$ 的方向上，存在主应变 $\varepsilon_{\max}=\varepsilon_{-74.52^\circ}=241.5\times10^{-6}$，在 $\alpha_0=15.48^\circ$ 的方向上，存在主应变 $\varepsilon_{\min}=\varepsilon_{15.48^\circ}=-341.5\times10^{-6}$。

也可以用式（7.16）计算主应变：

$$\left.\begin{matrix}\varepsilon_{\max}\\ \varepsilon_{\min}\end{matrix}\right\}=\left[\frac{-300+200}{2}\pm\sqrt{\left(\frac{-300-200}{2}\right)^2+\left(-\frac{300}{2}\right)^2}\right]\times10^{-6}=\begin{cases}241.5\times10^{-6}\\ -341.5\times10^{-6}\end{cases}$$

至于主应变 $\varepsilon_{\max}$ 对应着两个 α_0 中的哪一个，可借助于作一个应变圆来判定。在图 7.18 中，D 点横坐标 ε_x 代表 x 方向的线应变，纵坐标 $\frac{\gamma_{xy}}{2}$ 是直角 $\angle xOy$ 的切应

变的二分之一。D'的横坐标 ε_y 代表 y 方向的线应变，纵坐标$\frac{\gamma_{yx}}{2}=-\frac{\gamma_{xy}}{2}$①代表直角 $\angle yOx_1$ 的切应变的二分之一。以 DD'为直径作圆即为应变圆。在应变圆上，A_1 点的横坐标为 ε_{max}。由 D 到 A_1 所张圆心角为 $2\alpha_0=-149.04°$，故从 x 量起在 $\alpha_0=-74.52°$的方向上存在主应变 ε_{max}。

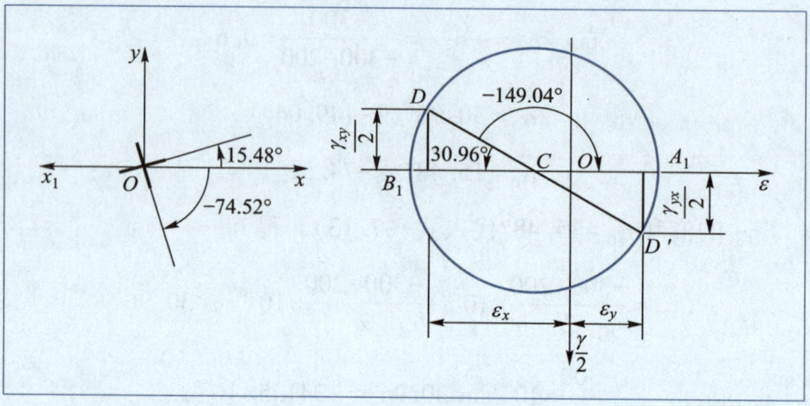

图 7.18

§7.8 广义胡克定律

一、各向同性材料

在讨论单向拉伸或压缩时，根据实验结果，曾得到线弹性范围内应力与应变的关系是

$$\sigma=E\varepsilon \quad 或 \quad \varepsilon=\frac{\sigma}{E} \tag{a}$$

这就是胡克定律。此外，轴向的变形还将引起横向尺寸的变化（§2.8），横向应变 ε'可表示为

$$\varepsilon'=-\mu\varepsilon=-\mu\frac{\sigma}{E} \tag{b}$$

在纯剪切的情况下（§3.3），实验结果表明，当切应力不超过剪切比例极限时，切应力

① 在式（7.14）中，令 $\alpha=\frac{\pi}{2}$，且注意到 $\gamma_{90°}=\gamma_{yx}$，即可证明$\frac{\gamma_{yx}}{2}=-\frac{\gamma_{xy}}{2}$。

和切应变之间的关系服从剪切胡克定律。即

$$\tau=G\gamma \quad 或 \quad \gamma=\frac{\tau}{G} \tag{c}$$

在最普遍的情况下，描述一点的应力状态需要 9 个应力分量，如图 7.19 所示①。考虑到切应力互等定理，τ_{xy}和τ_{yx}，τ_{yz}和τ_{zy}，τ_{zx}和τ_{xz}都分别数值相等。这样，原来的 9 个应力分量中独立的就只有 6 个。这种普遍情况，可以看作三组单向应力和三组纯剪切的组合。对于各向同性材料，当变形很小且在线弹性范围内时，线应变只与正应力有关，而与切应力无关；切应变只与切应力有关，而与正应力无关。这样，我们就可利用式（a），式（b），式（c）三式求出各应力分量各自对应的应变，然后再进行叠加。例如，由于 σ_x 单独作用，在 x 方向引起的线应变为$\frac{\sigma_x}{E}$，由于 σ_y 和 σ_z 单独作用，在 x 方向引起的线应变则分别是$-\mu\frac{\sigma_y}{E}$和$-\mu\frac{\sigma_z}{E}$。三个切应力分量皆与 x 方向的线应变无关。叠加以上结果，得

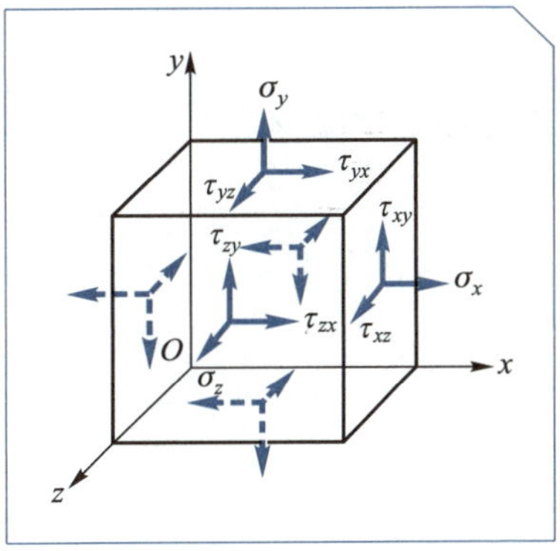

图 7.19

$$\varepsilon_x=\frac{\sigma_x}{E}-\mu\frac{\sigma_y}{E}-\mu\frac{\sigma_z}{E}=\frac{1}{E}[\sigma_x-\mu(\sigma_y+\sigma_z)]$$

同理，可以求出沿 y 和 z 方向的线应变 ε_y 和 ε_z。最后得到

$$\left.\begin{aligned}\varepsilon_x&=\frac{1}{E}[\sigma_x-\mu(\sigma_y+\sigma_z)]\\ \varepsilon_y&=\frac{1}{E}[\sigma_y-\mu(\sigma_z+\sigma_x)]\\ \varepsilon_z&=\frac{1}{E}[\sigma_z-\mu(\sigma_x+\sigma_y)]\end{aligned}\right\} \tag{7.18}$$

至于切应变和切应力之间，仍然是式（c）所表示的关系，且与正应力分量无关。这样，在 $x-y$、$y-z$、$z-x$ 三个面内的切应变分别是

$$\gamma_{xy}=\frac{\tau_{xy}}{G},\qquad \gamma_{yz}=\frac{\tau_{yz}}{G},\qquad \gamma_{zx}=\frac{\tau_{zx}}{G} \tag{7.19}$$

式（7.18）和式（7.19）称为广义胡克定律。

① 这里的应力分量采用弹性力学中的表示方法。图中给出的正应力和切应力均为正方向，其中切应力 τ_{xy}、τ_{yz}、τ_{zx} 的符号正好与材料力学中的规定相反。

当单元体的周围六个面皆为主平面时，使 x、y、z 的方向分别与 σ_1、σ_2、σ_3 的方向一致。这时

$$\sigma_x=\sigma_1,\quad \sigma_y=\sigma_2,\quad \sigma_z=\sigma_3$$

$$\tau_{xy}=0,\quad \tau_{yz}=0,\quad \tau_{zx}=0$$

广义胡克定律化为

$$\left.\begin{aligned}\varepsilon_1&=\frac{1}{E}[\sigma_1-\mu(\sigma_2+\sigma_3)]\\\varepsilon_2&=\frac{1}{E}[\sigma_2-\mu(\sigma_3+\sigma_1)]\\\varepsilon_3&=\frac{1}{E}[\sigma_3-\mu(\sigma_1+\sigma_2)]\end{aligned}\right\}\tag{7.20}$$

$$\gamma_{xy}=0,\quad \gamma_{yz}=0,\quad \gamma_{zx}=0\tag{d}$$

式（d）表明，在三个坐标平面内的切应变等于零，故坐标 x、y、z 的方向就是主应变的方向。也就是说主应变和主应力的方向是重合的。式（7.20）中的 ε_1、ε_2、ε_3 即为主应变。所以，在主应变用实测的方法得到后（参看例 7.8），将其代入广义胡克定律，即可解出主应力。当然，这只适用于各向同性的线弹性材料。

现在讨论各向同性材料的体积变化与应力间的关系。设图 7.20 所示矩形六面体的六个面皆为主平面，边长分别是 dx、dy 和 dz。变形前六面体的体积为

$$V=\mathrm{d}x\mathrm{d}y\mathrm{d}z$$

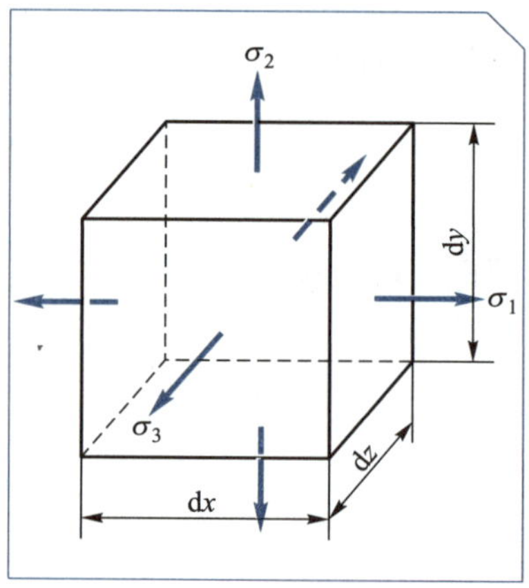

图 7.20

变形后六面体的三条棱边的长度分别变为

$$\mathrm{d}x+\varepsilon_1\mathrm{d}x=(1+\varepsilon_1)\mathrm{d}x$$

$$\mathrm{d}y+\varepsilon_2\mathrm{d}y=(1+\varepsilon_2)\mathrm{d}y$$

$$\mathrm{d}z+\varepsilon_3\mathrm{d}z=(1+\varepsilon_3)\mathrm{d}z$$

于是变形后的体积变为

$$V_1=(1+\varepsilon_1)(1+\varepsilon_2)(1+\varepsilon_3)\mathrm{d}x\mathrm{d}y\mathrm{d}z$$

展开上式，并略去含有高阶微量 $\varepsilon_1\varepsilon_2$、$\varepsilon_2\varepsilon_3$、$\varepsilon_3\varepsilon_1$、$\varepsilon_1\varepsilon_2\varepsilon_3$ 的各项，得

$$V_1=(1+\varepsilon_1+\varepsilon_2+\varepsilon_3)\mathrm{d}x\mathrm{d}y\mathrm{d}z$$

单位体积的体积改变为

$$\theta=\frac{V_1-V}{V}=\varepsilon_1+\varepsilon_2+\varepsilon_3$$

θ 也称为体应变。将式（7.20）代入上式，经整理后得出

$$\theta=\varepsilon_1+\varepsilon_2+\varepsilon_3=\frac{1-2\mu}{E}(\sigma_1+\sigma_2+\sigma_3) \tag{7.21}$$

把式（7.21）写成以下形式：

$$\theta=\frac{3(1-2\mu)}{E}\cdot\frac{\sigma_1+\sigma_2+\sigma_3}{3}=\frac{\sigma_m}{K} \tag{7.22}$$

式中，

$$K=\frac{E}{3(1-2\mu)},\qquad \sigma_m=\frac{\sigma_1+\sigma_2+\sigma_3}{3} \tag{e}$$

K 称为体积模量，σ_m 是三个主应力的平均值。式（7.22）说明，单位体积的体积改变 θ 只与三个主应力之和有关，至于三个主应力之间的比例，对 θ 并无影响。所以，无论是作用三个不相等的主应力，还是都代以它们的平均应力 σ_m，单位体积的体积改变仍然是相同的。式（7.22）还表明，体应变 θ 与平均应力 σ_m 成正比，此即体积胡克定律。

二、各向异性材料

对于各向异性材料，广义胡克定律按矩阵的形式写出为

$$\begin{Bmatrix}\sigma_x\\ \sigma_y\\ \sigma_z\\ \tau_{yz}\\ \tau_{zx}\\ \tau_{xy}\end{Bmatrix}=\begin{bmatrix}c_{11}&c_{12}&c_{13}&c_{14}&c_{15}&c_{16}\\ c_{21}&c_{22}&c_{23}&c_{24}&c_{25}&c_{26}\\ c_{31}&c_{32}&c_{33}&c_{34}&c_{35}&c_{36}\\ c_{41}&c_{42}&c_{43}&c_{44}&c_{45}&c_{46}\\ c_{51}&c_{52}&c_{53}&c_{54}&c_{55}&c_{56}\\ c_{61}&c_{62}&c_{63}&c_{64}&c_{65}&c_{66}\end{bmatrix}\begin{Bmatrix}\varepsilon_x\\ \varepsilon_y\\ \varepsilon_z\\ \gamma_{yz}\\ \gamma_{zx}\\ \gamma_{xy}\end{Bmatrix} \tag{7.23}$$

上式中 6×6 的矩阵称为刚度阵，是对称的且是正定的矩阵，因此刚度阵是可逆的，它的逆矩阵称为柔度阵。由于刚度阵是对称的，即 $c_{ij}=c_{ji}$，因此各向异性材料的独立材料常数是 21 个。这种晶体材料在结晶学中称为三斜晶系。从式（7.23）可以看出，此时存在拉伸与剪切间的耦合效应，即正应变不仅与正应力有关，而且还与切应力有关；同样，切应变不仅与切应力有关，而且还与正应力有关，因此各向异性材料一点处的主应力方向与主应变的方向不一致。

三、正交各向异性材料

对于正交各向异性材料，此时材料的每个点都有三个相互垂直的对称面，当坐标方向选为材料主方向时，广义胡克定律按矩阵的形式写出为

$$
\begin{Bmatrix} \sigma_x \\ \sigma_y \\ \sigma_z \\ \tau_{yz} \\ \tau_{zx} \\ \tau_{xy} \end{Bmatrix} = \begin{bmatrix} c_{11} & c_{12} & c_{13} & 0 & 0 & 0 \\ c_{21} & c_{22} & c_{23} & 0 & 0 & 0 \\ c_{31} & c_{32} & c_{33} & 0 & 0 & 0 \\ 0 & 0 & 0 & c_{44} & 0 & 0 \\ 0 & 0 & 0 & 0 & c_{55} & 0 \\ 0 & 0 & 0 & 0 & 0 & c_{66} \end{bmatrix} \begin{Bmatrix} \varepsilon_x \\ \varepsilon_y \\ \varepsilon_z \\ \gamma_{yz} \\ \gamma_{zx} \\ \gamma_{xy} \end{Bmatrix} \tag{7.24}
$$

此时独立材料常数只有 9 个。这种的晶体材料在结晶学中称为正交晶系。从式（7.24）可以看出，若坐标方向选为材料主方向时，则正应力只引起正应变，切应力只引起切应变，即不存在拉伸与剪切间的耦合效应。各种长纤维增强复合材料就是典型的正交各向异性材料，其纤维铺设的方向和与纤维相垂直的方向即为材料的主方向（图 7.21）。

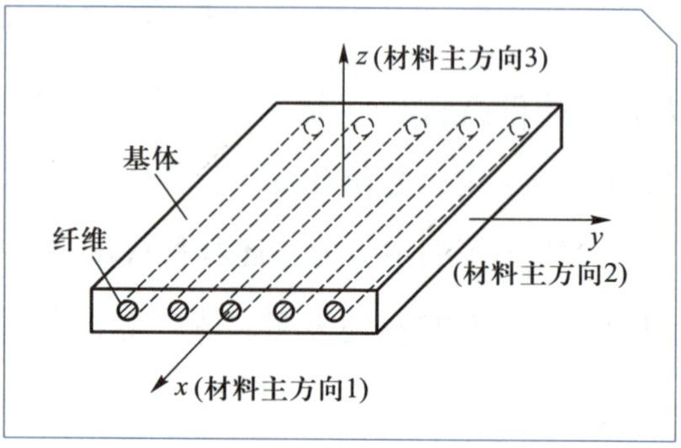

图 7.21

四、智能材料

21 世纪，材料向着高性能、多功能、智能化方向发展。一系列智能材料问世，如压电材料、磁致伸缩材料、介电弹性体材料、形状记忆材料等，正在形成新兴的前沿交叉学科。

智能材料涉及多场耦合理论，其本构关系更加复杂，如压电材料具有力电耦合特性，磁致伸缩材料具有力磁耦合特性。因此，压电材料可采用施加电压进行驱动或加载，磁致伸缩材料可通过施加磁场进行驱动或加载。与传统材料相比，智能材料有更加多样的驱动或加载方式，可实现更多的功能，前景可期。

例 7.9 在一个体积比较大的钢块上有一直径为 50.01 mm 的圆柱凹座，凹座内放置一个直径为 50 mm 的钢制圆柱（图 7.22a），圆柱受到 $F=300$ kN 的轴向压力。假设钢块不变形，试求圆柱的主应力。取 $E=200$ GPa，$\mu=0.30$。

解：在柱体横截面上的压应力为

$$\sigma_3=-\frac{F}{A}=-\frac{300\times10^3\ \mathrm{N}}{\frac{1}{4}\pi(50\times10^{-3}\ \mathrm{m})^2}=-153\times10^6\ \mathrm{Pa}=-153\ \mathrm{MPa}$$

这是柱体内各点的三个主应力中绝对值最大的一个。

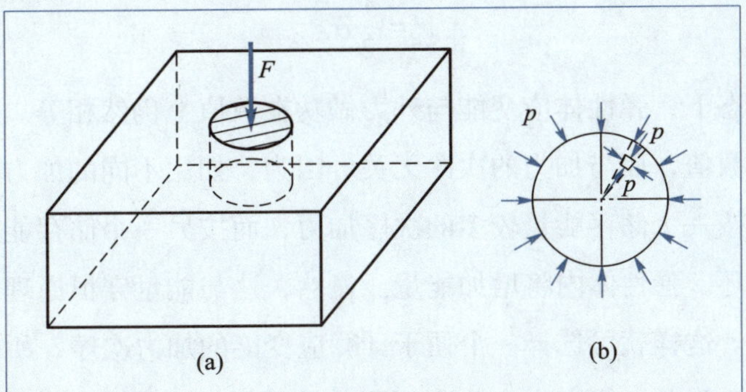

图 7.22

在轴向压缩下，圆柱将产生横向膨胀。当它胀到塞满凹座后，凹座与柱体之间将产生径向均匀压力 p（图 7.22b）。在柱体横截面内，这是一个二向均匀应力状态（参看习题 7.6）。这种情况下，柱体中任一点的径向和周向应力皆为 $-p$。又由于假设钢块不变形，所以柱体在径向只能发生由于塞满凹座而引起的应变，其数值为

$$\varepsilon_2=\frac{5.001\ \mathrm{cm}-5\ \mathrm{cm}}{5\ \mathrm{cm}}=0.000\,2$$

于是由广义胡克定律，得

$$\varepsilon_2=\frac{\sigma_2}{E}-\mu\frac{\sigma_3}{E}-\mu\frac{\sigma_1}{E}=-\frac{p}{E}+\mu\frac{153\times10^6\ \mathrm{Pa}}{E}+\mu\frac{p}{E}=0.000\,2$$

由此求得

$$p=\frac{(153\times10^6\ \mathrm{Pa})0.3-0.000\,2(200\times10^9\ \mathrm{Pa})}{1-0.3}=8.43\times10^6\ \mathrm{Pa}$$

$$=8.43\ \mathrm{MPa}$$

所以柱体内各点的三个主应力为

$$\sigma_1=\sigma_2=-p=-8.43\ \mathrm{MPa},\quad \sigma_3=-153\ \mathrm{MPa}$$

§ 7.9 复杂应力状态的应变能密度

单向拉伸或压缩时，如应力 σ 和应变 ε 是线性关系，利用应变能和外力做功在数值上相等的关系，得到应变能密度的计算公式为

$$v_{\varepsilon}=\frac{1}{2}\sigma\varepsilon \tag{a}$$

在三向应力状态下，弹性体应变能与外力做功在数值上仍然相等。但它应该只取决于外力和变形的最终数值，而与加力的次序无关。因为，如用不同的加力次序可以得到不同的应变能，那么，按一个储存能量较多的次序加力，而按另一个储存能量较少的次序解除外力，完成一个循环，弹性体内将增加能量。显然，这与能量守恒原理相矛盾。所以应变能与加力次序无关。这样就可选择一个便于计算应变能的加力次序，所得应变能与按其他加力次序是相同的。为此，假定应力按比例同时从零增加到最终值，在线弹性的情况下，每一主应力与相应的主应变之间仍保持线性关系，因而与每一主应力相应的应变能密度仍可按式（a）计算。于是三向应力状态下的应变能密度是

$$v_{\varepsilon}=\frac{1}{2}\sigma_1\varepsilon_1+\frac{1}{2}\sigma_2\varepsilon_2+\frac{1}{2}\sigma_3\varepsilon_3 \tag{7.25}$$

把式（7.20）代入上式，整理后得出

$$v_{\varepsilon}=\frac{1}{2E}\left[\sigma_1^2+\sigma_2^2+\sigma_3^2-2\mu(\sigma_1\sigma_2+\sigma_2\sigma_3+\sigma_3\sigma_1)\right] \tag{7.26}$$

设三条棱边相等的立方单元体的三个主应力不相等，分别为 σ_1、σ_2、σ_3，相应的主应变为 ε_1、ε_2、ε_3，单位体积的改变为 θ。由于 ε_1、ε_2、ε_3 不相等，立方单元体三条棱边的变形不同，它将由立方体变为长方体。可见，单元体的变形一方面表现为体积的增加或减小；另一方面表现为形状的改变，即由立方体变为长方体。因此，应变能密度 v_{ε} 也被认为由两部分组成：（1）因体积变化而储存的应变能密度 v_V。体积变化是指单元体的棱边变形相等，变形后仍为立方体，只是体积发生变化的情况。v_V 称为体积改变能密度。（2）体积不变，但由立方体变为长方体而储存的应变能密度 v_d。v_d 称为畸变能密度。由此，得

$$v_{\varepsilon}=v_V+v_d \tag{b}$$

根据 § 7.8 的讨论，若在单元体上以平均应力

$$\sigma_m=\frac{\sigma_1+\sigma_2+\sigma_3}{3} \tag{c}$$

代替三个主应力，单位体积的改变 θ 与 σ_1、σ_2、σ_3 作用时仍然相等。但以 σ_m 代替原来

的主应力后，由于三条棱边的变形相同，所以只有体积变化而形状不变。因而这种情况下的应变能密度也就是体积改变能密度 v_V。仿照求得式（7.25）的方法，有

$$v_V=\frac{1}{2}\sigma_m\varepsilon_m+\frac{1}{2}\sigma_m\varepsilon_m+\frac{1}{2}\sigma_m\varepsilon_m=\frac{3\sigma_m\varepsilon_m}{2} \tag{d}$$

由广义胡克定律，得

$$\varepsilon_m=\frac{\sigma_m}{E}-\mu\left(\frac{\sigma_m}{E}+\frac{\sigma_m}{E}\right)=\frac{1-2\mu}{E}\sigma_m$$

代入式（d），得

$$v_V=\frac{3(1-2\mu)}{2E}\sigma_m^2=\frac{1-2\mu}{6E}(\sigma_1+\sigma_2+\sigma_3)^2 \tag{e}$$

将式（e）和式（7.26）一并代入式（b），经过整理得出

$$\begin{aligned}v_d&=\frac{1+\mu}{3E}(\sigma_1^2+\sigma_2^2+\sigma_3^2-\sigma_1\sigma_2-\sigma_2\sigma_3-\sigma_3\sigma_1)\\&=\frac{1+\mu}{6E}[(\sigma_1-\sigma_2)^2+(\sigma_2-\sigma_3)^2+(\sigma_3-\sigma_1)^2]\end{aligned} \tag{7.27}$$

例 7.10 导出各向同性线弹性材料的弹性常数 E、G、μ 间的关系。

解： 纯剪切（图 7.23）的应变能密度已于 §3.3 中求出为

$$v_\varepsilon=\frac{\tau^2}{2G}$$

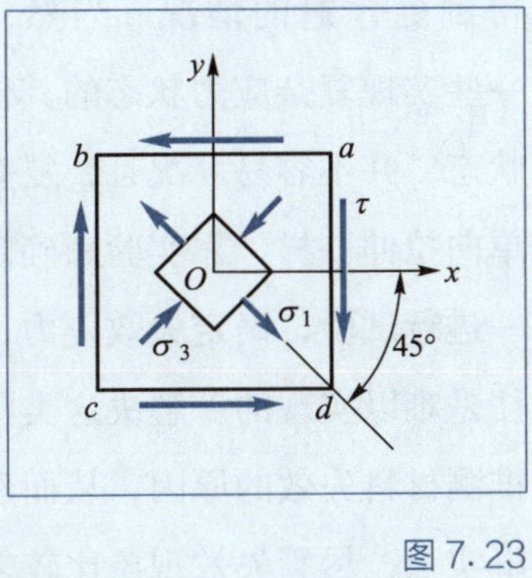

图 7.23

此外，按照例 7.4 的分析，纯剪切的主应力是：$\sigma_1=\tau$，$\sigma_2=0$，$\sigma_3=-\tau$。把主应力代入式（7.26）又可算出应变能密度为

$$v_\varepsilon=\frac{\tau^2(1+\mu)}{E}$$

按两种方式算出的应变能密度同为纯剪切的应变能密度，二者应相等，从而导出三个弹性常数间的关系为

$$G=\frac{E}{2(1+\mu)}$$

这就是式（3.4）。

§7.10 强度理论概述

各种材料因强度不足引起的失效现象是不同的。根据§2.7的讨论，塑性材料，如普通碳钢，以发生屈服现象，出现塑性变形为失效的标志。脆性材料，如铸铁，失效现象则是突然断裂。在单向受力情况下，出现塑性变形时的屈服极限 σ_s 和发生断裂时的强度极限 σ_b，可由实验测定。σ_s 和 σ_b 可统称为失效应力。以安全因数除失效应力，便得到许用应力［σ］，于是建立强度条件

$$\sigma \leqslant [\sigma]$$

可见，在单向应力状态下，失效状态或强度条件都是以实验为基础的。

实际构件危险点的应力状态往往不是单向的。实现复杂应力状态下的实验，要比单向拉伸或压缩困难得多。常用方法是把材料加工成薄壁圆筒（图7.24），在内压 p 作用下，筒壁为二向应力状态。如再配以轴向拉力 F，可使两个主应力之比等于各种预定的数值。这种薄壁圆筒试验除作用内压和轴力外，有时还在两端施加扭矩，这样可得到更普遍的情况。当然，还有一些实现复杂应力状态的其他实验方法。尽管如此，完全重现实际中遇到的各种复杂应力状态，并不容易。况且，复杂应力状态中应力组合的方式和比值，又有各种可能。如果像单向拉伸一样，靠实验来确定失效状态，建立强度条件，则必须对各式各样的应力状态一一进行试验，确定失效应力，然后建立强度条件。由于技术上的困难和工作的繁重，这往往是难以实现的。解决这类问题，经常是依据部分实验结果，经过推理，提出一些假说，推测材料失效的原因，从而建立强度条件。

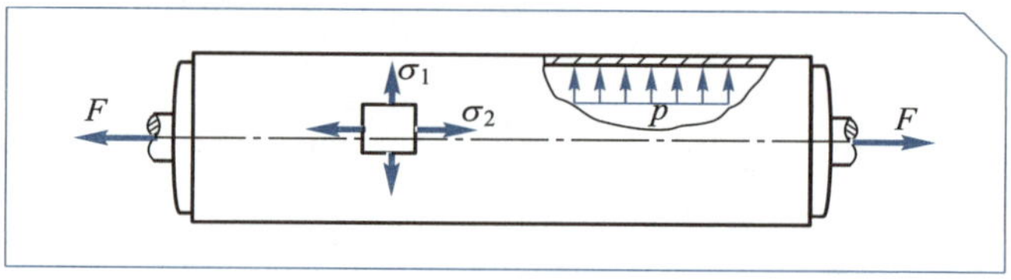

图7.24

事实上，尽管失效现象比较复杂，但经过归纳，强度不足引起的失效现象主要还是屈服和断裂两种类型。同时，衡量受力和变形程度的量又有应力、应变和应变能密度等。人们在长期的生产活动中，综合分析材料的失效现象和相关资料，对强度失效提出各种假说。这类假说认为，材料之所以按某种方式（断裂或屈服）失效，是应力、应变或应变能密度等因素中的某一因素引起的。按照这类假说，无论是简单还是复杂应力状态，引起失效的因素是相同的。亦即，引起失效的原因与应力状态无关。这类假说称为强度理论。利用强度理论，便可由简单应力状态的实验结果，建立复杂应力状态的强度条件。

强度理论既然是推测强度失效原因的一些假说，它是否正确，适用于什么情况，必须

由生产实践来检验。经常是适用于某种材料的强度理论，并不适用于另一种材料；在某种条件下适用的理论，却又不适用于另一种条件。

这里只介绍四种常用强度理论和莫尔强度理论。这些都是在常温、静载荷下，适用于均匀、连续、各向同性材料的强度理论。当然，强度理论远不止这几种。而且，现有的各种强度理论还不能说已经圆满地解决所有强度问题。这方面仍然在进一步发展中。

§7.11 四种常用强度理论

前面已经提到，强度失效的主要形式有两种，即屈服与断裂。相应地，强度理论也分成两类：一类是解释断裂失效的，其中有最大拉应力理论和最大伸长线应变理论；另一类是解释屈服失效的，其中有最大切应力理论和畸变能密度理论。现依次介绍如下。

最大拉应力理论（第一强度理论） 这一理论认为最大拉应力是引起材料断裂的主要因素，即认为无论是什么应力状态，只要最大拉应力达到与材料性质有关的某一极限值，则材料就发生断裂。既然最大拉应力的极限值与应力状态无关，于是就可用单向应力状态确定这一极限值。单向拉伸只有 σ_1（$\sigma_2=\sigma_3=0$），而当 σ_1 达到强度极限 σ_b 时，材料发生断裂。根据这一理论，无论是什么应力状态，只要最大拉应力 σ_1 达到 σ_b 就导致材料断裂。于是得断裂准则为

$$\sigma_1=\sigma_b \tag{7.28}$$

将极限应力 σ_b 除以安全因数得许用应力 $[\sigma]$，所以按第一强度理论建立的强度条件是

$$\sigma_1\leqslant[\sigma] \tag{7.29}$$

铸铁等脆性材料在单向拉伸下，断裂发生于拉应力最大的横截面。脆性材料的扭转也是沿拉应力最大的斜面发生断裂。这些都与最大拉应力理论相符。这一理论没有考虑其他两个主应力的影响，且对于没有拉应力的状态（如单向压缩、三向压缩等），无法应用。

最大伸长线应变理论（第二强度理论） 这一理论认为最大伸长线应变是引起材料断裂的主要因素，即认为无论什么应力状态，只要最大伸长线应变 ε_1 达到与材料性质有关的某一极限值，材料即发生断裂。ε_1 的极限值既然与应力状态无关，就可由单向拉伸来确定。设单向拉伸直到断裂仍可用胡克定律计算应变，则拉断时伸长线应变的极限值应为 $\varepsilon_u=\dfrac{\sigma_b}{E}$。按照这一理论，任意应力状态下，只要 ε_1 达到极限值 $\dfrac{\sigma_b}{E}$，材料就发生断裂。故得断裂准则为

$$\varepsilon_1=\frac{\sigma_b}{E} \tag{a}$$

把广义胡克定律的表达式

$$\varepsilon_1=\frac{1}{E}[\sigma_1-\mu(\sigma_2+\sigma_3)]$$

代入式（a）得断裂准则

$$\sigma_1-\mu(\sigma_2+\sigma_3)=\sigma_b \tag{7.30}$$

将 σ_b 除以安全因数得许用应力［σ］，于是按第二强度理论建立的强度条件是

$$\sigma_1-\mu(\sigma_2+\sigma_3)\leqslant[\sigma] \tag{7.31}$$

石料或混凝土等脆性材料受轴向压缩时，如在试验机与试块的接触面上加添润滑剂，以减小摩擦力的影响，试块将沿垂直于压力的方向裂开。裂开的方向也就是 ε_1 的方向。铸铁在拉-压二向应力且压应力较大的情况下，试验结果也与这一理论接近。不过按照这一理论，如在受压试块的压力的垂直方向再加压力，使其成为二向受压状态，其强度应与单向受压状态不同。但混凝土、花岗石和砂岩的试验资料表明，两种情况的强度并无明显差别。还可注意到，按照这一理论，铸铁在二向拉伸时比单向拉伸更安全，但试验结果并不能证实这一点。对这种情况，还是第一强度理论接近试验结果。

最大切应力理论（第三强度理论） 这一理论认为最大切应力是引起材料屈服的主要因素，即认为无论什么应力状态，只要最大切应力 τ_{max} 达到与材料性质有关的某一极限值，材料就发生屈服。单向拉伸时，当与轴线成 45°的斜截面上的 $\tau_{max}=\frac{\sigma_s}{2}$时（这时，横截面上的正应力为 σ_s），材料出现屈服。可见，$\frac{\sigma_s}{2}$就是导致材料屈服的最大切应力的极限值。因为这一极限值与应力状态无关，任意应力状态下，只要 τ_{max} 达到$\frac{\sigma_s}{2}$，就引起材料的屈服。由式（7.10）知，任意应力状态下，有

$$\tau_{max}=\frac{\sigma_1-\sigma_3}{2}$$

于是得屈服准则

$$\frac{\sigma_1-\sigma_3}{2}=\frac{\sigma_s}{2} \tag{b}$$

或

$$\sigma_1-\sigma_3=\sigma_s \tag{7.32}$$

将 σ_s 换为许用应力［σ］，得到按第三强度理论建立的强度条件

$$\sigma_1-\sigma_3\leqslant[\sigma] \tag{7.33}$$

最大切应力屈服准则可以用几何方式来表达。二向应力状态下，如以 σ_1 和 σ_2 表示两个主应力，且设 σ_1 和 σ_2 都可以表示最大或最小应力（即不采取 $\sigma_1>\sigma_2$ 的规定），当 σ_1 和 σ_2 符号相同时，最大切应力应为 $\left|\dfrac{\sigma_1}{2}\right|$ 或 $\left|\dfrac{\sigma_2}{2}\right|$。于是最大切应力屈服准则成为

$$|\sigma_1|=\sigma_s \quad 或 \quad |\sigma_2|=\sigma_s \tag{c}$$

在以 σ_1 和 σ_2 为坐标的平面坐标系中（图 7.25），σ_1 和 σ_2 符号相同应在第一和第三象限。以上两式就是与坐标轴平行的直线。当 σ_1 和 σ_2 符号不同时，最大切应力是 $\dfrac{1}{2}|(\sigma_1-\sigma_2)|$，于是最大切应力屈服准则化为

$$|\sigma_1-\sigma_2|=\sigma_s \tag{d}$$

这是第二和第四象限中的两条斜直线。所以在 σ_1-σ_2 平面中，最大切应力屈服准则是一个六角形。若代表某一个二向应力状态的 M 点在六角形区域之内，则这一应力状态不会引起屈服，材料处于弹性状态。若 M 点在区域的边界上，则它所代表的应力状态恰好使材料开始出现屈服。

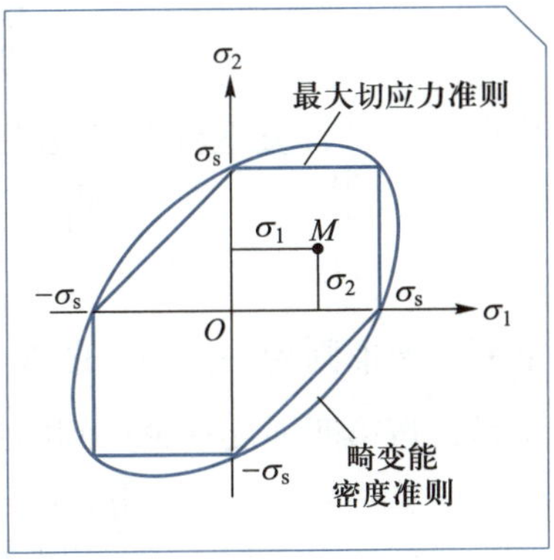

图 7.25

最大切应力理论较为完美地解释了塑性材料的屈服现象。例如，低碳钢拉伸时，沿与轴线成 45°的方向出现滑移线，是材料内部沿这一方向滑移的痕迹。沿这一方向的斜面上切应力也恰为最大值。二向应力状态下，几种塑性材料的薄壁圆筒试验结果表示于图 7.26 中。图中以 $\dfrac{\sigma_1}{\sigma_s}$ 和 $\dfrac{\sigma_2}{\sigma_s}$ 为坐标，便可把几种材料的试验数据绘于同一图中。可以看出，最大切应力屈服准则与试验结果比较吻合。试验数据点落在六角形之外，说明这一理论偏于安全。

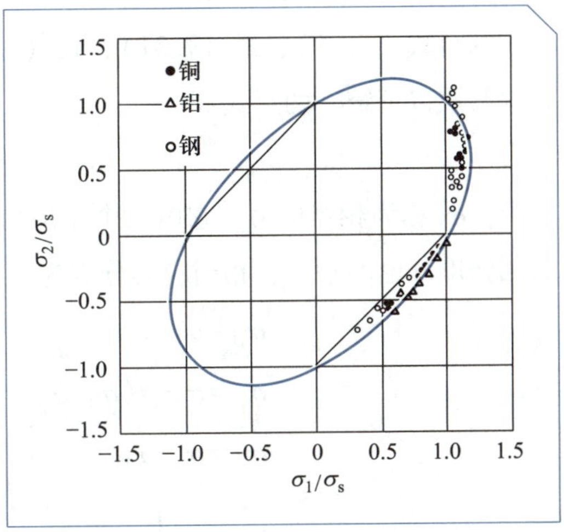

图 7.26

畸变能密度理论（第四强度理论） 这一理论认为畸变能密度是引起材料屈服的主要因素，即认为无论什么应力状态，只要畸变能密度 v_d 达到与材料性质有关的某一极限值，材料就发生屈服。单向拉伸下，屈服应力为 σ_s，相应的畸变能密度由式（7.27）求

出为$\frac{1+\mu}{6E}(2\sigma_s^2)$。这就是导致屈服的畸变能密度的极限值。任意应力状态下，只要畸变能密度 v_d 达到上述极限值，便引起材料的屈服。故畸变能密度屈服准则为

$$v_d=\frac{1+\mu}{6E}(2\sigma_s^2) \tag{e}$$

在任意应力状态下，把式（7.27）

$$v_d=\frac{1+\mu}{6E}[(\sigma_1-\sigma_2)^2+(\sigma_2-\sigma_3)^2+(\sigma_3-\sigma_1)^2]$$

代入式（e），整理后得屈服准则为

$$\sqrt{\frac{1}{2}[(\sigma_1-\sigma_2)^2+(\sigma_2-\sigma_3)^2+(\sigma_3-\sigma_1)^2]}=\sigma_s \tag{7.34}$$

上列屈服准则为一椭圆形曲线，如图 7.25 所示。把 σ_s 除以安全因数得许用应力［σ］，于是，按第四强度理论得到的强度条件是

$$\sqrt{\frac{1}{2}[(\sigma_1-\sigma_2)^2+(\sigma_2-\sigma_3)^2+(\sigma_3-\sigma_1)^2]}\leqslant[\sigma] \tag{7.35}$$

几种塑性材料钢、铜、铝的薄管试验资料表明，最大畸变能密度屈服准则与试验资料相当吻合（图 7.26），比第三强度理论更为符合试验结果。在纯剪切的情况下，由屈服准则式（7.34）得出的结果比式（7.32）的结果大 15%，这是两者差异最大的情况。

综合式（7.29）、式（7.31）、式（7.33）和式（7.35），可把四个强度理论的强度条件写成以下统一的形式：

$$\sigma_r\leqslant[\sigma] \tag{7.36}$$

式中，σ_r 称为相当应力。它由三个主应力按一定形式组合而成。按照从第一强度理论到第四强度理论的顺序，相当应力分别为

$$\left.\begin{aligned}&\sigma_{r1}=\sigma_1\\&\sigma_{r2}=\sigma_1-\mu(\sigma_2+\sigma_3)\\&\sigma_{r3}=\sigma_1-\sigma_3\\&\sigma_{r4}=\sqrt{\frac{1}{2}[(\sigma_1-\sigma_2)^2+(\sigma_2-\sigma_3)^2+(\sigma_3-\sigma_1)^2]}\end{aligned}\right\} \tag{7.37}$$

以上介绍了四种常用的强度理论。铸铁、石料、混凝土、玻璃等脆性材料，通常以断裂的形式失效，宜采用第一和第二强度理论。碳钢、铜、铝等塑性材料，通常以屈服的形式失效，宜采用第三和第四强度理论。

应该指出，不同材料固然可以发生不同形式的失效，但即使是同一材料，在不同应力状态下也可能有不同的失效形式。例如，碳钢棒材在单向拉伸下以屈服的形式失效，但碳

钢制成的螺钉受拉时，螺纹根部因应力集中引起三向拉伸，就会出现断裂。这是因为当三向拉伸的三个主应力数值接近时，由屈服准则式（7.32）或式（7.34）看出，屈服将很难出现。又如，铸铁棒材单向受拉时以断裂的形式失效。但如以淬火钢球压在铸铁板上，接触点附近的材料处于三向受压状态，随着压力的增大，铸铁板会出现明显的凹坑，这表明已出现屈服现象。以上例子说明材料的失效形式与应力状态有关。无论是塑性或脆性材料，在三向拉应力相近的情况下，都将以断裂的形式失效，宜采用最大拉应力理论。在三向压应力相近的情况下，都可引起塑性变形，宜采用第三或第四强度理论。

例 7.11 若例 7.1 中的 Q235 钢锅炉的许用应力为 $[\sigma]=160\ \text{MPa}$，试校核其强度。

解： 在例 7.1 中已经求得锅炉圆筒任意点的主应力为

$$\sigma_1=150\ \text{MPa},\quad \sigma_2=75\ \text{MPa},\quad \sigma_3\approx 0$$

对 Q235 钢这类塑性材料，应采用第四强度理论。由式（7.35），得

$$\sqrt{\frac{1}{2}[(\sigma_1-\sigma_2)^2+(\sigma_2-\sigma_3)^2+(\sigma_3-\sigma_1)^2]}$$

$$=\sqrt{\frac{1}{2}[(150\ \text{MPa}-75\ \text{MPa})^2+(75\ \text{MPa}-0)^2+(0-150\ \text{MPa})^2]}$$

$$=130\ \text{MPa}<[\sigma]$$

所以，锅炉圆筒满足第四强度理论的强度条件。

也可以用第三强度理论进行强度校核，由式（7.33），得

$$\sigma_1-\sigma_3=150\ \text{MPa}-0=150\ \text{MPa}<[\sigma]$$

可见也满足第三强度理论的强度条件。

例 7.12 试按强度理论建立纯剪切应力状态的强度条件，并寻求塑性材料许用切应力 $[\tau]$ 与许用拉应力 $[\sigma]$ 之间的关系。

解： 根据例 7.4 的讨论，纯剪切是拉-压二向应力状态，且

$$\sigma_1=\tau,\quad \sigma_2=0,\quad \sigma_3=-\tau$$

对塑性材料，按最大切应力理论得强度条件为

$$\sigma_1-\sigma_3=\tau-(-\tau)=2\tau\leqslant[\sigma]$$

$$\tau\leqslant\frac{[\sigma]}{2} \tag{f}$$

另一方面，纯剪切的强度条件是

$$\tau\leqslant[\tau] \tag{g}$$

比较式（f）和式（g）两式，可见

$$[\tau]=\frac{[\sigma]}{2}=0.5[\sigma] \tag{h}$$

即 $[\tau]$ 为 $[\sigma]$ 的$\frac{1}{2}$。这是按最大切应力理论求得的 $[\tau]$ 与 $[\sigma]$ 之间的关系。

如按畸变能密度理论，则纯剪切的强度条件是

$$\sqrt{\frac{1}{2}[(\sigma_1-\sigma_2)^2+(\sigma_2-\sigma_3)^2+(\sigma_3-\sigma_1)^2]}$$

$$=\sqrt{\frac{1}{2}[(\tau-0)^2+(+\tau)^2+(-\tau-\tau)^2]}=\sqrt{3}\tau\leqslant[\sigma]$$

与纯剪切强度条件式（g）比较，求出

$$[\tau]=\frac{[\sigma]}{\sqrt{3}}=0.577[\sigma]\approx0.6[\sigma] \tag{i}$$

即 $[\tau]$ 约为 $[\sigma]$ 的60%。这是按第四强度理论得到的 $[\tau]$ 与 $[\sigma]$ 之间的关系。

§7.12 莫尔强度理论

莫尔强度理论是由综合实验结果建立的，现介绍如下。

单向拉伸试验时，失效应力为屈服极限 σ_s 或强度极限 σ_b。在 $\sigma-\tau$ 平面内，以失效应力为直径作应力圆 OA'，该圆称为极限应力圆（图 7.27）。同样，由单向压缩试验确定的极限应力圆为 OB'。由纯剪切试验确定的极限应力圆是以 OC' 为半径的圆。对任意的应力

状态，设想三个主应力按比例增加，直至以屈服或断裂的形式失效。这时，由三个主应力可确定三个应力圆（参看图 7.14）。现在只作出三个应力圆中最大的一个，亦即由 σ_1 和 σ_3 确定的应力圆，如图 7.27 中的圆周 $D'E'$。按上述方式，在 $\sigma-\tau$ 平面内得到一系列的极限应力圆。于是可以作出它们的包络线 $F'G'$。包络线当然与材料的性质有关，不同的材料包络线也不一样；但对同一材料则认为它是唯一的。

对一个已知的应力状态 σ_1、σ_2、σ_3，如由 σ_1 和 σ_3 确定的应力圆在上述包络线之内，则这一应力状态不会引起失效。如恰与包络线相切，则表明这一应力状态已达到失效状态。

在实用中，为了利用有限的试验数据便可近似地确定包络线，常以单向拉伸和压缩的两个极限应力圆的公切线代替包络线。如再除以安全因数，便得到图 7.28 所示情况。图中 $[\sigma_t]$ 和 $[\sigma_c]$ 分别为材料的抗拉和抗压许用应力。若由 σ_1 和 σ_3 确定的应力圆在公切线 ML 和 $M'L'$ 之内，则这样的应力状态是安全的。当应力圆与公切线相切时，便是许可状态的最高界限。这时从图 7.28 看出

$$\frac{O_1N}{O_2F}=\frac{O_3O_1}{O_3O_2} \tag{a}$$

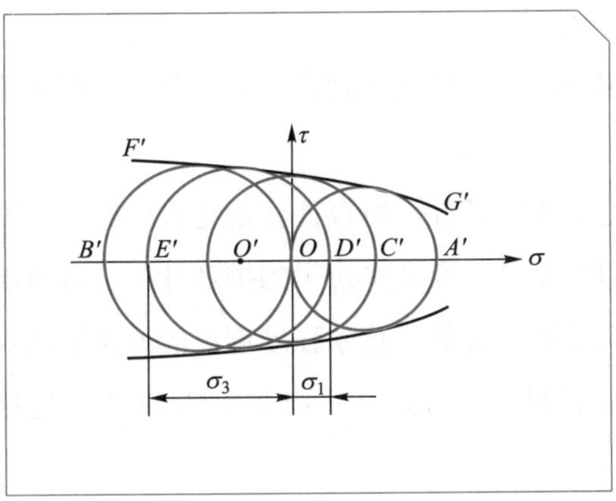

图 7.27

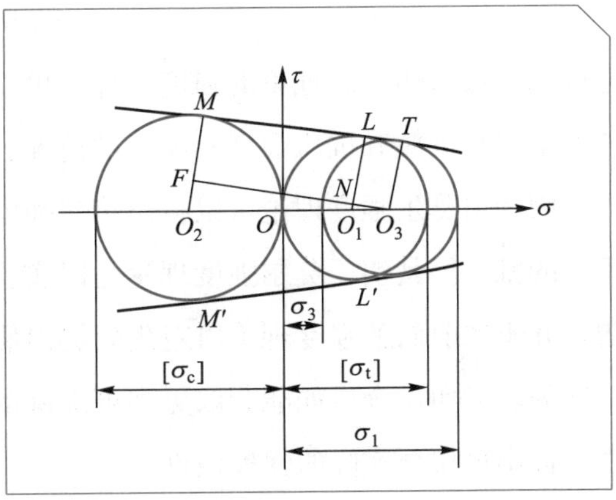

图 7.28

容易求出

$$O_1N=O_1L-O_3T=\frac{[\sigma_t]}{2}-\frac{\sigma_1-\sigma_3}{2}$$

$$O_2F=O_2M-O_3T=\frac{[\sigma_c]}{2}-\frac{\sigma_1-\sigma_3}{2}$$

$$O_3O_1=O_3O-O_1O=\frac{\sigma_1+\sigma_3}{2}-\frac{[\sigma_t]}{2}$$

$$O_3O_2=O_3O+OO_2=\frac{\sigma_1+\sigma_3}{2}+\frac{[\sigma_c]}{2}$$

将以上诸式代入式（a），经简化后得出

$$\sigma_1-\frac{[\sigma_t]}{[\sigma_c]}\sigma_3=[\sigma_t] \tag{b}$$

对实际的应力状态来说，由 σ_1 和 σ_3 确定的应力圆应该在公切线之内。设想 σ_1 和 σ_3 要加大 k 倍后（$k\geqslant1$），应力圆才与公切线相切，亦即才满足条件式（b），于是有

$$k\sigma_1-\frac{[\sigma_t]}{[\sigma_c]}k\sigma_3=[\sigma_t]$$

由于 $k\geqslant1$，故得莫尔强度理论的强度条件为

$$\sigma_1-\frac{[\sigma_t]}{[\sigma_c]}\sigma_3\leqslant[\sigma_t] \tag{7.38}$$

仿照式（7.37），莫尔强度理论的相当应力写成

$$\sigma_{rM}=\sigma_1-\frac{[\sigma_t]}{[\sigma_c]}\sigma_3 \tag{c}$$

对抗拉和抗压强度相等的材料，$[\sigma_t]=[\sigma_c]$，式（7.38）化为

$$\sigma_1-\sigma_3\leqslant[\sigma]$$

这也就是最大切应力理论的强度条件。可以看出，与最大切应力理论相比，莫尔强度理论考虑了材料抗拉和抗压强度不相等的情况。

因为由莫尔强度理论可以得出第三强度理论的强度条件，所以往往把它看作第三强度理论的推广。其实，莫尔强度理论是以实验资料为基础，经合乎逻辑的推理计算综合得出的，并不像前面的强度理论以对失效提出假说为基础。无疑，莫尔强度理论的方法是比较正确的。譬如，今后如能获取更多更准确的实验资料，就可进一步修正图 7.27 中的包络线，提出更切合实际的强度条件。

例 7.13 在例 5.3 中，铸铁梁的截面 B 上，弯矩为 $M=-4\ \text{kN}\cdot\text{m}$，剪力为 $F_S=-6.5\ \text{kN}$。试用莫尔强度理论校核腹板与翼缘交界处的强度。设铸铁的抗拉和抗压许用应力分别为 $[\sigma_t]=30\ \text{MPa}$，$[\sigma_c]=160\ \text{MPa}$。

解： 如图 7.29 所示，校核 b 点的强度时，首先要算出该点处的弯曲正应力和切应力。根据截面尺寸，求得

$$I_z=763\ \text{cm}^4,\qquad S_z^*=67.2\ \text{cm}^3$$

从而算出

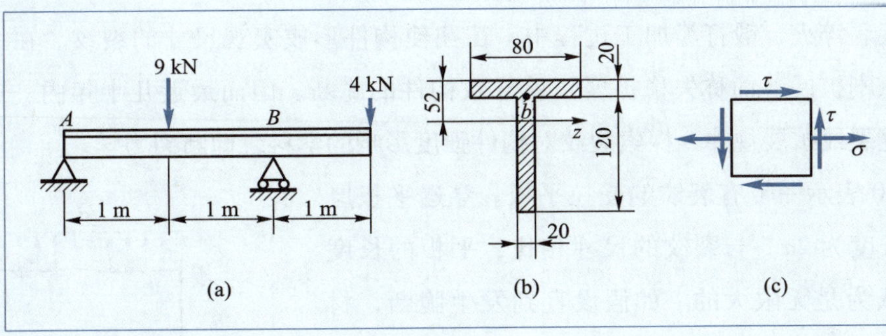

图 7.29

$$\sigma=\frac{My}{I_z}=\frac{(-4\times10^3\ \text{N}\cdot\text{m})(-32\times10^{-3}\ \text{m})}{763\times10^{-8}\text{m}^4}=16.8\times10^6\ \text{Pa}=16.8\ \text{MPa}$$

$$\tau=\frac{F_S S_z^*}{I_z b}=\frac{(6.5\times10^3\ \text{N})(67.2\times10^{-6}\ \text{m}^3)}{(763\times10^{-8}\ \text{m}^4)(20\times10^{-3}\ \text{m})}=2.86\times10^6\ \text{Pa}=2.86\ \text{MPa}$$

在截面 B 上，b 点的应力状态如图 7.29 c 所示。求出主应力为

$$\left.\begin{matrix}\sigma_1\\ \sigma_3\end{matrix}\right\}=\frac{16.8\ \text{MPa}}{2}\pm\sqrt{\left(\frac{16.8\ \text{MPa}}{2}\right)^2+(2.86\ \text{MPa})^2}=\left\{\begin{matrix}17.27\\ -0.47\end{matrix}\right.\ \text{MPa}$$

使用莫尔强度理论，得

$$\sigma_1-\frac{[\sigma_t]}{[\sigma_c]}\sigma_3=17.27\ \text{MPa}-\frac{30\ \text{MPa}}{160\ \text{MPa}}(-0.47\ \text{MPa})=17.4\ \text{MPa}\leqslant[\sigma_t]$$

所以满足莫尔强度理论的强度条件。

§7.13 构件含裂纹时的断裂准则

传统的强度计算概括起来是：一方面按构件的情况，由危险点的应力状态，算出适用的强度理论的相当应力；另一方面用实验的方法，确定与材料性质有关的失效应力，从而求得许用应力，最后建立由式（7.36）表达的强度条件。这里，认为构件不含裂纹等缺陷，相当应力是按无裂纹的构件计算的。失效应力也是用无裂纹的试样测定的。

近代工业中，高强度钢结构、焊接结构、大型锻件等使用日益广泛。这些结构有时会突然发生脆性断裂（简称脆断）。如按传统的计算方法，脆断时的应力有时还远低于屈服

极限 σ_s。例如，20 世纪 50 年代美国北极星导弹固体燃料发动机壳，实验时突然爆炸就是这种情况。飞机、船舶、高压容器等的脆断现象也经常发生。对大量脆断事故的分析表明，在焊接、淬火、锻打等加工过程中，往往使构件形成宏观尺寸的裂纹。在一定条件下，裂纹急剧扩展（简称失稳扩展）就导致构件的脆断。因而最近几十年内，逐渐形成了一门研究裂纹扩展规律，探索裂纹对构件强度影响的学科，即断裂力学。

图 7.30 表示一带有裂纹的受拉平板。穿透平板厚度的裂纹长度为 $2a$。与裂纹的尺寸相比，平板的长度与宽度可认为是无限大的。如假设直到发生脆断，材料仍然是线弹性的，就可用弹性力学分析裂纹尖端区域内的应力和位移。分析结果表明，裂纹尖端附近各点应力的强弱程度与一个等于 $\sigma\sqrt{\pi a}$ 的量有关。即裂纹尖端附近各点的应力，不是随平板所受拉应力 σ 成比例地增长或减少，而是随 $\sigma\sqrt{\pi a}$ 成比例地增长或减少。$\sigma\sqrt{\pi a}$ 称为应力强度因子，并记为 K_{I}，即

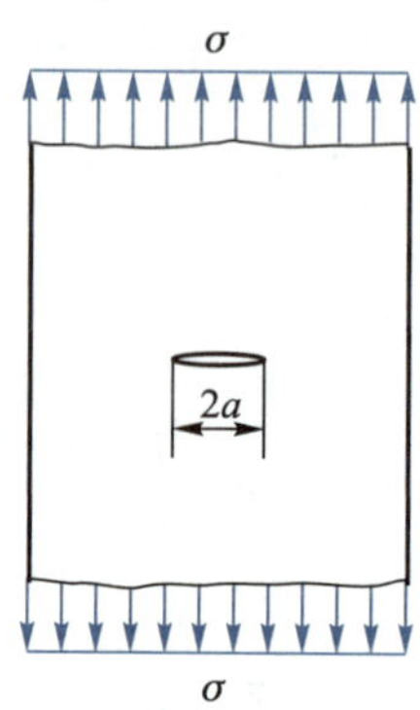

图 7.30

$$K_{\mathrm{I}}=\sigma\sqrt{\pi a} \tag{7.39}$$

K_{I} 的单位为 $\mathrm{MPa}\cdot\mathrm{m}^{\frac{1}{2}}$。

随着载荷的增加，应力强度因子 K_{I} 也逐渐增加。实验结果表明，当它达到某一临界值 K_{Ic} 时，裂纹将发生失稳扩展，导致试样断裂。K_{Ic} 称为断裂韧性。如同材料的屈服极限、强度极限一样，K_{Ic} 也是材料固有的力学性能。确定了断裂韧性 K_{Ic} 后，只要构件的应力强度因子 K_{I} 低于 K_{Ic}，构件就不会发生裂纹的失稳扩展。而出现裂纹失稳扩展的条件是

$$K_{\mathrm{I}}=K_{\mathrm{Ic}} \tag{7.40}$$

这就是构件含裂纹时的断裂准则。

这里只是以最简单的方式介绍了含裂纹构件脆断的概念。进一步的讨论已超出材料力学的范围。可参考有关断裂力学的著作。

例 7.14 铝合金 2219-T 851 的抗拉强度极限为 $\sigma_b=454\ \mathrm{MPa}$，断裂韧性 $K_{\mathrm{Ic}}=32\ \mathrm{MPa}\cdot\mathrm{m}^{\frac{1}{2}}$。合金钢 AISI 4340 的 $\sigma_b=1\ 827\ \mathrm{MPa}$，$K_{\mathrm{Ic}}=59\ \mathrm{MPa}\cdot\mathrm{m}^{\frac{1}{2}}$。若由两种材料制成的尺寸相同的平板都有 $2a=2\ \mathrm{mm}$ 的穿透裂纹，且设两种材料都可

近似地作为线弹性材料，试求使裂纹失稳扩展的应力 σ_u。

解： 根据式（7.39）和式（7.40），断裂准则可写成

$$K_I=\sigma_u\sqrt{\pi a}=K_{Ic}$$

$$\sigma_u=\frac{K_{Ic}}{\sqrt{\pi a}}$$

对铝合金 2219-T 851，有

$$\sigma_u=\frac{32\ \mathrm{MPa}\cdot\mathrm{m}^{\frac{1}{2}}}{\sqrt{\pi(1\times10^{-3}\ \mathrm{m})}}=571\ \mathrm{MPa}$$

对合金钢 AISI 4340，有

$$\sigma_u=\frac{59\ \mathrm{MPa}\cdot\mathrm{m}^{\frac{1}{2}}}{\sqrt{\pi(1\times10^{-3}\ \mathrm{m})}}=1\ 053\ \mathrm{MPa}$$

从以上结果看出，在所给裂纹尺寸下，铝合金 2219-T851 发生脆断时的应力 σ_u 略高于强度极限 σ_b。表明它在拉断之前不会因裂纹失稳扩展而脆断，σ_b 仍然是失效应力。这与传统的强度概念并不矛盾。相反，合金钢 AISI 4340 脆断时的应力 σ_u 仅为 σ_b 的 57%。表明它在远未达到 σ_b 之前，就已因裂纹扩展而脆断。用传统的强度概念，无法解释拉应力仅为 σ_b 的 57%时，就发生脆断的现象。还可看出，合金钢 AISI 4340 虽然有很高的强度极限，但因受 K_{Ic} 的限制，在有裂纹的情况下，高强度的特性并不能充分发挥。相比之下，铝合金 2219-T 851 的强度却得到了充分利用，况且它的单位体积的重量又小，对飞机等结构就更为适宜。

习 题

7.1 何谓单向应力状态和二向应力状态？圆轴受扭时，轴表面各点处于何种应力状态？梁受横力弯曲时，梁顶、梁底及其他各点处于何种应力状态？

习题：
第七章应力
和应变分析
强度理论

7.2 构件受力如图所示。

(1) 确定危险点的位置。

(2) 用单元体表示危险点的应力状态。

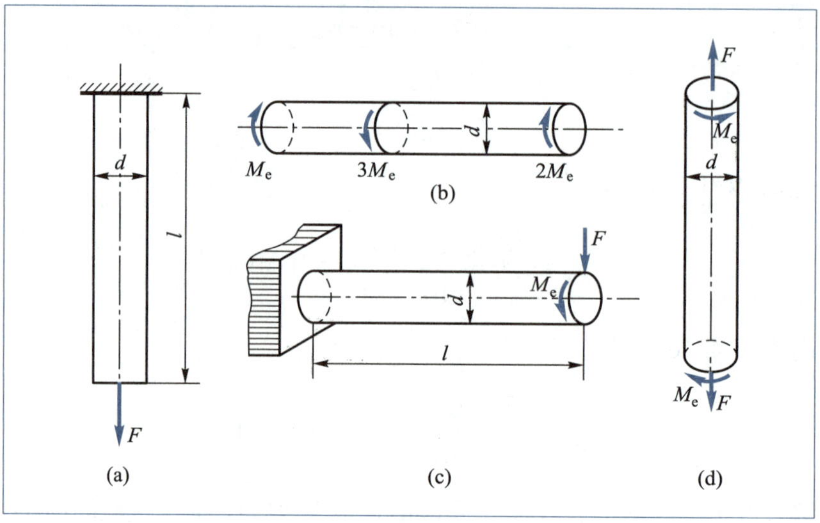

题 7.2 图

7.3 在图示各单元体中，试用解析法和应力圆求斜截面 ab 上的应力。应力的单位为 MPa。

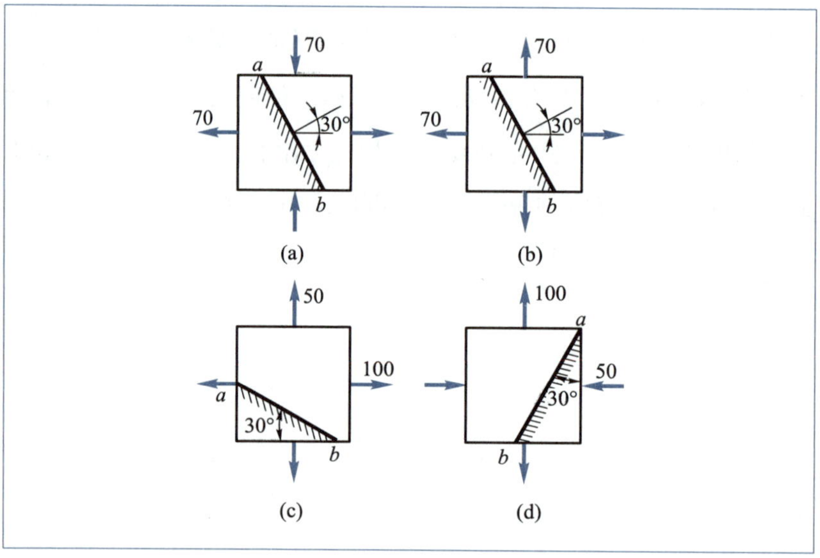

题 7.3 图

7.4 已知应力状态如图所示，图中应力单位皆为 MPa。试用解析法及应力圆求：

(1) 主应力大小，主平面的方位；并在单元体上绘出主平面位置及主应力方向。

（2）最大切应力。

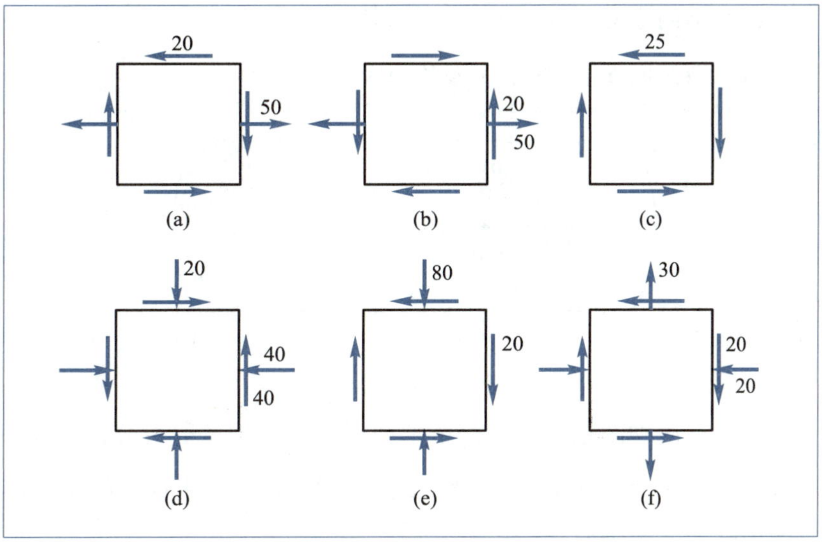

题 7.4 图

7.5 在图示应力状态中，试用解析法和应力圆求出指定斜截面上的应力（应力单位为 MPa）。

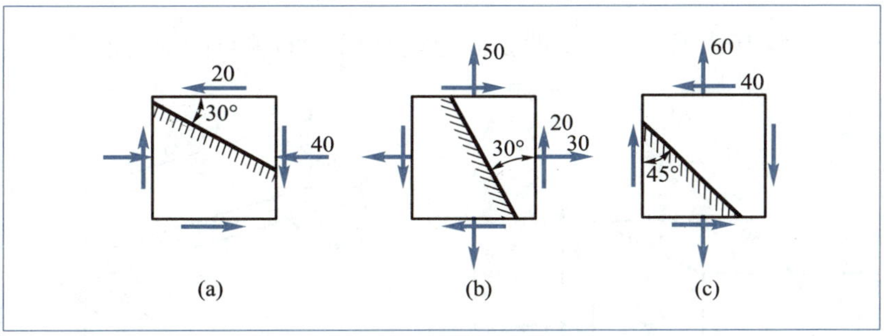

题 7.5 图

7.6 若物体在两个方向上受力相同（如图示），试分析这种情况下的应力状态。

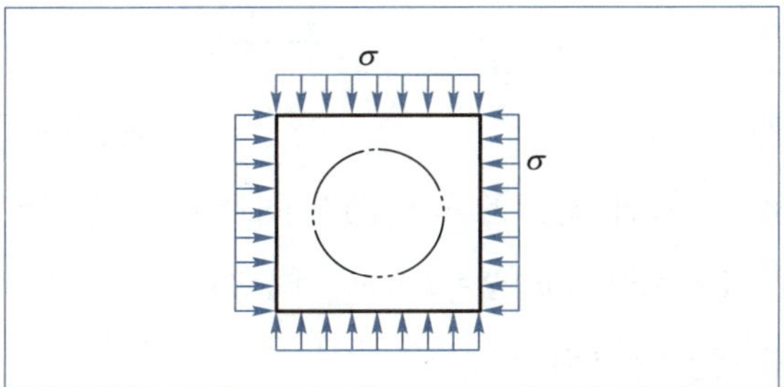

题 7.6 图

题解 7.6

7.7 图示锅炉直径 $D=1$ m，壁厚 $\delta=10$ mm，内受蒸汽内压 $p=3$ MPa 作用。试求：

(1) 壁内主应力 σ_1、σ_2 及最大切应力 τ_{max}；

(2) 斜截面 ab 上的正应力及切应力。

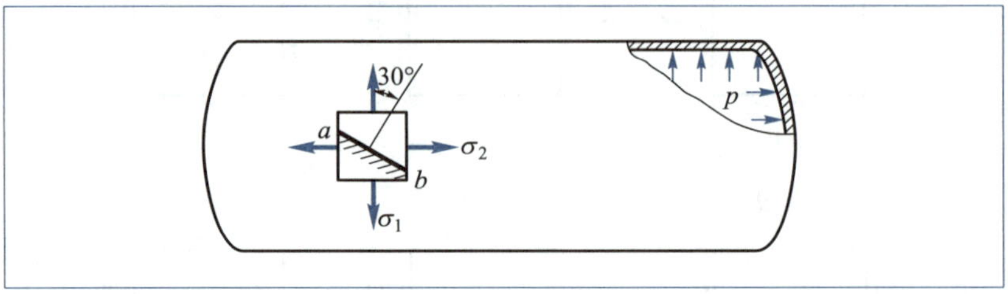

题 7.7 图

7.8 已知图示矩形截面梁某截面上的弯矩及剪力分别为 $M=10$ kN·m，$F_S=120$ kN，试绘出截面上 1、2、3、4 各点的单元体的应力状态，并求其主应力。

7.9 图示钢制曲拐的横截面直径为 20 mm，C 端与钢丝相连，钢丝的横截面面积 $A=6.5$ mm^2。曲拐和钢丝的弹性模量同为 $E=200$ GPa，$G=84$ GPa。若钢丝的温度降低 50 ℃，若线胀系数 $\alpha_l=12.5\times10^{-6}$ ℃$^{-1}$，试求曲拐固定端截面 A 的顶点的应力状态。

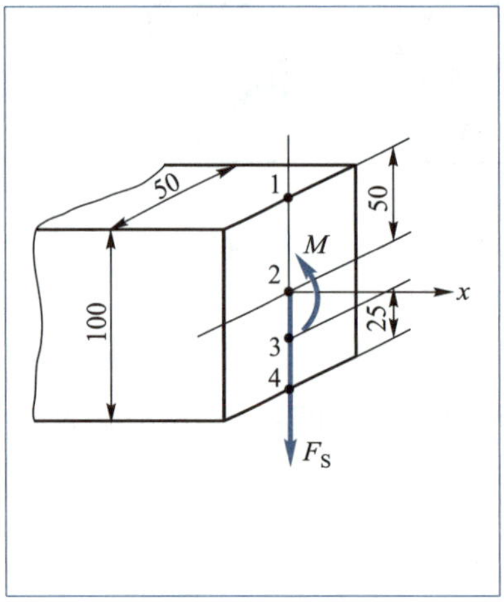

题 7.8 图

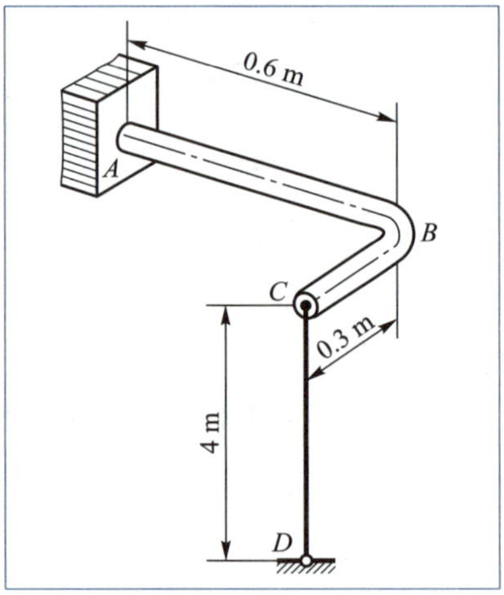

题 7.9 图

7.10 薄壁圆筒扭转-拉伸试验的示意图如图所示。若 $F=20$ kN，$M_e=600$ N·m，且 $d=50$ mm，$\delta=2$ mm，试求：

(1) A 点在指定斜截面上的应力；

(2) A 点的主应力的大小及方向（用单元体表示）。

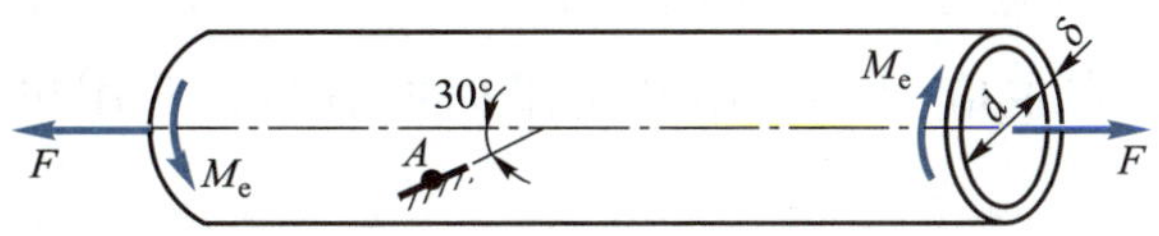

题 7.10 图

7.11 图示简支梁为I36a 工字钢，$F=140$ kN，$l=4$ m。A 点所在截面位于集中力 F 的左侧，且无限接近力 F 作用的截面。试求：

（1）A 点在指定斜截面上的应力；

（2）A 点的主应力及主平面的方位（用单元体表示）。

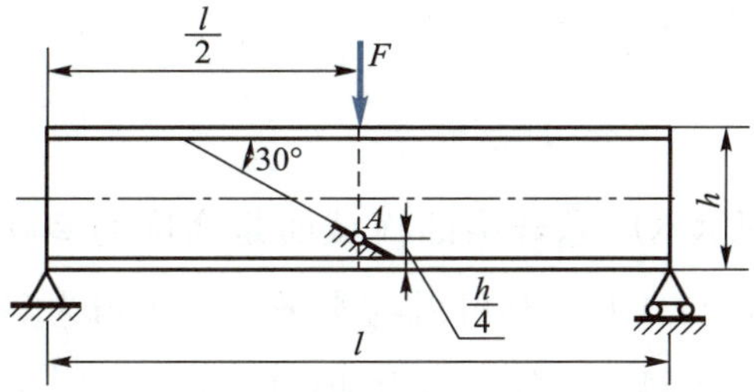

题 7.11 图

7.12 二向应力状态如图所示，应力单位为 MPa。试求主应力并作应力圆。

7.13 在处于二向应力状态的物体的边界 bc 上，A 点处的最大切应力为 35 MPa，如图所示。试求 A 点的主应力。若在 A 点周围以垂直于 x 轴和 y 轴的平面分割出单元体，试求单元体各面上的应力分量。

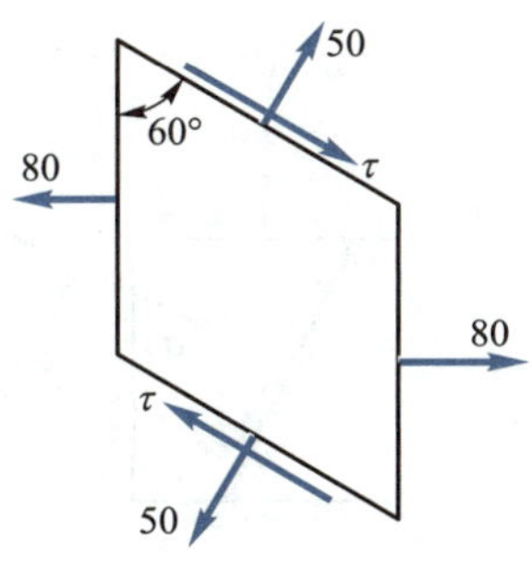

题 7.12 图

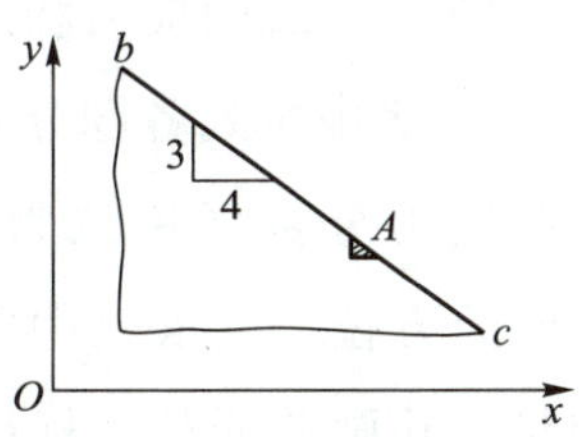

题 7.13 图

7.14 在通过一点的两个平面上，应力如图所示，应力单位为 MPa。试求主应力的大小及主平面的方位，并用单元体表示出来。

7.15 以绕带焊接成的圆管，焊缝为螺旋线，如图所示。管的内径为 300 mm，壁厚为1 mm，内压 $p=0.5$ MPa。求沿焊缝斜面上的正应力和切应力。

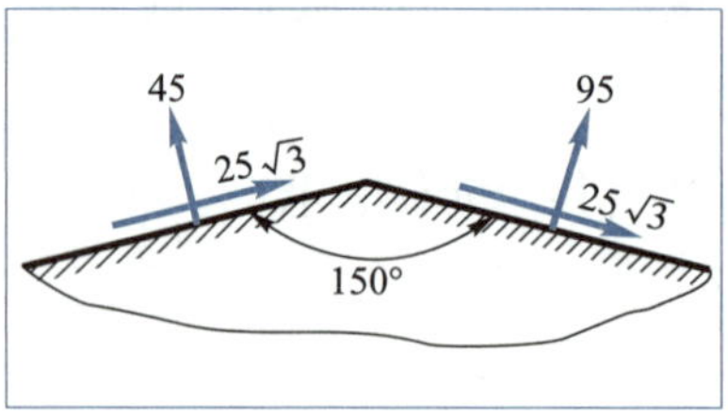

题 7.14 图

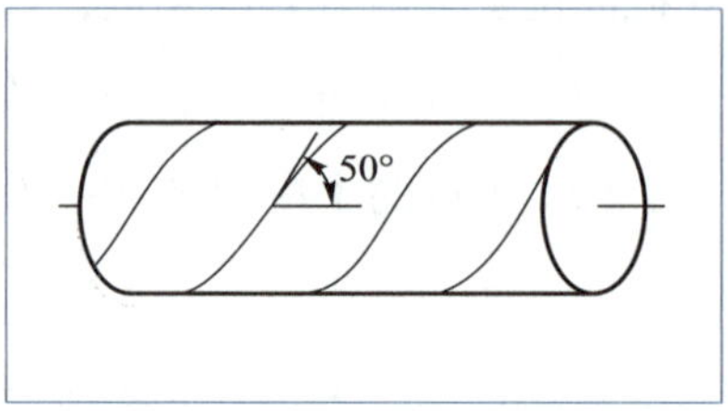

题 7.15 图

7.16 图示木质悬臂梁的横截面是高度为 200 mm、宽度为 60 mm 的矩形。在 A 点木材纤维与水平线的倾角为 20°。试求通过 A 点沿纤维方向的斜面上的正应力和切应力。

7.17 板条如图所示。尖角的侧表面皆为自由表面，$0<\theta<\pi$。试证尖角端点 A 为零应力状态，即 A 点的主应力皆为零。

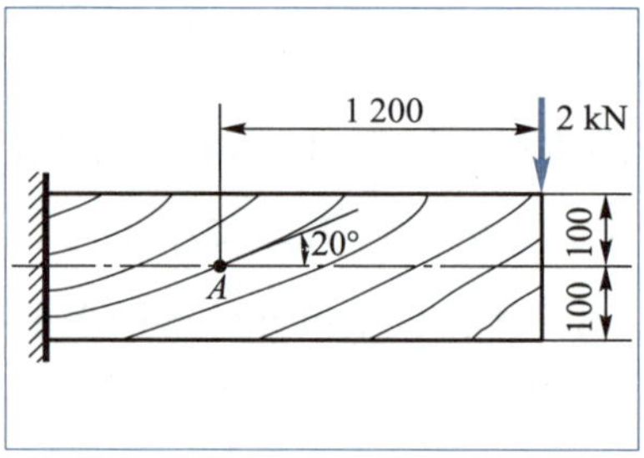

题 7.16 图

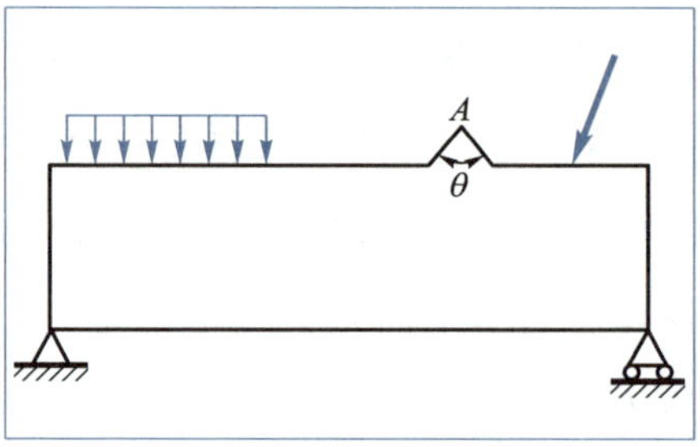

题 7.17 图

7.18 对二向应力状态（如图所示），表中所列各题分别给出了某些应力分量（单位为 MPa）或斜面的方位，试求表中空出的未知量，并画单元体，标明主应力和主平面的方位。

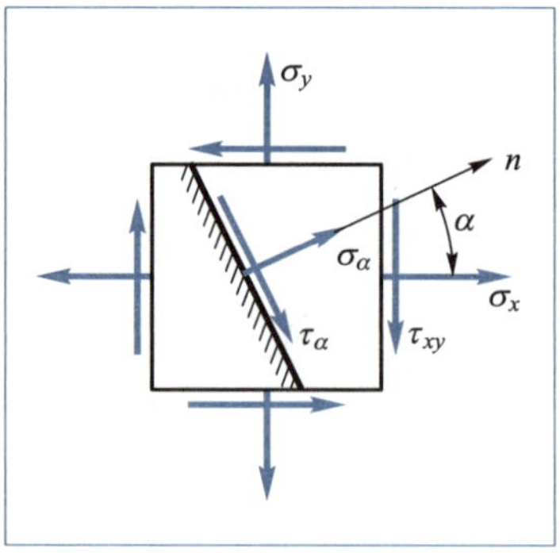

题 7.18 图

题号	σ_x	σ_y	τ_{xy}	斜面的方位和应力			主应力及主平面位置				τ_{max}
				α	σ_α	τ_α	σ_1	σ_2	σ_3	σ_1 的方向	
7.18（a）	100		0	15°	80						
7.18（b）			−40	30°	−20	20					
7.18（c）	80						120				70
7.18（d）	32		60						−80		

7.19 试求图示各应力状态的主应力及最大切应力（应力单位为 MPa）。

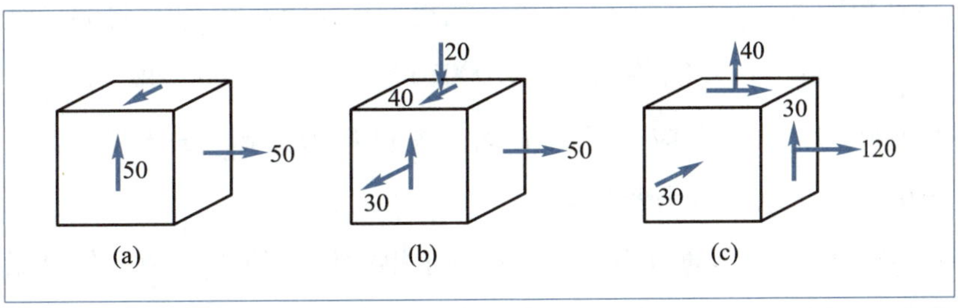

题 7.19 图

7.20 已知：（a）$\varepsilon_x=-0.000\,12$，$\varepsilon_y=0.001\,12$，$\gamma_{xy}=0.000\,20$；

（b）$\varepsilon_x=0.000\,80$，$\varepsilon_y=-0.000\,20$，$\gamma_{xy}=-0.000\,80$。

试求主应变及其方向。

7.21 对于直角应变花（参看图 7.17 及例 7.8），试证明主应变的大小及方向可用以下公式计算：

$$\left.\begin{matrix}\varepsilon_{max}\\ \varepsilon_{min}\end{matrix}\right\}=\frac{\varepsilon_{0°}+\varepsilon_{90°}}{2}\pm\frac{\sqrt{2}}{2}\sqrt{(\varepsilon_{0°}-\varepsilon_{45°})^2+(\varepsilon_{45°}-\varepsilon_{90°})^2}$$

$$\tan 2\alpha_0=\frac{2\varepsilon_{45°}-\varepsilon_{0°}-\varepsilon_{90°}}{\varepsilon_{0°}-\varepsilon_{90°}}$$

7.22 60°应变花如图所示。三个应变片的角度分别为：$\alpha_1=0°$，$\alpha_2=60°$，$\alpha_3=120°$。求证主应变的数值及方向由以下公式计算：

$$\left.\begin{matrix}\varepsilon_{max}\\ \varepsilon_{min}\end{matrix}\right\}=\frac{\varepsilon_{0°}+\varepsilon_{60°}+\varepsilon_{120°}}{3}\pm\frac{\sqrt{2}}{3}\sqrt{(\varepsilon_{0°}-\varepsilon_{60°})^2+(\varepsilon_{60°}-\varepsilon_{120°})^2+(\varepsilon_{120°}-\varepsilon_{0°})^2}$$

$$\tan 2\alpha_0=\frac{\sqrt{3}(\varepsilon_{60°}-\varepsilon_{120°})}{2\varepsilon_{0°}-\varepsilon_{60°}-\varepsilon_{120°}}$$

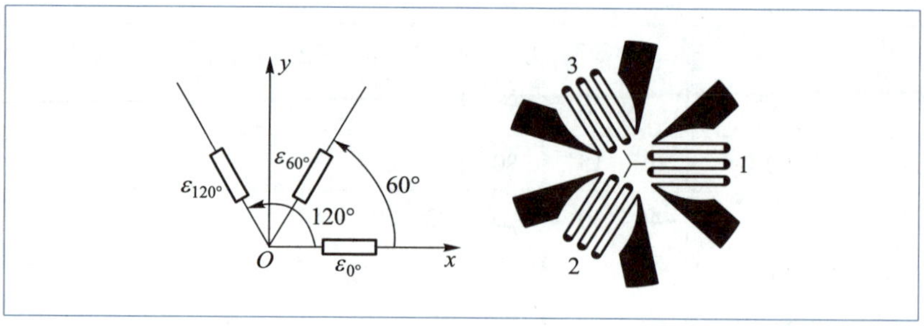

题 7.22 图

QR 题解 7.23

7.23 用广义胡克定律证明弹性常数 E、G、μ 间的关系。

7.24 若已测得 60°应变花三个方向的应变分别为 $\varepsilon_{0°}=0.000\ 40$，$\varepsilon_{60°}=0.000\ 40$，$\varepsilon_{120°}=-0.000\ 60$，试求主应变及其方向。若材料为碳钢，$E=200$ GPa，$\mu=0.25$，试求主应力及其方向。

7.25 列车通过钢桥时，在图示钢桥横梁的 A 点用引伸计量得 $\varepsilon_x=0.000\ 4$，$\varepsilon_y=-0.000\ 12$。试求 A 点在 $x-x$ 及 $y-y$ 方向的正应力。设 $E=200$ GPa，$\mu=0.3$。这样能否求出 A 点的主应力？

7.26 在一体积较大的钢块上开一个贯穿的槽，其宽度和深度都是 10 mm。在槽内紧密无隙地嵌入一铝块，其尺寸为 10 mm×10 mm×10 mm，如图所示。当铝块受到压力 $F=6$ kN 的作用时，假设钢块不变形。铝的弹性模量 $E=70$ GPa，$\mu=0.33$。试求铝块的三个主应力及相应的变形。

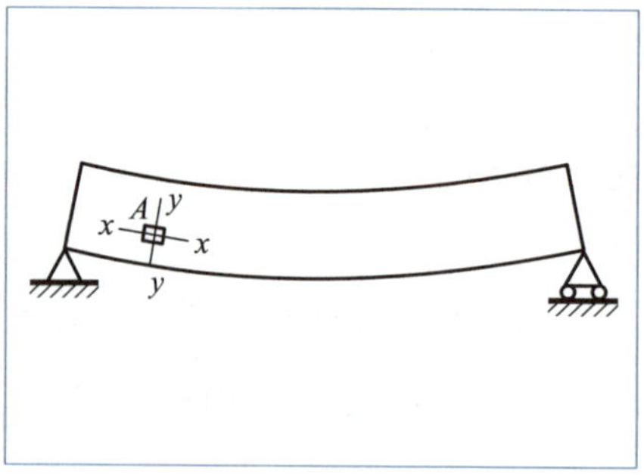

题 7.25 图

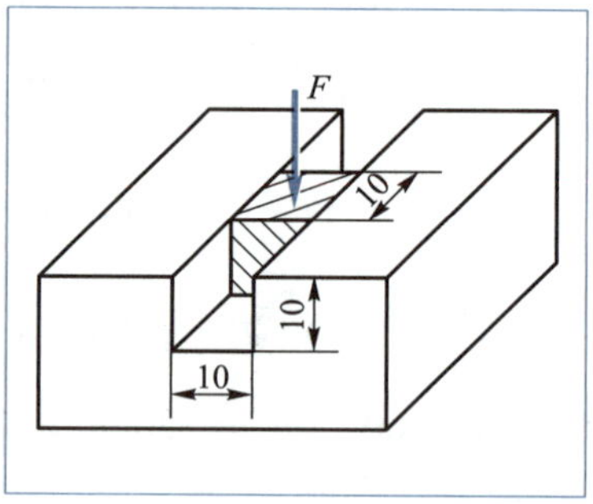

题 7.26 图

7.27 从钢构件内某一点的周围取出一部分，如图所示。根据理论计算已经求得 $\sigma=30$ MPa，$\tau=15$ MPa。材料的 $E=200$ GPa，$\mu=0.30$。试求对角线 AC 的长度改变量 Δl。

*7.28　图示直径 $D=40$ mm 的铝圆柱，放在厚度 $\delta=2$ mm 的钢套筒内，且设两者之间无间隙。作用于铝圆柱上的轴向压力 $F=40$ kN。若铝的弹性模量及泊松比分别是 $E_1=70$ GPa，$\mu_1=0.35$；钢的弹性模量 $E=210$ GPa，试求筒内的周向应力。

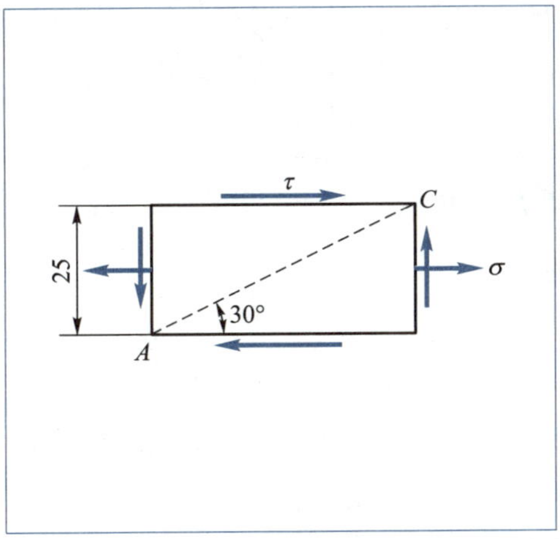

题 7.27 图

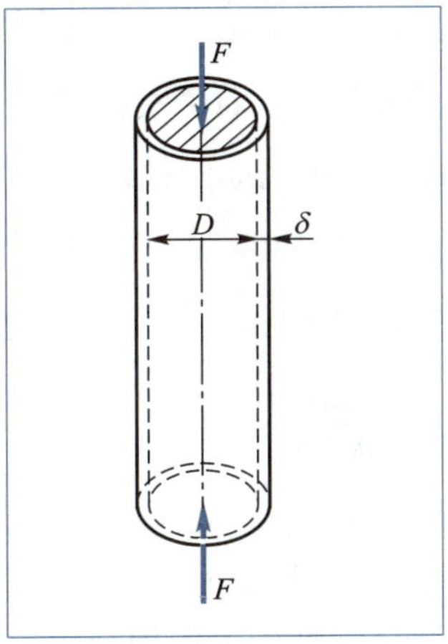

题 7.28 图

7.29　在二向应力状态下，设已知最大切应变 $\gamma_{max}=5\times10^{-4}$，并已知两个相互垂直方向的正应力之和为 27.5 MPa。材料的弹性常数是 $E=200$ GPa，$\mu=0.25$。试计算主应力的大小。

提示： $\sigma_\alpha+\sigma_{\alpha+90^\circ}=\sigma_x+\sigma_y=\sigma_1+\sigma_2$

7.30　一水轮机的主轴为直径 $d=200$ mm 的实心圆轴，在正常运转时，受到轴向拉伸和扭转的共同作用。在轴的外表面测得沿轴向的应变 $\varepsilon_{90^\circ}=20\times10^{-6}$，与轴向成 45°方向的应变 $\varepsilon_{45^\circ}=100\times10^{-6}$。已知材料的弹性模量 $E=200$ GPa，泊松比 $\mu=0.25$。试求轴力 F 和扭转力偶矩 M_e。

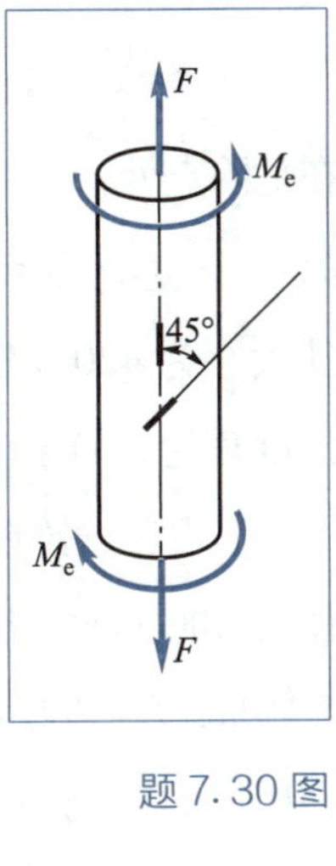

题 7.30 图

7.31　测得构件自由表面上某点的 0°、30°和 90°（角度按逆时针标记）方向的正应变分别为 $\varepsilon_{0^\circ}=300\times10^{-6}$、$\varepsilon_{30^\circ}=100\times10^{-6}$ 和 $\varepsilon_{90^\circ}=20\times10^{-6}$。若材料的弹性模量 $E=200$ GPa，泊松比 $\mu=0.3$。试求：(1) 该点 0°、30°和90°方向的正应力 σ_{0°、σ_{30° 和 σ_{90°；(2) 该点的主应力 σ_1、σ_2 及 σ_3 和最大切应力 τ_{max}。

7.32 在题 7.19 中的各应力状态下，求体应变 θ、应变能密度 v_ε 和畸变能密度 v_d。设 $E=200$ GPa，$\mu=0.30$。

7.33 图示立方体 $ABCD$ 的尺寸是 70 mm×70 mm×70 mm，通过专用的压力机在其四个面上作用均匀分布的压力。若 $F=50$ kN，$E=200$ GPa，$\mu=0.30$，试求该立方体的体应变 θ。

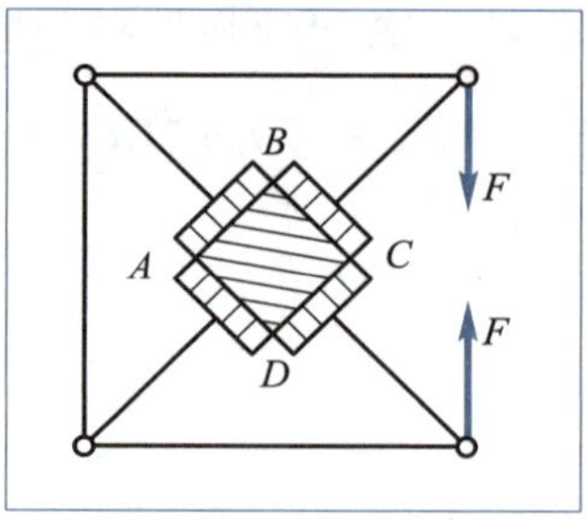

题 7.33 图

7.34 试证明弹性模量 E、切变模量 G 和体积模量 K 之间的关系是

$E=\dfrac{9KG}{3K+G}$。

7.35 对题 7.4 中的各应力状态，写出四个常用强度理论及莫尔强度理论的相当应力。设 $\mu=0.25$，$\dfrac{[\sigma_t]}{[\sigma_c]}=\dfrac{1}{4}$。

7.36 对题 7.19 中的各应力状态，写出四个常用强度理论的相当应力。设 $\mu=0.30$。如材料为中碳钢，指出该用哪一强度理论。

7.37 车轮与钢轨接触点处的主应力为 −800 MPa、−900 MPa、−1 100 MPa。若 $[\sigma]=300$ MPa，试对接触点作强度校核。

7.38 厚壁炮筒横截面如图所示。在危险点处，$\sigma_t=550$ MPa，$\sigma_r=-350$ MPa，第三个主应力垂直于图面且是拉应力，其大小为 420 MPa。试分别按第三和第四强度理论，计算其相当应力。

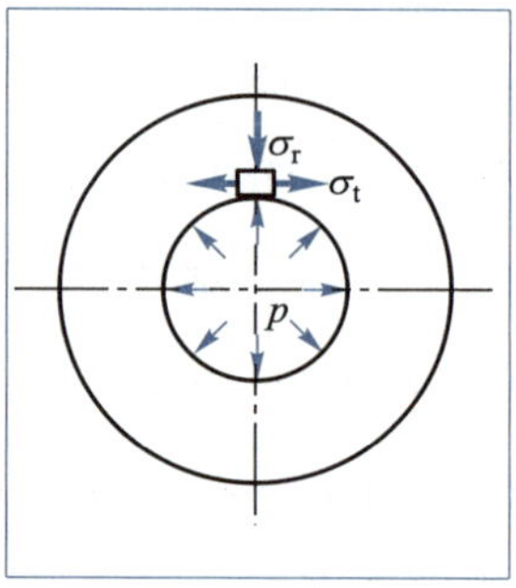

题 7.38 图

7.39 铸铁薄管如图所示。管的外径为 200 mm，壁厚 $\delta=15$ mm，内压 $p=4$ MPa，$F=200$ kN。铸铁的抗拉及抗压许用应力分别为 $[\sigma_t]=30$ MPa，$[\sigma_c]=120$ MPa，$\mu=0.25$。试用第二强度理论及莫尔强度理论校核该薄管的强度。

7.40 钢制圆柱薄壁容器，直径为 800 mm，壁厚 $\delta=4$ mm，$[\sigma]=120$ MPa。试用强度理论确定可能承受的内压 p。

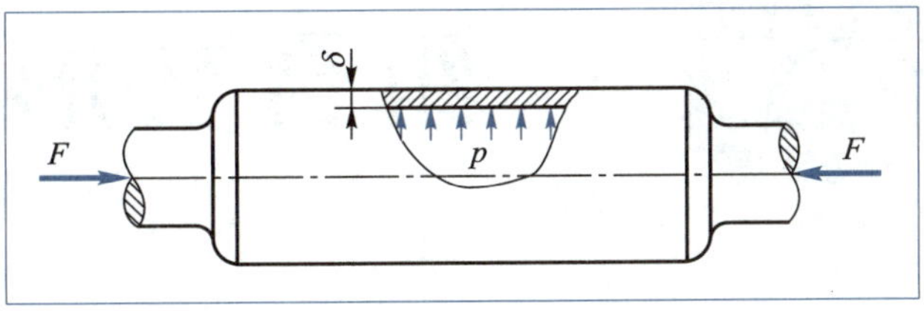

题 7.39 图

7.41 图示工字形截面悬臂梁，长度为 4 m。受均布载荷 $q=30\ \mathrm{kN/m}$ 和集中力 $F=400\ \mathrm{kN}$ 的同时作用。该梁由三块矩形截面的板经焊接而成，截面的尺寸如图所示。若许用应力 $[\sigma]=160\ \mathrm{MPa}$。试用第四强度理论校核该梁的强度。

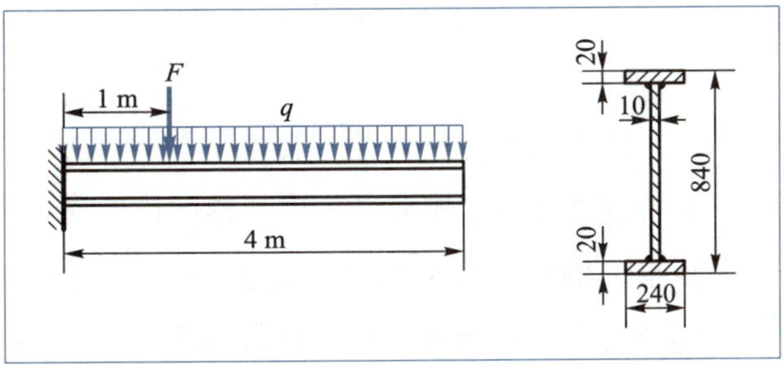

题 7.41 图

7.42 组合薄壁圆环如图所示，界面处的直径为 D，内层材料为铝合金，外层材料为钢，内、外圆环的壁厚分别为 δ_1 和 δ_2，内、外层材料的弹性模量分别为 E_1 和 E_2，线胀系数分别为 α_{l1} 和 α_{l2}（$\alpha_{l1}>\alpha_{l2}$）。试计算当温度升高 ΔT 时，内、外圆环的环向应力。

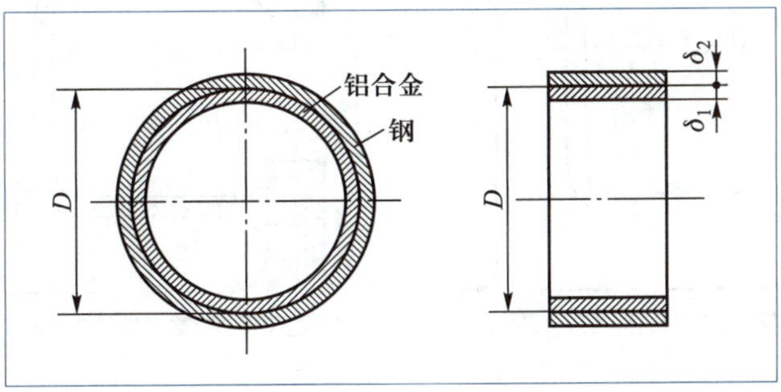

题 7.42 图

提示：升温后，组合薄壁圆环仍紧密贴合在一起，环间出现径向压力，外环受拉，内环受压。

第七章习题
参考答案

第八章　组合变形

§8.1　组合变形和叠加原理

隔振支座受压缩和剪切

以前各章分别讨论了杆件的拉伸（压缩）、剪切、扭转、弯曲等基本变形。工程结构中的某些构件又往往同时产生几种基本变形。例如，图 8.1a 表示小型压力机的框架。为分析框架立柱的变形，将外力向立柱的轴线简化（图 8.1b），便可看出，立柱承受了由 F 引起的拉伸和由 $M=Fa$ 引起的弯曲。这类由两种或两种以上基本变形组合的情况，称为组合变形。

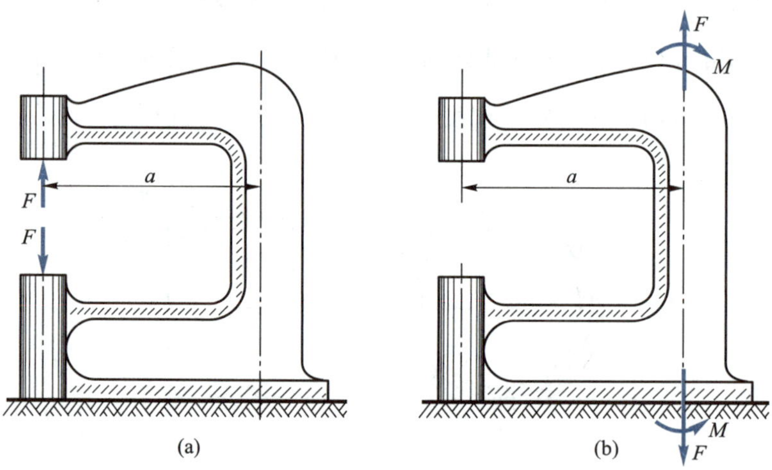

图 8.1

分析组合变形时，可先将外力进行简化或分解，把构件上的外力转化成几组静力等效的载荷，其中每一组载荷对应着一种基本变形。例如，在上面的例子中，把外力转化为对应着轴向拉伸的 F 和对应着弯曲的 M。这样，可分别计算每一基本变形各自引起的应力、内力、应变和位移，然后将所得结果叠加，得到构件在组合变形下的应力、内力、应变和位移，这就是叠加原理。这一原理前面曾多次使用，对弯曲变形的叠加还作过简单的证明，现在再作一些更广泛的阐述。

设构件某点的位移与载荷的关系是线性的，例如，在简支梁的跨度中点作用集中力 F 时，右端支座截面的转角（见表 6.1）为

$$\theta=\frac{Fl^2}{16EI}$$

这里转角 θ 与载荷 F 的关系就是线性的。$\frac{l^2}{16EI}$是一个系数，只要明确 F 垂直于轴线且作用于跨度中点，则这一系数与 F 的大小无关。类似的线性关系还可举出很多，可综合为构件 A 点因载荷 F_1 引起的位移 δ_1 与 F_1 的关系是线性的，即

$$\delta_1=C_1F_1 \tag{a}$$

这里 C_1 是一个系数，在 F_1 的作用点和方向给定后，C_1 与 F_1 的大小无关，亦即 C_1 不是 F_1 的函数。同理，A 点因另一载荷 F_2 引起的位移为

$$\delta_2=C_2F_2 \tag{b}$$

系数 C_2 也不是 F_2 的函数。若在构件上先作用 F_1，然后再作用 F_2。因为在未受力时开始作用 F_1，这与式（a）所表示的情况相同，所以 A 点的位移为 C_1F_1。再作用 F_2 时，因构件上已存在 F_1，它与式（b）所代表的情况不同，所以暂时用 C_2' 代替 C_2，得 A 点的位移为 $C_2'F_2$。这样，当先作用 F_1 后作用 F_2 时，A 点的位移为

$$\delta=C_1F_1+C_2'F_2 \tag{c}$$

式中的系数 C_2' 也应该与 F_1 和 F_2 的大小无关，即 C_2' 不是 F_1 或 F_2 的函数。因为如果 C_2' 与 F_1 和 F_2 有关，则 C_2' 与 F_2 相乘后的 $C_2'F_2$ 就不再是线性的。这与力与位移是线性关系的前提相矛盾。现在从构件上先解除 F_1，这时设 A 点的位移为$-C_1'F_1$。这里负号表示卸载，C_1' 上的一撇也是为了区别于 C_1。但 C_1' 也应与 F_1 和 F_2 无关。F_1 解除后，构件上只有 F_2，如再解除 F_2，就相当于式（b）代表的情况的卸载过程，所以 A 点的位移应为$-C_2F_2$。F_1 和 F_2 都解除后，构件上无任何外力，是它的自然状态，位移应等于零。于是

$$C_1F_1+C_2'F_2-C_1'F_1-C_2F_2=0$$

或者写成

$$(C_1-C_1')F_1+(C_2'-C_2)F_2=0$$

根据上面的论述，式中两个系数都不是载荷的函数，而且 F_1 和 F_2 为任意值时，上式都应该得到满足。这就只有两个系数都等于零才有可能，即

$$C_1 - C_1' = 0, \qquad C_2' - C_2 = 0$$

$$C_1 = C_1', \qquad C_2' = C_2$$

于是式（c）化为

$$\delta = C_1 F_1 + C_2 F_2 \tag{d}$$

比较式（a）、式（b）和式（d）三式，可见，F_1 和 F_2 共同作用下的位移，等于 F_1 和 F_2 分别单独作用时位移的叠加。如果颠倒上述加力次序，先加 F_2 后加 F_1，用完全相似的方法，必然仍可得到式（d）。这表明位移与加力的次序无关。以上结论自然可以推广到外力多于两个的情况，也可推广到应变、应力、内力与外力成线性关系的情况。

可见，叠加原理的成立，要求位移、应力、应变和内力等与外力成线性关系。当不能保证上述线性关系时，叠加原理不能使用。

某些情况下，必须借助应力-应变关系，才能得出应力、内力和变形等与外力之间的关系。如材料不服从胡克定律，这就无法保证上述线性关系，破坏了叠加原理的前提。还有在另外一些情况下，由于不能使用原始尺寸原理，须用构件变形以后的位置进行计算，也会造成外力与内力、变形间成非线性关系。例如，图 8.2 所示的纵横弯曲问题（参看 §9.7），当梁的弯曲刚度较小时，由于需用变形后的位置计算，轴向力 F 除压缩外，还将产生弯矩 Fw，挠度 w 受 q 和 F 的共同影响，即使杆件仍然是线弹性的，弯矩、挠度与 F 的关系却都不是线性的，叠加原理便不能使用。

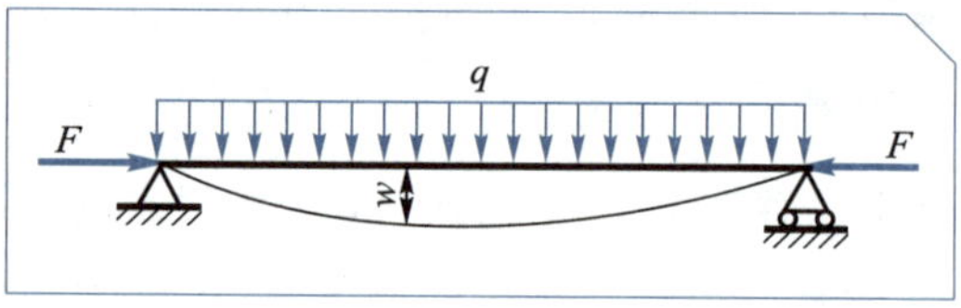

图 8.2

§8.2 拉伸或压缩与弯曲的组合

拉伸或压缩与弯曲的组合变形是工程中常见的情况。以图 8.3a 中起重机横梁 AB 为例，其受力简图如图 8.3b 所示。轴向力 F_x 和 F_{RAx} 引起压缩，横向力 F_{RAy}、W 和 F_y 引起弯曲，所以 AB 杆即产生压缩与弯曲的组合变形。若 AB 杆的抗弯刚度较大，弯曲变形很小，轴向力因弯曲变形而产生的弯矩可以忽略，原始尺寸原理可以使用。这样，轴向力就只引起压缩变形，外力与杆件内力和应力的关系仍然是线性的，叠加原理就可应用。下面就用例题来说明。

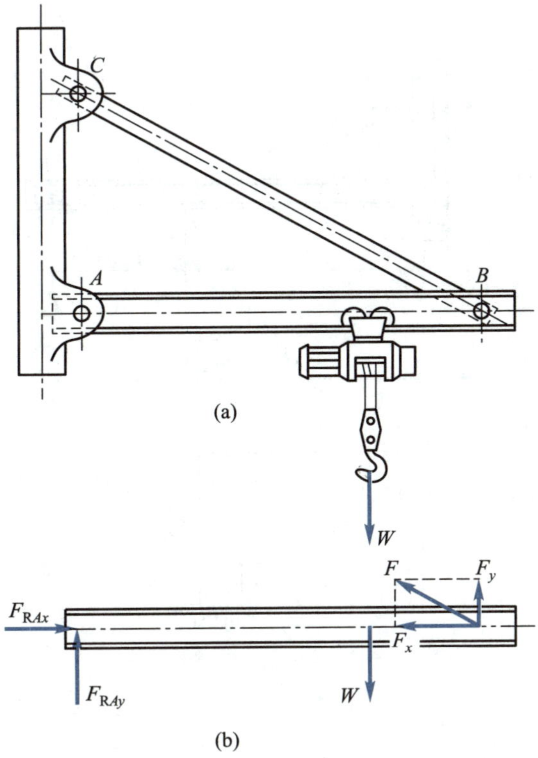

图 8.3

例 8.1 最大起吊重量 $W=8$ kN 的起重机如图 8.4a 所示。若 AB 杆为工字钢，材料为 Q235 钢，$[\sigma]=100$ MPa，试选择工字钢型号。

解： 先求出 CD 杆的长度为

$$l=\sqrt{(2.5\ \text{m})^2+(0.8\ \text{m})^2}=2.62\ \text{m}$$

AB 杆的受力简图如图 8.4b 所示。设 CD 杆的拉力为 F，由平衡方程 $\sum M_A=0$，得

$$F\times\frac{0.8\ \text{m}}{2.62\ \text{m}}\times 2.5\ \text{m}-(8\ \text{kN})(2.5+1.5)\ \text{m}=0$$

$$F=41.9\ \text{kN}$$

把 F 分解为沿 AB 杆轴线的分量 F_x 和垂直于 AB 杆轴线的分量 F_y，可见 AB 杆在 AC 段内产生压缩与弯曲的组合变形。

$$F_x=F\times\frac{2.5\ \text{m}}{2.62\ \text{m}}=40.0\ \text{kN}$$

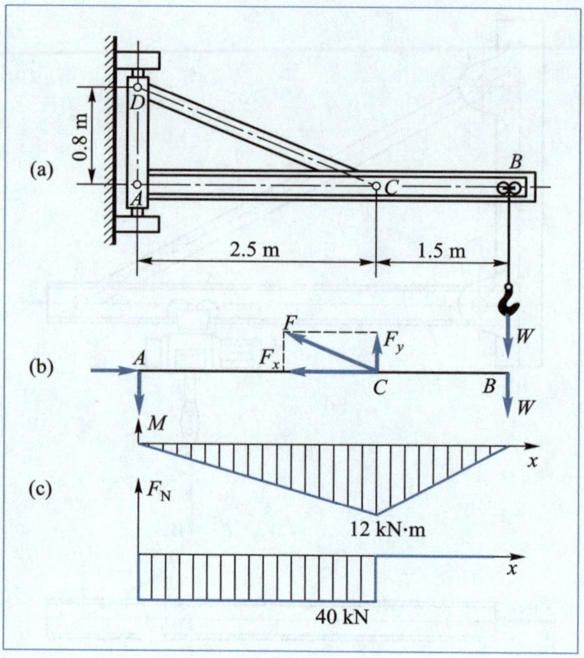

图 8.4

$$F_y = F \times \frac{0.8\ \text{m}}{2.62\ \text{m}} = 12.8\ \text{kN}$$

作 AB 杆的弯矩图和 AC 段的轴力图如图 8.4c 所示。从图中看出，在 C 点左侧的截面上弯矩为最大值，而轴力与 AC 段的其他截面相同，故为危险截面。

试算时，可以先不考虑轴力 F_x 的影响，只根据弯曲强度条件选取工字钢。这时，有

$$W \geqslant \frac{M_{\max}}{[\sigma]} = \frac{12\times10^3\ \text{N}\cdot\text{m}}{100\times10^6\ \text{Pa}} = 12\times10^{-5}\ \text{m}^3 = 120\ \text{cm}^3$$

查型钢表，选取 I 16 工字钢，$W=141\ \text{cm}^3$，$A=26.11\ \text{cm}^2$。选定工字钢后，同时考虑轴力 F_N 及弯矩 M 的影响，再进行强度校核。在危险截面 C 的下边缘各点上发生最大压应力，且为

$$|\sigma_{\text{cmax}}| = \left|\frac{F_N}{A} + \frac{M_{\max}}{W}\right| = \left| -\frac{40\times10^3\ \text{N}}{26.11\times10^{-4}\ \text{m}^2} - \frac{12\times10^3\ \text{N}\cdot\text{m}}{141\times10^{-6}\ \text{m}^3}\right| = 100.4\times10^6\ \text{Pa}$$

$$= 100.4\ \text{MPa}$$

结果表明，最大压应力与许用应力几乎相等，故无须重新选择工字钢型号。

例 8.2 小型压力机的铸铁框架如图 8.5a 所示。已知材料的许用拉应力 $[\sigma_t]=30\ \text{MPa}$，许用压应力 $[\sigma_c]=160\ \text{MPa}$。试按立柱的强度确定压力机的最大许可压力 F。立柱的截面尺寸如图 8.5 b 所示。

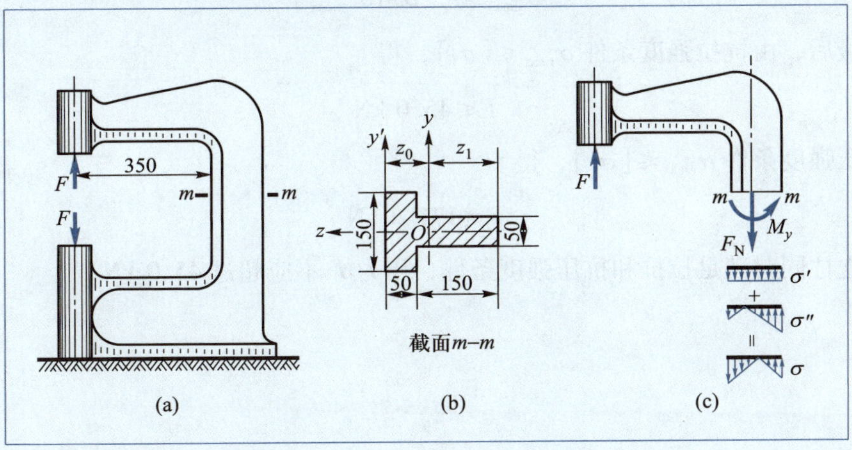

图8.5

解： 首先，根据截面尺寸，计算横截面面积，确定截面形心位置，求出截面对形心主惯性轴 y 的主惯性矩 I_y。计算结果为

$$A=15\times10^{-3}\ \text{m}^2,\quad z_0=7.5\ \text{cm},\quad I_y=5\,312.5\ \text{cm}^4$$

其次，分析立柱的内力和应力。像立柱这样的受力情况有时也称为偏心拉伸。按 §8.1 的分析，框架立柱产生拉伸和弯曲两种变形，所以实质上是拉伸与弯曲的组合。根据任意截面 $m-m$ 以上部分的平衡（图 8.5c），容易求得截面 $m-m$ 上的轴力 F_N 和弯矩 M_y 分别为

$$F_N=F,\qquad M_y=[(35+7.5)\times10^{-2}\ \text{m}]F=(42.5\times10^{-2}\ \text{m})F$$

式中，F 的单位为 N，横截面上与轴力 F_N 对应的应力是均布的拉应力

$$\sigma'=\frac{F_N}{A}=\frac{F}{15\times10^{-3}\ \text{m}^2}$$

与弯矩 M_y 对应的正应力按线性规律分布，最大拉应力和压应力分别是

$$\sigma''_{\text{tmax}}=\frac{M_y z_0}{I_y}=\frac{(42.5\times10^{-2}\ \text{m})F\times(7.5\times10^{-2}\ \text{m})}{5\,312.5\times10^{-8}\ \text{m}^4}$$

$$\sigma''_{\text{cmax}}=\frac{M_y z_1}{I_y}=-\frac{(42.5\times10^{-2}\ \text{m})F\times[(20-7.5)\times10^{-2}\ \text{m}]}{5\,312.5\times10^{-8}\ \text{m}^4}$$

从图 8.5c 看出，叠加以上两种应力后，在截面内侧边缘上发生最大拉应力，且

$$\sigma_{\mathrm{tmax}}=\sigma'+\sigma''_{\mathrm{tmax}}$$

在截面的外侧边缘上发生最大压应力，且

$$|\sigma_{\mathrm{cmax}}|=|\sigma'+\sigma''_{\mathrm{cmax}}|$$

最后，由抗拉强度条件 $\sigma_{\mathrm{tmax}}\leqslant[\sigma_{\mathrm{t}}]$，得

$$F\leqslant 45.0\ \mathrm{kN}$$

由抗压强度条件 $\sigma_{\mathrm{cmax}}\leqslant[\sigma_{\mathrm{c}}]$，得

$$F\leqslant 171.4\ \mathrm{kN}$$

为使立柱同时满足拉抗和抗压强度条件，压力 F 不应超过 45.0 kN。

*§8.3 偏心压缩和截面核心

内压和偏心压缩组合实验装置

当短柱上的压力与轴线平行但并不与轴线重合时，即为偏心压缩。图 8.6a 表示一受偏心压缩的短柱，横截面上的 y 轴和 z 轴为形心主惯性轴，压力 F 的作用点的坐标为 (y_F, z_F)。将偏心压力向短柱的轴线 OO 简化，便得到与轴线重合的压力 F 和力偶矩 Fe。将 Fe 再分解为形心主惯性平面 x-y 和 x-z 内的弯矩 M_z 和 M_y，且 $M_z=Fy_F$，$M_y=Fz_F$。与轴线重合的 F 引起压缩，M_z 和 M_y 引起弯曲。所以，偏心压缩也是压缩与弯曲的组合，且各横截面上的内力和应力都是相同的。在任意横截面上，坐标为 (y, z) 的 B 点（图 8.7）与三种变形对应的应力分别是

$$\sigma'=-\frac{F}{A}$$

$$\sigma''=\frac{M_z y}{I_z}=-\frac{Fy_F y}{I_z}$$

$$\sigma'''=\frac{M_y z}{I_y}=-\frac{Fz_F z}{I_y}$$

式中，负号表示压应力。叠加以上三种应力得 B 点的应力，并注意到 $I_z=Ai_z^2$，$I_y=Ai_y^2$，式中，i_z 和 i_y 分别表示横截面对 z 轴和 y 轴的惯性半径（附录 §Ⅰ.2），得

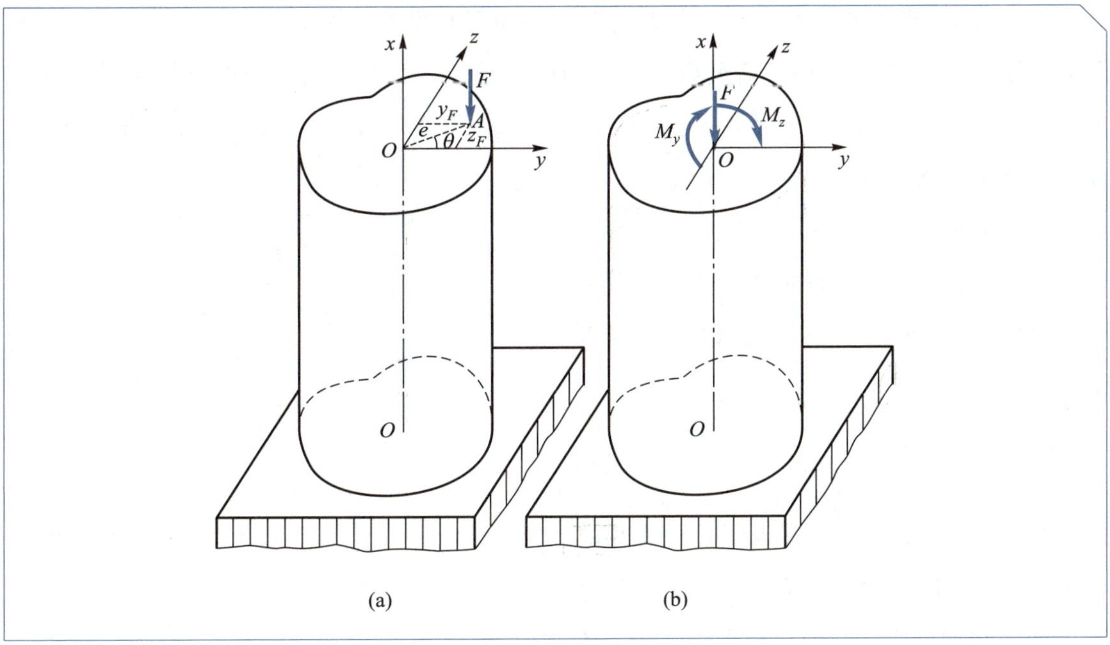

图 8.6

$$\sigma=-\frac{F}{A}\left(1+\frac{y_F y}{i_z^2}+\frac{z_F z}{i_y^2}\right) \tag{8.1}$$

横截面上离中性轴最远的点应力最大，为此应先确定中性轴的位置。若中性轴上各点的坐标为（y_0，z_0），由于中性轴上各点的应力等于零，把 y_0 和 z_0 代入式（8.1），应有

$$-\frac{F}{A}\left(1+\frac{y_F y_0}{i_z^2}+\frac{z_F z_0}{i_y^2}\right)=0$$

或者写成

$$\frac{y_F y_0}{i_z^2}+\frac{z_F z_0}{i_y^2}=-1 \tag{8.2}$$

这是一个直线方程，也就是中性轴的方程式。若中性轴在 y 轴和 z 轴上的截距分别是 a_y 和 a_z，则在式（8.2）中分别令 $y_0=a_y$，$z_0=0$ 和 $y_0=0$，$z_0=a_z$，即可得出

$$a_y=-\frac{i_z^2}{y_F},\qquad a_z=-\frac{i_y^2}{z_F} \tag{8.3}$$

上式表明，a_y 与 y_F 符号相反，a_z 与 z_F 符号也相反，所以中性轴与偏心压力 F 的作用点 A，分别在坐标原点（截面形心）的两侧，如图 8.7 所示。中性轴把截面划分成两部分，画阴影线的部分受拉，另一侧部分受压。在截面周边上，D_1 和 D_2 两点的切线平行于中性轴，它们是离中性轴最远的点，应力为极值。

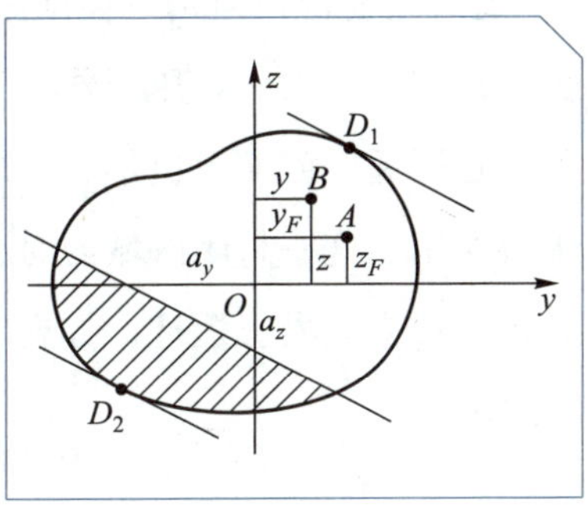

图 8.7

式（8.3）还表明，若偏心压力 F 逐渐向截面形心靠近，即 y_F 和 z_F 逐渐减小，则 a_y 和 a_z 逐渐增加，即中性轴逐渐远离形心。当中性轴与边缘相切时，整个截面上就只有压应力。受偏心压缩的砖、石或混凝土短柱，一般要求横截面上不出现拉应力，整个截面受压正是所希望的情况。

如要求坐标为（r，s）的 C 点（图 8.8）的应力为零，即要求中性轴通过 C 点，则将 r 和 s 代入式（8.2），得出 y_F 和 z_F 应满足的关系式是

$$\frac{y_F r}{i_z^2}+\frac{z_F s}{i_y^2}=-1 \tag{a}$$

这是直线 pq 的方程式。它表明，只要压力 F 作用于 pq 的任一点上，C 点的应力总等于零，即中性轴总通过 C 点。或者说，当压力 F 沿直线 pq 移动时，中性轴绕 C 点转动。

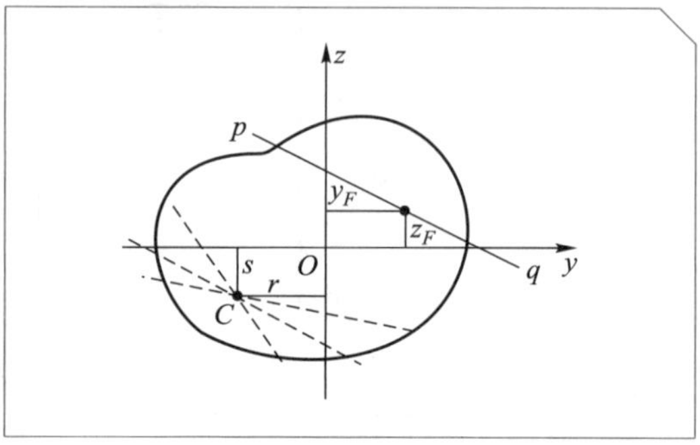

图 8.8

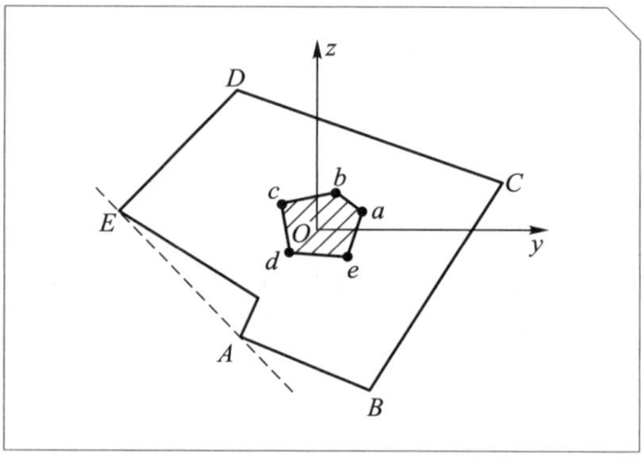

图 8.9

利用上面的结论，可以引出截面核心的概念。设受压短柱的横截面如图 8.9 所示，y 和 z 为形心主惯性轴。若中性轴与角点 E 和 A 的连线重合，则因 EA 在坐标轴上的截距是已知的，由式（8.3）便可确定偏心压力的作用点 a，即 F 作用于 a 点时，中性轴通过 E 和 A。同理，当中性轴依次与 AB、BC、CD、DE 诸边重合时，压力的作用点依次为 b、c、d、e 诸点。如压力沿直线 ab 由 a 移动到 b，则中性轴绕 A 点，由 EA 旋转到 AB；压力沿 bc 由 b 移动到 c，中性轴绕 B 点，由 AB 旋转到 BC。依次类推，压力 F 沿封闭折线 $abcdea$ 移动，中性轴依次绕 A、B、C、D、E 诸点旋转，但始终在截面之外，极限情形是与截面相切，从不与截面相割，所以截面上只有压应力。若压力作用于上述封闭区域之内，则因作用点更向形心靠近，中性轴将离形心更远，截面上更不会出现拉应力。可见，对每一个横截面，都有一个封闭区域，当压力作用于这一封闭区域内时，截面上只有压应力。这个封闭区域称为截面核心。显然，对砖、石或混凝土短柱，如要求横截面上不产生拉应力，则偏心压力 F 应作用于截面核心之内。

例 8.3 若短柱的横截面为矩形（图 8.10），试确定截面核心。

解： 矩形截面的对称轴即为形心主惯性轴，且

$$i_y^2=\frac{b^2}{12},\quad i_z^2=\frac{h^2}{12}$$

若中性轴与 AB 边重合，则中性轴在坐标轴上的截距分别是

$$a_y=-\frac{h}{2},\quad a_z=\infty$$

代入式（8.3），得压力 F 的作用点 a 的坐标是

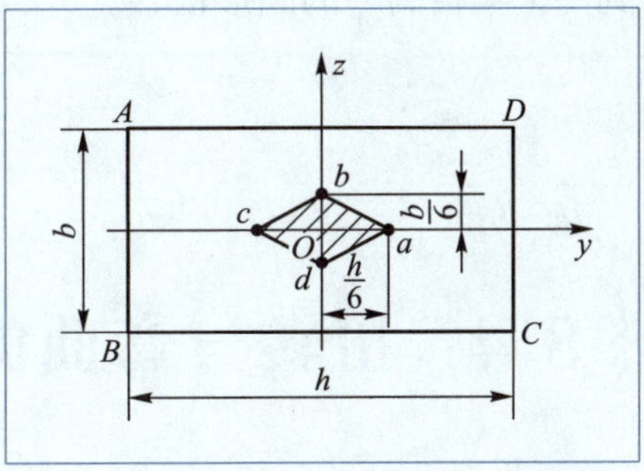

图 8.10

$$y_F=\frac{h}{6},\quad z_F=0$$

同理，当中性轴与 BC 重合时，压力作用点 b 的坐标是

$$y_F=0,\quad z_F=\frac{b}{6}$$

压力沿 ab 由 a 移动到 b，中性轴由 AB 旋转到 BC。用同样的方法可以确定 c 点和 d 点，最后得到一个菱形的截面核心。

例 8.4 试求半径为 r 的圆形截面的截面核心。

解： 圆形截面的任意相互垂直的直径皆为形心主惯性轴。设中性轴切于圆周上的任意点 A（图 8.11），就以通过 A 点的直径为 y 轴，与 y 垂直的另一直径为 z 轴。用前例的同样方法，确定压力作用点的坐标为

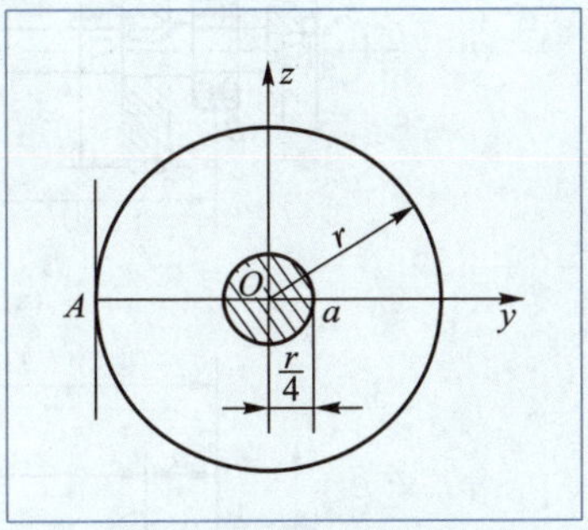

图 8.11

$$y_F=Oa=\frac{r}{4},\quad z_F=0$$

即 a 点也在通过 A 点的直径上，且距圆心的距离为$\frac{r}{4}$。中性轴切于圆周的其他点

时，压力作用点也在相应通过该点的直径上，距圆心的距离也是$\frac{r}{4}$。这样，就得到一个半径为$\frac{r}{4}$的圆形核心。

§8.4 扭转与弯曲的组合

扭转与弯曲的组合变形是机械工程中最常见的情况。现以图 8.12a 所示传动轴为例，说明杆件在扭弯组合变形下的强度计算。轴的左端用联轴器与电机轴连接，根据轴所传递的功率 P 和转速 n，可以求得经联轴器传给轴的力偶矩 M_e（图 8.12b）。此外，作用于直齿圆柱齿轮上的啮合力可以分解为切向力 F 和径向力 F_r。切向力 F 向轴线简化后，得到作用于轴线上的横向力 F 和力偶矩$\frac{FD}{2}$（图 8.12c）。由平衡方程$\sum M_x=0$，可知

$$\frac{FD}{2}=M_e$$

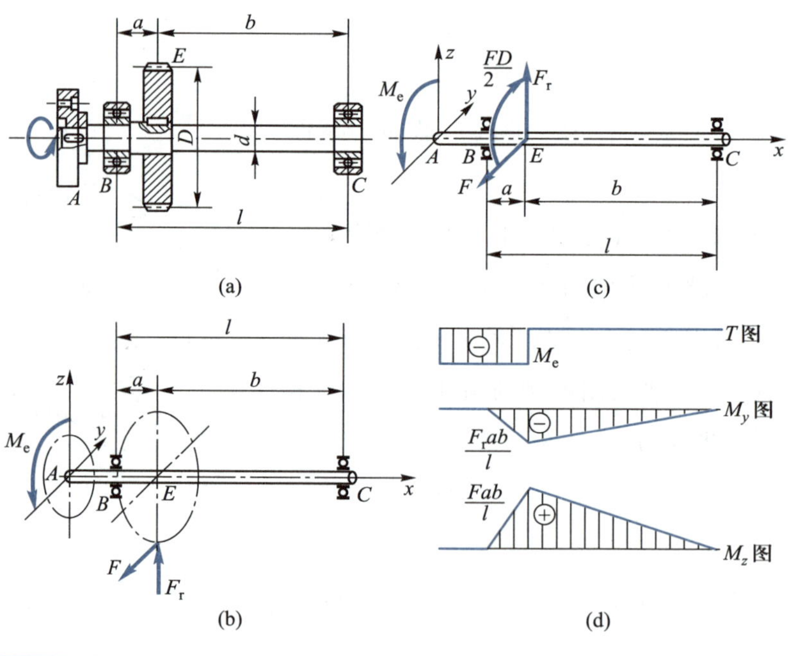

图 8.12

传动轴的计算简图如图 8.12c 所示。力偶矩 M_e 和$\frac{FD}{2}$引起传动轴的扭转变形，而横向力 F 及 F_r 分别引起轴在水平平面和垂直平面内的弯曲变形①。

根据轴的计算简图，分别作出轴的扭矩 T 图、垂直平面内的弯矩 M_y 图和水平平面内的弯矩 M_z 图，如图 8.12d 所示。轴在 AE 段内各截面上的扭矩皆相等，但截面 E 上的 M_y 及 M_z 都为相应平面内弯曲的最大弯矩，故截面 E 为危险截面。在危险截面 E 上的内力矩是：

扭矩 $$T=M_e=\frac{FD}{2}$$

$x-z$ 平面内的弯矩 $$M_{ymax}=\frac{F_r ab}{l}$$

$x-y$ 平面内的弯矩 $$M_{zmax}=\frac{Fab}{l}$$

对截面为圆形的轴，包含轴线的任意纵向面都是纵向对称面。所以，把 M_{ymax} 和 M_{zmax} 合成后，合成弯矩 M 的作用平面仍然是纵向对称面，仍可按对称弯曲的公式（5.2）计算。这样，用矢量合成的方法，求出 M_{ymax} 和 M_{zmax} 的合成弯矩 M（图 8.13a）为

$$M=\sqrt{M_{ymax}^2+M_{zmax}^2}=\frac{ab}{l}\sqrt{F_r^2+F^2}$$

合成弯矩 M 的作用平面垂直于矢量 $\boldsymbol{M}$。

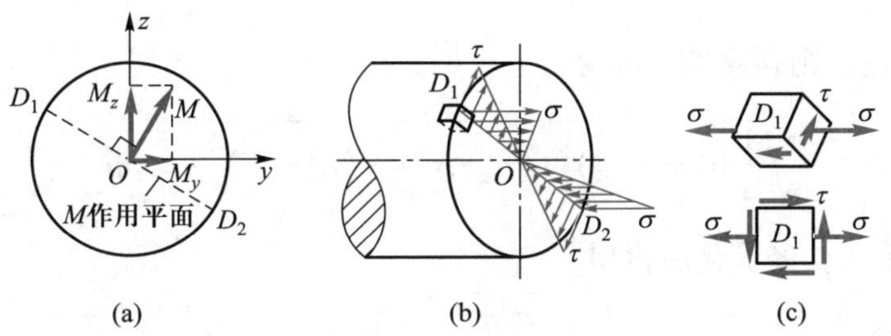

图 8.13

在危险截面上，与扭矩 T 对应的切应力在边缘各点上达到最大值，其值为

$$\tau=\frac{T}{W_p} \tag{a}$$

与合成弯矩 M 对应的弯曲正应力，在 D_1 和 D_2 点上达到极大值，其值为

$$\sigma=\frac{M}{W} \tag{b}$$

① 在现在的情况下，可以先求出 F 及 F_r 的合力，弯曲变形就发生于合力作用线与 x 轴所确定的平面内。为了说明一般分析方法，这里仍分解成相互垂直的两个平面内的弯曲变形。

沿截面的直径 D_1D_2，切应力和正应力的分布如图 8.13b 所示。D_1 和 D_2 两点上的扭转切应力与边缘上其他各点相同，而弯曲正应力为极值，故这两点是危险点。D_1 点处的应力状态如图 8.13c 所示。

若轴由抗拉和抗压强度相等的塑性材料制成，则在危险点 D_1 和 D_2 中只需校核一点（例如 D_1 点）的强度就可以了。因为 D_1 点是二向应力状态，应按强度理论建立强度条件。先由式（7.6）求得 D_1 点的主应力为

$$\left.\begin{aligned}\left.\begin{matrix}\sigma_1\\ \sigma_3\end{matrix}\right\} &= \frac{\sigma}{2}\pm\sqrt{\left(\frac{\sigma}{2}\right)^2+\tau^2}=\frac{\sigma}{2}\pm\frac{1}{2}\sqrt{\sigma^2+4\tau^2}\\ \sigma_2 &= 0\end{aligned}\right\} \tag{c}$$

对塑性材料来说，应采用第三强度理论或第四强度理论。按第三强度理论，强度条件为

$$\sigma_1-\sigma_3\leqslant[\sigma]$$

将式（c）中的主应力 σ_1 和 σ_3 代入上式，得出

$$\sqrt{\sigma^2+4\tau^2}\leqslant[\sigma] \tag{8.4}$$

再将式（a）中的 τ 和式（b）中的 σ 代入上式，并注意到对圆形截面，有 $W_p=2W$，于是得圆轴在扭转与弯曲组合变形下的强度条件为

$$\frac{1}{W}\sqrt{M^2+T^2}\leqslant[\sigma] \tag{8.5}$$

若按第四强度理论，则强度条件应为

$$\sqrt{\frac{1}{2}[(\sigma_1-\sigma_2)^2+(\sigma_2-\sigma_3)^2+(\sigma_3-\sigma_1)^2]}\leqslant[\sigma]$$

将式（c）代入上式，经简化后得出

$$\sqrt{\sigma^2+3\tau^2}\leqslant[\sigma] \tag{8.6}$$

再将式（a）和式（b）代入式（8.6），得到按第四强度理论的强度条件是

$$\frac{1}{W}\sqrt{M^2+0.75T^2}\leqslant[\sigma] \tag{8.7}$$

某些承受扭转与弯曲组合变形的杆件，其截面并非圆形，例如，曲轴曲柄的截面就是矩形。计算方法将略有不同（参看例 8.6）。

例 8.5 图 8.14a 是某滚齿机传动轴 AB 的示意图。轴的直径为 35 mm，材料为 45 钢，许用应力 $[\sigma]=85$ MPa。轴是由 $P=2.2$ kW 的电动机通过带轮 C 带

动的，转速为 $n=966\ \mathrm{r/min}$。带轮的直径为 $D=132\ \mathrm{mm}$，带拉力约为 $F+F'=600\ \mathrm{N}$。齿轮 E 的节圆直径为 $d_1=50\ \mathrm{mm}$，F_n 为作用于齿轮上的啮合力（与齿轮节圆切线的夹角为 20°）。试校核轴的强度。

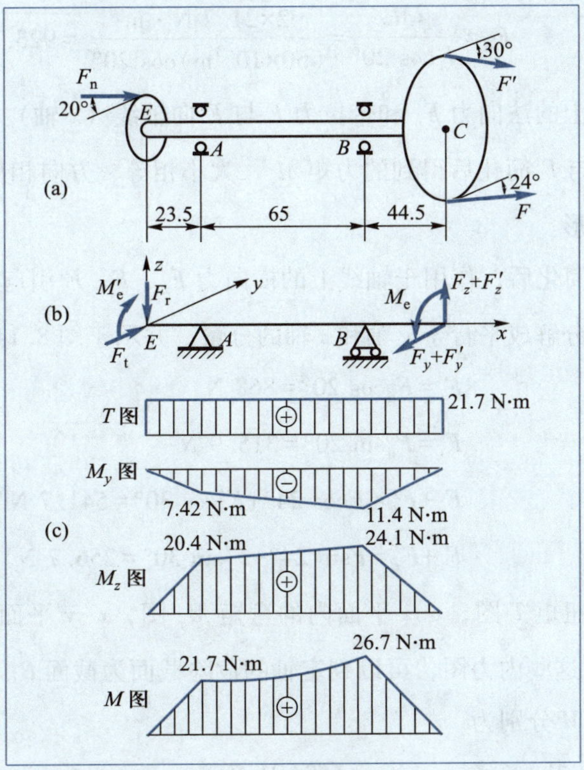

图 8.14

解： 由式（3.1）得带轮传递给轴的扭转力矩为

$$M_e=\left(9\ 550\times\frac{2.2}{966}\right)\mathrm{N\cdot m}=21.7\ \mathrm{N\cdot m}$$

力矩 M_e 是通过带拉力 F 和 F' 传送的，应有

$$(F-F')\frac{D}{2}=M_e$$

$$F-F'=\frac{2M_e}{D}=\frac{2\times 21.7\ \mathrm{N\cdot m}}{132\times 10^{-3}\ \mathrm{m}}=328.8\ \mathrm{N}$$

已知

$$F+F'=600\ \mathrm{N}$$

由以上两式解出

$$F=464.4\ \mathrm{N},\qquad F'=135.6\ \mathrm{N}$$

由平衡方程知，齿轮上法向力 F_n 对轴线的力矩 M'_e 应与带轮上的 M_e 相等，即

$$M'_e = F_n \cos 20° \cdot \frac{d_1}{2} = M_e$$

$$F_n = \frac{2M_e}{d_1 \cos 20°} = \frac{2\times 21.7\ \text{N}\cdot\text{m}}{(50\times10^{-3}\text{m})\cos 20°} = 923.7\ \text{N}$$

将齿轮上的法向力 F_n 和带拉力 F 与 F' 向轴线（x 轴）简化。F_n 简化后得到的 M'_e 和 F 与 F' 简化后得到的力矩 M_e，大小相等、方向相反（图 8.14b），引起轴的扭转变形。

向 x 轴简化后，作用于轴线上的横向力 F_n、F、F' 引起轴的弯曲变形。把这些横向力都分解成平行于 y 轴和 z 轴的分量，并示于图 8.14b 中。其中

$$F_t = F_n \cos 20° = 868\ \text{N}$$

$$F_r = F_n \sin 20° = 315.9\ \text{N}$$

$$F_y + F'_y = F\cos 24° + F'\cos 30° = 541.7\ \text{N}$$

$$F_z + F'_z = F\sin 24° + F'\sin 30° = 256.7\ \text{N}$$

分别作扭矩 T 图，x-z 平面内的弯矩 M_y 图，x-y 平面内的弯矩 M_z 图（图 8.14 c）。由这些内力图，可以判定轴的危险截面为截面 B。在截面 B 上，扭矩 T 和合成弯矩 M 分别为

$$T = 21.7\ \text{N}\cdot\text{m}$$

$$M = \sqrt{M_y^2 + M_z^2} = \sqrt{(11.4\ \text{N}\cdot\text{m})^2 + (24.1\ \text{N}\cdot\text{m})^2} = 26.7\ \text{N}\cdot\text{m}$$

用同样方法也可求出其他截面上的合成弯矩。合成弯矩图如图 8.14c 所示。

如按第三强度理论进行强度校核，则由式（8.5）得

$$\frac{1}{W}\sqrt{M^2 + T^2} = \frac{32}{\pi(35\times10^{-3}\ \text{m})^3}\sqrt{(26.7\ \text{N}\cdot\text{m})^2 + (21.7\ \text{N}\cdot\text{m})^2}$$

$$= 8.17\times10^6\ \text{Pa} = 8.17\ \text{MPa} < [\sigma]$$

考虑到轴在交变应力下工作（见第十一章），这里规定的许用应力 $[\sigma]$ 已远低于静载下的数值。即使如此，上面的计算表明，轴的相当应力仍然偏低，轴的直径偏大，强度储备偏高。出现这种情况，主要是出于刚度或结构上的考虑。

例 8.6 图 8.15a 所示曲轴的尺寸是：$r=60\ \text{mm}$，$\dfrac{L}{2}=65\ \text{mm}$，$\dfrac{l}{2}=32\ \text{mm}$，$a=22\ \text{mm}$。连杆轴颈直径 $d_1=50\ \text{mm}$，主轴颈直径 $d=60\ \text{mm}$。曲柄截面 3-3 的尺寸为：$b=22\ \text{mm}$，$h=102\ \text{mm}$。作用于曲轴上的力有：作用于连杆轴颈上的力 $F'=32\ \text{kN}$ 和 $F=17\ \text{kN}$，曲柄惯性力 $F_d=3\ \text{kN}$，平衡重惯性力 $F_{d1}=7\ \text{kN}$。曲轴材料为碳钢，$[\sigma]=120\ \text{MPa}$。试校核曲轴的强度。

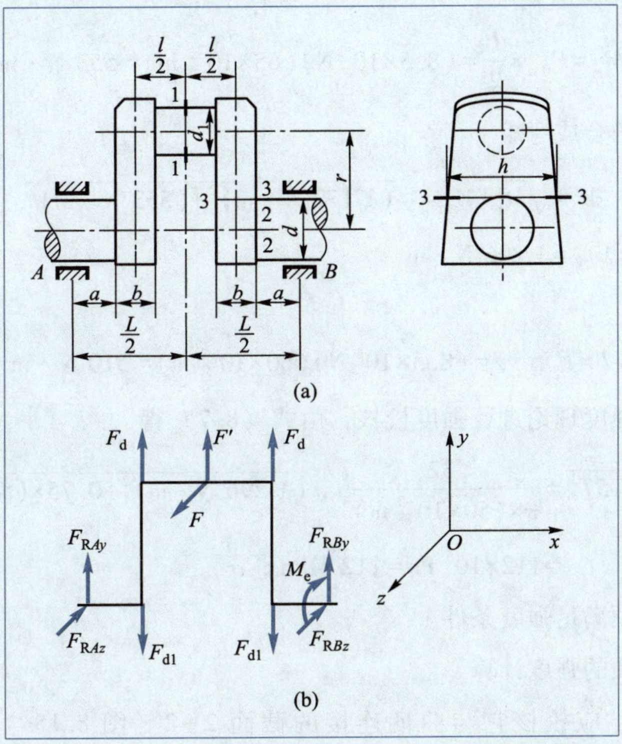

图 8.15

解： 由曲轴的平衡方程，容易求出轴承的约束力和曲轴传送的扭转力偶矩。它们分别是

$$F_{RAy}=F_{RBy}=\frac{1}{2}\times(32\ \text{kN}+2\times7\ \text{kN}-2\times3\ \text{kN})=20\ \text{kN}$$

$$F_{RAz}=F_{RBz}=\frac{1}{2}\times17\ \text{kN}=8.5\ \text{kN}$$

$$M_e=Fr=(17\times10^3\ \text{N})(60\times10^{-3}\ \text{m})=1\ 020\ \text{N}\cdot\text{m}$$

（1）连杆轴颈的强度计算

连杆轴颈在中央截面 1-1 上弯矩最大。现将这一截面上的弯矩及扭矩分别

计算如下：

在 $x-y$ 平面内的弯矩

$$\begin{aligned}M_z &= F_{RAy}\times\frac{L}{2}+(F_d-F_{d1})\frac{l}{2}\\ &=(20\times10^3\ \text{N})(65\times10^{-3}\ \text{m})+(3\times10^3\ \text{N}-7\times10^3\ \text{N})(32\times10^{-3}\ \text{m})\\ &=1\ 172\ \text{N}\cdot\text{m}\end{aligned}$$

在 $x-z$ 平面内的弯矩

$$M_y=F_{RAz}\times\frac{L}{2}=(8.5\times10^3\ \text{N})(65\times10^{-3}\ \text{m})=553\ \text{N}\cdot\text{m}$$

M_y 和 M_z 的合成弯矩

$$\begin{aligned}M&=\sqrt{M_z^2+M_y^2}=\sqrt{(1\ 172\ \text{N}\cdot\text{m})^2+(553\ \text{N}\cdot\text{m})^2}\\ &=1\ 296\ \text{N}\cdot\text{m}\end{aligned}$$

扭矩为

$$T=F_{RAz}\cdot r=(8.5\times10^3\ \text{N})(60\times10^{-3}\ \text{m})=510\ \text{N}\cdot\text{m}$$

如用第四强度理论进行强度校核，由式（8.7）得

$$\begin{aligned}\frac{1}{W}\sqrt{M^2+0.75T^2}&=\frac{32}{\pi\times(50\times10^{-3}\ \text{m})^3}\sqrt{(1\ 296\ \text{N}\cdot\text{m})^2+0.75\times(510\ \text{N}\cdot\text{m})^2}\\ &=112\times10^6\ \text{Pa}=112\ \text{MPa}<[\sigma]\end{aligned}$$

所以，连杆轴颈满足强度条件。

（2）主轴颈的强度计算

对主轴颈，应校核它与曲柄连接的截面 2-2（图 8.15a）。在这一截面上，有

$$M_z=F_{RBy}\cdot a=(20\times10^3\ \text{N})(22\times10^{-3}\ \text{m})=440\ \text{N}\cdot\text{m}$$

$$M_y=F_{RBz}\cdot a=(8.5\times10^3\ \text{N})(22\times10^{-3}\ \text{m})=187\ \text{N}\cdot\text{m}$$

$$M=\sqrt{M_y^2+M_z^2}=\sqrt{(187\ \text{N}\cdot\text{m})^2+(440\ \text{N}\cdot\text{m})^2}=478\ \text{N}\cdot\text{m}$$

$$T=M_e=1\ 020\ \text{N}\cdot\text{m}$$

如仍用第四强度理论校核强度，则有

$$\begin{aligned}\frac{1}{W}\sqrt{M^2+0.75T^2}&=\frac{32}{\pi\times(60\times10^{-3}\ \text{m})^3}\sqrt{(478\ \text{N}\cdot\text{m})^2+0.75\times(1\ 020\ \text{N}\cdot\text{m})^2}\\ &=47.4\times10^6\ \text{Pa}=47.4\ \text{MPa}<[\sigma]\end{aligned}$$

可见主轴颈也满足强度要求。

(3) 曲柄的强度计算

曲柄的变形是弯曲、扭转和压缩三种变形的组合。在切于主轴颈的曲柄横截面 3-3 上（图 8.15 a），轴力 F_N、弯矩 M_z、扭矩 M_y 与其他截面相同，但弯矩 M_x 比其他截面大，所以应校核这一截面的强度。由图 8.16a 并根据平衡方程，可以求出横截面 3-3 上的轴力 F_N、弯矩 M_x 和 M_z、扭矩 M_y 及剪力 F_{Sz}，它们分别是

$$F_N = F_{RBy} - F_{d1} = 20\ \text{kN} - 7\ \text{kN} = 13\ \text{kN}$$

$$M_x = M_e - F_{RBz} \cdot \frac{d}{2} = 1\,020\ \text{N}\cdot\text{m} - (8.5\times10^3\ \text{N})\left(\frac{60}{2}\times10^{-3}\ \text{m}\right) = 765\ \text{N}\cdot\text{m}$$

$$M_z = F_{RBy}\left(a+\frac{b}{2}\right) = 20\times10^3\ \text{N}\times(22+11)\times10^{-3}\ \text{m} = 660\ \text{N}\cdot\text{m}$$

$$T = M_y = F_{RBz}\left(a+\frac{b}{2}\right) = 281\ \text{N}\cdot\text{m}$$

$$F_{Sz} = F_{RBz} = 8.5\ \text{kN}$$

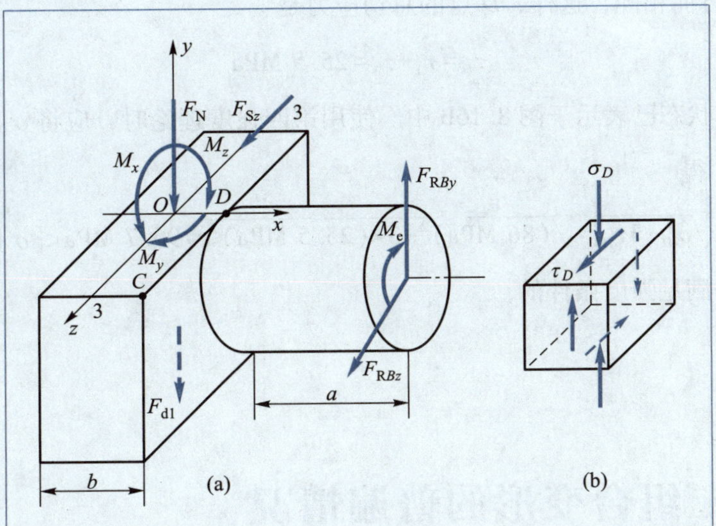

图 8.16

因为曲柄的横截面 3-3 是矩形，不是圆形，所以求截面上一点的弯曲正应力时，不应将 M_x 和 M_z 合成，而应该分别求出该点与 M_x 和 M_z 对应的正应力，并与 F_N 引起的正应力叠加。同时，对扭转切应力的计算，也应考虑到截面是矩

形。在截面上的 C 点，与轴力 F_N、弯矩 M_x 和 M_z 对应的正应力皆为压应力，叠加的结果是

$$\sigma_C=\frac{F_N}{bh}+\frac{M_x}{W_x}+\frac{M_z}{W_z}=\frac{F_N}{bh}+\frac{6M_x}{bh^2}+\frac{6M_z}{b^2h}=106\ \text{MPa}<[\sigma]$$

因为 C 点是单向压缩，所以只要 σ_C 小于许用应力 $[\sigma]$，就已满足了强度条件。

在 D 点，与轴力 F_N 和弯矩 M_z 对应的正应力为 σ_D，与扭矩 M_y 和弯曲剪力 F_{Sz} 对应的切应力分别为 τ_1 和 τ_2。正应力 σ_D 是

$$\sigma_D=\frac{F_N}{bh}+\frac{M_z}{W_z}=\frac{F_N}{bh}+\frac{6M_z}{hb^2}=86\ \text{MPa}$$

D 点因扭矩 M_y 引起的切应力 τ_1 应按矩形截面杆的扭转计算，并已于例 3.7 中完成。现将所得结果直接写在下面：

$$\tau_1=19.8\ \text{MPa}$$

D 点与 F_{Sz} 对应的切应力 τ_2 应为

$$\tau_2=\frac{3F_{Sz}}{2bh}=\frac{3}{2}\times\frac{8.5\times10^3\ \text{N}}{(22\times10^{-3}\ \text{m})(102\times10^{-3}\ \text{m})}=5.68\ \text{MPa}$$

τ_1 和 τ_2 的方向相同，这样，D 点的总切应力是

$$\tau_D=\tau_1+\tau_2=25.5\ \text{MPa}$$

D 点的应力状态已表示于图 8.16b 中。使用第四强度理论时，应将 σ_D 及 τ_D 代入式（8.6），得

$$\sqrt{\sigma_D^2+3\tau_D^2}=\sqrt{(86\ \text{MPa})^2+3\times(25.5\ \text{MPa})^2}=96.7\ \text{MPa}<[\sigma]$$

故曲柄也是满足强度条件的。

*§8.5 组合变形的普遍情况

在任意载荷作用下的等直杆如图 8.17a 所示。研究杆件任意截面 $m-m$ 上的应力时，可用截面 $m-m$ 将杆件分成两部分，并考察左段的平衡（图 8.17b）。取杆件的轴线为 x 轴，截面的形心主惯性轴为 y 轴和 z 轴。作用于左段上的载荷与 $m-m$ 截面上的内力系组

成空间平衡力系。根据六个平衡方程，截面 $m-m$ 上的内力系最终归结为沿坐标轴的三个内力分量 F_N、F_{Sy}、F_{Sz} 和对坐标轴的三个内力矩①分量 T、M_y、M_z。它们与左段上外力之间的关系是

$$\sum F_x=F_N,\quad \sum F_y=F_{Sy},\quad \sum F_z=F_{Sz}$$

$$\sum M_x=T,\quad \sum M_y=M_y,\quad \sum M_z=M_z$$

在以上诸式中，等号左边表示外力在坐标轴上投影的总和或对坐标轴取矩的总和，而等号右边即为截面上的内力或内力矩分量。

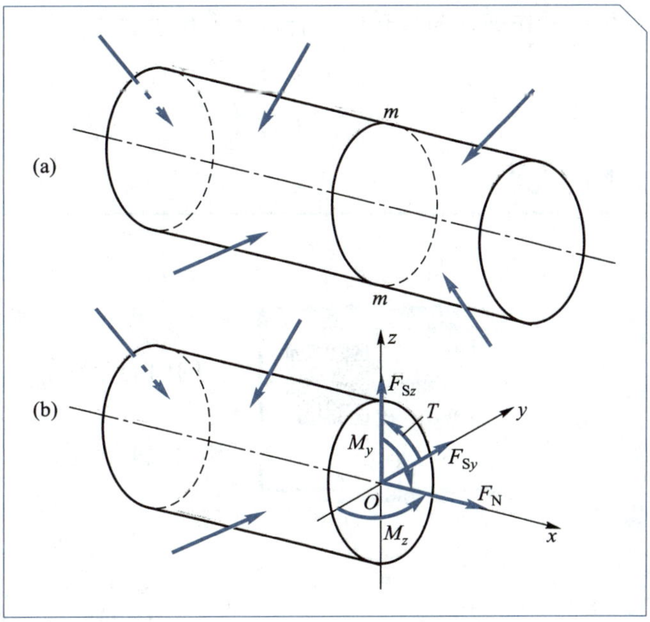

图 8.17

在三个内力分量中，轴力 F_N 对应着拉伸（压缩）变形，与 F_N 相对应的正应力可按轴向拉伸（压缩）计算（参看第二章）。剪力 F_{Sy} 和 F_{Sz} 分别对应着 $x-y$ 和 $x-z$ 平面内的剪切变形，相应的切应力可按横力弯曲时切应力的计算公式计算（参看第五章）。在三个内力矩分量中，T 为扭矩，对应着扭转变形，相应的切应力可按第三章的扭转理论计算。M_y 和 M_z 为弯矩，分别对应着 $x-z$ 和 $x-y$ 平面内的弯曲变形，相应的弯曲正应力可按第五章的弯曲理论计算。

叠加上述内力和内力矩分量所对应的应力，即为组合变形的应力。其中与 F_N、M_y 和 M_z 对应的是正应力，因正应力的方向都是轴向，可按代数相加。与 F_{Sy}、F_{Sz} 和 T 对应的是切应力，因它们对应的切应力不在同一方向上，应按矢量相加。例如

$$\tau=\sqrt{\tau_z^2+\tau_y^2}$$

式中，τ_y 和 τ_z 分别是沿 y 轴和 z 轴方向的切应力分量。

与横力弯曲的强度计算相似，以上求得的各种应力中，一般说与 F_{Sy} 和 F_{Sz} 对应的切应力是次要的，有时可以忽略。例如，轴类零件的强度计算就是这样处理的（参看例 8.5）。

在上述三个内力和三个内力矩分量中，如有些分量等于零，就可得到前面讨论的某一种组合变形。例如，当 $F_N=0$ 时，就是扭转与弯曲的组合变形。当 $T=0$，$F_{Sy}=F_{Sz}=0$ 时，就是偏心压缩（或拉伸）。又如，当 $T=0$，$F_N=0$ 时，杆件变为在两个形心主惯性平面 $x-y$ 和 $x-z$ 内的弯曲组合，这就是 § 12.1 中提到的斜弯曲。此外，圆柱螺旋弹簧的强度计算

① 过去把 T、M_y、M_z 统称为内力，现在为了叙述方便，暂时称为“内力矩”。

也可以看作剪切与扭转的组合（§3.6）。

习　题

习题：第八章组合变形

8.1　试求图示各构件在指定截面上的内力分量。

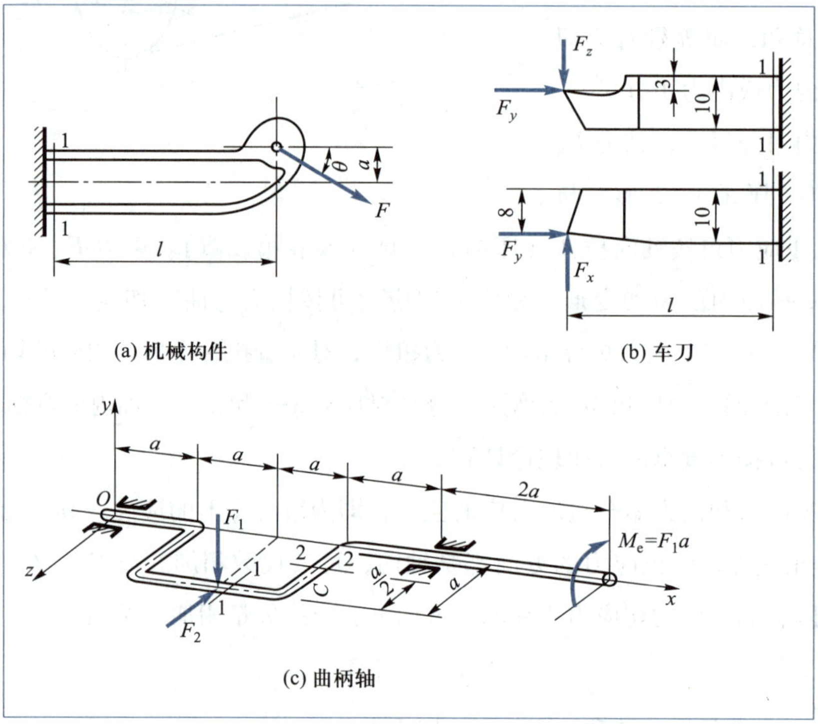

题 8.1 图

8.2　人字架及承受的载荷如图所示。试求截面 $m-m$ 上的最大正应力和该截面上 A 点的正应力。

8.3　图示起重架的最大起吊重量（包括行走小车等）为 $W=$ 40 kN，横梁 AC 由两根 [18b 槽钢组成，材料为 Q235 钢，许用应力 $[\sigma]=120$ MPa。试校核横梁的强度。

8.4　拆卸工具的爪（如图所示）由 45 钢制成，其许用应力 $[\sigma]=180$ MPa。试按爪杆的强度确定工具的最大顶压力 $F_{\max}$。

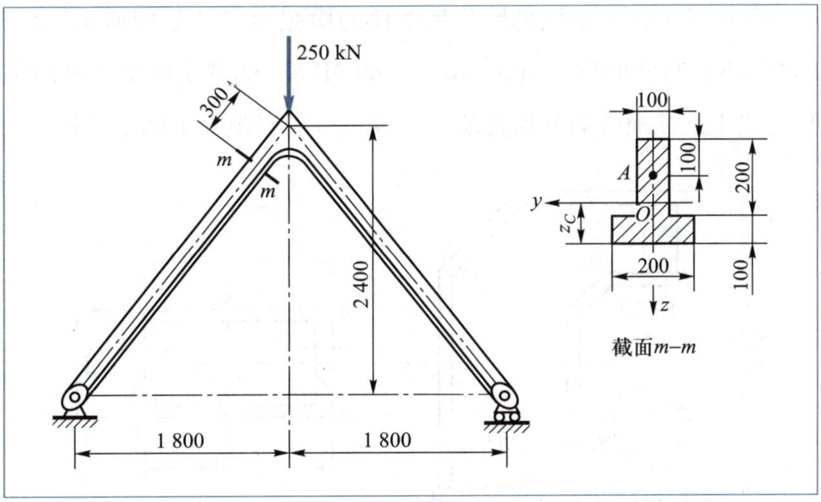

题 8.2 图

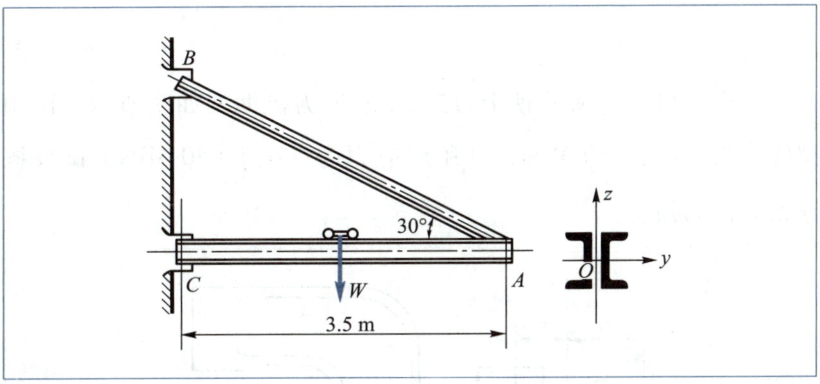

题 8.3 图

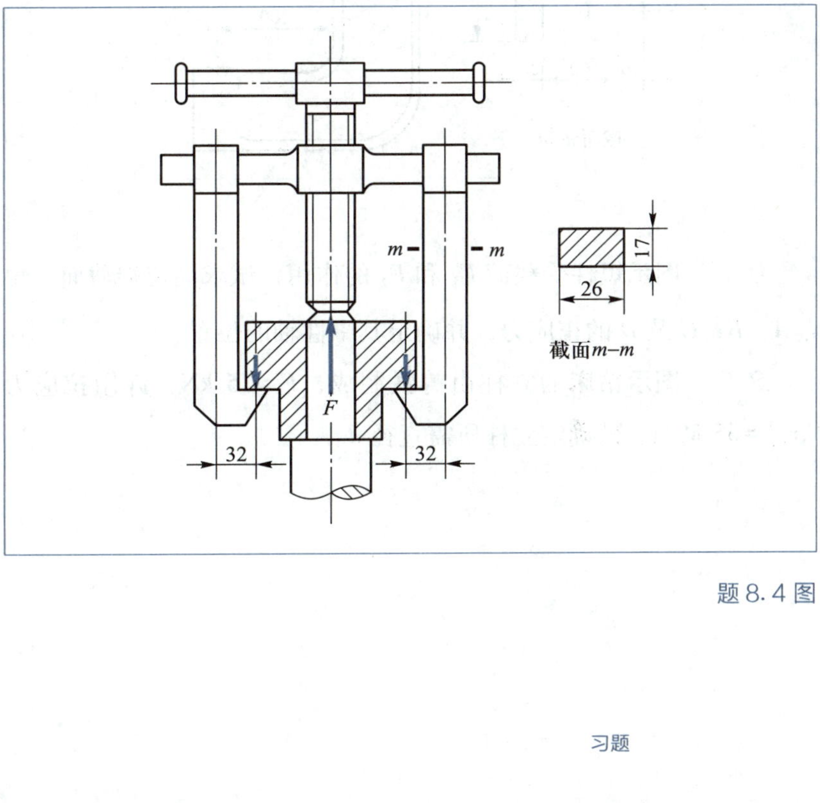

题 8.4 图

8.5 单臂液压机机架及其立柱的横截面尺寸如图所示。$F=1\ 600$ kN，材料的许用应力 $[\sigma]=160$ MPa。试校核机架立柱的强度（关于立柱横截面几何性质的计算，可参看附录Ⅰ例Ⅰ.7）。

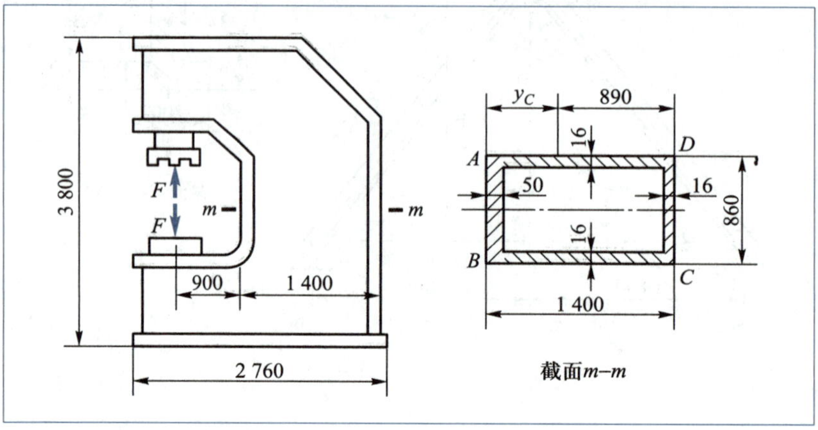

题 8.5 图

8.6 材料为灰铸铁 HT15-33 的压力机框架如图所示。许用拉应力为 $[\sigma_t]=30$ MPa，许用压应力为 $[\sigma_c]=80$ MPa。试校核框架立柱的强度。

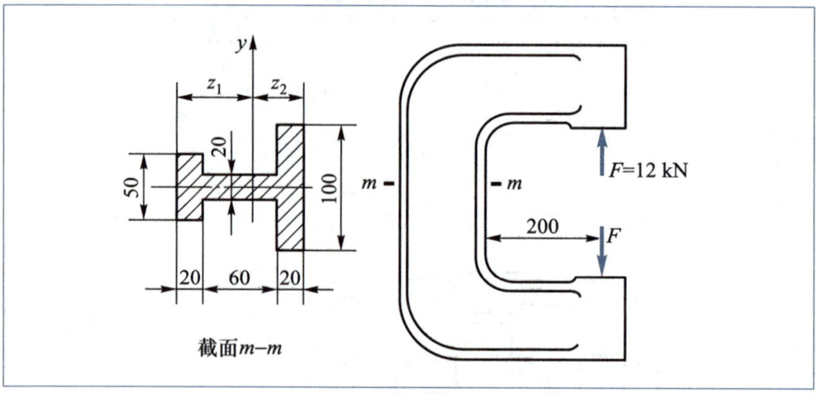

题 8.6 图

8.7 图示短柱受载荷 F_1 和 F_2 的作用，试求固定端截面上角点 A、B、C 及 D 的正应力，并确定其中性轴的位置。

8.8 图示钻床的立柱由铸铁制成，$F=15$ kN，许用拉应力 $[\sigma_t]=35$ MPa。试确定立柱所需直径 d。

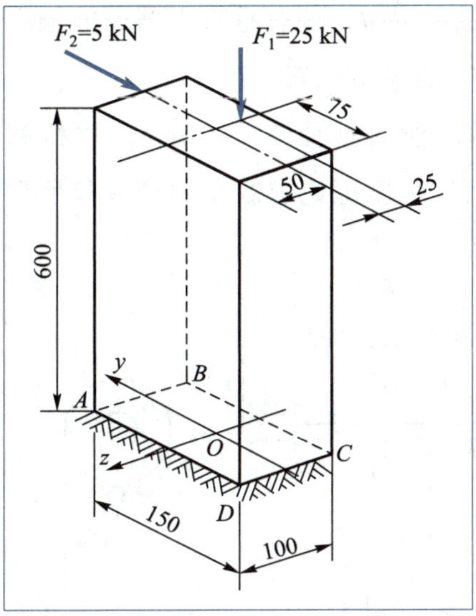

题 8.7 图

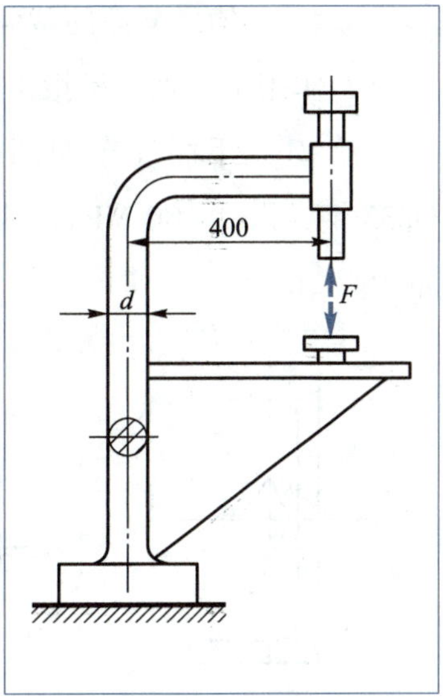

题 8.8 图

8.9 水平放置的圆筒形容器如图所示。容器内径为 1.5 m，厚度 $\delta=4$ mm，内储均匀内压为 $p=0.2$ MPa 的气体。容器每米重量为 18 kN。试求跨度中央截面上 A 点的应力。

题解 8.9

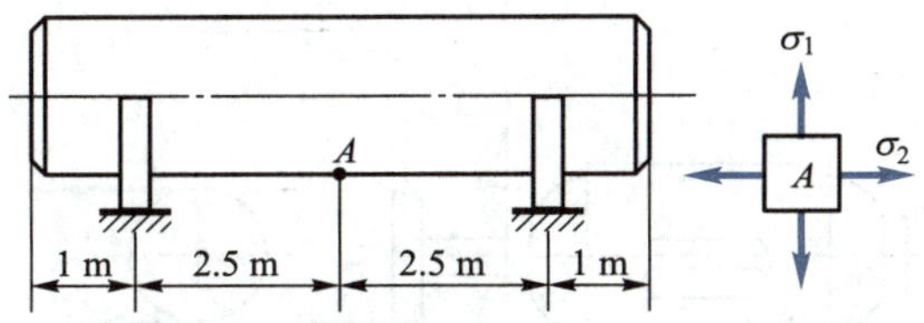

题 8.9 图

8.10 短柱的横截面形状如图所示，试确定截面核心。

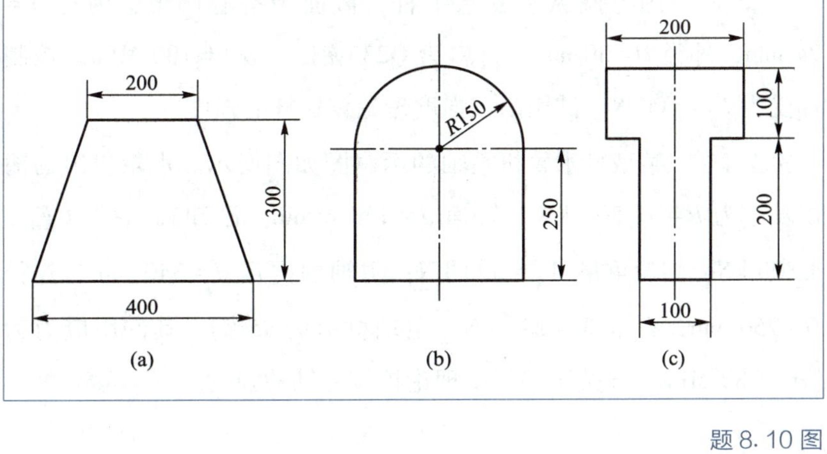

题 8.10 图

8.11 槽形截面的截面核心为 $abcd$，若有垂直于截面的偏心压力 F 作用于 A 点，试指出这时中性轴的位置。

8.12 手摇绞车如图所示，轴的直径 $d=30$ mm，材料为 Q235 钢，$[\sigma]=80$ MPa。试按第三强度理论求绞车的最大起吊重量 P。

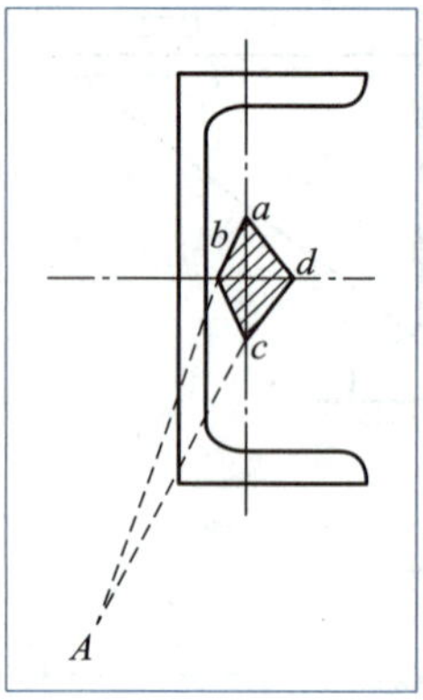

题 8.11 图

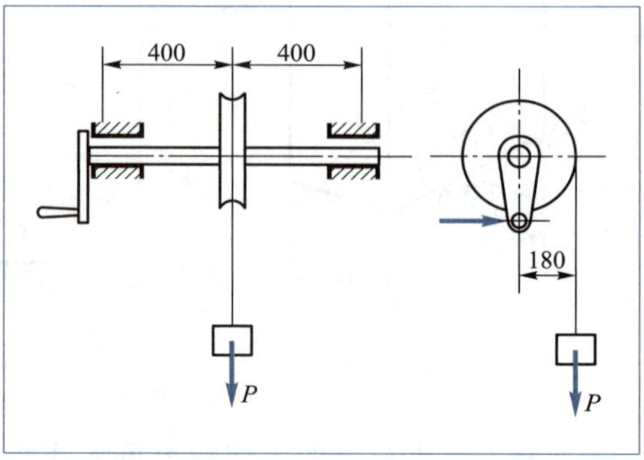

题 8.12 图

8.13 图示电动机的功率为 9 kW，转速为 715 r/min，带轮直径 $D=250$ mm，主轴外伸部分的长度为 $l=120$ mm，主轴直径 $d=40$ mm。若 $[\sigma]=60$ MPa，试用第三强度理论校核轴的强度。

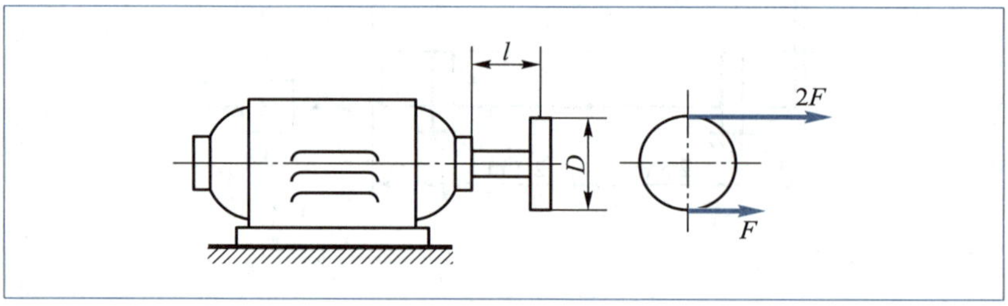

题 8.13 图

8.14 图为操纵装置水平杆，截面为空心圆形，内径 $d=24$ mm，外径 $D=30$ mm。材料为 Q235 钢，$[\sigma]=100$ MPa。控制片受力 $F_1=600$ N。试用第三强度理论校核杆的强度。

8.15 某型号水轮机主轴的示意图如图所示。水轮机组的输出功率为 $P=37\ 500$ kW，转速 $n=150$ r/min。已知轴向推力 $F_x=4\ 800$ kN，转轮重量 $W_1=390$ kN；主轴的内径 $d=340$ mm，外径 $D=750$ mm，自重 $W=285$ kN。主轴材料为 45 钢，其许用应力为 $[\sigma]=80$ MPa。试按第四强度理论校核主轴的强度。

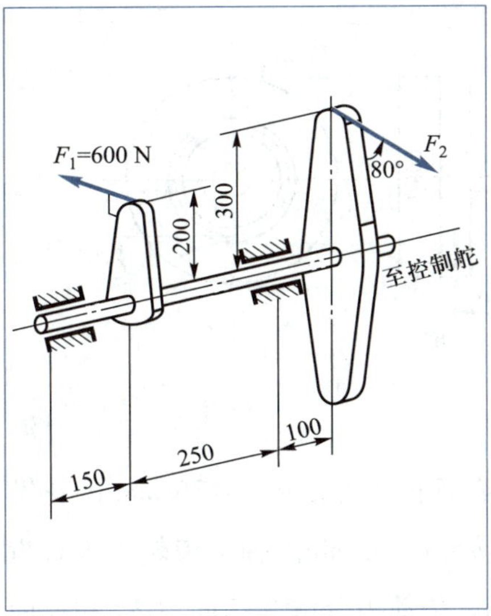

题 8.14 图

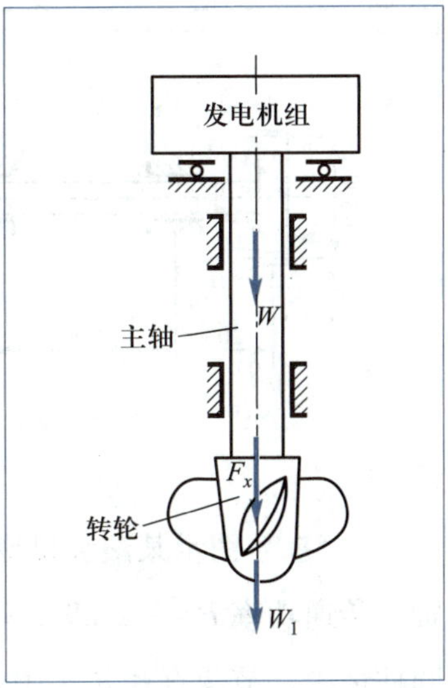

题 8.15 图

8.16 图为某精密磨床砂轮轴的示意图。已知电动机功率 $P=3$ kW，转子转速 $n=1\ 400$ r/min，转子重量 $W_1=101$ N。砂轮直径 $D=250$ mm，砂轮重量 $W_2=275$ N。磨削力 $F_y : F_z=3 : 1$，砂轮轴直径 $d=50$ mm，材料为轴承钢，$[\sigma]=60$ MPa。

（1）试用单元体表示出危险点的应力状态，并求出主应力和最大切应力。

（2）试用第三强度理论校核轴的强度。

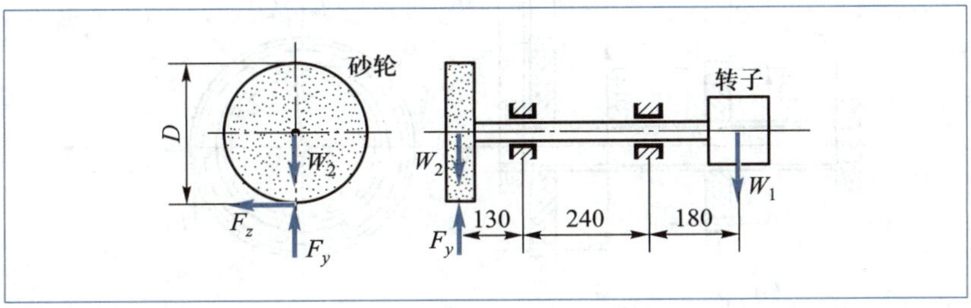

题 8.16 图

8.17 图示带轮传动轴，传递功率 $P=7$ kW，转速 $n=200$ r/min。带轮重量 $W=1.8$ kN。左端齿轮上啮合力 F_n 与齿轮节圆切线的夹角（压力角）为 20°。轴的材料为 Q275 钢，其许用应力 $[\sigma]=80$ MPa。试分别在忽略和考虑带轮重量的两种情况下，按第三强度理论估算轴的直径。

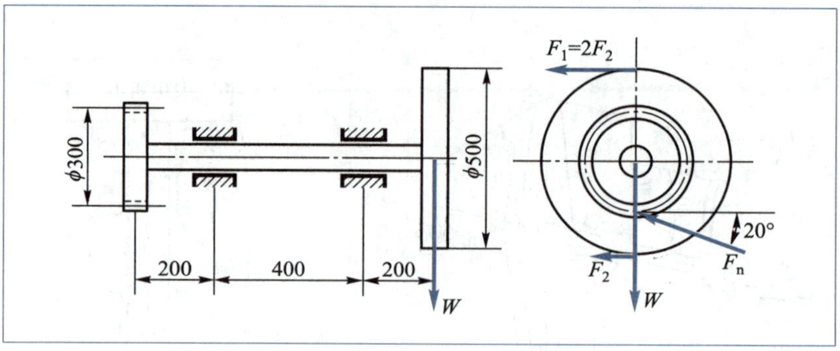

题 8.17 图

8.18 图示某滚齿机变速箱第Ⅱ轴为根径 $d=36$ mm 的花键轴。传递功率 $P=3.2$ kW，转速 $n=315$ r/min。轴上齿轮 1 为直齿圆柱齿轮，节圆直径 $d_1=108$ mm。传动力分解为切向力 F_1 和径向力 F_{r1}，且 $F_{r1}=F_1\tan 20°$。齿轮 2 为螺旋角 $\beta=17°20'$ 的斜齿轮，节圆直径 $d_2=141$ mm。传动力分解为切向力 F_2、径向力 F_{r2} 和轴向力 F_{a2}，且

$$F_{r2}=\frac{F_2\tan 20°}{\cos 17°20'},\qquad F_{a2}=F_2\tan 17°20'$$

轴材料为 45 钢，调质，$[\sigma]=85$ MPa。试校核轴的强度。

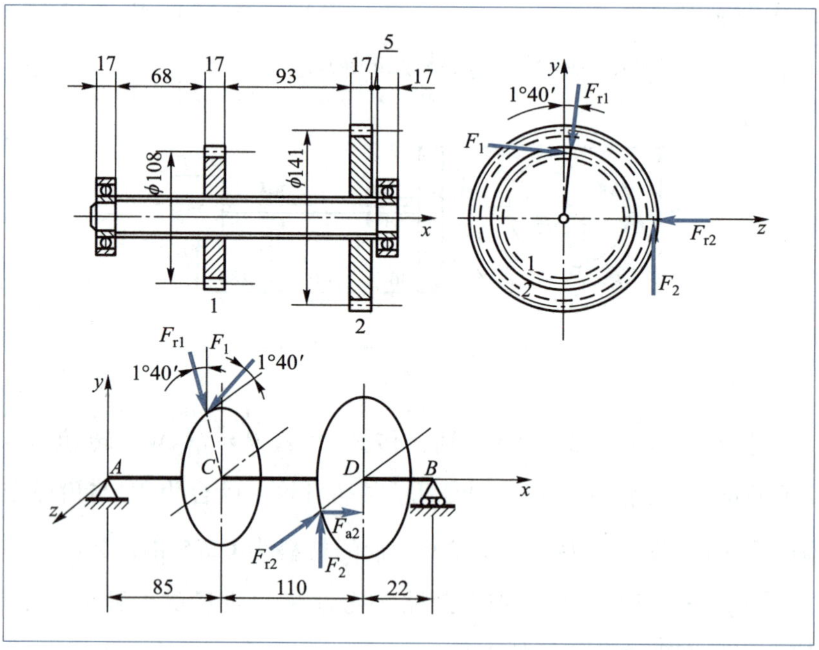

题 8.18 图

8.19 图示飞机起落架的折轴为管状截面，内径 $d=70$ mm，外径 $D=80$ mm。材料的许用应力 $[\sigma]=100$ MPa，试按第三强度理论校核折轴的强度。已知 $F_1=1$ kN，$F_2=4$ kN。

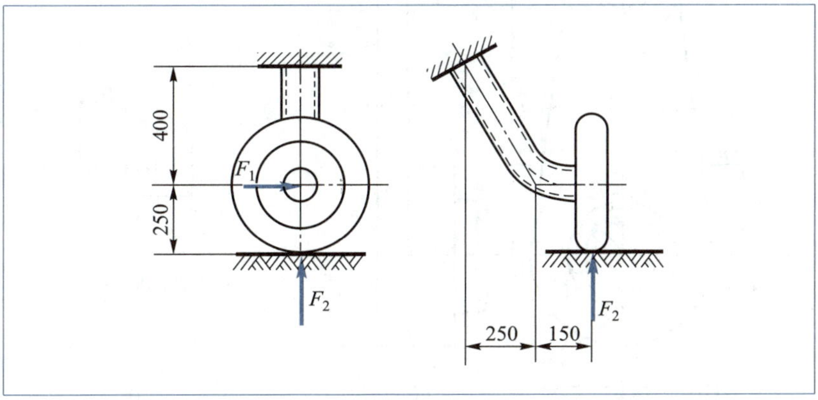

题 8.19 图

8.20 图示弹簧垫圈的横截面为 4 mm×4 mm 的正方形，若两个力 F 可视为作用在同一直线上，垫圈材料的许用应力 $[\sigma]=600$ MPa，试按第三强度理论求许可载荷 F。

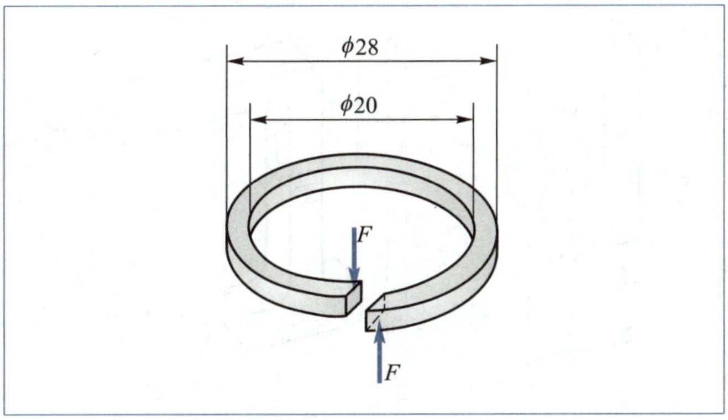

题 8.20 图

8.21 铸钢曲柄如图所示。已知材料的许用应力 $[\sigma]=120$ MPa，$F=30$ kN。试用第四强度理论校核曲柄 $m-m$ 截面的强度。

8.22 曲拐如图所示。若 $F=50$ kN，$[\sigma]=90$ MPa，试按第三强度理论校核截面 $m-m$ 和 $n-n$ 的强度。

8.23 图示折轴杆的横截面为边长 12 mm 的正方形。用单元体表示 A 点的应力状态，确定其主应力。

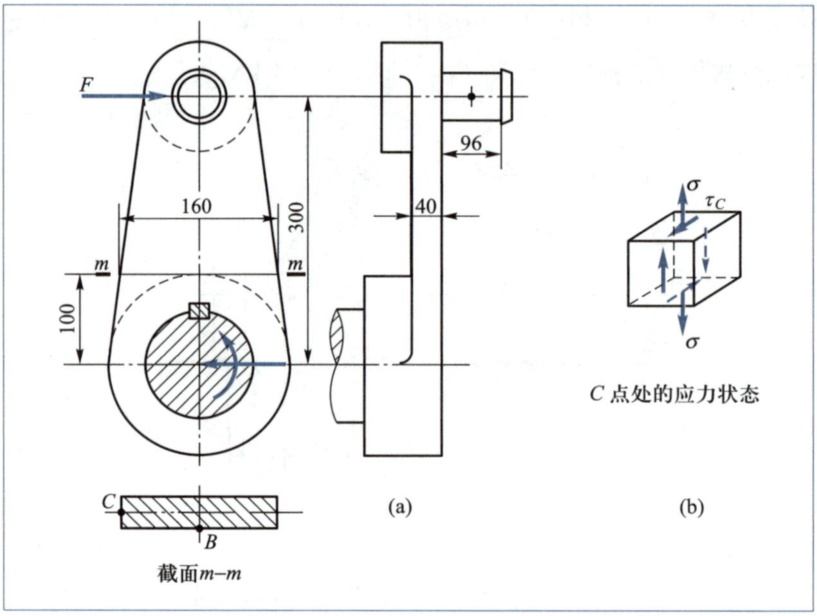

题 8.21 图

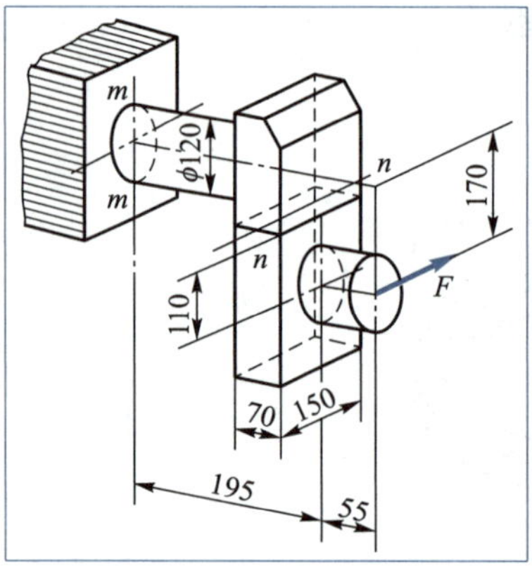

题 8.22 图

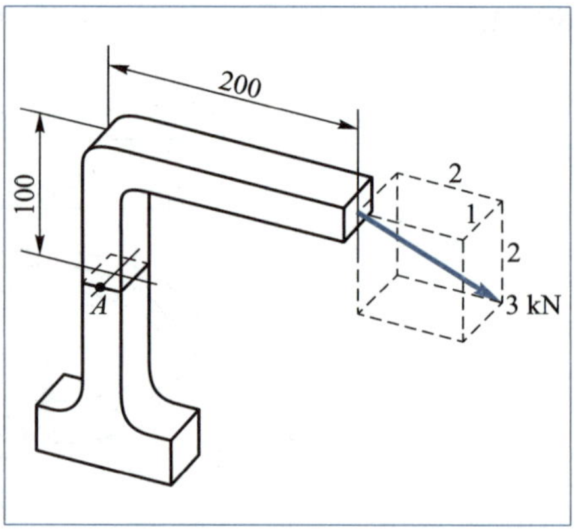

题 8.23 图

8.24 图示端截面密封的曲管，外径为 100 mm，壁厚 $\delta=5$ mm，内压 $p=8$ MPa。集中力 $F=3$ kN。A、B 两点在管的外表面上，A 点为截面垂直直径的上端点，B 点为水平直径的前端点。试确定此两点的应力状态。

提示： 对于薄壁圆环截面梁，横截面的面积为 A，作用的剪力为 F_S，则该截面上的最大弯曲切应力发生在中性轴上，且沿厚度方向均匀分布，大小为 $\tau_{max}=2\dfrac{F_S}{A}$。

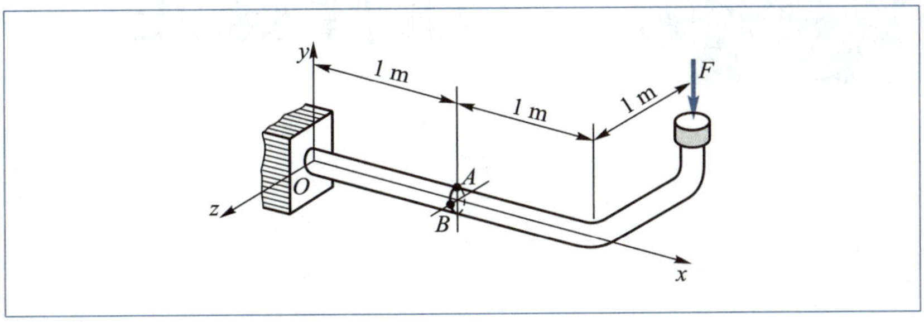

题 8.24 图

8.25 矩形截面简支梁，在跨中与轴线垂直的平面内，作用与铅垂方向成 30°的集中力 $F=60$ kN，如图所示。试求：(1) 最大弯曲正应力；(2) 中性轴与 y 轴的夹角。

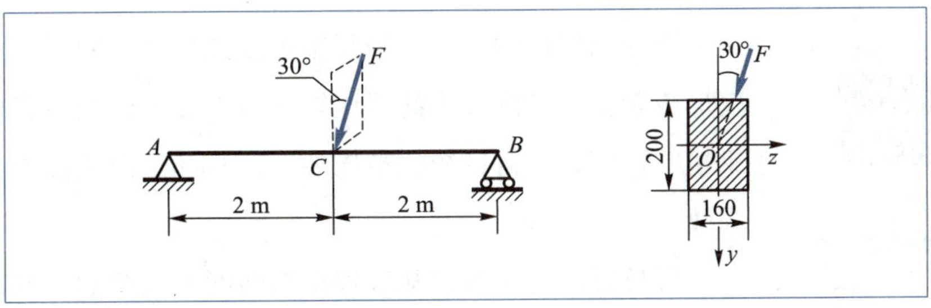

题 8.25 图

8.26 如图所示等截面圆杆，其轴线为竖直平面内的四分之一圆弧，该圆弧的半径 $R=0.5$ m，A 端固定，B 端受两个大小相等的集中力 $F=2.0$ kN 的作用，一个力沿 y 轴正方向，另一个力沿 z 轴正方向。材料的许用应力 $[\sigma]=100$ MPa，不计弯曲切应力的影响，试按第四强度理论设计圆杆的直径。

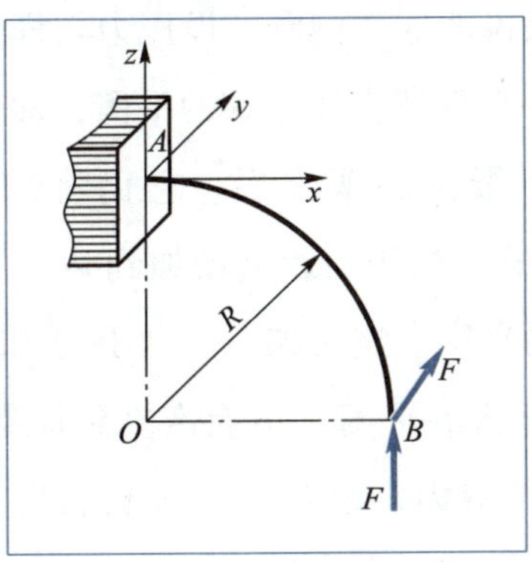

题 8.26 图

第八章习题
参考答案

第九章　压杆稳定

§9.1　压杆稳定的概念

工程中的压杆

当受拉杆件的应力达到屈服极限或强度极限时，将引起塑性变形或断裂。长度较小的受压短柱也有类似的现象，例如，低碳钢短柱被压扁，铸铁短柱被压裂。这些都是由于强度不足引起的失效。

细长杆件受压时，却表现出与强度失效全然不同的性质。例如，一根细长的竹片受压时，开始轴线为直线，接着必然是被压弯，发生较大的弯曲变形，最后折断。与此类似，工程结构中也有很多受压的细长杆件。例如，内燃机配气机构中的挺杆（图 9.1），在它推动摇臂打开气阀时，就受压力作用。又如磨床液压装置的活塞杆（图 9.2），当驱动工作台向右移动时，油缸活塞上的压力和工作台的阻力使活塞杆受到压缩。同样，内燃机（图 9.3）、空气压缩机、蒸汽机的连杆也是受压杆件。还有，桁架结构中的受压杆件、建筑物中的柱、高速公路和高速铁路及高架桥的高桥墩也都是压杆。现以图 9.4 所示两端铰支的细长压杆来说明这类问题。设压力与杆件轴线重合，当压力逐渐增加，但小于某一极限值时，杆件一直保持直线形状的平衡，即使用微小的侧向干扰力使其暂时发生轻微弯曲（图 9.4a），干扰力解除后，它仍将恢复直线形状（图 9.4b）。这表明压杆直线形状的平衡是稳定的。当压力逐渐增加到某一极限值时，压杆的直线平衡变为不稳定，将转变为曲线形状的平衡。这时如再用微小的侧向干扰力使其发生轻微弯曲，干扰力解除后，它将保持曲线形状的平衡，不能恢复到原有的直线形状（图 9.4c）。上述压力的极限值称为临界压力或临界力，记为 F_{cr}。压杆丧失其直线形状的平衡而过渡为曲线平衡，称为丧失稳定性，简称失稳，也称为屈曲。

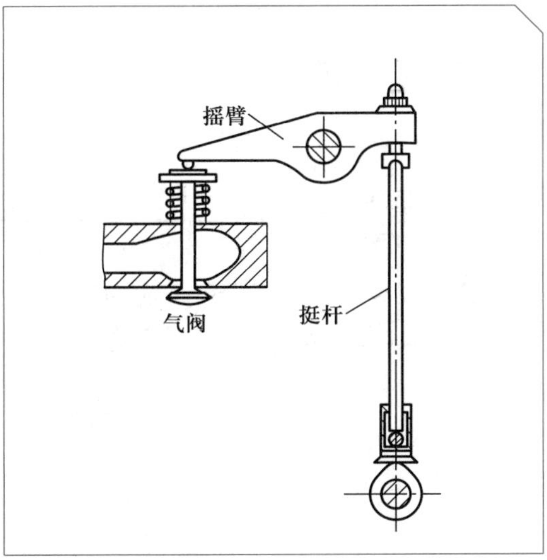

图 9.1

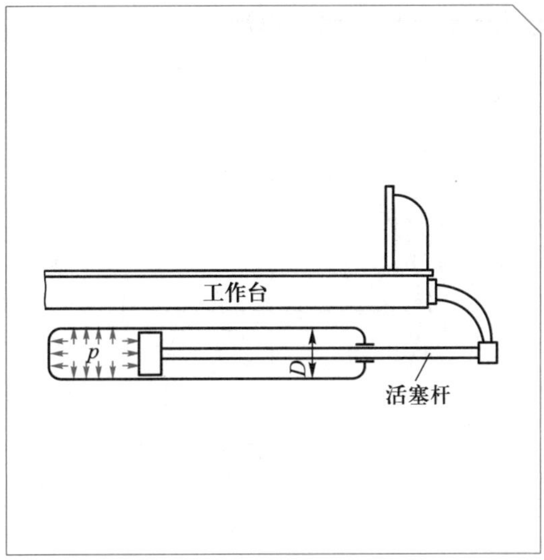

图 9.2

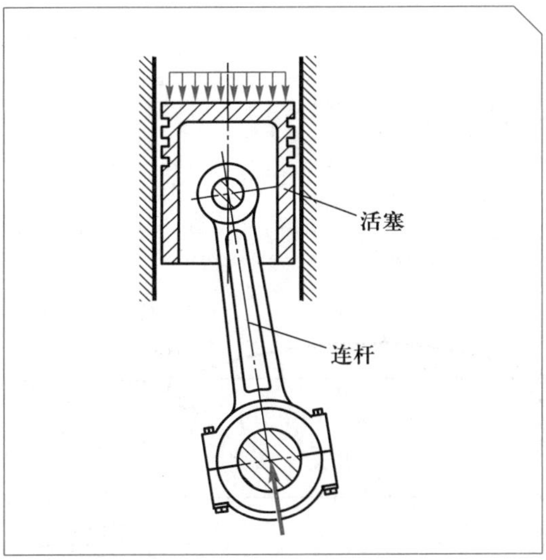

图 9.3

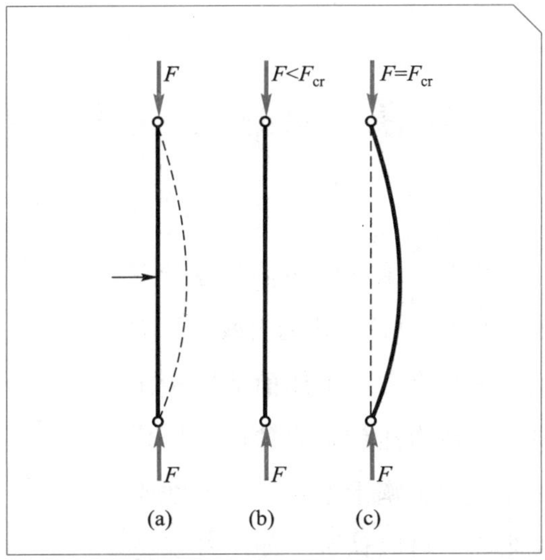

图 9.4

杆件失稳后，压力的微小增加将引起弯曲变形的显著增大，杆件已丧失了承载能力。失稳造成的失效，可以导致整个机器或结构的损坏。压杆失稳时，应力并不一定很高，有时甚至低于比例极限。可见这种形式的失效，并非强度不足，而是稳定性不够。

除压杆外，其他构件也存在稳定失效问题。例如，在内压作用下的圆柱薄壳，壁内应力为拉应力，这就是一个强度问题。蒸汽锅炉、圆柱薄壁容器就是这种情况。但如圆柱薄壳在均匀外压作用下，壁内应力变为压应力（图 9.5），则当外压到达临界值时，薄壳的圆形平衡就变为不稳定，会突然变成由虚线表示的长圆形。与此相似，板条或工字梁在最大抗弯刚度平面内弯曲时，会因载荷达到临界值而发生侧向弯曲（图 9.6）。薄壳在轴向压力或扭矩作用下，会出现局部褶皱。这些都是稳定性问题。本章只讨论压杆稳定，其他形式的稳定性问题不再涉及。

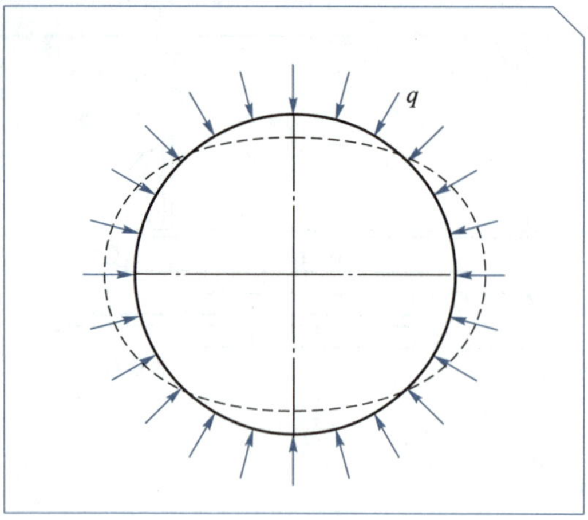

图 9.5

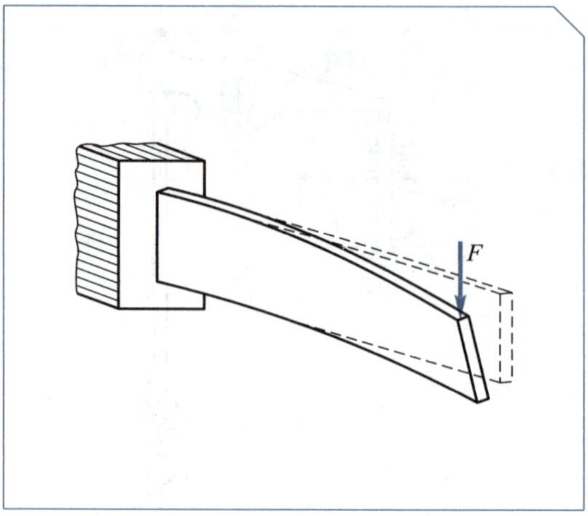

图 9.6

§ 9.2 两端铰支细长压杆的临界压力

设细长压杆的两端为球铰支座（图 9.7），轴线为直线，压力 F 与轴线重合。正如前节所指出的，当压力达到临界值时，压杆将由直线平衡形态转变为曲线平衡形态。可以认为，使压杆保持微小弯曲平衡的最小压力即为临界压力。

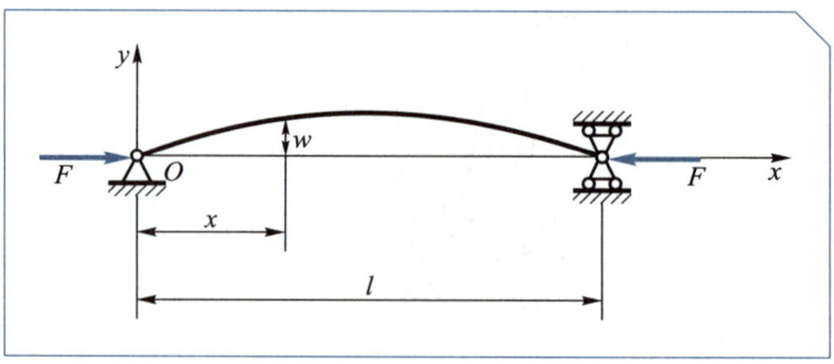

图 9.7

选取坐标系如图所示，距原点为 x 的任意截面的挠度为 w，弯矩 M 的绝对值为 Fw。若只取压力 F 的绝对值，则 w 为正时，M 为负；w 为负时，M 为正。即 M 与 w 的符号相反，所以有

$$M=-Fw \tag{a}$$

对微小的弯曲变形，挠曲线的近似微分方程为式（6.5），即

$$\frac{\mathrm{d}^2w}{\mathrm{d}x^2}=\frac{M}{EI} \tag{b}$$

将式（a）代入式（b），得

$$\frac{\mathrm{d}^2 w}{\mathrm{d}x^2}=-\frac{Fw}{EI} \tag{c}$$

引用记号

$$k^2=\frac{F}{EI} \tag{d}$$

于是式（c）可以写成

$$\frac{\mathrm{d}^2 w}{\mathrm{d}x^2}+k^2 w=0 \tag{e}$$

以上微分方程的通解为

$$w=A\sin kx+B\cos kx \tag{f}$$

式中，A、B 为积分常数。杆件的边界条件是

$$x=0 \text{ 和 } x=l \text{ 时，} w=0$$

由此求得

$$B=0, \quad A\sin kl=0 \tag{g}$$

式（g）的第二式表明，A 或者 $\sin kl$ 等于零。但因 B 已经等于零，如 A 再等于零，则由式（f）知 $w\equiv 0$，这表示杆件轴线任意点的挠度皆为零，它仍为直线。这就与杆件失稳发生了微小弯曲的前提相矛盾。因此必须是

$$\sin kl=0$$

于是 kl 是数列 0，π，2π，3π，…中的任一个数。或者写成

$$kl=n\pi \quad (n=0,\ 1,\ 2,\ \cdots)$$

由此求得

$$k=\frac{n\pi}{l} \tag{h}$$

把 k 代回式（d），求出

$$F=\frac{n^2\pi^2 EI}{l^2}$$

因为 n 是 0，1，2，…整数中的任一个整数，故上式表明，使杆件保持为曲线平衡的压力，理论上是多值的。在这些压力中，使杆件保持微小弯曲的最小压力，才是临界压力 F_{cr}。如取 $n=0$，则 $F=0$，表示杆件上并无压力，自然不是我们所需要的。这样，只有取 $n=1$，才使压力为最小值。于是得临界力为

$$F_{\mathrm{cr}}=\frac{\pi^2 EI}{l^2} \tag{9.1}$$

这是两端铰支细长压杆临界力的计算公式，也称为两端铰支压杆的欧拉公式。两端铰支压

杆是实际工程中最常见的情况。由于两端是球铰，允许杆件在任意纵向平面内发生弯曲变形，因而杆件的微小弯曲变形一定发生于抗弯能力最小的纵向平面内。所以，上式中的 I 应是横截面最小的惯性矩。例如，在 §9.1 中提到的挺杆、活塞杆和桁架结构中的受压杆等，一般都可简化成两端铰支杆。

导出欧拉公式时，用变形以后的位置计算弯矩，如式（a）所示。这里不再使用原始尺寸原理，是稳定问题在处理方法上与以往的不同之处。

例 9.1 柴油机的挺杆是钢制空心圆管，外径和内径分别为 12 mm 和 10 mm，挺杆的长度为 383 mm，钢材的 $E=210$ GPa。根据动力计算，挺杆上的最大压力为 $F=2\ 290$ N。规定的稳定安全因数为 $n_{st}=3\sim5$。试校核挺杆的稳定性。

解： 挺杆横截面的惯性矩是

$$I=\frac{\pi}{64}(D^4-d^4)=\frac{\pi}{64}(0.012^4-0.01^4)\ \mathrm{m}^4=0.052\ 7\times10^{-8}\ \mathrm{m}^4$$

由式（9.1）算出挺杆的临界压力为

$$F_{cr}=\frac{\pi^2 EI}{l^2}=\frac{\pi^2\times(210\times10^9\ \mathrm{Pa})(0.052\ 7\times10^{-8}\ \mathrm{m}^4)}{(0.383\ \mathrm{m})^2}=7\ 446\ \mathrm{N}$$

临界压力与实际最大压力之比为压杆的工作安全因数，即

$$n=\frac{F_{cr}}{F}=\frac{7\ 446\ \mathrm{N}}{2\ 290\ \mathrm{N}}=3.25$$

规定的稳定安全因数为 $n_{st}=3\sim5$，所以挺杆满足稳定性要求。

按照以上讨论，当取 $n=1$ 时，$k=\frac{\pi}{l}$。再注意到 $B=0$，于是式（f）化为

$$w=A\sin\frac{\pi x}{l}$$

可见，压杆过渡为曲线平衡后，轴线弯成半个正弦波曲线。A 为杆件中点$\left(\text{即 } x=\frac{l}{2}\text{处}\right)$的挠度。它的数值很小，但却是不定的。若以横坐标表示中点的挠度 δ，纵坐标表示压力 F（图 9.8），则当 F 小于 F_{cr} 时，杆件的直线平衡是稳定的，$\delta=0$，F 与 δ 的关系是垂直的直线 OA；当 F 达到 F_{cr} 时，直线平衡变为不稳定，过渡为曲线平衡后，F 与 δ 的关系为水平直线 AB。对曲线平衡，得不出 F 与

δ 间确定的关系，自然是一个缺陷。引出上述问题，是因考察压杆的曲线平衡时，使用了挠曲线的近似微分方程（6.5）。如使用精确的挠曲线微分方程（6.3），则所得精确解[①]的 F 与 δ 的关系如图 9.8 中曲线 AC 所示。这样，当压力大于 F_{cr} 时，压杆的直线平衡由 D 点表示，但它是不稳定的，将过渡为由 E 点表示的曲线平衡。而曲线平衡是稳定的，轴线不会再恢复为直线。并且对应着载荷的每一个值，中点挠度都有确定的数值，并不是不定的。随着压力逐渐减小趋近于 F_{cr} 时，中点挠度 δ 趋近于零。可见 F_{cr} 正是压杆直线平衡和曲线平衡的分界点。精确解还表明，$F = 1.152\ F_{cr}$ 时，$\delta = 0.297\ l \approx 0.30l$。亦即，载荷与 F_{cr} 相比只增加 15%，挠度 δ 已经是杆件长度 l 的 30%。这样大的变形，除了比例极限很高的金属丝可以实现外，实际压杆是不能承受的。在达到如此大的变形之前，杆件早已发生塑性变形甚至折断。工程中常见的压杆一般都是小变形的，从图 9.8 看出，在 δ 很小的范围内，代表精确解的曲线 AC 与代表欧拉解的水平线 AB 差别很小。随着 δ 的加大，两者的差别才越来越大。所以，在小挠度的情况下，由欧拉公式确定的临界力是有实际意义的。

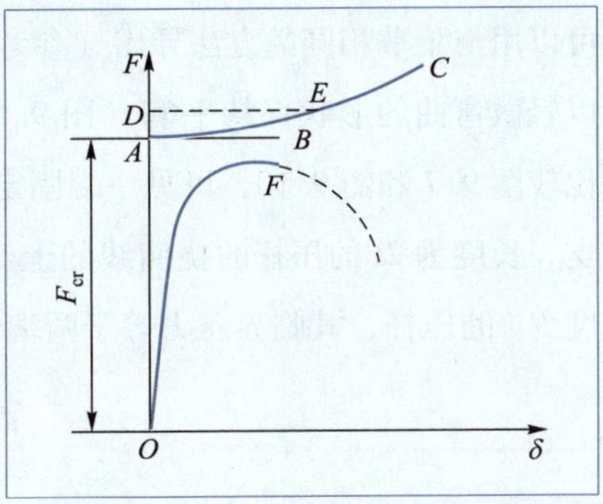

图 9.8

在上面的讨论中，认为压杆轴线是理想直线，压力作用线与轴线重合，材料是均匀的。这些都是理想情况，有时称为理想压杆或理想柱。实际压杆难免有初弯曲、压力偏心、材料不均匀等情况。可以设想，这些缺陷相当于压力有一个偏心距 e（参看题 9.25），这就使压杆很早就出现弯曲变形。所以，实验结果大致如图 9.8 中曲线 OF 所示，折线 OAB 可看作它的极限情况。

① 参看刘鸿文主编，《高等材料力学》，§6.5，高等教育出版社，1985。

§9.3 其他支座条件下细长压杆的临界压力

压杆两端除同为铰支座外，还可能有其他情况。例如，千斤顶螺杆就是一根压杆（图 9.9），其下端可简化成固定端，而上端因可与顶起的重物共同作微小的位移，所以简化成自由端。这样就成为下端固定、上端自由的压杆。对这类细长压杆，计算临界压力的公式可以用与上节相同的方法导出（参考题 9.18），但也可以用比较简单的方法求出。设杆件以轻微弯曲的形状保持平衡（图 9.10）。现把变形曲线延伸一倍，如图中假想线所示。比较图 9.7 和图 9.10，可见一端固定、另一端自由且长度为 l 的压杆的挠曲线，与两端铰支、长度为 $2l$ 的压杆的挠曲线的上半部分相同。所以，对于一端固定、另一端自由且长度为 l 的压杆，其临界压力等于两端铰支且长度为 $2l$ 的压杆的临界压力，即

$$F_{cr}=\frac{\pi^2 EI}{(2l)^2} \tag{9.2}$$

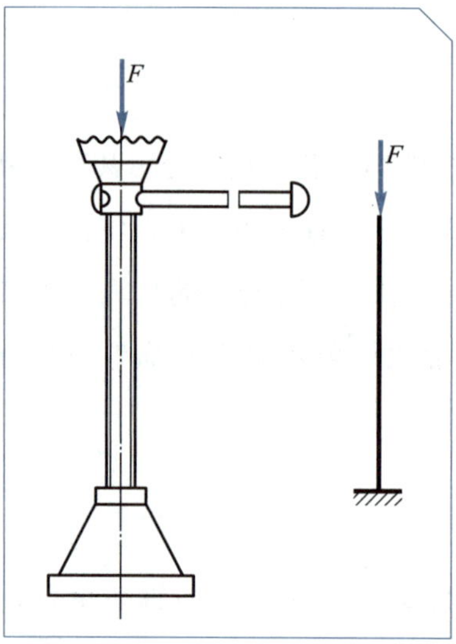

图 9.9

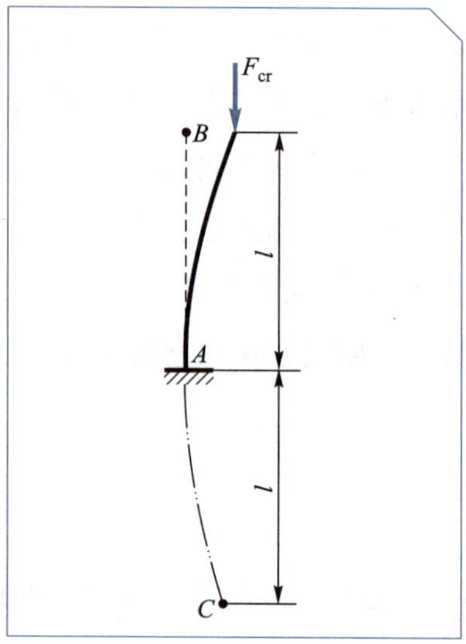

图 9.10

某些压杆的两端都是固定端约束。例如，连杆在垂直于摆动平面的平面内发生弯曲时，连杆的两端就可简化成固定端（参看图 9.20b）。两端固定的细长压杆丧失稳定性后，挠曲线的形状如图 9.11 所示。距两端各为 $\frac{l}{4}$ 的 C、D 两点的弯矩等于零，因而可以把这两点看作中间铰，把长度为 $\frac{l}{2}$ 的中间部分 CD 看作两端铰支的压杆（具体推导见例 9.2）。所以，它的临界压力仍可用式（9.1）计算，只是把该式中的 l 改成现在的 $\frac{l}{2}$。这样，

得到

$$F_{cr}=\frac{\pi^2EI}{\left(\frac{l}{2}\right)^2} \tag{9.3}$$

上式所求得的 F_{cr} 虽然是 CD 段的临界压力，但是因 CD 是压杆的一部分，所以它的临界压力也就是整个杆件 AB 的临界压力。

若细长压杆的一端为固定端，另一端为铰支座，失稳后的挠曲线则如图 9.12 所示。对这种情况，可近似地把长度大约为 $0.7l$ 的 BC 部分看作两端铰支压杆（具体推导见例 9.3）。于是计算临界压力的公式可写成

$$F_{cr}\approx\frac{\pi^2EI}{(0.7l)^2} \tag{9.4}$$

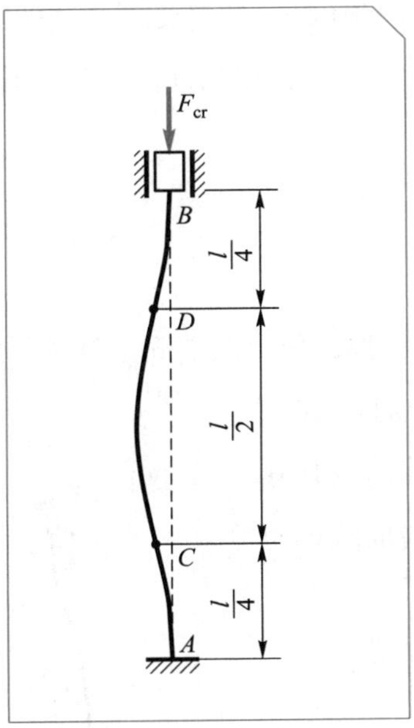

图 9.11

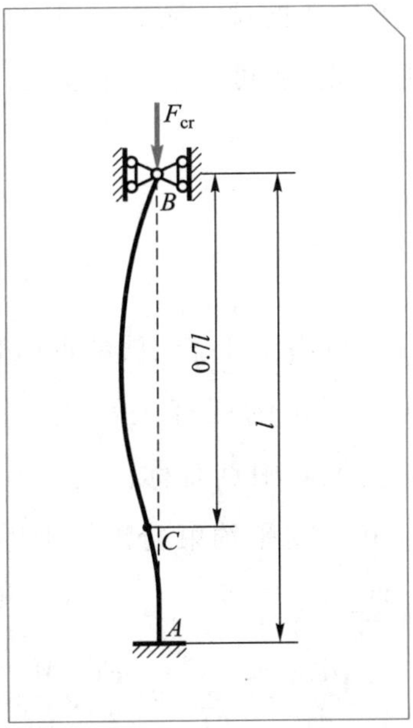

图 9.12

式（9.1）~式（9.4）可以统一写成

$$F_{cr}=\frac{\pi^2EI}{(\mu l)^2} \tag{9.5}$$

这即是欧拉公式的普遍形式。式中，μl 表示把压杆折算成两端铰支杆的长度，称为相当长度，μ 称为长度因数。现把上述 4 种情况下的长度因数 μ 列于表 9.1：

表 9.1　压杆的长度因数μ

压杆的约束条件	长度因数
两端铰支	$\mu=1$
一端固定、另一端自由	$\mu=2$
两端固定	$\mu=\frac{1}{2}$
一端固定、另一端铰支	$\mu\approx0.7$

以上只是几种典型情形，实际问题中压杆的支座还可能有其他情况。例如，杆端与其他弹性构件固接的压杆，由于弹性构件也会发生变形，所以压杆的端截面的约束是介于固定支座和铰支座之间的弹性支承。此外，压杆上的载荷也有多种形式。例如，压力可能沿轴线分布而不是集中于两端。又如在弹性介质中的压杆，还将受到介质的阻抗力。上述各种情况，也可用不同的长度因数μ来反映，这些长度因数的值可从有关的设计手册或规范中查到。

例 9.2　试由压杆挠曲线的近似微分方程，导出两端固定杆件的欧拉公式。

解：两端固定的压杆失稳后，计算简图如图 9.13 所示。变形对中点对称，上、下两端的反作用力偶矩同为M_e，水平约束力皆等于零。挠曲线的近似微分方程是

$$\frac{d^2w}{dx^2}=\frac{M(x)}{EI}=-\frac{Fw}{EI}+\frac{M_e}{EI}$$

引用记号$k^2=\frac{F}{EI}$，上式可以写成

$$\frac{d^2w}{dx^2}+k^2w=\frac{M_e}{EI}$$

上式的通解为

$$w=A\sin kx+B\cos kx+\frac{M_e}{F} \qquad (a)$$

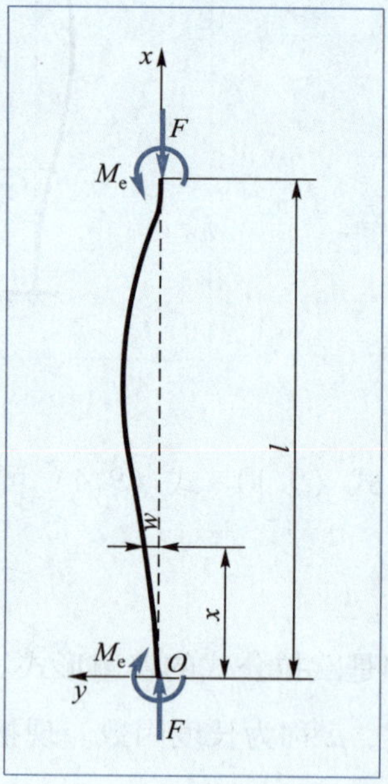

图 9.13

w 的一阶导数为

$$\frac{dw}{dx}=Ak\cos kx-Bk\sin kx \tag{b}$$

两端固定杆件的边界条件是

$$x=0\text{ 时}, \quad w=0, \quad \frac{dw}{dx}=0$$

$$x=l\text{ 时}, \quad w=0, \quad \frac{dw}{dx}=0$$

将以上边界条件代入式（a）和式（b），得

$$\left.\begin{aligned} B+\frac{M_e}{F}=0 \\ Ak=0 \\ A\sin kl+B\cos kl+\frac{M_e}{F}=0 \\ Ak\cos kl-Bk\sin kl=0 \end{aligned}\right\} \tag{c}$$

由以上 4 个方程式得出

$$\cos kl-1=0, \quad \sin kl=0$$

满足以上两式的根，除 $kl=0$ 外，最小根是 $kl=2\pi$，或

$$k=\frac{2\pi}{l} \tag{d}$$

$$F_{cr}=k^2EI=\frac{4\pi^2EI}{l^2}$$

由式（a）求得压杆失稳后任意截面上的弯矩是

$$M=EI\frac{d^2w}{dx^2}=-EIk^2(A\sin kx+B\cos kx)$$

由式（c）的第一式和第二式解出 A 和 B，代入上式，并注意到式（d），得

$$M=M_e\cos\frac{2\pi x}{l}$$

当 $x=\dfrac{l}{4}$ 或 $\dfrac{3l}{4}$ 时，$M=0$。这就证明了在图 9.11 中，C、D 两点的弯矩等于零。

例9.3 由压杆挠曲线的近似微分方程，导出一端固定、另一端铰支杆件的欧拉公式。

解： 一端固定、另一端铰支的压杆失稳后，计算简图如图 9.14 所示。为使杆件平衡，上端铰支座应有横向约束力 F_R。于是挠曲线的近似微分方程为

$$\frac{d^2w}{dx^2}=\frac{M(x)}{EI}=-\frac{Fw}{EI}+\frac{F_R}{EI}(l-x)$$

引用记号 $k^2=\frac{F}{EI}$，上式可以写成

$$\frac{d^2w}{dx^2}+k^2w=\frac{F_R}{EI}(l-x)$$

以上微分方程的通解是

$$w=A\sin kx+B\cos kx+\frac{F_R}{F}(l-x) \tag{e}$$

由此求出 w 的一阶导数为

$$\frac{dw}{dx}=Ak\cos kx-Bk\sin kx-\frac{F_R}{F} \tag{f}$$

杆件的边界条件是

$$x=0\text{ 时，}\quad w=0,\quad \frac{dw}{dx}=0$$

$$x=l\text{ 时，}\quad w=0$$

把以上边界条件代入式（e）和式（f），得到

$$\left.\begin{aligned} B+\frac{F_R}{F}l&=0\\ Ak-\frac{F_R}{F}&=0\\ A\sin kl+B\cos kl&=0 \end{aligned}\right\}$$

这是关于 A、B 和 $\frac{F_R}{F}$ 的齐次线性方程组。因为 A、B 和 $\frac{F_R}{F}$ 不能皆等于零，即要求以上齐次线性方程组必须有非零的解，所以其系数行列式应等于零。故有

$$\begin{vmatrix} 0 & 1 & l \\ k & 0 & -1 \\ \sin kl & \cos kl & 0 \end{vmatrix}=0$$

展开得

$$\tan kl = kl \tag{g}$$

上列超越方程可用图解法求解。以 kl 为横坐标，作斜直线 $y=kl$ 和曲线 $y=\tan kl$（图 9. 15），其第一个交点的横坐标

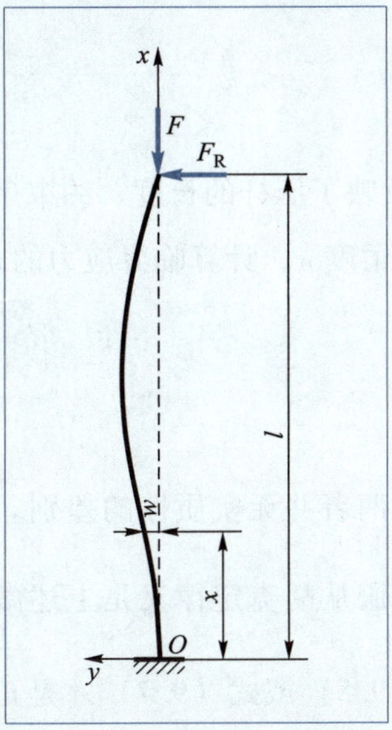

图 9. 14

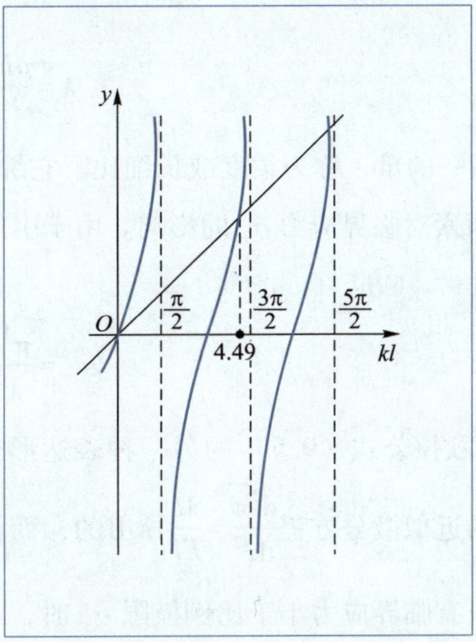

图 9. 15

$$kl = 4.49$$

显然是满足方程式（g）的最小根。由此求得

$$F_{cr} = k^2 EI = \frac{20.16EI}{l^2} \approx \frac{\pi^2 EI}{(0.7l)^2}$$

§9. 4 欧拉公式的适用范围 经验公式

前面已经导出了计算临界压力的式（9. 5），用压杆的横截面面积 A 除 F_{cr}，得到与临界压力对应的应力为

$$\sigma_{cr} = \frac{F_{cr}}{A} = \frac{\pi^2 EI}{(\mu l)^2 A} \tag{a}$$

σ_{cr}称为临界应力。把横截面的惯性矩 I 写成

$$I=i^2A$$

式中，i 为截面的惯性半径，这样，式（a）可以写成

$$\sigma_{cr}=\frac{\pi^2E}{\left(\frac{\mu l}{i}\right)^2} \tag{b}$$

引用记号

$$\lambda=\frac{\mu l}{i} \tag{9.6}$$

λ 是一个量纲一的量，称为柔度或长细比。它综合反映了压杆的长度、约束条件、截面尺寸和形状等因素对临界应力 σ_{cr} 的影响。由于引用了柔度 λ，计算临界应力的式（b）可以写成

$$\sigma_{cr}=\frac{\pi^2E}{\lambda^2} \tag{9.7}$$

式（9.7）是欧拉公式（9.5）的另一种表达形式，两者并无实质性的差别。欧拉公式是由弯曲变形的近似微分方程$\frac{d^2w}{dx^2}=\frac{M}{EI}$导出的，而材料服从胡克定律又是上述微分方程的基础。所以，只有临界应力小于比例极限 σ_p 时，式（9.5）或式（9.7）才是正确的。令式（9.7）中的 σ_{cr} 小于 σ_p，得

$$\frac{\pi^2E}{\lambda^2}\leqslant\sigma_p \quad 或 \quad \lambda\geqslant\pi\sqrt{\frac{E}{\sigma_p}} \tag{c}$$

可见，只有当压杆的柔度 λ 大于或等于极限值 $\pi\sqrt{\frac{E}{\sigma_p}}$ 时，欧拉公式才是正确的。用 λ_p 代表这一极限值，即

$$\lambda_p=\pi\sqrt{\frac{E}{\sigma_p}} \tag{9.8}$$

条件（c）可以写成

$$\lambda\geqslant\lambda_p \tag{9.9}$$

这就是欧拉公式（9.5）或式（9.7）适用的范围。不在这个范围之内的压杆不能使用欧拉公式。

式（9.8）表明，λ_p 与材料的性质有关，材料不同，λ_p 的数值也就不同。以 Q235 钢为例，$E=206$ GPa，$\sigma_p=200$ MPa，于是

$$\lambda_p=\pi\sqrt{\frac{206\times10^9\ \text{Pa}}{200\times10^6\ \text{Pa}}}\approx100$$

所以，用 Q235 钢制成的压杆，只有当 $\lambda \geqslant 100$ 时，才可以使用欧拉公式。又如对 $E=70$ GPa，$\sigma_p=175$ MPa 的铝合金来说，由式（9.8）求得 $\lambda_p=62.8$。表示由这类铝合金制成的压杆，只有当 $\lambda \geqslant 62.8$ 时，才能使用欧拉公式。满足条件 $\lambda \geqslant \lambda_p$ 的压杆，称为大柔度压杆。前面经常提到的“细长”压杆就是指大柔度压杆。

若压杆的柔度 λ 小于 λ_p，则临界应力 σ_{cr} 大于材料的比例极限 σ_p，这时欧拉公式已不能使用，属于超过比例极限的压杆稳定问题。常见的压杆，如内燃机连杆、千斤顶螺杆等，其柔度 λ 就往往小于 λ_p。对超过比例极限后的压杆失稳问题，也有理论分析的结果①。但工程中对这类压杆的计算，一般使用以试验结果为依据的经验公式。在这里我们介绍两种经常使用的经验公式：直线公式和抛物线公式。

直线公式把临界应力 σ_{cr} 与柔度 λ 表示为以下的直线关系：

$$\sigma_{cr}=a-b\lambda \tag{9.10}$$

式中，a 与 b 是与材料性质有关的常数。例如，对 Q235 钢制成的压杆，$a=304$ MPa，$b=1.12$ MPa。在表 9.2 中列入了一些材料的 a 和 b 的值。

表 9.2　直线公式的系数 a 和 b 的值

材料	a/MPa	b/MPa
Q235 钢（$\sigma_b \geqslant 372$ MPa，$\sigma_s=235$ MPa）	304	1.12
优质碳钢（$\sigma_b \geqslant 471$ MPa，$\sigma_s=306$ MPa）	461	2.568
硅钢（$\sigma_b \geqslant 510$ MPa，$\sigma_s=353$ MPa）	578	3.744
铬钼钢	980.7	5.296
铸铁	332.2	1.454
强铝	373	2.15
松木	28.7	0.19

柔度很小的短柱，如压缩试验用的金属短柱或水泥块，受压时不可能像大柔度杆那样出现弯曲变形，主要因应力达到屈服极限（塑性材料）或强度极限（脆性材料）而失效，这是一个强度问题。所以，对塑性材料，按式（9.10）算出的应力最高只能等于 σ_s，若相应的柔度为 λ_s，则

$$\lambda_s=\frac{a-\sigma_s}{b} \tag{9.11}$$

这是用直线公式的最小柔度。如 $\lambda<\lambda_s$，就应按压缩的强度计算，要求

① 参见刘鸿文主编的《高等材料力学》§6.6（该书由高等教育出版社于 1985 年出版）。

$$\sigma_{cr}=\frac{F}{A}\leqslant\sigma_s \tag{d}$$

对脆性材料，只需要把以上诸式中的 σ_s 改为 σ_b。

总结以上的讨论，对 $\lambda<\lambda_s$ 的小柔度压杆，应按强度问题计算，在图 9.16 中表示为水平线 AB。对 $\lambda\geqslant\lambda_p$ 的大柔度压杆，用欧拉公式（9.7）计算临界应力，在图 9.16 中表示为曲线 CD。柔度 λ 介于 λ_s 和 λ_p 之间的压杆（$\lambda_s\leqslant\lambda\leqslant\lambda_p$），称为中等柔度压杆，用经验公式（9.10）计算临界应力，在图 9.16 中表示为斜直线 BC。图 9.16 表示临界应力 σ_{cr} 随压杆柔度 λ 变化的情况，称为临界应力总图。

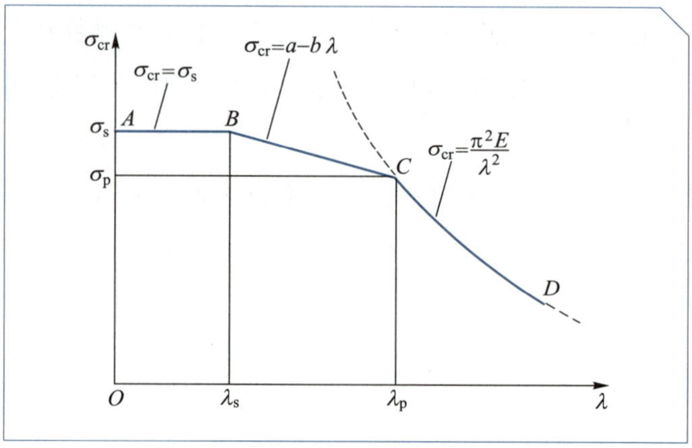

图 9.16

抛物线公式把临界应力 σ_{cr} 与柔度 λ 表示为下面的抛物线关系：

$$\sigma_{cr}=a_1-b_1\lambda^2 \tag{9.12}$$

式中，a_1 和 b_1 也是与材料有关的常数。

稳定计算中，无论是欧拉公式或经验公式，都是以杆件的整体变形为基础的。局部削弱（如螺钉孔等）对杆件的整体变形影响很小，所以计算临界应力时，可采用未经削弱的横截面面积 A 和惯性矩 I。至于用式（d）作压缩强度计算时，自然应该使用削弱后的横截面面积。

§ 9.5 压杆的稳定性校核

以前的讨论表明，对各种柔度的压杆，总可用欧拉公式或经验公式求出相应的临界应力，乘以横截面面积 A 便为临界压力 F_{cr}。F_{cr}与工作压力 F 之比即为压杆的工作安全因数 n，它应大于规定的稳定安全因数 n_{st}，故有

$$n=\frac{F_{cr}}{F}\geqslant n_{st} \tag{9.13}$$

或

$$F\leqslant\frac{F_{cr}}{n_{st}} \tag{9.14}$$

稳定安全因数 n_{st}一般要高于强度安全因数。这是因为工程实际中存在一些难以避免的因

素，如杆件的初弯曲、压力偏心、材料不均匀和支座缺陷等，都严重地影响压杆的稳定性，降低了临界应力。而同样这些因素，对杆件强度的影响就不像对稳定性那么严重。关于稳定安全因数 n_{st}，一般可于设计手册或规范中查到。

例 9.4 空气压缩机的活塞杆由 45 钢制成，$\sigma_s=350$ MPa，$\sigma_p=280$ MPa，$E=210$ GPa。长度 $l=703$ mm，直径 $d=45$ mm。最大压力 $F_{max}=41.6$ kN。规定稳定安全因数为 $n_{st}=8\sim10$。试校核其稳定性。

解： 由式（9.8）求出

$$\lambda_p=\pi\sqrt{\frac{E}{\sigma_p}}=\pi\sqrt{\frac{210\times10^9\ \text{Pa}}{280\times10^6\ \text{Pa}}}=86$$

活塞杆简化成两端铰支杆，$\mu=1$。截面为圆形，$i=\sqrt{\frac{I}{A}}=\frac{d}{4}$。柔度为

$$\lambda=\frac{\mu l}{i}=\frac{\mu l}{\frac{d}{4}}=62.5$$

$$\lambda<\lambda_p$$

所以不能用欧拉公式计算临界压力。如用直线公式，由表 9.2 查得优质碳钢的 a 和 b 分别是：$a=461$ MPa，$b=2.568$ MPa。由公式（9.11），

$$\lambda_s=\frac{a-\sigma_s}{b}=\frac{(461-350)\ \text{MPa}}{2.568\ \text{MPa}}=43.2$$

可见活塞杆的柔度 λ 介于 λ_s 和 λ_p 之间（$\lambda_s<\lambda<\lambda_p$），是中等柔度压杆。由直线公式求出临界应力为

$$\sigma_{cr}=a-b\lambda=461\ \text{MPa}-2.568\ \text{MPa}\times62.5=300\ \text{MPa}$$

临界压力是

$$F_{cr}=\sigma_{cr}A=\frac{\pi}{4}(45\times10^{-3}\ \text{m})^2\times(300\times10^6\ \text{Pa})=477\ \text{kN}$$

活塞杆的工作安全因数为

$$n=\frac{F_{cr}}{F_{max}}=\frac{477\ \text{kN}}{41.6\ \text{kN}}=11.5>n_{st}$$

所以满足稳定性要求。

例 9.5 某型号平面磨床的工作台液压驱动装置如图 9.2 所示。油缸活塞直径 $D=65$ mm，油压 $p=1.2$ MPa。活塞杆长度 $l=1\ 250$ mm，材料为 35 钢，$\sigma_p=220$ MPa，$E=210$ GPa。若 $n_{st}=6$。试确定活塞杆的直径。

解：活塞杆承受的轴向压力应为

$$F=\frac{\pi}{4}D^2p=\frac{\pi}{4}(65\times10^{-3}\ \text{m})^2\times(1.2\times10^6\ \text{Pa})=3\ 982\ \text{N}$$

如在稳定条件（9.13）中取等号，则活塞杆的临界压力应该是

$$F_{cr}=n_{st}F=6\times3\ 982\ \text{N}=23.9\times10^3\ \text{N} \tag{a}$$

现在需要确定活塞杆的直径 d，使它具有上列数值的临界压力。由于直径尚待确定，无法求出活塞杆的柔度 λ，自然也不能判定究竟应该用欧拉公式还是用经验公式计算。为此，在试算时先由欧拉公式确定活塞杆的直径。待直径确定后，再检查是否满足使用欧拉公式的条件。

把活塞杆的两端简化为铰支座，由欧拉公式求得临界压力为

$$F_{cr}=\frac{\pi^2EI}{(\mu l)^2}=\frac{\pi^2\times(210\times10^9\ \text{Pa})\times\frac{\pi}{64}d^4}{(1\times1.25\ \text{m})^2} \tag{b}$$

由式（a）和式（b）两式解出

$$d=0.024\ 6\ \text{m}=24.6\ \text{mm},\qquad \text{取}\ d=25\ \text{mm}$$

用所确定的 d 计算活塞杆的柔度，得

$$\lambda=\frac{\mu l}{i}=\frac{1\times1\ 250\ \text{mm}}{\frac{25\ \text{mm}}{4}}=200$$

对所用材料 35 钢来说，由式（9.8）求得

$$\lambda_p=\pi\sqrt{\frac{E}{\sigma_p}}=\pi\sqrt{\frac{210\times10^9\ \text{Pa}}{220\times10^6\ \text{Pa}}}=97.1$$

由于 $\lambda>\lambda_p$，所以前面用欧拉公式进行的试算是正确的。

对于实际压杆，我国钢结构设计标准中，规定轴心受压杆件的稳定性按下式计算：

$$\frac{F_N}{\varphi A}\leqslant f$$

式中，F_N 为压杆的轴力；f 为强度设计值，与材料有关，例如，对 Q235 钢可取 $f=215$ MPa；φ 为稳定因数，这是一个大于 0 小于 1 的数与压杆材料、截面形状和柔度有关。f 和 φ 都可从规范中查到。上式可以写成

$$\sigma=\frac{F_N}{A}\leqslant\varphi f \tag{9.15}$$

由于使用上式时要涉及与规范有关的较多内容①，这里就不再举例。

§9.6 提高压杆稳定性的措施

由以上各节的讨论可知，影响压杆稳定性的因素有：压杆的截面形状、长度和约束条件及材料的性质等。相应地，也从这几个方面入手，讨论如何提高压杆的稳定性。

提高压杆稳定性的措施

1. 选择合理的截面形状 从欧拉公式看出，截面的惯性矩 I 越大，临界压力 F_{cr} 越大。从临界应力总图又可看到，柔度 λ 越小，临界应力越高。由于 $\lambda=\frac{\mu l}{i}$，所以提高惯性半径 i 的数值就能减小 λ 的数值。可见，如不增加截面面积，尽可能地把材料放在离截面形心较远处，以取得较大的 I 和 i，就等于提高了临界压力。例如，空心圆环截面就比实心圆形截面合理（图 9.17），因为若两者截面面积相同，圆环截面的 I 和 i 都比实心圆形截面的大得多。同理，由 4 根角钢组成的起重臂（图 9.18），其 4 根角钢分散放置在截面的四角（图 9.18b），而不是集中地放置在截面形心的附近（图 9.18c）。由型钢组成的桥梁桁架中的压杆或建筑物中的柱，也都是把型钢分开安放，如图 9.19 所示。当然，也不能为了取得较大的 I 和 i，就无限制地增加圆环截面的直径并减小其壁厚，这将使其因变成薄壁圆管而引起局部失稳、发生局部折皱的危险。对由型钢组成的组合压杆，也要用足够强的缀条或缀板把分开放置的型钢连成一个整体（图 9.18 和图 9.19）。否则，各条型钢将变为分散单独的受压杆件，达不到预期的稳定性。

① 可参考《钢结构设计标准》（GB 50017—2017）。

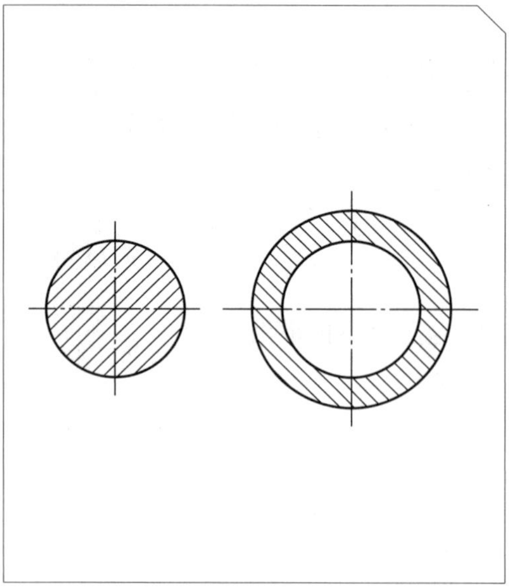

图 9.17

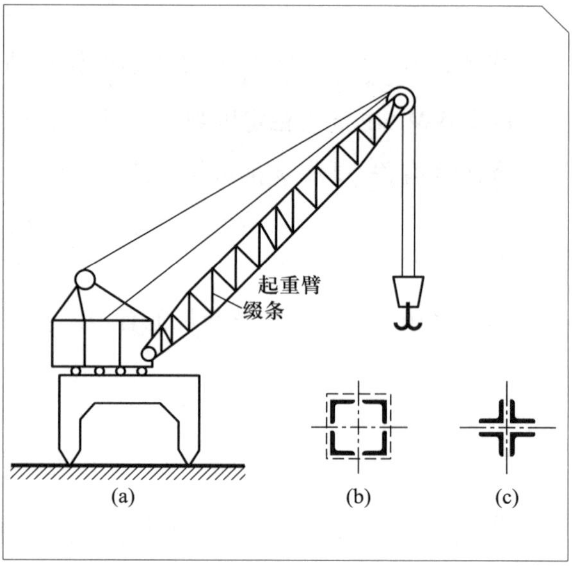

图 9.18

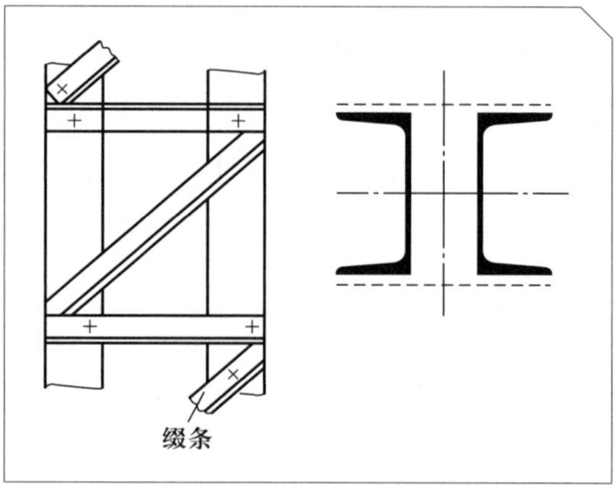

图 9.19

如压杆在各个纵向平面内的相当长度 μl 相同，应使截面对任一形心轴的 i 相等，或接近相等，这样，压杆在任一纵向平面内的柔度 λ 都相等或接近相等，于是在任一纵向平面内有相等或接近相等的稳定性。例如，圆形、圆环或图 9.18b 所表示的截面，都能满足这一要求。相反，某些压杆在不同的纵向平面内，μl 并不相同。例如，发动机的连杆，在摆动平面（x-y 平面）内，两端可简化为铰支座（图 9.20a），$\mu_1=1$；而在垂直于摆动平面的 x-z 平面内，两端可简化为固定端（图 9.20b），$\mu_2=\frac{1}{2}$。这就要求连杆截面对两个形心主惯性轴 z 和 y 有不同的 i_z 和 i_y，使得在两个主惯性平面内的柔度 $\lambda_1=\frac{\mu_1 l_1}{i_z}$ 和 $\lambda_2=\frac{\mu_2 l_2}{i_y}$ 接近相等。这样，连杆在两个主惯性平面内仍然可以有接近相等的稳定性。

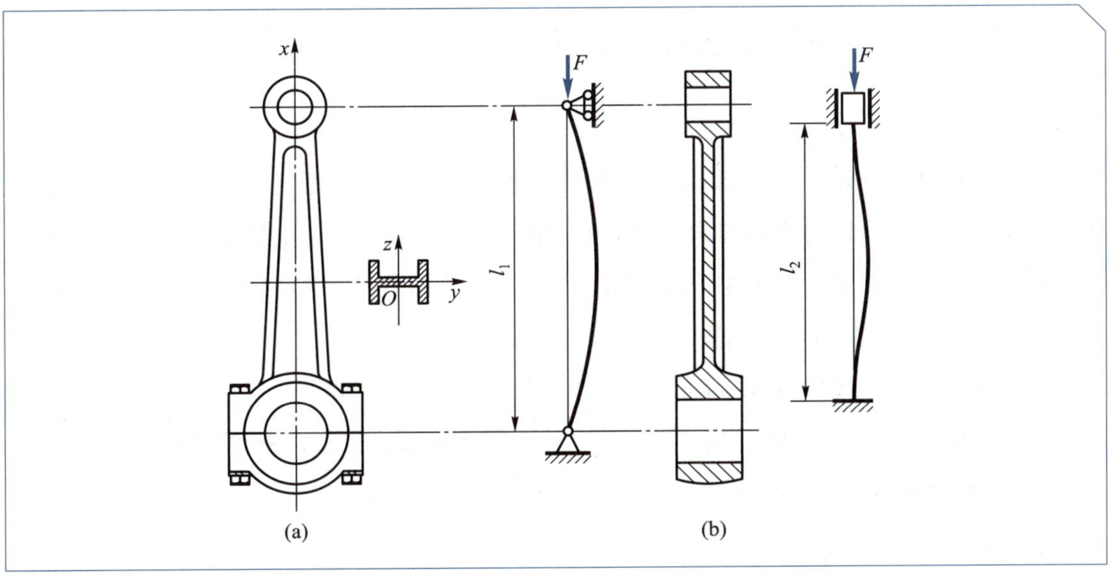

图 9.20

2. 改变压杆的约束条件 从 § 9.3 的讨论看出，改变压杆的支座约束条件会直接影响临界力的大小。例如，长度为 l，两端铰支的压杆，其 $\mu=1$，$F_{cr}=\dfrac{\pi^2 EI}{l^2}$。若在这一压杆的中点增加一个中间支座，或者把两端改为固定端（图 9.21），则相当长度变为 $\mu l=\dfrac{l}{2}$，临界压力变为

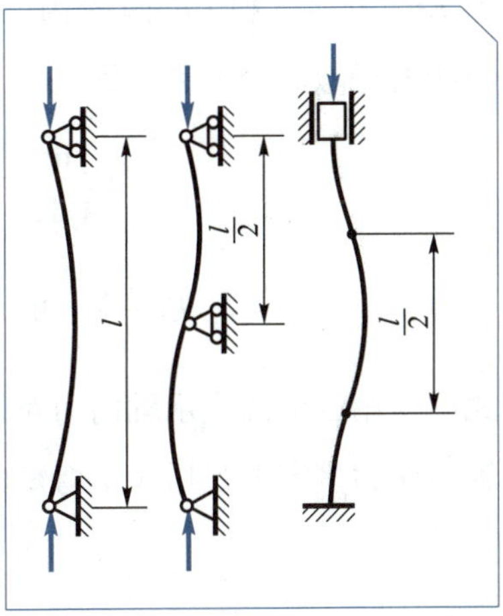

图 9.21

$$F_{cr}=\frac{\pi^2 EI}{\left(\dfrac{l}{2}\right)^2}=\frac{4\pi^2 EI}{l^2}$$

可见临界压力变为原来的 4 倍。一般来说，增强压杆的约束，使其更不容易发生弯曲变形，都可以提高压杆的稳定性。

3. 合理选择材料 细长压杆（$\lambda>\lambda_p$）的临界压力由欧拉公式计算，故临界压力的大小与材料的弹性模量 E 成正比。由于各种钢材的 E 大致相等，所以选用优质钢材或低碳钢并无很大差别。对中等柔度的压杆，无论是根据经验公式或理论分析，都表明临界应力与材料的强度有关。优质钢材在一定程度上可以提高临界应力的数值。至于柔度很小的短杆，本来就是强度问题，优质钢材的强度高，其优越性自然是明显的。

*§9.7 纵横弯曲的概念

在讨论拉伸（压缩）与弯曲组合的强度计算时（§8.2），假定杆件的刚度很大，弯曲变形很小，因而可以忽略轴向力对弯曲变形的影响。但若杆件的刚度较小，弯曲变形较大，则轴向力对弯曲变形的影响不能忽略。当轴向力为压力时，它将增加杆件的弯曲变形，更加不应忽视。像这类同时考虑横向力和轴向力的弯曲变形问题，称为纵横弯曲。现以图 9.22 所示情况为例说明纵横弯曲问题的解法。设弯曲变形发生于杆件的一个主惯性平面内，抗弯刚度为 EI。在 AC 和 CB 两段内，挠曲线的近似微分方程分别是

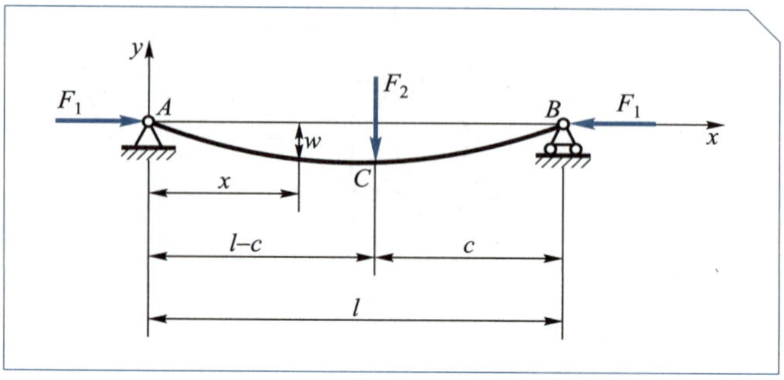

图 9.22

$$EI\frac{\mathrm{d}^2w}{\mathrm{d}x^2}=M(x)=\frac{F_2c}{l}x-F_1w\quad(0\leqslant x\leqslant(l-c))\tag{a}$$

$$EI\frac{\mathrm{d}^2w}{\mathrm{d}x^2}=M(x)=\frac{F_2(l-c)(l-x)}{l}-F_1w\quad((l-c)\leqslant x\leqslant l)\tag{b}$$

式中，第二项即表示轴向力对弯曲变形的影响，如压力 F_1 取绝对值，因 w 为负值，所以轴向压力事实上是增大了弯矩的数值。引用记号

$$k^2=\frac{F_1}{EI}\tag{c}$$

方程式（a）化为

$$\frac{\mathrm{d}^2w}{\mathrm{d}x^2}+k^2w=\frac{F_2c}{EIl}x$$

通解是

$$w=A\cos kx+B\sin kx+\frac{F_2c}{F_1l}x\tag{d}$$

用相似的方法，求得方程式（b）的通解为

$$w=C\cos kx+D\sin kx+\frac{F_2(l-c)}{F_1l}(l-x)\tag{e}$$

利用杆件在两端挠度等于零的边界条件，得出

$$A=0,\quad C=-D\tan kl$$

另外，在横向力 F_2 作用的截面上，即 $x=(l-c)$ 时，要求满足连续性条件，即由式（d）、式（e）两式所确定的挠度相等，以及由式（d）、式（e）两式的导数所确定的转角相等（参看 §6.3 例 6.3）。由此求出

$$B=-\frac{F_2\sin kc}{F_1k\sin kl},\qquad D=\frac{F_2\sin k(l-c)}{F_1k\tan kl}$$

把常数 A、B 的值代入式（d），求得在 $0\leqslant x\leqslant(l-c)$ 的范围内，挠曲线的方程式为

$$w=-\frac{F_2\sin kc}{F_1k\sin kl}\sin kx+\frac{F_2c}{F_1l}x \tag{f}$$

对 x 求导数得

$$\left.\begin{aligned}\frac{dw}{dx}&=-\frac{F_2\sin kc}{F_1\sin kl}\cos kx+\frac{F_2c}{F_1l}\\ \frac{d^2w}{dx^2}&=\frac{M}{EI}=\frac{kF_2\sin kc}{F_1\sin kl}\sin kx\end{aligned}\right\} \tag{g}$$

同理，把常数 C 及 D 代入式（e），求出在 $(l-c)\leqslant x\leqslant l$ 范围内，得

$$\left.\begin{aligned}w&=-\frac{F_2\sin k(l-c)}{F_1k\sin kl}\sin k(l-x)+\frac{F_2(l-c)}{F_1l}(l-x)\\ \frac{dw}{dx}&=\frac{F_2\sin k(l-c)}{F_1\sin kl}\cos k(l-x)-\frac{F_2(l-c)}{F_1l}\\ \frac{d^2w}{dx^2}&=\frac{M}{EI}=\frac{F_2k\sin k(l-c)}{F_1\sin kl}\sin k(l-x)\end{aligned}\right\} \tag{h}$$

在特殊情况下，横向力 F_2 作用于中点，$c=\dfrac{l}{2}$，截面 C 的挠度和弯矩取得最大值。由式（f）和式（g）求得

$$w_{max}=-\frac{F_2}{2F_1k}\tan\frac{kl}{2}+\frac{F_2l}{4F_1}$$

$$M_{max}=\frac{EIF_2k}{2F_1}\tan\frac{kl}{2}$$

引用记号

$$\frac{kl}{2}=\frac{l}{2}\sqrt{\frac{F_1}{EI}}=u \tag{i}$$

则 w_{max} 及 M_{max} 可写成

$$w_{max}=-\frac{F_2}{2F_1k}\tan u+\frac{F_2l}{4F_1}=-\frac{F_2l^3}{48EI}\left(\frac{3\tan u-3u}{u^3}\right) \tag{j}$$

$$M_{max}=\frac{F_2 l}{4}\frac{\tan u}{u} \tag{k}$$

在以上两式等号的右边，第一个因子代表不考虑轴向力时的挠度及弯矩，第二个因子代表轴向力 F_1 对挠度及弯矩的影响。因为 w_{max} 及 M_{max} 与 u 的关系（亦即与 F_1 的关系）是非线性的，所以对轴向力 F_1 来说，叠加原理不能适用。

求出最大弯矩后，不难计算纵横弯曲中的最大应力，它应为

$$\sigma_{max}=\frac{F_1}{A}+\frac{M_{max}}{W} \tag{l}$$

另外，若压力 F_1 接近临界值 $\frac{\pi^2 EI}{l^2}$，由式（i）看出，u 趋近于 $\frac{\pi}{2}$，于是式（j）、式（k）两式中等号右边的第二个因子皆趋向无限大。这说明，当 $F_1 \to F_{cr}$ 时，无论横向载荷如何微小，杆件都将失去稳定性。因而也可把纵横弯曲中使弯曲变形趋向无限的轴向压力，定义为临界压力。

*§9.8 用能量方法确定压杆的临界压力

对于载荷、支承方式或截面变化形式比较复杂的压杆，宜采用能量方法求解。

压杆由直线平衡进入微弯曲的不稳定平衡时，轴向压力在轴向位移上做的功为 ΔW，压杆因弯曲变形所增加的应变能为 ΔV_ε，其临界条件为

$$\Delta W=\Delta V_\varepsilon \tag{a}$$

设压杆在微弯曲时的挠曲线方程为

$$w=w(x)$$

可由式（6.8）计算出压杆增加的应变能为

$$\Delta V_\varepsilon=\frac{1}{2}\int_l EIw''^2 \mathrm{d}x \tag{b}$$

杆件的轴线由直线变成曲线后，轴向位移 λ（图 9.23）为

$$\lambda=\int_l(\mathrm{d}s-\mathrm{d}x)$$

$$=\int_l(\sqrt{1+w'^2}\,\mathrm{d}x-\mathrm{d}x) \tag{c}$$

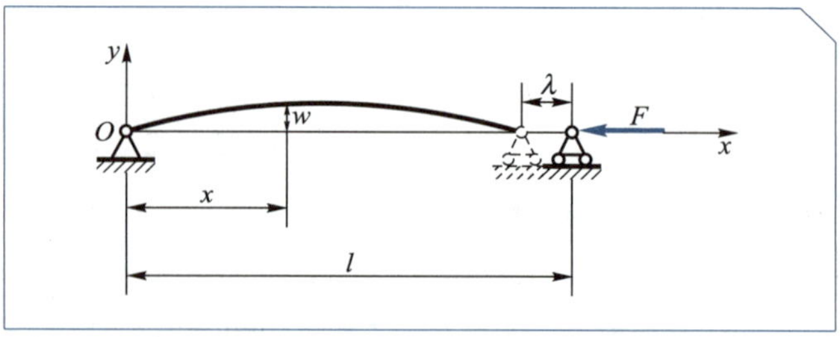

图 9.23

利用泰勒展开，并略去高阶小

量，有

$$\sqrt{1+w'^2}\approx 1+\frac{1}{2}w'^2 \tag{d}$$

则式（c）即为

$$\lambda=\frac{1}{2}\int_l w'^2\mathrm{d}x \tag{e}$$

压杆因弯曲变形引起的轴向压力 F 做的功为

$$\Delta W=F\lambda=\frac{F}{2}\int_l w'^2\mathrm{d}x \tag{f}$$

将式（b）和式（f）代入式（a），并考虑到临界条件对应的压力为临界压力 F_{cr}，可得

$$F_{cr}=\frac{\int_l EIw''^2\mathrm{d}x}{\int_l w'^2\mathrm{d}x} \tag{9.16}$$

一般情况下，挠曲线的形状事先并不知道。可以假设一个满足位移边界条件的挠曲线 $w(x)$，即可由式（9.16）计算出临界压力。显然，这一结果为近似值。实践表明，只要挠曲线方程选择合适，所得到的结果将足够精确。若选择的挠曲线恰好是失稳后的真实形状，所得到的结果即为精确解。

如果作用在压杆上的载荷比较复杂或压杆的截面变化形式比较复杂，可用瑞利-里茨法计算压杆的临界载荷①。

例 9.6 试用能量法确定图 9.7 所示的两端为球铰支座细长压杆的临界压力 F_{cr}。

解： 设压杆进入微弯曲平衡时的挠曲线方程为

$$w=A\sin\left(\frac{\pi}{l}x\right) \tag{g}$$

式中，A 为杆件中点 $x=\frac{l}{2}$ 处的挠度。显然，式（g）满足位移边界条件

$$w(0)=w(l)=0 \tag{h}$$

将式（g）代入式（9.16），得临界压力

① 参见刘鸿文主编的《高等材料力学》§6.7（该书由高等教育出版社于 1985 年出版）。

$$F_{cr}=\frac{\int_0^l EI\left[-\left(\frac{\pi}{l}\right)^2\sin\left(\frac{\pi}{l}x\right)\right]^2\mathrm{d}x}{\int_0^l\left[\frac{\pi}{l}\cos\left(\frac{\pi}{l}x\right)\right]^2\mathrm{d}x}=\frac{\pi^2EI}{l^2} \tag{i}$$

所得的临界压力与精确解相同，这是因为所假设的挠曲线正好是失稳后的真实形状。

若将挠曲线假设为

$$w=A\,\frac{16}{5}\left(\frac{x}{l}\right)\left(1-2\,\frac{x^2}{l^2}+\frac{x^3}{l^3}\right) \tag{j}$$

同样，A 为杆件中点 $x=\frac{l}{2}$ 处的挠度。显然式（j）满足位移边界条件（h）。以式（j）代替式（g），利用式（9.16），得临界压力的近似值为

$$F_{cr}=\frac{168}{17}\,\frac{EI}{l^2} \tag{k}$$

该近似结果仅比欧拉临界压力大约 0.129%，有相当高的精度。

采用能量法求解临界压力的近似值时，需要预先假设挠曲线的形状，通常很难恰巧与杆件失稳后的实际形状完全相同，这相当于增加了对杆件的约束，也即增强了杆件的刚度，因此用能量法求出的临界压力一般高于精确值。

习　题

9.1　某型号柴油机的挺杆长度 $l=257$ mm，圆形横截面的直径 $d=8$ mm，钢材的 $E=210$ GPa，$\sigma_p=240$ MPa。挺杆所受最大压力 $F=1.76$ kN。规定的稳定安全因数为 $n_{st}=2\sim5$。试校核挺杆的稳定性。

9.2　若例 9.1 中柴油机挺杆所用钢材的 $\sigma_p=280$ MPa，试验证在例 9.1 中使用欧拉公式的正确性。

9.3 图示蒸汽机的活塞杆 AB 所受的压力 $F=120\ \text{kN}$，$l=1.80\ \text{m}$，横截面为圆形，直径 $d=75\ \text{mm}$。材料为 Q275 钢，$E=210\ \text{GPa}$，$\sigma_p=240\ \text{MPa}$。规定 $n_{st}=8$，试校核活塞杆的稳定性。

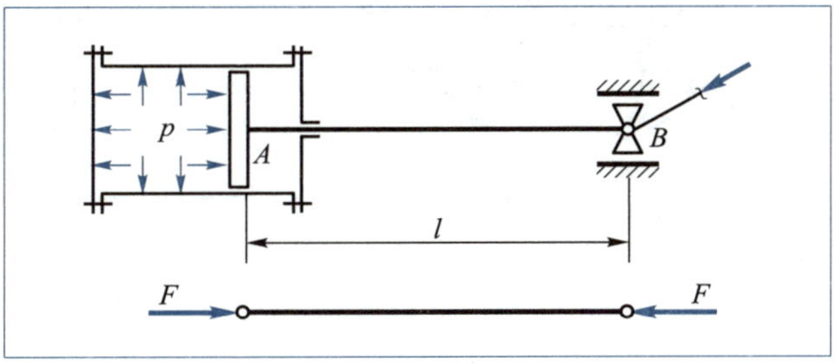

题 9.3 图

9.4 图中所示为某型号飞机起落架中承受轴向压力的斜撑杆。撑杆为空心圆管，外径 $D=52\ \text{mm}$，内径 $d=44\ \text{mm}$，$l=950\ \text{mm}$。材料为 30CrMnSiNi2A，$\sigma_b=1\ 600\ \text{MPa}$，$\sigma_p=1\ 200\ \text{MPa}$，$E=210\ \text{GPa}$。试求撑杆的临界压力 F_{cr} 和临界应力 σ_{cr}。

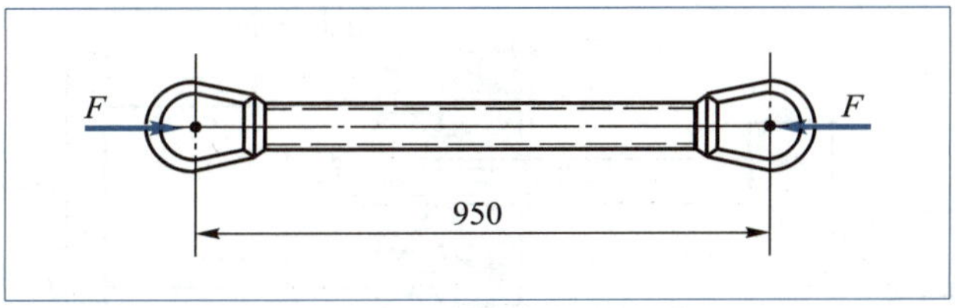

题 9.4 图

9.5 三根圆形截面压杆，直径均为 $d=160\ \text{mm}$，材料为 Q235 钢，$E=200\ \text{GPa}$，$\sigma_s=240\ \text{MPa}$。两端均为铰支，长度分别为 l_1、l_2 和 l_3，且 $l_1=2l_2=4l_3=5\ \text{m}$。试求各杆的临界压力 F_{cr}。

9.6 设图 9.9（§9.3）所示千斤顶的最大承载压力为 $F=150\ \text{kN}$，螺杆内径 $d=52\ \text{mm}$，$l=500\ \text{mm}$。材料为 Q235 钢，$E=200\ \text{GPa}$。稳定安全因数规定为 $n_{st}=3$。试校核其稳定性。

9.7 无缝钢管厂的穿孔顶杆如图所示。杆端承受压力。杆件长度 $l=4.5\ \text{m}$，横截面直径 $d=150\ \text{mm}$。材料为低合金钢，$E=210\ \text{GPa}$。两端可简化为铰支座，规定的稳定安全因数为 $n_{st}=3.3$。试求顶杆的许可载荷。

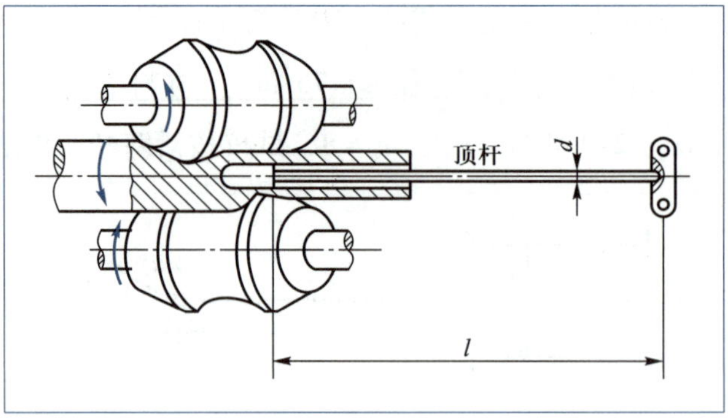

题 9.7 图

9.8 某轧钢车间使用的螺旋推钢机的示意图如图所示。推杆由丝杆通过螺母来带动。已知推杆横截面的直径 $d=130$ mm，材料为 Q275 钢。当推杆全部推出时，前端可能有微小的侧移，故简化为一端固定、一端自由的压杆。这时推杆的伸出长度为最大值 $l_{max}=3$ m。取稳定安全因数 $n_{st}=4$。试校核压杆的稳定性。

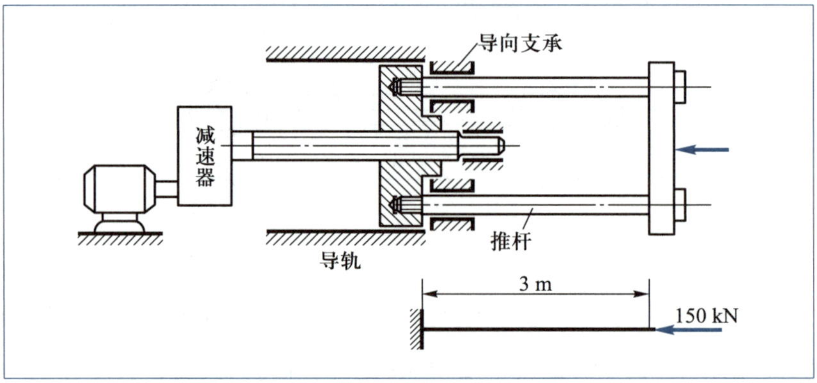

题 9.8 图

9.9 由三根钢管构成的支架如图所示。钢管的外径为 30 mm，内径为 22 mm，长度 $l=2.5$ m，$E=210$ GPa。在支架的顶点三杆铰接。若取稳定安全因数 $n_{st}=3$，试求许可载荷 F。

9.10 在图示铰接杆系 ABC 中，AB 和 BC 皆为细长压杆，且截面和材料均相同。若因在 ABC 平面内失稳而破坏，并规定 $0<\theta<\frac{\pi}{2}$。试确定 F 为最大值时的 θ 角。

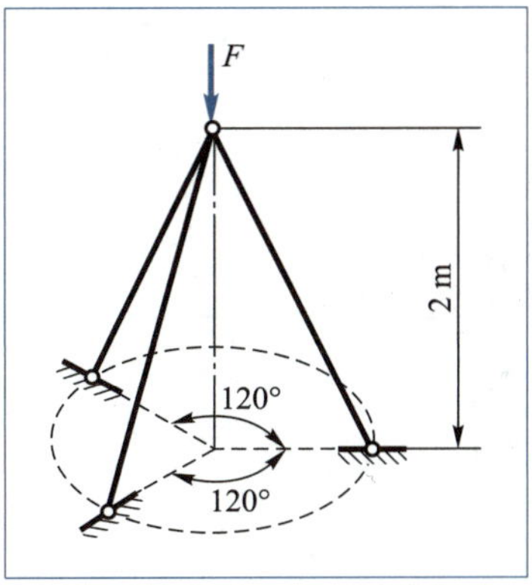

题 9.9 图

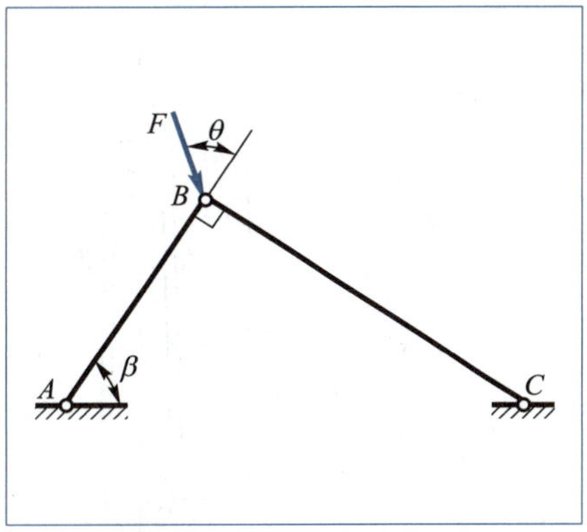

题 9.10 图

9.11 万能铣床工作台升降丝杆的内径为 22 mm，螺距 $s=5$ mm。工作台升至最高位置时，$l=500$ mm。丝杆钢材的 $E=210$ GPa，$\sigma_s=300$ MPa，$\sigma_p=260$ MPa。若伞齿轮的传动比为 1/2，即手轮旋转一周丝杆旋转半周，且手轮半径为 100 mm，手轮上作用的最大切向力为200 N。试求丝杆的工作安全因数。

9.12 某快锻水压机工作台油缸柱塞如图所示。已知油压$p=32$ MPa，柱塞直径 $d=120$ mm，伸入油缸的最大行程 $l=1\ 600$ mm，材料为 45 钢，$E=210$ GPa。试求柱塞的工作安全因数。

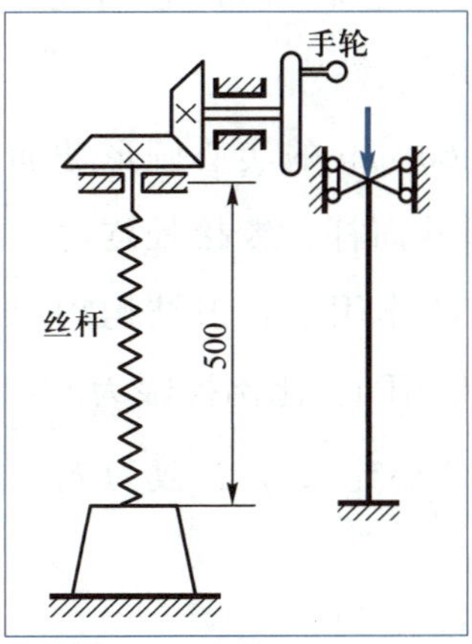

题 9.11 图

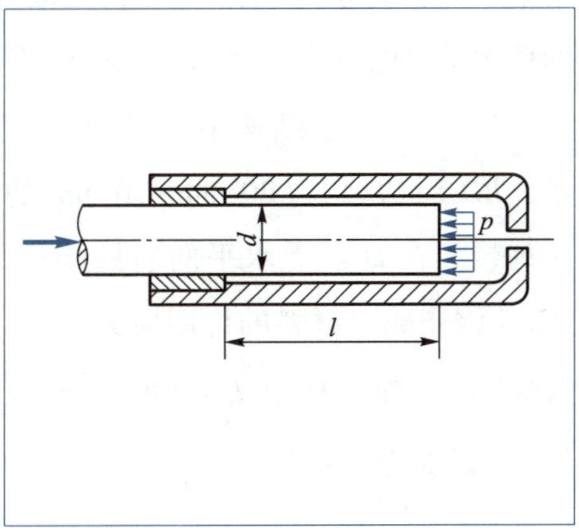

题 9.12 图

9.13 蒸汽机车的连杆如图所示，截面为工字形，材料为 Q235 钢。连杆所受最大轴向压力为 465 kN。连杆在摆动平面（x-y 平面）内发生弯曲时，两端可认为铰支；而在与摆动平面垂直的 x-z 平面内发生弯曲时，两端可认为是固定支座。试确定其工作安全因数。

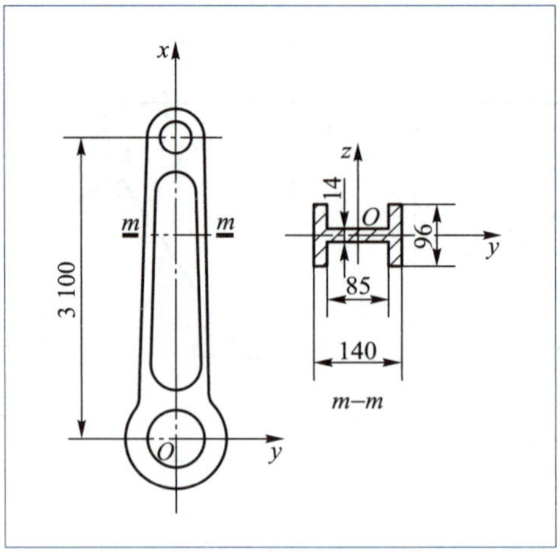

题 9.13 图

9.14 一木柱两端铰支，其横截面为 120 mm×200 mm 的矩形，长度为 4 m。木材的$E=10$ GPa，$\sigma_p=20$ MPa。试求木柱的临界应力。计算临界应力的公式有：

（1）欧拉公式（大柔度压杆）；

（2）直线公式$\sigma_{cr}=28.7-0.19\lambda$（中等柔度压杆，$\sigma_{cr}$以 MPa 计）。

9.15 某厂自制的简易起重机如图所示，其压杆 *BD* 为［20 槽钢，材料为 Q235 钢。起重机的最大起重量是 $W=40$ kN。若规定的稳定安全因数为 $n_{st}=5$，试校核 *BD* 杆的稳定性。

9.16 图示结构中，*AB* 为直径 $d=60$ mm 的实心圆形截面梁，*BD* 和 *CD* 均为 20 mm×30 mm 的矩形截面杆，铰接处均可看成球铰，在 *D* 点受水平向右的集中力 *F* 的作用。若该结构均由 Q235 钢制成，材料的许用应力［σ］=160 MPa，比例极限为σ_p= 200 MPa，弹性模量 $E=206$ GPa，压杆的稳定安全因数为 n_{st} = 2.5。试求许用载荷［*F*］。

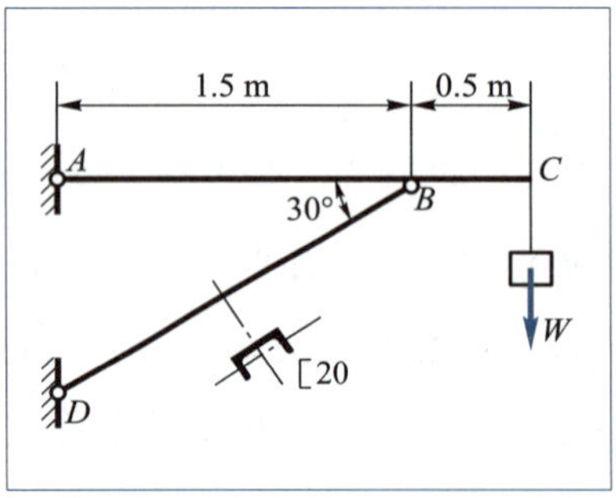

题 9.15 图

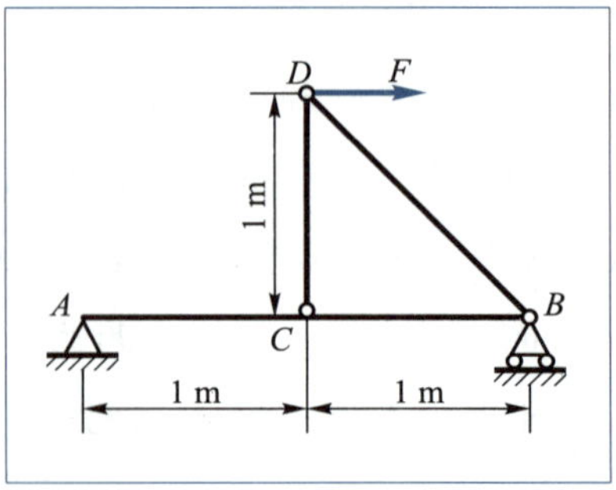

题 9.16 图

9.17 两端固定的管道长度为 2 m，内径 $d=30$ mm，外径 $D=40$ mm。材料为 Q235 钢，$E=210$ GPa，线胀系数 $\alpha_l=125\times10^{-7}$ ℃$^{-1}$。若安装管道时的温度为 10 ℃，试求不引起管道失稳的最高温度。

9.18 由压杆挠曲线的近似微分方程式，导出一端固定、另一端自由的压杆的欧拉公式。

9.19 在两端铰支压杆的中点及右端作用压力 F（如图所示），试求 F 的临界值。

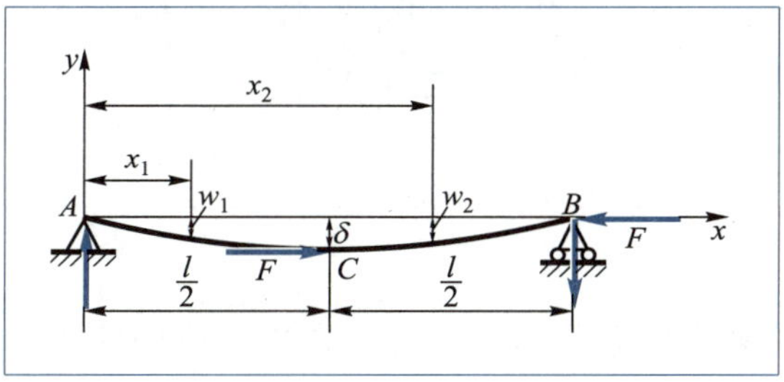

题 9.19 图

9.20 图示结构由 Q235 钢制成，$q=30$ kN/m。材料的弹性模量 $E=206$ GPa，比例极限为 $\sigma_p=200$ MPa，屈服强度 $\sigma_s=235$ MPa。AB 梁是 I16 工字钢，长度为 4 m；柱 CD 由两根∠63×5 等边角钢组成（连接成一整体），长度为 2 m。C 和 D 处的连接均为球铰。试分别确定梁 AB 和柱 CD 的工作安全因数。

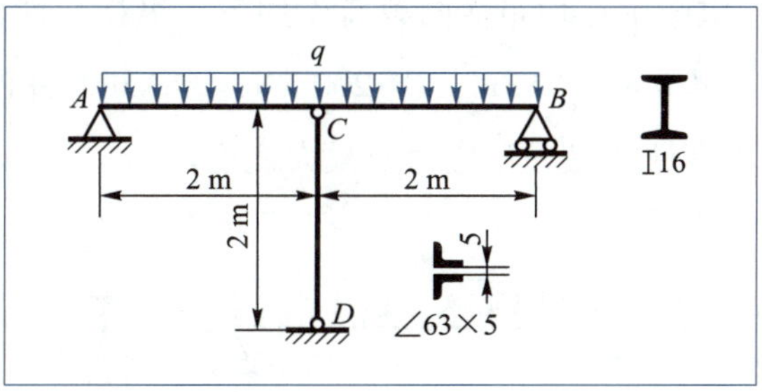

题 9.20 图

*__9.21__ 压杆的一端固定、另一端自由（图 a）。为提高其稳定性，在中点增加铰支座，如图 b 所示。试求加强后压杆的欧拉公式，并与加强前的压杆比较。

9.22 图 a 为万能试验机的示意图，四根立柱的长度为 $l=3$ m，钢材的 $E=210$ GPa。立柱失稳后的变形曲线如图 b 所示。

若 F 的最大值为 1 000 kN，规定的稳定安全因数为 $n_{st}=4$，试按稳定条件设计立柱的直径。

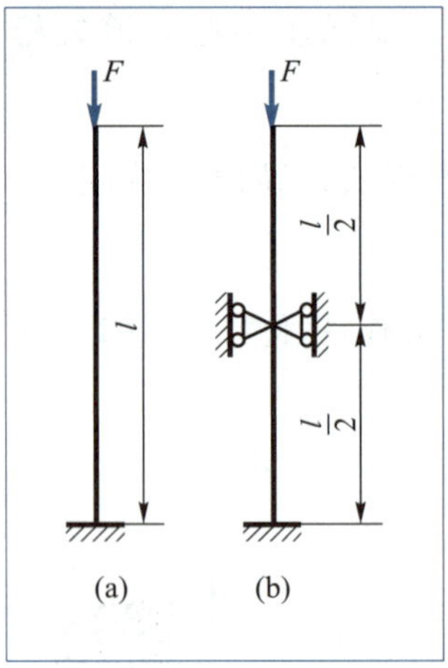

题 9.21 图

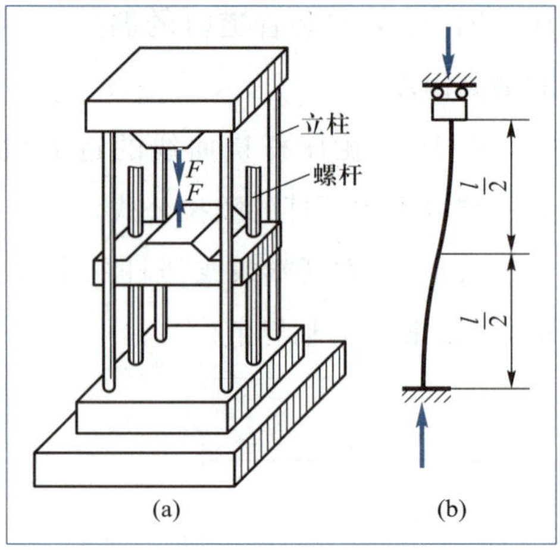

题 9.22 图

9.23 求图示纵横弯曲问题的最大挠度及弯矩。设杆件的抗弯刚度 EI 为已知。

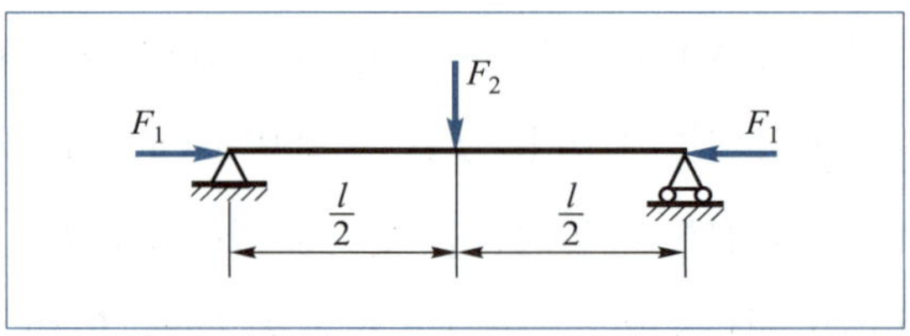

题 9.23 图

9.24 求图示在均布横向载荷作用下，纵横弯曲问题的最大挠度及弯矩。若 $q=20$ kN/m，$F=200$ kN，$l=3$ m，杆件为 I20a 工字钢，试计算杆件的最大正应力及最大挠度。

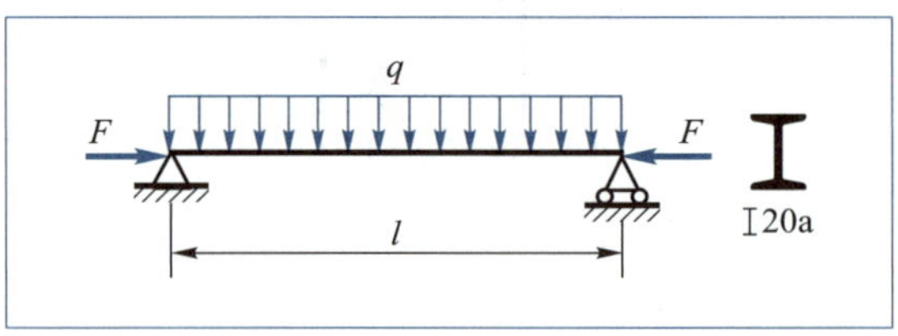

题 9.24 图

题解 9.25

9.25 载荷有一偏心距为 e 的压杆的计算简图如图所示。试求最大应力。

9.26 偏心受压杆件如图所示，设 $F=100$ kN，$Fe=5$ kN·m。压杆两端铰支，$l=2$ m。材

料为 Q235 钢，$E=210\ \mathrm{GPa}$，$\sigma_s=235\ \mathrm{MPa}$。取稳定安全因数 $n_{st}=2.5$。试按上题导出的正割公式，用试凑法选择合适的工字钢型号。

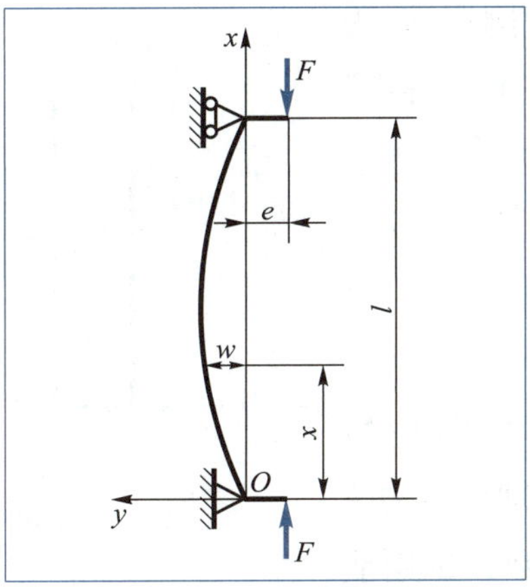

题 9.25 图

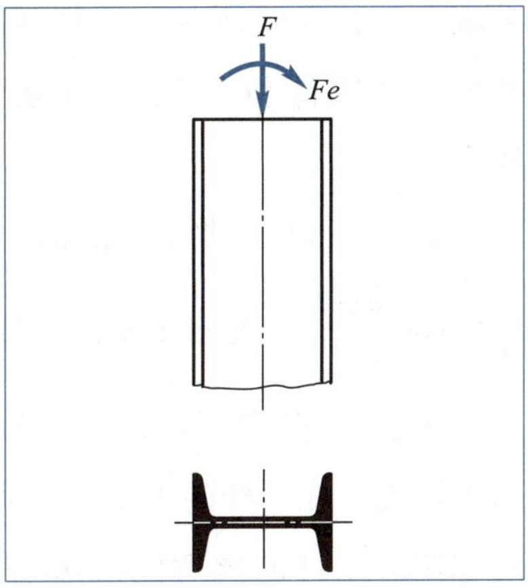

题 9.26 图

9.27 如图所示，设压杆轴线的初弯曲可用半波正弦曲线来表示，即

$$w_0=a\sin\frac{\pi x}{l}$$

在压力 F 作用下，试证压杆挠曲线的方程式应为

$$w=w_0+w_1=\frac{1}{1-\alpha}a\sin\frac{\pi x}{l}$$

式中

$$\alpha=\frac{F}{F_{cr}}=\frac{Fl^2}{\pi^2 EI}$$

9.28 油压千斤顶的临界压力计算可简化为下端固定、上端自由的阶梯杆，如图所示。若图示力学模型中的阶梯杆为细长压杆，下段与上段的长度分别为 l_1 和 l_2，抗弯刚度分别为 E_1I_1 和 E_2I_2，

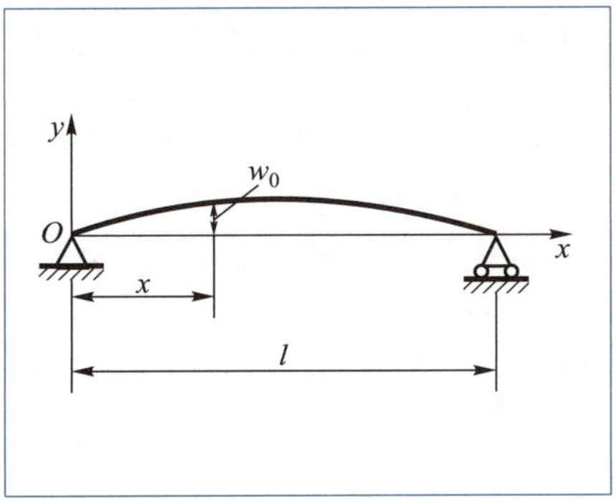

题 9.27 图

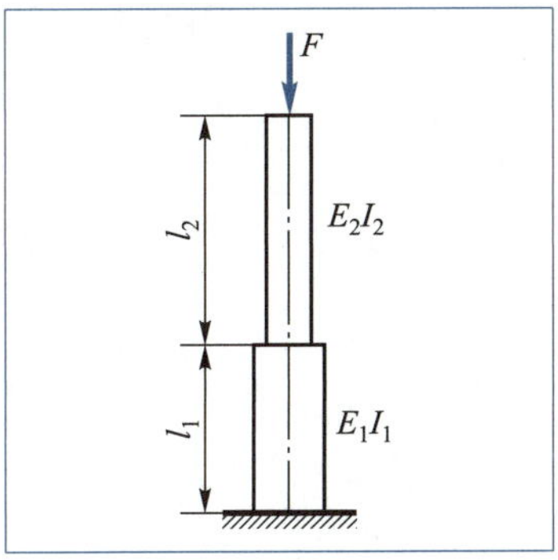

题 9.28 图

试推导该阶梯细长压杆欧拉临界压力的方程。

9.29 长度为 l 的细长压杆，下端固定、上端自由，如图所示。压杆的抗弯刚度 EI 为常数，试用能量法确定该细长压杆的临界压力。

提示：设失稳时挠曲线为 $w(x)=\delta\left(1-\cos\frac{\pi x}{2l}\right)$，$\delta$ 为自由端的挠度。

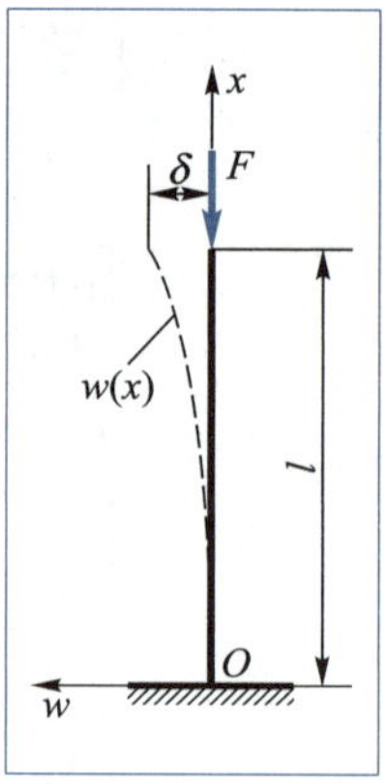

题 9.29 图

9.30 如图所示，长度为 l 的细长压杆，两端铰支，在压杆的上端和中部分别受压力 F 的作用。压杆的抗弯刚度 EI 为常数，试用能量法确定该压杆的临界压力。

提示：设失稳时挠曲线为 $w(x)=\delta\sin\frac{\pi x}{l}$，$\delta$ 为压杆中点的挠度。

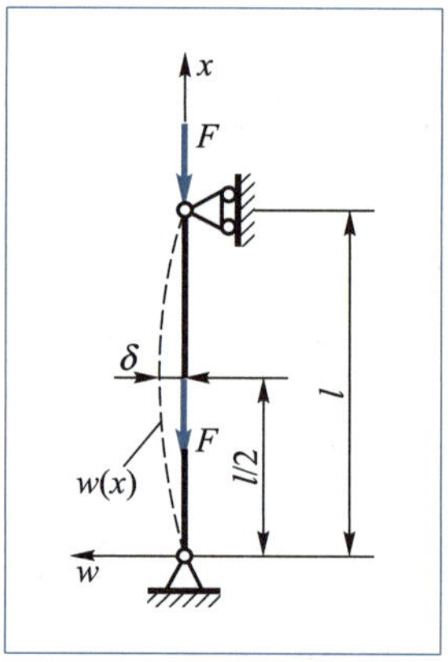

题 9.30 图

附录 I 平面图形的几何性质

§I.1 静矩和形心

任意平面图形如图 I.1 所示，其面积为 A。建立材料力学问题的直角坐标系时，通常用 x 轴表示杆件的轴线方向，用 y 轴和 z 轴表示杆件的横向，即横截面所在平面，如 §5.2 中的图 5.4c。因此，在本附录中，仍采用这种表示方法，也即 y 轴和 z 轴为图形所在平面内的坐标轴。在坐标（y，z）处，取微面积 $\mathrm{d}A$，遍及整个图形面积 A 的积分

$$S_z = \int_A y\mathrm{d}A, \quad S_y = \int_A z\mathrm{d}A \tag{I.1}$$

分别定义为图形对 z 轴和 y 轴的静矩，也称为图形对 z 轴和 y 轴的一次矩。

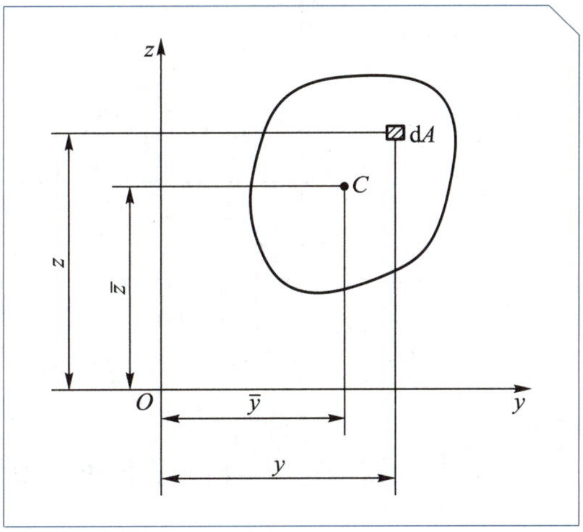

图 I.1

从式（I.1）看出，平面图形的静矩是对某一坐标轴而言的，同一图形对不同的坐标轴，其静矩通常也就不同。静矩的数值可能为正，可能为负，也可能等于零。静矩的量纲是长度的三次方。

设想有一个等厚的均质薄板，薄板中间面的形状与图 I.1 中的平面图形相同。显然，在 Oyz 坐标系中，上述均质薄板的重心与平面图形的形心有相同的坐标 $\bar{y}$ 和 $\bar{z}$。由静力学的合力矩定理可知，薄板重心的坐标 $\bar{y}$ 和 $\bar{z}$ 分别是

$$\bar{y} = \frac{\int_A y\mathrm{d}A}{A}, \quad \bar{z} = \frac{\int_A z\mathrm{d}A}{A} \tag{I.2}$$

这也就是确定平面图形的形心坐标的公式。

利用式（I.1）可以把式（I.2）改写成

$$\bar{y}=\frac{S_z}{A}, \quad \bar{z}=\frac{S_y}{A} \tag{Ⅰ.3}$$

所以，把平面图形对 z 轴和 y 轴的静矩，除以图形的面积 A，就得到图形形心的坐标 $\bar{y}$ 和 $\bar{z}$。把上式改写为

$$S_z=A\cdot\bar{y}, \quad S_y=A\cdot\bar{z} \tag{Ⅰ.4}$$

这表明，平面图形对 y 轴和 z 轴的静矩，分别等于图形面积 A 乘形心的坐标 $\bar{z}$ 和 $\bar{y}$。

由以上两式看出，若 $S_z=0$ 和 $S_y=0$，则 $\bar{y}=0$ 和 $\bar{z}=0$。可见，若图形对某一轴的静矩等于零，则该轴必然通过图形的形心；反之，若某一轴通过形心，则图形对该轴的静矩必等于零。

例Ⅰ.1 在图Ⅰ.2 中抛物线的方程为 $z=h\left(1-\frac{y^2}{b^2}\right)$。计算由抛物线、$y$ 轴和 z 轴所围成的平面图形对 y 轴和 z 轴的静矩 S_y 和 S_z，并确定图形的形心 C 的坐标。

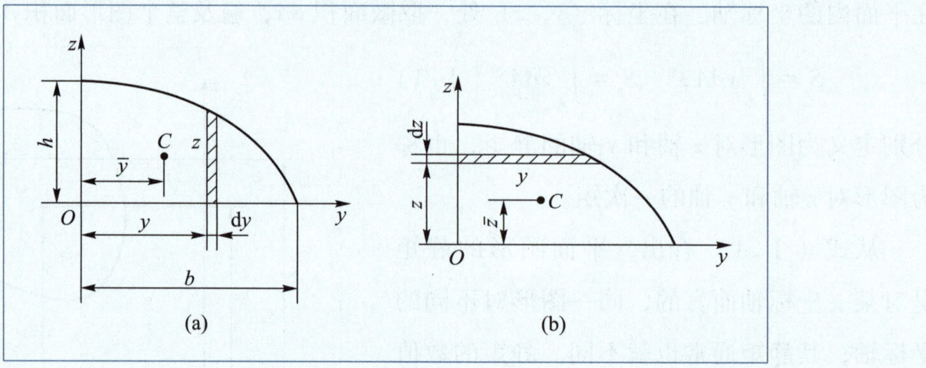

图Ⅰ.2

解： 取平行于 z 轴的狭长条作为微面积 dA（图Ⅰ.2a），则

$$dA=zdy=h\left(1-\frac{y^2}{b^2}\right)dy$$

图形的面积和对 z 轴的静矩分别为

$$A=\int_A dA=\int_0^b h\left(1-\frac{y^2}{b^2}\right)dy=\frac{2bh}{3}$$

$$S_z=\int_A ydA=\int_0^b yh\left(1-\frac{y^2}{b^2}\right)dy=\frac{b^2h}{4}$$

代入式（Ⅰ.3），得

$$\bar{y}=\frac{S_z}{A}=\frac{3}{8}b$$

取平行于 y 轴的狭长条作为微面积，如图Ⅰ.2b 所示，仿照上述方法，即可求出

$$S_y=\frac{4bh^2}{15},\quad \bar{z}=\frac{2h}{5}$$

当一个平面图形是由若干个简单图形（例如，矩形、圆形、三角形等）组成时，由静矩的定义可知，图形各组成部分对某一轴的静矩的代数和，等于整个图形对同一轴的静矩，即

$$S_z=\sum_{i=1}^{n}A_i\bar{y}_i,\quad S_y=\sum_{i=1}^{n}A_i\bar{z}_i \tag{Ⅰ.5}$$

式中，A_i 和 $\bar{y}_i$、$\bar{z}_i$ 分别表示任一组成部分的面积及其形心的坐标。n 表示图形由 n 个部分组成。由于图形的任一组成部分都是简单图形，其面积及形心坐标都不难确定，所以式（Ⅰ.5）中的右端任一项都可由式（Ⅰ.4）算出，其代数和即为整个组合图形的静矩。

若将式（Ⅰ.5）中的 S_z 和 S_y 代入式（Ⅰ.3），便得组合图形形心坐标的计算公式为

$$\bar{y}=\frac{\sum_{i=1}^{n}A_i\bar{y}_i}{\sum_{i=1}^{n}A_i},\quad \bar{z}=\frac{\sum_{i=1}^{n}A_i\bar{z}_i}{\sum_{i=1}^{n}A_i} \tag{Ⅰ.6}$$

例Ⅰ.2 试确定图Ⅰ.3 所示图形的形心 C 的位置。

解： 把图形看作由两个矩形Ⅰ和Ⅱ组成的，选取坐标系如图所示。每一矩形的面积及形心位置分别为

矩形Ⅰ

$$A_1=(120\ \text{mm})\times(10\ \text{mm})=1\ 200\ \text{mm}^2$$

$$\bar{y}_1=\frac{10\ \text{mm}}{2}=5\ \text{mm},\quad \bar{z}_1=\frac{120\ \text{mm}}{2}=60\ \text{mm}$$

矩形Ⅱ

$$A_2=(80\ \text{mm})\times(10\ \text{mm})=800\ \text{mm}^2$$

$$\bar{y}_2=10\ \text{mm}+\frac{80\ \text{mm}}{2}=50\ \text{mm},$$

$$\bar{z}_2=\frac{10\ \text{mm}}{2}=5\ \text{mm}$$

应用式（Ⅰ.6）求出整个图形形心 C 的坐标为

$$\bar{y}=\frac{A_1\bar{y}_1+A_2\bar{y}_2}{A_1+A_2}=23\ \text{mm}$$

$$\bar{z}=\frac{A_1\bar{z}_1+A_2\bar{z}_2}{A_1+A_2}=38\ \text{mm}$$

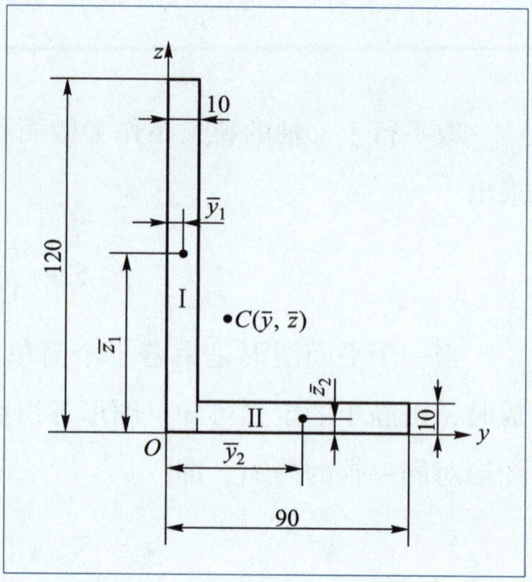

图Ⅰ.3

例Ⅰ.3 某单臂液压机机架的横截面尺寸如图Ⅰ.4所示。试确定截面形心的位置。

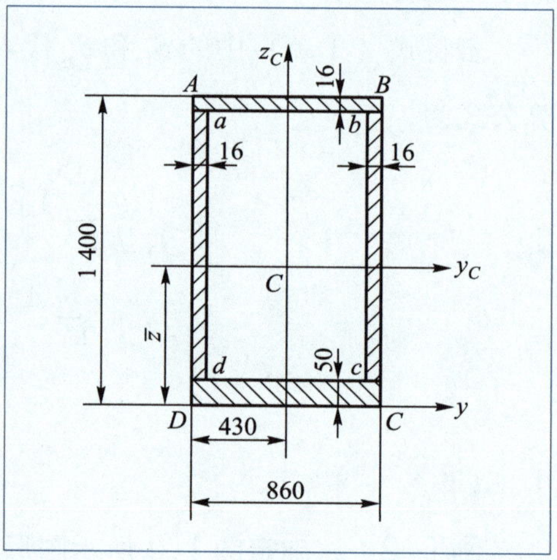

图Ⅰ.4

解： 截面有一垂直对称轴，其形心必然在这一对称轴上，因而只需确定形心在对称轴上的位置。把截面看成是由矩形 $ABCD$ 减去矩形 $abcd$，并设 $ABCD$ 的面积为 A_1，$abcd$ 的面积为 A_2。以底边 DC 作为参考坐标轴 y。

$$A_1=1.4\ \text{m}\times0.86\ \text{m}=1.204\ \text{m}^2$$

$$\bar{z}_1=\frac{1.4\ \text{m}}{2}=0.7\ \text{m}$$

$$A_2=(0.86-2\times0.016)\,\text{m}\times(1.4-0.05-0.016)\,\text{m}=1.105\ \text{m}^2$$

$$\bar{z}_2=\frac{1}{2}(1.4-0.05-0.016)\,\text{m}+0.05\ \text{m}=0.717\ \text{m}$$

由式（Ⅰ.6），整个截面的形心 C 的坐标 $\bar{z}$ 为

$$\bar{z}=\frac{A_1\bar{z}_1-A_2\bar{z}_2}{A_1-A_2}=0.51\ \mathrm{m}$$

§Ⅰ.2 惯性矩和惯性半径

任意平面图形如图Ⅰ.5所示，其面积为 A。y 轴和 z 轴为图形所在平面内的坐标轴。在坐标（y，z）处取微面积 $\mathrm{d}A$，遍及整个图形面积 A 的积分

$$I_y=\int_A z^2\mathrm{d}A,\quad I_z=\int_A y^2\mathrm{d}A \tag{Ⅰ.7}$$

分别定义为图形对 y 轴和 z 轴的惯性矩，也称为图形对 y 轴和 z 轴的二次轴矩。在式（Ⅰ.7）中，由于 z^2 和 y^2 总是正的，所以 I_y 和 I_z 也恒为正值。惯性矩的量纲是长度的四次方。

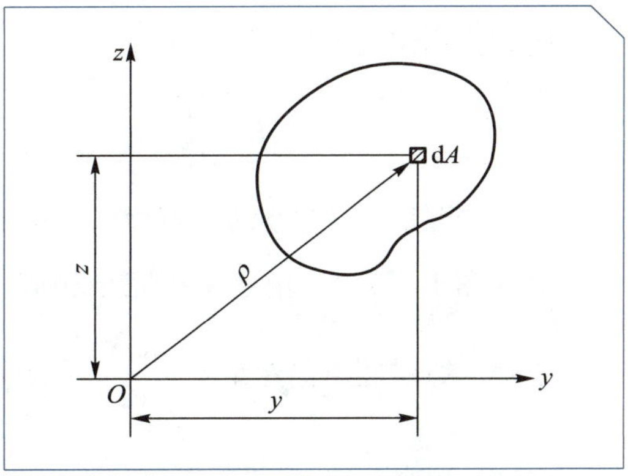

图Ⅰ.5

力学计算中，有时把惯性矩写成图形面积 A 与某一长度的平方的乘积，即

$$I_y=A\cdot i_y^2,\quad I_z=A\cdot i_z^2 \tag{Ⅰ.8}$$

或者改写为

$$i_y=\sqrt{\frac{I_y}{A}},\quad i_z=\sqrt{\frac{I_z}{A}} \tag{Ⅰ.9}$$

式中，i_y 和 i_z 分别称为图形对 y 轴和对 z 轴的惯性半径。惯性半径的量纲就是长度的量纲。

以 ρ 表示微面积 $\mathrm{d}A$ 到坐标原点 O 的距离，下列积分

$$I_\mathrm{p}=\int_A \rho^2\mathrm{d}A \tag{Ⅰ.10}$$

定义为图形对坐标原点 O 的极惯性矩，也称为图形的二次极矩。由图Ⅰ.5可以看出，$\rho^2=y^2+z^2$，于是有

$$I_\mathrm{p}=\int_A \rho^2\mathrm{d}A=\int_A (y^2+z^2)\mathrm{d}A=\int_A y^2\mathrm{d}A+\int_A z^2\mathrm{d}A$$

$$=I_z+I_y \tag{Ⅰ.11}$$

所以，图形对任意一对互相垂直的轴的惯性矩之和，等于它对该两轴交点（坐标原点）的极惯性矩。

例Ⅰ.4 试计算矩形对其对称轴 y 和 z（图Ⅰ.6）的惯性矩。设矩形的高度为 h，宽度为 b。

解： 先求对 y 轴的惯性矩。取平行于 y 轴的狭长条作为微面积 $\mathrm{d}A$。则

$$\mathrm{d}A=b\mathrm{d}z$$

$$I_y=\int_A z^2\mathrm{d}A=\int_{-\frac{h}{2}}^{\frac{h}{2}} bz^2\mathrm{d}z=\frac{bh^3}{12}$$

用完全相似的方法可以求得

$$I_z=\frac{hb^3}{12}$$

若图形为高度为 h、宽度为 b 的平行四边形（图Ⅰ.7），则由于算式完全相同，它对形心轴 y 的惯性矩仍然是 $I_y=\frac{bh^3}{12}$。但此时对 z 轴的惯性矩将不再等于$\frac{hb^3}{12}$。

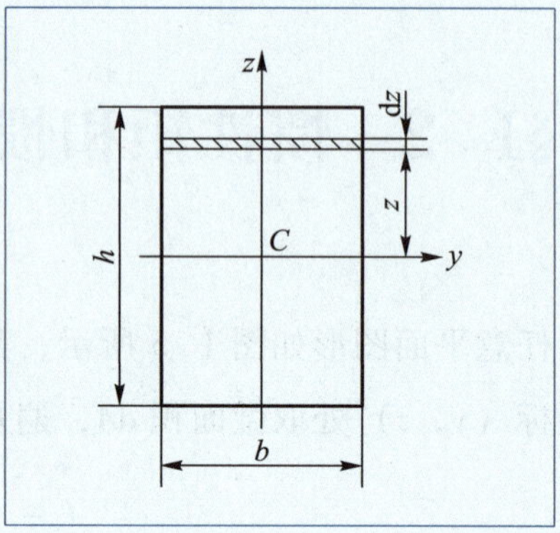

图Ⅰ.6

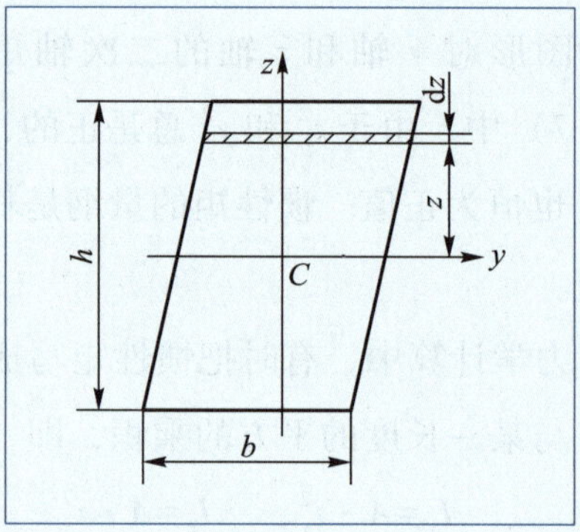

图Ⅰ.7

例Ⅰ.5 计算圆形对其形心轴的惯性矩。

解： 取图Ⅰ.8 中的阴影线面积为 $\mathrm{d}A$，则

$$\mathrm{d}A=2y\mathrm{d}z=2\sqrt{R^2-z^2}\,\mathrm{d}z$$

$$I_y=\int_A z^2\mathrm{d}A=2\int_{-R}^{R} z^2\sqrt{R^2-z^2}\,\mathrm{d}z$$

$$=\frac{\pi R^4}{4}=\frac{\pi D^4}{64}$$

由于 z 轴和 y 轴都与圆的直径重合，因此必然有

$$I_z = I_y = \frac{\pi D^4}{64}$$

由式（Ⅰ.11），可以求得圆形对圆心的极惯性矩

$$I_p = I_z + I_y = \frac{\pi D^4}{32}$$

这里又得出与式（3.12）相同的结果。

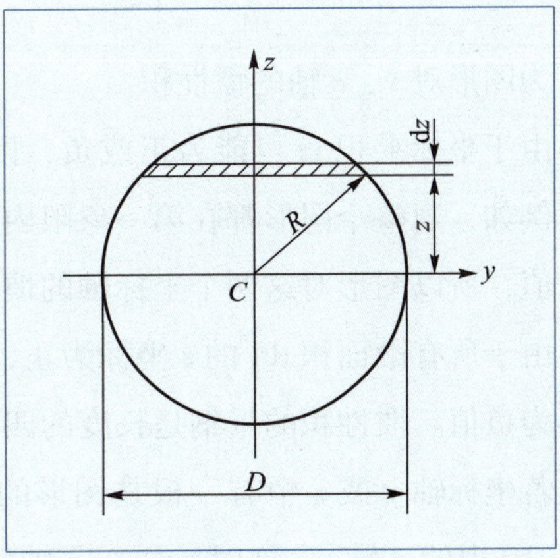

图Ⅰ.8

当一个平面图形是由若干个简单的图形组成时，根据惯性矩的定义，可先算出每一个简单图形对同一轴的惯性矩，然后求其总和，即等于整个图形对于这一轴的惯性矩。这可用下式表达为

$$I_y = \sum_{i=1}^{n} I_{yi}, \quad I_z = \sum_{i=1}^{n} I_{zi} \qquad (Ⅰ.12)$$

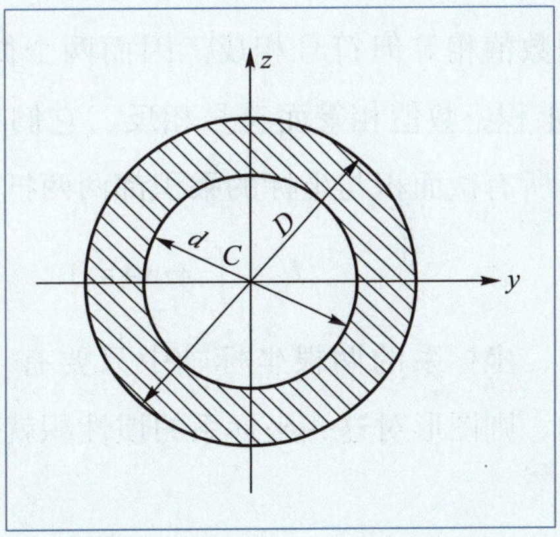

图Ⅰ.9

例如，可以把图Ⅰ.9所示空心圆，看作由直径为 D 的实心圆减去直径为 d 的实心圆，由式（Ⅰ.12），并使用例Ⅰ.5所得结果，即可求得

$$I_y = I_z = \frac{\pi D^4}{64} - \frac{\pi d^4}{64} = \frac{\pi}{64}(D^4 - d^4)$$

$$I_p = \frac{\pi D^4}{32} - \frac{\pi d^4}{32} = \frac{\pi}{32}(D^4 - d^4)$$

§Ⅰ.3 惯性积

在平面图形的坐标（y，z）处，取微面积 dA（图Ⅰ.5），将遍及整个图形面积 A 的积分

$$I_{yz}=\int_A yz\mathrm{d}A \tag{Ⅰ.13}$$

定义为图形对 y、z 轴的惯性积。

由于坐标乘积 yz 可能为正或负，因此，I_{yz} 的数值可能为正，可能为负，也可能等于零。例如，当整个图形都在第一象限内时（图Ⅰ.5），由于所有微面积 $\mathrm{d}A$ 的 y、z 坐标均为正值，所以图形对这两个坐标轴的惯性积也必为正值。又如当整个图形都在第二象限内时，由于所有微面积 $\mathrm{d}A$ 的 z 坐标为正，而 y 坐标为负，因而图形对这两个坐标轴的惯性积必为负值。惯性积的量纲是长度的四次方。

若坐标轴 y 或 z 中有一根是图形的对称轴（例如，图Ⅰ.10 中的 z 轴），这时，如在 z 轴两侧的对称位置处，各取一微面积 $\mathrm{d}A$，显然，两者的 z 坐标相同，y 坐标则数值相等但符号相反。因而两个微面积与坐标 y、z 的乘积，数值相等而符号相反，它们在积分中相互抵消。所有微面积与坐标的乘积都两两抵消，最后使得

$$I_{yz}=\int_A yz\mathrm{d}A=0$$

所以，坐标系的两根坐标轴中只要有一根为图形的对称轴，则图形对这一坐标系的惯性积就等于零。

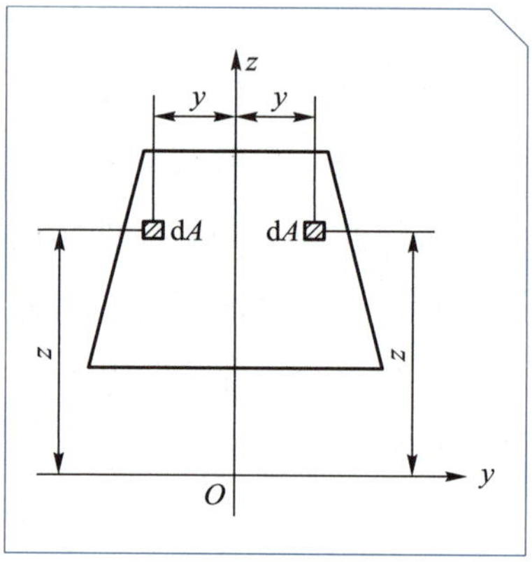

图Ⅰ.10

§Ⅰ.4 平行移轴公式

同一平面图形对于平行的两对坐标轴的惯性矩或惯性积并不相同。当其中一对坐标轴是图形的形心轴时，它们之间有比较简单的关系。现在介绍这种关系的表达式。

在图Ⅰ.11 中，C 为图形的形心，y_C 和 z_C 是通过形心的坐标轴。图形对形心轴 y_C 和 z_C 的惯性矩和惯性积分别记为

$$I_{y_C}=\int_A z_C^2\mathrm{d}A,\quad I_{z_C}=\int_A y_C^2\mathrm{d}A,\quad I_{y_Cz_C}=\int_A y_Cz_C\mathrm{d}A \tag{a}$$

若 y 轴平行于 y_C，且两者的距离为 a；z 轴平行于 z_C，且两者的距离为 b，图形对 y 轴和 z 轴的惯性矩和惯性积应为

$$I_y=\int_A z^2\mathrm{d}A,\quad I_z=\int_A y^2\mathrm{d}A,\quad I_{yz}=\int_A yz\mathrm{d}A \tag{b}$$

由图 I.11 可以看出

$$y=y_C+b,\quad z=z_C+a \tag{c}$$

将式（c）代入式（b），得

$$I_y=\int_A z^2\mathrm{d}A=\int_A (z_C+a)^2\mathrm{d}A$$

$$=\int_A z_C^2\mathrm{d}A+2a\int_A z_C\mathrm{d}A+a^2\int_A \mathrm{d}A$$

$$I_z=\int_A y^2\mathrm{d}A=\int_A (y_C+b)^2\mathrm{d}A$$

$$=\int_A y_C^2\mathrm{d}A+2b\int_A y_C\mathrm{d}A+b^2\int_A \mathrm{d}A$$

$$I_{yz}=\int_A yz\mathrm{d}A=\int_A (y_C+b)(z_C+a)\mathrm{d}A$$

$$=\int_A y_Cz_C\mathrm{d}A+a\int_A y_C\mathrm{d}A+b\int_A z_C\mathrm{d}A+ab\int_A \mathrm{d}A$$

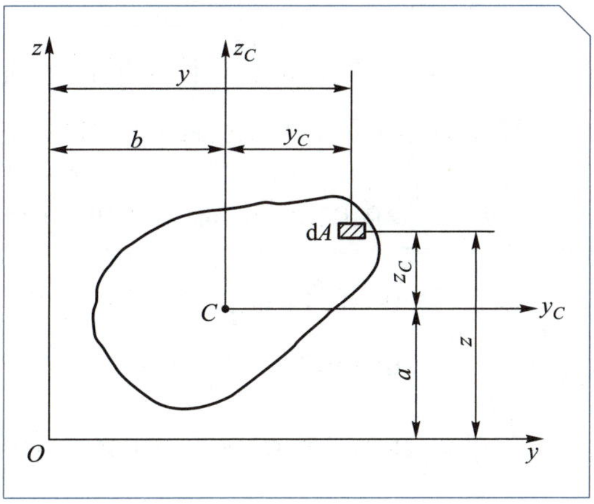

图 I.11

在以上三式中，$\int_A z_C\mathrm{d}A$ 和 $\int_A y_C\mathrm{d}A$ 分别为图形对形心轴 y_C 和 z_C 的静矩，其值都等于零（§ I.1）。注意到 $\int_A \mathrm{d}A=A$，如再应用式（a），则上列三式简化为

$$\left.\begin{aligned}I_y&=I_{y_C}+a^2A\\I_z&=I_{z_C}+b^2A\\I_{yz}&=I_{y_Cz_C}+abA\end{aligned}\right\}\tag{I.14}$$

式（I.14）即为惯性矩和惯性积的平行移轴公式。使用时要注意，a 和 b 是图形的形心在 Oyz 坐标系中的坐标，所以它们是有正负的。

例 I.6 试计算图 I.12 所示图形对其形心轴 y_C 的惯性矩 I_{y_C}。

解： 把图形看作由两个矩形 I 和 II 所组成。图形的形心必然在对称轴上。为了确定 $\bar{z}$，取通过矩形 II 的形心且平行于底边的参考轴 y，得

$$\bar{z}=\frac{A_1z_1+A_2z_2}{A_1+A_2}$$

$$=\frac{(0.14\times0.02\times0.08+0.1\times0.02\times0)\ \mathrm{m}^3}{(0.14\times0.02+0.1\times0.02)\ \mathrm{m}^2}$$

$$=0.046\ 7\ \mathrm{m}$$

形心位置确定后，使用平行移轴公式，分别算出矩形Ⅰ和Ⅱ对 y_C 轴的惯性矩，它们是

$$I_{y_C}^{\mathrm{I}}=\frac{1}{12}\times0.02\times0.14^3\ \mathrm{m}^4+(0.08-0.0467)^2\times 0.02\times0.14\ \mathrm{m}^4$$

$$=7.68\times10^{-6}\ \mathrm{m}^4$$

$$I_{y_C}^{\mathrm{II}}=\frac{1}{12}\times0.1\times0.02^3\ \mathrm{m}^4+0.0467^2\times0.1\times0.02\ \mathrm{m}^4$$

$$=4.43\times10^{-6}\ \mathrm{m}^4$$

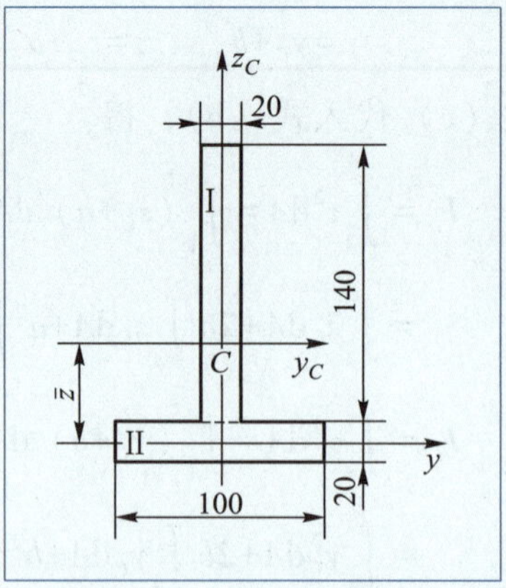

图Ⅰ.12

整个图形对 y_C 轴的惯性矩应为

$$I_{y_C}=I_{y_C}^{\mathrm{I}}+I_{y_C}^{\mathrm{II}}=7.68\times10^{-6}\ \mathrm{m}^4+4.43\times10^{-6}\ \mathrm{m}^4=12.11\times10^{-6}\ \mathrm{m}^4$$

例Ⅰ.7 试计算例Ⅰ.3（图Ⅰ.4）中液压机机架横截面对形心轴 y_C 的惯性矩及对形心轴 y_C、z_C 的惯性积 $I_{y_Cz_C}$。

解： 在例Ⅰ.3中已经求出 y_C 轴到截面底边的距离为 $\bar{z}=0.51$ m。现在把截面看作从矩形 $ABCD$ 中减去矩形 $abcd$。由平行移轴公式求出矩形 $ABCD$ 对 y_C 轴的惯性矩为

$$I_{y_C}^{\mathrm{I}}=\frac{1}{12}\times0.86\times1.4^3\mathrm{m}^4+0.86\times1.4\times(0.7-0.51)^2\ \mathrm{m}^4=0.24\ \mathrm{m}^4$$

矩形 $abcd$ 对 y_C 轴的惯性矩为

$$I_{y_C}^{\mathrm{II}}=\frac{1}{12}\times0.828\times1.334^3\mathrm{m}^4+0.828\times1.334\times\left(\frac{1.334}{2}+0.05-0.51\right)^2\ \mathrm{m}^4$$

$$=0.211\ \mathrm{m}^4$$

整个截面对 y_C 轴的惯性矩是

$$I_y=I_{y_C}^{\mathrm{I}}-I_{y_C}^{\mathrm{II}}=0.24\ \mathrm{m}^4-0.211\ \mathrm{m}^4=0.029\ \mathrm{m}^4$$

由于 z_C 轴是对称轴，故 $I_{y_Cz_C}=0$。

例Ⅰ.8 计算图Ⅰ.13 所示△*OBD* 对 y、z 轴和形心轴 y_C、z_C 的惯性积 I_{yz} 和 $I_{y_Cz_C}$。

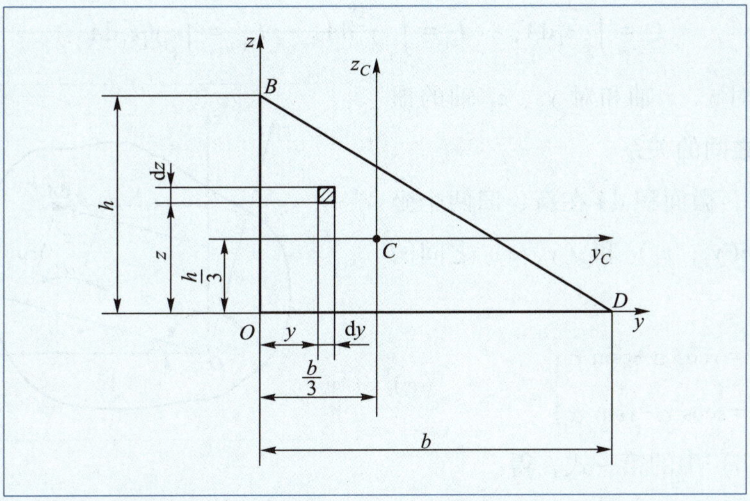

图Ⅰ.13

解： 三角形斜边 *BD* 的方程式为

$$z=\frac{h(b-y)}{b}$$

取微面积 $dA=dydz$，三角形对 y、z 轴的惯性积 I_{yz} 为

$$I_{yz}=\int_A yz\mathrm{d}A=\int_0^b\left(\int_0^z z\mathrm{d}z\right)y\mathrm{d}y=\int_0^b\frac{h^2}{2b^2}(b-y)^2y\mathrm{d}y=\frac{b^2h^2}{24}$$

三角形的形心 C 在 Oyz 坐标系中的坐标为$\left(\frac{b}{3},\ \frac{h}{3}\right)$，由惯性积的平行移轴公式得

$$I_{y_Cz_C}=I_{yz}-\left(\frac{b}{3}\right)\left(\frac{h}{3}\right)A=\frac{b^2h^2}{24}-\frac{b}{3}\cdot\frac{h}{3}\cdot\frac{bh}{2}=-\frac{b^2h^2}{72}$$

§Ⅰ.5 转轴公式 主惯性轴

任意平面图形（图Ⅰ.14）对 y 轴和 z 轴的惯性矩和惯性积为

$$I_y=\int_A z^2\mathrm{d}A,\quad I_z=\int_A y^2\mathrm{d}A,\quad I_{yz}=\int_A yz\mathrm{d}A \tag{a}$$

若将坐标轴绕 O 点旋转 α 角，且以逆时针转向为正，旋转后得新的坐标轴 y_1、z_1，而图形对 y_1、z_1 轴的惯性矩和惯性积则应分别为

$$I_{y_1}=\int_A z_1^2\mathrm{d}A,\quad I_{z_1}=\int_A y_1^2\mathrm{d}A,\quad I_{y_1z_1}=\int_A y_1z_1\mathrm{d}A \tag{b}$$

现在研究图形对 y、z 轴和对 y_1、z_1 轴的惯性矩及惯性积之间的关系。

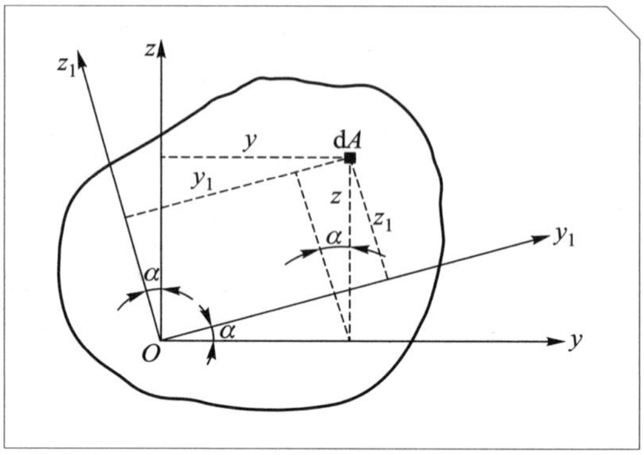

图Ⅰ.14

由图Ⅰ.14，微面积 dA 在新、旧两个坐标系中的坐标（y_1，z_1）和（y，z）之间的关系为

$$\left.\begin{aligned}y_1&=y\cos\alpha+z\sin\alpha\\ z_1&=z\cos\alpha-y\sin\alpha\end{aligned}\right\} \tag{c}$$

把 z_1 代入式（b）中的第一式，得

$$\begin{aligned}I_{y_1}&=\int_A z_1^2\mathrm{d}A=\int_A(z\cos\alpha-y\sin\alpha)^2\mathrm{d}A\\&=\cos^2\alpha\int_A z^2\mathrm{d}A+\sin^2\alpha\int_A y^2\mathrm{d}A-2\sin\alpha\cos\alpha\int_A yz\mathrm{d}A\\&=I_y\cos^2\alpha+I_z\sin^2\alpha-I_{yz}\sin 2\alpha\end{aligned}$$

将 $\cos^2\alpha=\frac{1}{2}(1+\cos 2\alpha)$ 和 $\sin^2\alpha=\frac{1}{2}(1-\cos 2\alpha)$ 代入上式，得出

$$I_{y_1}=\frac{I_y+I_z}{2}+\frac{I_y-I_z}{2}\cos 2\alpha-I_{yz}\sin 2\alpha \tag{Ⅰ.15}$$

同理，利用式（c），由式（b）的第二式和第三式可以求得

$$I_{z_1}=\frac{I_y+I_z}{2}-\frac{I_y-I_z}{2}\cos 2\alpha+I_{yz}\sin 2\alpha \tag{Ⅰ.16}$$

$$I_{y_1z_1}=\frac{I_y-I_z}{2}\sin 2\alpha+I_{yz}\cos 2\alpha \tag{Ⅰ.17}$$

可见，I_{y_1}、I_{z_1}、$I_{y_1z_1}$ 随 α 角的改变而变化，它们都是 α 的函数。

将式（Ⅰ.15）对 α 求导数，得

$$\frac{\mathrm{d}I_{y_1}}{\mathrm{d}\alpha}=-2\left(\frac{I_y-I_z}{2}\sin 2\alpha+I_{yz}\cos 2\alpha\right) \tag{d}$$

若 $\alpha=\alpha_0$ 时，能使导数 $\frac{\mathrm{d}I_{y_1}}{\mathrm{d}\alpha}=0$，则对 α_0 所确定的坐标轴，图形的惯性矩为最大值或最小

值。以 α_0 代入式（d），并令其等于零，得到

$$\frac{I_y-I_z}{2}\sin 2\alpha_0+I_{yz}\cos 2\alpha_0=0 \tag{e}$$

由此求出

$$\tan 2\alpha_0=-\frac{2I_{yz}}{I_y-I_z} \tag{Ⅰ.18}$$

由式（Ⅰ.18）可以求出相差 90°的两个角度 α_0，从而确定了一对坐标轴 y_0 和 z_0。图形对这一对坐标轴中的一根轴的惯性矩为最大值 $I_{\max}$，而对另一根轴的惯性矩则为最小值 $I_{\min}$。比较式（e）和式（Ⅰ.17），可见使导数 $\frac{\mathrm{d}I_{y_1}}{\mathrm{d}\alpha}=0$ 的角度 α_0 恰好使惯性积等于零。所以，当坐标轴绕 O 点旋转到某一位置 y_0 和 z_0 时，图形对这一对坐标轴的惯性积等于零，这一对坐标轴称为主惯性轴，简称为主轴。对主惯性轴的惯性矩称为主惯性矩。如上所述，对通过 O 点的所有轴来说，对主轴的两个主惯性矩，一个是最大值，另一个是最小值。

通过图形形心 C 的主惯性轴称为形心主惯性轴，图形对该轴的惯性矩就称为形心主惯性矩。如果这里所说的平面图形是杆件的横截面，则截面的形心主惯性轴与杆件轴线所确定的平面，称为形心主惯性平面。杆件横截面的形心主惯性轴、形心主惯性矩和杆件的形心主惯性平面，在杆件的弯曲理论中有重要意义。截面对于对称轴的惯性积等于零，截面形心又必然在对称轴上，所以截面的对称轴就是形心主惯性轴，它与杆件轴线确定的纵向对称面就是形心主惯性平面。

由式（Ⅰ.18）求出角度 α_0 的数值，代入式（Ⅰ.15）和式（Ⅰ.16）就可求得图形的主惯性矩。为了计算方便，下面导出直接计算主惯性矩的公式。由式（Ⅰ.18）可以求得

$$\cos 2\alpha_0=\frac{1}{\sqrt{1+\tan^2 2\alpha_0}}=\frac{I_y-I_z}{\sqrt{(I_y-I_z)^2+4I_{yz}^2}}$$①

$$\sin 2\alpha_0=\tan 2\alpha_0\cdot\cos 2\alpha_0=\frac{-2I_{yz}}{\sqrt{(I_y-I_z)^2+4I_{yz}^2}}$$

将以上两式代入式（Ⅰ.15）和式（Ⅰ.16），经简化后得出主惯性矩的计算公式是

$$\left.\begin{aligned}I_{y_0}&=\frac{I_y+I_z}{2}+\frac{1}{2}\sqrt{(I_y-I_z)^2+4I_{yz}^2}\\I_{z_0}&=\frac{I_y+I_z}{2}-\frac{1}{2}\sqrt{(I_y-I_z)^2+4I_{yz}^2}\end{aligned}\right\} \tag{Ⅰ.19}$$

---

① 这里取正号，可使得 I_{y_0} 取得最大值；若取负号，即 $\cos 2\alpha_0=-\frac{1}{\sqrt{1+\tan^2 2\alpha_0}}$，相应地 I_{y_0} 取得最小值。

由式（Ⅰ.15）和式（Ⅰ.16）还可得

$$I_{y_1}+I_{z_1}=I_y+I_z \tag{Ⅰ.20}$$

式（Ⅰ.20）表明截面对通过同一点的任意一对相互垂直的坐标轴的两惯性矩之和为一常数，即等于截面对坐标原点的极惯性矩，见式（Ⅰ.11）。

例Ⅰ.9 试确定图Ⅰ.15所示图形的形心主惯性轴的位置，并计算形心主惯性矩。

解： 首先确定图形的形心。由于图形有一中心对称点 C，该点即为图形的形心。选取通过形心的水平轴及垂直轴作为 y 轴和 z 轴。把图形看作由Ⅰ、Ⅱ、Ⅲ三个矩形所组成。矩形Ⅰ的形心坐标为（-35，74.5）mm，矩形Ⅲ的形心坐标为（35，-74.5）mm，矩形Ⅱ的形心与 C 点重合。利用平行移轴公式分别求出各矩形对 y 轴和 z 轴的惯性矩和惯性积如下：

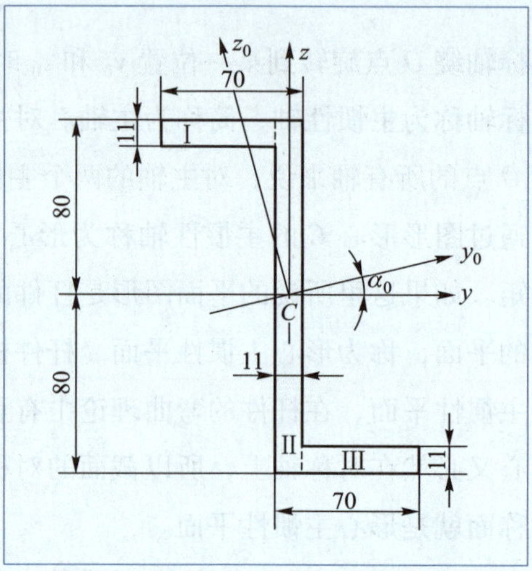

图Ⅰ.15

矩形Ⅰ

$$I_y^{\mathrm{I}}=\frac{1}{12}\times 0.059\times 0.011^3\ \mathrm{m}^4+0.074\ 5^2\times 0.011\times 0.059\ \mathrm{m}^4$$

$$=3.609\times 10^{-6}\ \mathrm{m}^4$$

$$I_z^{\mathrm{I}}=\frac{1}{12}\times 0.011\times 0.059^3\ \mathrm{m}^4+(-0.035)^2\times 0.011\times 0.059\ \mathrm{m}^4$$

$$=0.983\times 10^{-6}\ \mathrm{m}^4$$

$$I_{yz}^{\mathrm{I}}=0+(-0.035)\times 0.074\ 5\times 0.011\times 0.059\ \mathrm{m}^4$$

$$=-1.692\times 10^{-6}\ \mathrm{m}^4$$

矩形Ⅱ

$$I_y^{\mathrm{II}}=\frac{1}{12}\times 0.011\times 0.16^3\ \mathrm{m}^4=3.755\times 10^{-6}\ \mathrm{m}^4$$

$$I_z^{\mathrm{II}}=\frac{1}{12}\times 0.16\times 0.011^3\ \mathrm{m}^4=0.017\ 7\times 10^{-6}\ \mathrm{m}^4$$

$$I_{yz}^{\mathrm{II}}=0$$

矩形Ⅲ

$$I_y^{\mathrm{III}}=\frac{1}{12}\times 0.059\times 0.011^3\ \mathrm{m}^4+(-0.0745)^2\times 0.011\times 0.059\ \mathrm{m}^4$$

$$=3.609\times 10^{-6}\ \mathrm{m}^4$$

$$I_z^{\mathrm{III}}=\frac{1}{12}\times 0.011\times 0.059^3\ \mathrm{m}^4+0.035^2\times 0.011\times 0.059\ \mathrm{m}^4$$

$$=0.983\times 10^{-6}\ \mathrm{m}^4$$

$$I_{yz}^{\mathrm{III}}=0+0.035\times(-0.0745)\times 0.011\times 0.059\ \mathrm{m}^4$$

$$=-1.692\times 10^{-6}\ \mathrm{m}^4$$

整个图形对 y 轴和 z 轴的惯性矩和惯性积为

$$I_y=I_y^{\mathrm{I}}+I_y^{\mathrm{II}}+I_y^{\mathrm{III}}=(3.609+3.755+3.609)\times 10^{-6}\ \mathrm{m}^4$$

$$=10.973\times 10^{-6}\ \mathrm{m}^4$$

$$I_z=I_z^{\mathrm{I}}+I_z^{\mathrm{II}}+I_z^{\mathrm{III}}=(0.983+0.0177+0.983)\times 10^{-6}\ \mathrm{m}^4$$

$$=1.984\times 10^{-6}\ \mathrm{m}^4$$

$$I_{yz}=I_{yz}^{\mathrm{I}}+I_{yz}^{\mathrm{II}}+I_{yz}^{\mathrm{III}}=(-1.692+0-1.692)\times 10^{-6}\ \mathrm{m}^4$$

$$=-3.384\times 10^{-6}\ \mathrm{m}^4$$

把求得的 I_y、I_z、I_{yz} 代入式（Ⅰ.18），得

$$\tan 2\alpha_0=\frac{-2I_{yz}}{I_y-I_z}=\frac{-2\times(-3.384\times 10^{-6})\ \mathrm{m}^4}{10.973\times 10^{-6}\ \mathrm{m}^4-1.984\times 10^{-6}\ \mathrm{m}^4}=0.753$$

$$2\alpha_0\approx 37^\circ\ \text{或}\ 217^\circ$$

$$\alpha_0\approx 18.5^\circ\text{或}\ 108.5^\circ$$

α_0 的两个值分别确定了形心主惯性轴 y_0 和 z_0 的位置。将 α_0 的两个值分别代入式（Ⅰ.15），求出图形的形心主惯性矩为

$$I_{y_0}=I_{y_1}\Big|_{2\alpha_0=37^\circ}=\frac{10.973\times 10^{-6}+1.984\times 10^{-6}}{2}\mathrm{m}^4+$$

$$\frac{10.973\times 10^{-6}-1.984\times 10^{-6}}{2}\mathrm{m}^4\times\cos 37^\circ-$$

$$(-3.384\times 10^{-6})\ \mathrm{m}^4\times\sin 37^\circ=12.1\times 10^{-6}\ \mathrm{m}^4$$

$$I_{z_0}=I_{y_1}\Big|_{2\alpha_0=217^\circ}=\frac{10.973\times10^{-6}+1.984\times10^{-6}}{2}\text{m}^4+$$

$$\frac{10.973\times10^{-6}-1.984\times10^{-6}}{2}\text{m}^4\times\cos 217^\circ-$$

$$(-3.384\times10^{-6})\ \text{m}^4\times\sin 217^\circ=0.85\times10^{-6}\ \text{m}^4$$

也可以把 $2\alpha_0=37^\circ$ 代入式（Ⅰ.16）求出 $I_{z_0}=I_{z_1}\Big|_{2\alpha_0=37^\circ}$。

在求出 I_y、I_z、I_{yz} 后，还可按另外一种方法计算形心主惯性矩，确定形心主惯性轴。这时，由式（Ⅰ.19）求得形心主惯性矩为

$$\left.\begin{matrix}I_{y_0}\\I_{z_0}\end{matrix}\right\}=\frac{I_y+I_z}{2}\pm\frac{1}{2}\sqrt{(I_y-I_z)^2+4I_{yz}^2}$$

$$=\frac{10.973\times10^{-6}+1.984\times10^{-6}}{2}\ \text{m}^4\pm$$

$$\frac{1}{2}\sqrt{(10.973\times10^{-6}-1.984\times10^{-6})^2+4(-3.384\times10^{-6})^2}\ \text{m}^4$$

$$=\begin{cases}12.1\times10^{-6}\ \text{m}^4\\0.85\times10^{-6}\ \text{m}^4\end{cases}$$

当确定主惯性轴的位置时，如约定 I_y 代表较大的惯性矩（即 $I_y>I_z$），则由式（Ⅰ.18）算出的两个角度 α_0 中，若将两个角度均限定在（-90°，90°）之间，则由绝对值较小的 α_0 确定的主惯性轴对应的主惯性矩为最大值。例如，在现在讨论的例题中，由 $\alpha_0=18.5^\circ$ 所确定的形心主惯性轴，对应着最大的形心主惯性矩 $I_{y_0}=12.1\times10^{-6}\ \text{m}^4$。

图形对不同坐标轴的惯性矩和惯性积的变化情况，也可仿照二向应力的图解法（§7.4）进行类似的分析，这些留给读者去完成。

习　题

习题：
附录Ⅰ平面图形的几何性质

Ⅰ.1　在例题Ⅰ.1中，取微面积 $dA=dydz$，试用二重积分重解该题。

Ⅰ.2　确定图示各图形形心的位置。

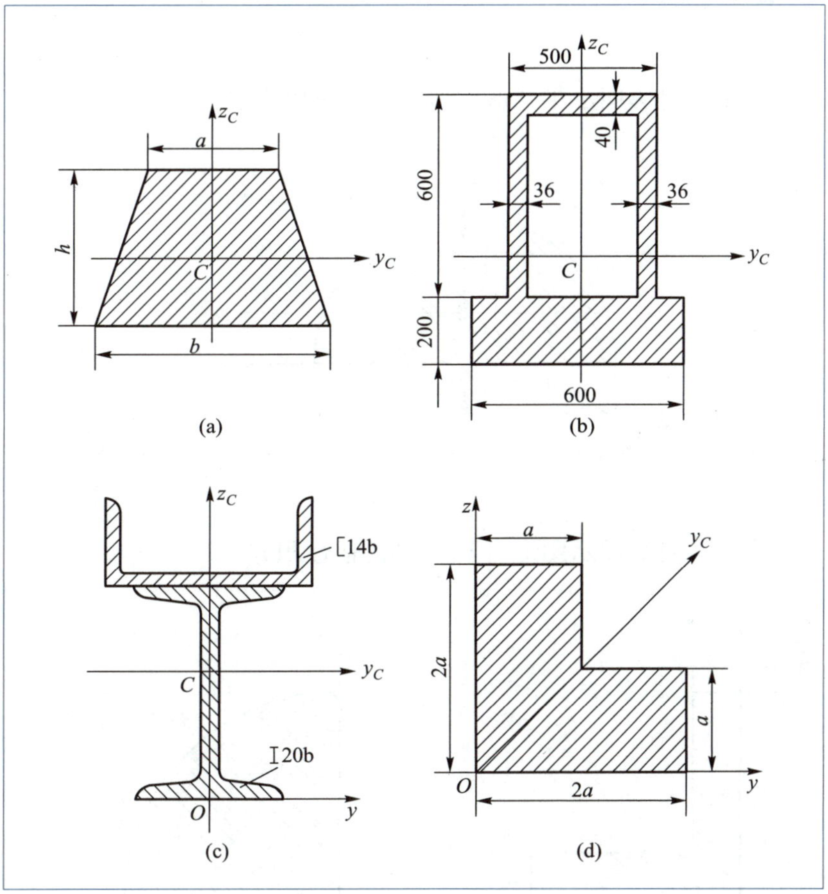

题Ⅰ.2图

Ⅰ.3　试用积分法求图示各图形的 I_y 值。

Ⅰ.4　试计算题Ⅰ.2中各平面图形对形心轴 y_C 的惯性矩。

Ⅰ.5　薄壁圆环的平均半径为 r，厚度为 δ（$r\gg\delta$），试证薄壁圆环对任意直径的惯性矩为 $I=\pi r^3\delta$，对圆心的极惯性矩为 $I_p=2\pi r^3\delta$。

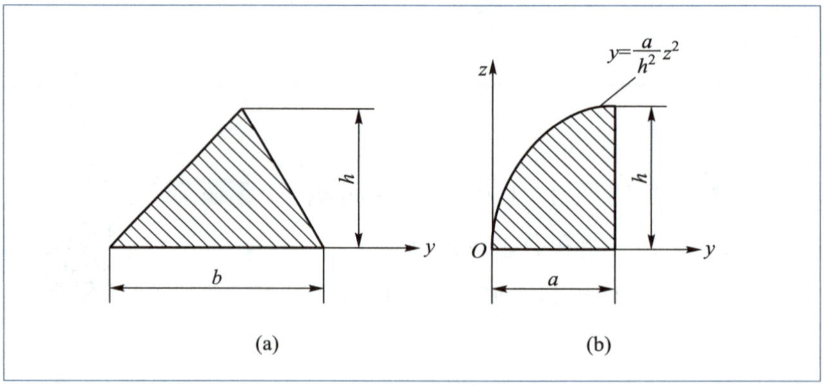

题Ⅰ.3图

Ⅰ.6 计算图示半圆形对形心轴 y_C 的惯性矩。

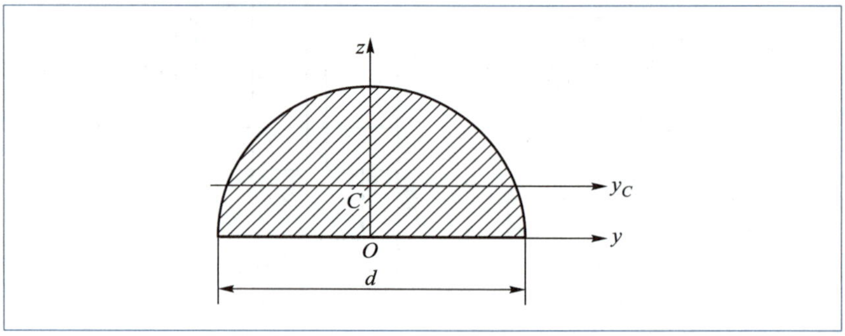

题Ⅰ.6图

Ⅰ.7 计算图示图形对 y、z 轴的惯性积 I_{yz}。

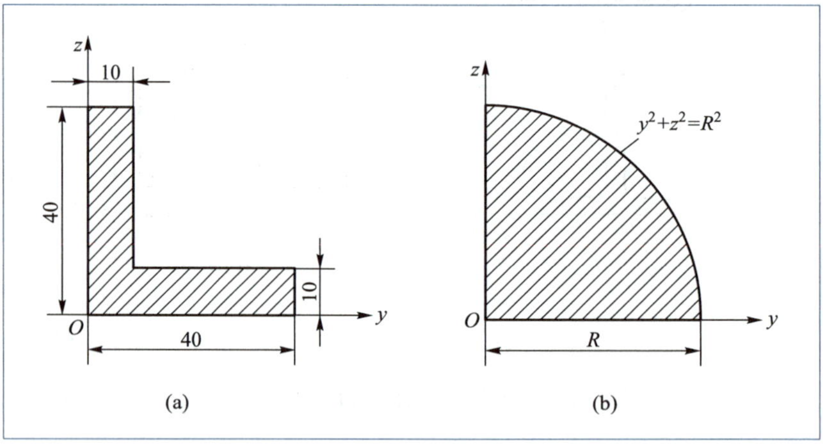

题Ⅰ.7图

Ⅰ.8 计算下列图形对 y、z 轴的惯性矩 I_y、I_z 和惯性积 I_{yz}。

Ⅰ.9 试确定图示平面图形的形心主惯性轴的位置，并求形心主惯性矩。

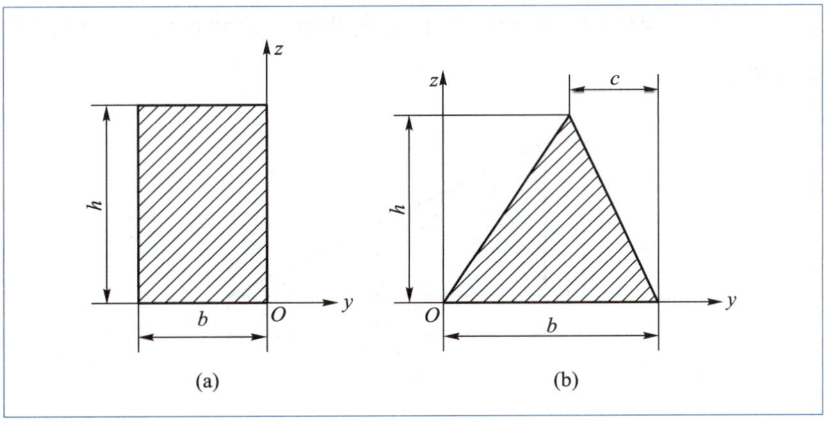

题Ⅰ.8图

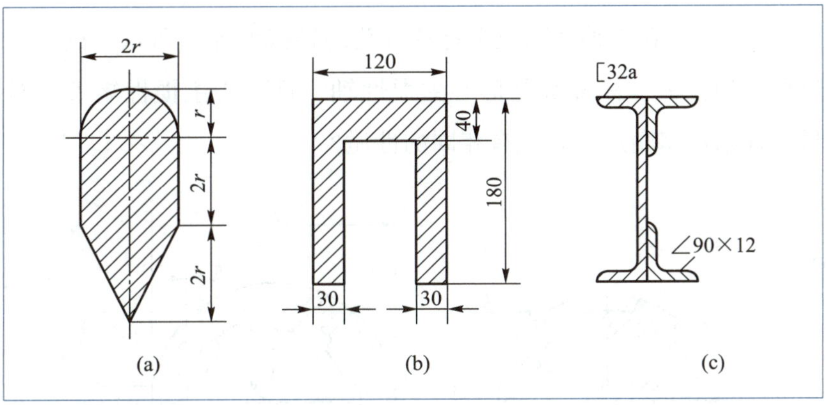

题Ⅰ.9图

Ⅰ.10 试确定所示图形通过坐标原点 O 的主惯性轴的位置，并计算主惯性矩 I_{y_0} 和 I_{z_0} 值。

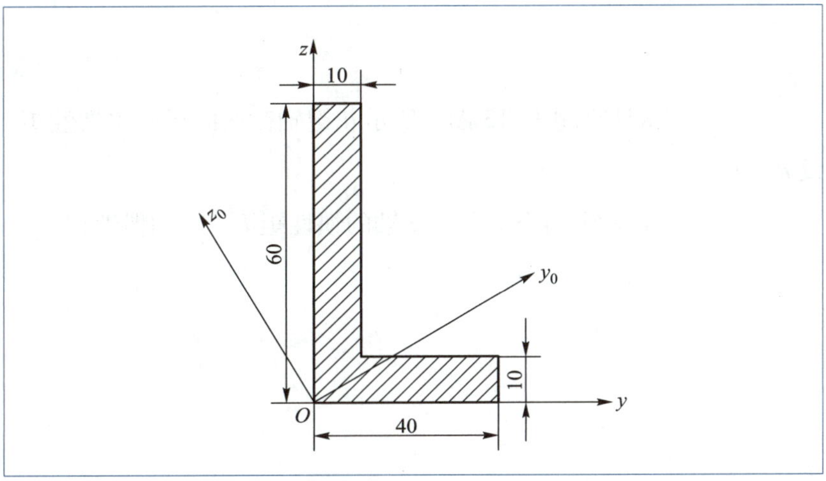

题Ⅰ.10图

Ⅰ.11 求图示三角形的形心主惯性矩，并确定形心主惯性轴的位置。

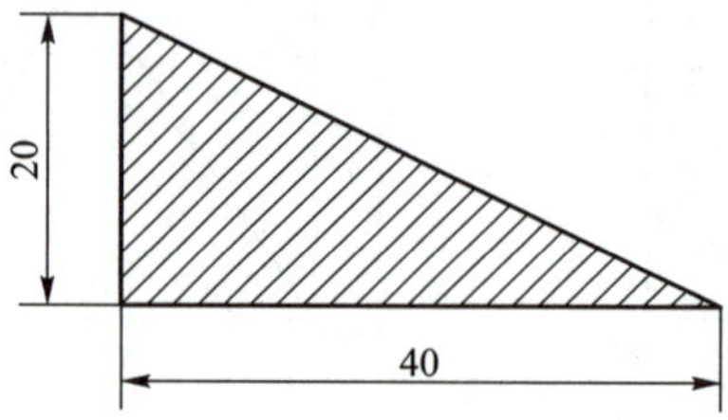

题Ⅰ.11图

Ⅰ.12 确定题Ⅰ.10中图形的形心主惯性矩及形心主惯性轴。

*Ⅰ.13 花键轴截面及带有花键孔的轴截面如图所示。试证通过形心的任一坐标轴都是形心主惯性轴，且形心主惯性矩等于常量。任意正多角形是否也有相同的性质？

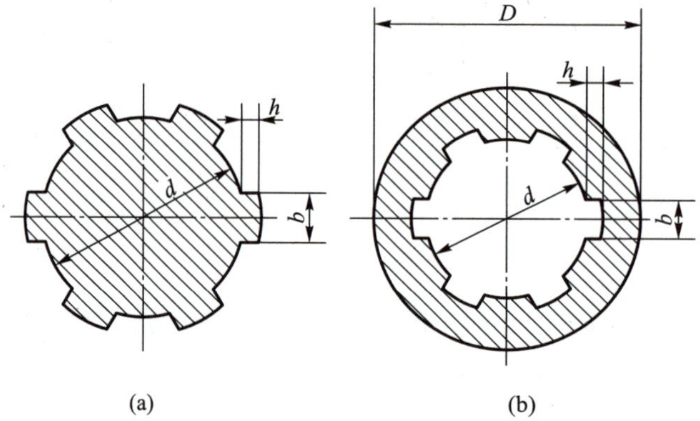

题Ⅰ.13图

Ⅰ.14 试计算题Ⅰ.13图a所示花键轴截面的形心主惯性矩。设 $h \ll d$。

Ⅰ.15 计算图示图形对 y、z 轴的惯性矩 I_y、I_z 和惯性积 I_{yz}。

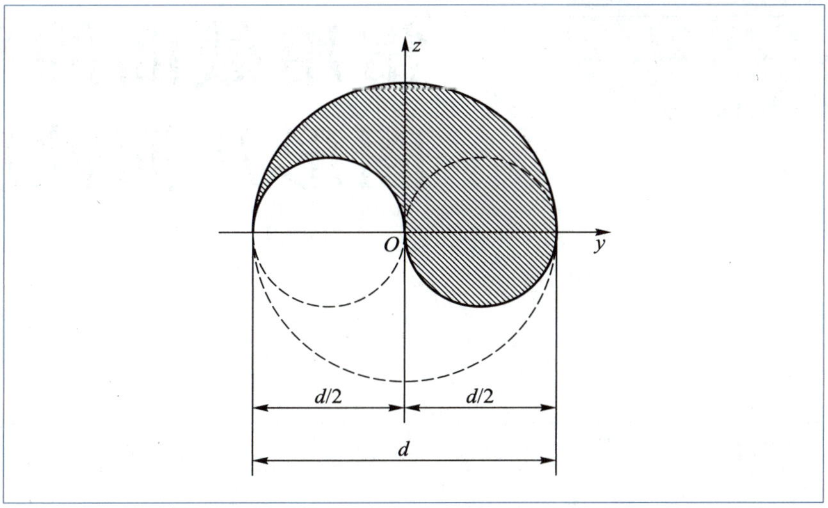

题 I . 15 图

附录 I 习题
参考答案

附录Ⅱ 常用截面的平面图形几何性质

截面形状和原点在形心的坐标轴	面积	至形心 C 的距离		惯性矩		惯性积
	A	$\bar{x}$	$\bar{y}$	I_x	I_y	I_{xy}
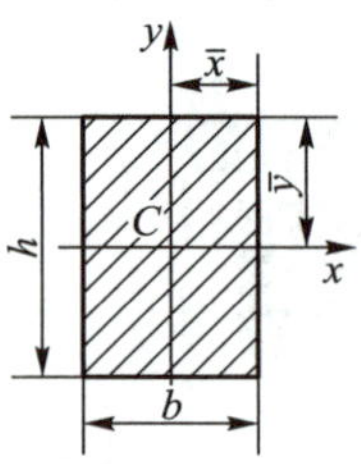	bh	$\frac{b}{2}$	$\frac{h}{2}$	$\frac{bh^3}{12}$	$\frac{hb^3}{12}$	0
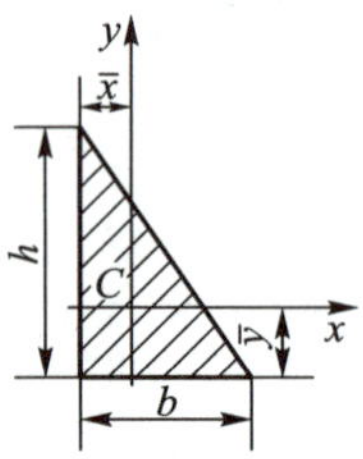	$\frac{bh}{2}$	$\frac{b}{3}$	$\frac{h}{3}$	$\frac{bh^3}{36}$	$\frac{hb^3}{36}$	$-\frac{b^2h^2}{72}$
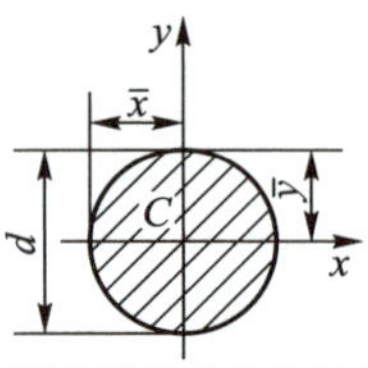	$\frac{\pi d^2}{4}$	$\frac{d}{2}$	$\frac{d}{2}$	$\frac{\pi d^4}{64}$	$\frac{\pi d^4}{64}$	0
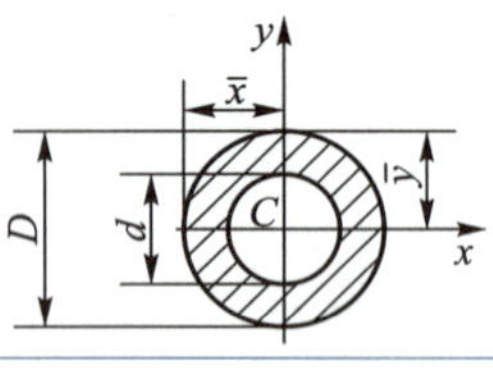	$\frac{\pi(D^2-d^2)}{4}$	$\frac{D}{2}$	$\frac{D}{2}$	$\frac{\pi(D^4-d^4)}{64}$	$\frac{\pi(D^4-d^4)}{64}$	0
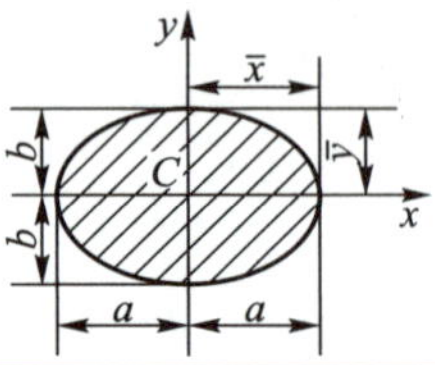	πab	a	b	$\frac{\pi ab^3}{4}$	$\frac{\pi ba^3}{4}$	0

续表

截面形状和原点在形心的坐标轴	面积	至形心 C 的距离		惯性矩		惯性积
	A	$\bar{x}$	$\bar{y}$	I_x	I_y	I_{xy}
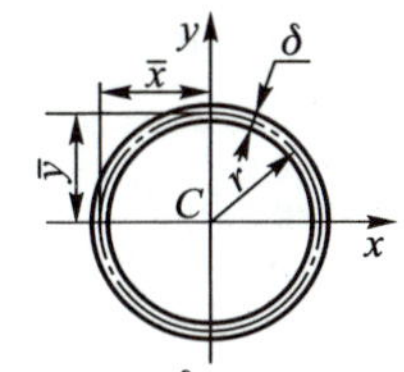 $\delta \ll r$	$2\pi r\delta$	r	r	$\pi r^3\delta$	$\pi r^3\delta$	0
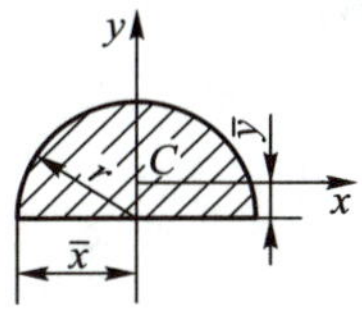	$\dfrac{\pi r^2}{2}$	r	$\dfrac{4r}{3\pi}$	$\dfrac{(9\pi^2-64)r^4}{72\pi}$ $\approx 0.109\,8r^4$	$\dfrac{\pi r^4}{8}$	0
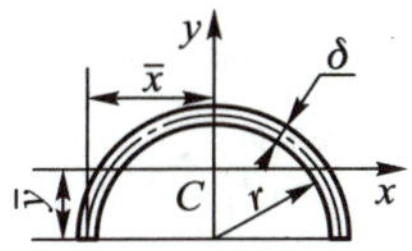 $\delta \ll r$	$\pi r\delta$	r	$\dfrac{2r}{\pi}$	$\left(\dfrac{\pi}{2}-\dfrac{4}{\pi}\right)r^3\delta$	$\dfrac{\pi}{2}r^3\delta$	0
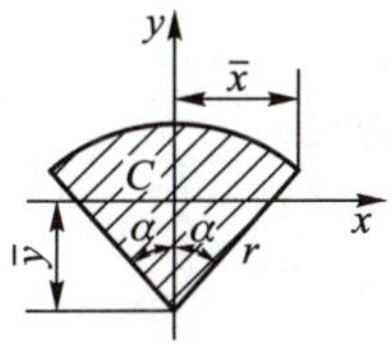 $\alpha \ll \pi/2$	αr^2	$r\sin\alpha$	$\dfrac{2r\sin\alpha}{3\alpha}$	$\dfrac{r^4}{4}\left(\alpha+\sin\alpha\cos\alpha-\dfrac{16\sin^2\alpha}{9\alpha}\right)$	$\dfrac{r^4}{4}(\alpha-\sin\alpha\cos\alpha)$	0
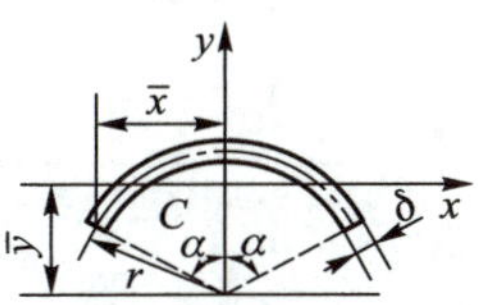 $\delta \ll r$	$2\alpha r\delta$	$r\sin\alpha$	$\dfrac{r\sin\alpha}{\alpha}$	$r^3\delta\left(\dfrac{2\alpha+\sin 2\alpha}{2}-\dfrac{1-\cos 2\alpha}{\alpha}\right)$	$r^3\delta(\alpha-\sin\alpha\cos\alpha)$	0

附录Ⅲ 型钢表

型钢截面尺寸、截面面积、理论重量及截面特性（GB/T 706—2016）

表Ⅲ.1　工字钢截面尺寸、截面面积、理论重量及截面特性

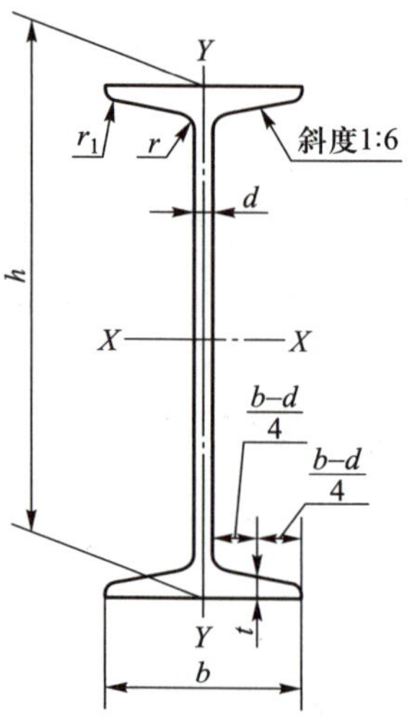

说明：

h——高度；

b——腿宽度；

d——腰厚度；

t——腿中间厚度；

r——内圆弧半径；

r_1——腿端圆弧半径。

型号	截面尺寸/mm						截面面积/cm^2	理论重量/(kg/m)	外表面积/(m^2/m)	惯性矩/cm^4		惯性半径/cm		截面模数①/cm^3	
	h	b	d	t	r	r_1				I_x	I_y	i_x	i_y	W_x	W_y
10	100	68	4.5	7.6	6.5	3.3	14.33	11.3	0.432	245	33.0	4.14	1.52	49.0	9.72
12	120	74	5.0	8.4	7.0	3.5	17.80	14.0	0.493	436	46.9	4.95	1.62	72.7	12.7
12.6	126	74	5.0	8.4	7.0	3.5	18.10	14.2	0.505	488	46.9	5.20	1.61	77.5	12.7
14	140	80	5.5	9.1	7.5	3.8	21.50	16.9	0.553	712	64.4	5.76	1.73	102	16.1
16	160	88	6.0	9.9	8.0	4.0	26.11	20.5	0.621	1 130	93.1	6.58	1.89	141	21.2
18	180	94	6.5	10.7	8.5	4.3	30.74	24.1	0.681	1 660	122	7.36	2.00	185	26.0
20a	200	100	7.0	11.4	9.0	4.5	35.55	27.9	0.742	2 370	158	8.15	2.12	237	31.5
20b		102	9.0				39.55	31.1	0.746	2 500	169	7.96	2.06	250	33.1
22a	220	110	7.5	12.3	9.5	4.8	42.10	33.1	0.817	3 400	225	8.99	2.31	309	40.9
22b		112	9.5				46.50	36.5	0.821	3 570	239	8.78	2.27	325	42.7

① 本书正文中称为截面系数。

续表

型号	截面尺寸/mm						截面面积/cm^2	理论重量/(kg/m)	外表面积/(m^2/m)	惯性矩/cm^4		惯性半径/cm		截面模数/cm^3	
	h	b	d	t	r	r_1				I_x	I_y	i_x	i_y	W_x	W_y
24a	240	116	8.0	13.0	10.0	5.0	47.71	37.5	0.878	4 570	280	9.77	2.42	381	48.4
24b		118	10.0				52.51	41.2	0.882	4 800	297	9.57	2.38	400	50.4
25a	250	116	8.0				48.51	38.1	0.898	5 020	280	10.2	2.40	402	48.3
25b		118	10.0				53.51	42.0	0.902	5 280	309	9.94	2.40	423	52.4
27a	270	122	8.5	13.7	10.5	5.3	54.52	42.8	0.958	6 550	345	10.9	2.51	485	56.6
27b		124	10.5				59.92	47.0	0.962	6 870	366	10.7	2.47	509	58.9
28a	280	122	8.5				55.37	43.5	0.978	7 110	345	11.3	2.50	508	56.6
28b		124	10.5				60.97	47.9	0.982	7 480	379	11.1	2.49	534	61.2
30a	300	126	9.0	14.4	11.0	5.5	61.22	48.1	1.031	8 950	400	12.1	2.55	597	63.5
30b		128	11.0				67.22	52.8	1.035	9 400	422	11.8	2.50	627	65.9
30c		130	13.0				73.22	57.5	1.039	9 850	445	11.6	2.46	657	68.5
32a	320	130	9.5	15.0	11.5	5.8	67.12	52.7	1.084	11 100	460	12.8	2.62	692	70.8
32b		132	11.5				73.52	57.7	1.088	11 600	502	12.6	2.61	726	76.0
32c		134	13.5				79.92	62.7	1.092	12 200	544	12.3	2.61	760	81.2
36a	360	136	10.0	15.8	12.0	6.0	76.44	60.0	1.185	15 800	552	14.4	2.69	875	81.2
36b		138	12.0				83.64	65.7	1.189	16 500	582	14.1	2.64	919	84.3
36c		140	14.0				90.84	71.3	1.193	17 300	612	13.8	2.60	962	87.4
40a	400	142	10.5	16.5	12.5	6.3	86.07	67.6	1.285	21 700	660	15.9	2.77	1 090	93.2
40b		144	12.5				94.07	73.8	1.289	22 800	692	15.6	2.71	1 140	96.2
40c		146	14.5				102.1	80.1	1.293	23 900	727	15.2	2.65	1 190	99.6
45a	450	150	11.5	18.0	13.5	6.8	102.4	80.4	1.411	32 200	855	17.7	2.89	1 430	114
45b		152	13.5				111.4	87.4	1.415	33 800	894	17.4	2.84	1 500	118
45c		154	15.5				120.4	94.5	1.419	35 300	938	17.1	2.79	1 570	122
50a	500	158	12.0	20.0	14.0	7.0	119.2	93.6	1.539	46 500	1 120	19.7	3.07	1 860	142
50b		160	14.0				129.2	101	1.543	48 600	1 170	19.4	3.01	1 940	146
50c		162	16.0				139.2	109	1.547	50 600	1 220	19.0	2.96	2 080	151
55a	550	166	12.5	21.0	14.5	7.3	134.1	105	1.667	62 900	1 370	21.6	3.19	2 290	164
55b		168	14.5				145.1	114	1.671	65 600	1 420	21.2	3.14	2 390	170
55c		170	16.5				156.1	123	1.675	68 400	1 480	20.9	3.08	2 490	175
56a	560	166	12.5				135.4	106	1.687	65 600	1 370	22.0	3.18	2 340	165
56b		168	14.5				146.6	115	1.691	68 500	1 490	21.6	3.16	2 450	174
56c		170	16.5				157.8	124	1.695	71 400	1 560	21.3	3.16	2 550	183
63a	630	176	13.0	22.0	15.0	7.5	154.6	121	1.862	93 900	1 700	24.5	3.31	2 980	193
63b		178	15.0				167.2	131	1.866	98 100	1 810	24.2	3.29	3 160	204
63c		180	17.0				179.8	141	1.870	102 000	1 920	23.8	3.27	3 300	214

注：1. 表中 r、r_1 的数据用于孔型设计，不做交货条件。

2. 工字钢的规格表示方法为“Ⅰ”与高度值×腿宽度值×腰厚度值，如：Ⅰ450×150×11.5（简记为Ⅰ45a）。

表Ⅲ.2　槽钢截面尺寸、截面面积、理论重量及截面特性

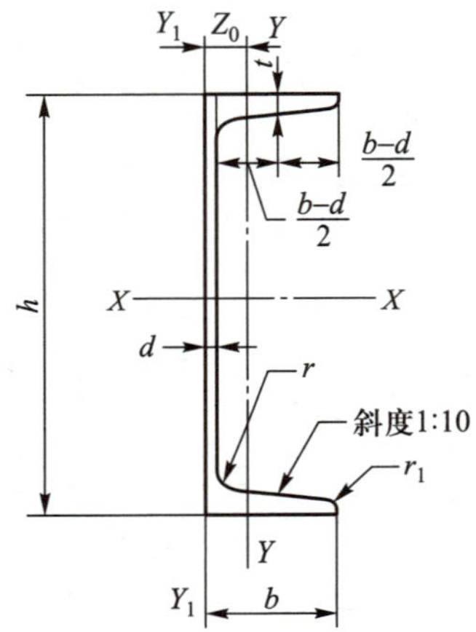

说明：

h——高度；

b——腿宽度；

d——腰厚度；

t——腿中间厚度；

r——内圆弧半径；

r_1——腿端圆弧半径；

Z_0——重心距离。

型号	截面尺寸/mm						截面面积/cm^2	理论重量/(kg/m)	外表面积/(m^2/m)	惯性矩/cm^4			惯性半径/cm		截面模数/cm^3		重心距离/cm
	h	b	d	t	r	r_1				I_x	I_y	I_{y1}	i_x	i_y	W_x	W_y	Z_0
5	50	37	4.5	7.0	7.0	3.5	6.925	5.44	0.226	26.0	8.30	20.9	1.94	1.10	10.4	3.55	1.35
6.3	63	40	4.8	7.5	7.5	3.8	8.446	6.63	0.262	50.8	11.9	28.4	2.45	1.19	16.1	4.50	1.36
6.5	65	40	4.3	7.5	7.5	3.8	8.292	6.51	0.267	55.2	12.0	28.3	2.54	1.19	17.0	4.59	1.38
8	80	43	5.0	8.0	8.0	4.0	10.24	8.04	0.307	101	16.6	37.4	3.15	1.27	25.3	5.79	1.43
10	100	48	5.3	8.5	8.5	4.2	12.74	10.0	0.365	198	25.6	54.9	3.95	1.41	39.7	7.80	1.52
12	120	53	5.5	9.0	9.0	4.5	15.36	12.1	0.423	346	37.4	77.7	4.75	1.56	57.7	10.2	1.62
12.6	126	53	5.5	9.0	9.0	4.5	15.69	12.3	0.435	391	38.0	77.1	4.95	1.57	62.1	10.2	1.59
14a	140	58	6.0	9.5	9.5	4.8	18.51	14.5	0.480	564	53.2	107	5.52	1.70	80.5	13.0	1.71
14b		60	8.0				21.31	16.7	0.484	609	61.1	121	5.35	1.69	87.1	14.1	1.67

续表

型号	截面尺寸/mm						截面面积/ cm^2	理论重量/ (kg/m)	外表面积/ (m^2/m)	惯性矩/cm^4			惯性半径/cm		截面模数/cm^3		重心距离/ cm
	h	b	d	t	r	r_1				I_x	I_y	I_{y1}	i_x	i_y	W_x	W_y	Z_0
16a	160	63	6.5	10.0	10.0	5.0	21.95	17.2	0.538	866	73.3	144	6.28	1.83	108	16.3	1.80
16b		65	8.5				25.15	19.8	0.542	935	83.4	161	6.10	1.82	117	17.6	1.75
18a	180	68	7.0	10.5	10.5	5.2	25.69	20.2	0.596	1 270	98.6	190	7.04	1.96	141	20.0	1.88
18b		70	9.0				29.29	23.0	0.600	1 370	111	210	6.84	1.95	152	21.5	1.84
20a	200	73	7.0	11.0	11.0	5.5	28.83	22.6	0.654	1 780	128	244	7.86	2.11	178	24.2	2.01
20b		75	9.0				32.83	25.8	0.658	1 910	144	268	7.64	2.09	191	25.9	1.95
22a	220	77	7.0	11.5	11.5	5.8	31.83	25.0	0.709	2 390	158	298	8.67	2.23	218	28.2	2.10
22b		79	9.0				36.23	28.5	0.713	2 570	176	326	8.42	2.21	234	30.1	2.03
24a	240	78	7.0	12.0	12.0	6.0	34.21	26.9	0.752	3 050	174	325	9.45	2.25	254	30.5	2.10
24b		80	9.0				39.01	30.6	0.756	3 280	194	355	9.17	2.23	274	32.5	2.03
24c		82	11.0				43.81	34.4	0.760	3 510	213	388	8.96	2.21	293	34.4	2.00
25a	250	78	7.0				34.91	27.4	0.722	3 370	176	322	9.82	2.24	270	30.6	2.07
25b		80	9.0				39.91	31.3	0.776	3 530	196	353	9.41	2.22	282	32.7	1.98
25c		82	11.0				44.91	35.3	0.780	3 690	218	384	9.07	2.21	295	35.9	1.92
27a	270	82	7.5	12.5	12.5	6.2	39.27	30.8	0.826	4 360	216	393	10.5	2.34	323	35.5	2.13
27b		84	9.5				44.67	35.1	0.830	4 690	239	428	10.3	2.31	347	37.7	2.06
27c		86	11.5				50.07	39.3	0.834	5 020	261	467	10.1	2.28	372	39.8	2.03
28a	280	82	7.5				40.02	31.4	0.846	4 760	218	388	10.9	2.33	340	35.7	2.10
28b		84	9.5				45.62	35.8	0.850	5 130	242	428	10.6	2.30	366	37.9	2.02
28c		86	11.5				51.22	40.2	0.854	5 500	268	463	10.4	2.29	393	40.3	1.95

续表

型号	截面尺寸/mm						截面面积/cm^2	理论重量/(kg/m)	外表面积/(m^2/m)	惯性矩/cm^4			惯性半径/cm		截面模数/cm^3		重心距离/cm
	h	b	d	t	r	r_1				I_x	I_y	I_{y1}	i_x	i_y	W_x	W_y	Z_0
30a		85	7.5				43.89	34.5	0.897	6 050	260	467	11.7	2.43	403	41.1	2.17
30b	300	87	9.5	13.5	13.5	6.8	49.89	39.2	0.901	6 500	289	515	11.4	2.41	433	44.0	2.13
30c		89	11.5				55.89	43.9	0.905	6 950	316	560	11.2	2.38	463	46.4	2.09
32a		88	8.0				48.50	38.1	0.947	7 600	305	552	12.5	2.50	475	46.5	2.24
32b	320	90	10.0	14.0	14.0	7.0	54.90	43.1	0.951	8 140	336	593	12.2	2.47	509	49.2	2.16
32c		92	12.0				61.30	48.1	0.955	8 690	374	643	11.9	2.47	543	52.6	2.09
36a		96	9.0				60.89	47.8	1.053	11 900	455	818	14.0	2.73	660	63.5	2.44
36b	360	98	11.0	16.0	16.0	8.0	68.09	53.5	1.057	12 700	497	880	13.6	2.70	703	66.9	2.37
36c		100	13.0				75.29	59.1	1.061	13 400	536	948	13.4	2.67	746	70.0	2.34
40a		100	10.5				75.04	58.9	1.144	17 600	592	1 070	15.3	2.81	879	78.8	2.49
40b	400	102	12.5	18.0	18.0	9.0	83.04	65.2	1.148	18 600	640	1 140	15.0	2.78	932	82.5	2.44
40c		104	14.5				91.04	71.5	1.152	19 700	688	1 220	14.7	2.75	986	86.2	2.42

注：1. 表中 r、r_1 的数据用于孔型设计，不做交货条件。

2. 槽钢的规格表示方法为“[”与高度值×腿宽度值×腰厚度值，如：[200×75×9（简记为[20b）。

表Ⅲ.3　等边角钢截面尺寸、截面面积、理论重量及截面特性

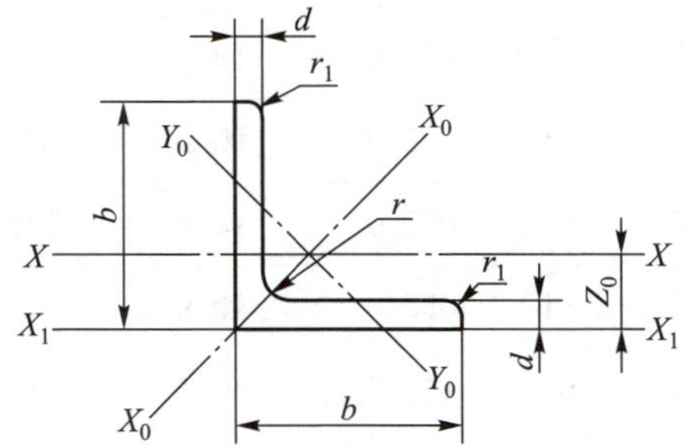

说明：

b——边宽度；

d——边厚度；

r——内圆弧半径；

r_1——边端圆弧半径；

Z_0——重心距离。

型号	截面尺寸/mm			截面面积/cm²	理论重量/(kg/m)	外表面积/(m²/m)	惯性矩/cm⁴				惯性半径/cm			截面模数/cm³			重心距离/cm
	b	d	r				I_x	I_{x1}	I_{x0}	I_{y0}	i_x	i_{x0}	i_{y0}	W_x	W_{x0}	W_{y0}	Z_0
2	20	3	3.5	1.132	0.89	0.078	0.40	0.81	0.63	0.17	0.59	0.75	0.39	0.29	0.45	0.20	0.60
		4		1.459	1.15	0.077	0.50	1.09	0.78	0.22	0.58	0.73	0.38	0.36	0.55	0.24	0.64
2.5	25	3		1.432	1.12	0.098	0.82	1.57	1.29	0.34	0.76	0.95	0.49	0.46	0.73	0.33	0.73
		4		1.859	1.46	0.097	1.03	2.11	1.62	0.43	0.74	0.93	0.48	0.59	0.92	0.40	0.76
3.0	30	3	4.5	1.749	1.37	0.117	1.46	2.71	2.31	0.61	0.91	1.15	0.59	0.68	1.09	0.51	0.85
		4		2.276	1.79	0.117	1.84	3.63	2.92	0.77	0.90	1.13	0.58	0.87	1.37	0.62	0.89
3.6	36	3		2.109	1.66	0.141	2.58	4.68	4.09	1.07	1.11	1.39	0.71	0.99	1.61	0.76	1.00
		4		2.756	2.16	0.141	3.29	6.25	5.22	1.37	1.09	1.38	0.70	1.28	2.05	0.93	1.04
		5		3.382	2.65	0.141	3.95	7.84	6.24	1.65	1.08	1.36	0.7	1.56	2.45	1.00	1.07

续表

型号	截面尺寸/mm			截面面积/cm²	理论重量/(kg/m)	外表面积/(m²/m)	惯性矩/cm⁴				惯性半径/cm			截面模数/cm³			重心距离/cm
	b	d	r				I_x	I_{x1}	I_{x0}	I_{y0}	i_x	i_{x0}	i_{y0}	W_x	W_{x0}	W_{y0}	Z_0
4	40	3	5	2.359	1.85	0.157	3.59	6.41	5.69	1.49	1.23	1.55	0.79	1.23	2.01	0.96	1.09
		4		3.086	2.42	0.157	4.60	8.56	7.29	1.91	1.22	1.54	0.79	1.60	2.58	1.19	1.13
		5		3.792	2.98	0.156	5.53	10.7	8.76	2.30	1.21	1.52	0.78	1.96	3.10	1.39	1.17
4.5	45	3		2.659	2.09	0.177	5.17	9.12	8.20	2.14	1.40	1.76	0.89	1.58	2.58	1.24	1.22
		4		3.486	2.74	0.177	6.65	12.2	10.6	2.75	1.38	1.74	0.89	2.05	3.32	1.54	1.26
		5		4.292	3.37	0.176	8.04	15.2	12.7	3.33	1.37	1.72	0.88	2.51	4.00	1.81	1.30
		6		5.077	3.99	0.176	9.33	18.4	14.8	3.89	1.36	1.70	0.80	2.95	4.64	2.06	1.33
5	50	3	5.5	2.971	2.33	0.197	7.18	12.5	11.4	2.98	1.55	1.96	1.00	1.96	3.22	1.57	1.34
		4		3.897	3.06	0.197	9.26	16.7	14.7	3.82	1.54	1.94	0.99	2.56	4.16	1.96	1.38
		5		4.803	3.77	0.196	11.2	20.9	17.8	4.64	1.53	1.92	0.98	3.13	5.03	2.31	1.42
		6		5.688	4.46	0.196	13.1	25.1	20.7	5.42	1.52	1.91	0.98	3.68	5.85	2.63	1.46
5.6	56	3	6	3.343	2.62	0.221	10.2	17.6	16.1	4.24	1.75	2.20	1.13	2.48	4.08	2.02	1.48
		4		4.39	3.45	0.220	13.2	23.4	20.9	5.46	1.73	2.18	1.11	3.24	5.28	2.52	1.53
		5		5.415	4.25	0.220	16.0	29.3	25.4	6.61	1.72	2.17	1.10	3.97	6.42	2.98	1.57
		6		6.42	5.04	0.220	18.7	35.3	29.7	7.73	1.71	2.15	1.10	4.68	7.49	3.40	1.61
		7		7.404	5.81	0.219	21.2	41.2	33.6	8.82	1.69	2.13	1.09	5.36	8.49	3.80	1.64
		8		8.367	6.57	0.219	23.6	47.2	37.4	9.89	1.68	2.11	1.09	6.03	9.44	4.16	1.68

续表

型号	截面尺寸/mm			截面面积/ cm^2	理论重量/ (kg/m)	外表面积/ (m^2/m)	惯性矩/cm^4				惯性半径/cm			截面模数/cm^3			重心距离/ cm
	b	d	r				I_x	I_{x1}	I_{x0}	I_{y0}	i_x	i_{x0}	i_{y0}	W_x	W_{x0}	W_{y0}	Z_0
6	60	5	6.5	5.829	4.58	0.236	19.9	36.1	31.6	8.21	1.85	2.33	1.19	4.59	7.44	3.48	1.67
		6		6.914	5.43	0.235	23.4	43.3	36.9	9.60	1.83	2.31	1.18	5.41	8.70	3.98	1.70
		7		7.977	6.26	0.235	26.4	50.7	41.9	11.0	1.82	2.29	1.17	6.21	9.88	4.45	1.74
		8		9.02	7.08	0.235	29.5	58.0	46.7	12.3	1.81	2.27	1.17	6.98	11.0	4.88	1.78
6.3	63	4	7	4.978	3.91	0.248	19.0	33.4	30.2	7.89	1.96	2.46	1.26	4.13	6.78	3.29	1.70
		5		6.143	4.82	0.248	23.2	41.7	36.8	9.57	1.94	2.45	1.25	5.08	8.25	3.90	1.74
		6		7.288	5.72	0.247	27.1	50.1	43.0	11.2	1.93	2.43	1.24	6.00	9.66	4.46	1.78
		7		8.412	6.60	0.247	30.9	58.6	49.0	12.8	1.92	2.41	1.23	6.88	11.0	4.98	1.82
		8		9.515	7.47	0.247	34.5	67.1	54.6	14.3	1.90	2.40	1.23	7.75	12.3	5.47	1.85
		10		11.66	9.15	0.246	41.1	84.3	64.9	17.3	1.88	2.36	1.22	9.39	14.6	6.36	1.93
7	70	4	8	5.570	4.37	0.275	26.4	45.7	41.8	11.0	2.18	2.74	1.40	5.14	8.44	4.17	1.86
		5		6.876	5.40	0.275	32.2	57.2	51.1	13.3	2.16	2.73	1.39	6.32	10.3	4.95	1.91
		6		8.160	6.41	0.275	37.8	68.7	59.9	15.6	2.15	2.71	1.38	7.48	12.1	5.67	1.95
		7		9.424	7.40	0.275	43.1	80.3	68.4	17.8	2.14	2.69	1.38	8.59	13.8	6.34	1.99
		8		10.67	8.37	0.274	48.2	91.9	76.4	20.0	2.12	2.68	1.37	9.68	15.4	6.98	2.03

续表

型号	截面尺寸/mm			截面面积/cm^2	理论重量/(kg/m)	外表面积/(m^2/m)	惯性矩/cm^4				惯性半径/cm			截面模数/cm^3			重心距离/cm
	b	d	r				I_x	I_{x1}	I_{x0}	I_{y0}	i_x	i_{x0}	i_{y0}	W_x	W_{x0}	W_{y0}	Z_0
7.5	75	5	9	7.412	5.82	0.295	40.0	70.6	63.3	16.6	2.33	2.92	1.50	7.32	11.9	5.77	2.04
		6		8.797	6.91	0.294	47.0	84.6	74.4	19.5	2.31	2.90	1.49	8.64	14.0	6.67	2.07
		7		10.16	7.98	0.294	53.6	98.7	85.0	22.2	2.30	2.89	1.48	9.93	16.0	7.44	2.11
		8		11.50	9.03	0.294	60.0	113	95.1	24.9	2.28	2.88	1.47	11.2	17.9	8.19	2.15
		9		12.83	10.1	0.294	66.1	127	105	27.5	2.27	2.86	1.46	12.4	19.8	8.89	2.18
		10		14.13	11.1	0.293	72.0	142	114	30.1	2.26	2.84	1.46	13.6	21.5	9.56	2.22
8	80	5		7.912	6.21	0.315	48.8	85.4	77.3	20.3	2.48	3.13	1.60	8.34	13.7	6.66	2.15
		6		9.397	7.38	0.314	57.4	103	91.0	23.7	2.47	3.11	1.59	9.87	16.1	7.65	2.19
		7		10.86	8.53	0.314	65.6	120	104	27.1	2.46	3.10	1.58	11.4	18.4	8.58	2.23
		8		12.30	9.66	0.314	73.5	137	117	30.4	2.44	3.08	1.57	12.8	20.6	9.46	2.27
		9		13.73	10.8	0.314	81.1	154	129	33.6	2.43	3.06	1.56	14.3	22.7	10.3	2.31
		10		15.13	11.9	0.313	88.4	172	140	36.8	2.42	3.04	1.56	15.6	24.8	11.1	2.35
9	90	6	10	10.64	8.35	0.354	82.8	146	131	34.3	2.79	3.51	1.80	12.6	20.6	9.95	2.44
		7		12.30	9.66	0.354	94.8	170	150	39.2	2.78	3.50	1.78	14.5	23.6	11.2	2.48
		8		13.94	10.9	0.353	106	195	169	44.0	2.76	3.48	1.78	16.4	26.6	12.4	2.52

续表

型号	截面尺寸/mm			截面面积/cm²	理论重量/(kg/m)	外表面积/(m²/m)	惯性矩/cm⁴				惯性半径/cm			截面模数/cm³			重心距离/cm
	b	d	r				I_x	I_{x1}	I_{x0}	I_{y0}	i_x	i_{x0}	i_{y0}	W_x	W_{x0}	W_{y0}	Z_0
9	90	9	10	15.57	12.2	0.353	118	219	187	48.7	2.75	3.46	1.77	18.3	29.4	13.5	2.56
		10		17.17	13.5	0.353	129	244	204	53.3	2.74	3.45	1.76	20.1	32.0	14.5	2.59
		12		20.31	15.9	0.352	149	294	236	62.2	2.71	3.41	1.75	23.6	37.1	16.5	2.67
10	100	6	12	11.93	9.37	0.393	115	200	182	47.9	3.10	3.90	2.00	15.7	25.7	12.7	2.67
		7		13.80	10.8	0.393	132	234	209	54.7	3.09	3.89	1.99	18.1	29.6	14.3	2.71
		8		15.64	12.3	0.393	148	267	235	61.4	3.08	3.88	1.98	20.5	33.2	15.8	2.76
		9		17.46	13.7	0.392	164	300	260	68.0	3.07	3.86	1.97	22.8	36.8	17.2	2.80
		10		19.26	15.1	0.392	180	334	285	74.4	3.05	3.84	1.96	25.1	40.3	18.5	2.84
		12		22.80	17.9	0.391	209	402	331	86.8	3.03	3.81	1.95	29.5	46.8	21.1	2.91
		14		26.26	20.6	0.391	237	471	374	99.0	3.00	3.77	1.94	33.7	52.9	23.4	2.99
		16		29.63	23.3	0.390	263	540	414	111	2.98	3.74	1.94	37.8	58.6	25.6	3.06
11	110	7		15.20	11.9	0.433	177	311	281	73.4	3.41	4.30	2.20	22.1	36.1	17.5	2.96
		8		17.24	13.5	0.433	199	355	316	82.4	3.40	4.28	2.19	25.0	40.7	19.4	3.01
		10		21.26	16.7	0.432	242	445	384	100	3.38	4.25	2.17	30.6	49.4	22.9	3.09
		12		25.20	19.8	0.431	283	535	448	117	3.35	4.22	2.15	36.1	57.6	26.2	3.16
		14		29.06	22.8	0.431	321	625	508	133	3.32	4.18	2.14	41.3	65.3	29.1	3.24

续表

型号	截面尺寸/mm			截面面积/cm²	理论重量/(kg/m)	外表面积/(m²/m)	惯性矩/cm⁴				惯性半径/cm			截面模数/cm³			重心距离/cm
	b	d	r				I_x	I_{x1}	I_{x0}	I_{y0}	i_x	i_{x0}	i_{y0}	W_x	W_{x0}	W_{y0}	Z_0
12.5	125	8	14	19.75	15.5	0.492	297	521	471	123	3.88	4.88	2.50	32.5	53.3	25.9	3.37
		10		24.37	19.1	0.491	362	652	574	149	3.85	4.85	2.48	40.0	64.9	30.6	3.45
		12		28.91	22.7	0.491	423	783	671	175	3.83	4.82	2.46	41.2	76.0	35.0	3.53
		14		33.37	26.2	0.490	482	916	764	200	3.80	4.78	2.45	54.2	86.4	39.1	3.61
		16		37.74	29.6	0.489	537	1 050	851	224	3.77	4.75	2.43	60.9	96.3	43.0	3.68
14	140	10		27.37	21.5	0.551	515	915	817	212	4.34	5.46	2.78	50.6	82.6	39.2	3.82
		12		32.51	25.5	0.551	604	1 100	959	249	4.31	5.43	2.76	59.8	96.9	45.0	3.90
		14		37.57	29.5	0.550	689	1 280	1 090	284	4.28	5.40	2.75	68.8	110	50.5	3.98
		16		42.54	33.4	0.549	770	1 470	1 220	319	4.26	5.36	2.74	77.5	123	55.6	4.06
15	150	8		23.75	18.6	0.592	521	900	827	215	4.69	5.90	3.01	47.4	78.0	38.1	3.99
		10		29.37	23.1	0.591	638	1 130	1 010	262	4.66	5.87	2.99	58.4	95.5	45.5	4.08
		12		34.91	27.4	0.591	749	1 350	1 190	308	4.63	5.84	2.97	69.0	112	52.4	4.15
		14		40.37	31.7	0.590	856	1 580	1 360	352	4.60	5.80	2.95	79.5	128	58.8	4.23
		15		43.06	33.8	0.590	907	1 690	1 440	374	4.59	5.78	2.95	84.6	136	61.9	4.27
		16		45.74	35.9	0.589	958	1 810	1 520	395	4.58	5.77	2.94	89.6	143	64.9	4.31

续表

型号	截面尺寸/mm			截面面积/cm^2	理论重量/(kg/m)	外表面积/(m^2/m)	惯性矩/cm^4				惯性半径/cm			截面模数/cm^3			重心距离/cm
	b	d	r				I_x	I_{x1}	I_{x0}	I_{y0}	i_x	i_{x0}	i_{y0}	W_x	W_{x0}	W_{y0}	Z_0
16	160	10	16	31.50	24.7	0.630	780	1 370	1 240	322	4.98	6.27	3.20	66.7	109	52.8	4.31
		12		37.44	29.4	0.630	917	1 640	1 460	377	4.95	6.24	3.18	79.0	129	60.7	4.39
		14		43.30	34.0	0.629	1 050	1 910	1 670	432	4.92	6.20	3.16	91.0	147	68.2	4.47
		16		49.07	38.5	0.629	1 180	2 190	1 870	485	4.89	6.17	3.14	103	165	75.3	4.55
18	180	12		42.24	33.2	0.710	1 320	2 330	2 100	543	5.59	7.05	3.58	101	165	78.4	4.89
		14		48.90	38.4	0.709	1 510	2 720	2 410	622	5.56	7.02	3.56	116	189	88.4	4.97
		16		55.47	43.5	0.709	1 700	3 120	2 700	699	5.54	6.98	3.55	131	212	97.8	5.05
		18		61.96	48.6	0.708	1 880	3 500	2 990	762	5.50	6.94	3.51	146	235	105	5.13
20	200	14	18	54.64	42.9	0.788	2 100	3 730	3 340	864	6.20	7.82	3.98	145	236	112	5.46
		16		62.01	48.7	0.788	2 370	4 270	3 760	971	6.18	7.79	3.96	164	266	124	5.54
		18		69.30	54.4	0.787	2 620	4 810	4 160	1 080	6.15	7.75	3.94	182	294	136	5.62
		20		76.51	60.1	0.787	2 870	5 350	4 550	1 180	6.12	7.72	3.93	200	322	147	5.69
		24		90.66	71.2	0.785	3 340	6 460	5 290	1 380	6.07	7.64	3.90	236	374	167	5.87

续表

型号	截面尺寸/mm			截面面积/ cm^2	理论重量/ (kg/m)	外表面积/ (m^2/m)	惯性矩/cm^4				惯性半径/cm			截面模数/cm^3			重心距离/ cm
	b	d	r				I_x	I_{x1}	I_{x0}	I_{y0}	i_x	i_{x0}	i_{y0}	W_x	W_{x0}	W_{y0}	Z_0
22	220	16	21	68. 67	53. 9	0. 866	3 190	5 680	5 060	1 310	6. 81	8. 59	4. 37	200	326	154	6. 03
		18		76. 75	60. 3	0. 866	3 540	6 400	5 620	1 450	6. 79	8. 55	4. 35	223	361	168	6. 11
		20		84. 76	66. 5	0. 865	3 870	7 110	6 150	1 590	6. 76	8. 52	4. 34	245	395	182	6. 18
		22		92. 68	72. 8	0. 865	4 200	7 830	6 670	1 730	6. 73	8. 48	4. 32	267	429	195	6. 26
		24		100. 5	78. 9	0. 864	4 520	8 550	7 170	1 870	6. 71	8. 45	4. 31	289	461	208	6. 33
		26		108. 3	85. 0	0. 864	4 830	9 280	7 690	2 000	6. 68	8. 41	4. 30	310	492	221	6. 41
25	250	18	24	87. 84	69. 0	0. 985	5 270	9 380	8 370	2 170	7. 75	9. 76	4. 97	290	473	224	6. 84
		20		97. 05	76. 2	0. 984	5 780	10 400	9 180	2 380	7. 72	9. 73	4. 95	320	519	243	6. 92
		22		106. 2	83. 3	0. 983	6 280	11 500	9 970	2 580	7. 69	9. 69	4. 93	349	564	261	7. 00
		24		115. 2	90. 4	0. 983	6 770	12 500	10 700	2 790	7. 67	9. 66	4. 92	378	608	278	7. 07
		26		124. 2	97. 5	0. 982	7 240	13 600	11 500	2 980	7. 64	9. 62	4. 90	406	650	295	7. 15
		28		133. 0	104	0. 982	7 700	14 600	12 200	3 180	7. 61	9. 58	4. 89	433	691	311	7. 22
		30		141. 8	111	0. 981	8 160	15 700	12 900	3 380	7. 58	9. 55	4. 88	461	731	327	7. 30
		32		150. 5	118	0. 981	8 600	16 800	13 600	3 570	7. 56	9. 51	4. 87	488	770	342	7. 37
		35		163. 4	128	0. 980	9 240	18 400	14 600	3 850	7. 52	9. 46	4. 86	527	827	364	7. 48

注：1. 截面图中的 $r_1 = 1/3d$ 及表中 r 的数据用于孔型设计，不做交货条件。

2. 等边角钢的规格表示方法为“∠”与边宽度值×边宽度值×边厚度值，如：∠200×200×24（简记为∠200×24）。

表Ⅲ.4 不等边角钢截面尺寸、截面面积、理论重置及截面特性

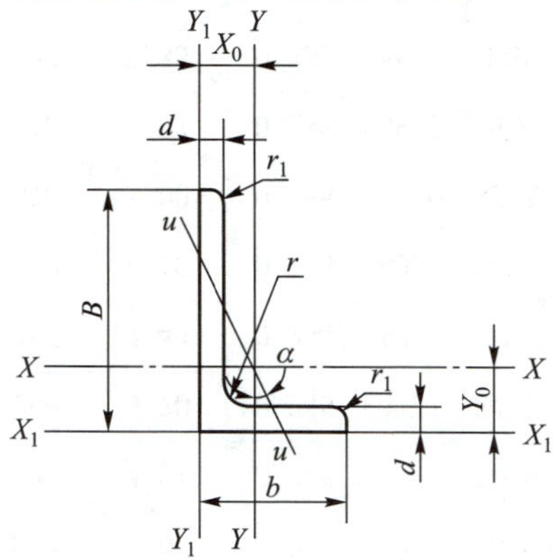

说明：

B——长边宽度；

b——短边宽度；

d——边厚度；

r——内圆弧半径；

r_1——边端圆弧半径；

X_0——重心距离；

Y_0——重心距离。

型号	截面尺寸/mm				截面面积/cm²	理论重量/(kg/m)	外表面积/(m²/m)	惯性矩/cm⁴					惯性半径/cm			截面模数/cm³			tan α	重心距离/cm	
	B	b	d	r				I_x	I_{x1}	I_y	I_{y1}	I_u	i_x	i_y	i_u	W_x	W_y	W_u		X_0	Y_0
2.5/1.6	25	16	3	3.5	1.162	0.91	0.080	0.70	1.56	0.22	0.43	0.14	0.78	0.44	0.34	0.43	0.19	0.16	0.392	0.42	0.86
			4		1.499	1.18	0.079	0.88	2.09	0.27	0.59	0.17	0.77	0.43	0.34	0.55	0.24	0.20	0.381	0.46	0.90
3.2/2	32	20	3		1.492	1.17	0.102	1.53	3.27	0.46	0.82	0.28	1.01	0.55	0.43	0.72	0.30	0.25	0.382	0.49	1.08
			4		1.939	1.52	0.101	1.93	4.37	0.57	1.12	0.35	1.00	0.54	0.42	0.93	0.39	0.32	0.374	0.53	1.12
4/2.5	40	25	3	4	1.890	1.48	0.127	3.08	5.39	0.93	1.59	0.56	1.28	0.70	0.54	1.15	0.49	0.40	0.385	0.59	1.32
			4		2.467	1.94	0.127	3.93	8.53	1.18	2.14	0.71	1.36	0.69	0.54	1.49	0.63	0.52	0.381	0.63	1.37
4.5/2.8	45	28	3	5	2.149	1.69	0.143	4.45	9.10	1.34	2.23	0.80	1.44	0.79	0.61	1.47	0.62	0.51	0.383	0.64	1.47
			4		2.806	2.20	0.143	5.69	12.1	1.70	3.00	1.02	1.42	0.78	0.60	1.91	0.80	0.66	0.380	0.68	1.51
5/3.2	50	32	3	5.5	2.431	1.91	0.161	6.24	12.5	2.02	3.31	1.20	1.60	0.91	0.70	1.84	0.82	0.68	0.404	0.73	1.60
			4		3.177	2.49	0.160	8.02	16.7	2.58	4.45	1.53	1.59	0.90	0.69	2.39	1.06	0.87	0.402	0.77	1.65

续表

型号	截面尺寸/mm				截面面积/cm²	理论重量/(kg/m)	外表面积/(m²/m)	惯性矩/cm⁴					惯性半径/cm			截面模数/cm³			tan α	重心距离/cm	
	B	b	d	r				I_x	I_{x1}	I_y	I_{y1}	I_u	i_x	i_y	i_u	W_x	W_y	W_u		X_0	Y_0
5. 6/3. 6	56	36	3	6	2. 743	2. 15	0. 181	8. 88	17. 5	2. 92	4. 7	1. 73	1. 80	1. 03	0. 79	2. 32	1. 05	0. 87	0. 408	0. 80	1. 78
			4		3. 590	2. 82	0. 180	11. 5	23. 4	3. 76	6. 33	2. 23	1. 79	1. 02	0. 79	3. 03	1. 37	1. 13	0. 408	0. 85	1. 82
			5		4. 415	3. 47	0. 180	13. 9	29. 3	4. 49	7. 94	2. 67	1. 77	1. 01	0. 78	3. 71	1. 65	1. 36	0. 404	0. 88	1. 87
6. 3/4	63	40	4	7	4. 058	3. 19	0. 202	16. 5	33. 3	5. 23	8. 63	3. 12	2. 02	1. 14	0. 88	3. 87	1. 70	1. 40	0. 398	0. 92	2. 04
			5		4. 993	3. 92	0. 202	20. 0	41. 6	6. 31	10. 9	3. 76	2. 00	1. 12	0. 87	4. 74	2. 07	1. 71	0. 396	0. 95	2. 08
			6		5. 908	4. 64	0. 201	23. 4	50. 0	7. 29	13. 1	4. 34	1. 96	1. 11	0. 86	5. 59	2. 43	1. 99	0. 393	0. 99	2. 12
			7		6. 802	5. 34	0. 201	26. 5	58. 1	8. 24	15. 5	4. 97	1. 98	1. 10	0. 86	6. 40	2. 78	2. 29	0. 389	1. 03	2. 15
7/4. 5	70	45	4	7. 5	4. 553	3. 57	0. 226	23. 2	45. 9	7. 55	12. 3	4. 40	2. 26	1. 29	0. 98	4. 86	2. 17	1. 77	0. 410	1. 02	2. 24
			5		5. 609	4. 40	0. 225	28. 0	57. 1	9. 13	15. 4	5. 40	2. 23	1. 28	0. 98	5. 92	2. 65	2. 19	0. 407	1. 06	2. 28
			6		6. 644	5. 22	0. 225	32. 5	68. 4	10. 6	18. 6	6. 35	2. 21	1. 26	0. 98	6. 95	3. 12	2. 59	0. 404	1. 09	2. 32
			7		7. 658	6. 01	0. 225	37. 2	80. 0	12. 0	21. 8	7. 16	2. 20	1. 25	0. 97	8. 03	3. 57	2. 94	0. 402	1. 13	2. 36
7. 5/5	75	50	5	8	6. 126	4. 81	0. 245	34. 9	70. 0	12. 6	21. 0	7. 41	2. 39	1. 44	1. 10	6. 83	3. 3	2. 74	0. 435	1. 17	2. 40
			6		7. 260	5. 70	0. 245	41. 1	84. 3	14. 7	25. 4	8. 54	2. 38	1. 42	1. 08	8. 12	3. 88	3. 19	0. 435	1. 21	2. 44
			8		9. 467	7. 43	0. 244	52. 4	113	18. 5	34. 2	10. 9	2. 35	1. 40	1. 07	10. 5	4. 99	4. 10	0. 429	1. 29	2. 52
			10		11. 59	9. 10	0. 244	62. 7	141	22. 0	43. 4	13. 1	2. 33	1. 38	1. 06	12. 8	6. 04	4. 99	0. 423	1. 36	2. 60
8/5	80		5		6. 376	5. 00	0. 255	42. 0	85. 2	12. 8	21. 1	7. 66	2. 56	1. 42	1. 10	7. 78	3. 32	2. 74	0. 388	1. 14	2. 60
			6		7. 560	5. 93	0. 255	49. 5	103	15. 0	25. 4	8. 85	2. 56	1. 41	1. 08	9. 25	3. 91	3. 20	0. 387	1. 18	2. 65
			7		8. 724	6. 85	0. 255	56. 2	119	17. 0	29. 8	10. 2	2. 54	1. 39	1. 08	10. 6	4. 48	3. 70	0. 384	1. 21	2. 69
			8		9. 867	7. 75	0. 254	62. 8	136	18. 9	34. 3	11. 4	2. 52	1. 38	1. 07	11. 9	5. 03	4. 16	0. 381	1. 25	2. 73

续表

型号	截面尺寸/mm				截面面积/cm^2	理论重量/(kg/m)	外表面积/(m^2/m)	惯性矩/cm^4					惯性半径/cm			截面模数/cm^3			tan α	重心距离/cm	
	B	b	d	r				I_x	I_{x1}	I_y	I_{y1}	I_u	i_x	i_y	i_u	W_x	W_y	W_u		X_0	Y_0
9/5.6	90	56	5	9	7.212	5.66	0.287	60.5	121	18.3	29.5	11.0	2.90	1.59	1.23	9.92	4.21	3.49	0.385	1.25	2.91
			6		8.557	6.72	0.286	71.0	146	21.4	35.6	12.9	2.88	1.58	1.23	11.7	4.96	4.13	0.384	1.29	2.95
			7		9.881	7.76	0.286	81.0	170	24.4	41.7	14.7	2.86	1.57	1.22	13.5	5.70	4.72	0.382	1.33	3.00
			8		11.18	8.78	0.286	91.0	194	27.2	47.9	16.3	2.85	1.56	1.21	15.3	6.41	5.29	0.380	1.36	3.04
10/6.3	100	63	6	10	9.618	7.55	0.320	99.1	200	30.9	50.5	18.4	3.21	1.79	1.38	14.6	6.35	5.25	0.394	1.43	3.24
			7		11.11	8.72	0.320	113	233	35.3	59.1	21.0	3.20	1.78	1.38	16.9	7.29	6.02	0.394	1.47	3.28
			8		12.58	9.88	0.319	127	266	39.4	67.9	23.5	3.18	1.77	1.37	19.1	8.21	6.78	0.391	1.50	3.32
			10		15.47	12.1	0.319	154	333	47.1	85.7	28.3	3.15	1.74	1.35	23.3	9.98	8.24	0.387	1.58	3.40
10/8	100	80	6		10.64	8.35	0.354	107	200	61.2	103	31.7	3.17	2.40	1.72	15.2	10.2	8.37	0.627	1.97	2.95
			7		12.30	9.66	0.354	123	233	70.1	120	36.2	3.16	2.39	1.72	17.5	11.7	9.60	0.626	2.01	3.00
			8		13.94	10.9	0.353	138	267	78.6	137	40.6	3.14	2.37	1.71	19.8	13.2	10.8	0.625	2.05	3.04
			10		17.17	13.5	0.353	167	334	94.7	172	49.1	3.12	2.35	1.69	24.2	16.1	13.1	0.622	2.13	3.12
11/7	110	70	6		10.64	8.35	0.354	133	266	42.9	69.1	25.4	3.54	2.01	1.54	17.9	7.90	6.53	0.403	1.57	3.53
			7		12.30	9.66	0.354	153	310	49.0	80.8	29.0	3.53	2.00	1.53	20.6	9.09	7.50	0.402	1.61	3.57
			8		13.94	10.9	0.353	172	354	54.9	92.7	32.5	3.51	1.98	1.53	23.3	10.3	8.45	0.401	1.65	3.62
			10		17.17	13.5	0.353	208	443	65.9	117	39.2	3.48	1.96	1.51	28.5	12.5	10.3	0.397	1.72	3.70

续表

型号	截面尺寸/mm				截面面积/cm^2	理论重量/(kg/m)	外表面积/(m^2/m)	惯性矩/cm^4					惯性半径/cm			截面模数/cm^3			tan α	重心距离/cm	
	B	b	d	r				I_x	I_{x1}	I_y	I_{y1}	I_u	i_x	i_y	i_u	W_x	W_y	W_u		X_0	Y_0
12.5/8	125	80	7	11	14.10	11.1	0.403	228	455	74.4	120	43.8	4.02	2.30	1.76	26.9	12.0	9.92	0.408	1.80	4.01
			8		15.99	12.6	0.403	257	520	83.5	138	49.2	4.01	2.28	1.75	30.4	13.6	11.2	0.407	1.84	4.06
			10		19.71	15.5	0.402	312	650	101	173	59.5	3.98	2.26	1.74	37.3	16.6	13.6	0.404	1.92	4.14
			12		23.35	18.3	0.402	364	780	117	210	69.4	3.95	2.24	1.72	44.0	19.4	16.0	0.400	2.00	4.22
14/9	140	90	8	12	18.04	14.2	0.453	366	731	121	196	70.8	4.50	2.59	1.98	38.5	17.3	14.3	0.411	2.04	4.50
			10		22.26	17.5	0.452	446	913	140	246	85.8	4.47	2.56	1.96	47.3	21.2	17.5	0.409	2.12	4.58
			12		26.40	20.7	0.451	522	1 100	170	297	100	4.44	2.54	1.95	55.9	25.0	20.5	0.406	2.19	4.66
			14		30.46	23.9	0.451	594	1 280	192	349	114	4.42	2.51	1.94	64.2	28.5	23.5	0.403	2.27	4.74
15/9	150	90	8		18.84	14.8	0.473	442	898	123	196	74.1	4.84	2.55	1.98	43.9	17.5	14.5	0.364	1.97	4.92
			10		23.26	18.3	0.472	539	1 120	149	246	89.9	4.81	2.53	1.97	54.0	21.4	17.7	0.362	2.05	5.01
			12		27.60	21.7	0.471	632	1 350	173	297	105	4.79	2.50	1.95	63.8	25.1	20.8	0.359	2,12	5.09
			14		31.86	25.0	0.471	721	1 570	196	350	120	4.76	2.48	1.94	73.3	28.8	23.8	0.356	2.20	5.17
			15		33.95	26.7	0.471	764	1 680	207	376	127	4.74	2.47	1.93	78.0	30.5	25.3	0.354	2.24	5.21
			16		36.03	28.3	0.470	806	1 800	217	403	134	4.73	2.45	1.93	82.6	32.3	26.8	0.352	2.27	5.25
16/10	160	100	10	13	25.32	19.9	0.512	669	1 360	205	337	122	5.14	2.85	2.19	62.1	26.6	21.9	0.390	2.28	5.24
			12		30.05	23.6	0.511	785	1 640	239	406	142	5.11	2.82	2.17	73.5	31.3	25.8	0.388	2.36	5.32
			14		34.71	27.2	0.510	896	1 910	271	476	162	5.08	2.80	2.16	84.6	35.8	29.6	0.385	2.43	5.40
			16		39.28	30.8	0.510	1 000	2 180	302	548	183	5.05	2.77	2.16	95.3	40.2	33.4	0.382	2.51	5.48

续表

型号	截面尺寸/mm				截面面积/cm^2	理论重量/(kg/m)	外表面积/(m^2/m)	惯性矩/cm^4					惯性半径/cm			截面模数/cm^3			tan α	重心距离/cm	
	B	b	d	r				I_x	I_{x1}	I_y	I_{y1}	I_u	i_x	i_y	i_u	W_x	W_y	W_u		X_0	Y_0
18/11	180	110	10	14	28.37	22.3	0.571	956	1 940	278	447	167	5.80	3.13	2.42	79.0	32.5	26.9	0.376	2.44	5.89
			12		33.71	26.5	0.571	1 120	2 330	325	539	195	5.78	3.10	2.40	93.5	38.3	31.7	0.374	2.52	5.98
			14		38.97	30.6	0.570	1 290	2 720	370	632	222	5.75	3.08	2.39	108	44.0	36.3	0.372	2.59	6.06
			16		44.14	34.6	0.569	1 440	3 110	412	726	249	5.72	3.06	2.38	122	49.4	40.9	0.369	2.67	6.14
20/12.5	200	125	12		37.91	29.8	0.641	1 570	3 190	483	788	286	6.44	3.57	2.74	117	50.0	41.2	0.392	2.83	6.54
			14		43.87	34.4	0.640	1 800	3 730	551	922	327	6.41	3.54	2.73	135	57.4	47.3	0.390	2.91	6.62
			16		49.74	39.0	0.639	2 020	4 260	615	1 060	366	6.38	3.52	2.71	152	64.9	53.3	0.388	2.99	6.70
			18		55.53	43.6	0.639	2 240	4 790	677	1 200	405	6.35	3.49	2.70	169	71.7	59.2	0.385	3.06	6.78

注：1. 截面图中的 $r_1 = 1/3d$ 及表中 r 的数据用于孔型设计，不做交货条件。

2. 不等边角钢的规格表示方法为“∠”与长边宽度值×短边宽度值×边厚度值，如：∠160×100×16。

参考文献

[1] 孙训方，方孝淑，关来泰. 材料力学：上册 [M]. 6 版. 北京：高等教育出版社，2019.

[2] 孙训方，方孝淑，关来泰. 材料力学：下册 [M]. 6 版. 北京：高等教育出版社，2019.

[3] [苏] 别辽耶夫 H M. 材料力学 [M]. 王光远，干光瑜，顾震隆，译. 北京：高等教育出版社，1992.

[4] [苏] 奥多谢夫 B И. 材料力学 [M]. 蒋维城，赵九江，俞茂鋐，等，译. 北京：高等教育出版社，1985.

[5] 刘鸿文. 高等材料力学 [M]. 北京：高等教育出版社，1985.

[6] 刘鸿文. 简明材料力学 [M]. 3 版. 北京：高等教育出版社，2016.

[7] Gere J M, Timoshenko S P. Mechanics of materials [M]. 2nd SI ed. New York: Van Nostrand Reinhold, 1984.

[8] Popov E P. Mechanics of materials [M]. 2nd ed. New Jersey: Prentice-Hall Inc., 1976.

[9] 庄表中，王惠明，马景槐，等. 工程力学的应用、演示和实验 [M]. 北京：高等教育出版社，2015.

[10] 陈建桥. 复合材料力学概论 [M]. 北京：科学出版社，2006.

[11] Lim T C. Auxetic materials and structures [M]. Singapore: Springer, 2015.

[12] 单辉祖. 材料力学Ⅰ [M]. 4 版. 北京：高等教育出版社，2016.

[13] 单辉祖. 材料力学Ⅱ [M]. 4 版. 北京：高等教育出版社，2016.

[14] Timoshenko S P, Gere J M. Theory of elastic stability [M]. 2nd ed. New York: Dover Publications, Inc., 2009.

郑重声明

读者意见反馈

为收集对教材的意见建议，进一步完善教材编写并做好服务工作，读者可将对本教材的意见建议通过如下渠道反馈至我社。

咨询电话 400-810-0598

反馈邮箱 gjdzfwb@ pub.hep.cn

通信地址 北京市朝阳区惠新东街 4 号富盛大厦 1 座
高等教育出版社总编辑办公室

邮政编码 100029

防伪查询说明

用户购书后刮开封底防伪涂层，使用手机微信等软件扫描二维码，会跳转至防伪查询网页，获得所购图书详细信息。

防伪客服电话 （010）58582300

作者简介

刘鸿文（1924—2012） 浙江大学教授。长期从事固体力学教学工作。曾任教育部教材编审委员会委员，国家教委（教育部）工科力学课程教学指导委员会主任委员兼材料力学课程教学指导组组长。1989 年被授予全国优秀教师。1991 年起享受国务院政府特殊津贴。杭州市第六届人大代表，浙江省第四届政协常委，全国政协第六、七、八届委员。

著作有：《材料力学》《高等材料力学》《板壳理论》《材料力学教程》《材料力学实验》《简明材料力学》等。以上诸书先后分别在高等教育出版社、浙江大学出版社和机械工业出版社出版。

《材料力学》（第 2 版）于 1987 年获评全国高等学校优秀教材奖，并于 1990 年由台湾高等教育出版社以繁体字出版。《材料力学》（第 3 版）于 1997 年获国家级教学成果一等奖，并获国家科技进步二等奖。